기초전기 전자공학

Electrical and Electronic Engineering

최성재 지음

청문각

Preface

이 책은 전기공학과 전자공학 관련 분야를 전공하는 학생들에게 전자공학의 기초 원리와 응용 분야를 설명하기 위해서 집필된 것이다. 전기공학과 전자공학 등 공학 분야에서는 수학이 필수적이지만 이 책을 학습하는데는 삼각함수와 간단한 미적분과 같은 기초 지식을 필요로 한다. 이 책의 구성은 전기공학과 전자공학의 교육과정에 따라 필수적인 내용의 토픽으로 구성되어 있다.

1장에서는 옴의 법칙이 적용되는 기초적인 직류 회로에서 시작하고, 직류 전류와 교류 전류가 공존하는 보다 복잡한 회로해석으로 이루어진다. 경우에 따라서는 키르히호프의 법칙과 밀만의 법칙, 테브닌의 정리, 노턴의 정리와 같은 회로망 이론을 설명하고, 수동소자로 구성되는 회로의 시상수 문제에 대해서도 설명한다. 2장에서 7장까지는 저항의 색띠 표시법, 저항회로의 구성과 해석법, 고장 진단과 같은 실험실습에 필요한 필수 사항에 대해서 설명한다. 10장에서 14장까지는 교류에 관련된 회로해석법과 커패시터와 인덕터의 커패시턴스와 인덕턴스 특성 및 시상수 문제, 주파수 응답에 관해서 설명한다. 15장에서 23장까지는 다이오드, 정류기회로, 쌍극성 트랜지스터, 전계효과 트랜지스터, 발진기, 연산증폭기, 4단자 소자 등과 관련된 반도체 분야에 대해서 설명한다. 각 장의 말미에는 다양한 형태의 연습문제를 통해서 각 장의 내용을 충분히 이해하도록 배려했다. 이 책에 포함된 예제와 기초확인문제는 전자공학과, 전기공학과, 전자통신공학과, 소방안전과, 자동차과 등 전자공학의 기초물성과 응용을 공부하는 학생들에게 많은 도움을 줄 수 있을 것으로 기대한다. 또한 기사 시험과 공무원 시험을 준비하는 학생들이 기본이론을 이해하는 데 도움을 줄 것으로 확신한다.

방대한 원고 분량으로 인해 간혹 예기치 않은 오류가 발생했을지 우려되나 오류 발견 시에는 강호제현께서 기탄없는 충언을 해주시기 바라마지 않는다. 끝으로 이 책을 집필하면서 참조한 수많은 저서의 저자들에게도 감사의 말씀을 드리고, 이 책을 출판할 수 있도록 애써주신 청문각 관계자에게도 감사를 드린다.

2013. 12

최성재

Contents

CHAPTER 04

저항의 직렬연결회로

CHAPTER 05

저항의 병렬연결 회로

CHAPTER 06

직·병렬연결회로

CHAPTER 07

전압분배기와 전류분배기

CHAPTER 08

키르히호프의 법칙

CHAPTER 09 회로망 이론

CHAPTER 10 교류전류와 교류전압

CHAPTER 11 커패시터와 커패시턴스

CHAPTER 12 인덕터와 인덕턴스

CHAPTER 13 RL회로와 RC회로의 특성

CHAPTER 14 RLC 교류회로의 복소수 표현과 공진

CHAPTER 15 반도체 소자

CHAPTER 16 특수 목적용 다이오드

CHAPTER 21 연산증폭기

CHAPTER 22 다이리스터

CHAPTER 23 발진기 회로

CHAPTER

01 전기공학과 전자공학의 기초

아침에 라디오 시계의 알람 신호가 우리를 깨우는 순간부터 늦은 밤 TV 프로를 시청하고 잠들기 전 마지막 순간까지도 전자공학 분야는 우리 일상생활의 완전한 일부분이 되어버렸다. 가정에서는 라디오, TV, VCR, CD 플레이어, 리모콘, 비디오 게임기, 전자레인지, 자동응답 전화기, 가정용 경보기, 개인용 컴퓨터, 조광기, 기구, 전지를 소모하는 장난감 등에 사용된다.

운송분야에서는 자동차, 원동기, 항공기, 기차와 바다의 배, 우주 왕복선, 공기와 자동 교통 조절, 우주선, 레이더, 통신 분야에서 응용된다. 산업용으로는 자료 처리, 셀룰러폰(무선전화), 팩스, 제조기, 경보기, 컴퓨터와 통신망, 상업용 위성, 로봇 등이 사용된다. 오락용으로는 음악(신디사이저 녹음기; 확장기, 예를 들어, 돌비; 혼성기, CD-Rom; 증폭과 특수효과), 음악 콘서트와 무대 특수효과, 영화, 위성 TV가 있다. 의학용으로는 진단기(심전도, CAT와 MRI 촬영), 환자관리, 처방, 그리고 치료(레이저, 울트라 사운드, 심지어 전자 침술, 회복 보조 조절자, 약 배달, 물리치료, 바이오 피드백), 환자 보조용구(인공 팔다리, 보청기) 등이 사용된다.

과학연구용에는 자료취득과 분석, 컴퓨터 모형제작과 수치문제 풀이가 이용된다. 환경 보호용으로는 효율적인 전기사용 가정, 환경 감시, 전기차, 사무 빌딩의 환경 조절, 폐기물 취급 등에 이용된다. 군수용 장비에는 육군이 사용하는 워키토키, 위성통신 그리고 전 세계의 위성 등이 포함된다.

1장에서는 이처럼 다양하게 사용되고 응용되는 전자공학 분야에 대한 이해를 돕기 위해서 전기공학과 전자공학의 기초 이론에 대해서 설명한다.

1.1 전기공학과 전자공학의 분류

그림 1-1(a)는 전기공학과 전자공학을 나무 형태로 분류해서 표시한 것이다. 아래에서 위쪽으로 살펴보면 가장 하단 부분에는 전압, 전류, 저항, 전력의 가장 기본적인 4개의 뿌리가 항상 표시된다. 전기와 전자적인 소자들은 4가지의 기본적인 전기현상을 발생 시키고 제어하기 위해서 개발되었다. 소자들은 회로를 구성하기 위해서 그룹에서 내부적으로 연결된다. 소자들은 회로를 구성하기 위해서 블록 형태로 구성되기도 하고, 전자장비와 시스템을 구성하기 위해서 블록을 구성하기도 한다. 그림 1-1(b)는 전자공학의 과정을 그림 1-1(a)의 나무와 비교해서 4단계로 구분해서 표시했다. 1, 2, 3단계를 마치면 전기와 전자공학 소자와 회로에 대한 풍부한 지식을 습득하게 될 것이고, 이런 지식은 통신(communication), 데이터 프로세싱(data processing), 소비자(consumer), 산업용(industrial), 장비의 검사와 측정(test and measurement equipment), 생체공학 시스템(biomedical system)에 적용할 수 있다. 전기공학과 전자공학의 이와 같은 6가지 분류 영역과 장비는 그림 1-1(a)에서는 가장 나무의 위쪽에 그림 1-1(b)에서는 4단계에 표시되어 있다.

전기는 열이나 빛, 기계의 운전을 비롯한 여러 가지 물리적인 효과를 발생시킬 수 있는 눈에 보이지 않는 힘을 가지고 있는데, 이런 힘은 전하(electric charge) 사이의 서로 끌어당기는 힘인 인력(attraction force)과 서로 밀어내는 힘인 척력(repulsion force)으로 나타난다. 좀 더 정확하게 설명하자면 전하, 전류, 전압, 저항의 관계에 의해서 설명된다. 전하는 전기의 기본적인 양으로 눈에 보이지는 않지만 외부의 모든 방향으로 발산되는 전기적인 힘을 가지는데, 이런 힘들이 전하가 일을 할 수 있는 원인이 된다. 전하가 이동하면 전류가 흐르게 된다. 서로 다른 극성을 가지는 두 전하는 전위차를 제공하고, 결국 전류를 흐르게 하는 전하를 이동시키게 된다. 이때 전위차는 전압의 단위(V)로 크기가 표시된다. 전하가 이동하기 위해서는 그림 1-2에 표시된 전기회로(electric circuit)라고 하는 닫힌 통로(closed path)를 필요로 한다.

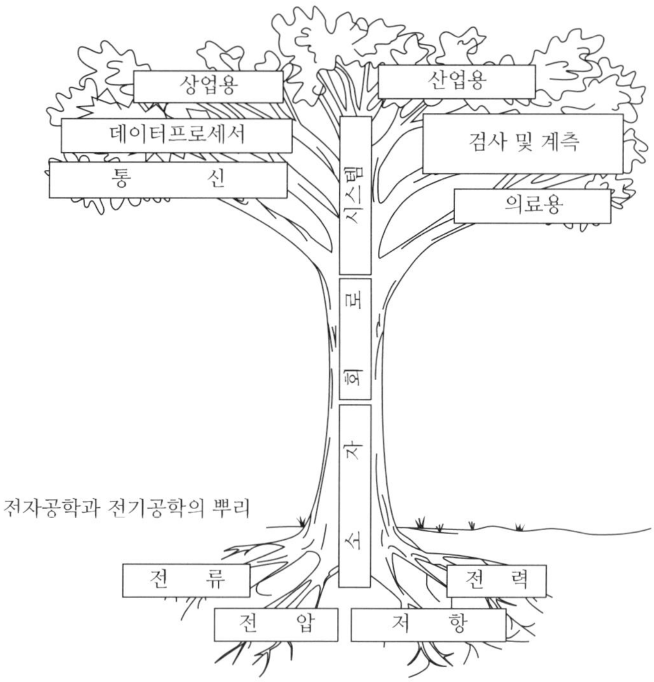

(a)

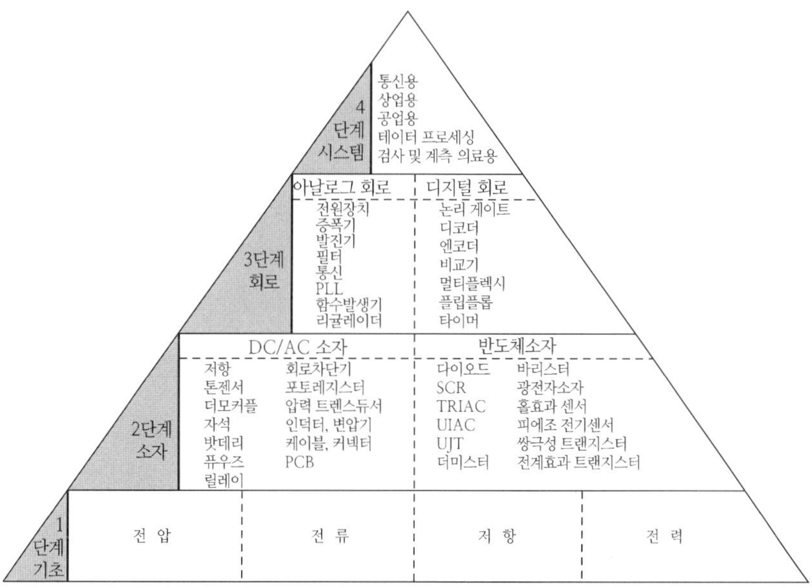

(b)

그림 1-1 전기공학과 전자공학의 트리도.

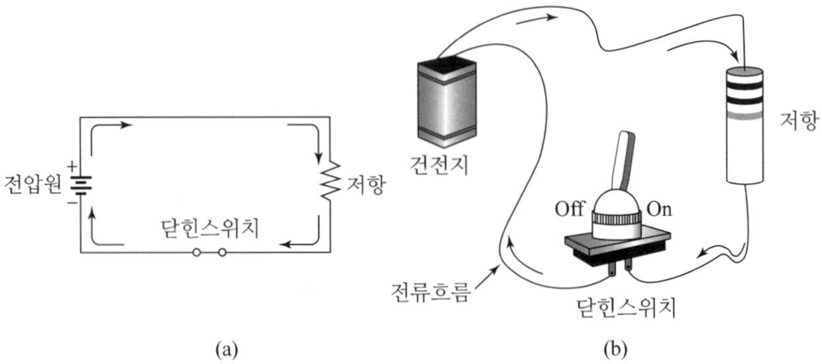

그림 1–2 전기 회로.

1.2 원자 구조에서의 전자와 양자

전자(electron)와 양성자(proton)가 결합되는 경우의 수는 여러 가지가 되더라도 안정한 상태를 유지하기 위해서는 특별한 배열 형태로만 결합된다. 전자와 양성자의 안정한 조합이 하나의 원자 구조를 만들게 되는데, 그 형태는 그림 1–3에 표시한 것과 같다.

그림 1–3(b)는 가장 간단한 구조인 수소 원자를 표시한 것으로 중앙에 핵이라고 하는 중심 물질이 있고, 그 주위를 한 개의 전자가 돌고 있는데 핵(nucleus) 속에는 중성자와 양성자가 존재하며, 양성자는 전자의 1840배 정도의 질량을 가지기 때문에 원자가 안정하게 된다.

그림 1–3(b)에서 수소 원자의 경우 한 개의 전자가 핵 주위를 운동할 때 일정한 궤도를 따라서 돌고 있는 것을 볼 수 있는데, 이것은 마치 혹성이 태양 주위를 운동하는 것과 유사

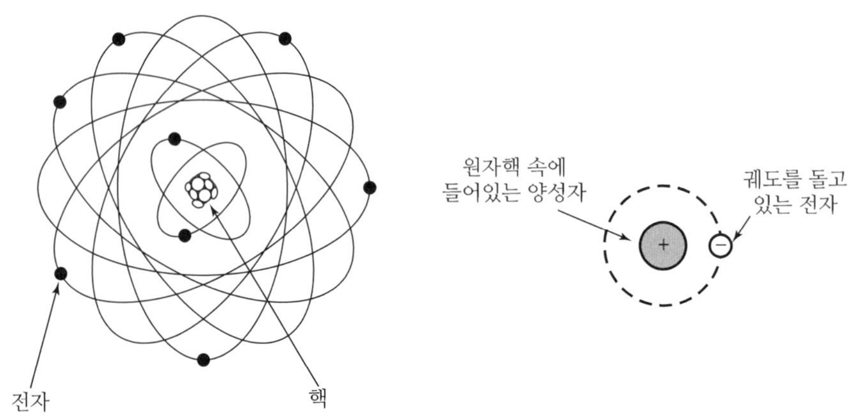

그림 1–3 (a) 보어(Niels Bohr)의 원자 모델, (b) 수소 원자에서의 전자와 양성자.

하다. 닐스 보어의 원자 모델에 따르면 그림 1-3(a)에 표시된 것처럼 모든 원자에서 원자의 전기적인 안정을 보장하기 위해서 모든 전자들이 핵 주위를 회전하고 있다고 가정한다. 이때 핵이 전자를 잡아당기는 전기적인 인력은 원자가 바깥쪽으로 튀어나가려고 하는 원심력과 균형을 유지하기 때문에 핵 주위에서 각자의 궤도를 유지하면서 회전한다. 수소 원자보다 많은 양성자와 전자를 가지는 원자에서도 양성자는 어떤 경우에든 핵 속에 존재하고, 전자가 핵 주위를 운동하게 된다. 그림 1-4(a)는 핵 속에 14개의 양성자를 가지고 있고, 3개의 궤도(K각, L각, M각)에서 회전하는 14개의 전자를 가지는 실리콘 원자의 구조를 나타낸다.

이때 양성자와 전자의 개수가 서로 일치하기 때문에 실리콘 원자는 전기적으로 중성이다. 전자의 궤도 내에서 분배 상태가 원자의 전기적인 안정도를 결정한다. 중요한 사실은 핵으로부터 가장 멀리 떨어진 최외각(outermost shell)이 원자의 전기적인 특성을 결정한다는 사실이다. 이 전자를 **가전자**(valence electron)라고 한다. 그림 1-4(a)에서 실리콘 원자의 궤도 전자는 첫 번째 궤도(K각)에서 2개, 두 번째 궤도(L각)에서 8개, 세 번째 궤도(M각)에서 4개가 회전하고 있다. 이것은 첫 번째 궤도는 최대로 운동할 수 있는 전자의 개수가 2개, 두 번째 궤도는 8개, 세 번째 궤도에는 18개가 허용되기 때문에 세 번째 궤도에 나머지 4개의 전자가 운동하게 된다. 그림 1-4(b)에 표시된 구리 원자는 맨 마지막 궤도에 8개의 전자가 돌 수 있는데, 한 개의 전자만이 돌고 있기 때문에 구리 원자의 마지막 궤도는 탄소 원자의 마지막 궤도보다 덜 안정하게 된다. 구리 도선에서 많은 원자들이 인접하게 될 때 최외각의 전자들은 서로 쉽

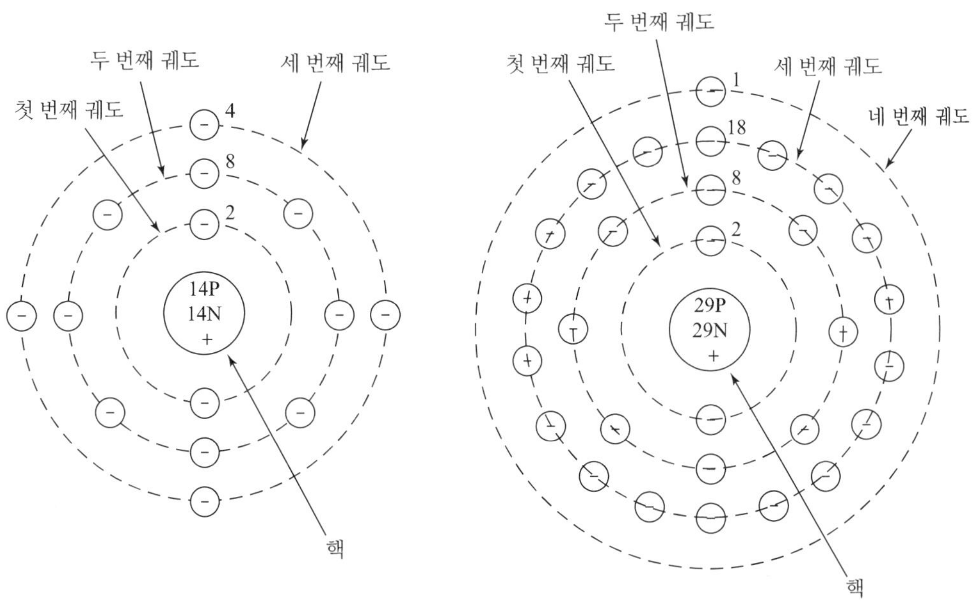

(a) 14개의 양성자와 14개의 궤도 전자를 갖는 실리콘 원자 (b) 29개의 양성자와 29개의 궤도 전자를 갖는 구리 원자

그림 1-4 원자 구조.

게 이동할 수 있게 되는데, 이런 전자를 자유 전자(free electron)라 하고 이런 특성 때문에 구리 원자는 전기를 잘 흐르게 한다.

금속 도체에서 전류 역시 자유 전자에 기인한다. 전압이 인가(연결)되지 않은 상태에서도 도선 내에서 자유 전자의 이동 현상이 있지만 불규칙한 운동으로 인해서 전기적인 크기는 0과 같다. 그러나 전압이 인가되면 같은 방향으로 전자의 흐름을 발생시키기 때문에 모든 자유 전자가 한쪽 방향으로 흐르게 되는데, 이것이 바로 전류이다.

도체, 반도체 ,절연체

전자가 어떤 원자로부터 다른 원자로 쉽게 이동할 수 있는 물질을 도체(conductor)라고 한다. 일반적으로 모든 금속은 도체이지만 그중에서 금(gold)과 은(silver), 구리(copper)의 전기적인 특성이 우수하기 때문에 가장 널리 사용된다. 이들의 원자 구조는 최외각 궤도의 전자가 자유롭게 이동하는 것이 허용된다. 도체의 원자 구조는 그림 1-5(a)에 표시된 것처럼 최외각 궤도에 1개에서 3개의 전자를 가지게 된다. 구리 도선은 은보다 가격이 저렴하기 때문에 실제로 가장 많이 사용되는 도체이다. 도체를 사용하는 목적은 저항의 크기를 최소로 해서 전류를 잘 흐르도록 하기 위한 것이다. 도선은 어떤 기능을 수행하기 위하여 전류를 필요로 하는 기기에 전압원에 의해서 발생되는 전류를 운반해 주는 역할을 담당한다. 예를 들면, 전구는 필라멘트를 통해서 전류를 흘러가도록 만들어진 것이다.

그러나 전자가 원자 내에서 자신의 궤도에서만 존재하도록 되어 있는 물질은 전기를 쉽게 흐르지 못하게 하기 때문에 절연체(insulator) 또는 부도체라고 한다. 따라서 절연체는 도체보다 전기를 저장하거나 축적하는 능력은 뛰어나며, 유리(glass), 플라스틱(plastic), 고무(rubber), 종이(paper), 공기(air), 운모(mica)와 같은 절연체는 전하를 저장할 수 있다는 의미로 유전체(dielectric)라고 한다. 절연체는 전류의 흐름을 방해하는데 아주 유용하게 사용되며, 콘덴서처럼 전하를 축적해야 하는 응용 분야에서 도체는 전하를 저장할 수 없기 때문에 절연체가 유전체 물질로서 사용된다. 절연체의 원자 구조는 그림 1-5(b)에 표시된 것처럼 최외각 궤도에 5개에서 8개의 전자를 가지게 된다. 탄소는 전도성이 도체와 절연체의 중간 정도이기 때문에

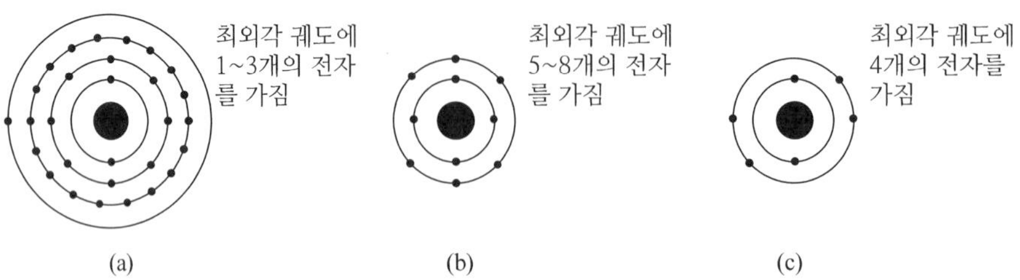

그림 1-5 (a) 도체, (b) 절연체, (c) 반도체.

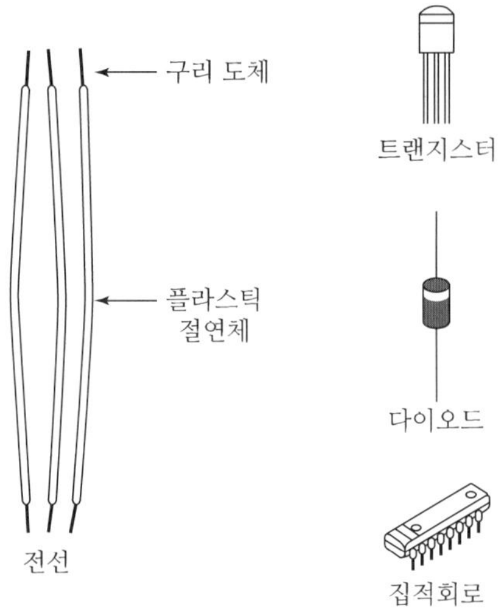

그림 1–6 일반적인 도체, 절연체, 반도체의 형태.

반도체로 사용되고, 트랜지스터의 재료로 사용되는 게르마늄(germanium)과 실리콘(silicon)도 다른 반도체 소자와 함께 반도체 그룹 속에 포함된다. 반도체의 원자 구조는 그림 1–5(c)에 표시된 것처럼 최외각 궤도에 4개의 전자를 가진다.

1.3 원자의 구조

원자를 직접 본 사람은 없지만 가상적인 원자 구조는 측정된 실험 자료와 잘 일치하고 있다. 원자의 내부에 존재하는 눈에 보이지 않는 작은 입자의 크기와 전하는 전기적인 힘에 의해서 얼마나 편향되는지로 표시된다. 우리가 사용하는 원자의 혹성 모델(planetary model)은 1913년 닐스 보어(Niels Bohr)에 의해서 제안되었고, 플랑크(Max planck)와 앨버트 아인슈타인(Albert Einstein)에 의한 복사의 양자 이론과 러더포드(Lord Rutherford)에 의한 핵 원자와 같은 새로운 이론을 정립하는 데 공헌을 했다. 그림 1–3과 그림 1–4에서 설명한 것처럼 핵은 원자 내에서의 모든 +전하를 갖는 양성자를 포함하고 있고, 핵 속에 존재하는 양성자의 숫자는 전자의 숫자와 정확히 일치하고 있다. 양성자의 전하량($+1.602\times10^{-19}$ C)과 전자의 전하량(-1.602×10^{-19} C)은 크기는 같고 부호가 반대이기 때문에 중성 상태를 유지하게 되는데, 전자의 운동 궤도를 각(shell) 혹은 에너지 준위(energy level)라고 한다.

원자 번호

원자 번호는 각 원소의 원자 내에 존재하는 양성자 혹은 전자의 숫자를 표시한다. 수소 원자는 그림 1-3에서 표시한 것처럼 원자 번호가 1이기 때문에 핵 속에 1개의 양성자를 가지고 있고, 균형을 유지하기 위해서 전자도 1개가 존재한다. 유사하게 그림 1-4에서의 실리콘 원자는 원자 번호가 14이기 때문에 14개의 양성자와 14개의 전자를 가지게 되고, 구리 원자 역시 29개의 양성자와 29개의 전자를 가지기 때문에 원자 번호는 29가 된다.

전자의 운동 궤도

회전 운동하는 전자들은 그림 1-7에 표시된 것처럼 핵으로부터 바깥쪽으로 멀어질수록 반경이 길어지는 K, L, M, N O, P, Q라고 하는 각(shell 혹은 orbit)을 따라서 운동하고 있다. 각각의 각 속에는 안정하게 되기 위한 최대 허용 전자의 개수가 정해져 있다. 안정한 궤도는 주로 헬륨, 네온과 같은 불활성 기체(inert gas)에서 찾아볼 수 있다.

K각이 핵으로부터 가장 인접한 거리를 유지하고 있는데, 2개의 전자가 운동할 수 있고, 이런 예가 바로 불활성 기체인 헬륨의 원자 구조와 일치한다. 안정한 개수의 전자가 각을 채우게 되면 더 이상의 전자가 그 궤도에 들어올 수 없고, 더 큰 원자 번호를 갖는 원소들은 더 많은 전자들을 가지기 때문에 그림 1-7에 표시한 것처럼 K각에 2개의 전자를 할당하고, 나머지 전자는 다음 궤도인 L각에 8개의 전자를 할당한다. 이때 10개의 전자를 갖는 원자 번호 10의 네온은 K각과 L각을 완전히 전자로 채웠기 때문에 안정하게 되어 불활성 기체가 된다.

10개보다 더 많은 전자를 가지고 있다면 M각과 N각에 나머지 전자를 할당하게 된다. 각 궤도에 들어가는 전자의 개수는 일정한 규칙을 가지게 되는데, 이것을 증명하기 위해서 그림 1-4(b)에 표시된 구리 원자의 구조를 살펴보면 핵 속에 29개의 양성자가 있고, 그 주위를 29

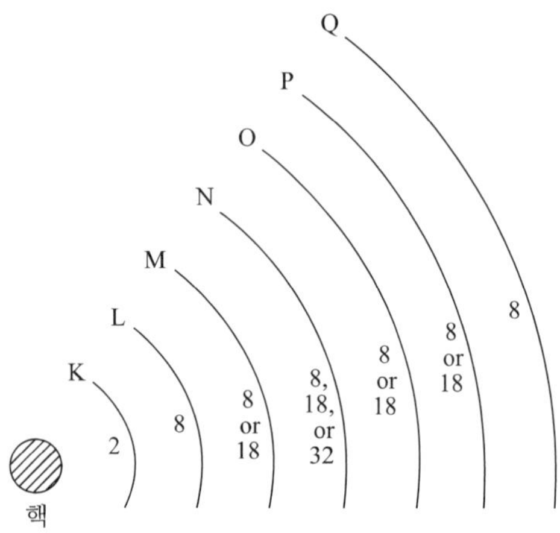

그림 1-7 에너지각과 각 궤도에 할당된 전자수.

개의 전자가 돌고 있다. K각의 전자는 2개인데, 이것은 헬륨의 경우와 일치하고, L각의 전자는 8개인데, 이것은 네온의 경우로 10개의 전자를 K각과 L각에 나누어서 할당한 것과 같다. 나머지 19개의 전자는 M각에 18개가 할당되고, 나머지 1개는 최외각 궤도인 N각에 할당된다. 이것을 간단히 요약하면 다음과 같다.

K 각 = 2개의 전자
L 각 = 8개의 전자
M 각 = 18개의 전자
N 각 = 1개의 전자

합계 = 29개의 전자

대부분의 원소에서 각 궤도를 채울 수 있는 전자의 최대 개수는 $2n^2$이 되는데, 여기서 n은 핵으로부터 바깥쪽으로 멀어지는 궤도의 순서를 표시한다. 따라서 첫 번째 궤도는 $2\times1=2$개, 두 번째 궤도는 $2\times2=8$개, 세 번째 궤도는 $2\times3=18$개, 네 번째 궤도는 $2\times4=32$개가 된다. 이런 각 궤도의 전자수는 안에서부터 채워져 나오며 도중에 다른 임의의 각부터 채워지지는 않는다.

원자가

원자가는 완전히 채워지지 않은 최외각 궤도에 전자의 숫자를 표시한다. 구리는 최외각에 1개의 전자를 가지고 있기 때문에 1가를 갖는다. 수소 역시 1가 원소이고, 탄소는 4가 원소이다. 최외각 궤도의 전자수는 +로 표시하는데 이것은 안정한 각으로 부가되기 때문이다. 수소와 헬륨을 제외하면 모든 원자는 8가를 갖게 되는데, 이것은 최외각의 궤도에 8개의 전자를 가지는 것이 안정(stable)하다는 의미이다. 따라서 최외각 궤도에 존재하는 전자의 수는 +로 표시되고, 8개에서 자신의 숫자를 뺀 수는 −로 표시하게 된다. 예를 들면, 구리는 +1가이면서 −7(8−1)가 이기도 하고, 탄소는 +4가이면서 −4가이기도 하다. 그러나 불활성 기체는 원자가가 0이고, 이것은 불활성 기체의 최외각 전자수는 모두 8개를 갖고 있다는 의미이다. 다시 말해 원자가는 원자가 얼마나 쉽게 전자를 얻거나 잃어버릴 수 있는가를 표시한다. +1의 원자가는 최외각 전자 1개를 쉽게 잃어버릴 수 있다는 것을 의미한다.

1.4 전하의 쿨롱 단위

그림 1-8에 표시된 것처럼 딱딱한 고무막대나 에보나이트, 빗(comb)을 모피에 마찰시키면 정전하(static electric charge)가 발생된다. 고무와 모피는 마찰에 의해서 내부의 양성자와 전자를 분리시킨다. 고무 표면에는 과잉 전자를 가지기 때문에 -로 대전되고, 모피는 전자를 잃어버리기 때문에 +로 대전된다. 유리막대와 실크천인 경우 그림 1-9에 표시된 것처럼 유리막대에서 전자가 실크로 이동하기 때문에 전자를 잃어버린 유리막대는 +로 대전되고, 실크는 -로 대전된다. 중요한 점은 이런 대전 현상은 원자에서 이탈되는 전자에 의한 것이고, 결코 핵 속에 결합되어 있는 양성자는 이동하지 않는다는 점이다.

대전된 유리막대의 한쪽을 접지시키면 전자가 손을 타고 흐르기 때문에 유리막대는 다시 중성 상태로 되돌아간다. 보통 전기의 사용에서 수십억 개의 전자나 양성자의 전하가 필요하기 때문에 유전체에 6.25×10^{18}개의 전자나 양성자가 축적되었을 때의 전하량과 같

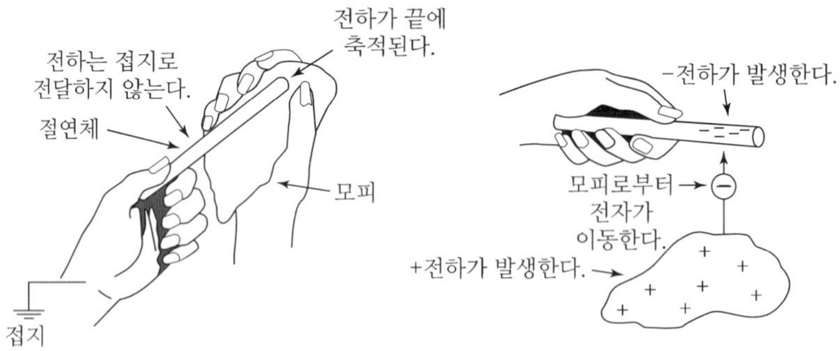

그림 1-8 고무막대의 대전현상.

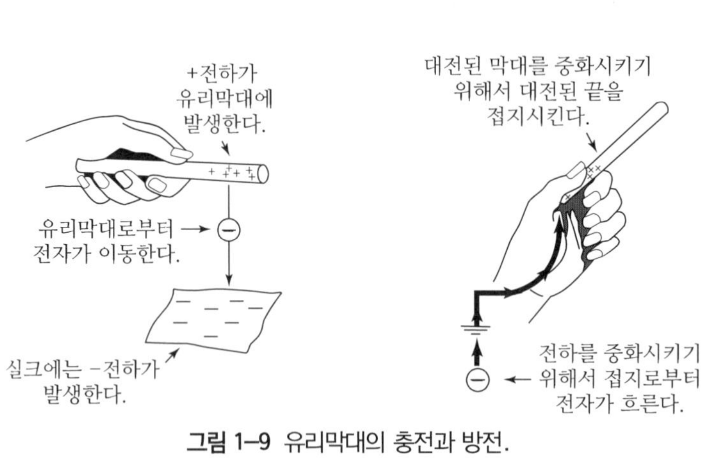

그림 1-9 유리막대의 충전과 방전.

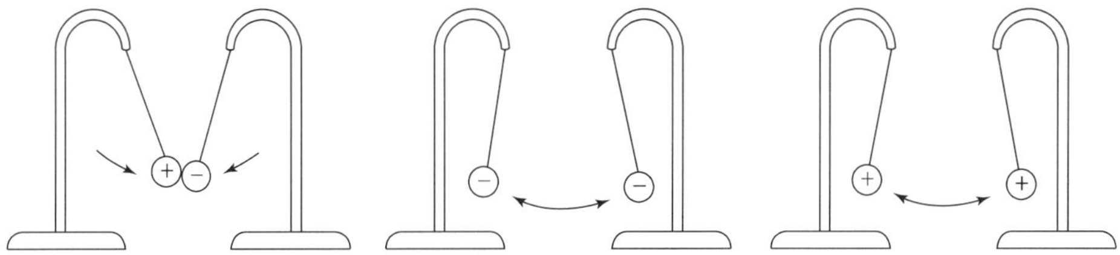

(a) 반대 극성의 전하는 잡아당긴다. (b) 두 개의 −전하는 서로 민다. (c) 두 개의 +전하는 서로 민다.

그림 1–10 정전하 사이의 힘.

은 크기를 1쿨롱(C)의 단위로 표시한다. 전하량의 기호는 Q이거나 q로 표시한다. 예를 들면, 6.25×10^{18}개의 전자가 갖는 전하량은 $Q=1$ C으로 표시하는데, 이때의 단위는 전하 사이의 힘을 측정했던 프랑스의 물리학자 차알스 쿨롱의 이름을 딴 것이다.

인력과 척력

만약 가볍고 작으면서 대전된 물체를 자유롭게 움직일 수 있도록 하고 서로 접근시키면, 그림 1–10(a)에 표시된 것처럼 서로 다른 극성으로 대전되어 있는 물체였다면 잡아당기는 인력이 작용한다. 이것은 전자와 양성자의 경우처럼 서로 다른 극성을 가지는 전하들 사이에는 인력이 작용하게 되는 것과 같다. 그러나 양성자는 전자의 질량보다 1840배나 무겁기 때문에 전자가 양성자를 향해서 이동하는 힘이 발생한다. 그림 1–10(b)와 1–10(c)에 표시된 것처럼 같은 극성을 가지게 되면 서로 미는 힘(척력)이 발생하게 된다.

예제 1 중성인 유전체는 25×10^{18}개의 전자를 가지고 있다. 전하량은 몇 C인가?

▸ 6.25×10^{18}개의 전자가 흘러갈 때 1 C이므로 25×10^{18}개의 전자는 4 C의 전하량을 가진다. 따라서 −Q=4 C이다.

예제 2 유전체 내의 양성자가 25×10^{18}개가 있다면 전하량은 몇 C인가?

▸ 예제 1과 결과는 갖고 부호는 반대이므로 Q=4 C이다.

예제 3 4C의 전하량을 갖는 +Q의 유전체에 25×10^{18}개의 전자를 더한다면 전하량은 몇 C인가?

▸ 4C의 −Q를 +Q와 더하면 Q=0이므로 유전체는 중성이 된다.

예제 4 중성인 유전체에서 25×10^{18}개의 전자를 제거시킨다면 전하량은 몇 C인가?

▸ 4 C에 해당하는 전자를 제거하면 4 C에 해당하는 양성자가 남게 되어 4 C의 전하량을 갖는 +Q가 된다.

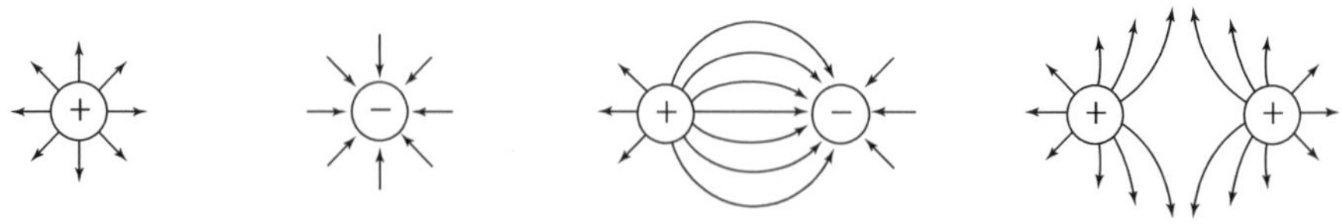

그림 1–11 전기장의 형태.

정전하의 전기장

어떤 전하 사이의 전기적인 인력과 척력이 작용할 때의 효과를 그림 1-11처럼 표시할 수 있다. 그림 1-11에서 모든 선들이 전기적인 힘을 표시하는데 힘이 표시된 공간을 전기장이라고 한다. 선으로 표시되는 전기력선이나 전기장(electric field)은 볼 수 없고 다만 상상으로 가정하는 것이지만 중력과 같이 전기장의 세기도 존재한다. 그림 1-11에 표시된 것처럼 각 전기력선은 Q가 +이거나 −이면 전기장 내에 같은 부호를 가지는 전하가 들어오면 밀어내는데, 그 힘은 거리가 멀어질수록 약하고 짧을수록 강하다. 이것을 관계식으로 표시하면 거리의 제곱에 반비례하게 되고, 전하량이 크면 힘도 커지는데 쿨롱의 법칙이라고 한다. 두 개의 극판 사이에 유전체를 두고 서로 반대의 전하가 대전되는 콘덴서는 전하를 저장하는 능력을 가지게 되는데, 이런 것을 정전 용량이라고 한다.

1.5 전위차의 볼트 단위

전위(potential)는 일을 할 수 있는 능력을 표시하는데 어떤 전하라도 척력이나 인력에 의해서 다른 전하를 움직일 수 있는 전위를 가진다. 두 개가 서로 다른 전하라고 가정할 때 그들 사이에는 반드시 전위차(potential difference)를 가지게 된다. 전위차의 기본 단위는 V가 사용되기 때문에 전위차를 전압(voltage)이라고 한다. 전위차는 간단히 약자 PD로 표시하기도 한

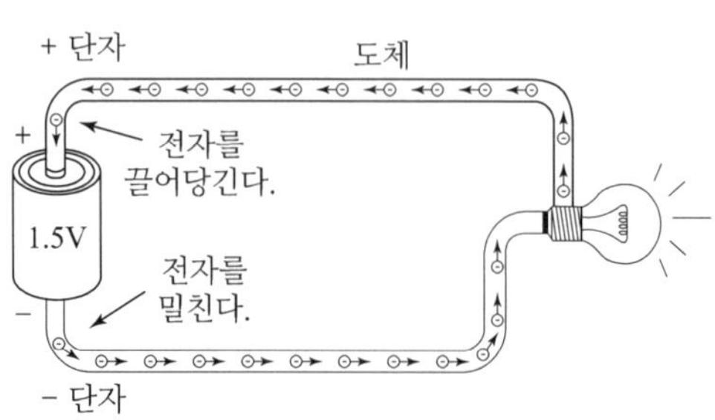

그림 1–12 전류를 발생시키는 자유 전자가 도선을 통해서 이동할 수 있도록 도선 양단에 1.5 V 전압을 인가한다.

다. 두 전하 사이에 전위차가 발생하지 않는 경우 인력과 척력이 서로 상쇄되기 때문에 전자의 이동은 발생하지 않는다. 전위차의 단위로는 볼트가 사용되는데, 이것은 알레산드로 볼타(Alessandro Volta)의 이름을 딴 것으로 전하를 움직이는 데 필요한 일의 정도를 나타낸다.

두 점 사이에 6.25×10^{18}개의 전자를 이동시키는 데 0.736 ft · lb가 필요하다. 이때의 전위차가 1 V이다. 6.25×10^{18}개의 전자가 갖는 전하는 1 C인 것을 고려하면 1 C의 전하를 이동시키는 데 필요한 전위차가 1 V라는 것을 알 수 있고, 보통 0.7376 ft · lb를 1 J(Joul)로 표시할 수 있으므로 1 V = 1 J/1 C으로 쓸 수 있다. 전압은 두 점 사이의 전위차를 말하는데 전위차를 측정하기 위해서는 두 단자가 필요하다. 그림 1-12에 표시된 1.5 V의 건전지(탄소아연전지)를 관찰해 보자. 1.5 V의 출력은 두 단자 사이의 전위차를 의미한다. 전지는 전압원(voltage source) 또는 기전력(electromotive force, emf)원이 된다. 경우에 따라서 E 표시가 emf를 표시하는데 표준 기호로는 V를 전위차 대신 사용한다. 또한 저항과 같은 수동 소자 양단에서 발생하는 전압강하나 전원에 의해서 발생되는 전압을 표시하기도 한다. 그러나 실제 회로에서 전압은 얼마나 큰 전류가 발생되는가를 결정하게 된다.

1.6 전하의 흐름인 전류

두 전하 사이의 전위차에 의한 힘이 제3의 전하를 이동시킬 때 이런 전하의 흐름이 전류로 나타난다. 따라서 전류를 흐르게 하기 위해서는 전위차에 의해서 전하가 이동되어야 한다. 구리 도선과 같은 고체 물질에서 자유 전자는 전위차에 의해서 쉽게 이동될 수 있는 전하들이다. 따라서 그림 1-12에 표시한 것처럼 전압원을 구리 도선의 양단에 연결하고 자유 전자를 이동시키도록 전압을 인가하면 한쪽 끝의 －단자에서 전하가 출발해서 도선을 통해 다른 쪽 +단자로 이동한다.

전류가 흐르기 위해서는 반드시 전위차가 필요하다

도선을 통해서 흐르는 자유 전자의 개수는 도선 양단에 나타나는 전위차의 크기에 의해서 결정된다. 전위차의 크기가 커질수록 자유 전자의 이동에 관여하는 척력과 인력의 크기가 증가하기 때문에 더 많은 개수의 전하가 이동하게 된다. 주어진 시간 동안에 더 많은 개수의 전하가 이동되면 흐르는 전류의 크기 역시 증가하게 된다. 동일한 크기의 전선 양단에 인가되는 전압의 크기가 작으면 작을수록 도선을 통해서 흐르는 전하의 개수가 감소하고, 전류의 세기 역시 감소한다. 또한 전위차가 0일 경우 도선에 전혀 전류가 흐르지 못하게 된다.

전류의 암페어 단위

전류는 전하의 이동이므로 전하의 이동 비율이 전류의 세기로 표시된다. 보통 6.25×10^{18}개의 전하가 주어진 점을 1초 동안에 흘러갈 때 1 A의 전류가 흘러갔다고 말하는데 이것은 1초 동안 1 C의 전하량이 이동한 것과 동일하다. 단위 암페어는 앙페르(Andre M.Ampere)의 이름을 따서 붙인 것이다. 그림 1-12에서 12.5×10^{18}개의 전자가 1초 동안 통과한다면 이때 전류 세기는 2 A가 된다. 전류의 세기는 물체 내를 얼마나 많은 전자가 흘러가는가 하는 세기를 측정하는 것이기 때문에 기호로 I(intensity)를 사용한다. 구리 도선에 2 A의 전류가 흐른다면 이것은 1 A의 전류보다 2배만큼 세기가 강한 것이다. 전류의 단위로는 A와 mA, μA의 단위가 사용된다.

전하와 전류의 차이점

전하는 유전체에 축적된 전기적인 양을 의미하며, 운동하지 않는 정적 전기이다. 도체 내에서 전하가 이동할 때 전류 I는 전기적 운동의 세기를 표시한다. 이런 전류는 식 (1.1)과 같이 표시된다.

$$I=\frac{Q}{T} \tag{1.1}$$

여기서 I는 암페어 단위를 갖는 전류의 세기이고, Q는 쿨롱의 단위를 갖는 전하량이고, T는 초의 단위를 갖는 시간을 의미한다. 이때 이동하는 전하량은 +이든 −이든 상관 없다. 문제는 얼마만큼의 전하가 이동했는가 하는 것이다. 실용적인 단위는 식 (1.2)와 같이 A가 사용된다.

$$1A=\frac{1C}{1s} \tag{1.2}$$

예제 5 2초 동안에 12 C의 전하가 흘러간다면 전류의 세기는 얼마인가?

▸ $I=\frac{Q}{T}=\frac{12C}{2s}=6\ A$

예제 6 3 C의 전하가 주어진 어떤 점에서 1초 동안 흘러간다면 전류의 세기는 얼마인가?

▸ $I=\frac{Q}{T}=\frac{3C}{1s}=3\ A$

전류에 대한 기본적인 정의에 의해서 전하량을 구하면 식 (1.3)처럼 표시할 수 있다.

$$Q = I \times T \tag{1.3}$$

실용적인 단위는 식(1.4)와 같이 표시된다.

$$1C = 1A \times 1s \tag{1.4}$$

1.7 저항

회로에 인가된 전압에 의해서 발생되는 전류의 양을 제한하고 방해하는 힘을 보통 저항이라고 한다. 도체는 이런 저항이 작은데 비해서 절연체는 아주 큰 저항값을 갖는다. 저항 크기는 저항계를 사용해서 측정하는데 실질적인 단위는 독일의 물리학자인 옴(George Simon Ohm)의 이름을 따서 사용한다. 저항의 단위에는 Ω, $\mu\Omega$, mΩ, kΩ, MΩ을 사용한다.

컨덕턴스

저항의 역수를 컨덕턴스라고 한다. 저항이 적을수록 컨덕턴스는 커진다. 기호로는 G라고 쓰고, 단위로는 지멘스(siemens, S)를 사용하는데, 이것은 유럽의 발명가 지멘스(Ernst von Siemens)의 이름을 딴 것이다(옛날에는 지멘스와 같은 등가의 단위를 ohm의 단어를 거꾸로 쓴 mho를 사용했었다). 다시 말해 $G = \frac{1}{R}$로 표시된다. 따라서 5Ω의 저항은 $\frac{1}{5}S$와 같다. 회로 소자의 R과 G는 모두 유용하게 사용되므로 잊지 않도록 주의하기 바란다. 가령 저항이 직렬로 연결된 회로에서 각 저항에서의 전압강하는 저항의 크기에 비례하기 때문에 R을 사용하면 편리하고, 저항이 병렬로 연결된 회로에서 분류되는 전류의 세기는 컨덕턴스 G에 비례하기 때문에 G를 사용하는 것이 편리하기 때문이다.

1.8 전압과 전류의 차이점

전류는 회로를 통해서 흐를 수 있으나 전압은 흐를 수 없다. 그림 1-13에서 필라멘트 저항 양단에 걸린 전압은 전자를 이동시킬 수 있다. 따라서 전류가 회로를 통해서 흐르게 되지만 필라멘트 양단에 걸린 전압은 크기가 변하지 않고 항상 일정하다. 이것은 전자가 흘러가도록 일을 할 수 있는 에너지를 유지시켜야만 하기 때문이다. 그림 1-13(b)에 표시된 회로도를 참

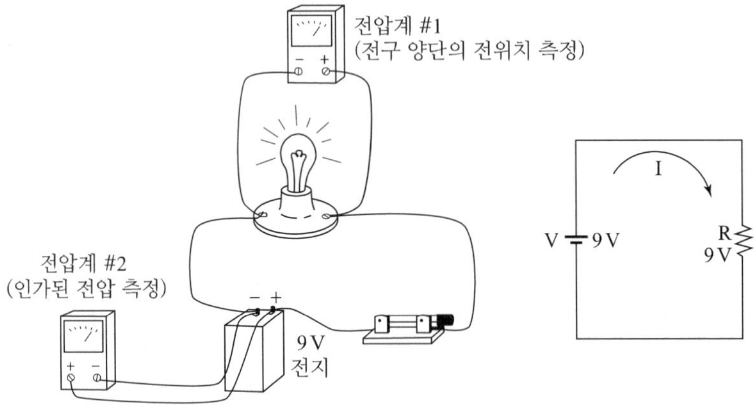

(a) 회로도 (b) 등가회로

그림 1-13 전압측정.

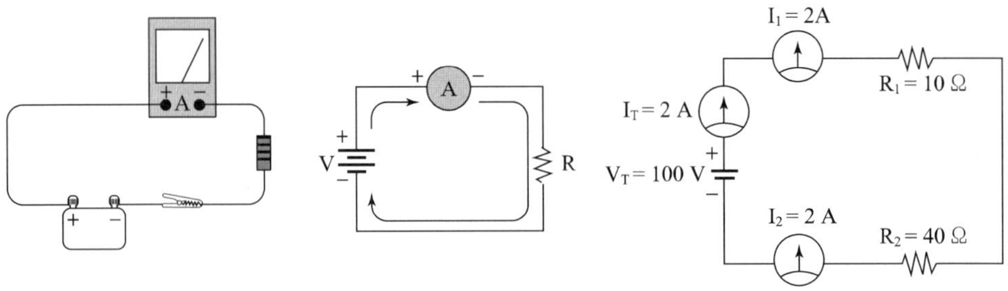

그림 1-14 전류 측정.

고해 보자. 여기서 저항 양단에 걸린 전압 V의 크기는 9 V로 항상 일정하다. 저항 양단에 전압계의 두 단자를 연결하면 전압계의 측정치는 전압원의 크기 9 V와 일치하는 것을 확인할 수 있다.

회로에 흐르는 전류의 세기를 측정하는 것은 전압의 크기를 측정하는 것보다 훨씬 어렵다. 그 이유는 그림 1-14에 표시된 것처럼 회로를 구성하는 도선의 일부분을 개방시키고 전류계를 직렬로 삽입하고, 회로를 끊어진 부분이 없도록 직렬연결해야 하기 때문이다.

개방회로(open circuit)

그림 1-15(a)에 표시된 것처럼 전기회로의 일부분인 스위치가 개방되거나 전구의 필라멘트가 끊어지면 더 이상 전류가 흐르지 못하기 때문에 회로가 개방 상태(open)라고 말한다. 전구의 필라멘트가 개방된(끊어진) 경우 새로운 전구를 연결해야만 정상적으로 전류가 흐르게 된다. 그 이유는 개방회로의 저항이 무한대 크기로 커지기 때문이다.

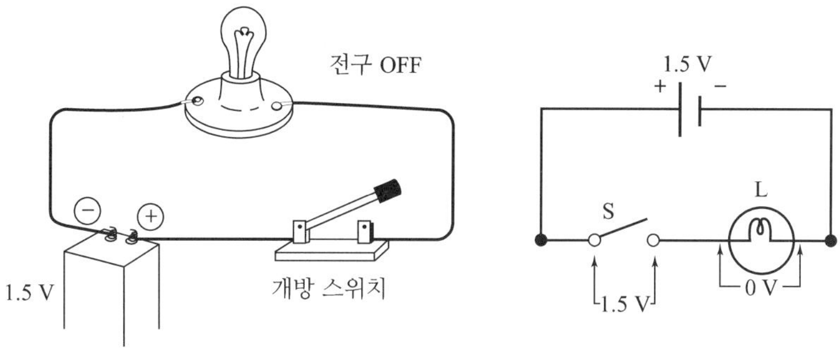

그림 1–15 개방회로.

단락 회로(short circuit)

단락 회로는 전압원 자신이 단자 양단에서 폐회로(closed path)를 갖지만 저항이 0인 경우이다. 이런 단락 회로에서는 너무도 큰 전류가 흐르게 된다. 보통 단락 회로는 부하저항 양단에서 바이패스된다. 그림 1–16(a)에 표시된 것처럼 전구에 단락 회로가 형성되면 저항이 0인 단락 회로를 통해서 과도한 전류가 흐르게 되고, 회로가 끊어지게 된다. 따라서 그림 1–16(c)에 표시된 것처럼 회로의 입력단에 퓨즈를 연결하면 단락으로 인한 과도한 전류가 흐르게 되는 경우 퓨즈가 먼저 개방되기 때문에 회로를 안전하게 보호할 수 있다.

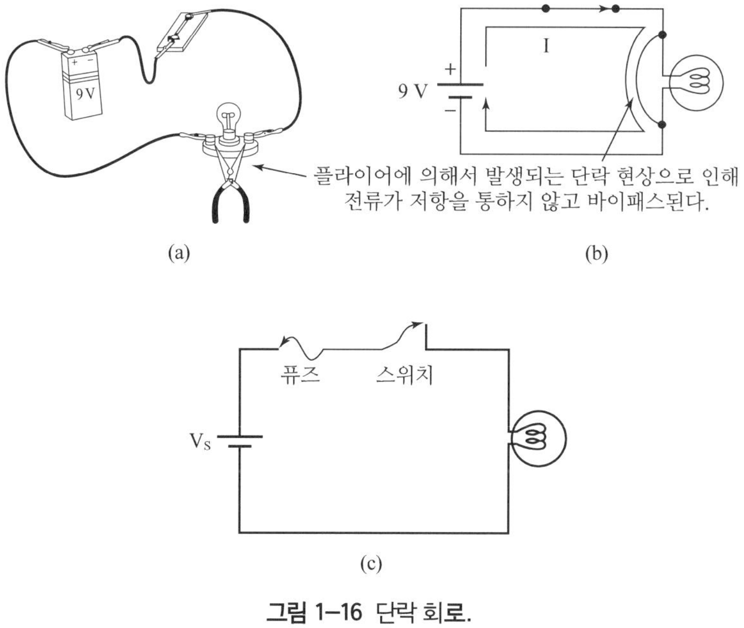

그림 1–16 단락 회로.

1.9 관습적인 전류와 전자전류

전하는 어떤 경로를 통해서 이동하는가? 머피(Murphy)의 법칙에 의하면 좀 우습게 들릴지 몰라도 깊이 생각되는 신념의 수는 가능성을 갖는 숫자와 같다고 한다. 다행하게도 전류가 흘러가는 방향은 오직 2가지 경우밖에 없다. +극에서 -극으로 또는 -극에서 +극으로 흐른다.

유체이론

전기의 유체이론(fluid theory)을 제안함으로써 획기적인 공헌을 한 벤자민 프랭클린(Benjamin Franklin)은 전기를 보이지 않는 유체로 형상화시켰다. 만약 물체에 정상적인 유체의 몫보다 많은 양의 유체가 있다면 물체는 양(+)전하를 가졌다고 말하고, 물체가 정상적인 몫보다 적은 양의 유체를 갖는다면 물체의 전하는 음(-)전하라고 간주한다. 이런 유체이론을 기초로 프랭클린은 전기유체를 +(넘치는 곳)로부터 -(부족한 곳)로 흘러간다고 결론지었다. 유체이론은 형상화시키기 쉽고 18세기와 19세기에 행해졌던 모든 실험의 결과가 유체이론과 일치되었기 때문에, 모든 사람들은 전하의 흐름이 +에서 -로 흐른다는 개념을 받아들이게 되었다. 1870년에서 1897년 사이에는 전류의 흐름에 관계되는 수많은 공식과 개념들이 존재했었다. 20세기의 과학적인 사회생활에서도 전류는 생명의 길이라 생각하고 있다. 오늘날 수많은 공학도서에는 아직도 관습적인 흐름을 사용하고 있고, 새로운 소자를 개발(창안)하는 기술자나 과학자들 중 어떤 이는 관습적인 전류 방향을 표시하는 점에 화살표를 삽입해서 사용하는 경향이 있다.

전자의 흐름

구리 도선에서 흘러가는 전하는 자유 전자들 뿐이다. 전기장의 영향 아래서 이런 자유 전자들은 건전지의 -단자에서 출발해서 구리 도선을 통해서 +단자로 이동한다. 이것의 완전한 반대가 바로 관습적인 흐름(전류의 흐름)이며 문제가 발생된다. 모든 사람들은 전하는 실제적으로 구리 도선에서 -쪽으로부터 +쪽으로 흐른다고 동의하지만, 관습적인 전류 흐름을 사용하려고 한다. 왜 저항이 변하는가? 원자 준위에서 구해보면 전하의 흐름을 -로부터 +로 형상화하든지 +에서 -로 형상화하든지 차이가 없다. 수학적으로 어떤 경우이든지 똑같은 해답을 얻을 것이다. 따라서 비록 전자가 흘러가는 것이 진실이라고 하더라도 회로이론에서 200년동안 전류방향이 수학적 기초로 사용된 것이 사실이다. 무엇이 이렇게 만들었는가 하는 것은 공학자들이 전류흐름이나 전자흐름 중에서 하나씩 선택하기보다는 둘 다 사용하는 것이 편리하기 때문이다. 원자 레벨에서 공학자들은 실제 일어나는 일을 설명하기 위해서 전자의 흐름을 사용한다. 원자 레벨을 넘어서면 전자보다는 가정의 양전하의 흐름이라고 생각한다.

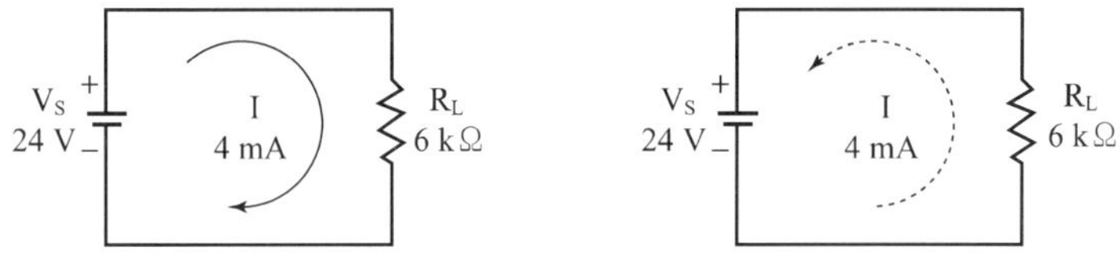

(a) 실선으로 표시되는 관습적인 전류　　(b) 점선으로 표시되는 전자전류

그림 1-17 전자전류와 관습적인 전류.

전자의 흐름과 전류의 흐름이 모두 유효하다

어떤 소자가 처음 논의되었을 때 두 가지의 전류 형태 중 관습적인 전류는 실선으로 전자의 흐름은 점선으로 표시되어 졌는데, 여러분들은 어느 것이든 사용할 수 있다. 둘 중 원하지 않는 하나는 무시할 수도 있다. 예를 들면, 그림 1-17(a)는 회로에서 관습적인 전류를 표시하고, 그림 1-17(b)는 같은 회로에서 전자의 흐름을 표시한다. 이 책에서는 전류의 흐름이나 전자의 흐름 중 어느 것을 동의(인정)하든간에 유용하다.

1.10 DC 전류와 AC 전류

그림 1-13에서 설명한 회로에서 전자의 흐름은 한쪽 방향으로만 흘러가기 때문에 직류전류이다. 이와 같은 일이 발생되는 것은 건전지 출력전압의 극성이 변하지 않기 때문이다. 따라서 흘러가는 전하의 방향이 하나뿐이고 가해진 전압의 극성이 고정되어 있는 회로를 직류회로라고 한다. 실제로 전류는 전자라고 하기보다는 양전하의 이동에 의한 것이고, 관습적인 전류의 방향도 변하지 않기 때문에 직류전류가 된다. 게다가 직류전압원은 자신의 출력전압의 양은 변화시킬 수는 있지만, 극성을 변화시킬 수는 없다. 또한 건전지는 일정한 출력전압을 유지하기 때문에 안정 전압원이라고 한다. 교류전압원은 주기적으로 +와 -의 극성이 바뀐다. 따라서 교류전류도 +, -가 주기적으로 바뀌게 된다. 전류는 항상 +에서 -로 흐르게 되어 있으므로 교류인 경우는 전류의 방향도 바뀌게 되는데, 가정에서는 60사이클의 교류 전력선이 사용된다. 이런 주파수는 초당 60번씩 극성이 바뀐다는 것을 의미한다. 1초당 1주기 변하는 것을 1 Hz라고 하기 때문에 60사이클이 바뀌는 것을 60 Hz의 주파수를 가진다고 한다. 교류와 직류의 파형은 그림 1-18과 1-19에 표시했다.

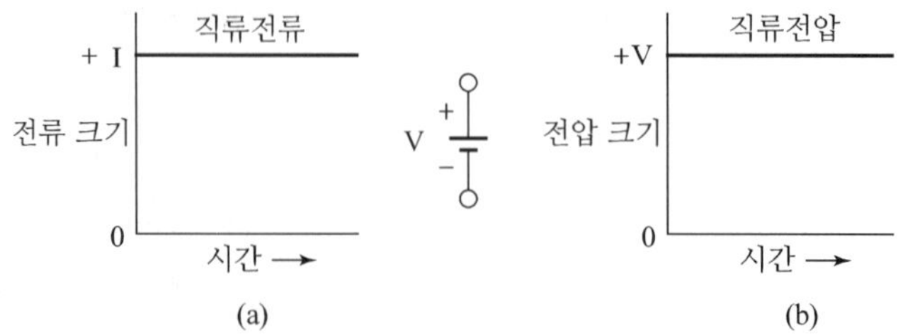

그림 1-18 직류전압과 직류전류의 파형.

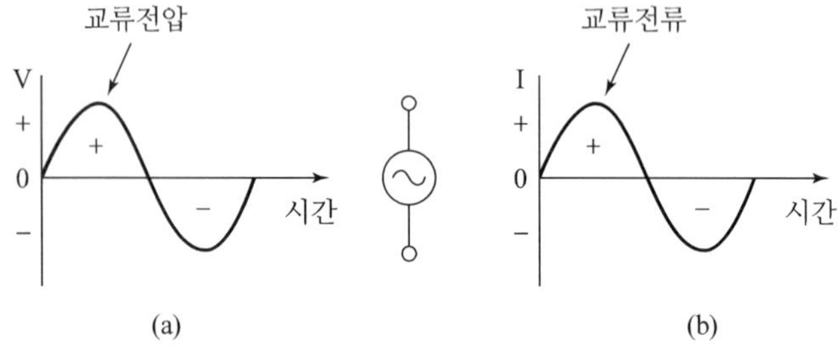

그림 1-19 교류전압과 교류전류의 파형.

1.11 전기의 원천

모든 물질의 원자 속에는 전자와 양성자가 존재하지만 전류를 흐르게 하기 위해서는 전위차를 만들어야 하고 그러기 위해서는 양성자와 전자를 분리 시켜야 한다. 전기적 효과를 발생시키는 일반적인 방법을 다음과 같이 열거한다.

마찰에 의한 정전기

이 방법은 절연체 속에 있는 전자가 마찰에 의해서 반대되는 전하를 생성시키는 것으로 유전체 속에 있게 된다.

화학적 에너지 변환

습식전지나 건전지가 사용되는데 화학적 반응에 의해서 +단자와 −단자로 사용되는 서로 상이한 금속 두 개에 반대의 전하를 발생시키는 것이다.

이온

원자는 화학적 작용이나 가해진 전압의 전계에 의해서 궤도 전자를 잃을 수도 있고 얻을 수도 있다. 이런 원자를 이온이라고 하는데, 이온 전하는 －나 ＋극성을 가지며, 이온은 가스나 액체 내에서 이온화 전류를 발생시킨다.

전자기

전기와 자기는 밀접한 관계를 가지고 있다. 이동하는 어떤 전하라도 자계와 관계를 가지기 때문에 자계의 변화에 의해서 전류가 흐르게 된다. 전동기는 회전 운동을 발생시키기 위해서 전류와 자계가 어떻게 관계되는가를 설명하는데, 가장 손쉬운 예이다. 발전기 역시 자계 내에서 회전하는 도체에 의해서 전압을 발생시키는 예이다.

광전기

어떤 물질은 표면에 빛을 쬐이면 전자를 방출하기 때문에 광전기라고 한다. 세슘 원소는 가끔 광전자원으로 사용된다. 또한 태양전지(solar cell) 또는 광전지(photovoltatic cell)에는 입력된 빛으로부터 전압을 출력으로 얻기 위해서 실리콘이 사용된다. 다른 효과로는 셀레늄(selenium)은 빛에 의해서 저항이 변화된다. 이것이 고정된 전압원과 결합하면 넓은 범위의 암전류(dark current)와 광전류(light current)를 발생시킬 수 있다. 이런 특성들은 TV 카메라 튜브, 광전지, 포토 TR과 같은 광전소자의 응용에 사용된다.

열전자 방출

가열되면 어떤 물질은 표면에서 전자를 방출하는데 이런 전자들은 전류를 제어하는데 사용되고, 방사 전극을 캐소드(cathode), 방출된 전자를 끌어모으는 것을 애노드(anode)라고 한다.

피에조 전기효과

수정이나 롯셀염과 같은 결정에 압력을 가하면 피에조 효과에 의해서 아주 적은 크기의 전압을 발생시킨다.

더모커플

철과 구리처럼 서로 다른 두 개의 금속을 녹여 붙이고 접점에 열을 가하면 접합양단에서 기전력이 발생된다. 따라서 더모커플 접합은 전류의 세기와 온도를 측정하는 데 사용된다.

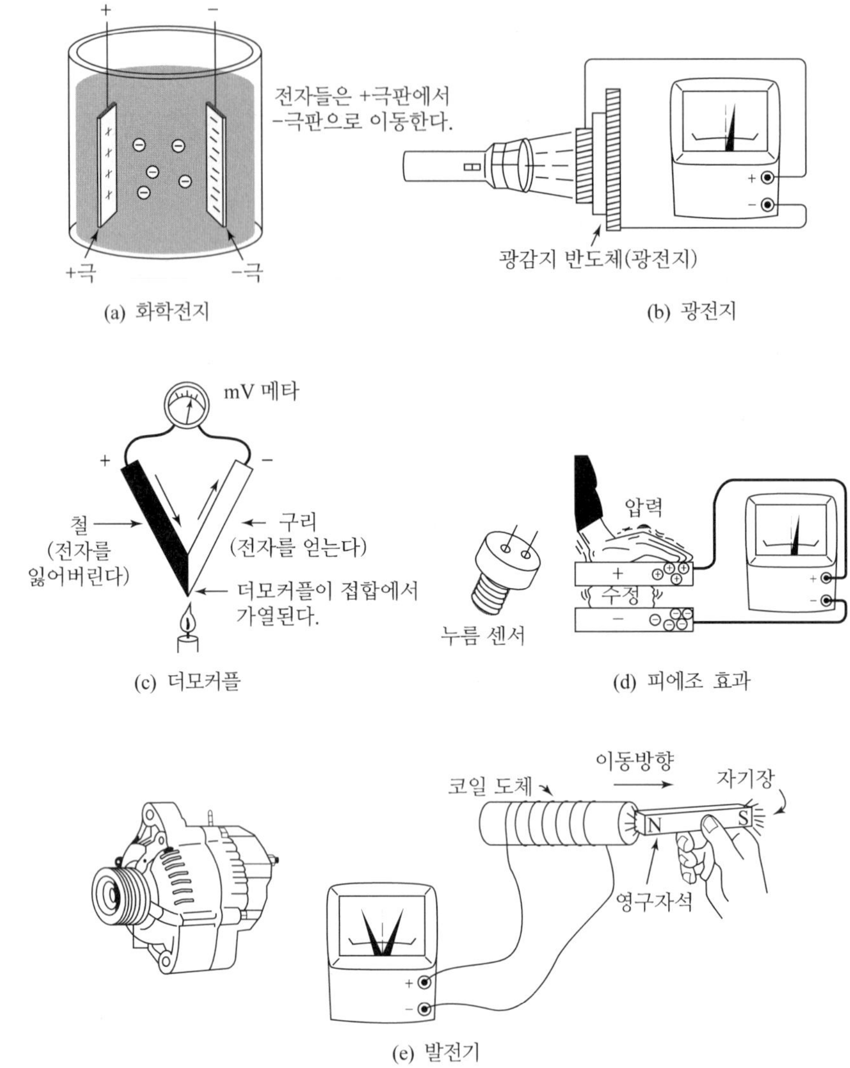
+
−
전자들은 +극판에서
−극판으로 이동한다.
+극
−극
(a) 화학전지
광감지 반도체(광전지)
(b) 광전지
mV 메타
+
−
철
(전자를
잃어버린다)
구리
(전자를 얻는다)
더모커플이 접합에서
가열된다.
(c) 더모커플
압력
누름 센서
수정
(d) 피에조 효과
이동방향
코일 도체
자기장
N
S
영구자석
(e) 발전기

그림 1-20 전기의 원천.

기초확인문제

01 다음 문장을 읽고 밀접한 관계를 갖는 것끼리 선을 연결하시오.

(가) 전자
(나) 중성자
(다) 화합물
(라) 중성
(마) 가전자
(바) 원자 번호
(사) 자유 전자
(아) K각
(차) 이온
(카) 불활성 기체
(k) 원소의 결합
(l) 핵 속의 양자수
(m) 대전된 원자

(a) 양전하
(b) 동일한 개수의 전자와 양성자
(c) 첫 번째 궤도의 전자
(d) 전자 방출
(e) 중성 전하
(f) 최외각 궤도 전자
(g) 최외각 궤도의 할당 전자가 모두 채워짐
(h) 핵 속의 전자 개수
(i) 음전하
(j) 2개의 전자가 할당됨

02 8개의 양성자와 4개의 전자를 포함하고 있는 물체의 순전하는 얼마인가?

03 절연체가 50×10^{18}개의 전자를 잃어버렸다면 전하량의 크기는 얼마인가?

04 절연체가 50×10^{18}개의 얻었다면 전하량의 크기는 얼마인가?

05 어떤 점에서 4초 동안에 20 C의 전하량이 지나갔다면 ( )의 전류가 흐른 것이다.

06 3초 동안에 8 A의 전류가 절연체에 충전된다면 얼마의 전하량이 축적되는가?

07 다음 문장을 완성하시오.

(a) 전하가 일을 할 수 있는 능력을 ( )이라고 한다.
(b) 전하가 서로 다른 전하일 때 두 전하 사이에는 ( )가 존재하게 된다.
(c) 전위차의 단위는 ( )이다.
(d) 모든 전하들의 전위차의 합은 ( )라고 한다.
(e) 전하들이 이동하면 ( )가 발생된다.
(f) 전위차가 zero이면 전류도 ( )이다.

(g) 전하가 단위시간당 흘러가는 비(rate)는 (　　)라고 한다.
(h) 관습적인 전류의 흐름은 (　　)극에서 (　)극으로 이루어진다.
(i) 전자전류는 (　　)극에서 (　　)극으로 흐른다.
(j) 전자전류는 관습적인 전류와 (　)방향으로 흐른다.
(k) 교류전류는 순간적으로 극성이 (　)된다.
(l) 직류 전류는 항상 (　　)극성을 갖는다.

08 **다음의 문장을 읽고 밀접한 관계를 갖는 것끼리 선을 연결하시오.**

(가) 건전지	(a) 전자기 유도
(나) 발전기	(b) 자유 전자
(다) TV 카메라 튜브	(c) 이온화된 개스
(라) 진공관	(d) 화학적 반응
(마) 측음기 바늘	(e) 열에너지
	(f) 광전기
	(g) 기계적인 운동

정답

01 가(i), 나(e), 다(k), 라(b), 마(f), 바(l), 사(d), 아(j), 차(m), 카(g)
02 4개의 positive 전하
03 +Q = 8 C
04 −Q = 8 C
05 5 A
06 24 C
07 a(전위), b(전위차), c(V), d(기전력 = emf), e(전류), f(zero), g(전류), h(+, −), i(−, +), j(반대), k(변화), l(일정한 = 변화되지 않는),
08 가(d), 나(a), 다(f), 라(b), 마(g)

CHAPTER 02 저항기

이 장에서는 전자회로를 구성하는데 필수적으로 사용되는 3대 수동소자인 R, L, C 소자 중의 하나인 저항기의 특성과 회로 연결방법, 응용 분야에 대해서 설명한다.

2.1 저항기의 종류

저항기는 그림 2-1에 표시된 것처럼 세 가지 중요한 특성인 Ω으로 표시되는 저항 크기 R과 W로 표시되는 소비전력 %로 표시되는 허용오차를 가진다. 저항기는 수 Ω에서부터 KΩ, 수십 MΩ까지 다양한 범위의 저항값을 가질 수 있으며, 소비전력 정격도 (1/10)W에서부터 수백 W까지 다양한 범위를 가진다.

저항 R은 원하는 크기의 전류 I를 제공하는데 필요한 크기이거나 전압강하 IR을 얻는 데 필요한 값이다. 그러나 더 중요한 것은 열에 의해서 저항이 파괴되지 않고 견딜 수 있는 최대 정격을 표시하는 소비전력 정격이다. 저항의 와트정격은 안전을 위해서 실제 소비전력보다 약간 작게 표시되어 있다. 가장 많이 사용되는 탄소합성저항기의 전력 정격은 1 W 미만이 사용된다.

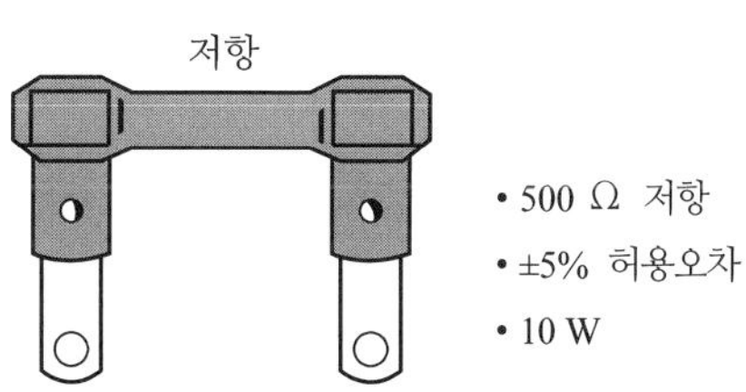

그림 2-1 저항정격의 예.

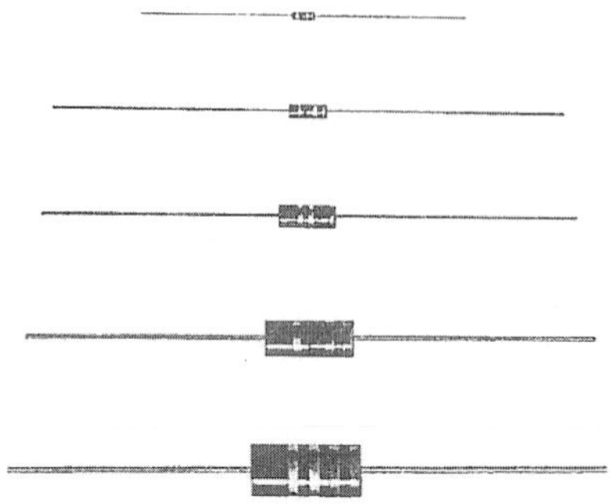

(a)

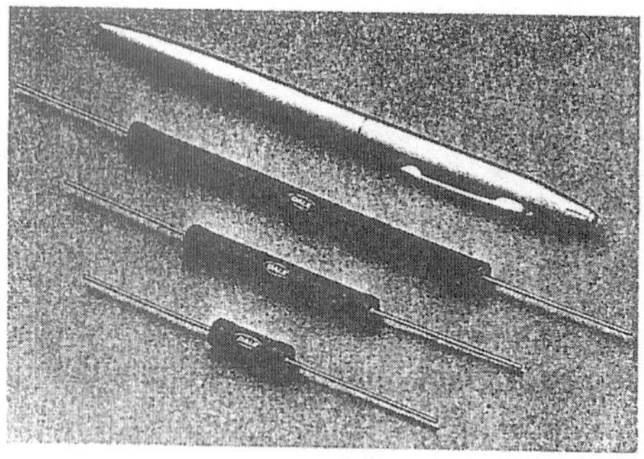

(b)

(c)

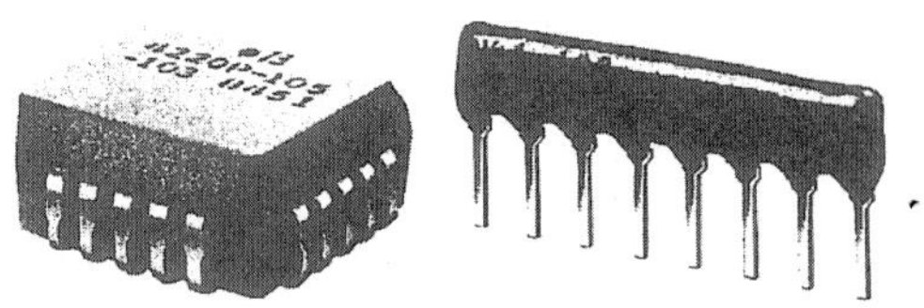

(d)

그림 2-2 (a) 소비전력 정격이 1/8 W, 1/4 W, 1/2 W, 1 W, 2 W인 탄소합성저항기, (b) 권선저항기, (c) 가변저항(전위차계), (d) 저항기 회로망.

그림 2-2에는 탄소합성저항기와 권선저항기, 가변저항, 저항기 회로망이 표시되어 있다. 전력정격이 작아지면 저항기의 물리적인 크기가 작아진다. 그렇지만 항상 저항값이 물리적인 크기와 비례하지는 않는다.

권선저항기

권선저항기는 그림 2-3(a)에 표시된 것처럼 절연 코어의 주위를 저항선이라고 하는 아주 가늘고 긴 도선을 감아서 만들어진 것으로, 권선의 길이가 저항의 크기 R을 결정하게 된다. 저항선은 보통 텅스텐선과 망가닌 선이 사용된다. 절연체 코어는 보통 베이클라이트, 시멘트와 같은 자기 물질과 페놀 물질로 만들어지거나, 압축종이를 사용한다. 권선은 나선이 사용되거나 전체 유니트는 절연물질로 씌어져 있다. 권선저항기는 보통 5 W 이상 100 W 정도의 와트 정격을 가지게 되고, 저항의 크기는 1 Ω 에서부터 수천 Ω 까지의 크기를 가진다. 부가적으로 권선저항기는 정밀하고, 안정한 저항값이 필요한 곳에 사용되는 정밀저항으로, 정확한 R값을 조정하는 정밀 전위차계에 사용된다.

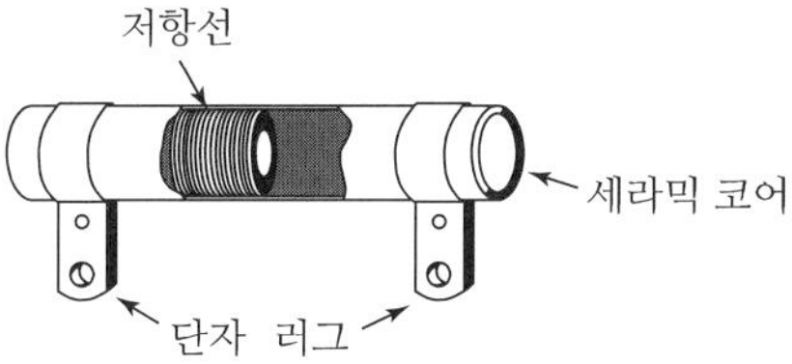

(a) 권선저항기

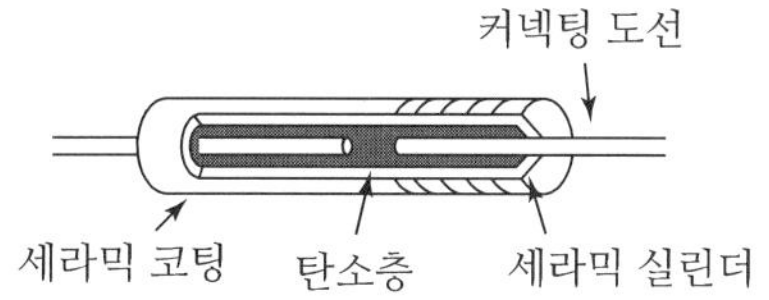

(b) 탄소합성저항기

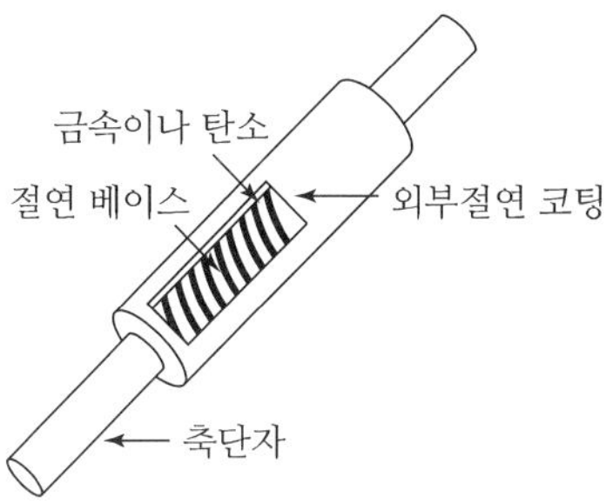

(c) 피막형 저항기

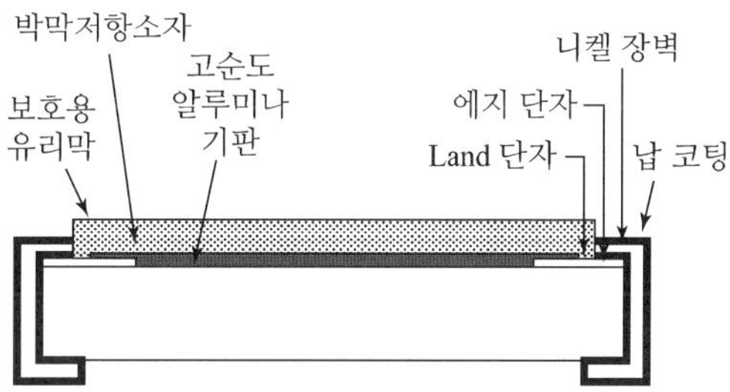

(d) 칩저항기

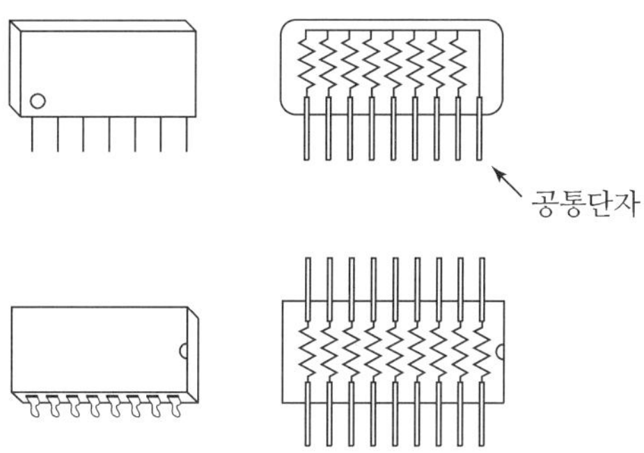

(e) 저항기 회로망

그림 2-3 저항의 구조.

탄소합성저항기

탄소합성저항기는 아주 미세하게 분쇄된 탄소나 흑연을 분말로 만들어진 절연체와 반죽하여 혼합 비율에 의해서 원하는 저항값을 가지도록 만들어진 것으로 그림 2-3(b)에 표시된 것과 같은 형태를 가진다. 저항 요소는 기계적인 강도와 절연을 위해서 플라스틱 케이스로 씌워진다. 탄소저항기의 양쪽 두 단자는 회로에 납땜으로 연결될 수 있도록 주석이 입혀진 구리선과 금속 캡이 연결되어 있다. 이러한 것을 보조 리드선이라고 한다. 탄소저항기의 저항 크기는 1 Ω 에서 20 MΩ 까지가 가능한데 전력정격은 (1/10) W, (1/8) W, (1/4) W, (1/2) W, 1 W, 2 W 정도이다.

피막형 저항기

피막형 저항기는 두 종류가 있는데, 탄소 피막형 저항기는 절연체 주위에 탄소를 얇게 코팅시킨 것이고, 금속 피막 저항기는 그림 2-3(c)에 표시한 것처럼 자기 물질 위에 나선형으로 금속을 얇게 코팅시킨 것이다.

칩 저항기

칩 저항기는 그림 2-3(d)에 표시된 것처럼 고체 자기 기판 위에 탄소 코팅을 행한 것으로, 열에도 안정하고 정확한 R값을 유지하는데 목적이 있으며, 간혹 작은 직사각형의 형태로 PCB에 고정시킬 수 있도록 단자가 구성된다.

저항기 회로망

저항기 회로망은 그림 2-3(e)에 표시된 것처럼 SIP(single in line package)와 DIP(dual in line package) 구조를 갖는다.

2.2 고정저항과 가변저항

저항은 그림 2-4에 표시된 것과 같은 지그재그 라인을 회로기호로 사용한다. 이때 가변저항의 기호에는 화살표가 사용되는데 가변저항에는 2단자를 갖는 가감저항기(뢰스태트)와 3단자를 갖는 포텐쇼메터(전위차계)가 있다. 가변저항기는 그림 2-4(b)에 표시된 권선저항기와 그림 2-4(c)에 표시된 탄소합성저항기가 사용된다.

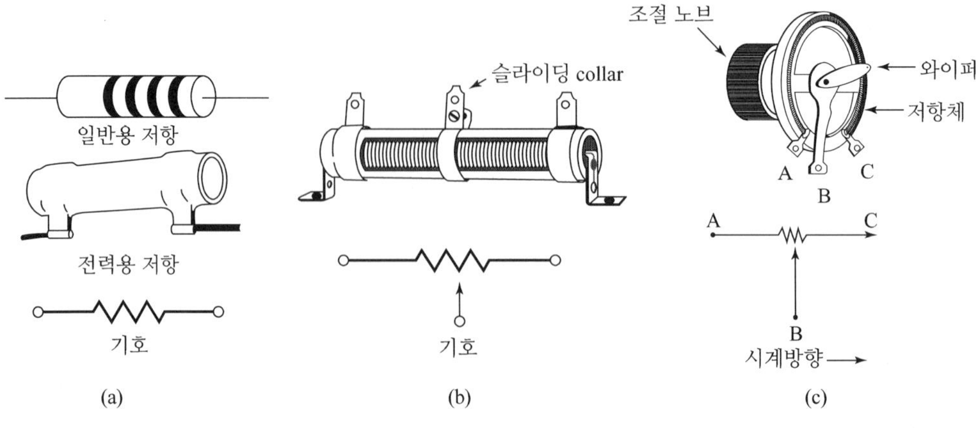

그림 2-4 (a) 고정저항, (b) 조정이 가능한 권선저항, (c) 가변저항기.

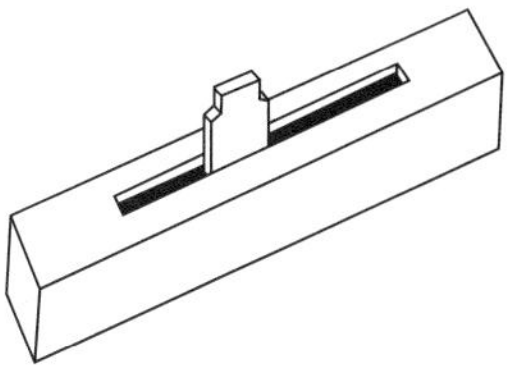

그림 2-5 슬라이드식 가변저항.

이것은 압축 종이나 탄소 성형판 위에 얇게 도금한 것으로 양쪽 끝은 외부와 납땜에 의해서 연결되는 2개의 단자(A, C)가 고정되어 있다. 가운데 단자(B번)는 금속 스프링 와이퍼에 의해서 저항 소자와 접촉하는 회전팔에 연결된다. 저항값 조절에 의해서 축이 회전하면 회전팔은 금속 와이퍼를 저항요소의 다른 점과 접촉하도록 만든다. 이것과 유사한 방법으로 저항을 조절하는 것이 그림 2-5에 표시된 슬라이드식 가변저항기인데, 이것은 원판 대신에 2인치 정도의 긴 막대 형태의 저항소자를 가진다. 접촉이 한쪽 끝 가까이에서 발생되면 이 단자와 회전팔 사이에서 저항 R이 감소한다. 양쪽 끝 단자 사이에서 저항은 변하지 않고 항상 조절할 수 있는 최대 저항값을 가진다. 탄소 가변저항은 1000 Ω 에서 5 MΩ 사이에서 조절 가능한데 전력정격은 (1/2) W에서 2 W 정도이다. 탄소 가변저항은 간혹 전력 on-off 스위치와 결합해서 사용된다.

2.3 뢰스태트와 포텐쇼메타

뢰스태트는 두 단자가 부하와 직렬로 연결되는 가감저항기이다. 이것의 사용 목적은 전류의 세기를 변화시키는 데 있다. 사용되는 응용 분야로는 그림 2-6에 표시된 것처럼 자동차 대시보드의 전조등 조절 장치, 모의 자동차 속도 조절장치, 비디오 게임기의 패들 제어장치 등 다양하다.

포텐쇼메타(전위차계)는 3개의 단자를 갖는데 보통 폿(pot)이라고도 한다. 그림 2-7에 표시된 것처럼 양쪽 두 단자 사이에 고정된 최대 저항 R이 전압원 양단에 연결되고, 회전팔이 가운데 단자와 양끝 단자 사이의 전압을 변화시키기 위해서 사용된다.

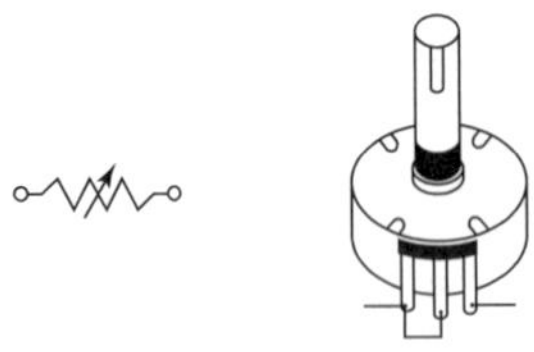

(a) 기호

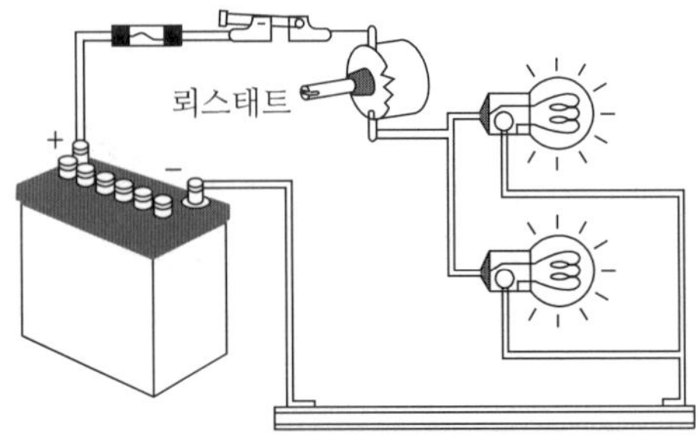

(b) 자동차의 전조등 제어

(c) 모의 자동차 속도제어

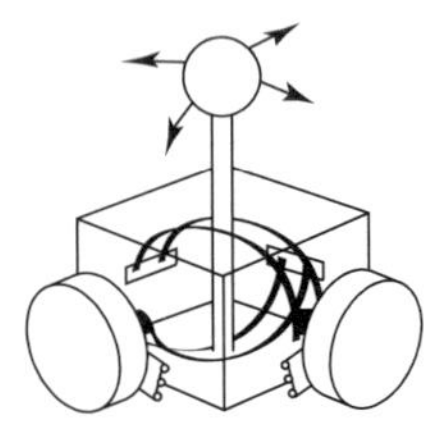

(d) 비디오 게임기의 패들제어

그림 2-6 뢰스태트의 응용 분야.

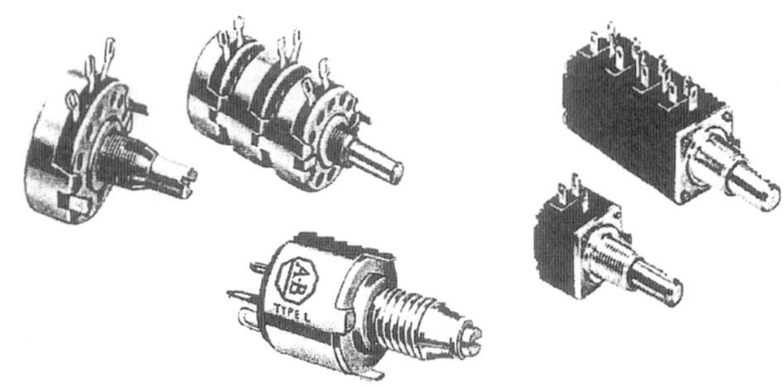

(a) 일반적인 형태

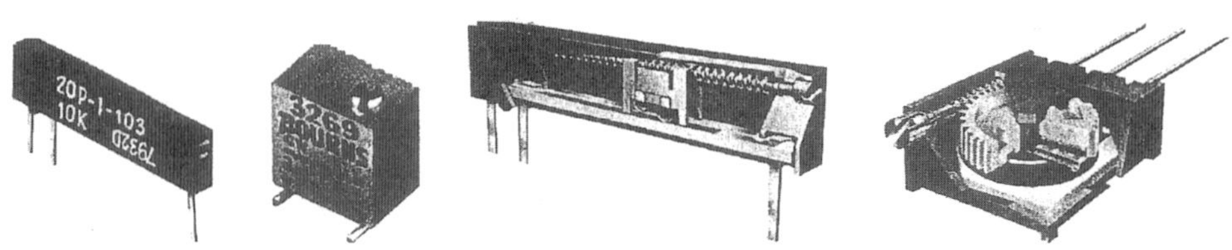

(b) 트리머 전위차계의 형태 및 구조

그림 2-7 전위차계.

가감저항기 회로

그림 2-8에서 가감저항기 R_2의 기능은 R_1 저항을 통해서 흐르는 전류의 세기를 변화시키는 데 있다. 예를 들면, 저항 R_1은 어떤 전류 I가 흘러가는 작은 전구일 수도 있다. 가감저항기 R_2의 두 단자가 R_1 저항과 전압원에 직렬로 연결되기 때문에 합성저항 R_T에 의해서 전류의 세기 I가 결정된다. 따라서 R_2가 변하면 R_T가 변하고 I가 변하게 되는데 이것은 회로에 연결된 전류계에 의해서 확인할 수 있다. 그림 2-8에서 R_1이 5 Ω이고, R_2가 0 Ω에서 5 Ω까지 변하는 크기를 갖는 가감저항기라고 가정하면 R_2가 최대 크기인 5 Ω을 가지는 경우 R_T는 10 Ω이 되고, I는 1.5 V/10 Ω = 0.15 A(150 mA)가 된다. 그러나 R_2가 0 Ω의 최소값을 가지는 경우 I는 1.5 V/5 Ω = 0.3 A(300 mA)이다. 중요한 것은 가감저항기는 R이 최소일 때 최대 전류가 흘러갈 수 있는 와트(W) 정격을 가진다. 가감저항기에서는 간혹 교류 전력 응용에 사용되는 낮은 저항회로에서의 상대적으로 큰 전류를 조절하기 위해서 권선저항기가 사용되기도 한다.

전위차계 회로

그림 2-9에 표시된 회로의 목적은 tap off에 의해서 220 V 전원으로부터 필요한 크기의 가변 전압을 출력시키는 데 있다. 따라서 전위차계의 두 끝 단자에 220 V인 인가전압이 연결되고 한쪽 끝단자와 회로 팔 사이에서 출력이 가변전압으로 나타난다. 3단자에서 두 쌍의 연결을 사용하기 위해서 입력과 출력에서 한 단자가 전압원과 연결되고, 나머지 한 쌍은 1번과 3번 단자로 전압원과 연결되는데 이 끝이 입력과 출력에 공통으로 연결된다. 나머지 한 단자는 오직 입력 연결에만 사용된다. 가변 손잡이(회전팔)가 그림 2-9에서 500 kΩ 저항의 중간값을 갖는다면 2번과 1번 단자 사이에는 220 V 전원의 1/2 크기에 해당하는 110 V가 출력된다. 나머지 110 V는 2번 단자와 3번 단자에 걸리게 되는데 이 전압은 출력으로 나타나지 않는다.

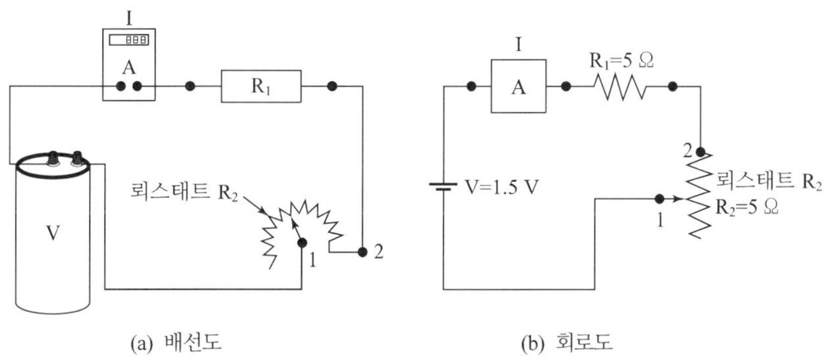

그림 2-8 가감저항기 회로.

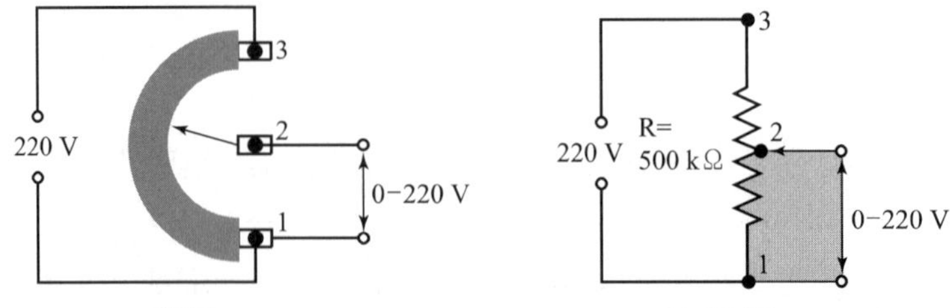

(a) 배선도 (b) 회로도

그림 2-9 전원 양단에서 전압분배기로 동작하는 전위차계.

조절에 의해서 회전팔이 3번 단자 가까이 갈수록 2번과 1번 단자에는 입력전압의 크기와 비슷한 전압이 나타난다. 따라서 R이 최대가 되면 출력단자인 2번과 1번 단자에 220 V가 나타난다(실제로 2번 단자가 3번 단자가 된다). 그러나 회전팔이 최소 저항 R을 갖게 되서 1번 단자와 겹쳐지면 출력은 0 V가 된다. 이때는 모든 전압이 3번과 2번 단자 사이에 걸리게 되고 출력으로는 나타나지 않는다. 이때 주의할 것은 전원은 단락되지 않는다는 점이다. 이것은 포트의 최대 저항 R에 인가전압 V가 걸리기 때문이며, 이때는 회전팔이 어느 위치에 있던 간에 무시된다.

2.4 저항의 색띠 표시

탄소합성저항은 물리적인 크기가 작기 때문에 저항값을 그림 2–10에 표시한 것처럼 색띠로 표시한다. 색띠의 크기는 검정에서부터 시작해서 흰색까지 10단계이며, 가장 낮은 크기는 0이고, 가장 큰 숫자는 9이다. 이것은 EIA(Electronic Industries Association)에 의해서 표준화된 것으로 콘덴서에도 사용된다. 색띠는 저항체의 절연체로 싸인 몸체 한쪽 끝에 표시된다. 왼쪽부터 오른쪽의 순으로 읽어 나가는데 첫 번째 띠는 저항의 첫 번째 수치를 표시하고, 두 번째 띠는 두 번째 자리를 의미하고, 세 번째 숫자는 10의 곱수로 두 개의 디지트 다음에 오는 0의 개수를 표시한다.

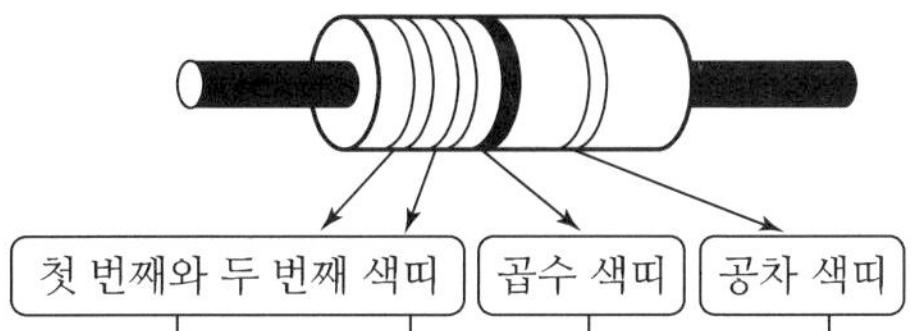

색깔	첫번째 숫자	두번째 숫자	곱수	% 허용오차
Black(검정)	0	0	1	
Brown(갈색)	1	1	10	±1%
Red(적색)	2	2	100	±2%
Orange(오렌지색)	3	3	1,000	
Yellow(노란색)	4	4	10,000	
Green(녹색)	5	5	100,000	
Blue(청색)	6	6	1,000,000	
Violet(보라색)	7	7	10,000,000	
Gray(회색)	8	8		
White(흰색)	9	9		
Gold(금색)			0.1	±5%
Silver(은색)			0.01	±10%
NO BAND(무색)				±20%

그림 2-10 탄소저항기의 색띠 표시법.

그림 2-11(a)에서 첫 번째 적색(red) 띠는 2를 표시하고. 두 번째의 파란색 띠는 6을 표시한다. 세 번째의 오렌지 색띠는 0이 3개 이므로 1000을 표시한다. 따라서 전체 저항은 26000 Ω이 된다.

적색 파란색 오렌지색

↓ ↓ ↓

$$2 \quad 6 \quad \times \quad 1000 \quad = \quad 26000$$

그림 2-11(b)에서 두 번째 검정은 0이고, 세 번째 갈색은 10을 의미한다. 따라서 500 Ω이 된다.

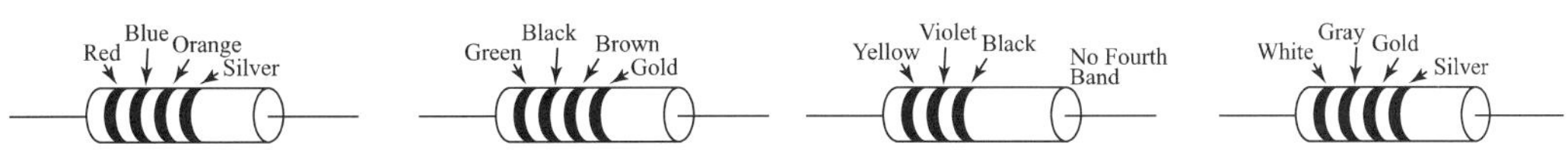

(a)	(b)	(c)	(d)
저항값	저항값	저항값	저항값
Red = 2	Green = 5	Yellow = 4	White = 9
Blue = 6	Black = 0	Violet = 7	Gray = 8
Orange = × 1000	Brown = × 10	Black = × 1	Gold = × 0.1
Silver = ±10% tolerance	Gold = ±5% tolerance	No Fourth Band = ±20% tolerance	Silver = ±10% tolerance
∴ 저항값 = 26000 Ω ±10%	∴ 저항값 = 500 Ω ±5%	∴ 저항값 = 47 Ω ±20%	∴ 저항값 = 9.8 Ω ±10%
(실제적인 저항값은 23400 Ω에서 28600 Ω 사이에서 변화된다.)	(실제적인 저항값은 475 Ω에서 525 Ω 사이에서 변화된다.)	(실제적인 저항값은 56.4 Ω과 37.6 Ω 사이에서 변화된다.)	(실제적인 저항값은 8.82 Ω과 10.8 Ω 사이에서 변화된다.)

그림 2-11 저항의 크기 표시.

10 Ω 이하의 저항 표시

10 Ω 이하의 저항값은 세 번째 색띠가 금색이거나 은색인데, 이것은 1/10과 1/100을 의미한다. 그림 2-11(d)에서 R의 크기는 $98 \times 0.1 = 9.8\ \Omega$ 이다. 은색은 0.01을 의미하는데 그림 2-11(d)의 세 번째 색띠가 은색이라면 R은 $98 \times 0.01 = 0.98\ \Omega$ 이 된다. 이것은 아주 중요하기 때문에 잊지 말도록 당부하고 싶다. 다시 말해 금색과 은색은 보통 공차 표시로만 생각하기 쉽기 때문에 금색과 은색이 세 번째 밴드에 표시되는 것이 틀리다고 가정할 확률이 많기 때문이다.

저항의 허용오차

실제 저항 R과 색띠 표시 저항과의 차이를 퍼센트로 표시한 것이 허용오차이다. 예를 들어, 2,000 Ω ± 10%로 표시되면 색띠 표시 저항값은 2000 Ω 이지만 실제 저항값은 1,800 Ω 이거나 2,200 Ω 이 될 수도 있다는 것을 의미한다. 2000 Ω 의 10%는 $0.1 \times 2{,}000 = 200\ \Omega$ 이므로 +10%의 오차를 갖는 경우 2,200 Ω 이 되고

$$2{,}000 + 200 = 2{,}200\ \Omega$$

−10%의 오차를 갖는 경우 1,800 Ω 이 된다.

$$2{,}000 - 200 = 1{,}800\ \Omega$$

그림 2-11에서 4번째 표시된 은색 띠는 ±10%의 오차를 나타내고 금색 띠는 ±5%의 오차를 의미한다. 만약 4번째 띠에 아무런 표시가 없다면 ±20%의 오차를 의미한다. 오차가 적을수록 정확한 저항값을 가지게 되지만 가격은 비싸지게 된다. 따라서 대부분의 회로에서는 저항들의 허용오차가 인정된 채로 사용된다. 그러나 경우에 따라서는 저항의 색띠는 그림 2-12에 표시된 것처럼 4개에서 5개로 증가하는 경우가 있는데, 이때 앞쪽의 3개는 각 자릿수를 표시

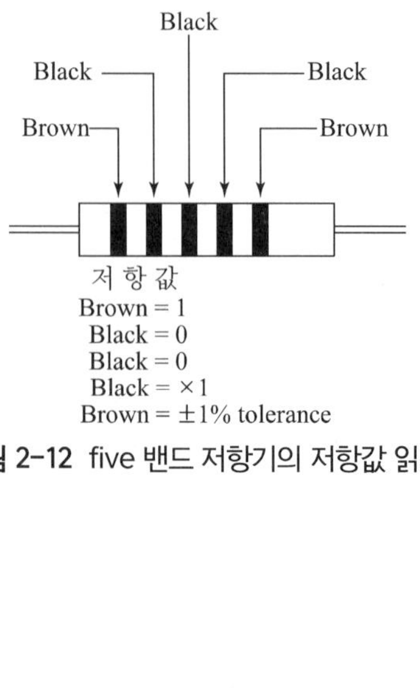

그림 2-12 five 밴드 저항기의 저항값 읽기.

하는 숫자를 의미하고, 4번째 색띠가 곱수를 나타내며, 5번째 색띠가 허용오차를 표시하게 된다. 이런 저항들은 아주 정밀한 저항값을 갖게 되는데 허용오차는 갈색인 경우는 1.0%, 적색인 경우는 0.1%, 오렌지색인 경우는 0.01%, 노란색인 경우는 0.001%를 나타낸다.

2.5 저항기의 고장

저항이나 트랜지스터와 같은 소자는 단락되거나 개방되는 경우가 많은데, 이런 소자들이 파괴되는 이유 중의 하나는 최대 소비전력 정격을 초과해서 사용하는 경우이다. 이런 전자 소자들은 이미 공장에서 제작될 때 데이터 시트(data sheet)에 이들 소자의 최대 소비전력 정격을 표시하고 있으므로 이런 정격을 지켜서 사용해야 하나, 이것을 무시하고 최대 소비전력 정격을 초과해서 사용한다면 여러분들은 아마도 매일 새로운 소자를 구입해야 할 것이다. 가끔 최대 정격을 초과한다고 하더라도 소자의 내부가 타게 되서 빈 공간을 만들게 되는데 이것을 개방회로라 한다.

또 다른 하나는 초과 전력 소비로 인해서 소자의 내부가 녹아서 인접한 부분을 접합시켜서 단락 회로를 만드는 경우이다. 그러나 최대 정격을 초과하지 않는 경우에도 또 다른 개방과 단락이 발생하는 경우가 있는데, 그것은 PCB 기판에서 납땜을 하는 과정에서 발생된다. 원하지도 않는 납땜 중 녹아내린 납의 찌꺼기가 인접한 도선을 연결하면 솔더 브리지(solder bridge, 납으로 연결된 다리)가 만들어져서 단락 상태가 되고, 빈약한 납땜 연결은 도선을 연결하지 않기 때문에 개방회로가 되는데, 이것을 cold solder joint 현상이라 한다.

기초확인문제

* (a)(b)(c)(d) 중에서 옳은 것을 고르시오.

01 권선저항기의 일반적인 저항값과 소비전력으로 옳은 것을 고르시오.

(a) 1 MΩ, (1/3) W (b) 500 Ω, 1 W (c) 50,000 Ω, 1 W (d) 10 Ω, 50 W

02 탄소합성저항기의 일반적인 저항값과 소비전력으로 옳은 것을 고르시오.

(a) 6800 Ω, 1 W (b) 5 Ω, 5 W (c) 10000 Ω, 10 W (d) 1000 Ω, 100 W

03 탄소합성저항기의 색띠가 노란색, 보라색, 적색, 은색으로 표시되어 있다면 저항값과 공차는 어떻게 표시되는가?

(a) 740 Ω ± 5% (b) 4700 Ω ± 10% (c) 7400 Ω ± 1% (d) 47000 Ω ± 10%

04 탄소합성저항기의 색띠가 녹색, 검정색, 금색, 무색으로 표시되어 있다면 저항값과 공차는 어떻게 표시되는가?

(a) 0.5 Ω ± 5% (b) 0.5 Ω ± 10% (c) 5 Ω ± 20% (d) 50 Ω ± 10%

05 100 Ω ± 20%의 저항이 갖는 실제 저항값은?

(a) 80 Ω과 120 Ω 사이 (b) 90 Ω과 110 Ω 사이 (c) 98 Ω과 102 Ω 사이 (d) 100 Ω과 120 Ω 사이

06 1000 Ω, 1 W용 저항 두 개를 병렬연결했다면 합성저항의 크기와 전력정격은 얼마가 되는가?

(a) 500 Ω, 1 W (b) 500 Ω, 2 W (c) 1000 Ω, 2 W (d) 2000 Ω, 2 W

07 다음 중 회로 저항값으로 적절한 것은 어느 것인가?

(a) 47 (b) 520 (c) 43000 (d) 54321

08 저항계로 개방회로를 측정하면 (a) 0 Ω, (b) ∞ Ω, (c) 허용오차 내의 최대값 (d) 0 Ω은 아니면서 비교적 낮은 값이다.

09 저항계로 저항을 검사할 때 (a) 낮은 저항의 범위에서 큰 저항을 측정한다. (b) 높은 저항 범위 내에서 낮은 저항을 측정한다. (c) 모든 병렬저항통로를 제거시킨다. (d) 테스트 리이드선을 손가락으로 잡고 큰 저항을 측정한다.

정답

01 (d) 02 (a) 03 (c) 04 (c) 05 (a)
06 (b) 07 (a) 08 (b) 09 (c)

CHAPTER 03 옴의 법칙

이 장에서는 전기회로에 인가된 전압 V와 저항 R에 의해서 전류의 세기 I가 어떻게 결정되는지 설명한다. 전류의 세기는 인가되는 전압의 크기에 비례하고, 저항의 크기에 반비례한다. V = IR, R = V/I, I = V/R로 표시되는 전압, 전류, 저항의 관계식을 옴의 법칙이라 하는데, 직류회로와 교류회로에 모두 적용이 가능한 강력한 공식이다. 옴의 법칙은 회로에서의 소비전력을 계산하는 데도 유용하다.

3.1 전류, 전압, 저항

만약 회로 저항 요소의 크기는 고정되어 있고, 인가되는 전압의 크기가 변한다면 전류도 변화하게 된다. 이와 같은 관계는 그림 3-1에 표시된 회로에서 잘 나타나 있다. 인가전압의 크기가 0 V에서부터 18 V까지 변화한다고 가정하고 전구에 18 V의 전압이 공급되었을 때 전구의 밝기가 표준전류의 경우라고 생각해 보면, 15 V의 전압이 인가되었을 때 전구의 밝기가 18 V의 경우보다 흐린 것을 알 수 있고, 전압이 0 V가 되면 전류가 흐르지 않기 때문에 전구는 빛을 내지 않게 된다. 다시 말해 전구의 필라멘트 저항 크기는 변화가 없는데, 전압이 변화하므로 전구의 밝기가 변화되는데 이것을 전류의 세기라고 가정한다면 식 (3.1)과 같은 옴의 법칙을 증명할 수 있게 된다.

$$I = \frac{V}{R} \tag{3.1}$$

위 식에서 I는 저항을 통해서 흐르는 전류의 세기이고, V는 저항의 양단에 인가되는 전압의 크기를 표시한다.

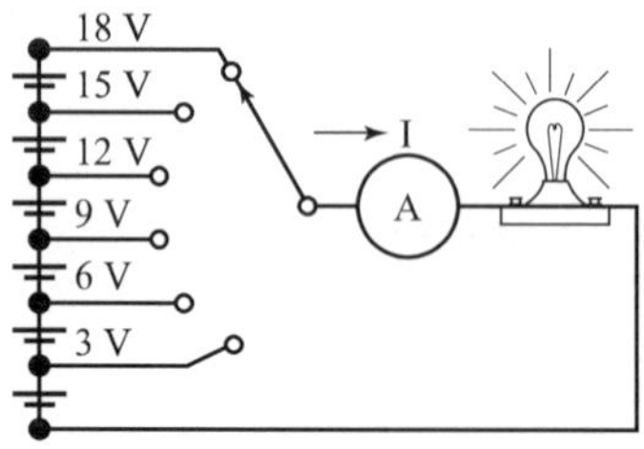

그림 3-1 인가전압이 증가되면 전구의 밝기가 밝아지도록 많은 전류가 흐른다.

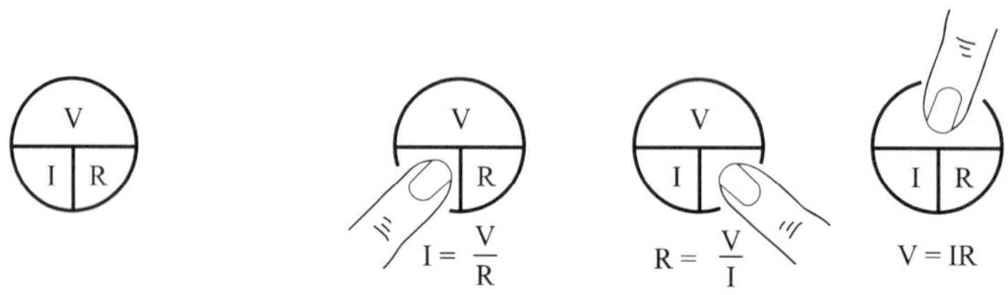

(a) (b)

그림 3-2 옴의 법칙삼각형.

그림 3-2에 표시된 옴의 법칙 삼각형을 이용해서 구하고자 하는 양을 손가락으로 지정하면 전류, 전압, 저항을 쉽게 구할 수 있다.

전류는 저항에 반비례 한다

I와 R의 관계를 다음의 세 가지 예에서 확인해 보자.

예제 1 저항이 30 Ω인 전열기에 120 V의 전원이 연결된다면 전류의 세기 I는 얼마인가?

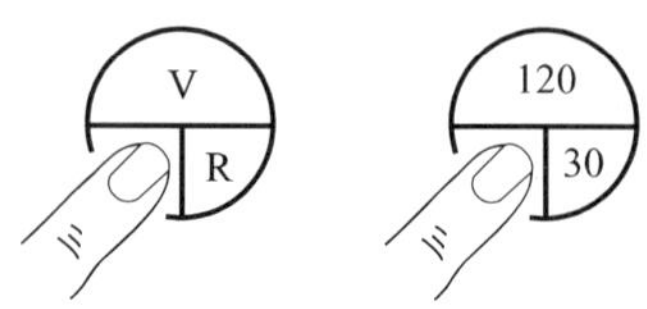

▸ $I = \dfrac{V}{R} = \dfrac{120\ V}{30\ \Omega} = 4\ A$

예제 2 꼬마전구의 저항이 220 V의 전원에 연결될 때 11 A의 전류가 흐른다면 저항의 크기는 얼마인가?

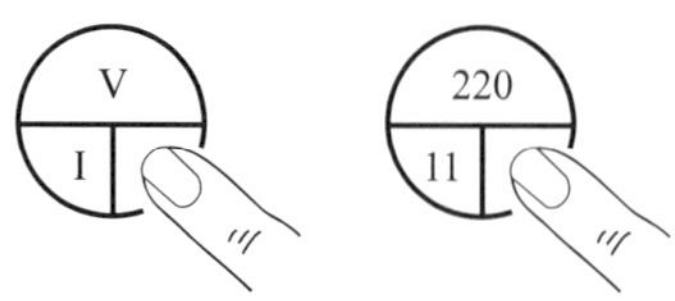

▸ $R = \dfrac{V}{I} = \dfrac{220\ V}{11\ A} = 20\ \Omega$

예제 3 전류가 3.5 A이고 저항이 20 Ω일 때 전압의 크기는 얼마인가?

▸ $V = IR = 3.5 \times 20 = 70\ V$

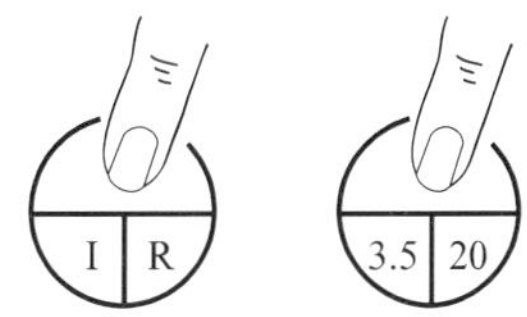

3.2 전압과 전류의 선형성

옴의 법칙에서 I = V/R 공식은 R이 고정되어 있을 때 V와 I 사이에서 선형성이 있음을 나타낸다. 그림 3-3에서 부하저항이 10 Ω으로 고정되어 있다고 가정하고 전압을 0 V에서 100 V까지 가변시키면서 전류의 크기를 측정하면 그림 3-3(b)와 같이 V에 대해서 선형적으로 변화하는 것을 확인할 수 있다.

3.3 소비전력

소비전력의 단위는 제임스 와트의 이름을 따서 W를 사용한다. 1 W의 전력은 1 C의 전하를 1 V의 전위차에 의해서 1초 동안 이동시킨 것에 해당하는 일이다. 1초 동안 1 C의 전하를 이동시키는 것을 앞에서 1 A라고 했던 기억을 되살리면 1 W는 1 A×1 V의 크기를 갖고 식 (3.2)처럼 표시할 수 있다.

전압(V)	전류(mA)
20	1
40	2
60	3
80	4
100	5
120	6
140	7
160	8
180	9
200	10
220	11

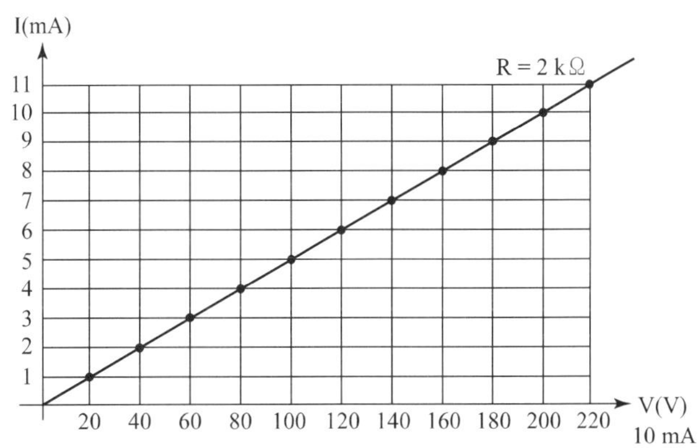

그림 3-3 V-I 특성곡선 저항 R이 2 kΩ으로 고정될 때 전압과 전류의 특성곡선.

$$P = V \times I \tag{3.2}$$

6 V의 건전지가 회로에 2 A의 전류를 흐르게 한다면 건전지는 12 W의 전력을 발생시키는 것과 같다.

일과 전력

일과 에너지는 본질적으로 같으며 동일한 단위를 사용한다. 그러나 전력은 시간에 대한 일의 비를 나타내는 일률이다. 예를 들어, 100 lb의 무게를 갖는 물체를 10 ft만큼 이동시킨다면 일은 100 lb×10 ft 또는 1,000 ft · lb가 되며, 얼마나 빨리 옮겼는지 느리게 옮겼는지 상관하지 않는다. 따라서 일의 단위는 시간과는 무관한 foot-pound가 된다. 여하튼 전력은 일을 시간으로 나누게 되므로 1 s 동안 1,000 ft · lb의 일을 했다면 전력은 1,000 ft · lb/s가 되고, 2초 동안 1,000 ft · lb의 일을 했다면 500 ft · lb/s가 된다. 유사하게 전력도 전압에 의해서 이동되는 전하의 시간에 대한 비가 된다. 이것이 전력의 단위 W가 볼트(V)×암페어(A)가 되는 이유이다.

전력량

킬로와트아우어는 전기적인 일 또는 에너지의 양을 표시하는 단위로 전력에 시간을 곱한 것으로 보통 전력량이라고 한다. 예를 들어, 600 W 또는 0.6 kW의 소비전력을 갖는 전구를 4시간 사용했다면 에너지는 0.6 kW×4 h = 2.4 kW가 된다. 보통 가정에서의 전기요금을 계산할 때는 kWh에 해당하는 요금을 내게 된다. 가정용 전원을 220 V라고 할 때 전체 사용 전류가 20 A라면, 전력 P = 220 V×20 A = 4,400 W(4.4kW)가 되고 이것을 10시간 사용한다고 하면 소비된 에너지는 4.4 kW × 10 h = 44 kWh가 되고, kWh당 500원이라고 한다면 22,000원(44×500 = 22,000원)의 전기요금을 지불하게 된다.

표 3-1에 전자제품들이 사용하는 대략적인 전력량을 표시했다.

표 3-1

응용 분야	소비전력	1달 사용시간	KWh	응용 분야	소비전력	1달 사용시간	KWh
공기청정기	40	250~720	10~19	헤어드라이	1,000	5~10	5~10
의류건조기	5,000	10~25	50~125	전기오븐	1,000	15~30	15~30
커피메이커	900	4~30	4~27	텔레비전	200	60~200	12~40
컴퓨터	200	50~160	10~32	토스터	1,150	1~-3	1~3
전기히터	1,000	30~90	5~16	비디오	40	50~200	1~8
전기프라이팬	1,150	10~20	12~23	물침대히터	400	180~300	72~120

3.4 저항에서의 전력소비

전류가 저항을 통과하게 되면 이동하는 자유 전자와 전자의 흐름을 방해하는 원자에 의한 마찰 때문에 열이 발생한다. 열은 전류가 흐를 때 전력이 소비된다는 것을 의미하고, 과도한 전류가 흐를 때 발생하는 열이 퓨즈로 사용되는 금속을 녹일만큼 뜨겁다면 퓨즈가 녹아서 회로가 개방된다. 이런 전력은 인가되는 전압원에 의해서 발생되고 저항에서 열의 형태로 소비된다. 저항에서 전력이 소비된다는 전압이 공급되고 있다는 것을 의미하고 전류를 흐르게 하기 위해서 필요한 전위차를 유지해야 한다는 의미이다. 1 W의 전력은 0.24 Cal의 열에너지로 변환되는데 중요한 것은 전력을 열에너지로 바꿀 수는 있지만, 열에너지가 회로에서의 전기적 에너지로 바뀌지는 않는다는 것이다. 따라서 회로의 저항에서 소비되는 전력은 저항 R과의 관계식으로 표시하는 것이 편리하기 때문에 $P = V \times I$ 공식을 V 대신 IR을 대입해서 식 (3.3)처럼 표시하게 된다.

$$P = V \times I = I^2 R = \frac{V^2}{R} \tag{3.3}$$

3.5 전기 쇼크

전기회로를 수리하는 경우 작업자의 실수로 전원이 살아있는 도체를 만지게 되면 전기적인 충격을 받는 경우가 종종 있다. 그 충격은 전류가 신체를 통해서 흐르기 때문에 고통을 느끼게 되고 갑작스런 근육의 수축을 가져 온다. 심한 경우 전기 쇼크로 인해 사망하는 경우도 발생된다. 따라서 항상 안전이 제일 우선되는 문제이다. 전기적인 충격은 전력을 공급하는 전원이 고전압 회로일수록 크다. 인간의 신체가 갖는 저항도 아주 중요한 요인 중의 하나이다.

만약 사람이 양손에 도선을 쥐는 경우 도선 양단에 걸리는 인간의 신체 저항은 약 10,000 Ω에서 5,000 Ω 정도가 되고, 도선을 더욱 단단하게 잡을수록 저항의 크기는 작아진다. 한 손으로만 도선을 만지는 경우 저항의 크기는 훨씬 커져서 양손으로 전선을 만지는 경우보다 작은 전류가 흐르게 된다. 따라서 안전수칙은 전원이 살아있는 경우에 한손만을 사용하는 것이다.

따라서 가장 안전한 작업 방법은 전원을 끈 상태에서 작업하는 것이고, 가능한 한 저항값을 테스트해 보는 것이다. 전류가 회로를 통해서 흐르지 않고 인간의 신체를 통해서 흐르는 것이 전기 쇼크이다. 이것은 고전압 회로에서 중요하게 생각되는데 이것은 인간의 신체가 비교적 높은 저항을 갖고 있음에도 불구하고 큰 전류가 흘러가기 때문이다. 예를 들어, 500 V의 전압이 25,000 Ω 의 신체 저항에 인가된다면 200 mA의 전류가 흐르게 되는데, 인간의 신체는 10 μA만 흘러도 전기 쇼크를 받기 때문에 20 mA가 흐른다면 사망하게 된다.

사람에게 생명을 위협할 수 있는 전류의 양이 실험에 의해서 결정되었는데, 남자인 경우 약 9 mA이고, 여자인 경우에 약 6 mA 정도이다. 게다가 고압인 경우 전원이 얼마만큼의 전

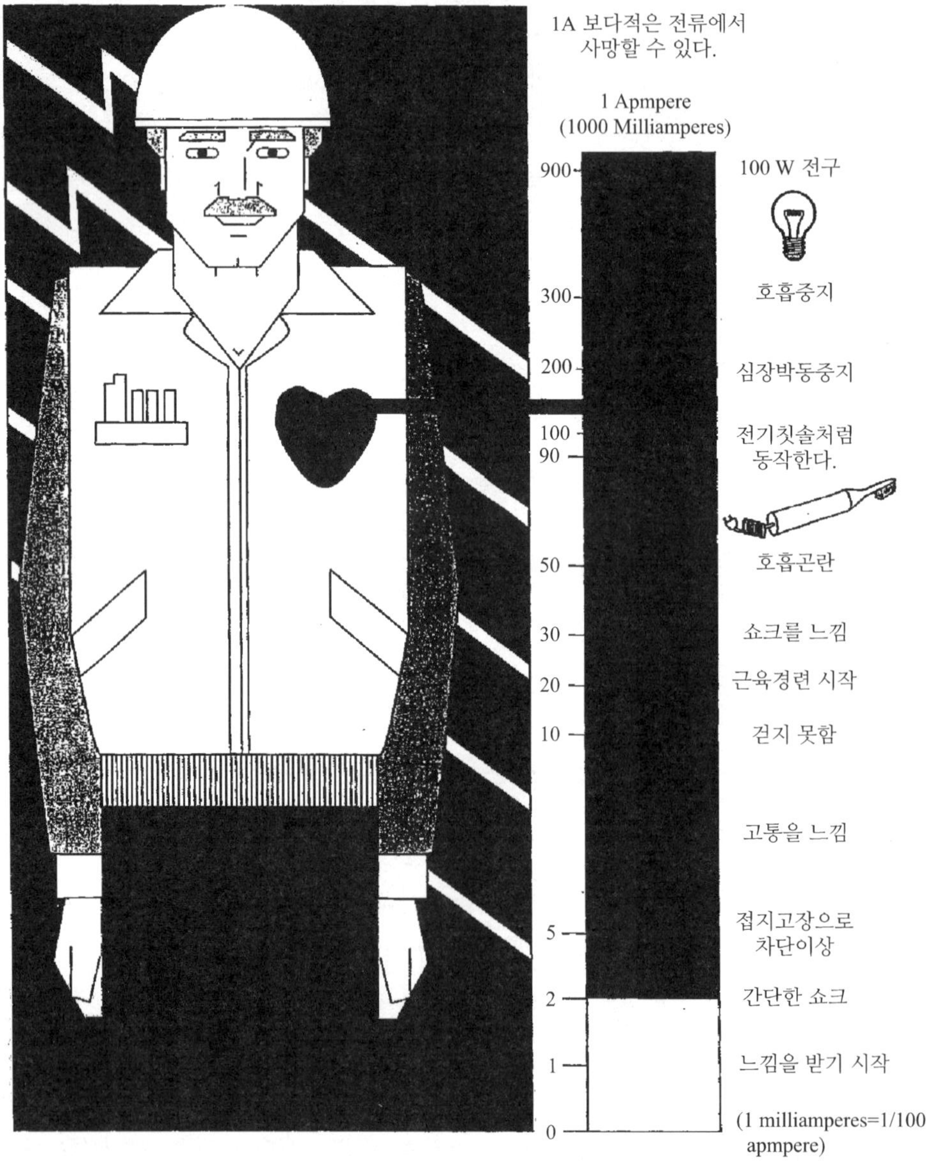

그림 3-4 전류 크기에 따른 신체의 전기쇼크 현상.

력을 공급할 수 있는가가 문제가 되는데 25,000 Ω 의 저항에 0.02 A가 흐른다고 가정할 때 소비전력의 크기는 무려 10 W가 되는데, 만약 전원이 10 W를 공급할 수 없다면 과도한 부하전류와 함께 출력의 전압강하가 발생된다. 따라서 전원이 얼마만큼의 전력을 발생시키는가에 따라서 전류가 감소시키는 양이 달라진다. 요약하면 가장 큰 위험은 부하전류가 신체를 통과할 때 약 30 V 정도의 전압을 계속 유지하면서 전류를 흐르게 하는 전원에 얼마동안이나 연결되는가 하는 점이다. 작업을 할 때 전압인 경우 30 V 이상이면 위험 표시를 붙여야 하고 전류인 경우 5 mA 이상일 때 위험 표시를 붙이게 된다. 그림 3-4에 전류의 크기에 따른 신체의 위험도를 표시했다. 표 3-2에는 신체의 피부가 조건에 따라서 어떤 저항을 갖는지를 표시했다.

표 3-2 피부 조건에 따른 저항

피부조건	저항값
건조피부(dry skin)	100,000 Ω 에서 600,000 Ω
젖은 상태(wet skin)	1,000 Ω
손과 발 사이	400 Ω 에서 600 Ω
귀와 귀 사이	약 100 Ω

기초확인문제

01 다음 문장을 완성하시오.

(a) 전기회로에서 사용되는 에너지원은 (   )와 (   )이다.

(b) 전기회로에서 백열전구는 (   )성 부하이다.

(c) 저항에 과도한 (   )가 흐르면 저항이 타버린다.

(d) 저항이 일정할 때 저항에 흐르는 전압이 2배 증가하면 전류도 (   )배 증가한다.

02 4마력짜리 모터가 8시간 사용된다면 소비전력량은 얼마인가?

03 10 Ω의 저항 양단에 건전지가 연결되어 있을 때 흐르는 전류의 세기가 2 A이다.

(a) 건전지의 전압은 몇 V인가?

(b) 저항에서의 소비전력을 계산하시오.

(c) 건전지에 의해서 공급되는 전력은 얼마인가?

04 (a) 60 V의 전원이 연결되었을 때 30 A의 전류가 흐른다면 저항의 세기는 얼마인가?
(b) 10 kV가 인가될 때 1 mA의 전류가 흐른다면 저항의 크기는 얼마인가?

05 1 MΩ 저항에 1 mA의 전류가 흐르기 위해서는 몇 V의 전압이 인가되어야 하는가?

정답

01 (a) 건전지와 발전기, (b) 저항, (c) 전류, (d) 2

02 24 KWh

03 (a) 20V, (b) 40W, (c) 40W

04 (a) 2Ω, (b) 10 MΩ

05 1,000V 6

CHAPTER

04 저항의 직렬연결회로

만약 두 개 이상의 저항 소자들이 전자가 저항을 통해서 흐르는 경로가 하나뿐인 회로를 구성할 때 저항의 직렬연결회로라라고 한다. 이런 경우 저항 소자의 크기나 연결순서에는 무관하게 하나의 소자 끝부분이 다른 소자와 서로 연속적으로 연결되고 일직선의 형태로 구성된다. 이때 전자가 이동할 수 있는 경로가 하나이기 때문에 각 소자를 통해서 흐르는 전류의 세기는 일정하다. 따라서 일정한 전류의 세기를 필요로 하는 곳에는 직렬회로가 사용된다. 각 소자 양단에 나타나는 전압강하의 크기는 각 저항 소자의 저항 크기에 비례한다. 직류전압회로나 교류전압회로에 항상 적용할 수 있다.

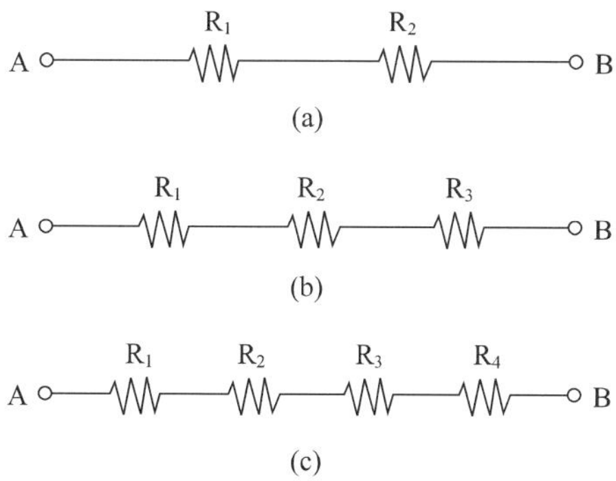

그림 4-1 저항의 직렬연결.

4.1 직렬연결 회로에서의 전류세기 I는 일정하다

회로소자들이 그림 4-2에 표시된 것처럼 연결된다면 직렬회로가 구성되었다고 말하고, 저항 R_1, R_2는 건전지에 직렬로 연결된다. 이때 각 저항을 통해서 흐르는 전류는 그림 4-3에 표시한 것처럼 전류계를 이용하면 동일한 크기를 갖는다는 사실을 확인할 수 있다.

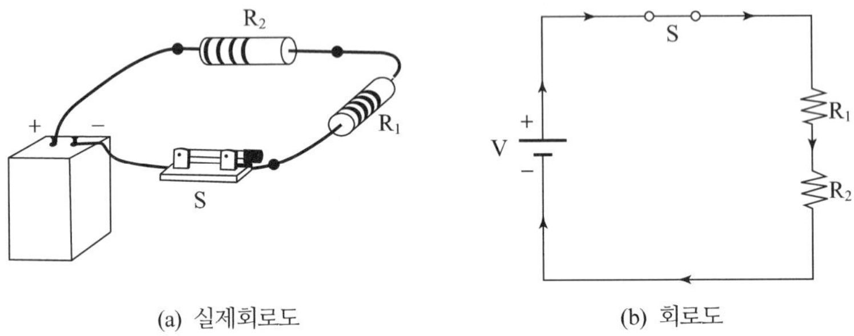

그림 4-2 직렬회로.

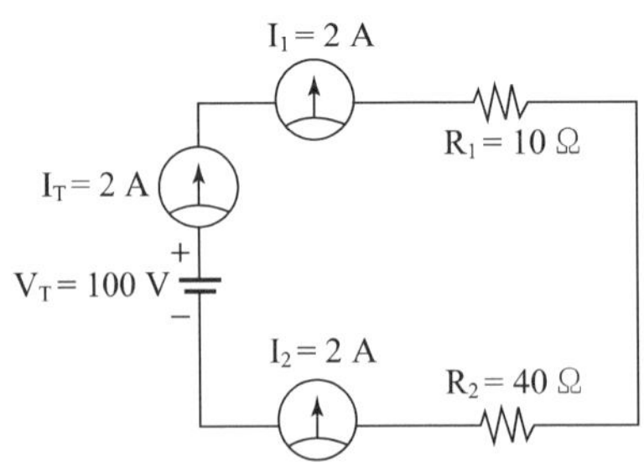

그림 4-3 직렬회로에서의 모든 구간에서 전류의 세기 I는 일정하다.

예제 1 (a) 그림 4-4에서 저항이 직렬로 연결된 회로는 어느 것인가?

(b) 그림 4-4(e)에서 저항 R_3에 3 A의 전류가 흐른다면 저항 R_4에 흘러가는 전류의 세기는 얼마인가?

▸ (a), (b), (c), (d), (e) 모두가 직렬연결회로이다. 직렬연결회로에서 전류의 세기는 일정하므로 저항 R_4에 3 A가 흐른다.

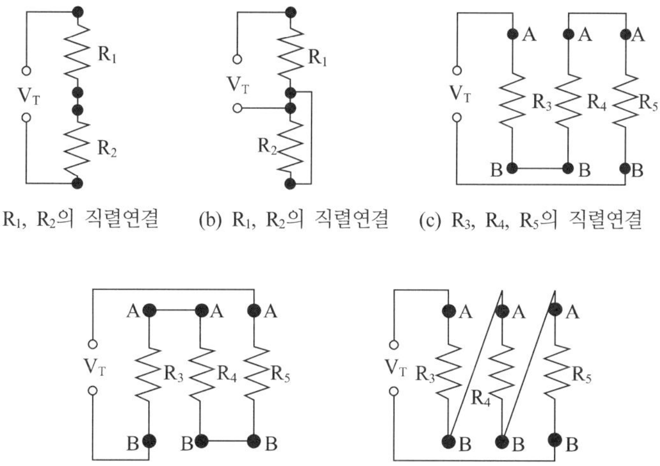

(a) R_1, R_2의 직렬연결 (b) R_1, R_2의 직렬연결 (c) R_3, R_4, R_5의 직렬연결

(d) R_3, R_4, R_5의 직렬연결 (e) R_3, R_4, R_5의 직렬연결

그림 4-4 저항의 직렬연결.

4.2 합성저항 R_T는 모든 직렬저항의 합이다

그림 4-5에 표시된 저항들이 갖는 전체 저항값과 등가인 저항을 구하기 위해서는 각각의 저항 양단에서 발생되는 개별적인 전압강하 V_1, V_2, V_3의 합이 등가저항 양단에서 발생되는 전압강하 V와 같다는 사실에서 출발하면 된다.

$$V = V_1 + V_2 + V_3 \tag{4.1}$$

저항의 직렬회로에서는 개별적인 저항을 통해서 흐르는 전류의 세기 I가 동일하기 때문에 각 저항에서의 전압강하는 $V_1 = IR_1$, $V_2 = IR_2$, $V_3 = IR_3$로 되고, 등가저항에서의 전압강하는 $V = IR_T$이므로 이것을 식 (4.1)에 대입하면 식 (4.2)를 구할 수 있다.

$$IR_T = IR_1 + IR_2 + IR_3 \tag{4.2}$$

여기서 양변을 I로 나누면 식 (4.3)과 같은 등가저항을 구할 수 있다 .

$$R_T = R_1 + R_2 + R_3 \tag{4.3}$$

따라서 아무리 많은 개수의 저항이 직렬로 연결된다고 해도 등가저항의 크기는 각 저항의 합과 같다는 결론을 내릴 수 있다.

$$R_T = R_1 + R_2 + R_3 \cdots\cdots + R_N \tag{4.4}$$

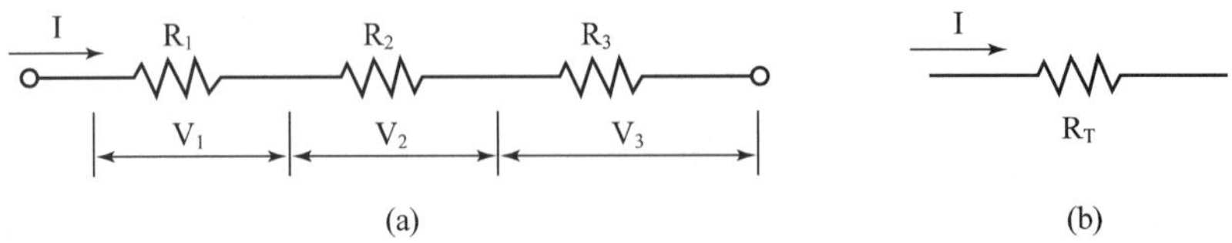

그림 4-5

예제 2 10 Ω 크기를 갖는 저항 3개를 직렬연결 할 때의 합성저항 크기는 얼마인지 구하시오.

▸ $R_T = R_1 + R_2 + R_3 = 10\ \Omega + 10\ \Omega + 10\ \Omega = 30\ \Omega$

예제 3 (a) 그림 4-6에 표시된 직렬회로에 90 V의 전압이 인가된다면 각 저항을 통해서 흐르는 전류의 세기는 얼마인가? (b)각 저항 양단에서의 전압강하의 크기는 얼마인가?

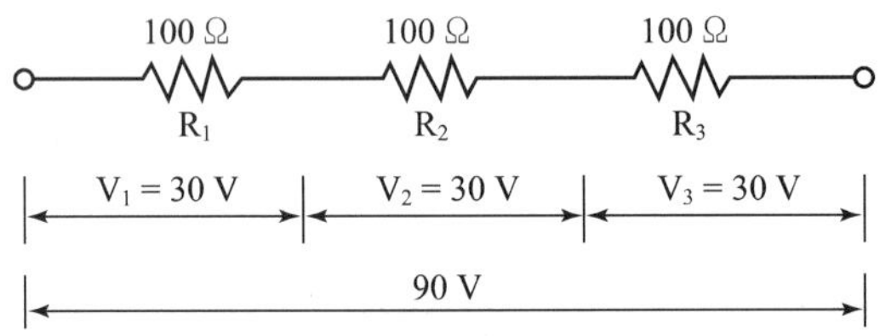

그림 4-6

▸ (a) 전체 회로를 통해서 흐르는 전류의 세기는 4 A이다.

$$I = \frac{V}{R} = \frac{90\ V}{300\ \Omega} = 0.3\ A$$

저항이 직렬로 연결되기 때문에 각 저항을 통해서 흐르는 전류의 세기는 4 A로 모두 같다.

(b) 각 저항 양단에서 나타나는 전압강하는 20 V이다.

$V = IR = 0.3\ A \times 100\ \Omega = 30\ V$

전체 전압강하는 30 V + 30 V + 30 V = 90 V로 인가전압의 크기와 일치한다.

4.3 직렬회로에서의 전체 소비전력

각 저항에서 전류를 흐르게 하는데 필요한 전력은 열의 형태로 소비된다. 따라서 회로 내에서 소비되는 전체 소비전력은 각 직렬저항의 소비전력을 더한 크기와 같으며, 식 (4.5)와 같은 공식에 의해서 구해진다.

$$P_T = P_1 + P_2 + P_3 + \cdots + \text{etc} \tag{4.5}$$

예제 4 5 Ω과 10 Ω짜리 전구 두 개가 12 V의 전원에 직렬로 연결되어 있다고 가정하고, (a) 각 전구에 흐르는 전류의 세기 (b) 각 전구 양단에서의 전압강하 크기, (c) 각 전구의 소비전력과 전체 소비전력을 구하시오.

▸그림 4-7에 해답을 표시했다. 해를 구하기 위해서 첫 번째로 할일은 합성저항을 구하는 일이다. $R_T = R_1 + R_2 = 5\ \Omega + 10\ \Omega = 15\ \Omega$

(a) 회로를 통해서 흐르는 전류의 세기는 0.8 A이다.

$$I = \frac{V}{R} = \frac{12\ V}{15\ \Omega} = 0.8\ A$$

저항의 직렬연결회로이므로 두 전구 모두 0.8 A의 전류가 흐른다.

(b) 5 Ω 전구 양단에서의 전압강하는 4 V이다.

$V_1 = IR_1 = 0.8\ A \times 5\ \Omega = 4\ V$

그리고 10 Ω 전구 양단에서의 전압강하는 8 V이다.

$V_2 = IR_2 = 0.8\ A \times 10\ \Omega = 8\ V$

전체 전압의 크기는 12 V이다.

$V = V_1 + V_2 = 4\ V + 8\ V = 12\ V$

(c) $P_1 = IV_1 = 0.8\ A \times 4\ V = 3.2\ W$

$P_2 = IV_2 = 0.8\ A \times 8\ V = 6.4\ W$

전체 소비전력은 각 전구의 소비전력의 합과 같다.

$P_T = P_1 + P_2 = 3.2\ W + 6.4\ W = 9.6\ W$

등가저항 15 Ω 양단에서의 소비전력과 일치하는지 계산해 보자.

$P = I^2R = (0.8\ A)^2 \times 15\ \Omega = 0.64\ A^2 \times 15\ \Omega = 9.6\ W$

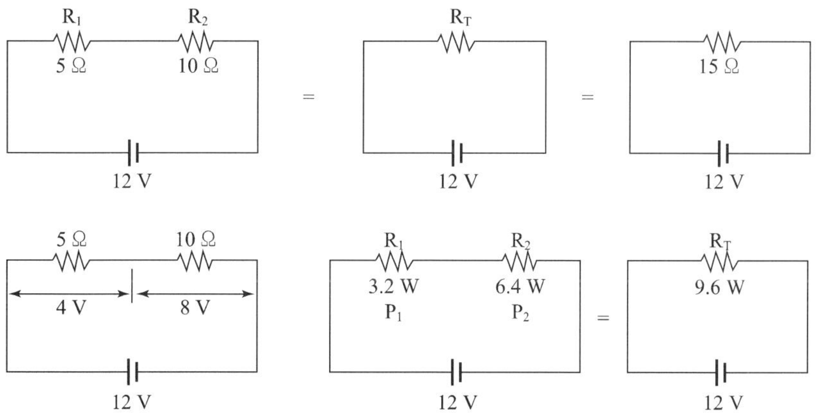

그림 4-7 $P_T = P_1 + P_2$.

4.4 직렬연결된 전압원의 중첩현상

그림 4-8(a)에 표시된 것처럼 직렬로 연결된 전압원의 연결방향이 일치하면 전체 전압은 세 전압원의 크기를 더한 것과 같다. 따라서 전류의 세기도 1.5 V의 V_1에 의해서 발생된 1 A의 전류와 1.5 V의 V_2에 의해서 발생되는 1 A, 1.5 V의 V_3에 의한 1 A의 전류방향이 일치하기 때문에 세 전류의 합인 3 A의 전류가 흐르게 된다. 세 전류가 더해지는 것 이외에도 V_1 전압이 V_2와 V_3 전압에 더해져서 V_T의 크기는 4.5 V가 된다. 이와 같은 4.5 V의 전압이 1.5 Ω 의 저항에 3 A의 전류를 흐르게 한다. 따라서 전압원의 +단자가 다른 전압원의 −단자와 연결되는 경우 두 전압의 중첩 현상에 의해 전체 전압은 증가하게 되는데, 이런 개념은 전압원인 건전지 이외에도 각 저항 양단에 나타나는 전압강하에서도 적용된다.

물론 아무리 많은 개수의 전원이 연결된다고 하더라도 동일한 극성을 갖도록 연결된다면 전체 전압은 각각의 전압 크기를 더한 값으로 구해진다. 그러나 이와 반대로 그림 4-8(c)에 표시된 것처럼 세 개의 전압원이 같은 극성을 갖는 단자끼리 연결되면 반대 방향으로 연결되었다는 것을 의미하는데, 결국 각각의 전압원에 의해서 발생되는 전류의 흐르는 방향이 반대이기 때문에, 큰 전류의 방향 역시 큰 전압원의 극성에 의해서 흘러가게 된다. 세 전압의 차에 해당하는 전압(3 V − 1.5 V = 1.5 V)과 크기가 일치한다. 따라서 세 전압원의 연결방향이 반대

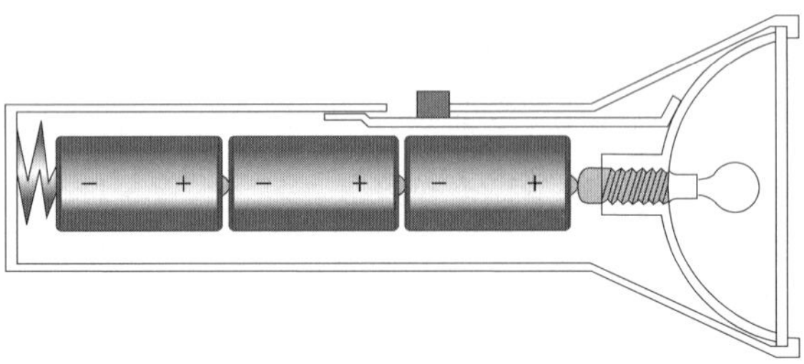

(a) 플래시 회로

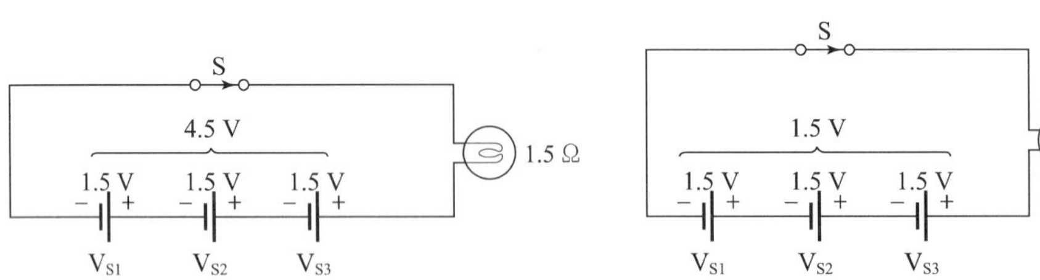

(b) $V_T = 1.5\ V + 1.5\ V + 1.5\ V = 4.5\ V$ (c) $V_T = 3\ V - 1.5\ V = 1.5\ V$

그림 4-8 전압원이 series aiding과 series opposing으로 직렬로 연결된 경우.

인 경우 회로에 인가되는 전체 전압은 세 전압원의 전위차만큼 인가되며, 전류의 흐르는 방향은 그 값을 갖는 전압원의 극성에 따라서 결정된다. 만약 서로 반대 방향으로 연결되는 전압원의 전위차가 0이라면 전류는 흐르지 않게 되는 데 이런 경우를 등전위라고 한다.

4.5 직렬회로의 개방과 단락 효과

저항회로에서 발생될 수 있는 고장의 원인은 개방 현상과 단락 현상이다. 직렬개방회로는 전류가 흘러가는 경로가 끊어진 것을 의미한다. 개방저항은 대단히 크기 때문에 도선이 끊어지면 절연체와 같이 전류가 흐르지 못하게 된다. 이미 알고 있는 것처럼 직렬회로에서는 회로 내의 모든 부분에서 흐르는 전류의 세기가 일정하다. 따라서 회로의 어느 일부분이 개방된다면 회로 전체에 전류가 흐르지 못하게 된다. 그림 4-9를 살펴보면 4-9(a)의 그림은 정상적인 회로를 표시하고 있고, 그림 4-9(b)는 회로의 일부가 개방회로를 나타내고 있음을 알 수 있다. P_1점과 P_2점 사이가 개방되기 때문에 실질적으로 저항은 무한대의 크기를 갖게 되고, 이것은 회로 내의 네 저항 R_1, R_2, R_3, R_5에 비해서 대단히 큰 값으로 전자의 흐름을 방해하기 때문에 건전지의 전압이 10 V나 공급되지만 전류는 0이 된다.

예를 들어, P_1과 P_2점 사이가 개방된다면 약 40 GΩ (40×10^9 Ω)의 크기를 가지게 된다. 따라서 회로의 전체 저항은 개방저항의 크기가 네 저항 R_1, R_2, R_3, R_5에 비해서 대단히 큰 값을 가지기 때문에 네 저항의 크기는 무시되고 개방저항만 존재하게 된다. 따라서 ∞Ω 의 크기를 가지게 된다. 옴의 법칙에 따르면 1×10^9 A의 전류가 흐르게 되지만 이런 전류의 실질적인 크기는 0이다. 따라서 직렬회로에 흐르는 전류는 0이고 각 저항에서의 전압강하 역시 0이다. 다시 말해 직렬회로 중의 일부가 개방되면 전체 회로에는 전류가 흐르지 않게 되고, 자신의 출력전압이 인가전압과 같다고 하더라도 각 직렬저항 양단에서의 전압강하는 0이다.

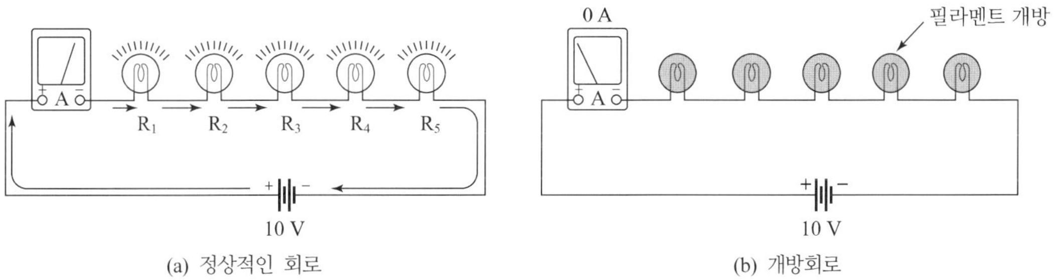

(a) 정상적인 회로 (b) 개방회로

그림 4-9 직렬회로에서의 개방효과.

전원전압 V_T는 전류에 관계없이 항상 존재한다

그림 4-10에 표시된 개방회로에서 V와 I의 관계를 살펴보자. 개방회로에서는 전류가 흐르지 않는데 그 이유는 건전지를 연결하는 도선의 일부가 끊어져 있기 때문이다. 그러나 건전지는 전류의 흐름에는 무관하게 항상 +단자와 −단자 사이에 전위차를 유지하고 있다. 만약 V_T가 10 V라고 한다면 정상적인 회로이든 아니면 개방회로이든 간에 항상 V_T는 10 V의 전압을 유지하고 있다. 이와 같은 원리는 가정에서 220 V의 교류전압을 사용할 때 가전기기를 연결하지 않은 개방상태라고 하더라도 벽에 있는 콘센트에서는 항상 220 V의 전압크기를 전압계로 측정할 수 있는 것과 같다. 아마도 여러분들이 콘센트와 신체의 일부분을 접촉시킨다면 평생 잊지 못할 전기 쇼크(전기충격)를 경험하게 된다.

개방단자 양단에 인가되는 전압

개방회로에서도 인가된 전압이 항상 존재한다는 것이 아주 중요한 것임을 이미 설명한 바 있다. 그러면 그림 4-10(b)에서 각 저항에서의 전압강하가 0 V인데, 전체 전압은 어디에 연결되는가 하는 것이 중요한 관건이다. 이때의 전체 전압 10 V는 개방된 R_3 단자에서 측정된다. 따라서 개방회로의 저항은 회로내의 모든 전압을 강하시키게 된다. 개방단자의 저항이 ∞Ω이기 때문에 개방단자의 저항이 직렬회로에서의 합성저항 R_T와 같다고 생각하면 쉽게 이해할 수 있을 것이다. 그러면 전체 저항 R_T를 알고 있으므로 전류가 당연히 흘러간다고 생각하게 될 것이다. 물론 전류의 세기는 구할 수 있지만 저항의 크기가 4×10^9 Ω이므로 전류는 그 세기가 0.00000001 A 정도의 지극히 적은 값이기 때문에 0 A로 간주해서 전류가 흐르지 않는다고 이야기하는 것이다.

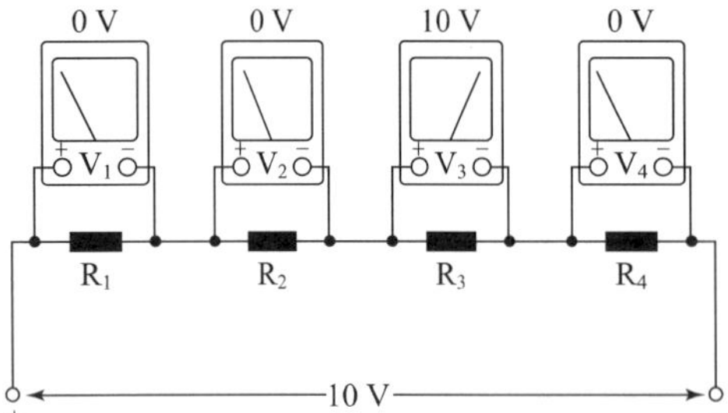

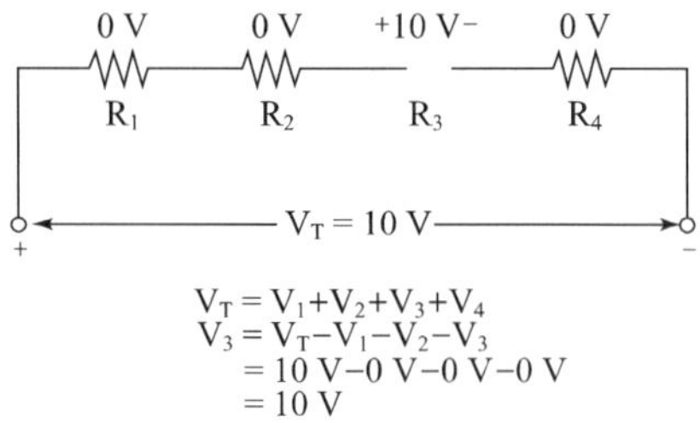

그림 4-10 개방저항 R_3 양단에 V_T가 항상 나타난다.

단락 단자의 저항은 0이다

저항이 단락되면 저항의 크기는 0이 된다. 이런 현상은 PCB기판에서 납땜 시 과도한 땜납을 사용하는 경우 발생되는 솔더 브리징 현상과 과도한 전력소비에 의해서 소자의 내부가 녹아서 인접한 부분을 접합시켜서 단락 회로를 발생시키는 경우를 들 수 있다.이런 경우 그림 4-11에 표시한 것처럼 과도한 전류가 흘러서 소자를 파괴시키거나 화재를 발생시키기도 한다.

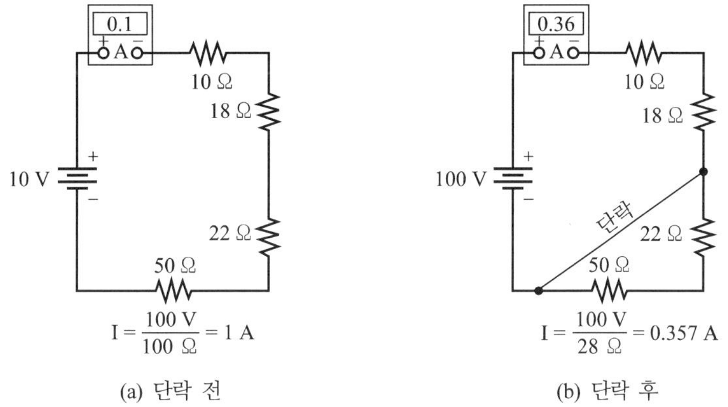

그림 4-11 직렬회로의 단락효과.

기초확인문제

* (a), (b), (c), (d) 중에서 맞는 답을 고르시오.

01 두 개의 저항이 직렬로 연결되어 있을 때 (a) 그들은 같은 저항값을 갖는다. (b) 각 저항의 양단에 걸리는 전압은 크기가 같다. (c) 그들은 서로 다른 저항값을 가져야 한다. (d) 전류는 두 개의 저항을 통해서 흘러가는 오직 한 개의 이동경로를 갖는다.

02 그림 4-4(c)에서 R_5 저항을 통해서 흐르는 전류세기가 1 A라면 R_3 저항을 통해서 흐르는 전류는 (a) 1/3 A, (b) 1/2 A, (c) 1 A, (d) 3 A이다.

03 10 kΩ의 저항이 4 kΩ의 저항과 직렬로 연결되어 있다면 R_T는 (a) 2 kΩ, (b) 8 kΩ, (c) 10 kΩ, (d) 14 kΩ이다.

04 50 kΩ 저항 2개가 90 V 전원에 연결되어 있다면 각각의 저항이 갖는 전압강하는 (a) 30 V, (b) 45 V, (c) 90 V, (d) 180 V이다.

05 직렬회로의 각 전압강하의 합은 (a) 가장 작은 전압강하보다 적다. (b) 모든 전압강하의 평균값과 같다. (c) 인가된 전압과 같다. (d) 인가된 전압보다 크다.

06 R_1, R_2 저항이 90 V 전원에 직렬로 연결되어 있다. 만약 V_1이 60 V라면 V_2는 (a) 60 V, (b) 90 V, (c) 45 V, (d) 30 V이다.

07 4 Ω 저항과 2 Ω의 저항이 18 V의 건전지와 직렬연결되어 있다면 전류 I는 (a) 4 Ω의 저항에 $1\frac{1}{3}$ A가 흐른다. (b) 2 Ω 저항에 2 A의 전류가 흐른다. (c) 두 저항 모두 3 A의 전류가 흐른다. (d) 두 저항 모두 4 A의 전류가 흐른다.

08 직렬연결된 저항에서 한 개의 저항을 개방시키면 (a) 정상적인 저항에 최대 전류가 흐른다. (b) 모든 저항에 전류가 흐르지 않는다. (c) 개방저항 양단의 전압이 0 V이다. (d) 전압원에서 전류가 증가한다.

09 개방된 저항의 저항값은 (a) 0 Ω, (b) ∞ Ω, (c) 정상적인 저항값과 일치한다. (d) 정상적인 저항값의 2배이다.

10 40 Ω 저항 R_1과 60 Ω 저항 R_2가 직렬로 연결되어 있고 100 V의 전압이 인가된다. 이때 V_1에 걸리는 전압이 40 V라면 R_2 저항에 흐르는 전류는 (a) 5 A, (b) $3\frac{1}{3}$ A, (c) $1\frac{1}{3}$ A, (d) 1 A이다.

정답

01	(d)	02	(c)	03	(d)	04	(b)	05	(c)
06	(d)	07	(c)	08	(b)	09	(b)	10	(d)

CHAPTER

05 저항의 병렬연결 회로

두 개 이상의 저항 소자가 공통 단자 양단에 연결되면 병렬회로라 하고, 모든 소자의 양단에 동일한 전압이 걸리게 된다. 각 병렬 통로는 자기 자신의 전류를 흐르게 하는 지로가 된다. 따라서 병렬회로에서 각 지로의 전압은 크기가 일정하고 각각의 지로를 통해서 흐르는 전류의 세기는 저항의 크기에 반비례한다. 병렬회로의 이런 특성은 전류의 세기가 일정하고, 전압강하의 크기가 저항의 크기에 비례하는 직렬회로의 특성과는 정반대이다. 교류와 직류에서 모두 적용이 가능하다.

5.1 인가전압 V_A는 모든 병렬저항 양단에 걸리는 전압과 크기가 같다

2개 이상의 저항이 전압원의 양단에 연결될 때 구성되는 병렬회로는 그림 5-1에 표시한 것과 같다. 그림에서 R_1, R_2 저항은 1.5 V 건전지의 양단에 병렬로 연결되어 있기 때문에 그림 5-1(b)의 회로도에서 a점, c점, e점은 건전지의 －단자와 같은 전위를 갖고, b점, d점, f점은 건전지의 ＋단자와 같은 전위를 가진다. 따라서 회로 소자들이 서로 병렬로 연결된 회로에서는 회로 소자들의 개수에 무관하게 각각의 전압이 서로 같은 크기를 갖는다는 것을 알 수 있다.

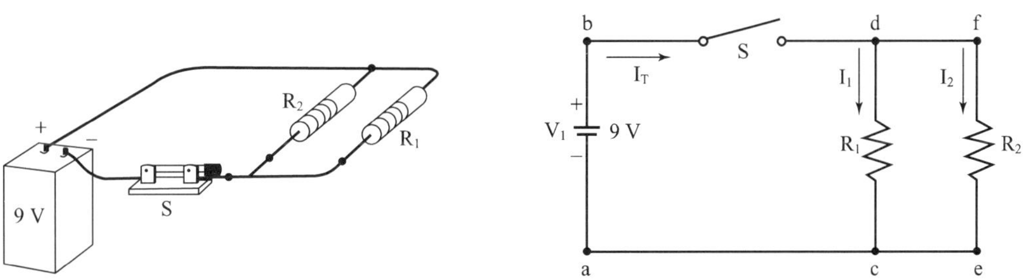

(a) 배선도 (b) 회로도

그림 5-1 2개의 저항이 연결된 병렬회로.

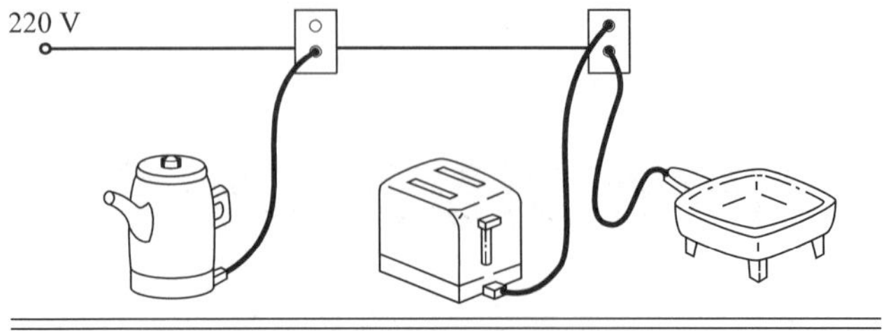

(a) 배선도

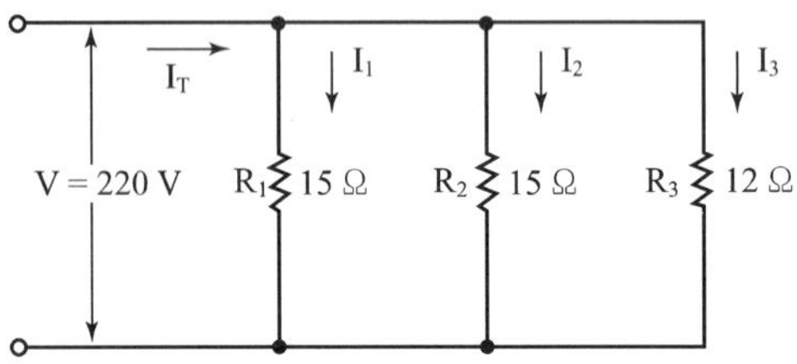

(b) 회로도

그림 5-2 커피 포트, 토스터, 전기프라이팬이 220 V에 병렬로 연결된 예.

실제로 가정의 배선에서 전구들이 220 V의 전원에 연결될 때 각각의 전구에 220 V의 전압이 공급되는 이유가 병렬연결에 있다. 벽에 있는 콘센트는 각각 단자의 쌍마다 220 V의 전압을 공급해 주기 때문에 그림 5-2에 표시한 것처럼 커피포트와 토스터, 전기프라이팬이 동시에 작동이 가능하다.

5.2 병렬회로의 합성저항

저항의 병렬연결회로에서도 저항의 직렬연결회로의 경우와 유사하게 전체 저항을 회로의 특성에 영향을 미치지 않는 등가의 단일 저항으로 대체시킬 수 있는데, 이런 등가저항을 구하기 위해서는 각 저항을 통해서 흐르는 전류의 합은 전체 전류와 크기가 일치한다는 점으로부터 출발하게 된다.

$$I = I_1 + I_2 + I_3 \tag{5.1}$$

각 저항 양단에서의 전위차는 모두 같기 때문에 각 전류는

$$I_1 = \frac{V}{R_1},\ I_2 = \frac{V}{R_2},\ I_3 = \frac{V}{R_3}$$

로 표시되는데 저항의 크기가 작을수록 전류의 세기는 크게 된다. 전체 전류는 등가저항을 이용하면 $I = \frac{V}{R}$로 표시할 수 있다. 따라서 I 대신에 $I = I_1 + I_2 + I_3$를 대입하면 식 (5.2)를 구할 수 있다.

$$\frac{V}{R} = \frac{V}{R_1} + \frac{V}{R_2} + \frac{V}{R_3} \tag{5.2}$$

이제 양변을 V로 나누면 결과는 식 (5.3)과 같이 구해진다.

$$\frac{1}{R} = \frac{1}{R_1} + \frac{1}{R_2} + \frac{1}{R_3} \tag{5.3}$$

아무리 많은 저항이 병렬연결된다고 하더라도 병렬회로의 등가저항의 역수는 각 저항의 역수의 합과 같다는 결론을 얻을 수 있다.

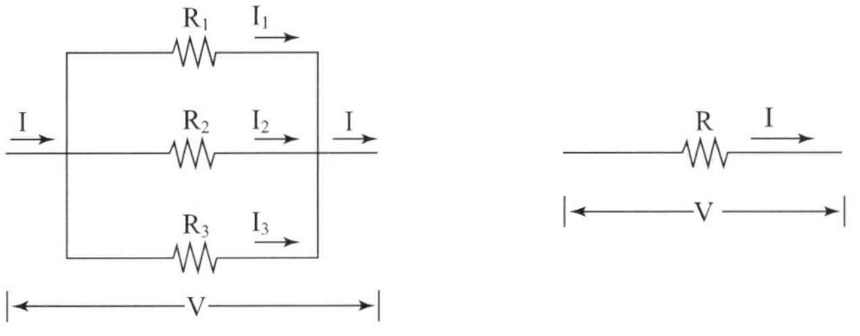

그림 5-3

예제 1 5 Ω짜리 저항 3개를 병렬연결한다면 합성저항의 크기는 얼마인가?

▸ 합성저항의 크기는 1.67 Ω이다.

$$\frac{1}{R} = \frac{1}{R_1} + \frac{1}{R_2} + \frac{1}{R_3} = \frac{1}{5\ \Omega} + \frac{1}{5\ \Omega} + \frac{1}{5\ \Omega} = \frac{3}{5\ \Omega}$$

$$R = \frac{5\ \Omega}{3} = 1.67\ \Omega$$

예제 2 (a) 그림 5-4(a)에 표시된 회로에서 각 저항을 흐르는 전류의 세기와 전체 전류의 크기를 구하시오. (b) 그림 5-4(b)에 표시된 회로에서 각 저항을 흐르는 전류의 세기와 전체 전류의 크기를 구하시오.

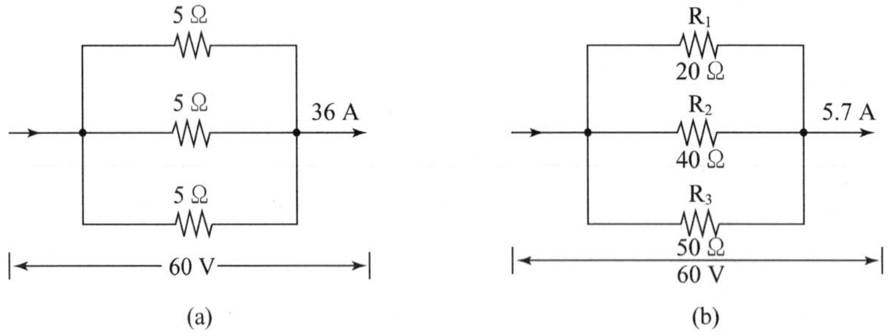

그림 5-4

▸ (a) 각 저항 양단에 걸리는 전압강하는 60 V이므로 전류의 세기는 12 A이다.

$$I = \frac{V}{R} = \frac{60\ V}{5\ \Omega} = 12\ A$$

전체 전류는 각 전류의 합과 같으므로 36 A이다.

$$I_T = I_1 + I_2 + I_3 = 12\,A + 12\,A + 12\,A = 36\,A$$

등가저항의 크기는 1.67 Ω이다.

$$R = \frac{V}{I} = \frac{60\ V}{36\ A} = 1.67\ \Omega$$

(b) $I_1 = \frac{V}{R_1} = \frac{60\ V}{20\ \Omega} = 3\ A$

$$I_2 = \frac{V}{R_2} = \frac{60\ V}{40\ \Omega} = 1.5\ A$$

$$I_3 = \frac{V}{R_3} = \frac{60\ V}{50\ \Omega} = 1.2\ A$$

따라서 전체 전류의 크기는 5.7 A이다.

$$I = I_1 + I_2 + I_3 = 3\ A + 1.5\ A + 1.2\ A = 5.7\ A$$

두 저항이 병렬연결된 경우

두 개의 저항이 병렬로 연결된 경우를 고려하면 병렬회로를 해석하는 문제를 다룰 때 아주 쉽게 문제를 해석할 수 있기 때문에, 특별한 언급이 없다고 하더라도 식 (5.4)를 잘 이해하고 있는 것이 필요하다.

$$\frac{1}{R}=\frac{1}{R_1}+\frac{1}{R_2} \tag{5.4}$$

식 (5.4)에서 우변 분모의 최소 공배수를 구하면 R_1R_2이므로 식 (5.5)를 구할 수 있다.

$$\frac{1}{\mathrm{R}}=\frac{\mathrm{R_2}}{\mathrm{R_1}\times\mathrm{R_2}}+\frac{\mathrm{R_1}}{\mathrm{R_1}\times\mathrm{R_2}}=\frac{\mathrm{R_1}+\mathrm{R_2}}{\mathrm{R_1}\times\mathrm{R_2}} \tag{5.5}$$

양변을 뒤집어서 R에 대한 편리한 식을 구하면 식 (5.6)이 구해진다.

$$\mathrm{R}=\frac{\mathrm{R_1}\times\mathrm{R_2}}{\mathrm{R_1}+\mathrm{R_2}} \tag{5.6}$$

예제 3 5 Ω 저항과 10 Ω 저항이 병렬연결될 때 합성저항의 크기는 얼마인가?

▸ $\mathrm{R}=\frac{\mathrm{R_1}\times\mathrm{R_2}}{\mathrm{R_1}+\mathrm{R_2}}=\frac{50\ \Omega^2}{15\ \Omega}=3.33\ \Omega$

모든 지로저항이 같은 경우

만약 그림 5-5에 표시된 회로처럼 모든 병렬저항의 크기가 같은 경우에 합성저항 R_T의 크기는 식 (5.7)에 표시된 것처럼 원래 저항값을 연결된 숫자로 나누면 쉽게 구해진다.

$$\mathrm{R_T}=\frac{\mathrm{R}}{\mathrm{n}} \tag{5.7}$$

여기서 R은 각 지로저항의 크기를 나타내고, n은 연결된 저항의 개수를 의미한다. 따라서 200 Ω 저항 5개가 병렬로 연결되므로 R_T는 40 Ω 이 된다.

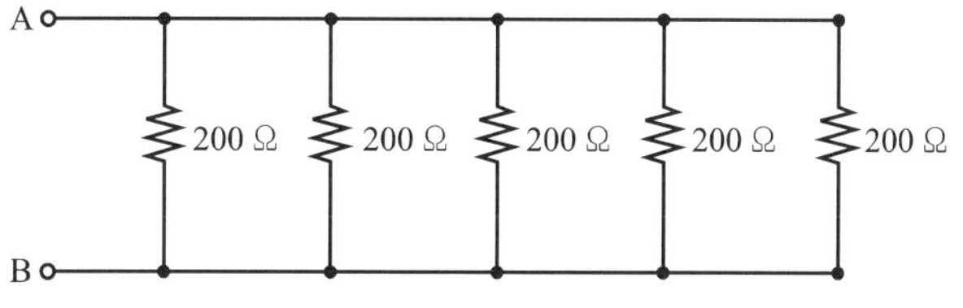

그림 5-5 같은 크기의 병렬저항들로 구성되는 회로. R_T는 40 Ω 이 된다.

Short-Cut 계산법

그림 5-6은 병렬회로에서 간단하게 등가회로를 구하는 과정을 표시하고 있다. 그림 5-6(a)에서 $R_1=60\ \Omega$, $R_2=40\ \Omega$, $R_3=40\ \Omega$, $R_4=60\ \Omega$ 이므로 R_T를 구하면 7.5 Ω 이 된다.

$$\frac{1}{R_T}=\frac{1}{R_1}+\frac{1}{R_2}+\frac{1}{R_3}+\frac{1}{R_4}=\frac{1}{60}+\frac{1}{40}+\frac{1}{40}+\frac{1}{60}$$

$$R_T=7.5\ \Omega$$

그림 5-6에 표시된 것처럼 여러 개의 저항이 병렬연결되는 경우 계산이 복잡해진다. 따라서 간단히 계산하는 방식을 고안하게 되었는데 중요한 점은 동일한 저항이 병렬로 연결되었을 때 합성저항이 연결한 개수 분의 1로 줄어드는 효과를 이용하는 것이다. 따라서 작은 부분으로 줄여나간다는 의미로 Short-Cut법이라 한다.

그림 5-6에 Short-Cut 계산법을 적용시켜 보자. 우선 회로의 병렬저항 가운데 동일한 저항값을 찾게 된다. R_1과 R_4의 저항이 60 Ω 으로 같기 때문에 합성저항 R_{14}는 30 Ω 이 되고 R_2 저항과 R_3 저항의 합성저항 R_{23}는 20 Ω 이 된다. 따라서 그림 5-6(b)의 간략화된 회로를 구하게 된다. 그림 5-6(b)의 회로는 2개의 병렬저항을 갖는 특별한 경우이므로, 두 개의 병렬지로를 갖는 경우의 공식을 사용하면 12 Ω 의 합성저항을 구할 수 있다. R_T를 구하는데는 저항의 연결된 순서에는 무관하다. 그 이유는 그들이 처음에 연결되든 맨 마지막에 연결되든간에 인가되는 전압의 크기는 항상 일정하기 때문이다.

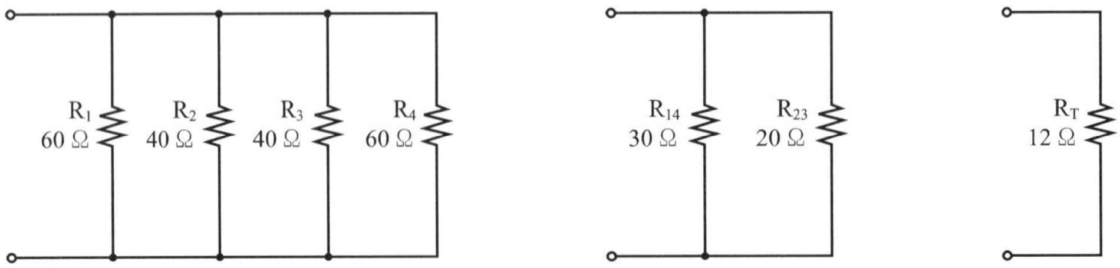

(a) 원래의 회로도 (b) 두 개의 지로를 갖는 회로로 간략화됨 (c) $R_T=12\ \Omega$

그림 5-6 간략한 R_T 계산법.

5.3 병렬회로의 전체 소비전력

병렬회로의 각 지로저항에서의 전력소비는 전압원에 의해서 발생되기 때문에, 식 (5.8)에 표시된 것처럼 병렬회로의 전체 소비전력은 각 지로에서의 소비전력을 더한 값과 같다.

$$P_T = P_1 + P_2 + P_3 + \cdots + etc \tag{5.8}$$

그림 5-7에 표시된 회로에서 전압, 전류, 저항, 소비전력의 관계를 어떻게 구하는지 살펴보도록 하자. 그림 5-7에서 10 Ω 저항 R_1과 5 Ω 저항 R_2에 20 V의 전압이 인가되므로 지로전류 $I_1 = 2$ A, $I_2 = 4$ A이다. 따라서 $I_T = 6$ A이고, $R_T = (10/3)\,\Omega$ 이다.

각 저항에서의 소비전력을 구하면 $P_1 = 40$ W, $P_2 = 80$ W, $P_T = 120$ W가 된다. 이때 전압원에서 발생되는 소비전력을 계산하면

$$P_T = V_T \times I_T = 20\text{ V} \times 6\text{ A} = 120\text{ W}$$이다.

따라서 P_T의 크기는 $P_1 + P_2$의 크기와 같다.

$$P_T = P_1 + P_2 = 40\text{ W} + 80\text{ W} = 120\text{ W}$$

5.4 병렬회로에서 지로의 개방효과

어떤 회로가 개방되면 저항이 ∞Ω 이 되기 때문에 회로에 전류가 흐르지 않는다. 병렬회로에서는 본선에서의 개방현상인지 혹은 지로에서의 개방현상인지에 따라서 차이가 발생한다. 그림 5-8에 2가지의 개방상태에 대한 효과를 설명한다. 그림 5-8(a)에서는 본선이 개방된 상태이기 때문에 전류가 흐르지 않으므로 모든 전구는 off 상태이다. 그러나 그림 5-8(b)에서는 첫 번째 전구의 필라멘트만 개방된 상태이므로 첫 번째 전구만 off 상태이고, 나머지 전구는 on 상태가 된다. 이런 특성은 병렬회로가 갖는 장점 중의 하나이다. 따라서 병렬회로에서의

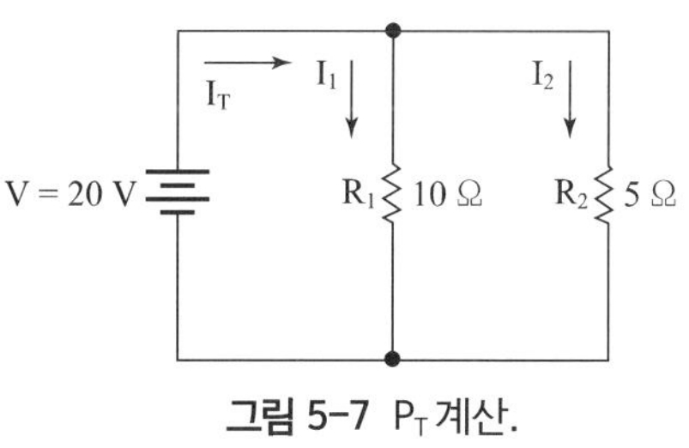

그림 5-7 P_T 계산.

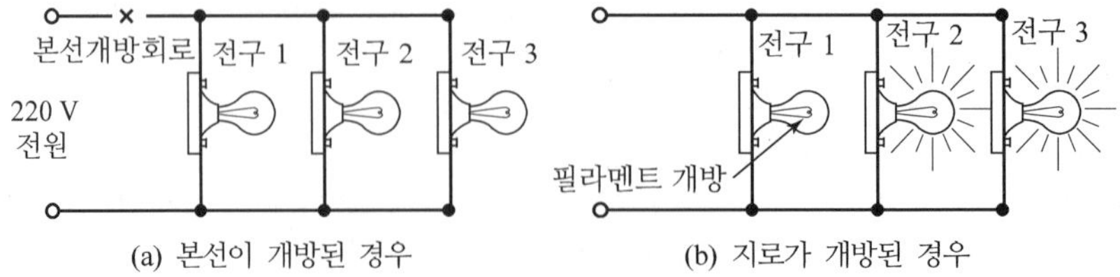

그림 5-8 병렬회로의 개방효과.

지로 개방상태는 해당지로에만 문제가 발생하고 나머지는 정상적으로 동작하게 된다.

이런 병렬회로의 특성을 이용하면 그림 5-9에 표시된 것처럼 자동차의 전조등과 브레이크등, 상향등과 하향등의 점등, 가정용 실내배선, 4구용 가스레인지 등과 같이 아주 유용하게 사용할 수 있다.

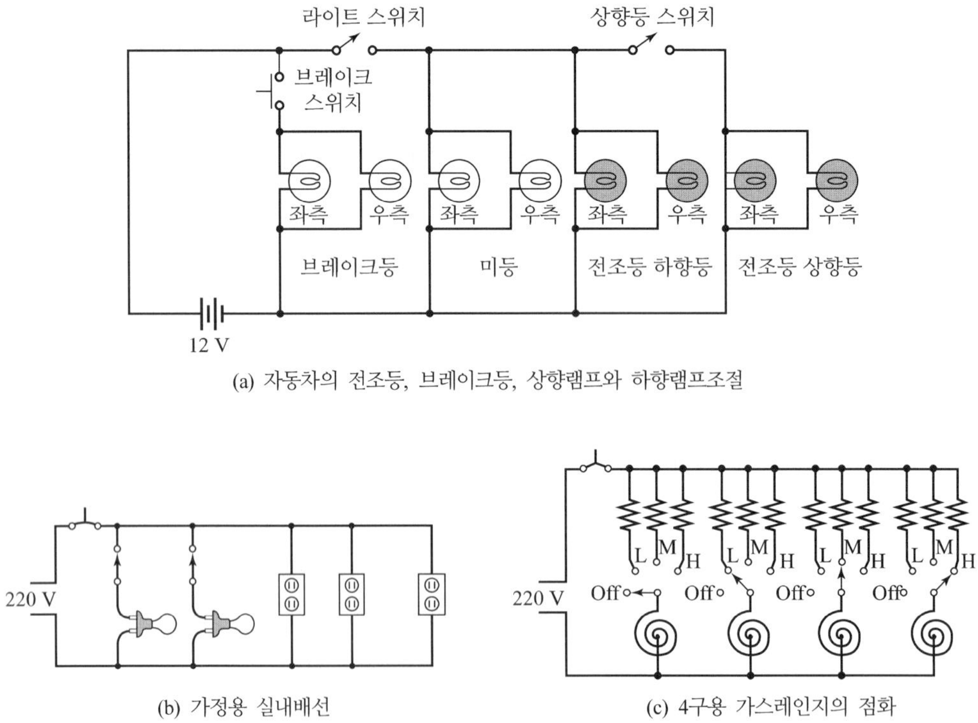

그림 5-9

5.5 병렬회로 양단에서의 단락효과

단락 회로는 저항이 0 Ω 이다. 따라서 과도한 전류가 흐르게 된다. 그림 5-10(a)에 표시된 정상적인 회로에서는 각 저항을 통해서 0.5 A의 전류가 흐르게 되고, $I_T = 1$ A가 된다. 그러나 그림 5-10(b)와 같이 C점과 D점 사이에 단락현상이 발생된다면 C점과 D점 사이에 전체 전압을 인가하게 되서 무한대 크기의 전류가 흐르게 된다. 실제로 전류의 크기는 도선이 갖는 작은 저항에 의해서 그 크기가 제한된다. 또한 전원은 항상 정격부하전류보다 더 큰전류가 흐르는 동안 출력전압을 유지할 수 없다. 그러나 전류의 크기는 위험할 정도로 흐르게 된다. 예를 들어, 그림 5-10(a)에서의 정상적인 전류는 1 A인데, 단락현상이 발생하기 때문에 100 A보다 더 큰 전류가 흐르게 된다. 이런 전류는 전압원에서 시작해 C점과 D점을 통해서 전압원으로 흘러들어오게 되며, 과도한 전류로 인한 열에 의해서 타버리게 된다.

따라서 본선에 퓨즈를 설치하면 과도한 전류가 흐를 때 퓨즈가 먼저 개방되기 때문에 회로를 보호할 수 있다. 그림 5-10(b)의 단락 회로에서 R_1과 R_2 저항을 흐르는 전류는 없다. 이것은 단락 회로의 저항이 0 Ω 이기 때문에 모든 전류가 단락 회로를 통해서 흐르기 때문이다. 따라서 R_1, R_2가 전구나 히터의 필라멘트 저항이었다면 전류가 흐르지 않기 때문에 빛을 낼수가 없다. 그러나 R_1, R_2는 단락에 의해서 손상을 받지는 않기 때문에 단락으로 인해서 전압원이나 도선이 손상을 입지 않았다면 단락 회로를 제거할 때 모든 요소들은 원래의 상태대로 동작하게 된다. 그러나 그림 5-10에서처럼 C점과 D점 사이의 단락 회로에 의해서 나머지 회로요소들은 기능을 상실하게 된다. 다시 말해 병렬지로 중 하나만 단락된다 해도 나머지 병렬지로들은 기능을 상실하게 된다는 의미이다. 물론 이것은 전압원의 경우도 해당된다.

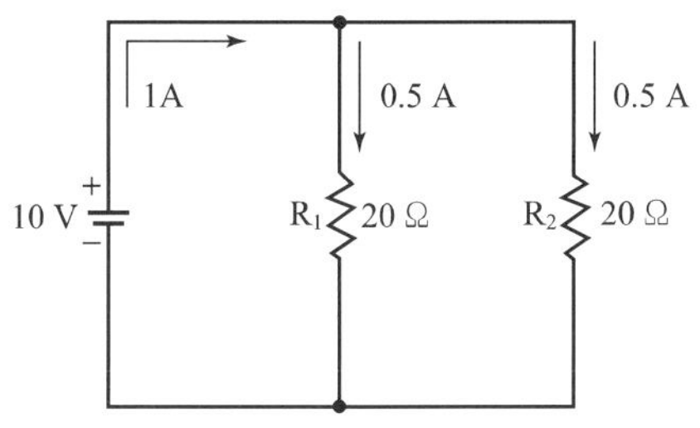

(a) 정상적인 회로

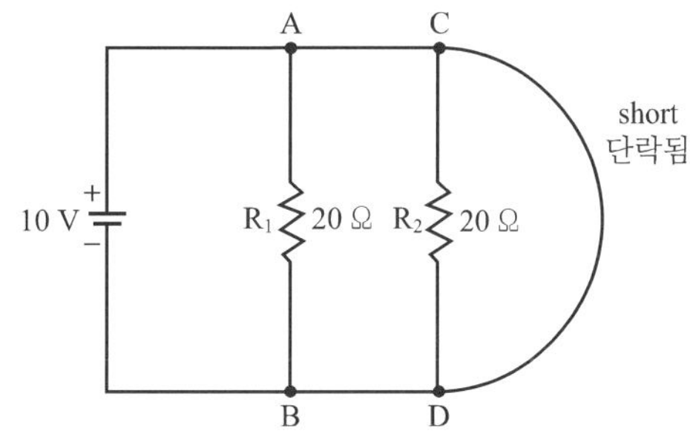

(b) 단락 회로

그림 5-10 병렬회로의 단락효과.

기초확인문제

※ 옳은 답을 고르시오.

01 두 개의 저항의 병렬이 연결되어 있을 때 (a) 각 저항에 흐르는 전류의 세기는 같다. (b) 각 저항에 걸리는 전압의 크기는 같다. (c) 합성저항은 각 저항의 합과 같다. (d) 각 저항값은 크기가 같아야만 한다.

02 50 Ω의 저항 10개가 병렬로 연결된 회로에 50 V의 전압이 인가된다면 각 저항에 흐르는 전류의 세기는 (a) 10 A, (b) 20 A, (c) 50 A, (d) 100 A.

03 2 kΩ의 4 kΩ, 8 kΩ 저항 3개가 병렬로 연결되었을 때 합성저항의 크기는 (a) (1/3) kΩ, (b) 1 kΩ, (c) 1.14 kΩ, (d) 3 kΩ

04 10 Ω의 저항과 20 Ω의 저항이 병렬로 연결된다면 합성저항은 (a) 30 Ω, (b) 10 Ω, (c) 20 Ω, (d) (20/3) Ω.

05 1 kΩ, 2 kΩ, 3 kΩ, 4 kΩ, 5 kΩ의 저항이 병렬로 연결되었다면 합성저항 R_T는 (a) 1 kΩ보다 적다, (b) 1 kΩ보다 크다, (c) 약 500Ω이다, (d) 약 1 kΩ이다.

06 두 개의 저항이 병렬로 연결된 회로에서 각 저항의 소비전력이 20 W라면 전압원에 의해서 발생되는 소비전력은 (a) 5 W, (b) 10 W, (c) 20 W, (d) 40 W이다.

07 10 kΩ 저항 10개가 병렬로 연결되어 있고 10 V의 전원이 인가된다면 본선(main line)에 흐르는 전류의 세기는 (a) 0.1 μA, (b) 1/8 μA, (c) 8 μA, (d) 10 μA이다.

08 100 W ~ 120 V용 전구 4개가 병렬로 연결된 회로에서 한 개의 전구가 개방상태이면 몇 개의 전구에만 불이 들어오는가? (a) 없다, (b) 1개, (c) 2개, (d) 3개.

09 병렬회로에서 본선이 개방된다면 전류는 (a) 각 지로에서 증가된다, (b) 모든 지로에서 0이다, (c) 가장 큰 지로에서만 0이다, (d) 가장 낮은 저항값을 갖는 지로에서 증가한다.

10 다음 문장을 완성하시오.

(a) 병렬회로의 등가저항 R_T는 지로저항 중 (   ) 저항보다 항상 작다.

(b) 한 지로가 개방되면 개방된 지로를 통해서 흐르는 전류는 (   )이고, 나머지 지로에는 정상적으로 전류가 흐른다.

(c) 단락 회로는 저항이 (   )이기 때문에 무한대 크기의 과도한 전류가 흐르게 된다.

(d) 두 개의 저항이 병렬로 연결되면 각 저항 양단의 (   )은 서로 같다.

정답

01	(b)	02	(a)	03	(c)	04	(d)	05	(a)
06	(d)	07	(a)	08	(d)	09	(b)		

10 (a) 가장 적은, (b) zero, (c) zero, (d) 전압

CHAPTER 06 직 · 병렬연결회로

전압원 V_A에 병렬로 연결된 모든 소자는 병렬회로의 특성에 의해서 모두 동일한 전압의 크기를 가지게 된다. 그러나 V_A보다 적은 전압을 필요로 하는 경우는 어떻게 할 것인가? 그 해답은 병렬회로에 전압강하용 저항을 직렬로 연결하는 것이다. 일반적으로 직·병렬회로는 인가되는 전압원이 한 개이고, 서로 다른 전압과 전류의 세기를 갖는 회로가 전자회로 응용 분야에 직렬회로와 병렬회로의 다양한 조합 형태로 구성되는 직·병렬회로가 사용된다. 그 예로는 휘이스톤 브리지 회로를 들 수 있다. 이런 회로는 직류회로 뿐만 아니라 교류회로에서도 적용이 가능하다.

6.1 직 · 병렬회로의 해석

그림 6-1(a)에 표시된 것처럼 A점과 C점 사이에 저항 R_1과 병렬저항 R_2, R_3의 합성저항이 직렬로 연결되면 전류의 관계는 그림 6-1(c)에 표시된 것처럼 구해진다.

R_2와 R_3의 병렬 합성저항은 4 KΩ 이다.

$$R_2 \parallel R_3 = \frac{12\ \mathrm{k\Omega} \times 6\ \mathrm{k\Omega}}{12\ \mathrm{k\Omega} + 6\ \mathrm{k\Omega}} = 4\ \mathrm{k\Omega}$$

회로의 전체 저항은 6 KΩ 이다.

$$R_T = R_A + R_{2\parallel 3} = 2\ \mathrm{k\Omega} + 4\ \mathrm{k\Omega} = 6\ \mathrm{k\Omega}$$

전체 전류 I_T는 7 mA이다.

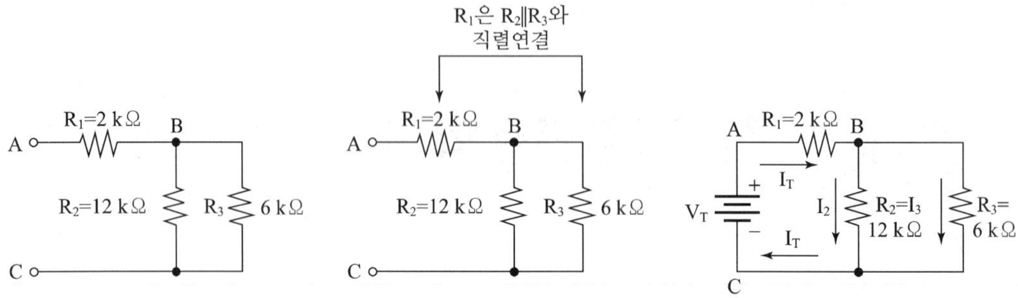

그림 6–1 간단한 직병렬회로

$$I_T = \frac{V_T}{R_T} = \frac{42\text{ V}}{6\text{ k}\Omega} = 7\text{ mA}$$

R_1은 직렬저항이므로 전체 전류가 흐르게 된다. 따라서 $I_1 = I_T = 7$ mA이다.

$$I_T = I_1 = 7\text{ mA}$$

여기서 V_2와 V_3의 크기는 28 V이므로 $I_2 = 2\frac{1}{3}$ mA, $I_3 = 4\frac{2}{3}$ mA로 구해진다.

$$I_2 = \frac{28\text{ V}}{12\text{k}\Omega} = 2\frac{1}{3}\text{ mA},\ I_3 = \frac{28\text{ V}}{6\text{k}\Omega} = 4\frac{2}{3}\text{ mA}$$

$$I_3 = I_1 - I_2 = 7\text{ mA} - 2\frac{1}{3}\text{ mA} = 4\frac{2}{3}\text{ mA}$$

예제 1 그림 6-2에 표시된 회로에서 전체 저항과 각 저항 양단의 전압전류 관계를 설명하시오.

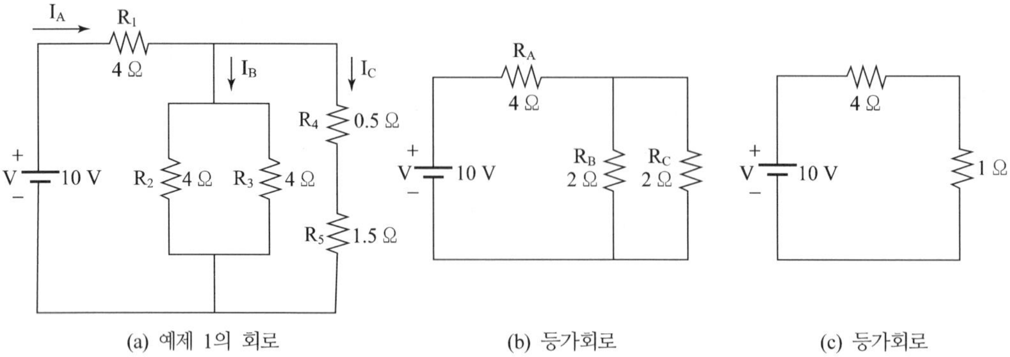

(a) 예제 1의 회로 (b) 등가회로 (c) 등가회로

그림 6-2

▸ 그림 6－2(a)에서 A 블록에서 R_A는 4 Ω, B 블록에서 R_B는 2 Ω, C 블록에서 R_C는 2 Ω이다.

A : $R_A = 4\ \Omega$

B : $R_B = R_2 \parallel R_3 = R_{2\parallel 3} = \dfrac{R}{N} = \dfrac{4\ \Omega}{2} = 2\ \Omega$

C : $R_C = R_4 + R_5 = R_{4,5} = 0.5\ \Omega + 1.5\ \Omega = 2\ \Omega$

그림 6－2(b)에서 R_B와 R_C가 아직도 병렬연결이다. 따라서 R_B와 R_C의 병렬 합성저항을 구하면 1Ω이 구해진다.

$$R_{B\parallel C} = \frac{R}{N} = \frac{2\,\Omega}{2} = 1\ \Omega$$

따라서 회로의 전체 저항 R_T는 5 Ω이다.

$$R_T = R_A + R_{B\parallel C} = 4\Omega + 1\Omega = 5\Omega$$

따라서 전체 전류는 2 A이다.

$$I_T = \frac{V_T}{R_T} = \frac{10\ V}{5\ \Omega} = 2\ A$$

각 저항 양단의 전압을 계산하면 $V_A = 8$ V, $V_B = V_C = 2$ V이므로 $I_B = I_C = 1$ A가 구해진다.

$$V_A = I_A \times R_A = 2\ A \times 4\ \Omega = 8\ V$$

$$V_B = V_C = V_T - V_A = 10\,V - 8\,V = 2\,V$$

$$I_B = \frac{V_B}{R_B} = \frac{2\,V}{2\,\Omega} = 1\ A$$

예제 2 그림 6－3에 표시된 회로를 해석하시오.

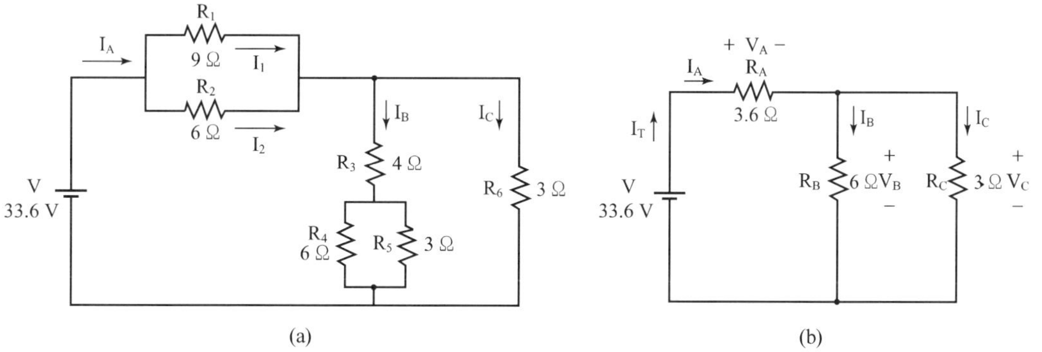

그림 6-3

▸ $R_A = R_{1\parallel 2} = \dfrac{9\,\Omega \times 6\,\Omega}{9\,\Omega + 6\,\Omega} = \dfrac{54\,\Omega}{15} = 3.6\,\Omega$

$R_B = R_3 + R_{4\parallel 5} = 4\,\Omega + \dfrac{6\,\Omega \times 3\,\Omega}{6\,\Omega + 3\,\Omega} = 4\,\Omega + 2\,\Omega = 6\,\Omega$

$R_C = 3\,\Omega$

등가회로를 구하면 그림 6-3(b)를 구할 수 있다. 합성저항 R_T는 5.6 Ω이므로 전체 전류 I_T는 3 A이다.

$R_T = R_A + R_{B\parallel C} = 3.6\,\Omega + \dfrac{6\,\Omega \times 3\,\Omega}{6\,\Omega + 3\,\Omega} = 5.6\,\Omega$

$I_T = \dfrac{V_T}{R_T} = \dfrac{16.8\,V}{5.6\,\Omega} = 3\,A$

$I_T = I_A = 3\,A$

$V_A = I_A R_A = 3\,A \times 3.6\,\Omega = 10.8\,V$

$V_B = I_B \times R_B = V_C = I_C \times R_C = 2\,A \times 3\,\Omega = 6\,V$

$I_B = \dfrac{6\,V}{R_B} = \dfrac{6\,V}{6\,\Omega} = 1\,A$

$I_C = I_A - I_B = 3\,A - 1\,A = 2\,A$

예제 3 그림 6-4에 표시된 회로에서 전류 I_4와 전압 V_2를 구하시오.

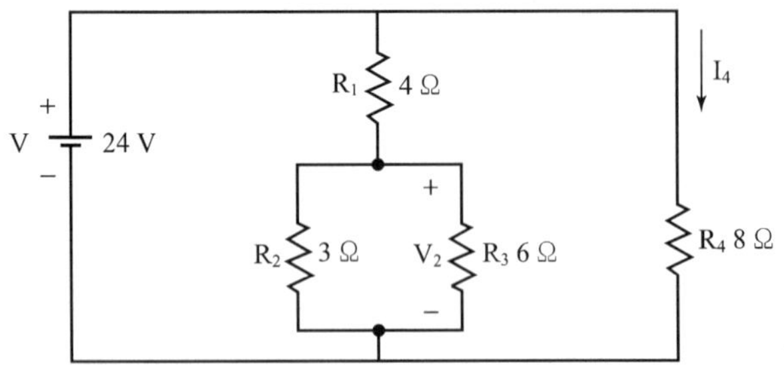

그림 6-4

▸ 전류 I_4는 R_4 양단에 걸리는 공급전압 12 V를 저항 R_4로 나누면 구할 수 있다.

$$I_4 = \frac{V_T}{R_4} = \frac{12\,V}{8\,\Omega} = 1.5\,A$$

그림 6-4에서 R_2, R_3의 합성저항은 2 Ω이다.

$$R_2 \parallel R_3 = \frac{3\,\Omega \times 6\,\Omega}{3\,\Omega + 6\,\Omega} = \frac{18\,\Omega}{9} = 2\,\Omega$$

비례전압법을 이용하면 V_2는 4 V가 구해진다.

$$V_2 = \left(\frac{2\,\Omega}{2\,\Omega + 4\,\Omega}\right) \times 12\,V = 4\,V$$

예제 4 그림 6-5에 표시된 회로에서 R_T, I_T, V_1, V_5, I_2, I_4를 구하시오.

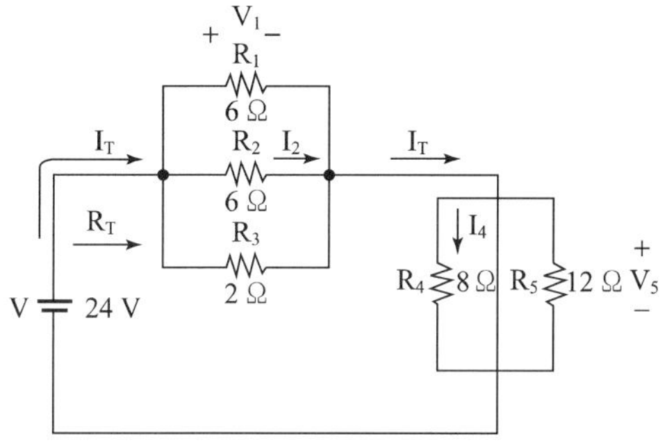

(a) 예제 4의 회로

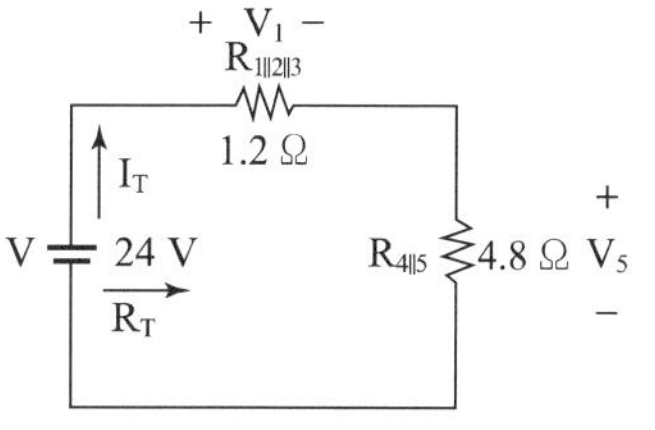

(b) 등가회로

그림 6-5

▸ 저항 R_1, R_2, R_3의 합성저항을 구하면 1.2 Ω이고 R_4, R_5의 합성저항은 4.8 Ω이다. 따라서 그림 6-5(b)와 같은 등가회로를 구할 수 있다.

$$R_{1\parallel 2} = \frac{R}{N} = \frac{6\,\Omega}{2} = 3\,\Omega$$

$$R_{1\parallel 2\parallel 3} = \frac{3\,\Omega \times 2\,\Omega}{3\,\Omega + 2\,\Omega} = \frac{6\,\Omega}{5} = 1.2\,\Omega$$

$$R_{4\parallel 5} = \frac{8\,\Omega \times 12\,\Omega}{8\,\Omega + 12\,\Omega} = \frac{96\,\Omega}{20} = 4.8\,\Omega$$

따라서 전체 저항 R_T는 6 Ω이고 전체 전류 I_T는 4 A이다.

$$R_T = R_{1\parallel 2\parallel 3} + R_{4\parallel 5} = 1.2\,\Omega + 4.8\,\Omega = 6\,\Omega$$

$$I_T = \frac{V_T}{R_T} = \frac{24\,V}{6\,\Omega} = 4\,A$$

V_1은 4.8 V, V_5는 19.2 V이다.

$$V_1 = I_T \times R_{1\parallel 2\parallel 3} = 4\,A \times 1.2\,\Omega = 4.8\,V$$

$$V_5 = I_T \times R_{4\parallel 5} = 4\,A \times 4.8\,\Omega = 19.2\,V$$

전류 I_4는 2.4 A, I_2는 0.8 A이다.

$$I_4 = \frac{V_5}{R_4} = \frac{19.2\,V}{8\,\Omega} = 2.4\,A$$

$$I_2 = \frac{V_2}{R_2} = \frac{V_1}{R_2} = \frac{4.8\,V}{6\,\Omega} = 0.8\,A$$

예제 5 그림 6-6(a)에 표시된 회로에서 전압 V_{R1}, V_{R3}, V_{ab}, I_T, V_T를 구하시오.

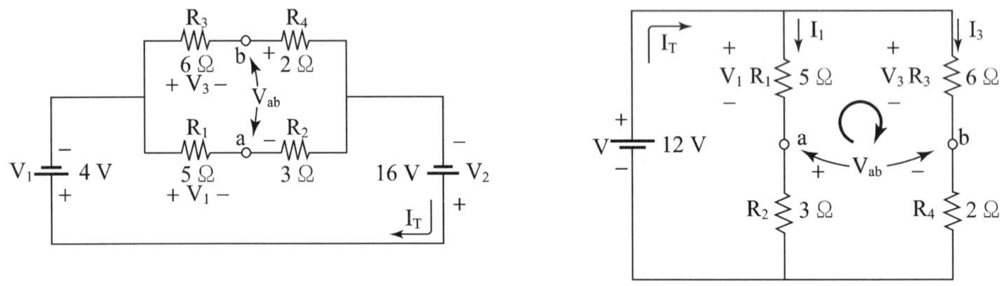

(a) (b)

그림 6-6

▸ 등가회로가 그림 6-6(b)처럼 구해진다.

$$V_T = V_2 - V_1 = 12\,V$$

$$V_{R1} = \frac{R_1}{R_1 + R_2} \times V_T = \frac{5\,\Omega}{5\,\Omega + 3\,\Omega} \times 12\,V = 7.5\,V$$

$$V_{R3} = \frac{R_3}{R_3 + R_4} \times V_T = \frac{6\,\Omega}{6\,\Omega + 2\,\Omega} \times 12\,V = 9\,V$$

개방회로의 전압 V_{ab}는 1.5 V가 구해진다.

$$V_{ab} = V_3 - V_1 = 9\,V - 7.5\,V = 1.5\,V$$

$I_1 = 1.5\,A$, $I_3 = 1.5\,A$이다.

$$I_1 = \frac{V_{R1}}{R_1} = \frac{7.5\,V}{5\,\Omega} = 1.5\,A$$

$$I_3 = \frac{V_{R3}}{R_3} = \frac{9\,V}{6\,\Omega} = 1.5\,A$$

6.2 사다리형 회로망

그림 6-7(a)에는 세 개의 루프를 갖는 사다리형 회로가 표시되어 있다. I_T, I_1, I_2, I_3, I_4, I5, I_6를 구해보자.

해석 방법 1

전체 저항 R_T와 본선전류 I_T를 구하고 I_2, I_3, I_4, I_5, I_6를 구할 때까지 옴의 법칙을 적용한다. 전체 저항을 구할 때는 전원에서 가장 먼 곳에서 전원 쪽으로 구해 들어온다. 전체 저항을 구하기 위해서 저항 R_5와 R_6의 합성저항을 구하면 그림 6-7(b)에 표시된 것처럼 $R_{5,\,6}$는 3 Ω이고 R_4와 $R_{5,\,6}$의 병렬합성저항 $R_4 \| R_{5,\,6}$는 2 Ω 이다. 다시 R_3와 합성저항을 그림 6-7(c)에 표시된 것처럼 6 Ω 이 구해진다. 이런 저항과 R_2의 병렬합성저항은 3 Ω 이 된다. 따라서 간략화된 등가회로는 그림 6-7(d)와 같다. 이때 전체 저항 R_T는 8 Ω 이 구해진다. 전체 전류(본선전류) I_T는 3 A이다.

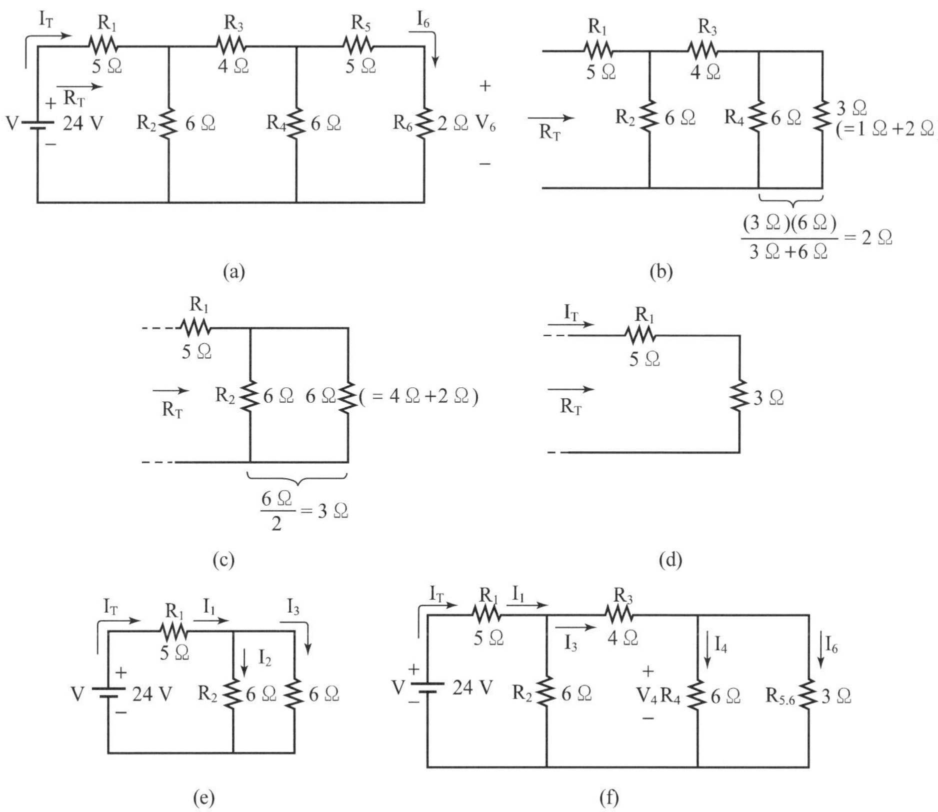

그림 6-7 사디리형 회로망 해석.

$$R_T = 5\,\Omega + 3\,\Omega = 8\,\Omega$$

$$I_T = \frac{V_T}{R_T} = \frac{24\,V}{8\,\Omega} = 3\,A$$

그림 6-7(e)에서 I_2와 I_3의 크기는 각기 1.5 A이다.

$$I_T = I_1$$

$$V_{R2} = V_T - (I_1 \times R_1) = 24\,V - 15\,V = 9\,V$$

$$I_2 = \frac{V_{R2}}{R_2} = \frac{9\,V}{6\,\Omega} = 1.5\,A$$

$$I_3 = I_1 - I_2 = 3\,A - 1.5\,A = 1.5\,A$$

V_{R4}와 $V_{5,6}$는 3 V이므로 $I_4 = 0.5$ A, $I_{5,6} = 1$ A이다.

$$V_{R4} = V_{R2} - (I_3 \times R_3) = 9\,V - 6\,V = 3\,V$$

$$I_4 = \frac{V_{R4}}{R_4} = \frac{3\,V}{6\,\Omega} = 0.5\,A$$

$$I_5 = I_3 - I_4 = 1.5\,A - 0.5\,A = 1\,A$$

해석 방법 2

각 소자에 문자 기호를 할당하고 가장 오른쪽의 지로전류로부터 전원 쪽으로 해석한다. 그림 6-8에 표시된 회로에서 가장 오른쪽의 지로전류인 I_6를 구해보자.

$I_6 = \frac{V_{R4}}{R_5 + R_6} = \frac{V_{R4}}{1+2} = \frac{V_{R4}}{3}$ 혹은 $V_{R4} = 3I_6$이다. 따라서

$I_4 = \frac{V_{R4}}{R_4} = \frac{3I_6}{6} = 0.5I_6$이고 I_2와 I_3는 $1.5\,I_6$이다.

$I_3 = I_4 + I_6 = 0.5I_6 + I_6 = 1.5I_6$

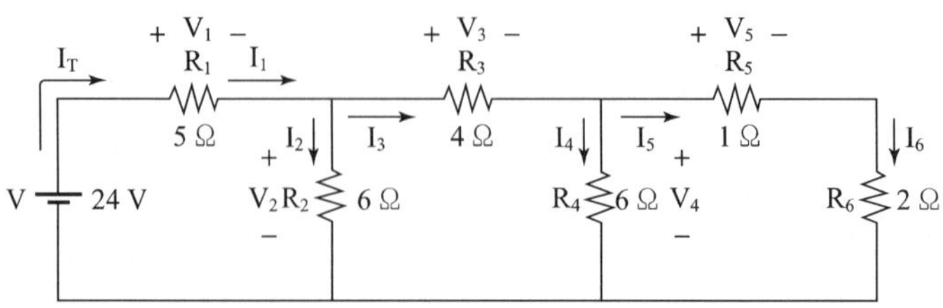

그림 6-8

$$V_{R3} = I_3 R_3 = 1.5 I_6 \times 4 = 6 I_6$$

$$V_{R2} = V_{R3} + V_{R4} = 6 I_6 = 9 I_6$$

$$I_2 = \frac{V_{R2}}{R_2} = \frac{9 I_6}{6} = 1.5 I_6$$

$$I_T = I_2 + I_3 = 1.5 I_6 + 1.5 I_6 = 3 I_6$$

$$V_{R1} = I_1 \times R_1 = I_T \times R_1 = 5 I_T$$

따라서 $V_T = V_{R1} + V_{R2} = 5 I_T + 9 I_6 = 24 I_6$이다. 따라서 $I_6 = 1$ A이다.

$$I_6 = \frac{V_T}{24\,\Omega} = \frac{24\,\text{V}}{24\,\Omega} = 1\,\text{A}$$

$$V_{R6} = I_6 \times R_6 = 1\,\text{A} \times 2\,\Omega = 2\,\text{V}$$

따라서 해석 방법 1에 의해서 구한 것과 같은 결과를 얻을 수 있다.

6.3 휘이스톤 브리지

휘이스톤 브리지 회로는 그림 6-9에 표시된 것처럼 2개의 입력단자와 2개의 출력단자로 구성된다. 회로의 사용목적은 입력에 인가된 전압에 의한 각 회로요소의 전압강하가 균형을 유지하도록 조작해서 출력단의 전압이 0으로 되도록 하는 효과를 이용하는 데 있다. 그림 6-9에서 C, D는 입력단자이고 A, B는 출력단자이다. 브리지 회로는 비교 측정에 많이 사용된다. 휘이스톤 브리지에서는 미지의 저항 $R_x(R_1)$가 저항의 정밀측정에 사용되는 표준정밀저항 $R_s(R_3)$에 대해서 평형을 이루게 된다. 브리지가 평형을 유지하기 위해서 가변저항 R_3를 조절하는데 평형을 이루었을 때는 갈바노메터(검류계) G에 zero 전류가 표시된다.

각 저항 양단에서의 전압강하에 의한 해석으로 검류계가 zero 전류가 흐르는 이유를 확인해 보자. R_s 저항과 R_x 저항은 전압분배기로서 V_T 전압 양단에 직렬로 연결된다. R_2와 R_4가 직렬로 연결된 병렬저항에도 같은 전압이 인가되기 때문에 역시 전압분배기로 동작한다. 따라서 양쪽 저항렬에서 전압 배분이 같은 비례로 발생한다면 R_1 양단에서의 전압강하가 R_2 양단에 걸리는 전압과 크기가 같다. 이런 경우 A점과 B점의 전위는 당연히 같게 되고, 갈바노메타에 걸리는 전위차는 0이기 때문에 지침에 편향이 발생되지 않는다. 평형이 이루어졌을 때 휘이스톤 브리지의 두 지로에서 같은 전압의 비를 갖기 때문에 식 (6.1)을 구할 수 있다.

$$\frac{I_1R_X}{I_1R_S}=\frac{I_2R_2}{I_2R_4} \text{ 또는 } \frac{R_X}{R_S}=\frac{R_2}{R_4} \tag{6.1}$$

I_1과 I_2는 생략되기 때문에 $\frac{1}{R_s}$을 우변으로 이동시키면 식 (6.2)가 구해진다.

$$R_X = R_S \times \frac{R_2}{R_4} \tag{6.2}$$

보통 R_2와 R_4 저항은 고정되어 있지만 비례변(ratio arm)의 B점을 이동시켜서 원하는 저항비를 구할 수 있다. 브리지는 검류계가 0눈금을 지시하도록 R_S값을 가변시켜서 평형상태를 구할 수 있고, 이때의 R_S값에 R_2/R_4를 곱하면 미지의 저항값 R_X 값을 구할 수 있다. 평형 브리지 회로는 검류계를 흐르는 전류가 0일 때 병렬로 연결된 2개의 직렬저항렬을 이용해서 간단하게 해석할 수 있다. A점과 B점 사이에 전류가 흐르지 않으면 이런 경로는 개방효과를 갖는다. 전류가 검류계를 통해서 흐르면 브리지회로는 키르히호프의 법칙이나 회로망이론에 의해서 해석해야만 한다.

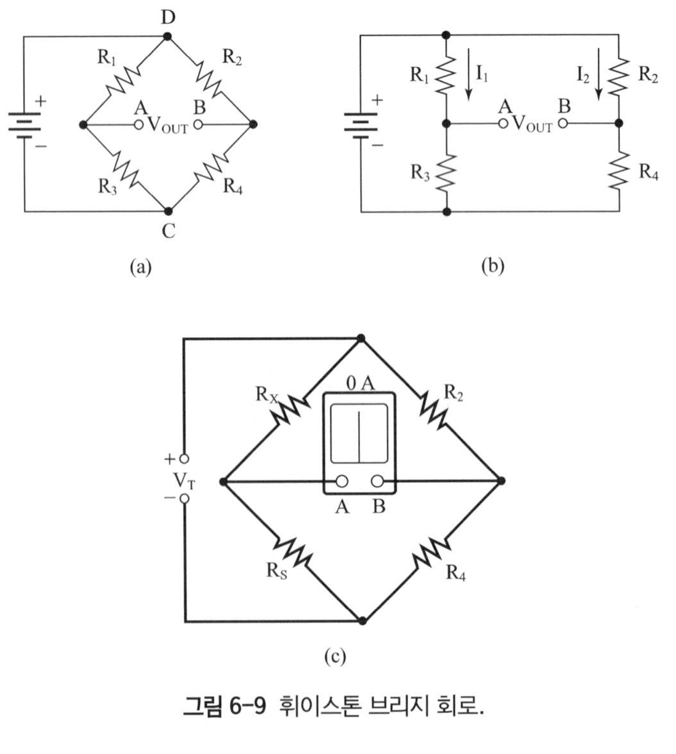

그림 6-9 휘이스톤 브리지 회로.

예제 6 그림 6-10에 표시된 회로에서 미지저항 R_X의 크기는 얼마인가?

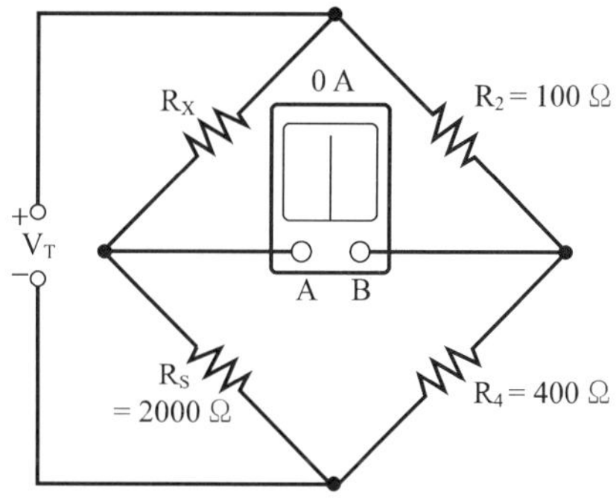

그림 6-10 예제 7의 휘이스톤 브리지 회로.

▸ $R_X = R_S \times \dfrac{R_2}{R_4} = 2{,}500\ \Omega \times \dfrac{100\ \Omega}{560\ \Omega} = 446\ \Omega$

기초확인문제

01 그림 6-11에 표시된 직·병렬회로에서 $R_{2\parallel 3}$와 R_T를 구하시오.

02 그림 6-12에 표시된 직·병렬회로에서 $R_{2,3}$, $R_{4\parallel 5}$와 R_{AB}, R_T를 구하시오.

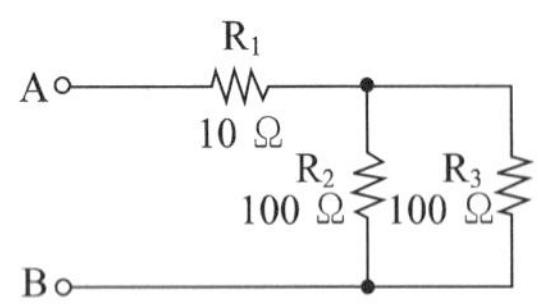

그림 6-11

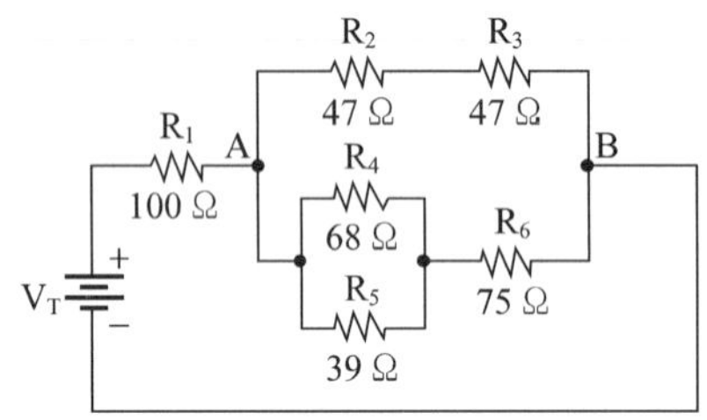

그림 6-12

03 그림 6-13에 표시된 회로에서 V_T가 50 V라고 가정할 때 I_1, I_2, I_3, I_4, I_T를 구하시오.

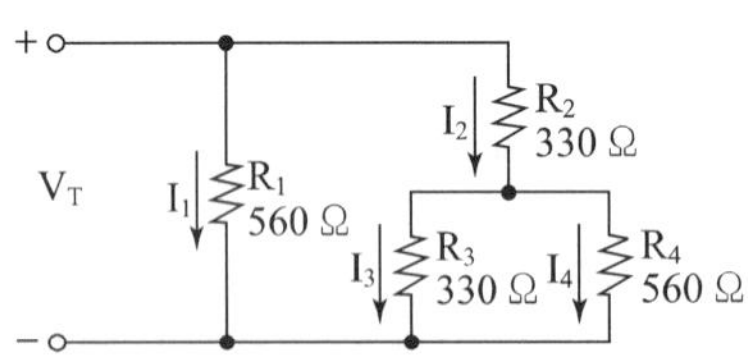

그림 6-13

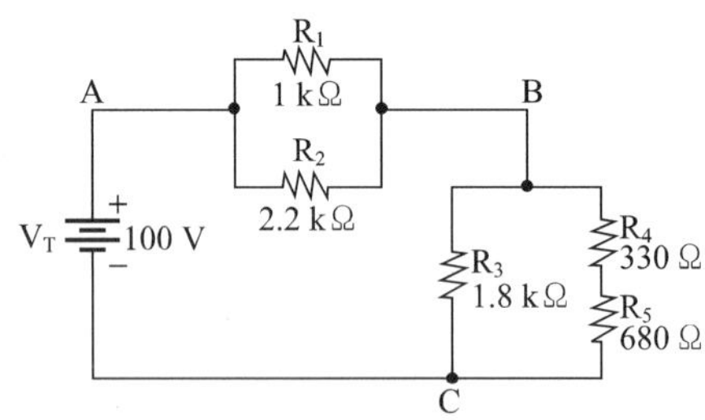

그림 6-14

04 그림 6-14에 표시된 회로에서 R_{AB}, R_{BC}, R_T, V_{AB}, V_{BC}, V_{R1}, V_{R2}, V_{R3}, V_{R4}, V_{R5}를 구하시오.

05 휘이스톤 브리지에서 갈바노메터가 평형상태를 표시하고 있다면 표준저항이 18 KΩ이고, R_2/R_4의 비가 0.02라고 가정할 때 미지저항의 크기는 얼마인가?

정답

01 $R_{2\parallel 3} = 50\ \Omega$, $R_T = 60\ \Omega$

02 $R_{2,3} = 94\ \Omega$, $R_{4\parallel 5} = 24.8\,\Omega$와 $R_{AB} = 48.4\ \Omega$, $R_T = 148.4\ \Omega$

03 $I_1 = 89.3$ mA, $I_2 = 93$ mA, $I_3 = 58.5$ mA, $I_4 = 34.5$ mA, $I_T = 182.3$ mA

04 $R_{AB} = 688\ \Omega$, $R_{BC} = 647\ \Omega$, $R_T = 1{,}335\ \Omega$, $V_{AB} = 51.5$ V, $V_{BC} = 48.5$ V, $V_{R1} = 51.5$ V, $V_{R2} = 51.5$ V, $V_{R3} = 48.5$ V, $V_{R4} = 15.8$ V, $V_{R5} = 32.7$ V

05 360 Ω

CHAPTER 07 전압분배기와 전류분배기

저항이 직렬로 연결된 회로에서 각 저항 양단에서 발생되는 전압강하는 저항의 크기에 비례하는 특성을 가지기 때문에 전압분배기 회로라 한다. 저항이 병렬로 연결된 회로에서 각 지로를 통해서 흐르는 전류의 총합은 본선전류 I_T와 그 크기가 같고, 지로전류의 크기는 각 저항의 크기에 반비례하기 때문에 전류분배기 회로라고 한다. 이 장에서는 각종 계측장비의 응용 분야에서 사용되는 전류분배기와 전압분배기의 특성에 대해 설명한다. 특히 부하전류가 흐르는 병렬지로를 가지는 직렬 전압분배기에 대해서 자세히 설명하도록 한다.

7.1 직렬 전압분배기

직렬회로에서 모든 저항을 통해서 흐르는 전류의 크기가 일정하다. 또한 각 저항에서 발생하는 전압강하는 I×R의 크기와 같다. 전압강하의 크기는 저항의 크기에 비례하므로 직렬회로에서 큰 저항값을 가지는 저항은 작은 저항값을 가지는 저항보다 더 큰 전압강하가 발생된다. 그러나 등가저항일 경우 전압강하의 크기는 같다. 따라서 직렬저항렬은 전압분배기로 사용된다. 그림 7-1에 표시된 회로에서 20 V의 인가전압은 세 개의 직렬저항 양단의 전압강하의 합과 같다.

$$V = V_{R1} + V_{R2} + V_{R3} = 12\ \text{V} + 6\ \text{V} + 2\ \text{V} = 20\ \text{V}$$

R_1이 R_2의 2배이기 때문에 V_{R1}은 V_{R2}의 2배이고, R_1이 R_3의 6배이기 때문에 V_{R1}은 V_{R3}의 6배이다.

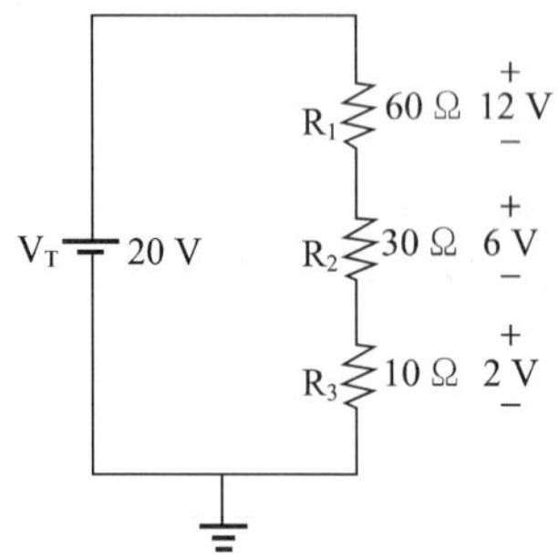

그림 7-1

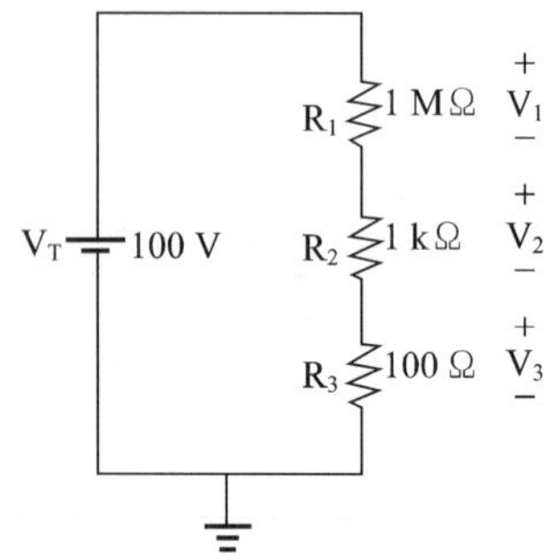

그림 7-2

그림 7-2에 표시된 회로에서는 인가전압의 대부분이 R_1 양단에 걸린다는 사실을 확인할 수 있다.

$$I = \frac{V_T}{R_T} = \frac{100\,V}{1,001,100\,\Omega} \cong 99.89\,\mu A$$

$$V_{R1} = I \times R_1 = 99.89\,\mu A \times 1\,M\Omega = 99.89\,V$$

$$V_{R2} = I \times R_2 = 99.89\,\mu A \times 1\,k\Omega = 99.89\,mV = 0.09989\,V$$

$$V_{R3} = I \times R_3 = 99.89\,\mu A \times 100\ \Omega = 9.989\,mV = 0.009989\,V$$

각 저항의 전압강하는 비례전압법을 사용하면 식 (7.1)에 의해서 손쉽게 구할 수 있다.

$$V = \frac{R}{R_T} \times V_T \tag{7.1}$$

예제 1 그림 7-3에 표시된 회로에서 전압 V_{R1}과 V_{R2}를 구하시오.

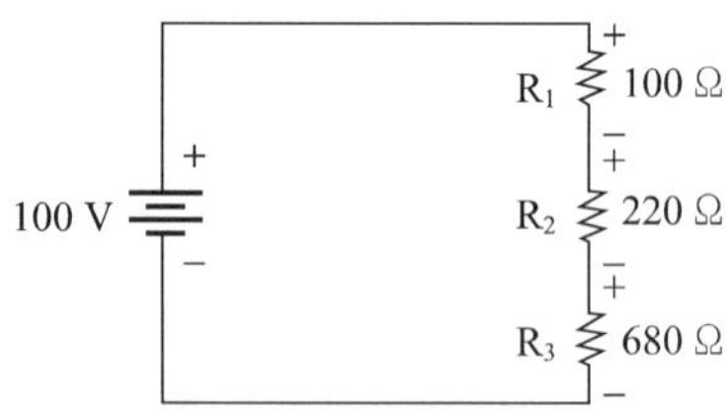

그림 7-3

▸ $R_T = R_1 + R_2 + R_3 = 100\ \Omega + 220\ \Omega + 680\ \Omega = 1,000\ \Omega$

$$V_{R1} = \frac{R_1}{R_T} \times V_T = \frac{100\ \Omega}{1,000\ \Omega} \times 100\ V = 10\ V$$

$$V_{R2} = \frac{R_1}{R_T} \times V_T = \frac{220\ \Omega}{1,000\ \Omega} \times 100\ V = 22\ V$$

$$V_{R3} = \frac{R_1}{R_T} \times V_T = \frac{680\ \Omega}{1,000\ \Omega} \times 100\ V = 68\ V$$

예제 2 그림 7-4에 표시된 회로에서 (a) V_{AB}, (b) V_{AC}, (c) V_{BC}, (d) V_{BD}, (e) V_{CD}를 구하시오.

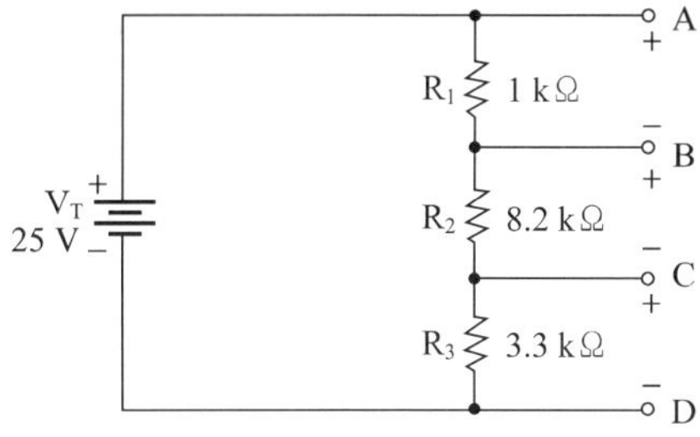

그림 7-4

▸ $R_T = R_1 + R_2 + R_3 = 100\ k\Omega + 8.2\ k\Omega + 3.3\ k\Omega = 12.5\ k\Omega$

(a) $V_{AB} = \frac{R_1}{R_T} \times V_T = \frac{1\ k\Omega}{12.5\ k\Omega} \times 25\ V = 2\ V$

(b) $V_{AC} = \left(\frac{R_1 + R_2}{R_T}\right) \times V_T = \frac{9.2\ k\Omega}{12.5\ k\Omega} \times 25\ V = 18.4\ V$

(c) $V_{BC} = \frac{R_2}{R_T} \times V_T = \frac{8.2\ k\Omega}{12.5\ k\Omega} \times 25\ V = 16.4\ V$

(d) $V_{BD} = \left(\frac{R_2 + R_3}{R_T}\right) \times V_T = \frac{11.5\ k\Omega}{12.5\ k\Omega} \times 25\ V = 23\ V$

(e) $V_{CD} = \frac{R_3}{R_T} \times V_T = \frac{3.3\ k\Omega}{12.5\ k\Omega} \times 25\ V = 6.6\ V$

예제 3 그림 7-5에 표시된 회로에서 $V_{R1} = 4V_{R2}$가 되도록 전압분배기 회로를 구성하는 저항의 크기를 결정하시오.

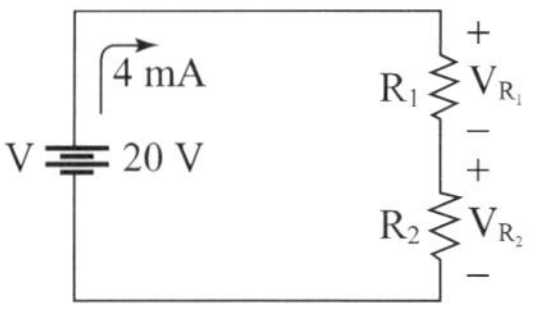

그림 7-5

▸ 전체 저항 $R_T = 5\ k\Omega$이고 $V_{R1} = 4V_{R2}$를 만족하기 위해서는 R_2는 $1\ k\Omega$, R_1은 $4\ k\Omega$이다.

$R_T = \frac{V_T}{I} = \frac{20\ V}{4\ mA} = 5\ k\Omega$

$R_T = R_1 + R_2 = 4R_2 + R_2 = 5\ k\Omega$

$R_2 = 1\ k\Omega$

$R_1 = 4R_2 = 4\ k\Omega$

7.2 전류분배기

병렬지로에서 지로전류를 구할 때는 전체 전류 I_T와 각 병렬지로저항을 알고 있으면 각 지로에 인가되는 전압을 알지 못해도 쉽게 계산할 수 있다. 그림 7-6에 표시된 회로에서는 두 개의 지로전류를 구하는 식 (7.2)를 사용하면 쉽게 지로전류가 계산된다.

$$I_1 = \left(\frac{R_2}{R_1 + R_2}\right) \times I_T \tag{7.2}$$

$$I_2 = \left(\frac{R_1}{R_1 + R_2}\right) \times I_T$$

식 (7.2)에서 주의해야 하는 것은 지로전류와 반대인 저항이 분자에 존재한다는 것이다. 이것은 각 지로전류는 지로저항에 반비례하기 때문이다. 분모는 두 식 모두 일치하는데 이것은 두 지로저항의 합과 같다. 그림 7-6에 표시된 회로에서 I_T가 6 A이고, R_1 저항이 4 kΩ, R_2 저항이 8 kΩ 이라고 가정하면 I_1은 4 A, I_2는 2 A임을 알 수 있다.

$$I_1 = \left(\frac{8\ k\Omega}{4\ k\Omega + 8\ k\Omega}\right) \times 6\ A = \frac{8}{12} \times 6\ A = 4\ A$$

$$I_2 = \left(\frac{4\ k\Omega}{4\ k\Omega + 8\ k\Omega}\right) \times 6\ A = \frac{4}{12} \times 6\ A = 2\ A$$

모든 저항은 같은 단위를 갖고 지로전류의 단위도 I_T와 일치한다. 한 가지 주의할 점은 병렬지로가 두 개 뿐인 경우는 두 전류를 모두 계산할 필요가 없다는 점이다. 이것은 한 지로전류만 계산되면 나머지 지로전류는 전체 전류에서 빼면 손쉽게 구할 수 있기 때문이다. 그리고 전압분배기에서는 저항이 큰 경우 전압강하도 크게 발생했지만 병렬지로에서는 저항의 크기가 작을수록 큰 전류가 흐른다는 사실도 알고 있어야 한다. 그림 7-6에서도 4 A의 I_1 전류가 2 A의 I_2 전류의 2배가 되는 것은 4 kΩ 인 R_1 저항이 8 kΩ 인 R_2 저항의 1/2이기 때문이다.

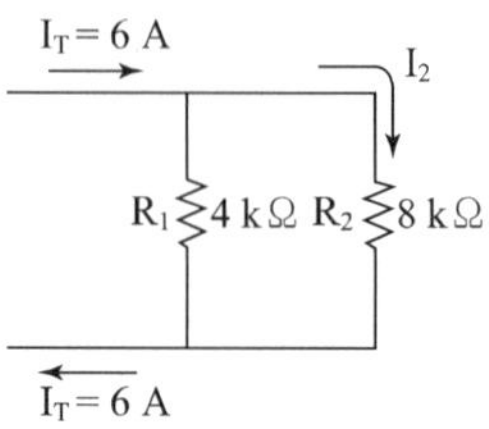

그림 7-6

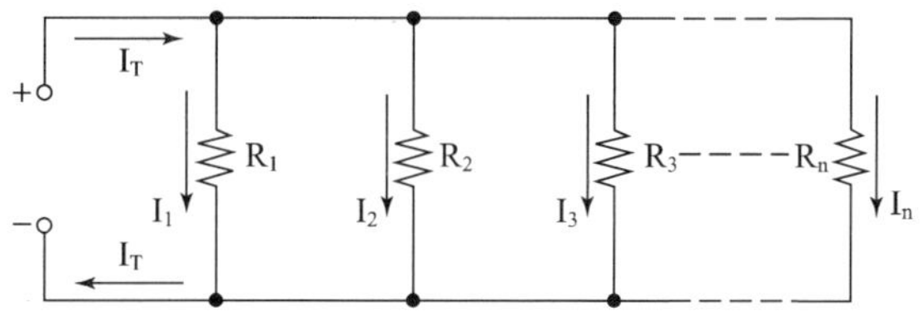

그림 7-7

그림 7-7에 표시된 것처럼 N개의 병렬지로를 갖는 경우 각 지로전류는 식 (7.3)에 의해서 계산된다.

$$I_X = \frac{R_T}{R_X} \times I_T \tag{7.3}$$

예제 4 그림 7-8에 표시된 전류분배기 회로에서 I_1, I_2, I_3를 구하시오.

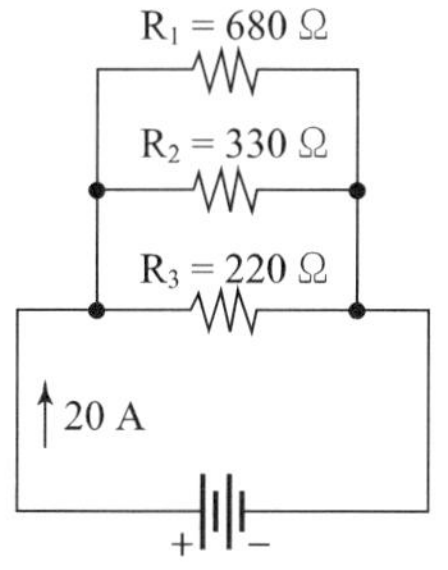

그림 7-8

▸ $R_T = \dfrac{1}{\dfrac{1}{R_1}+\dfrac{1}{R_2}+\dfrac{1}{R_3}} = \dfrac{1}{\dfrac{1}{680\ \Omega}+\dfrac{1}{330\ \Omega}+\dfrac{1}{220\ \Omega}} = 111\ \Omega$

$$I_1 = \frac{R_T}{R_1} \times I_T = \frac{111\ \Omega}{680\ \Omega} \times 20\ \mathrm{A} = 3.26\ \mathrm{A}$$

$$I_2 = \frac{R_T}{R_2} \times I_T = \frac{111\ \Omega}{330\ \Omega} \times 20\ \mathrm{A} = 6.72\ \mathrm{A}$$

$$I_3 = \frac{R_T}{R_3} \times I_T = \frac{111\ \Omega}{220\ \Omega} \times 20\ \mathrm{A} = 10.1\ \mathrm{A}$$

7.3 병렬 컨덕턴스에 의한 전류분배

$G = \frac{1}{R}$ 임을 상기하자. 컨덕턴스는 전류의 세기와 비례하므로 컨덕턴스가 큰 쪽의 지로에 더많은 크기를 가지는 전류가 흐르게 된다. 따라서 여러 개의 병렬지로를 가지는 회로에서 각 지로를 통해서 흐르는 전류의 세기는 식 (7.4)를 사용하면 쉽게 구할 수 있다.

$$I = \frac{G}{G_T} \times I_T \tag{7.4}$$

위 식에서 G는 각 병렬지로의 컨덕턴스를 표시하고 G_T는 각 병렬지로가 갖는 컨덕턴스의 합을 의미한다. 컨덕턴스 G의 단위는 지멘스(S)이다. 그림 7-9에 표시된 회로는 10 Ω 저항 R_1과 2 Ω 저항 R_2, 5 Ω 저항 R_3가 연결되어 있으므로 각 저항의 컨덕턴스를 구하면 $G_1 = 0.1$ S, $G_2 = 0.5$ S, $G_3 = 0.2$ S이다.

$$G_1 = \frac{1}{R_1} = \frac{1}{10\,\Omega} = 0.1\,\mathrm{S}$$

$$G_2 = \frac{1}{G_2} = \frac{1}{2\,\Omega} = 0.5\,\mathrm{S}$$

$$G_3 = \frac{1}{R_3} = \frac{1}{5\,\Omega} = 0.2\,\mathrm{S}$$

전체 컨덕턴스는 0.8 S이다.

$$G_T = G_1 + G_2 + G_3 = 0.1\,\mathrm{S} + 0.5\,\mathrm{S} + 0.2\,\mathrm{S} = 0.8\,\mathrm{S}$$

그림 7-9에서 I_T가 80 mA이므로 식 (7.4)를 사용해서 I_1, I_2, I_3를 구하면 $I_1 = 10$ mA, $I_2 = 50$ mA, $I_3 = 20$ mA이다.

$$I_1 = 1/8 \times 80\,\mathrm{mA} = 10\,\mathrm{mA}$$

$$I_2 = 5/8 \times 80\,\mathrm{mA} = 50\,\mathrm{mA}$$

$$I_3 = 2/8 \times 80\,\mathrm{mA} = 20\,\mathrm{mA}$$

식 (7.4)는 컨덕턴스와 전류의 세기가 비례하기 때문에 병렬지로의 개수에 무관하게 지로전류를 쉽게 구할 수 있다.

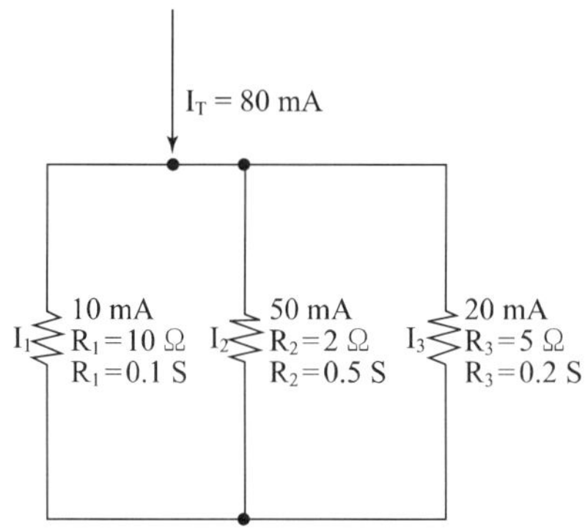

그림 7-9

7.4 병렬 부하전류를 갖는 직렬 전압분배기

그림 7-10(a)에 표시된 전압분배기에서는 R_1과 R_2 저항이 직렬연결이므로 220 V의 전압이 인가 될 때 각 저항에는 저항의 크기에 비례하는 전압이 분배된다. R_1의 크기가 60 kΩ, R_2의 크기는 40 kΩ 이므로 R_T의 크기는 100 KΩ 이 된다. 따라서 전류는 2.2 mA가 흐르게 된다($I = V_T / R_T = 220\ V / 100\ k\Omega = 2.2\ mA$). R_1 저항에 132 V의 전압강하가 발생하고 R_2 저항에 88 V의 전압강하가 발생한다.

$$V_{R1} = \frac{60}{100} \times 220\,V = 132\,V$$

$$V_{R2} = \frac{40}{100} \times 220\,V = 88\,V$$

$V_{R1} + V_{R2} = 220$ V로 인가전압의 크기와 일치한다. 그림 7-10(b)의 회로에서 40 kΩ 의 R_L이 40 kΩ 의 R_2 저항에 병렬로 연결되면 그림 7-10(c)에 표시한 것처럼 F점과 G점 사이의 등가저항이 20 kΩ 의 R_E저항으로 대체된다. R_1 저항은 병렬저항이 아니기 때문에 크기가 변화하지 않지만 그림 7-10(c)에서의 회로의 전체 저항은 80 kΩ 으로 감소한다. 따라서 R_E저항 양단에 걸리는 전압 V_{RE}의 크기는 55 V가 된다.

$$V_{RE} = \frac{R_E}{R_T} \times V_T = \frac{20}{80} \times 220\,V = 55\,V$$

따라서 그림 7-10(b)에서 R_2와 병렬로 연결된 R_L 저항 양단의 전압은 88 V에서 55 V로 감소되는데, 이것이 R_L에 대한 탭 F점의 전압이다. 그림 7-10(c)에서 R_1 양단에 걸리는 전압

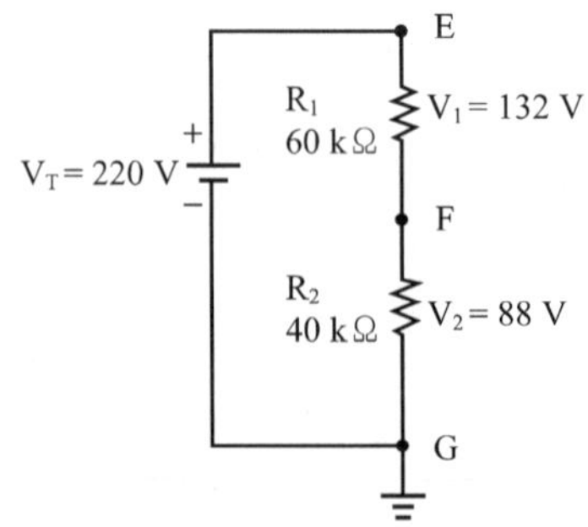

(a) 어떤 지로전류를 갖지 않는 직렬 전압분배기

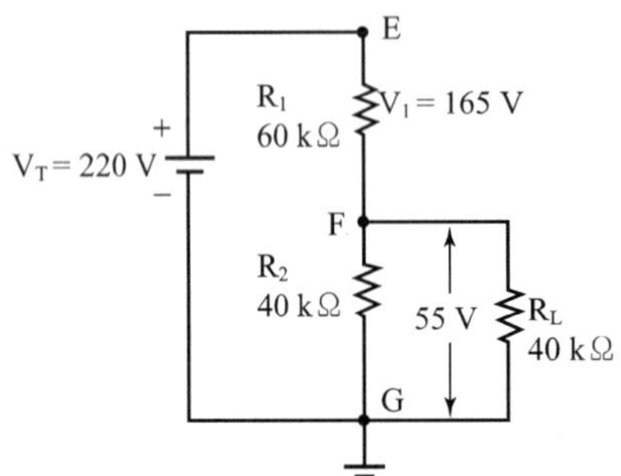

(b) R_2 양단에 연결된 부하저항 R_L에 의한 전압 감소효과

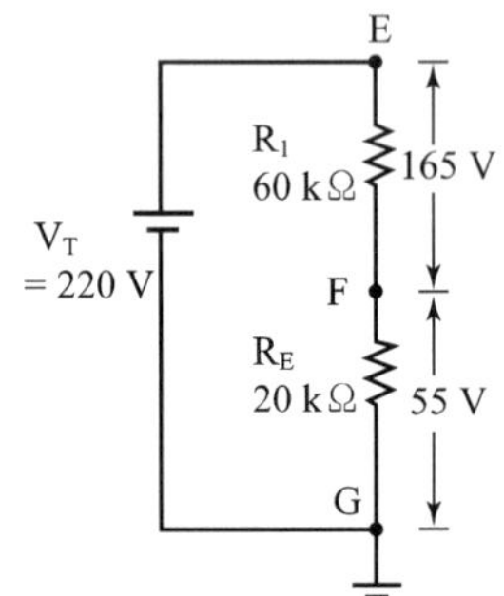

(c) 부하를 갖는 전압분배기의 등가회로

그림 7-10 직렬 전압분배기의 일부인 병렬부하의 효과.

은 165 V로 증가한다. 이것은 R_1 저항을 통해서 흐르는 전류가 증가했기 때문이다. 전체 전압의 크기는 220 V로 변화가 없다. 이것은 각각의 전압강하를 더해보면 55 V + 165 V = 220 V이기 때문에 쉽게 확인할 수 있다.

예제 5 그림 7-11(a)에 표시된 회로에서 부하저항 R_L이 10 kΩ인 경우와 100 kΩ인 경우의 출력전압과 무부하 상태의 출력전압을 구해서 비교하시오.

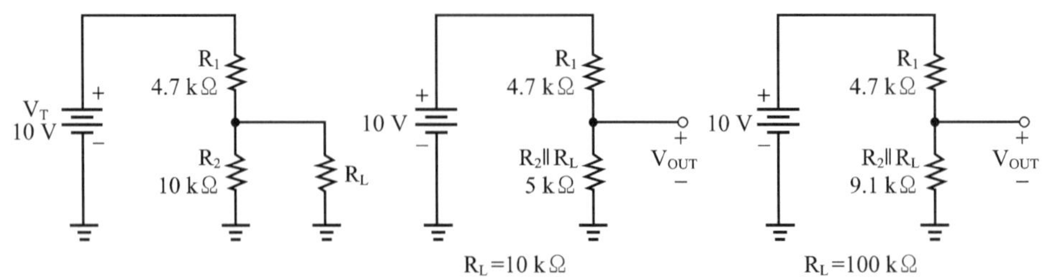

(a) (b) (c)

그림 7-11

▸ 무부하 상태의 출력은 6.8 V이다.

$$V_{OUT(무부하)} = \left(\frac{R_2}{R_1 + R_2}\right) \times V_T = \frac{10\,k\Omega}{14.7\,k\Omega} \times 10\,V = 6.8\,V$$

$$V_{OUT(부하)} = \left(\frac{R_2 \parallel R_L}{R_1 + R_2 \parallel R_L}\right) \times V_T = \frac{5\,k\Omega}{9.7\,k\Omega} \times 10\,V = 5.16\,V$$

$$V_{OUT(부하)} = \left(\frac{R_2 \parallel R_L}{R_1 + R_2 \parallel R_L}\right) \times V_T = \frac{9.1\,k\Omega}{13.8\,k\Omega} \times 10\,V = 6.6\,V$$

부하전류와 블리더 전류

부하저항을 갖는 전압분배기 회로에서 전체 전류는 모두 전원 V_T의 +단자에서부터 출발해서 전압분배기 저항과 부하저항을 통해서 흐른다. 그림 7-12는 두 개의 부하저항과 출력전압을 제공하는 전압분배기 회로를 표시하고 있다. 주의할 것은 전체 전류 I_T는 부하저항 R_{L1}을 통해서 흐르는 I_{RL1}과 R_2 저항을 통해서 흐르는 I_2로 분류되고, I_2 전류는 다시 부하저항 R_{L2}를 통해서 흐르는 I_{RL2}와 R_3 저항을 통해서 흐르는 I_3로 분류된다. 이때 I_3처럼 I_T 전류 중에서 부하전류를 뺀 나머지 전류를 블리더 전류라고 한다.

$$I_{BLEEDER} = I_T - I_{RL1} - I_{RL2} \tag{7.5}$$

예제 2 그림 7-12에 표시된 회로에서 I_{RL1}과 I_{RL2}, I_3를 구하시오.

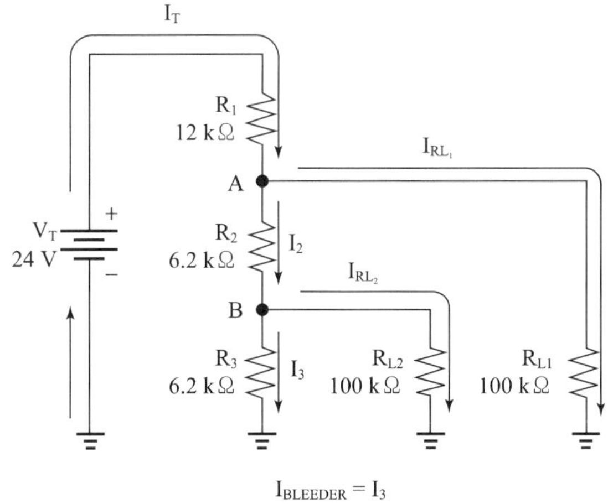

그림 7-12 두 개의 부하가 연결되는 전압분배기.

▸ R_3과 R_{L1}의 병렬 합성저항 R_B를 구하면 5.84 kΩ이다.

$$R_B = \left(\frac{R_3 \times R_{L2}}{R_3 + R_{L2}}\right) = \frac{6.2\ \text{k}\Omega \times 100\ \text{k}\Omega}{106.2\ \text{k}\Omega} = 5.84\ \text{k}\Omega$$

R_2와 R_B의 직렬 합성저항 R_{2-B}는 12.04 kΩ이다.

$$R_{2-B} = R_2 + R_B = 6.2\ \text{k}\Omega + 5.84\ \text{k}\Omega = 12.04\ \text{k}\Omega$$

R_{L1}과 R_{2-B}의 병렬 합성저항을 구하면 10.75 kΩ이다.

$$R_A = \left(\frac{R_{2-B} \times R_{L1}}{R_{2-B} + R_{L1}}\right) = \frac{12.04\ \text{k}\Omega \times 100\ \text{k}\Omega}{112.04\ \text{k}\Omega} = 10.75\ \text{k}\Omega$$

R_T는 22.8 kΩ이다.

$$R_T = R_A + R_1 = 10.75\ \text{k}\Omega + 12.04\ \text{k}\Omega = 22.8\ \text{k}\Omega$$

R_{L1} 양단에 걸리는 V_{RL1}은 11.32 V이다.

$$V_{RL1} = V_A = \frac{R_A}{R_T} \times V_T = \frac{10.75\ \text{k}\Omega}{22.8\ \text{k}\Omega} \times 24\ \text{V} = 11.32\ \text{V}$$

I_{RL1}은 113 μA이다.

$$I_{RL1} = \frac{V_{RL1}}{R_{L1}} = \frac{11.32\ \text{V}}{100\ \text{k}\Omega} = 113\ \mu\text{A}$$

V_B는 5.49 V이다.

$$V_B = \left(\frac{R_B}{R_2 + R_B}\right) \times V_A = \frac{5.84\ \text{k}\Omega}{12.04\ \text{k}\Omega} \times 11.32\ \text{V} = 5.49\ \text{V}$$

I_{RL2}는 55 μA이다.

$$I_{RL2} = \frac{V_{RL2}}{R_{L2}} = \frac{5.49\ \text{V}}{100\ \text{k}\Omega} = 55\ \mu\text{A}$$

블리더 전류는 887 μA이다.

$$I_3 = \frac{V_B}{R_3} = \frac{5.49\ \text{V}}{6.2\ \text{k}\Omega} = 887\ \mu\text{A}$$

기초확인문제

01 그림 7-13에 표시된 회로에서 전압 V_{ab}를 구하시오.

02 그림 7-14에 표시된 회로에서 전압 V_a를 구하시오.

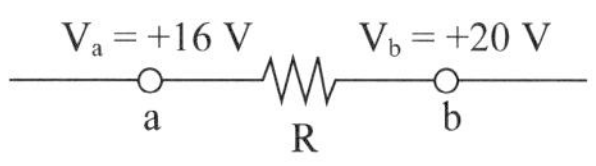

그림 7-13

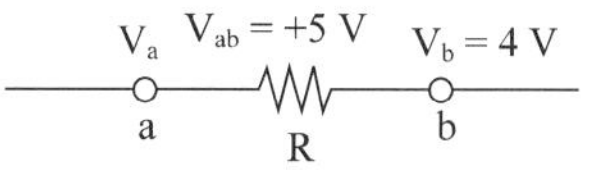

그림 7-14

03 그림 7-15에 표시된 회로에서 전압 V_{ab}를 구하시오.

04 그림 7-16에 표시된 회로에서 전압 V_{ab}, V_{cb}, V_c를 구하시오.

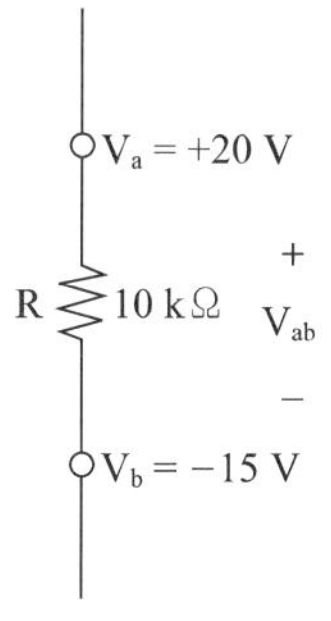

그림 7-15

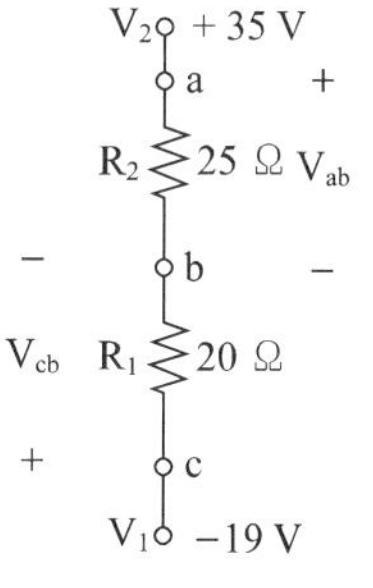

그림 7-16

05 그림 7-17에 표시된 회로에서 I_1을 구하시오.

06 그림 7-18에 표시된 회로에서 R_1의 크기를 구하시오.

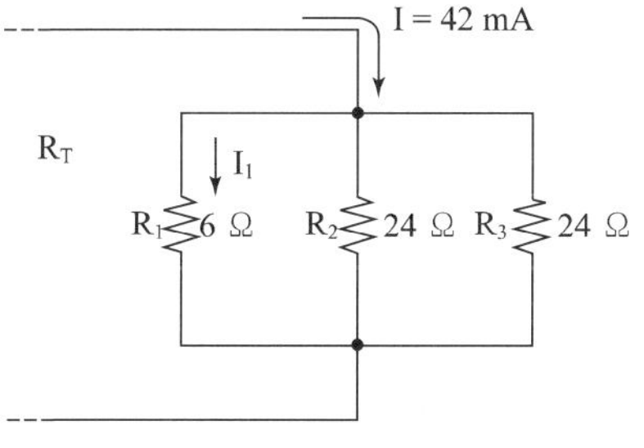

그림 7-17

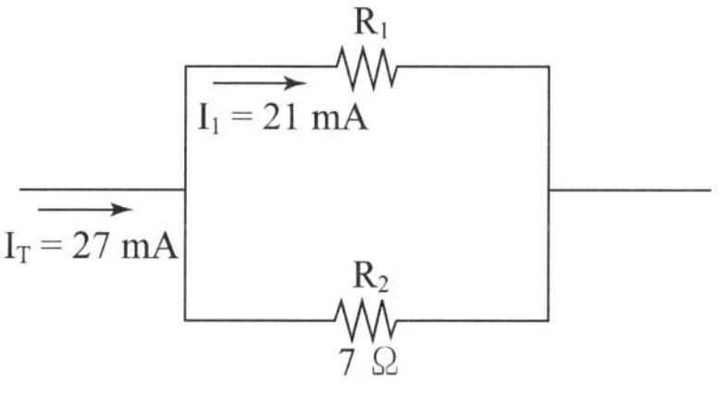

그림 7-18

07 그림 7-19에 표시된 회로의 미지 전류를 구하시오.

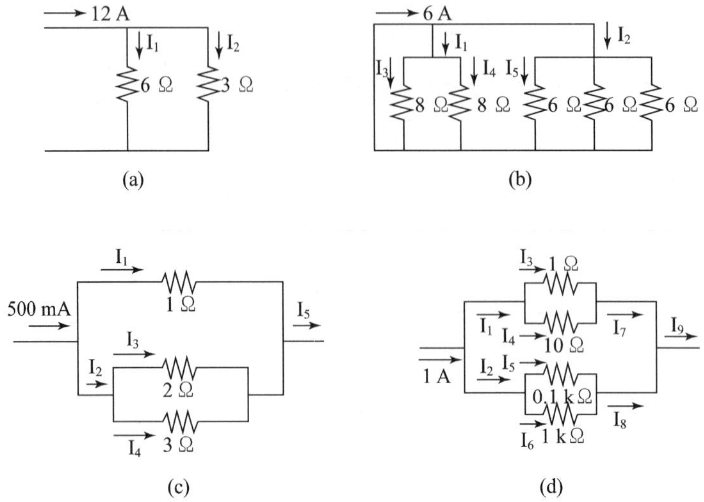

그림 7-19

정답

01 $V_{ab} = V_a - V_b = 16\ V - 20\ V = -4\ V$

02 $V_a = V_{ab} + V_b = 5\ V + 4\ V = 9\ V$

03 $V_{ab} = V_a - V_b = 20\ V - (-15\ V) = 35\ V$

04 $V_{ab} = 30\ V,\ V_{cb} = -24\ V,\ V_c = -19\ V$

05 $I_1 = 28\ mA$

06 $R_1 = 2\Omega$

07 (a) $I_1 = 4\ A,\ I_2 = 8\ A$

(b) $I_1 = 2\ A,\ I_2 = 4\ A,\ I_3 = I_4 = 1\ A,\ I_5 = 1.33\ A$

(c) $I_1 = 0.272\ A,\ I_2 = 0.227\ A,\ I_3 = 0.136\ A,\ I_4 = 0.091\ A$

(d) $I_1 = 0.99\ A,\ I_2 = 0.01\ A,\ I_3 = 0.9\ A,\ I_4 = 0.09\ A,\ I_5 = 0.009\ A,\ I_6 = 0.001\ A$

CHAPTER

08 키르히호프의 법칙

키르히호프의 법칙은 저항의 직렬 혹은 병렬회로와 무관하기 때문에 모든 전기회로에 적용되는 중요한 회로 해석방법으로 전압법칙과 전류법칙으로 구분된다.

- 임의의 폐 루프(closed loop) 내에서의 전압강하와 전압원의 대수적인 합은 항상 0(zero)이다.
- 임의의 한 점에서 흘러 들어오고 나간 전류의 대수적인 합은 항상 0(zero)이다.

8.1 키르히호프의 전류법칙

회로 내의 임의의 한 점에서 흘러 들어오고 나간 전류의 대수적인 합은 항상 0이다. 따라서 회로에서 임의의 한 점을 통해서 흘러 들어온 전류와 흘러나간 전류의 크기는 항상 같다.

$$\Sigma I_{입력} = \Sigma I_{출력} \tag{8.1}$$

$$\Sigma I = 0 \tag{8.2}$$

회로를 해석하기 위해서 키르히호프의 법칙을 사용하는 경우 전압과 전류의 대수적인 부호를 결정해야 한다. 보통 어떤 지로 점에서 흘러 들어오는 모든 전류는 +부호를 가지도록 표시하고, 지로 점에서 흘러나가는 전류는 −부호를 가진다. 예를 들면, 그림 8-1에서 전류는 다음과 같이 표시된다.

$$I_1 = I_2 + I_3 \qquad I_1 - I_2 - I_3 = 0$$

$$8\,A = 2\,A + 6\,A \qquad 8\,A - 2\,A - 6\,A = 0$$

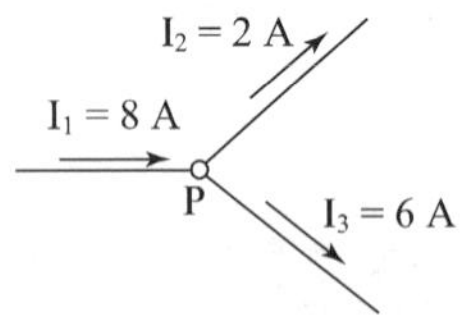

그림 8-1 키르히호프의 전류법칙.

예제 1 그림 8-2에 표시된 회로에서 키르히호프의 전류법칙을 이용해서 I_4를 구하시오.

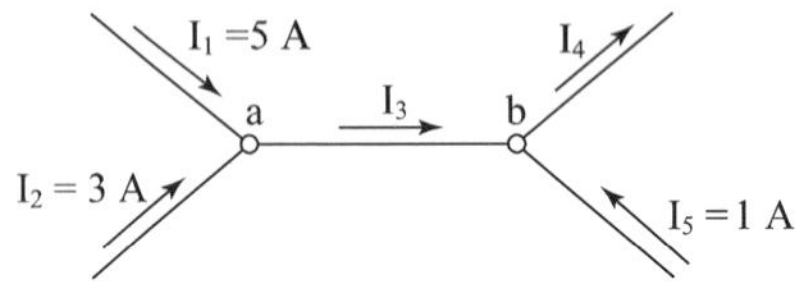

그림 8-2

▸ 절점 a에서는 미지의 수가 I_3 하나이고, 절점 b에서는 미지수가 둘이기 때문에 키르히호프의 전류법칙을 절점 a에서부터 적용한다.

절점 a에서 $\sum I_{입력} = \sum I_{출력}$

$I_1 + I_2 = I_3$

$5\,\text{A} + 3\,\text{A} = I_3$

$\therefore I_3 = 8\,\text{A}$ 이다.

절점 b에서 $I_3 + I_5 = I_4$

$8\,\text{A} + 1\,\text{A} = I_4$

$\therefore I_4 = 9\,\text{A}$ 이다.

예제 2 그림 8-3에 표시된 회로에서 I_1, I_3, I_4, I_5를 구하시오.

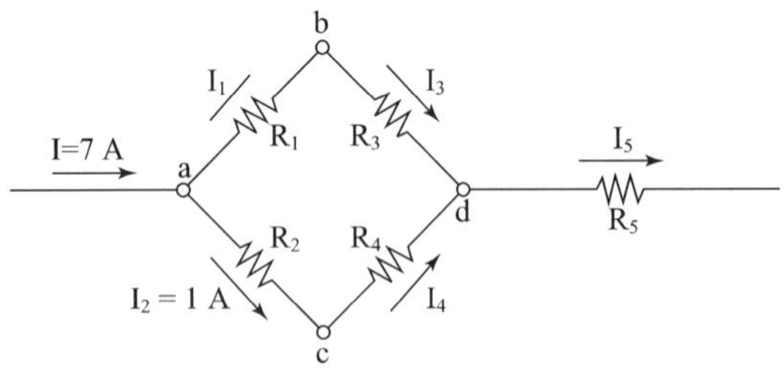

그림 8-3

▸ 절점 a에서 $I = I_1 + I_2$

$7\,\text{A} = I_1 + 3\,\text{A}$

$\therefore I_1 = 5\,\text{A}$ 이다.

저항 R_2와 R_4가 직렬로 연결되어 있고, R_1과 R_3가 직렬연결이기 때문에

절점 b에서 $I_1 = I_3 = 5\,\text{A}$

절점 c에서 $I_2 = I_4 = 3\,A$

절점 d에서 $I_3 + I_4 = I_5$

$I_5 = 7\,A,\ I = I_5$

예제 2 그림 8-4에 표시된 회로에서 I_3, I_4, I_6, I_7을 구하시오.

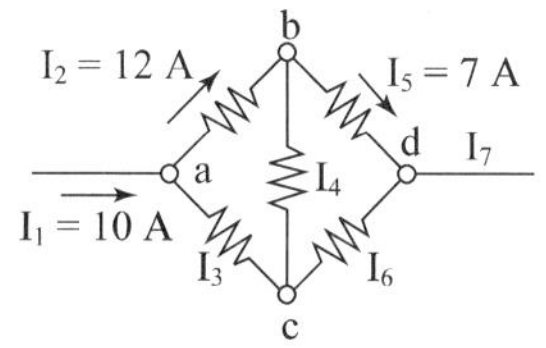

그림 8-4

▸ $I_7 = I_1 = 10\,A$

여기서 10 A는 절점 a의 입력전류이고, 12 A는 출력전류이다. I_3는 반드시 그 절점에 인가되는 전류여야 한다. 절점 a에 키르히호프의 전류법칙을 적용시키면

$$I_1 + I_3 = I_2$$

$$10\,A + I_3 = 12\,A$$

따라서 $I_3 = 12\,A - 10\,A = 2\,A$ 이다.

절점 b에서 12 A는 입력전류이고, 7 A는 출력전류이다. I_4는 반드시 출력전류여야 한다.

$$I_2 = I_4 + I_5$$

$$12\,A = I_4 + 7\,A$$

따라서 $I_4 = 12\,A - 7\,A = 5\,A$ 이다.

절점 c에서 I_3는 2 A의 출력전류이고 I_4는 4 A의 입력전류, I_6은 출력전류가 되어야 한다. 절점 c에 대해서 키르히호프의 전류법칙을 적용시키면

$$I_4 = I_3 + I_6$$

$$5\,A = 2\,A + I_6$$

따라서 $I_6 = 5\,A - 2\,A = 3\,A$ 이다.

절점 d에서 검토해 보면

$$I_5 + I_6 = I_7$$

$$7\,A + 3\,A = 10\,A \text{ 이다.}$$

8.2 키르히호프의 전압법칙

임의의 폐 루프에서 모든 전압의 대수적인 합은 0이다. 만약 임의의 전위를 갖는 한 점에서 출발해서 같은 전위로 같은 점에 돌아오면 전위차는 0이 된다.

$$\Sigma V_{\text{폐루프}} = 0 \tag{8.3}$$

그림 8-5에 표시한 것처럼 전압의 대수적인 부호를 결정하기 위해서는 먼저 전압의 극성을 표시해야 한다. 편리한 방법은 전원의 +단자에서부터 출발해서 회로 내를 일주하면 되는데 +단자가 처음 만나는 전압은 +극성을, −단자가 만나는 전압은 −극성을 가지게 된다.

이것은 전압원과 전압강하 모두에 해당되며 반시계 방향이든 시계 방향이든 간에 어느 쪽을 기준으로 하던 무관하다. 출발점으로 되돌아오지 못한다면 대수적인 합은 출발점과 끝난 점 사이의 전위차가 되며, 어떤 폐 루프를 사용하던 무관한데 그 이유는 회로 내에서 임의의 두 점 사이에서 순 전압은 전위차를 결정할 때 사용되는 경로와는 무관하기 때문이다.

그림 8-5에는 3개의 루프가 존재하는데 그중 하나는 가장 바깥쪽 루프로 a점을 출발해서 $cefdb$를 돌아서 a로 돌아오는 루프로 V_1, V_4, V_5, V_2, V_T가 포함된다. 또한 나머지 2개의 루프는 회로 내부에 존재하는데, $acdba$ 루프는 V_1, V_3, V_2, V_T가 포함된다. $cefdc$ 루프는 V_4, V_5, V_3가 포함된다.

전원을 갖는 내부 루프 $acdba$를 해석해 보자. 시계 방향으로 방향을 잡고 a점에서부터 시작한다고 가정하면 루프 방정식은 식 (8.4)처럼 표시된다.

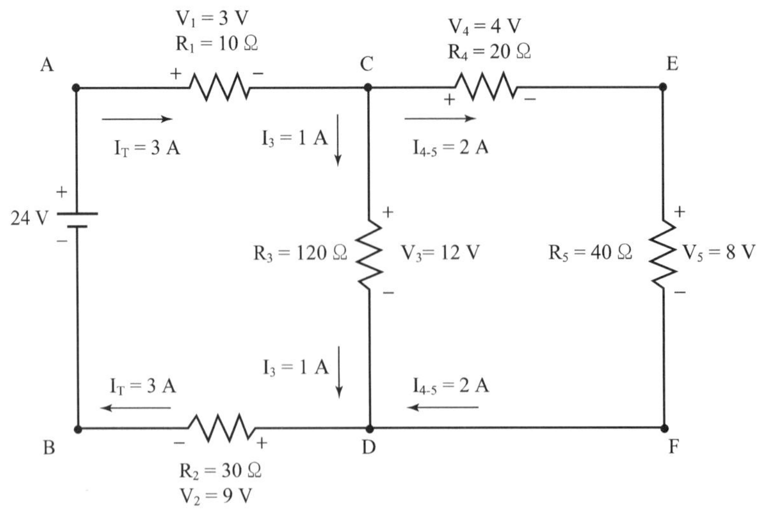

그림 8-5 직병렬회로에서의 키르히호프 법칙 적용 예.

$$V_2 + V_3 + V_1 - V_T = 0 \tag{8.4}$$

위 식에 각 전압의 대수적인 크기를 대입하면 식 (8.5)가 구해진다.

$$9\text{ V} + 12\text{ V} + 3\text{ V} - 24\text{ V} = 0 \tag{8.5}$$

식 (8.4)에서 V_1, V_3, V_2는 +부호를 가지는데 이것은 각 전압이 +단자가 먼저 만나기 때문이며, 전압원 V_T는 −단자가 접촉되기 때문에 −부호를 가지게 된다. 반대방향인 반시계 방향으로 루프 방정식을 세우면 식 (8.6)에 표시된 것처럼 V_1, V_3, V_2는 −부호를 가진다.

$$-V_1 - V_3 - V_2 + V_T = 0 \tag{8.6}$$

$$-3\text{ V} - 12\text{ V} - 9\text{ V} + 24\text{ V} = 0$$

여기서 좌변의 −전압을 우변으로 이항시키면 9 V + 12 V + 3 V = 24 V로 표시되며, 위 식은 모든 전압강하의 크기가 인가전압의 크기와 일치하고 있음을 나타내고 있다.

$$\Sigma V = V_T \tag{8.7}$$

그리스 문자 Σ는 합친다는 의미를 가진다. V_T 전압이 인가된 회로 내의 모든 전압강하의 합이 V_T의 크기와 동일하다. 그림 8-5에서 V_T를 포함하는 내부 폐 루프의 b점에서 시작하여 반시계 방향으로 일주하면 루프 방정식은

$$9\text{ V} + 12\text{ V} + 3\text{ V} = 24\text{ V}$$

가 된다. 위 식은 $\Sigma V = V_T$와 같은데 각 전압의 부호는 모두 +를 가진다. 이것은 −부호를 갖는 전압을 이항시켜서 +부호로 바꾸었기 때문이며, 전압원을 갖지 않는 경우의 각 전압강하의 대수적인 합이 0이기 때문에 한쪽 변은 항상 0이 된다.

예를 들면, 그림 8-5에서 $cefdc$ 루프를 해석하면 c점을 기준으로 해서 시계 방향으로 루프 방정식을 세우면

$$+V_4 + V_5 - V_3 = 0$$

가 되고 각각의 크기를 대입하면

$$+4\text{ V} + 8\text{ V} - 12\text{ V} = 0$$

으로 표시된다. 주의할 것은 V_3만 −부호를 갖는데 이것은 c점에서부터 시계 방향으로 루프 방정식을 세워나갈 때 $+V_3$ 자신의 −단자가 먼저 만나기 때문이다.

예제 4 그림 8-6(a)와 (b)에 표시된 회로에서 미지전압을 구하시오.

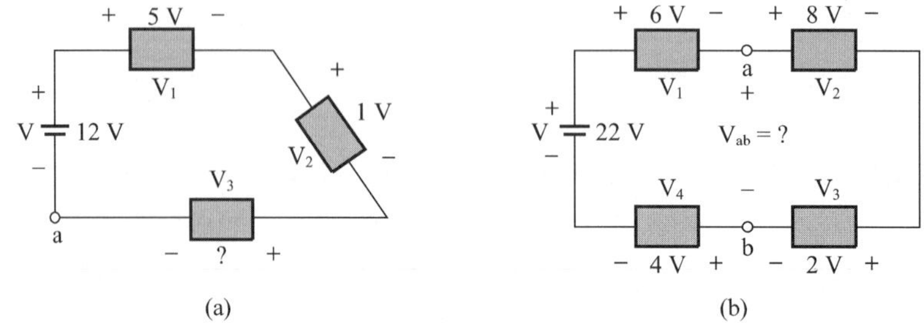

그림 8-6

▸ 그림 8-6(a)에서 a점을 출발하여 시계방향으로 키르히호프의 전압법칙을 적용하면 $+V_1+V_2+V_3-E=0$, $+5\text{ V}+1\text{ V}+V3-12\text{ V}=0$로 식이 구해진다.
따라서 미지전압 $V3=6\text{ V}$이다.
그림 8-6(b)에서 시계방향으로 키르히호프의 전압법칙을 적용하면
$+V_1+V_{ab}+V_4-E=0$, $+6\text{ V}+V_{ab}+4\text{ V}-22\text{ V}=0$, $V_{ab}=V_2+V_3=12\text{ V}$이다.

8.3 지로전류법

그림 8-7에 표시된 회로에 키르히호프의 법칙을 적용시켜 보자. 여기서는 3개의 저항에 관계되는 전압과 전류를 구하면 된다. 우선 각 저항을 통해서 흐르는 전류의 극성을 표시하고, 이것과 일치하는 전압의 극성을 표시한다. V_1 전원은 R_1 저항을 통해서 흐르는 I_1 전류를 발생시키고, V_2 전원은 R_2 저항을 통해서 흐르는 전류 I_2를 발생시킨다. 각 저항 R_1, R_2, R_3에는 각각 I_1, I_2, I_3 전류가 흐르게 된다. 전류의 세기를 모른다고 하더라도 해를 구하기 위해서는 3개의 방정식을 세우기만 하면 된다.

우선 키르히호프의 전류법칙을 적용시키면 $I_3=I_1+I_2$이다. 따라서 R_3 저항을 통해서 흐르는 전류는 I_1+I_2의 크기를 갖는다. I_1+I_2의 전류값을 구하기 위해서는 2개의 독립된 방정식이 필요한데, 이것은 키르히호프의 전압방정식에 의해서 2개의 루프 방정식을 구하면 된다. 그림 8-7에서 3개의 루프가 존재하는데 하나는 최외각 루프이고, 2개는 내부 루프이다. 그러나 여기서는 2개만 필요하기 때문에 내부의 루프 방정식을 사용하게 된다.

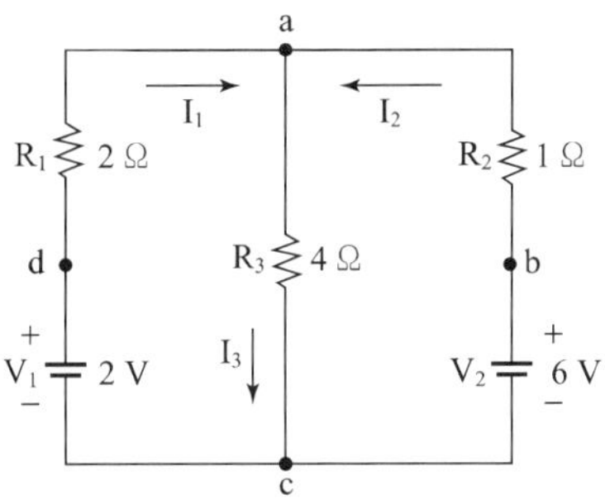

그림 8-7 지로전류법.

V_1 전원을 포함하는 루프를 a점에서 출발해서 시계 방향으로 일주시키면 V_1, V_{R1}, V_{R3}가 포함된다.

$$V_{R1} + V_{R3} - 2\ V = 0$$

V_2를 포함하는 루프를 a점에서부터 시작해서 반시계 방향으로 일주시키면 V_2, V_{R2}, V_{R3}가 포함된다.

$$V_{R2} + V_{R3} - 6\ V = 0$$

위의 2개의 루프 방정식에 R_1, R_2, R_3값을 대입해서 전압강하식으로 변환시켜 보면

$$V_{R1} = I_1 R_1 = I_1 \times 2\ \Omega = 2I_1$$
$$V_{R2} = I_2 R_2 = I_2 \times 1\ \Omega = I_2$$
$$V_{R3} = (I_1 + I_2) R_3 = 4(I_1 + I_2)$$

이므로 다음의 루프 방정식을 구할 수 있다.

$$2\ V - 2I_1 - 4(I_1 + I_2) = 0$$
$$6\ V - I_2 - 4(I_1 + I_2) = 0$$

따라서 두 식을 정리하면

$$6I_1 + 4I_2 = 2\ V$$
$$4I_1 + 5I_2 = 6\ V$$

과 같고 다시 두 식을 통분하면

$$12I_1 + 15I_2 = 18V$$
$$12I_1 + 8I_2 = 4V$$

로 표시된다. I_2를 구하면 $7I_2 = 14\ V$이다. 따라서 $I_2 = 2\ A$이고, $I_1 = -1\ A$, $I_3 = 1\ A$가 구해진다.

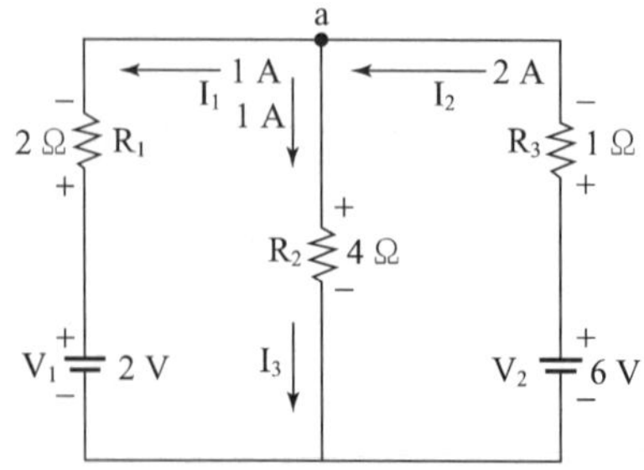

그림 8-8 그림 8-7의 해.

여기서 I_1의 부호가 −표시인 것은 회로에서 표시된 전류의 방향이 반대로 표시되어야 한다는 것을 의미한다. 따라서 그림 8-7에서 I_1의 전류방향을 다시 표시하면 그림 8-8의 회로를 구할 수 있다. 이것은 V_2 전원의 크기가 V_1 전원의 크기보다 아주 크기 때문에 훨씬 더 큰 전류를 발생시켜서 결국은 그 차이에 해당하는 전류가 a점을 통해서 흐르게 된다. 따라서 R_3 저항을 통해서 흐르는 전류의 세기는 1 A가 된다.

$$I_3 = I_1 + I_2 = -1\ A + 2\ A = 1\ A$$

여기서 I_1, I_2, I_3의 크기를 계산했으므로 V_{R1}, V_{R2}, V_{R3}를 구할 수 있다.

$$V_{R1} = I_1 \times R_1 = 1 \times 2 = 2\ V$$
$$V_{R2} = I_2 \times R_2 = 2 \times 2 = 4\ V$$
$$V_{R3} = I_3 \times R_3 = 1 \times 4 = 4\ V$$

위 식에서 모든 전류가 +부호를 갖는데 이것은 전류의 방향이 모두 정상으로 표시되었기 때문이다. I_R의 전압강하 역시 실제 전류에 의해서 극성이 표시되기 때문에 그림 8-8에 표시된 것과 같다. V_{R1}와 V_{R3}는 극성이 반대이므로 루프 1에서의 루프내 전압은 −2 V+4 V =2 V의 크기를 갖게 되므로 V_1의 크기와 등가이다.

8.4 절점전압법

지로전류법에서는 전류가 루프 내의 전압강하를 표시하는데 사용되고 루프 방정식은 키르히호프의 전압법칙을 만족하게 된다. 루프 방정식을 해석하면 미지의 지로전류값을 계산할 수 있다. 또 다른 해석 방법은 각 지로점에서 전류를 표시하기 위해서 전압강하를 이용하는 것으로, 여기서는 키르히호프의 전류법칙이 적용된다. 절점 방식을 해석하면 미지의 절점전압을 구할 수 있다.

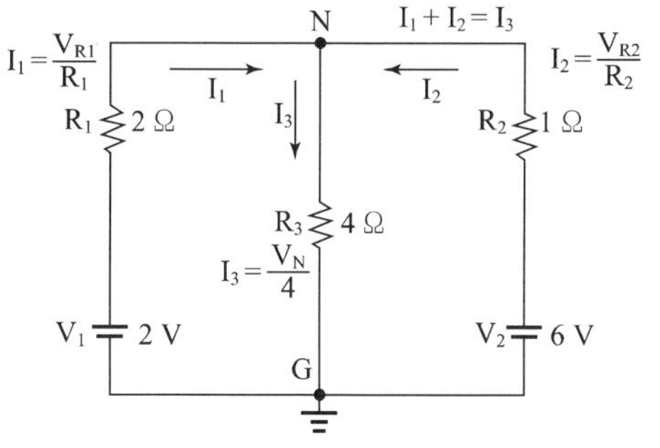

그림 8-9 절점전압법.

절점전압법은 지로전류법보다 간단하다. 절점은 두 개 이상의 소자가 공통으로 연결되는 점으로 중요 절점(principal node)에는 3개 이상 연결된다. 이런 중요 절점이 바로 지로점 혹은 접합점으로 전류를 분배하기도 하고 모으기도 한다. 따라서 중요 절점에서의 전류방정식을 세우게 되는데, 그림 8-9에서는 N점과 G점이 Principal 절점이다.

여하튼 두 개의 절점 가운데 하나는 나머지 절점에서의 전압을 표시하기 위해서 사용되는 기준 절점으로 그림 8-9에서는 G점이 샤시 접지에 연결되어 있기 때문에 기준 절점(reference node)이 된다. 따라서 오직 N 절점에서만 전류 방정식을 세우면 되는데, 일반적으로 회로를 해석하기 위해서 세워야 되는 전류방정식은 주절점의 수보다 한 개 적은 수만큼 필요하다.

그림 8-7에 표시된 회로는 이미 지로전류법에 의해서 해석한바 있다. 따라서 그림 8-9에서는 그림 8-7에 표시된 회로를 절점 방정식으로 해석하는 회로를 표시했다. 이 회로를 해석하기 위해서는 절점 N과 G 사이의 절점전압 V_N을 구하기만 하면 나머지 전압과 전류의 크기는 쉽게 구해진다. 절점 N을 통해서 흐르는 전류는 다음과 같다.

I_1은 오직 2 Ω 의 R_1 저항만 흐르는 전류이기 때문에 $I_1 = V_{R1} / R_1$ 또는 $I_1 = V_{R1} / 2\ \Omega$ 으로 표시되고, I_2는 $V_{R2} / 1\ \Omega$, I_3는 $V_{R3} / 4\ \Omega$ 으로 표시된다. 주의할 것은 V_{R3}가 바로 절점 N의 전압 V_N이라는 점이다. 따라서 절점 N에서의 전류방정식을 세우면 식 (8.8)처럼 표시할 수 있다.

$$I_1 + I_2 = I_3 \text{ 혹은 } \frac{V_{R1}}{2} + \frac{V_{R2}}{1} = \frac{V_N}{4} \tag{8.8}$$

그러나 위 식에서 V_{R1}과 V_{R2}의 크기를 알지 못하기 때문에 V_{R1}과 V_{R2}의 크기를 이미 알고 있는 V_1과 V_2를 이용해서 V_N을 포함하는 식으로 표시하게 된다. 키르히호프의 전압법칙을 이용해서 왼편과 오른편의 내부 루프 방정식을 세우면

$$V_{R1} + V_N = 2\text{ V},\ \ V_{R2} + V_N = 6\text{ V}$$

이므로 V_{R1}과 V_{R2}는 다음과 같이 표시된다.

$$V_{R1} = 2\ V - V_N,\ \ V_{R2} = 6\ V - V_N$$

따라서 V_{R1}과 V_{R2}를 원식에 대입하면 전류방정식은 식 (8.9)처럼 표시할 수 있다.

$$\frac{2\,V - V_N}{2} + \frac{6\,V - V_N}{1} = \frac{V_N}{4} \tag{8.9}$$

V_N 한 개의 미지수만을 포함하는 식이기 때문에 통분해서 정리하면 V_N의 크기는 4 V가 구해진다.

$$4\ V - 2\ V_N + 24\ V - 4\ V_N = V_N$$

$$7\ V_N = 28\ V$$

$$V_N = 4\ V$$

V_N의 크기는 지로전류법에 의해서 계산된 V_{R3}의 크기와 일치하므로 지로전류법과 절점전압법이 모두 회로 해석에 같은 결과를 구할 수 있다는 사실을 증명할 수 있다. 또한 V_{R3}와 V_N의 부호가 모두 +이기 때문에 전류 I_3의 방향이 일치하고 있음을 알 수 있다. 이제 회로내의 다른 전압을 계산해 보자. 먼저 절점전압을 계산한 것은 절점전압이 두 개의 루프에 공통으로 걸리기 때문이다. 그림 8-9에서 V_N이 4 V이므로 $V_{R1} = 2\ V - 4\ V = -2\ V$가 되며, I_1의 크기는 $-1\ A(-2\ V/2\ \Omega)$가 된다. −부호는 전류 I_1의 방향이 반대로 표시되어 있음을 의미한다. 따라서 I_1의 극성의 극성을 정확하게 고친 회로는 그림은 8-8에 표시된 것과 같아지며 I_1의 크기는 $1\ A\,(2\ V/2\ \Omega)$이다. 따라서 절점방정식과 루프방정식을 사용하면 쉽게 해를 구할 수 있다는 사실을 알게 되었다. 결국 절점방정식은 키르히호프의 전류방정식을 의미하고, 이때 I의 크기는 옴의 법칙에 의해서 V / R식으로 표시되며, 절점전압을 구하므로 해서 쉽게 I값을 구할 수 있다. 루프방정식 역시 키르히호프의 전압법칙을 만족하게 되는데 전압의 크기는 $I \times R$에 의해서 표시되고 전류의 세기를 구하기 위해서 사용되는데, 이것은 이미 그림 8-7에서 지로전류법을 설명할 때 사용한바 있다.

기초확인문제

01 그림 8-10에 표시된 회로에서 I_A와 I_B를 구하시오.

02 그림 8-11에 표시된 회로에서 I_A와 I_B, I_C를 구하시오.

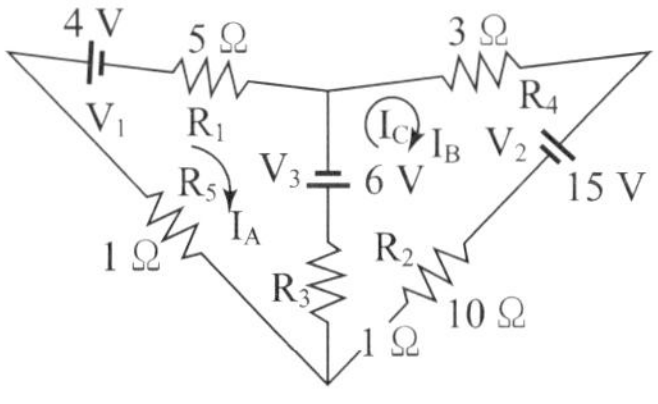

그림 8-10

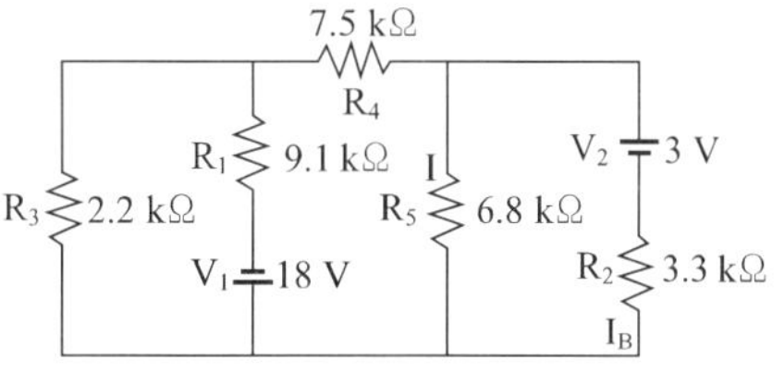

그림 8-11

03 그림 8-12에 표시된 회로에서 I_A와 I_B, I_C를 구하시오.

04 그림 8-13에 표시된 회로에서 I_1, I_2, I_3을 구하시오.

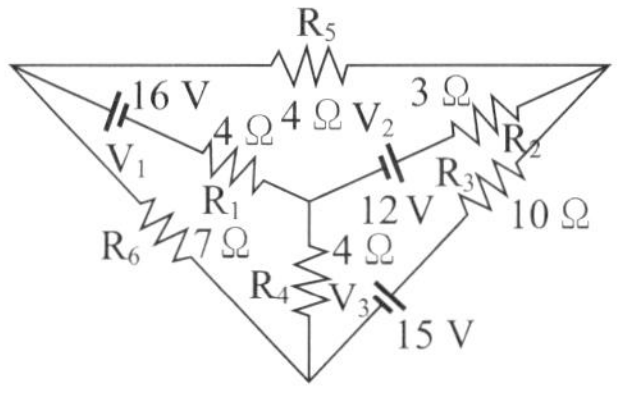

그림 8-12

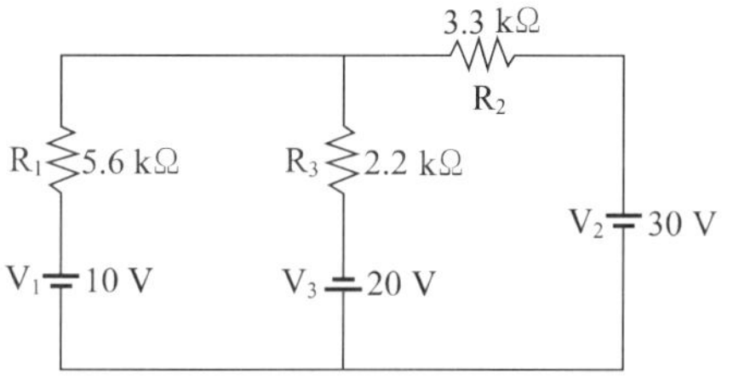

그림 8-13

05 그림 8-14에 표시된 회로에서 I_1, I_2, I_3을 구하시오.

06 그림 8-15에 표시된 회로를 망 전류법으로 해석하시오.

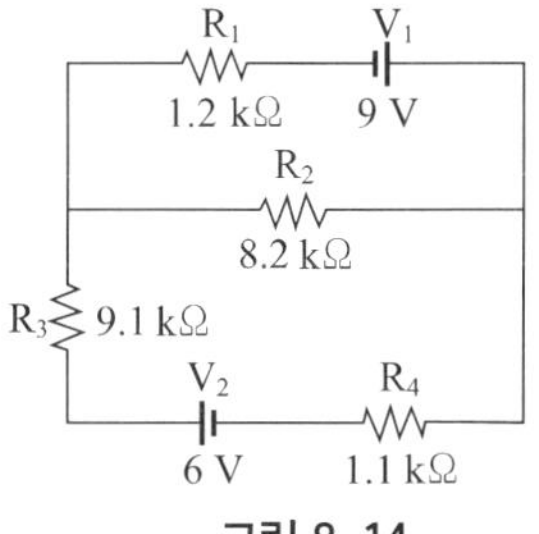

그림 8-14

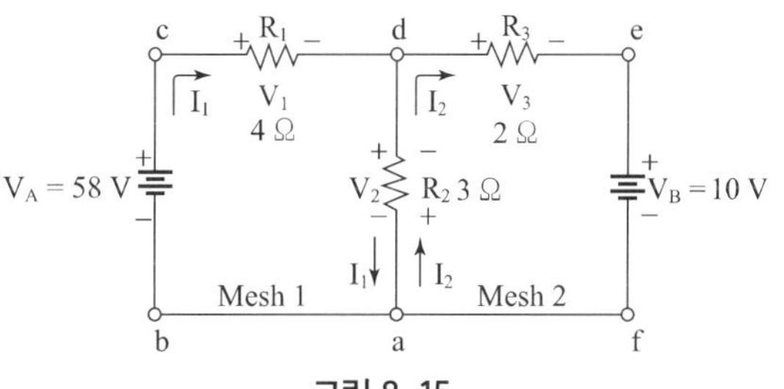

그림 8-15

07 그림 8-16에 표시된 회로를 절점전압법으로 해석하고 V_N, V_1, V_2, V_3, I_1, I_2, I_3를 구하시오.

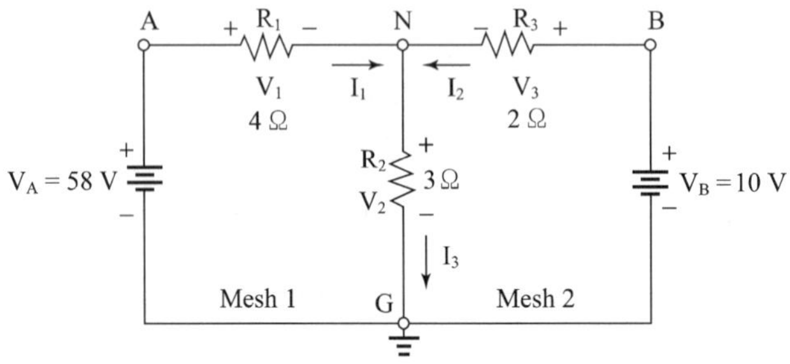

그림 8-16

08 그림 8-17에 표시된 회로의 망 방정식을 세워보시오.

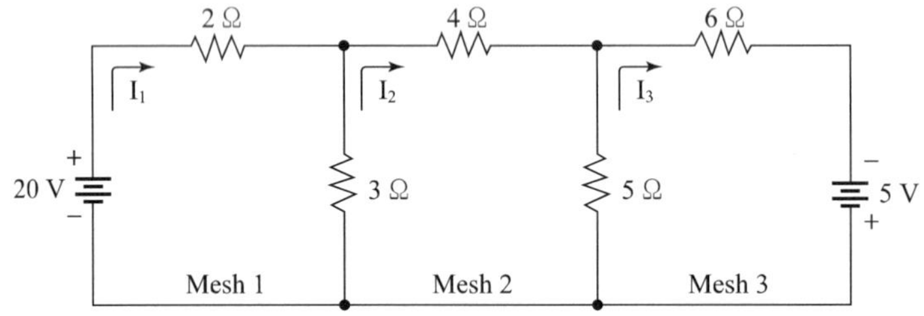

그림 8-17

09 그림 8-18에 표시된 회로의 망 방정식을 세워보시오.

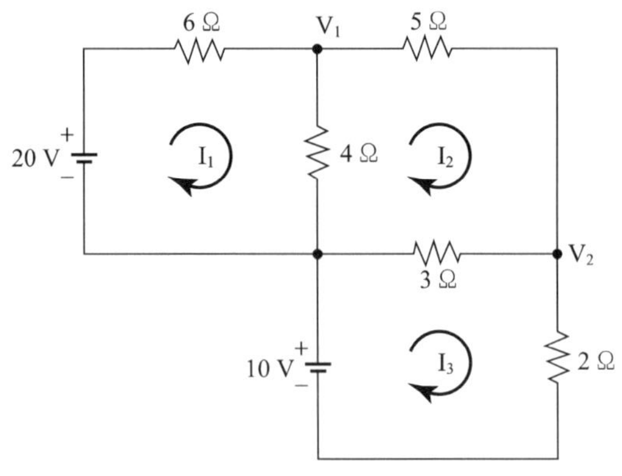

그림 8-18

정답

01 $7I_A - I_B = 2$ V, $-I_A + 14I_B = -21$ V, 두 식을 정리하면 $I_A = 72.1$ mA, $I_B = 1.536$ A이다.

02 $I_{R3} = 1.2059$ mA, $I_{R4} = -0.4806$ mA, $I_{R2} = -0.602$ mA

03 $I_{R5} = -0.2385$ A, $I_{R3} = -0.5169$ A, $I_{R6} = -1.278$ A

04 $I_{R1} = 1.445$ mA, $I_{R2} = -8.513$ mA, $I_{R3} = 9.958$ mA

05 $I_{R1} = 2.0316$ mA, $I_{R2} = 0.8$ mA, $I_{R3} = 1.2316$ mA

06 $I_{da} = 6$ A, $V_1 = 40$ V, $V_2 = 18$ V, $V_3 = 8$ V, $I_1 = 10$ A, $I_2 = 4$ A

07 $V_N = 18$ V, $V_1 = 40$ V, $V_2 = V_N = 18$ V, $V_3 = V_B - V_N = -8$ V, $I_1 = 10$ A, $I_2 = -4$ A, $I_3 = 6$ A

08 $20 = 5I_1 - 3I_2$, $0 = -3I_1 + 12I_2 - 5I_3$, $5 = -5I_2 + 11I_3$

09 $10I_1 - 4I_2 = 20$, $-4I_1 + 12I_2 - 3I_3 = 0$, $-3I_2 + 5I_3 = 10$

CHAPTER

09 회로망 이론

이 장에서는 회로망 해석에 사용되는 중요한 해석공식인 중첩의 원리, 테브닌의 정리, 노턴의 정리, 밀만의 정리, 델타회로와 T형 회로의 변환 등을 설명한다.

9.1 중첩의 원리

중첩의 원리는 두 개 이상의 전원을 갖는 회로에 옴의 법칙을 사용해서 확장시킬 수 있기 때문에 매우 유용한 원리이다. 중첩의 원리는 두개 이상의 전원을 갖는 회로망에서 전류원이든 전압원이든 간에 각각의 전원에 의해서 발생되는 영향을 각각 계산한 대수적인 합을 구하게 된다. 한 번에 한 개의 전원만을 사용하기 위해서는 나머지 전원은 동시에 일시적으로 제거시켜야 한다. 이것은 그림 9-1에 표시된 것처럼 회로의 저항을 바꾸지 않고 전류와 전압을 발생시키지 않도록 전원을 제거시키는 것을 의미하며, 건전지와 같은 전압원은 두 단자 사이를 단락시키고 전류원인 경우는 개방시키면 제거시킬 수 있다. 내부저항은 변함이 없다.

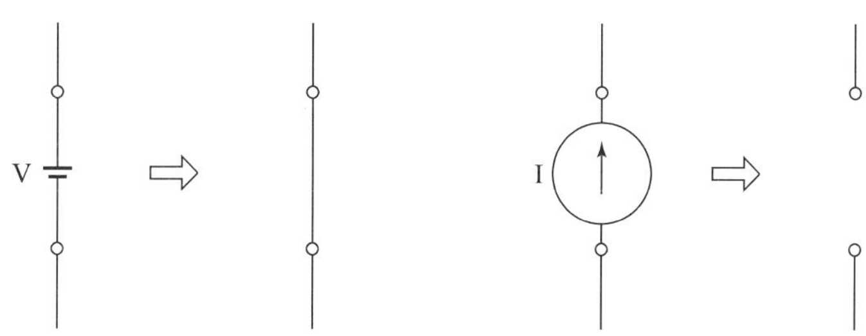

그림 9-1 이상적인 전원의 제거 효과.

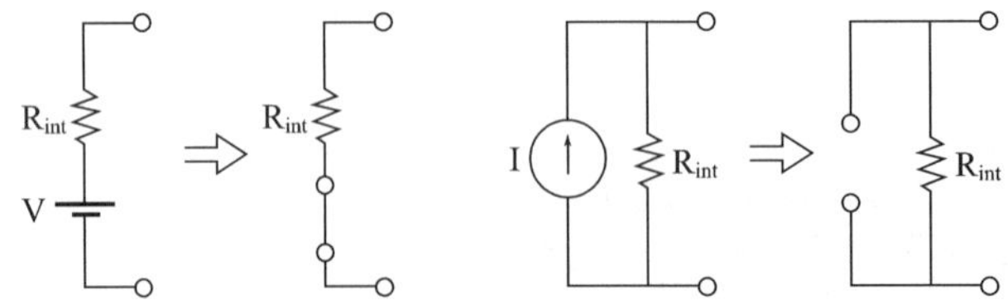

그림 9-2 내부저항을 갖는 전원의 제거 효과.

2개의 전압원을 갖는 전압분배기

그림 9-3(a)에 표시된 회로에서 샤시접지에 대한 P점의 전압을 구해보자. P점의 전압을 계산하기 위해서는 그림 9-3(b)와 그림 9-3(c)에 표시된 것처럼 각 전원을 분리시킨 다음 이들 전압을 중첩시켜서 구하면 된다. 우선 V_1의 효과를 구하기 위해서 그림 9-3(b)에 표시된 것처럼 V_2를 단락시키면 R_1 저항의 아래쪽이 샤시접지에 연결된다. 이 결과 R_2와 R_1은 V_1 전원의 전압분배기처럼 동작하게 된다. 따라서 R_1 저항 양단에 걸리는 전압이 P점으로부터 접지점까지의 전압과 같게 되므로, V_1의 영향으로 R_1 양단에 인가되는 V_{R1}을 구하면 되는데 다음 공식을 사용하면 $V_{R1} = 24\ V$가 구해진다.

$$V_{R1} = \frac{R_1}{R_1 + R_2} \times V_1 = \frac{6\,k\Omega}{3\,k\Omega + 6\,k\Omega} \times 36\ V = 24\,V$$

다음으로 V_2 전원의 영향을 계산하기 위해서 V_1 전원을 단락시키면 그림 9-3(c)의 회로를 구할 수 있다. 여기서는 R_2 저항 위쪽의 A점이 샤시접지되기 때문에 R_1과 R_2 저항으로 구성된 전압분배기 회로가 된다. 따라서 R_2 저항 양단에 걸리는 전압이 P점과 접지 사이의 전압이다. negative 전압 V_2의 영향을 계산하면 $V_{R2} = -2\ V$가 구해진다.

$$V_{R2} = \frac{R_2}{R_1 + R_2} \times V_2 = \frac{3\,k\Omega}{3\,k\Omega + 6\,k\Omega} \times -6\ V = -2V$$

전압은 V_2가 negative 전압이기 때문에 P점에서의 전압 역시 negative 부호를 갖는다. 따라서 전체 전압은 22 V가 된다.

$$V_P = V_1 + V_2 = 24\,V - 2\,V = 22\,V$$

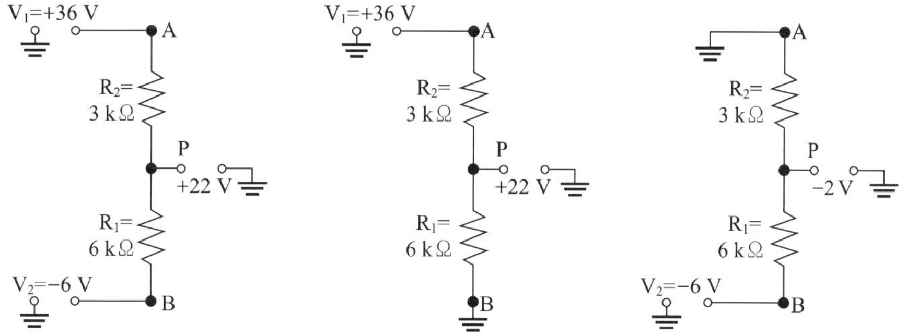

(a) P점과 접지점 사이에는 +22 V가 걸린다. (b) V_1 전원이 P점에 +24 V를 인가한다. (c) V_2 전원이 P점에 −2 V를 인가한다.

그림 9-3 두 개의 전원을 갖는 전압분배기에 적용되는 중첩의 원리.

V_P의 대수적인 합이 +부호를 갖는 것은 positive 전압인 V_1의 크기가 negative 전압인 V_2보다 크기 때문이다. 중첩의 원리에 의해서 그림 9-3과 같은 복잡한 문제는 두 개의 직렬 전압분배기로 간략화된다. 2개 이상의 전원을 갖는 경우에도 이와 같은 절차로 해를 구하면 된다. 또한 전압분배기는 많은 수의 저항이 직렬로 연결되어도 무관하다. 이런 경우에 이상적인 전압원을 취급하게 되는데 이상적인 전압원의 내부저항은 zero이다. 만약 전압원이 내부저항을 갖는다면 R_1, R_2에 더해진다.

예제 1 그림 9-4(a)에 표시된 회로에서 4 Ω 저항 양단에 흐르는 전류를 구하시오.

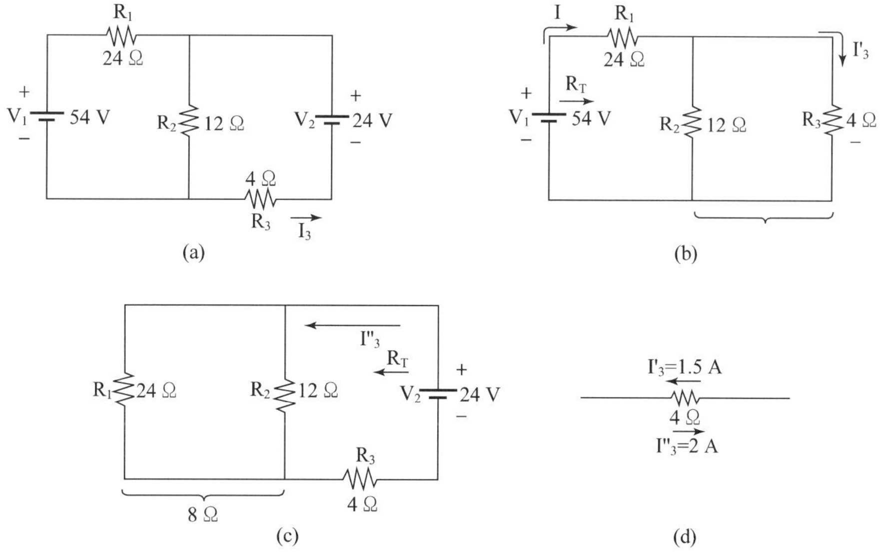

그림 9-4

▸ 54 V 전압원의 영향만 고려하면 그림 9-4(b)의 등가회로를 구할 수 있다.

$$R_T = R_1 + R_2 \parallel R_3 = 24\Omega + 12\Omega \parallel 4\Omega = 24\Omega + 3\Omega = 27\Omega$$

$$I = \frac{V_1}{R_T} = \frac{54\,V}{27\Omega} = 2\,A$$

비례전류법에 의해서 I_3'는 1.5 A이다.

$$I'_3 = \frac{R_2}{R_2 + R_3} \times I_T = \frac{(12\Omega)}{12\Omega + 4\Omega} \times 2\,A = 1.5\,A$$

24 V 전압원의 영향만 고려하면 그림 9-4(C)의 등가회로를 구할 수 있다.

$$R_T = R_3 + R_1 \parallel R_2 = 4\Omega + 24\Omega \parallel 12\Omega = 4\Omega + 8\Omega = 12\Omega$$

비례전류법에 의해서 I_3''는 2 A이다.

$$I''_3 = \frac{V_2}{R_T} = \frac{24\,V}{12\Omega} = 2\,A$$

4 Ω에 흐르는 전체 전류 그림 9-4(d)에 표시된 것처럼 0.5 A 이다.

$$I_3 = I_3'' - I_3' = 2\,A - 1.5\,A = 0.5\,A \ (I_3''\text{의 방향})$$

예제 2 그림 9-5(a)에 표시된 회로에서 I_1을 구하시오.

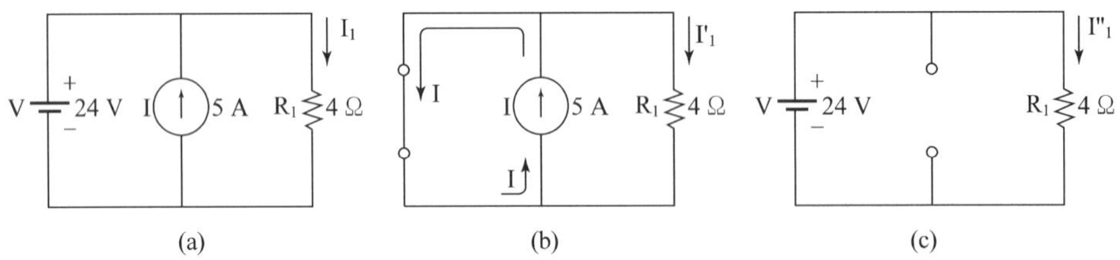

그림 9-5

▸ 그림 9-5(a)에 표시된 회로에서 전압원 V를 제거시키면 그림 9-5(b)에 표시된 등가회로를 구할 수 있다. 이때 $I_1' = 0$ A이다.

$$I_1' = \frac{R_{SHORT}}{R_{SHORT} + R_I} \times 6\,A = \frac{0\Omega}{0\Omega + 6\Omega} \times I = 0\,A$$

그림 9-5(a)에 표시된 회로에서 전류원 I를 제거시키면 그림 9-5(c)에 표시된 등가회로를 구할 수 있다. 이때 $I_1'' = 6$ A이다.

$$I''_1 = \frac{v}{R_1} = \frac{24\,V}{4\Omega} = 6\,A$$

따라서 I_1'과 I_1''은 그림 9-5(a)와 (b)에서 같은 방향으로 흐르고 전류 I_1은 두 전류의 합으로 6 A이다.

$$I_1 = I_1' + I1'' = 0\,A + 6\,A = 6\,A$$

이 경우 저항의 전압은 24 V로 고정되어 있으므로 전류원은 병렬로 연결되어 있기 때문에 4 Ω의 저항을 통해서 흐르는 전류에 전혀 영향을 미치지 않는다.

9.2 테브닌의 정리

테브닌의 정리는 프랑스의 공학자 M. L. Thevenin의 이름을 딴 것으로, 회로망에서의 전압을 간략화시키는 데 아주 유용하게 사용된다. 테브닌의 정리에 의하면 많은 전원과 소자들이 어떻게 연결되어 있던지 간에 그림 9-6에 표시한 것처럼 한 개의 테브닌 전압원 V_{TH}와 한 개의 테브닌 저항 R_{TH}가 직렬로 연결되는 등가회로로 간략화시킬 수 있다.

전압원 V_{TH}는 단자 a, b 양단에 걸리는 개방회로 전압으로 a와 b 사이를 개방시킬 때 두 단자 양단에서 발생된 회로의 전압을 의미한다. V_{TH}의 극성은 원래 회로망에서와 같은 방향으로 a에서 b로 전류가 흐르도록 표시된다. 저항 R_{TH}는 단자 a, b 양단에 걸리는 개방회로 저항이며, 이때 모든 전압원이 제거된 상태에서 구해진다. 다시 말해 단자 a와 b에서 회로망 내부를 들여다본 저항이 된다. 비록 단자가 개방되어 있지만 저항계를 a, b 양단에 연결하면 회로 내에 남아있는 저항값인 R_{TH}를 구할 수 있다. 이때 물론 전원은 제거시킨 상태에서 측정해야 한다.

예를 들면, 그림 9-7(a)에 표시된 회로 내에서 부하저항 R_L 양단에 걸리는 전압 V_{RL}과 부하전류 I_{RL}을 구하고자 할 때, 테브닌의 정리를 사용하면 쉽게 V_{RL}과 I_{RL}을 구할 수 있다. 테브닌의 정리를 적용시키기 위해서 마음 속으로 부하저항 R_L을 개방시키면 a와 b 단자 사이가 개방 상태인 그림 9-7(b)의 회로를 구할 수 있다. 이때 a, b 단자 왼편에 연결된 회로를 그림 9-6(b)에 표시한 것과 같은 테브닌의 등가회로로 변환시켜야 하는데, 이런 과정을 테브닌화(thevenize)라고 한다. 등가회로를 구하면 그림 9-7(d)이 구해진다.

그림 9-7(b)에서는 부하저항 R_L을 개방시킨 효과를 표시하고 있다. 이런 상태에서는 6 Ω의 R_1 저항과 4 Ω의 R_2 저항이 R_L없이 직렬 전압분배기를 구성하게 되고, 전압계로 a, b 단자 사이의 개방전압 V_{TH}를 측정한다면 이것은 마치 왼편 회로에서 4 Ω 저항 R_2 양단에 걸리는 전압을 측정하는 것과 마찬가지이고, 전압분배기 공식을 사용하면 16.8 V의 V_{R2}가 구해진다.

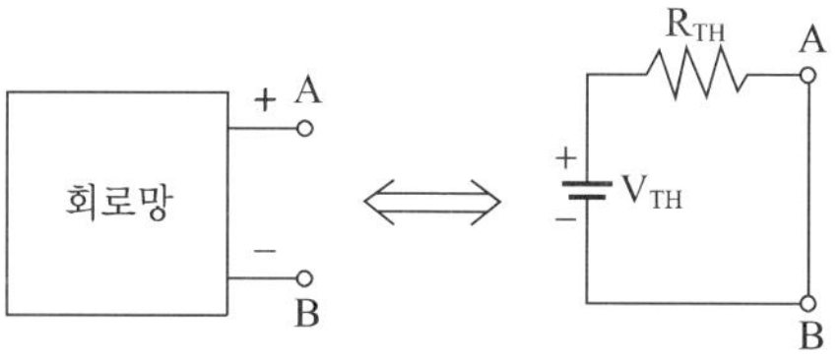

그림 9-6 테브닌의 등가회로.

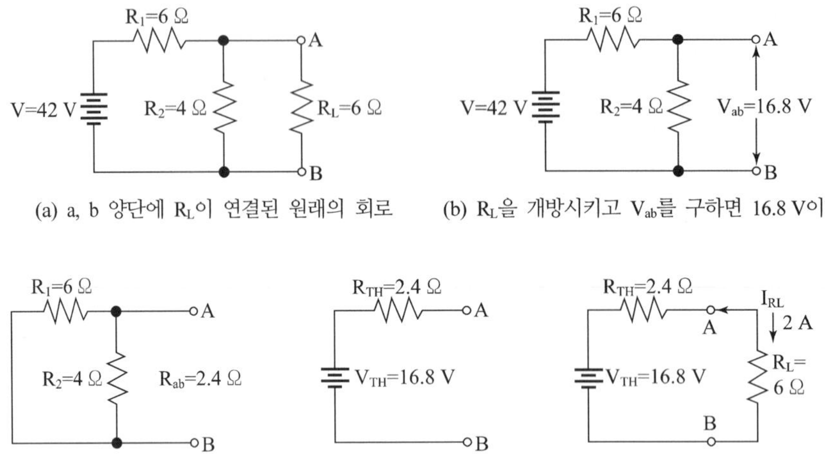

(a) a, b 양단에 R_L이 연결된 원래의 회로 (b) R_L을 개방시키고 V_{ab}를 구하면 16.8 V이다.

(c) 전압원 V를 단락시키고 R_{ab}를 구하면 2.4 Ω이다. (d) 테브닌의 등가회로 (e) 테브닌의 등가회로에 R_L을 연결하고 I_{RL}을 구한다.

그림 9-7 테브닌의 정리 적용 예.

$$V_{ab} = V_{R2} = V_{TH} = \frac{4}{10} \times 42\,V = 16.8\,V$$

아직 6 Ω의 R_L 저항은 개방된 상태이며 전원 V가 단락된 회로가 되므로 그림 9-7(c)와 같은 회로를 구할 수 있다. 이때 a와 b 단자 양단에 저항계를 연결하면 2.4 Ω의 저항값을 얻을 수 있다. 그림 9-7(c)에 표시된 것처럼 전원을 제거시키면 6 Ω의 R_1 저항과 4 Ω의 R_2 저항이 병렬로 연결된 것과 같은 경우의 합성저항이기 때문이다.

$$R_{Th} = \frac{4 \times 6}{4 + 6} = 2.4\ \Omega$$

여기서 다시 한 번 이상적인 전압원의 내부저항은 0이라는 사실을 상기해야 된다. 따라서 테브닌의 등가회로를 구하면 그림 9-7(d)와 같이 2.4 Ω의 테브닌 저항 R_{Th}와 16.8 V의 테브닌 전압 V_{Th}가 직렬로 연결된 회로가 구해진다. 부하저항 R_L이 연결되지 않은 상태이므로 테브닌의 등가회로는 임의의 크기를 갖는 모든 R_L에 연결이 가능하다. 이제 V_{RL}과 I_{RL}을 구하기 위해서 그림 9-7(e)에 표시된 것처럼 테브닌의 등가회로에 부하저항 R_L을 원래대로 다시 연결하면 R_L이 R_{Th}와 V_{Th}와 직렬로 연결된다. 여기서 옴의 법칙을 적용하면 $I_{RL} = 2\,A$가 구해진다.

$$I_{RL} = \frac{V_{TH}}{R_{TH} + R_L} = \frac{16.8\,V}{2.4\ \Omega + 6\ \Omega} = 2\,A$$

예제 3 그림 9-8(a)에 표시된 회로의 부하전류 IRL을 구하시오.

▸ 테브닌의 등가회로를 구하기 위해서 테브닌화를 실시하면 그림 9-8(b)에 표시된 것처럼 부하저항을 개방 시키고 개방 단자 양단의 전압을 측정하면 16.8 V의 테브닌 전압 V_{TH}가 구해진다. 그림 9-8(c)에 표시된 것처럼 전압원을 제거(단락)시키고 개방 단자 양단의 저항을 측정하면 6 Ω 저항 R_1과 4 Ω 저항 R_2의 병렬 합성저항에 3 Ω 저항 R_3가 직렬로 더해지기 때문에 테브닌 저항 R_{TH}는 5.4 Ω이 된다. 등가회로는 그림 9-8(d)와 같다. 이제 부하저항을 R_L을 다시 연결하고 옴의 법칙을 적용하면 I_{RL}은 1.474 A가 구해진다.

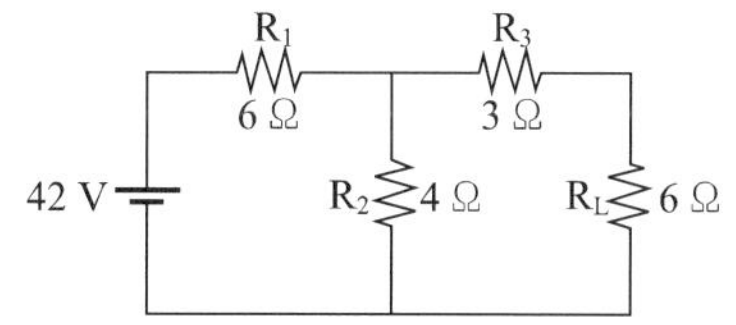

(a) 그림 9-7(a)의 회로에 3 Ω의 저항 R_3가 삽입된 회로의 테브닌화

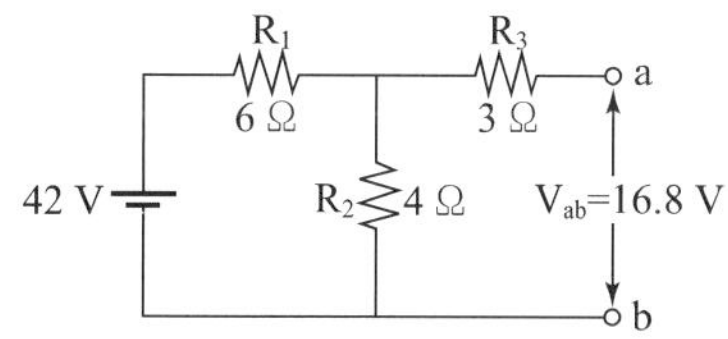

(b) 테브닌 전압 V_{TH}는 16.8 V은

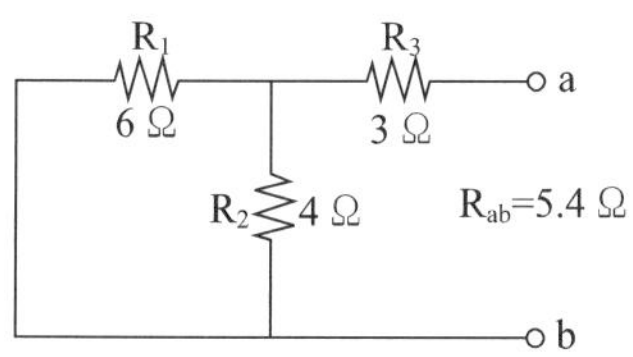

(c) R_{TH}는 5.4 Ω

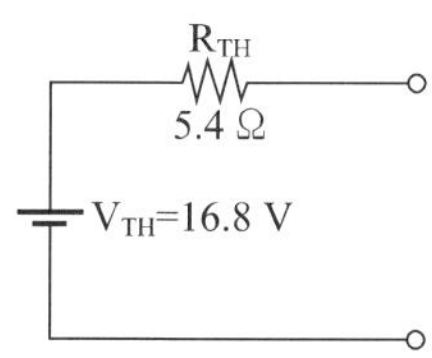

(d) 등가회로

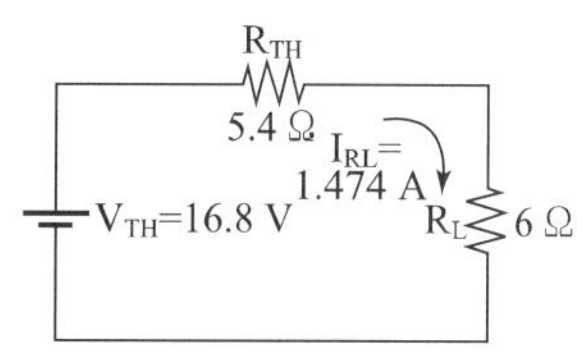

(e) I_{RL} = 1.474 A

그림 9-8

예제 4 그림 9-9(a)에 표시된 회로의 부하전류 I_{RL}을 구하시오.

▸ 테브닌화를 실시하면 그림 9-9(b)에 표시된 것처럼 52 V의 V_{TH}가 구해진다. 등가저항을 구하면 그림 9-9(c)에 표시된 것처럼 R_{TH} = 6 Ω이 구해진다. 테브닌의 등가회로는 그림 9-9(d)와 같다. 부하전류의 크기는 4 A이다.

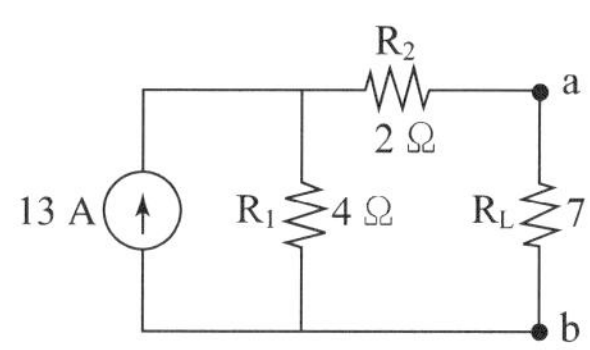

(a) 회로도

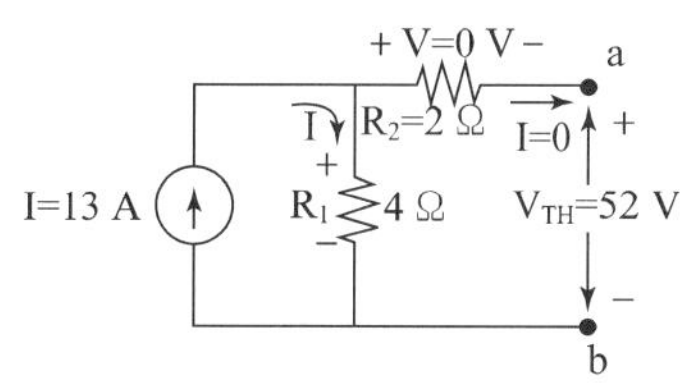

(b) $V_{R2} = I_2 \times R_2 = 0 \times R_2 = 0$ V, $V_{TH} = V_{R1} = I_1 \times R_1 = 13$ A$\times 4\,\Omega = 52$ V

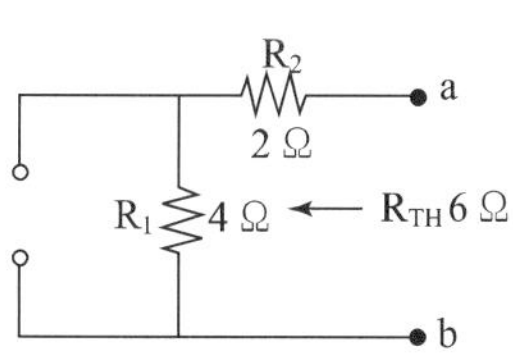

(c) R_{TH} = 6 Ω

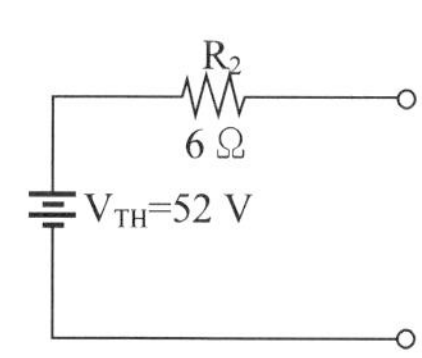

(d) 등가회로

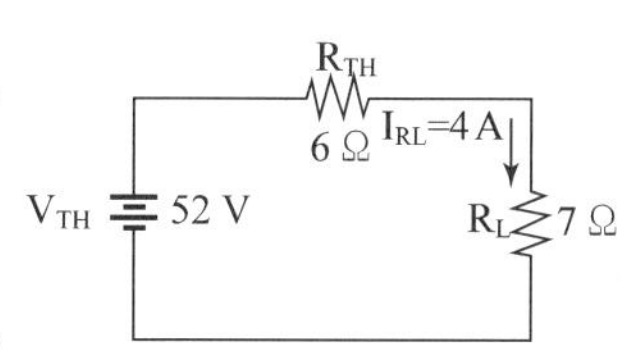

(e) I_{RL} = 4 A

그림 9-9

예제 5 그림 9-10(a)에 표시된 회로에 테브닌의 정리를 적용하고, R_3 저항을 통해서 흐르는 I_3의 크기를 구하시오.

▸ 그림 9-10(a)에 표시된 것처럼 R_3 저항 양단에 a, b 단자를 표시한다. 그림 9-10(b)에서 R_3 저항을 개방하고 개방 단자 양단에 걸리는 V_{ab}를 구하면 39 V의 V_{TH}가 구해진다. 테브닌 저항 R_{TH}는 3 Ω이 구해진다. 테브닌의 등가회로에 R_3를 연결하고, I_{R3}를 구하면 3.9 A가 구해진다.

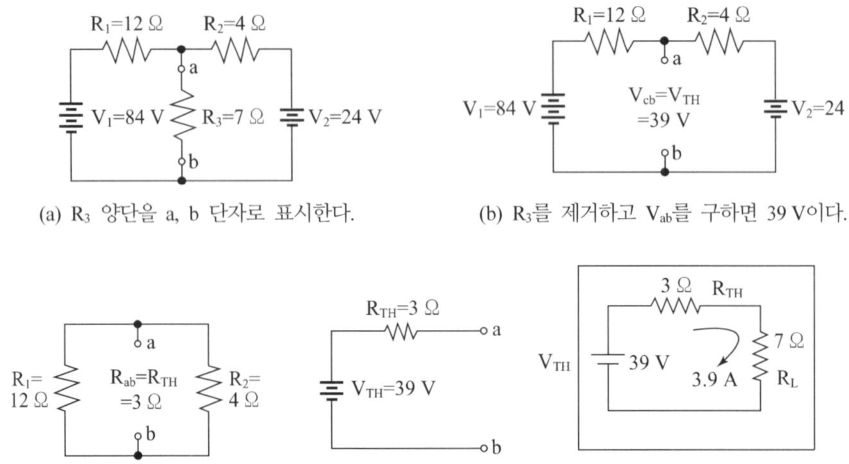

(a) R_3 양단을 a, b 단자로 표시한다.

(b) R_3를 제거하고 V_{ab}를 구하면 39 V이다.

(c) V_1과 V_2를 단락시키고 R_{ab}를 구하면 3 Ω이 구해진다.

(d) 등가회로

(e) 테브닌의 등가회로에 R_L을 연결하고 I_{RL}을 구한다.

그림 9-10 두 개의 전압원 V_1, V_2를 갖는 회로의 테브닌화.

예제 6 그림 9-11(a)에 표시된 브릿지 회로의 R_L을 통해서 흐르는 전류의 세기를 구하시오.

▸ a, b 단자를 개방시키기 위해서 R_L을 제거시키면 그림 9-11(b)에 표시된 회로를 구할 수 있다. 단자 a, b가 개방되었기 때문에 회로가 아주 간략화된다. 따라서 그림 9-11(a)의 불평형 브리지에서는 키르히호프의 법칙을 사용해서 해를 구할 수 있지만, 그림 9-11(b)의 테브닌 등가회로에서는 두 개의 전압분배기로 구성되므로 옴의 법칙을 사용하면 된다. 따라서 R_1, R_2 전압분배기와 R_3, R_4 전압분배기 양단에 72 V가 인가되므로 R_3와 R_4의 접점인 a의 전위를 구하면 된다.

이와 유사하게 R_1과 R_2의 접점인 b점의 전위를 구할 수 있는데, a점과 b점의 전위차가 바로 V_{ab}가 된다. 따라서 3 Ω 저항 R_3과 6 Ω 저항인 R_4의 전압분배기에서 V_{R4}는 48 V이고, V_{R3}의 크기는 24 V이다. 이와 유사하게 12 Ω 의 R_1 저항과 4Ω 의 R_2 저항의 전압분배기에서 V_{R2}는 54 V이고, V_{R1}은 18 V이다. 따라서 V_{ab}는 30 V가 된다. 이것은 －기준점의 전압을 계산하던 ＋기준점의 전압을 계산하던 그 크기는 같다. R_{TH}를 구하기 위해서 a, b 단자를 개방시킨 상태

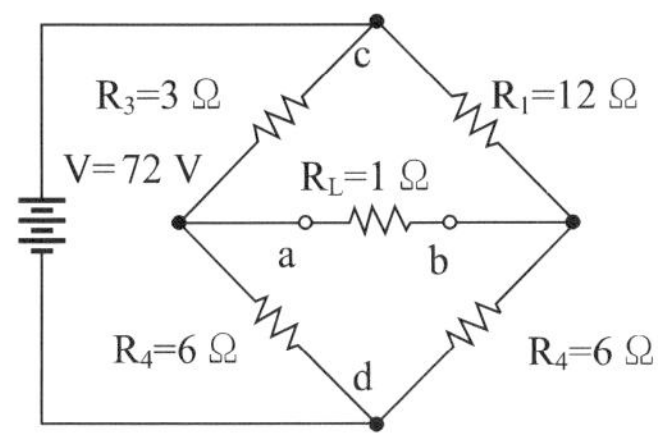

(a) a, b 단자 양단에 R_L이 연결된 회로도

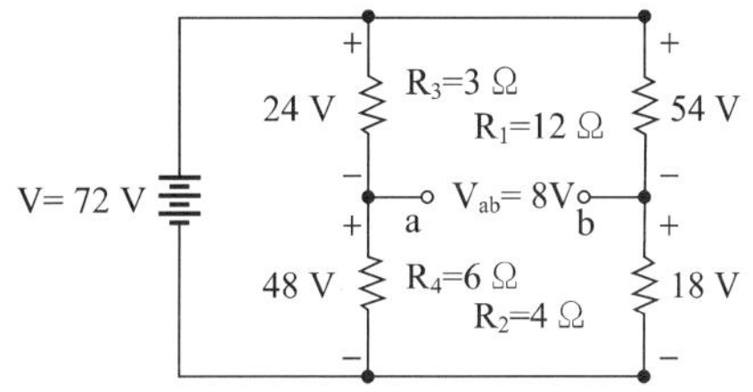

(b) R_L이 개방되면 $V_{ab} = 30$ V이다.

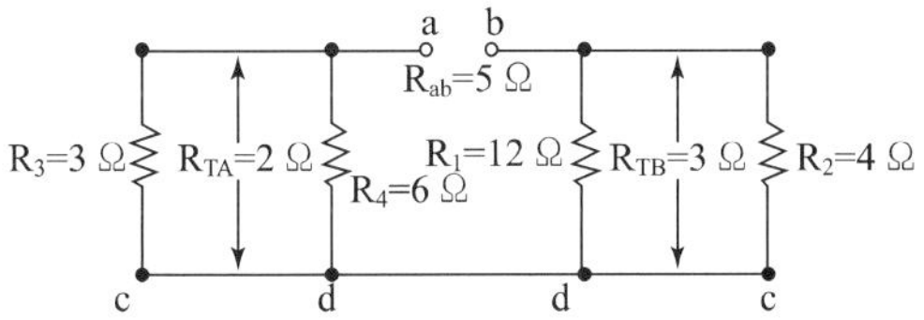

(c) V를 단락시키면 $R_{ab} = 5\,\Omega$이다.

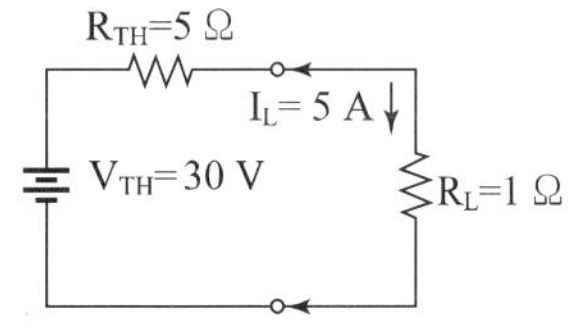

(d) R_L을 연결시킨 테브닌의 등가회로

그림 9-11 브리지 회로의 테브닌화.

에서 72 V를 단락시키면 그림 9-11(c)와 같은 회로를 구할 수 있다. 단자 ab에서 들여다 보면 3 Ω 의 R_3 저항과 6 Ω 의 R_4 저항은 병렬연결이므로 합성저항 $R_{TA} = 2\ \Omega$ 이고, 이와 유사하게 12 Ω 의 R_1 저항과 4 Ω 의 R_2 저항역시 병렬연결이므로 $R_{TB} = 3\ \Omega$ 이 구해진다.

따라서 R_{TH}는 2 Ω 과 3 Ω 이 더해져서 5 Ω 의 크기를 갖게 된다. 따라서 테브닌의 등가회로를 구성하면 그림 9-11(d)와 같은 회로를 구할 수 있고 I_{RL}은 5 A의 크기를 갖는다.

9.3 노턴의 정리

노턴의 정리는 전압원 대신 전류원을 이용해서 회로망을 간략화시키는 이론으로, 벨 전화기 회사에 근무하던 과학자 E. L. Norton의 이름을 딴 것이다. 노턴의 정리는 전류원을 갖는 간단한 병렬회로로 회로망을 간략화시키게 되는데, 이것은 전압원의 경우는 직렬저항의 전압 분배기 전압원의 크기가 일치하지만, 전류원의 경우는 각 지로전류의 크기가 전류원의 크기와 같다는 개념을 이용한다.

노턴의 정리는 그림 9-12에 표시된 것처럼 단자 a, b 사이에 연결되는 회로망은 단일 전류원 I_N과 한 개의 저항 R_N이 병렬로 연결된 회로를 구성하는데, I_N의 크기는 a, b 단자를 통해서 흐르는 단락 회로 전류와 같다. 이것은 a, b 단자가 단락 회로를 구성할 때 흘러가는 전류를 구할 수 있다는 의미와 같다. R_N의 크기는 개방단자 a, b에서 들여다본 저항으로 a, b 단자는

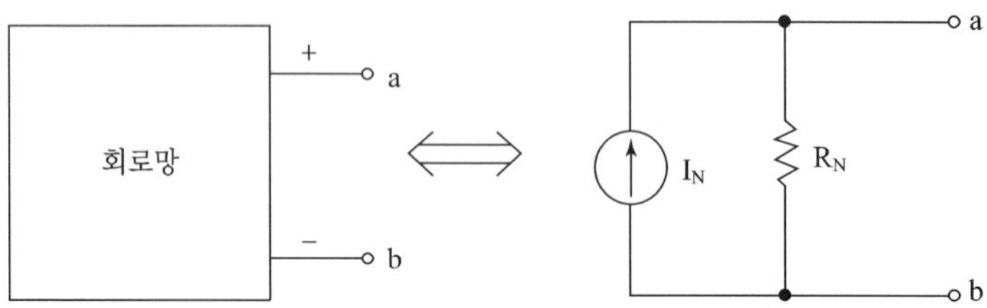

그림 9-12 노턴의 정리.

R_N에 대해서 단락된 회로가 아니고 테브닌의 정리에서 계산된 R_{TH}와 같이 개방된 저항이다. 실제로 노턴의 저항 R_N과 테브닌의 저항 R_{TH}의 크기는 같다.

노턴의 정리에서는 R_{ab}인 R_N이 전류원과 병렬로 연결되지만 테브닌의 정리에서는 R_{TH}가 전압원과 직렬로 연결된다는 점이 차이점이다. 그림 9-13(a)에 표시된 회로에서 노턴의 정리를 이용해서 I_{RL}을 구해보자. 이미 앞에서 테브닌의 정리를 사용해서 해를 구한바 있다. 따라서 테브닌의 정리와 노턴의 정리를 마음 속으로 비교하면서 해석해 보도록 하자. 노턴의 정리를 적용시킬 때 첫 번째 과정은 그림 9-13(b)에 표시한 것처럼 단자 a, b 사이를 단락시키는 것이다. 단락 회로에서는 얼마의 전류가 흐르게 되는가? 주의할 것은 a, b 단자가 단락되면 병렬저항의 크기가 아무리 크다 해도 기능을 상실하게 되고, 오직 회로에는 42 V의 전원에 직렬로 연결된 6 Ω 의 R_1 저항만 존재하게 되고, 단락 회로전류는 그림 9-13(c)에 표시한 것처럼 7 A의 크기를 갖는다.

$$I_N = \frac{42\ \text{V}}{6\ \Omega} = 7\ \text{A}$$

이 7 A의 전류가 바로 그림 9-13(e)에 사용되는 노턴의 전류원이 된다. 이제 노턴저항 R_N을 구하기 위해서 a, b 단자를 단락시킨 회로를 제거하고, R_L 단자가 개방되었다고 가정하고 전원 V를 단락시킨다. 그림 9-13(d)에 표시한 것처럼 단자 a, b에서 들여다본 저항은 6 Ω 과 4 Ω 이 병렬로 연결되어 있기 때문에 2.4 Ω 의 합성저항이 된다. 이것이 바로 노턴저항 R_N이 되고, 그림 9-13(e)와 같은 노턴의 등가회로를 구성하면 된다.

전류의 방향은 원래 회로에 전압의 극성과 일치시킨다. 끝으로 그림 9-13(f)에 표시된 것처럼 부하전류 I_{RL}을 구하기 위해서 6 Ω 의 R_L을 단자 a,b사이에 삽입한다. 전류원은 아직도 7 A를 공급하고 부하저항 R_L과 노턴저항 R_N 지로에 의해서 분류되는데, I_{RL}의 크기는 2 A가 구해진다. 이것은 그림 9-7에 표시된 회로에서의 부하전류와 같은 값을 갖는다. 역시 V_{RL}도 12 V가 된다. 따라서 노턴의 정리와 테브닌의 정리 중 어느 것을 사용해도 같은 해를 구할 수 있다는 것을 증명할 수 있다.

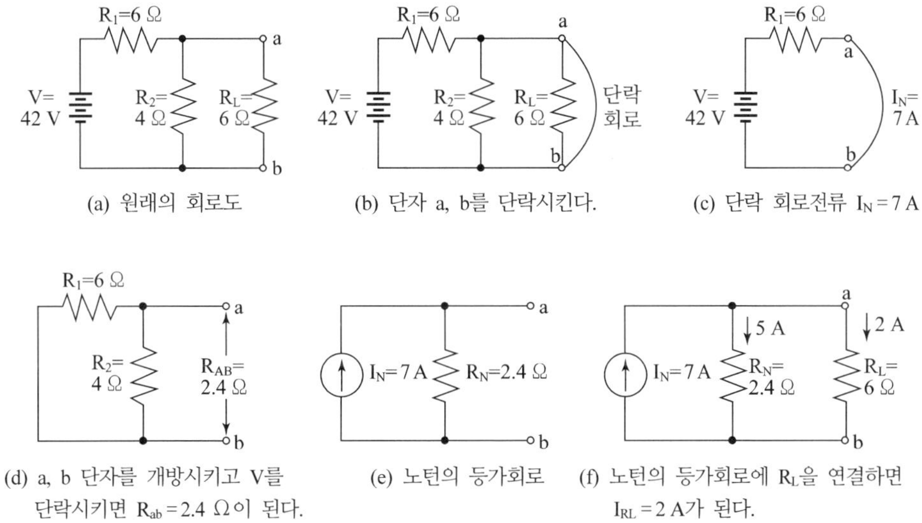

(a) 원래의 회로도 (b) 단자 a, b를 단락시킨다. (c) 단락 회로전류 $I_N = 7$ A

(d) a, b 단자를 개방시키고 V를 단락시키면 $R_{ab} = 2.4$ Ω이 된다. (e) 노턴의 등가회로 (f) 노턴의 등가회로에 R_L을 연결하면 $I_{RL} = 2$ A가 된다.

그림 9-13 노턴 정리의 응용 예.

그림 9-14에 표시된 회로처럼 단자 a, b가 점퍼선으로 단락된 예를 들어보자. 여기서 I_N은 지로전류이고, 본선전류가 아니다. 그림 9-14(a)에 표시된 회로에서 단락 회로는 R_3를 R_2 양단에 연결시키게 된다. 또한 단락 회로전류 I_N은 R_3 저항을 통해서 흐르는 I_{R3} 전류와 같다. I_{R3}를 계산하기 위해서는 옴의 법칙에 의해서 해석하면 R_2와 R_3의 병렬연결에서 합성저항은 1.72 Ω이 되고, 따라서 R_T가 7.72 Ω이 되기 때문에 I_T의 크기는 5.45 A가 된다. 5.45 A의 전류가 본선전류이기 때문에 R_2 저항에 2.34 A, R_3 저항에 3.11 A의 전류로 나누어 흐르게 되기 때문에 I_N의 크기가 3.11 A가 된다.

그림 9-14(b)에서 R_N을 구하기 위해서 a, b 단자를 단락시킨 회로를 제거하고, a, b 단자가 개방되었다고 가정하고 전원 V를 단락시킨다. 따라서 6 Ω의 저항 R_1과 4Ω의 저항 R_2는 병렬저항이므로 2.4Ω의 합성저항을 만들게 되고 직렬저항 R_3를 더하면 Rab의 크기는 5.4 Ω이 된다. 따라서 그림 9-14(c)에 표시된 것과 같은 노턴의 등가회로를 구성할 수 있다. 전류 I_N은

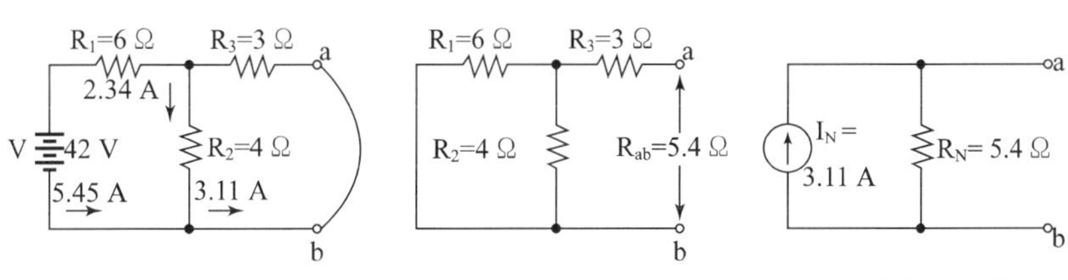

(a) $I_N = 3.11$ A (b) $R_{ab} = R_N = 5.4$ Ω (c) 노턴의 등가회로

그림 9-14 회로의 노턴화.

3.11 A인데 이것은 원래 회로에서는 R_3 저항을 통해서 a, b 단락 회로를 흐르는 지로전류이고, R_N은 5.4 Ω 의 저항으로 V를 단락시키고, a, b 단자를 개방시키고 측정한 R_{TH}의 크기와 등가이다.

예제 7 그림 9-15(a)에 표시된 회로의 노턴 등가회로와 I_{RL}을 구하시오.

▸ 노턴 전류원을 구하면 그림 9-15(b)에 표시된 것처럼 $I_N = 6$ A가 구해진다. 노턴저항은 그림 9-15(c)에 표시된 것처럼 10 Ω 이다. 등가회로는 그림 9-15(d)에 표시된 것과 같고 I_{RL}은 3 A의 크기를 갖는다.

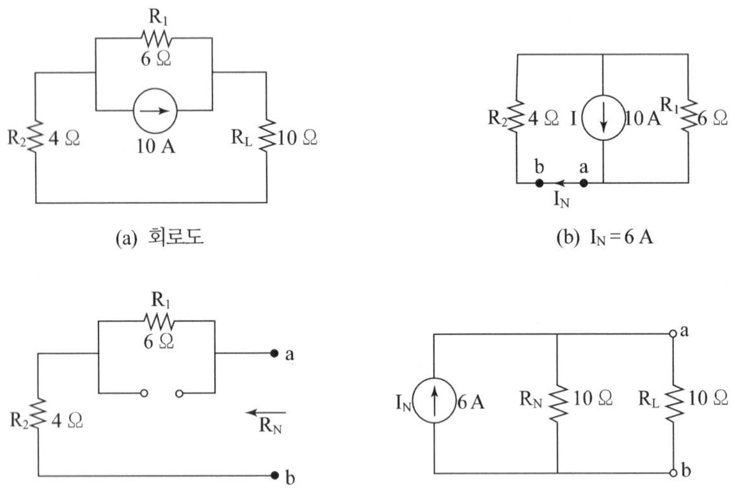

(a) 회로도　(b) $I_N = 6$ A　(c) $R_N = 10\,\Omega$　(d) $I_{RL} = 3$ A

그림 9-15

9.4 전압원과 전류원의 변환

테브닌의 등가회로는 노턴의 등가회로로 변환이 가능하다. 이 원리를 이용하면 그림 9-16(a)와 그림 9-17(a)에 표시된 것처럼 2개의 전원이 지로에 연결되는 회로를 쉽게 해석할 수 있다. 그림 9-16(a)에 표시된 회로에서 중앙에 연결된 R_3 저항을 통해서 흐르는 전류 I_{R3}의 크기를 구해보자. V_1은 R_1 저항에 연결되어 있고 V_2는 R_2 저항에 연결되어 있는데, 이들은 모두 R_3 저항과 병렬연결이라는 점에 유의해야 한다. 3개의 저항은 a, b 단자 양단에 연결되어 있다.

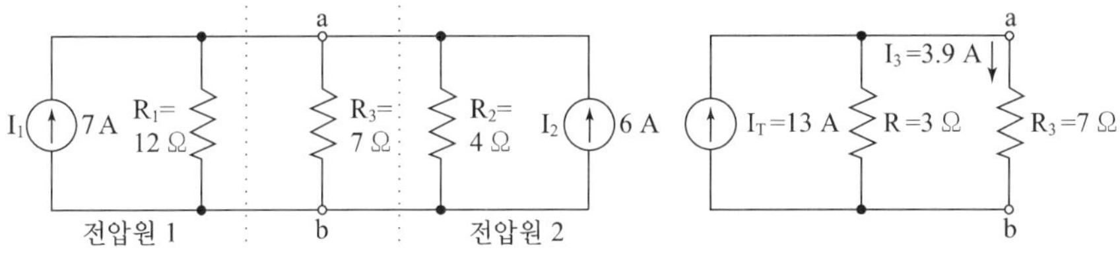

(a) 전압원 V_1과 V_2를 전류원 I_1, I_2로 변환시킴 (b) I_T와 R_N으로 표시된 등가회로

그림 9-16 전압원을 전류원으로 변환시켜서 해를 구한다.

V_1과 V_2 전원을 그림 9-16(b)에 표시된 것처럼 전류원으로 변환시키면 회로는 모두 3개의 병렬지로를 갖는다. 전류원 I_1이 7 A이고, 전류원 I_2가 6 A인데, I_1 전류원은 12 Ω 저항과 병렬로 연결되고 I_2 전류원은 3 Ω 저항과 병렬로 연결되므로, I_1과 I_2 전류는 그림 9-16(c)에 표시된 것처럼 13 A의 I_T로 합쳐진다. 전류의 방향이 R_3에 대해서 같기 때문에 I_T는 13 A가 된다. 션트저항 R은 12 Ω 의 R_1과 4 Ω 의 R_2가 병렬저항이므로 그림 9-16(c)에 표시한 것처럼 3 Ω의 크기를 갖는다. I_{R3}를 찾기 위해서 7 Ω 의 R_3과 3 Ω 지로에서 전류분배 공식을 사용하면 I_{R3}의 크기는 3.9 A가 된다.

$$I_{R3} = \frac{3\ \Omega}{3\ \Omega + 7\ \Omega} \times 13\ \text{A} = 3.9\ \text{A}$$

이것은 그림 9-10에서 테브닌의 정리를 적용해서 구한 크기와 일치한다.

그림 9-17(a)에 표시된 회로에서 부하저항 R_L을 통해서 흐르는 전류 I_{RL}의 크기를 구해보자. 이 회로에는 전류원 I_1과 I_2가 직렬로 연결되어 있다. 따라서 회로를 간략화하기 위해서 I_1과 I_2를 테브닌 전압원 V_1과 V_2로 변환시키면 그림 9-17(b)의 회로를 구할 수 있다. 4 Ω 의 션트저항을 갖는 3 A의 I_1 전류원은 12 V의 V_1과 4 Ω 의 직렬저항으로 변환되고, 2 Ω 의 션트

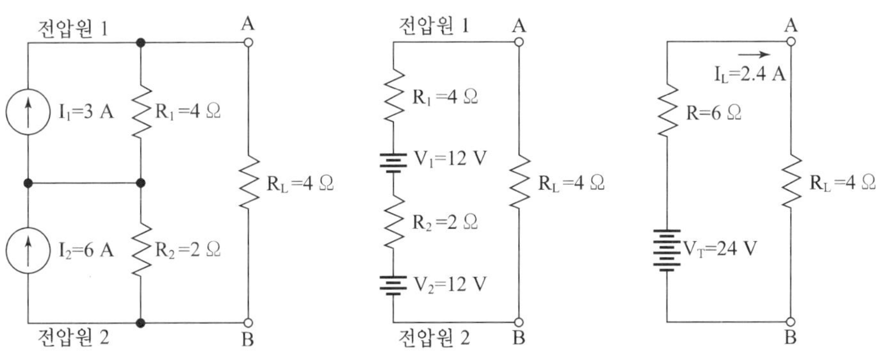

(a) 원래의 회로도 (b) 전류원을 전압원으로 변환시킴 (c) 등가회로

그림 9-17

저항을 갖는 6 A의 I_2 전류원은 12 V의 V_2와 2 Ω 의 직렬저항으로 변환되며, V_1과 V_2의 극성은 I_1과 I_2의 극성과 일치한다. 직렬로 연결된 전압원은 그림 9-17(c)에 표시된 것과 같이 더해지므로 전체 전압의 크기는 24 V가 된다. R_T 역시 두 저항의 합으로 표시되므로 6 Ω 의 크기를 갖게 된다. 이때 등가회로에 4 Ω 의 R_L이 연결되면 옴의 법칙에 의해서 2.A의 I_{RL}이 구해진다.

9.5 밀만의 정리

밀만의 정리는 서로 다른 전압원을 갖는 병렬지로의 양단에 걸리는 공통 전압을 구하는 데 편리함을 제공한다. 그림 9-18에 표시된 회로가 밀만 정리가 적용되는 전형적인 예이다. 모든 지로의 한쪽 끝은 샤시접지인 B점에 연결되어 있고 반대쪽 끝은 A점에 공통으로 연결되어 있다. 전압 V_{AB}는 모든 지로 양단에 걸리는 공통 전압이다. V_{AB}의 크기를 구하기 위해서는 샤시접지에 대한 A점의 전압을 결정하는데 있어서 모든 전원의 효과를 고려한다. 그림 9-18을 그림 9-19처럼 변환시키면 전체 전류는

$$I_T = I_1 + I_2 + I_3 + \cdots + I_N$$

로 구해지고 전체 콘덕턴스는

$$G_T = G_1 + G_2 + G_3 + \cdots + G_N$$

으로 구해지므로 R_{EG}는 식 (9.1), I_T는 식 (9.2)처럼 표시된다.

$$R_{EQ} = \frac{1}{G_T} = \frac{1}{(1/R_1)+(1/R_2)+(1/R_3)+\cdots+(1/R_N)} \tag{9.1}$$

$$I_T = I_1 + I_2 + I_3 + \cdots + I_N \tag{9.2}$$

$$\frac{V_1}{R_1} + \frac{V_2}{R_2} + \frac{V_3}{R_3} + \cdots + \frac{V_N}{R_N}$$

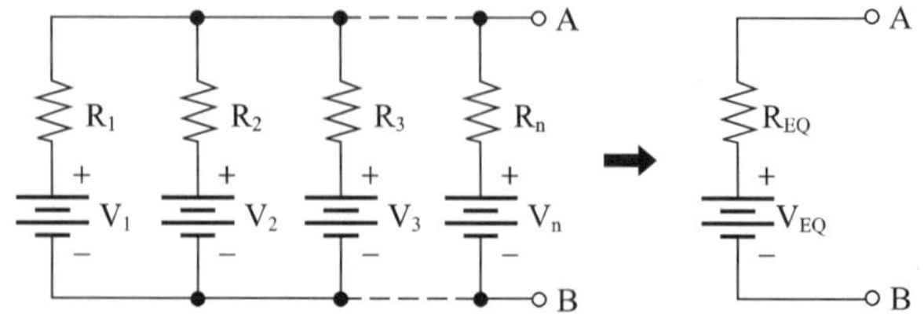

그림 9-18 병렬 전압원을 갖는 회로의 단일 전압원을 갖는 등가회로로의 간략화.

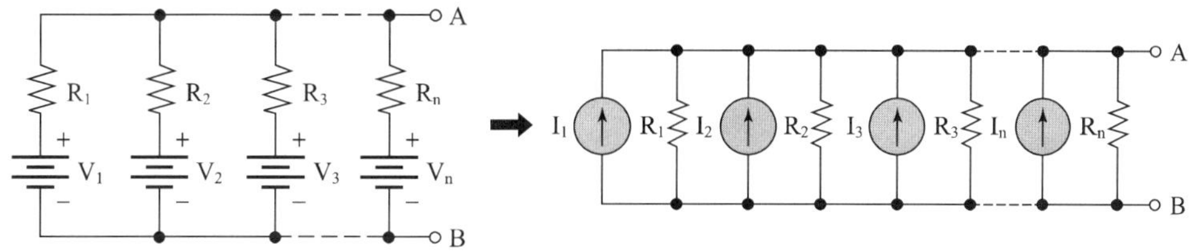

그림 9-19 병렬 전압원의 전류원으로 변환.

따라서 V_{AB}는 식 (9.3)처럼 구해진다.

$$V_{AB} = \frac{(V_1/R_1) + (V_2/R_2) + (V_3/R_3)}{(1/R_1) + (1/R_2) + (1/R_3)} \cdots \qquad (9.3)$$

예제 8 그림 9-20에 표시된 회로에서 밀만의 정리를 이용해서 I_{RL}을 구하시오.

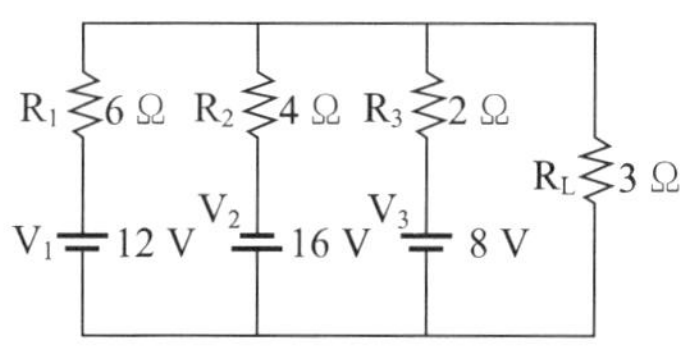

그림 9-20

▸ 식 (9.3)을 이용해서 V_{AB}를 구하면 1.412 V이다. 따라서 I_{RL}은 0.471 A이다.

$$V_{AB} = \frac{2\text{ A} - 4\text{ A} + 4\text{ A} + 0}{\frac{1}{6} + \frac{1}{4} + \frac{1}{2} + \frac{1}{3}} = \frac{24\text{ V}}{17}$$

$$I_{RL} = \frac{V_{AB}}{R_L} = \frac{24\text{ V}}{17} \div 3\Omega = \frac{8\text{ V}}{17\Omega} = 0.471\text{ A}$$

9.6 T형 회로와 π형 회로(T and π networks)

그림 9-21에 표시된 회로망을 T(tee) 혹은 Y(wye) 회로망이라고 한다. T와 Y는 형태가 약간 틀려 보이지만 사실은 같은 회로이다.

그림 9-22에 표시된 회로망은 π(pi) 혹은 Δ(delta) 회로망이라 하는데, 이것은 그리스 문자와 비슷한 모양을 하기 때문이다. 회로망은 R_C와 R_B 사이에 R_A 저항을 갖는데 R_A 저항이 위쪽에 연결되든 아래쪽에 연결되든 위치에는 무관하다. 델타회로망의 c점이 c′와 c″로 분리

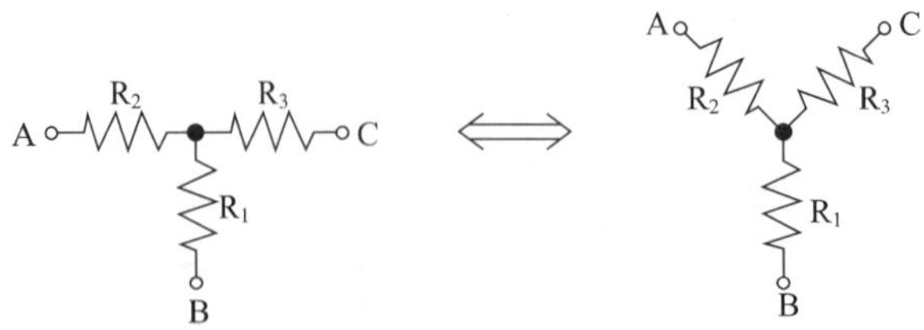

그림 9-21 T형 회로와 Y형 회로.

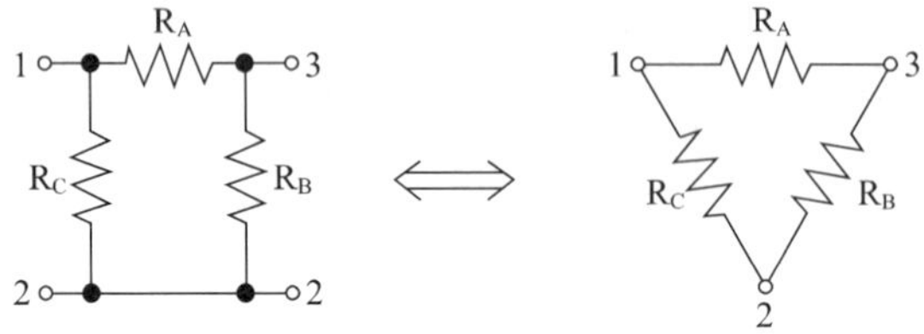

그림 9-22 π형 회로와 Δ형 회로.

되면 π형 회로망이 된다. 결국 π형 회로망과 델타형 회로망은 하는 명칭만 다를 뿐 동일한 회로임을 알 수 있다.

그림 9-21과 9-22에 표시한 회로는 수동회로로 전원을 갖지 않는 회로이다. 또한 3단자망은 하나를 공통 단자로 사용하면 입력전압과 출력전압을 표시하는 두쌍의 포트를 갖게 된다. 그림 9-21에서는 b점이 공통 단자이고 그림 9-22에서는 2점이 공통 단자이다. Y와 Δ 형태는 3개의 저항으로 연결되는 수동회로망이지만 사용되는 용도는 서로 다르다. 따라서 Y형 회로망에서는 1, 2, 3이라는 첨자를 사용하는데 비해서 Δ형 회로망에서는 a, b, c를 첨자로 사용한다. 회로망을 해석할 때 간혹 Δ형 회로를 Y형 회로로 변환해서 사용하는 것이 필요하다. 물론 회로 변환을 시키지 않더라도 해를 구할 수는 있지만 회로 변환을 함으로써 보다 쉽게 해를 구할 수 있게 된다.

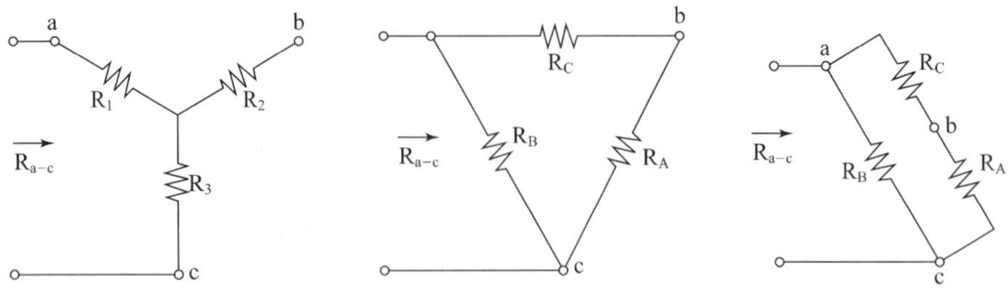

그림 9-23

변환 공식은 다음에 표시한 것과 같다. 모든 공식은 키르히호프 법칙에 의해서 유도되며 저항은 π형 회로에서는 R_A, R_B, R_C로 표시되지만 Y형 회로에서는 R_1, R_2, R_3로 표시된다. 그림 9-23에서 a-c 단자 사이의 저항을 고찰하면 다음의 방정식을 구할 수 있다.

먼저 Δ 회로의 R_A, R_B, R_C를 Y 회로의 R_1, R_2, R_3로 변환시켜 보자. 만약 Δ 회로가 Y 회로에서 단자 a-c 사이의 저항이 같다면 다음 식이 성립한다.

$$R_{a-c}(Y) = R_{a-c}(\Delta)$$

따라서

$$R_{a-c} = R_1 + R_3 = \frac{R_B(R_A + R_C)}{R_B + (R_A + R_C)} \tag{9.4}$$

동일하게 a-c, b-c 두 단자 사이에 관계식을 세우면

$$R_{a-b} = R_1 + R_2 = \frac{R_C(R_A + R_B)}{R_C + (R_A + R_B)} \tag{9.5}$$

$$R_{b-c} = R_2 + R_3 = \frac{R_A(R_B + R_C)}{R_A + (R_B + R_C)} \tag{9.6}$$

식 (9.5)에서 식 (9.4)를 빼면 식 (9.7)이 구해진다.

$$(R_1 + R_2) - (R_1 + R_3) = \left(\frac{R_C R_B + R_C R_A}{R_A + R_B + R_C}\right) - \left(\frac{R_B R_A + R_B R_C}{R_A + R_B + R_C}\right)$$

$$R_2 - R_3 = \frac{R_A R_C - R_B R_A}{R_A + R_B + R_C} \tag{9.7}$$

식 (9.6)에서 식 (9.7)을 빼면 식 (9.8)이 구해진다.

$$(R_2 + R_3) - (R_2 - R_3) = \left(\frac{R_A R_B + R_A R_C}{R_A + R_B + R_C}\right) - \left(\frac{R_A R_C - R_B R_A}{R_A + R_B + R_C}\right)$$

$$2R_3 = \frac{2R_B R_A}{R_A + R_B + R_C} \tag{9.8}$$

R_A, R_B, R_C을 R_3으로 표현할 수 있다.

$$R_3 = \frac{R_A R_B}{R_A + R_B + R_C} \tag{9.9}$$

이와 유사하게 R_1과 R_2를 구하면 식 (9.10)과 (9.11)을 구할 수 있다.

$$R_1 = \frac{R_B R_C}{R_A + R_B + R_C} \tag{9.10}$$

$$R_2 = \frac{R_A R_C}{R_A + R_B + R_C} \tag{9.11}$$

Y 회로를 Δ회로로 변환하려면 식 (9.9)를 식 (9.10)으로 나누면 된다.

$$\frac{R_3}{R_1} = \frac{(R_A R_B)/(R_A + R_B + R_C)}{(R_B R_C)/(R_A + R_B + R_C)} = \frac{R_A}{R_C}$$

$$R_A = \frac{R_C R_3}{R_1} \tag{9.12}$$

다시 식 (9.9)를 식 (9.11)로 나누어주면 식 (9.13)이 구해진다.

$$\frac{R_3}{R_2} = \frac{(R_A R_B)/(R_A + R_B + R_C)}{(R_A R_C)/(R_A + R_B + R_C)} = \frac{R_B}{R_C}$$

$$R_B = \frac{R_3 R_C}{R_2} \tag{9.13}$$

R_A와 R_B를 식 (9.12)에 대입하면

$$R_2 = \frac{(R_C R_3/R_1)R_C}{(R_3 R_C/R_2) + (R_C R_3/R_1) + R_C} = \frac{(R_3/R_1 R_C)}{(R_3/R_2) + (R_3/R_1) + 1}$$

통분하면

$$R_2 = \frac{(R_3 R_C/R_1)}{(R_1 R_2 + R_1 R_3 + R_2 R_3)/(R_1 R_2)} = \frac{R_2 R_3 R_C}{R_1 R_2 + R_1 R_3 + R_2 R_3}$$

그리고

$$R_C = \frac{R_1 R_2 + R_1 R_3 + R_2 R_3}{R_3} \tag{9.14}$$

이와 같이 R_A, R_B를 구하면 식 (9.15)와 식 (9.16)이 구해진다.

$$R_A = \frac{R_1 R_2 + R_1 R_3 + R_2 R_3}{R_1} \tag{9.15}$$

$$R_B = \frac{R_1 R_2 + R_1 R_3 + R_2 R_3}{R_2} \tag{9.16}$$

예제 9 그림 9-24(a)에 표시된 Δ회로를 Y회로로 변환하시오.

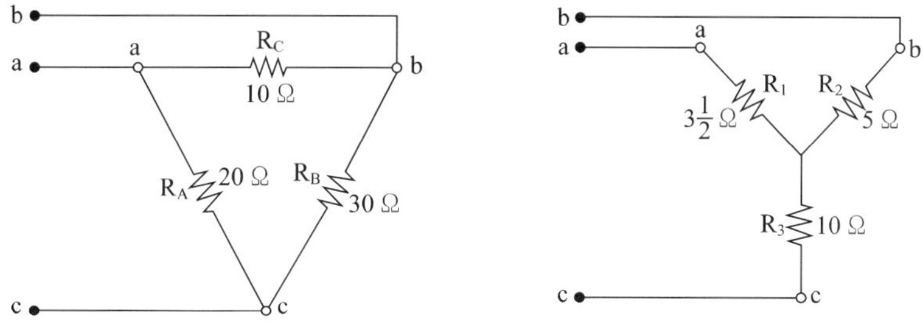

(a) Δ회로 (b) Y회로

그림 9-24

▸ 변환은 다음과 같이 계산된다. Δ회로에서 R_A, R_B, R_C는 20 Ω, 30 Ω, 10 Ω의 저항값을 갖게 되는데, 이것을 Y회로에서의 $R_1 = 3.33$ Ω, $R_2 = 5$ Ω, $R_3 = 10$ Ω의 크기로 변환된다.

$$R_1 = \frac{R_B R_C}{R_A + R_B + R_C} = \frac{20 \times 10}{20 + 30 + 10} = \frac{60}{20} = 3.33\ \Omega$$

$$R_2 = \frac{R_C R_A}{60} = \frac{30 \times 10}{60} = \frac{300}{60} = 5\ \Omega$$

$$R_3 = \frac{R_A R_B}{60} = \frac{20 \times 30}{60} = \frac{600}{60} = 10\ \Omega$$

예제 10 그림 9-25(a)에 표시된 Y회로를 Δ회로로 변환하시오.

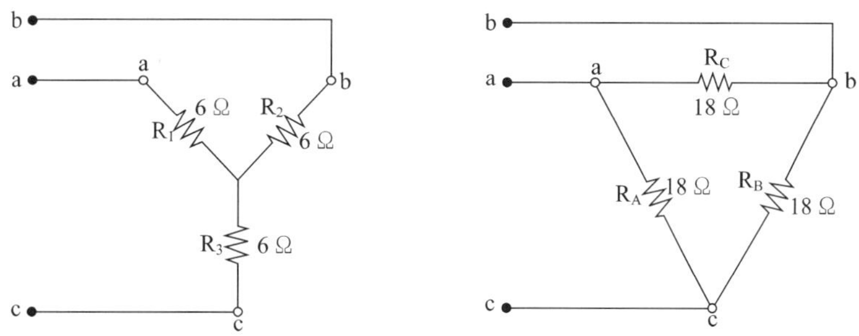

(a) Δ회로 (b) Y회로

그림 9-25

▸ $R_A = \frac{R_1R_2 + R_2R_3 + R_3R_1}{R_1} = \frac{36 + 36 + 36}{6} = \frac{108}{6} = 18\ \Omega$

$R_A = R_B = R_C = 18\ \Omega$이다. 여기서 평형 회로망인 경우는 $R_Y = R_\Delta/3$ 혹은 $R_\Delta = 3R_Y$ 공식이 성립된다는 사실을 확인할 수 있다.

기초확인문제

01 그림 9-26에 표시된 회로에서 Δ-Y변환을 통해서 R_T와 I_T를 구하시오.

02 그림 9-26에 표시된 회로에서 테브닌의 등가회로를 구하고 I_{RC}를 구하시오.

03 그림 9-27에 표시된 Y회로를 Δ회로로 변환하시오.

04 그림 9-28에 표시된 Δ회로를 Y회로로 변환하시오.

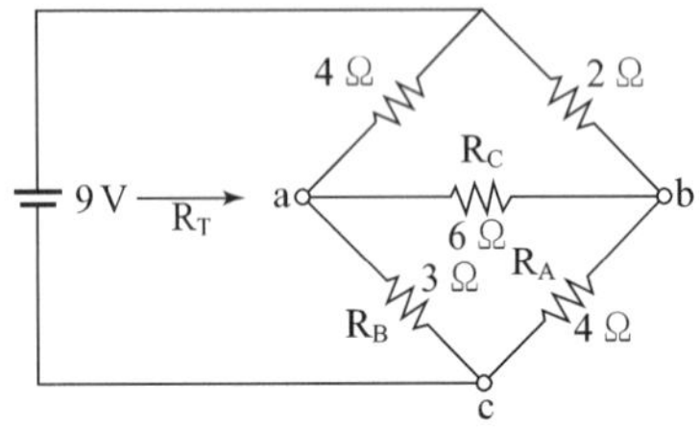

그림 9-26

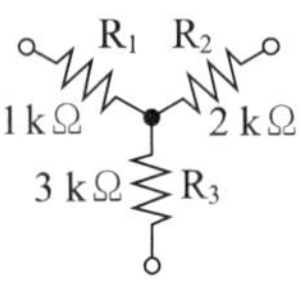

그림 9-27

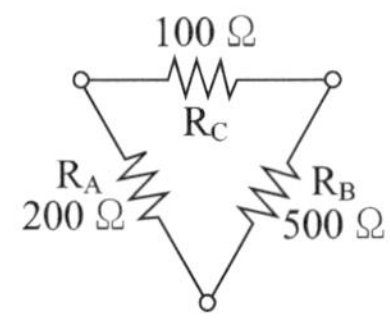

그림 9-28

05 그림 9-29에 표시된 회로에서 밀만의 정리를 적용하고 V_{AB}를 구하시오.

06 그림 9-30에 표시된 회로에 테브닌의 정리를 적용하고 3.1 Ω의 부하저항 R_L에 흐르는 전류를 구하시오.

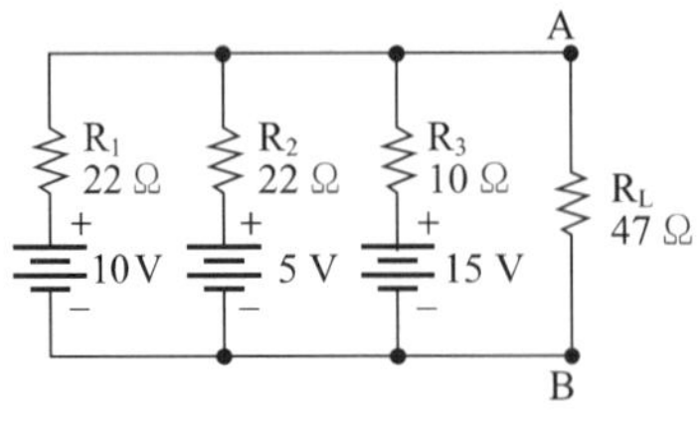

그림 9-29

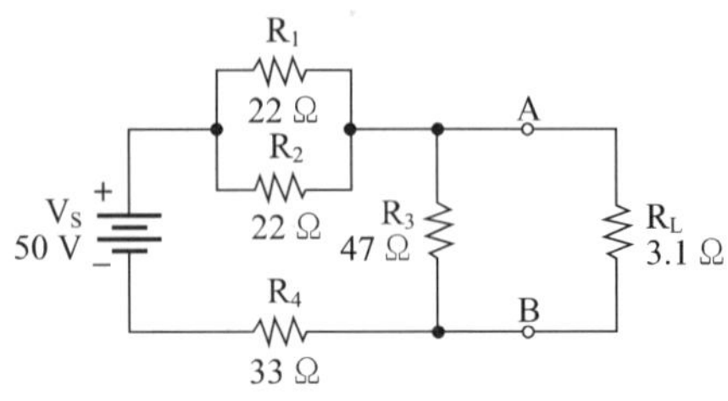

그림 9-30

07 그림 9-31에 표시된 회로를 노턴의 등가회로를 이용해서 해석하고, R_L을 통해서 흐르는 전류 I_{RL}을 구하시오.

08 그림 9-32에 표시된 회로를 테브닌의 등가회로를 이용해서 해석하고, R_L을 통해서 흐르는 전류 I_{RL}을 구하시오.

09 그림 9-33에 표시된 휘이스톤 브리지회로에서 갈바노메터에 흐르는 전류가 0이라고 가정하면 미지저항의 크기는 얼마인지 계산하시오.

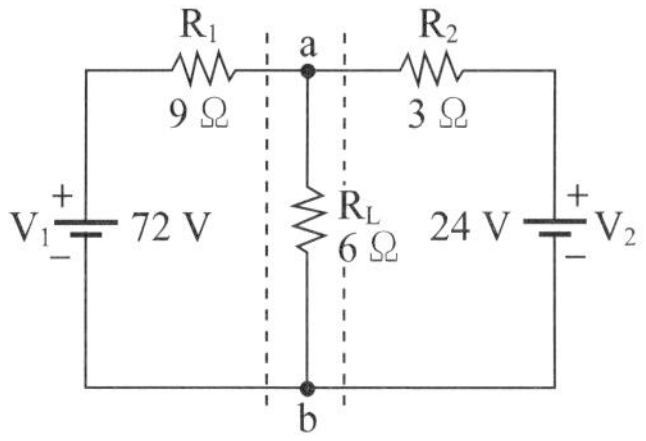

그림 9-31

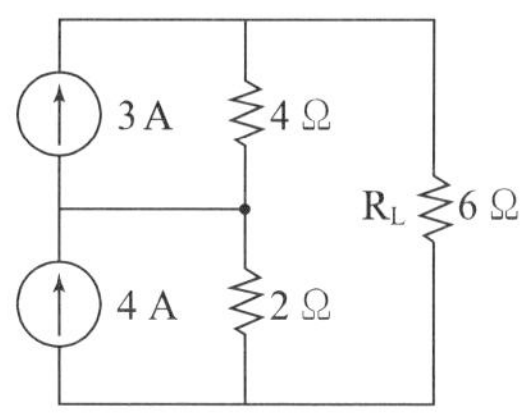

그림 9-32

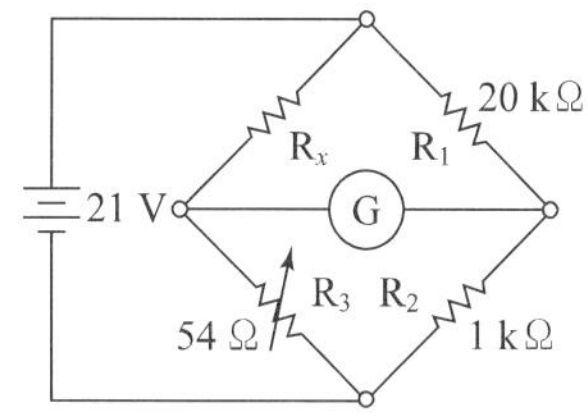

그림 9-33

정답

01 $R_1 = \dfrac{R_B R_C}{R_A + R_B + R_C} = \dfrac{3 \times 6}{4\ \Omega + 3\ \Omega + 6\ \Omega} = \dfrac{18\ \Omega}{13} = 1.385\ \Omega$

$R_2 = \dfrac{R_A R_C}{R_A + R_B + R_C} = \dfrac{4\ \Omega \times 6\ \Omega}{4\ \Omega + 3\ \Omega + 6\ \Omega} = \dfrac{24\ \Omega}{13} = 1.846\ \Omega$

$R_3 = \dfrac{R_A R_B}{R_A + R_B + R_C} = \dfrac{4\ \Omega \times 3\ \Omega}{4\ \Omega + 3\ \Omega + 6\ \Omega} = \dfrac{12\ \Omega}{13} = 0.923\ \Omega$

$R_T = \dfrac{5.385\ \Omega \times 3.486\ \Omega}{5.385\ \Omega + 3.846\ \Omega} + 0.923\ \Omega = 4.247\ \Omega,$

$I_T = \dfrac{V}{R_T} = \dfrac{9\,V}{4.247\ \Omega} = 2.12\ A$

02 $V_{TH} = 2.143\ V$, $R_{TH} = 3.05\ \Omega$, $I_{RC} = 0.237\ A$

03 $R_A = 11\ k\Omega$, $R_B = 5.5\ k\Omega$, $R_C = 3.67\ k\Omega$

04 $R_1 = 62.5\ \Omega$, $R_2 = 25\ \Omega$, $R3 = 125\ \Omega$

05 $V_{AB} = 10.3\ V$

06 $V_{TH} = 25.8\ V$, $R_{TH} = 22.7\ \Omega$, $I_{RL} = 1\ A$

07 $I_{RL} = 4.36\ A$

08 $I_{RL} = 1.67\ A$

09 $R_X = 1080\ \Omega$

CHAPTER 10 교류전류와 교류전압

이 장에서는 교류회로에 대해서 설명하도록 한다. 교류전류와 교류전압은 시간에 따라서 크기와 극성이 주기적으로 변화하는데, 1사이클에는 완전한 변화가 포함되고 두 개의 극성변화를 갖는다. 1초당 사이클의 수를 주파수라고 하며 Hz 단위를 사용한다. 교류회로의 기본파형은 사인파이다. 물론 펄스파, 톱니파, 삼각파에 대해서도 설명한다.

1.10 정현파와 교류전류

그림 10-1은 진폭과 극성이 주기적으로 변하는 교류파형을 표시하고 있다. 그림 10-1(a)에 표시된 파형은 교류전압 측정 장비 중에서도 아주 중요한 장비인 오실로스코프의 스크린을 촬영한 것이다. 그림 10-1(b)에 표시된 교류파형의 그래프는 그림 10-1(c)에 표시된 발전기의 출력이 시간에 따라서 어떻게 변화하는지를 설명하고 있다. 교류가 많이 사용되는 이유는 바로 극성이 주기적으로 변하는 특성 때문이다.

그림 10-1에 표시된 전압파형은 사인파(sine wave) 혹은 정현파(sinusoidal wave)라고 하는데, 그 이유는 유도전압의 크기가 전압을 발생시키는 원운동에서 회전의 사인각에 비례하기 때문이다. 사인은 삼각함수의 일종으로 대변/빗변으로 표시되며, 90°에서 최대값 1을 갖고 0°에서 최소값 0을 가지며, 대변의 길이가 커질수록 크기가 증가하게 된다.

루프의 원운동에 의해서 발생되는 전압파형은 유도전압의 크기가 루프와 수직일 때 90°에서 최대이며, 사인값도 90°에서 최대가 되기 때문에 사인파라고 한다. 따라서 유도전압의 크기는 사인각의 크기에 대응하는 값을 가지며, 1사이클은 360°의 각을 갖는데 각각의 크기를 표 10-1에 비교해서 표시했다.

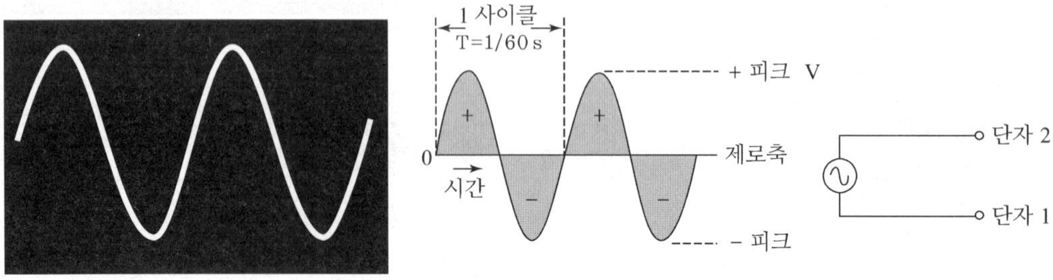

(a) 오실로스코프로 본 파형 (b) 교류의 극성이 표시된 상세한 파형 (c) 회로도

그림 10-1 60 Hz 교류 전력선의 파형.

주의할 것은 사인파는 90°의 $\frac{1}{3}$인 30°에서 최대값의 $\frac{1}{2}$에 해당하는 값을 갖는다는 점이다. 이것은 정현파가 zero축에 가까울수록 변화값의 기울기가 최대값 근처에서 서서히 바뀔 때와 비교해서 급격하게 변화한다는 사실을 의미한다. 임의의 각에 정현파의 순시값(instantaneous value)은 식 (10.1)에 의해서 구해진다. θ는 각도를 표시하고 sin은 사인의 약자이며 v_M은 최대 전압을, v는 임의의 각도에서의 순시값을 의미한다.

$$v = v_M \sin\theta \tag{10.1}$$

교류전류

교류전압의 사인파가 부하저항 양단에 연결되면 회로에 흐르는 전류도 사인파이다. 그림 10-2(a)에 표시된 정현파가 그림 10-2(b)에 표시된 것처럼 10 Ω 의 저항에 연결되었다고 가정하면 회로에 흐르는 전류의 파형은 그림 10-2(c)에 표시된 것과 같이 +1 A와 −1 A의 피크값을 갖는 정현파가 된다.

이때 v와 i의 주파수는 같다. 교류회로에서도 전류의 세기는 $I = \frac{V}{R}$ 공식에 의해서 구해진다.

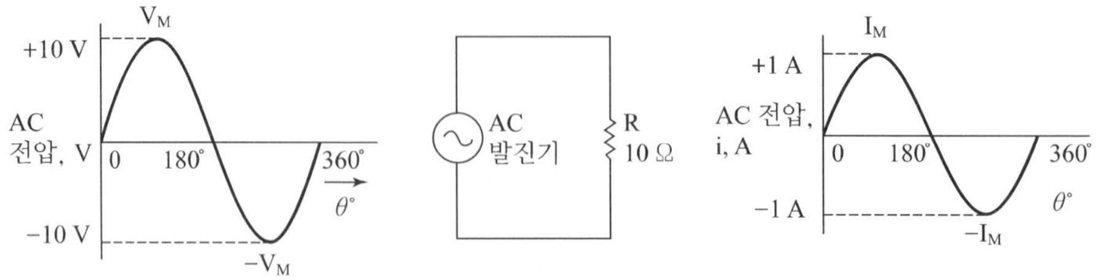

(a) 교류전압 파형 (b) 교류회로 (c) 교류전류 파형

그림 10-2 교류전압 파형과 교류전류 파형.

교류 정현파의 전압값과 전류값은 사이클 내의 여러 가지 순시값을 갖기 때문에 어떤 특정한 파형의 크기와 비교해서 표시하는 것이 편리하다. 따라서 피크(peak)값, 평균값(average value), rms값(root - mean - square) 등으로 표시되는데 rms값은 보통 실효값이라고 하며, 피크값은 최대값이라고 한다.

피크값

최대값(피크값)은 V_M 혹은 I_M으로 표시되는데 정현파의 최대 진폭의 크기를 표시한다. 피크값은 +peak와 -peak가 있으며, +peak와 -peak 사이의 크기를 peak to peak값이라고 표시하며 보통 p-p로 표시하게 된다. 예를 들면, 110 V_{AC}의 크기를 갖는 정현파의 V_{peak}는 155.6 V이고, $-V_{peak}$는 -155.6 V이다. 따라서 Vpeak-peak는 155.6 V-(-155.6 V)=311.1 V의 크기로 피크값의 2배에 해당하는 크기를 가지며, +peak 와 -peak는 서로 대칭값을 가지며, 동시에 두 개의 피크값이 존재하지 않고 반드시 1/2 주기로 번갈아서 나타난다.

평균값

평균값은 정현파에서 한 번의 교번이나 1/2사이클 사이의 모든 순시값을 수학적으로 평균한 크기이다. 1/2사이클만을 평균하는 이유는 1사이클을 평균하면 평균값이 0이 되기 때문이다. 0°에서 180°까지의 사인값을 더해서 180°로 나누면 평균값은 0.636배가 된다.

V_{peak}가 155.6 V라고 가정한다면 이 파형의 평균값은 약 99 V가 된다.

$$\text{평균값} = 0.636 \times V_{peak} \tag{10.2}$$

실효값

정현파의 전압이나 전류의 양을 가장 일반적으로 표시하는 것은 45°에서의 값인 피크값의 70.7% 값으로 표시하는 것인데, 이 값을 rms값(실효값)이라고 하며 식 (10.3)처럼 표시한다.

$$\text{실효값} = 0.707 \times V_{peak}\ (I_{peak}) \tag{10.3}$$

따라서 $V_{rms} = 0.707\ V_{max}$, $I_{rms} = 0.707\ I_{max}$로 표시할 수 있으며, V_{peak}가 155.6 V라면 실효값은 110 V가 된다. 110 V는 상업용 교류 전력선의 크기이며, 이때 표시된 크기가 실효값이며, 실효값과 피크값의 변환은 식 (10.3)을 식 (10.4)처럼 변환시키면 된다.

$$\text{피크값} = \frac{1}{0.707} \times \text{실효값} = 1.414 \times \text{실효값} \tag{10.4}$$

주파수와 주기

1초당 사이클의 숫자를 주파수라 하고 f로 표시한다. 1사이클에 해당하는 시간을 주기라 하며 T로 표시한다.

60 Hz의 주파수를 갖는다면 1주기는 1/60초이고 주기와 주파수는 식 (10.5)처럼 표시할 수 있다.

$$\mathrm{T} = \frac{1}{f}, \quad f = \frac{1}{\mathrm{T}} \tag{10.5}$$

그림 10-3에 표시된 것처럼 단위시간당 사이클의 숫자가 많은 것은 주파수가 높다는 것을 의미하며, 반대로 사이클과 사이클 사이의 시간은 짧아지는 것을 알 수 있다.

그림 10-3(a)에 표시된 정현파는 1초 동안에 1사이클이 완성되고 그림 10-3(b)에 표시된 정현파는 1초 동안에 2사이클을 완성하고 있으므로 그림 10-3(b)의 주파수가 그림 10-3(a)의 주파수보다 2배나 빠르다는 것을 알 수 있다.

그러나 주파수는 다르지만 두 파형 모두가 정현파임을 알 수 있다.

주파수의 단위는 헤르츠(Hz)를 사용하며 1초당 사이클수를 표시한다. 60 cps = 60 Hz이고, 다음과 같은 변환단위를 사용하게 된다.

$$1\text{kilo cycle per second} = 1 \times 10^3\ \text{Hz} = 1\ \text{kHz}$$
$$1\text{mega cycle per second} = 1 \times 10^6\ \text{Hz} = 1\ \text{MHz}$$
$$1\text{giga cycle per second} = 1 \times 10^9\ \text{Hz} = 1\ \text{GHz}$$

주기의 기본단위는 초(second)이고 주파수가 높아지면 주기가 짧아지므로 다음과 같은 변환식을 사용한다.

$$\mathrm{T} = 1\text{milli second} = 1\ \text{ms} = 1 \times 10^{-9}\ \text{s}$$
$$\mathrm{T} = 1\text{micro second} = 1\ \mu\text{s} = 1 \times 10^{-6}\ \text{s}$$
$$\mathrm{T} = 1\text{nano second} = 1\ \text{ns} = 1 \times 10^{-9}\ \text{s}$$

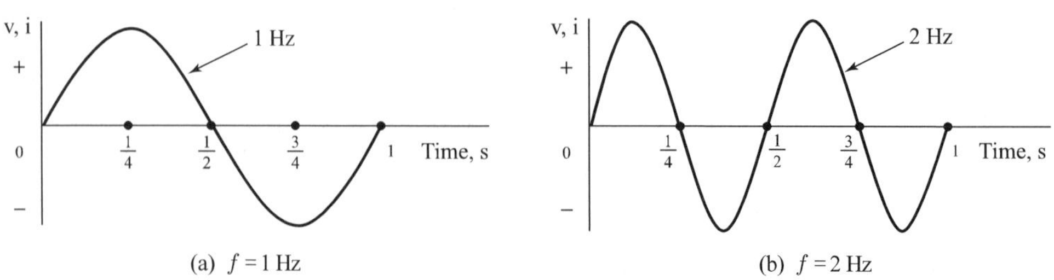

(a) $f = 1$ Hz　　(b) $f = 2$ Hz

그림 10-3 주파수의 비교.

주기는 주파수의 역수이므로 주파수가 kHz 단위이면 주기는 ms가 되고, 주파수가 MHz 단위이면 주기는 μs가 되며, 주파수가 GHz 단위이면 주기는 ns 단위를 갖는다.

AF와 RF

1 Hz에서 수 MHz 사이의 교류전압과 전류의 모든 주파수는 두 가지 종류로 구분되는데, 하나는 AF(audio frequencies)이고 나머지 하나는 RF(radio frequencies)이다. Audio는 라틴어로 '듣는다'라는 의미로 audio 범위는 사람의 귀로 소리를 감지할 수 있는 주파수대를 의미하며 대략 16 Hz~16,000 Hz 사이의 주파수를 말한다. 주파수가 높아지면 소리의 tone이나 pitch가 높아지는데, 3,000 Hz 이상의 높은 가청주파수에서는 떨리는 소리를 듣게 되며, 300 Hz정도의 낮은 주파수에서는 bass tone을 갖게 된다.

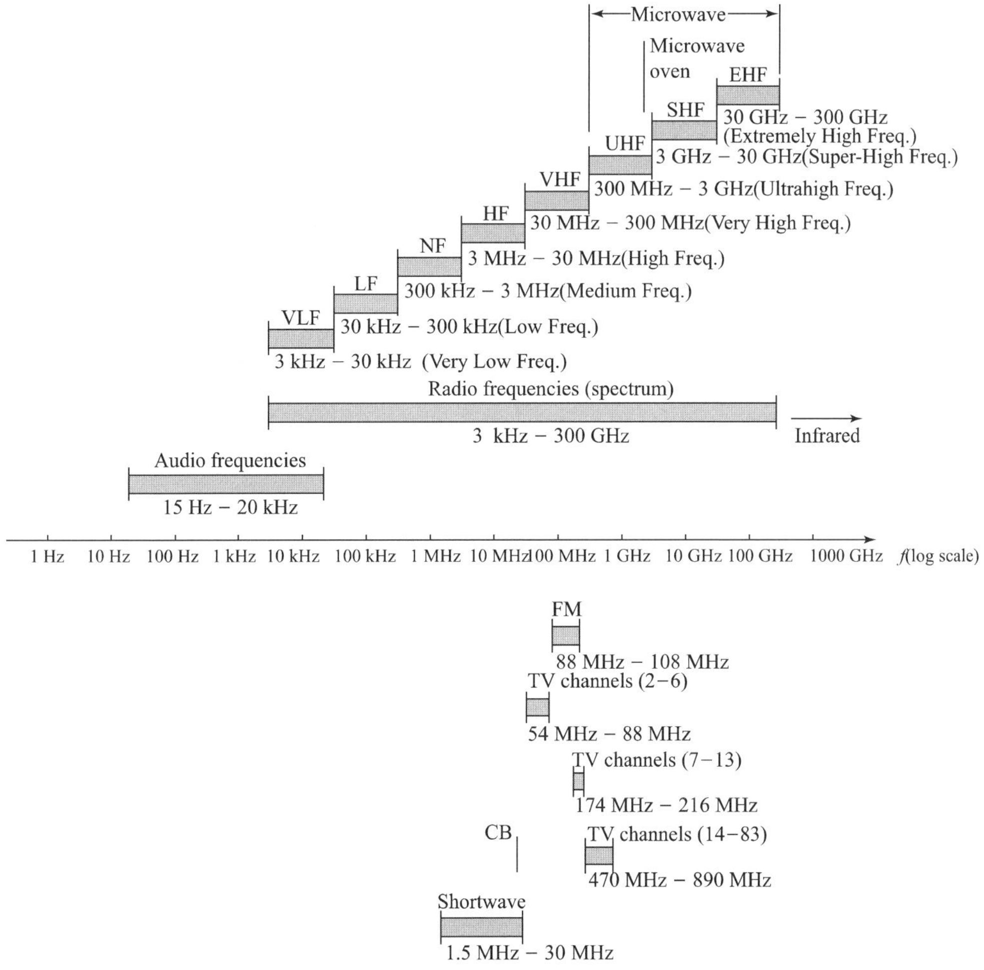

그림 10-4 각종 주파수대.

그러나 소리의 크기는 진폭에 의해서 결정되며 진폭이 커질수록 소리가 커지게 된다. 가청 범위 이상의 교류전류와 교류전압은 RF 주파수 영역을 갖게 되며, 전자기 라디오파를 발생시켜서 고주파의 전기적 변환을 전송시킬 수 있다. 그림 10-4에는 여러 가지 주파수대에 해당하는 파들을 표시했다.

주기의 변화를 거리에 대해서 생각할 때 그림 10-5에 표시한 것처럼 1사이클에 포함되는 거리를 파장이라 하고 λ로 표시한다. 라디오파는 전자기장에서의 진동이 공간을 통해서 전송되는데, 음파는 음파에 대응하는 공기압의 변화량이 공기를 통해서 이동한다. 이런 경우 1사이클에서 파가 이동한 거리를 파장이라고 하며 파장은 주파수와 진공속도에 의해서 결정된다.

$$\lambda = \frac{\text{속도}}{\text{주파수}} \tag{10.6}$$

여기서 λ는 파장의 기호이다. 전자기 라디오파의 속도는 진공이나 공기 중에서 3×10^8 m/s의 크기를 갖는다. 따라서 파장은 식 (10.7)에 의해서 쉽게 구할 수 있다.

$$\lambda(\mathrm{m}) = \frac{3 \times 10^8 \mathrm{m/s}}{\mathrm{f(Hz)}} \tag{10.7}$$

주파수가 높아질수록 λ의 길이는 짧아진다.

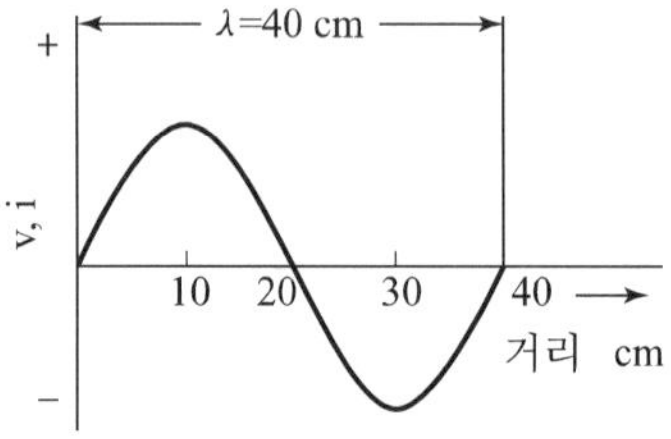

그림 10-5

10.2 위상각과 위상도

그림 10-6에 표시된 두 개의 정현파에서 사인파 A는 0점에서 출발한 정현파이고, 코사인파 B는 최대점에서 출발한 정현파로 사인파 A는 자신의 사이클을 zero에서 끝내게 되지만, 코사인파 B는 자신의 사이클을 최대점에서 끝내게 된다. 이때 코사인파 B는 사인파 A보다 90°의 각도인 1/4회전 앞섰다고 이야기하고, 코사인파 B와 사인파 A 사이의 각도 90°를 위상각이라고 한다. 코사인파 B와 사인파 A는 90°의 위상각을 주파수가 변하지 않는 한 계속 유지하게

되며, 코사인파 B에서 보면 사인파 A는 항상 90° 뒤지게 된다.

예를 들면, 사인파 A는 180°에서 zero이고 270°에서 $-V_p$를 갖기 때문이다. 두 파의 위상각을 비교하기 위해서는 두 파의 주파수가 같아야 한다. 만약 주파수가 서로 다르다면 상대적인 위상이 계속 변하게 된다. 정현파의 진동은 시간단위의 각도에 의해서 측정되는 유일한 파형이기 때문에 많이 사용되며, 경우에 따라서 진폭은 달라질 수 있다. 여하튼 두 전압의 두 전류 혹은 전압과 전류의 위상각을 비교할 수 있다.

위상도

교류전류와 교류전압의 위상을 비교하기 위해서는 그림 10-6(b)에 표시한 것과 같은 전압 파형과 전류파형에 대응되는 위상도를 사용하는 것이 편리하다. 화살표는 발생되는 전압의 크기에 해당하는 페이저 크기를 표시한다. 페이저는 크기와 방향을 갖는 물리량으로 화살표가 표시하는 길이는 교류전압의 크기를 표시하며, 페이저는 교류값, 피크값, rms값 등을 표시하는데 사용되며, 수평축에 대한 화살표의 각도가 위상각을 표시하게 된다.

페이저(Phasor)와 벡터(Vector)는 어떤 값을 완전하게 표시하기 위해서 필요한 각도와 방향을 갖는 물리량이다. 그렇지만 벡터량은 공간에서 방향을 갖는 반면 페이저는 시간에 따라서 변하는 물리량이다.

예를 들면, 벡터는 수평축이든 수직축이든 간에 정해진 각도에서의 벡터 화살표에 의한 기계적인 힘을 표시하는데 비해서 페이저의 화살표는 시간차에 해당하는 각도를 표시하는 데 사용된다.

한 개의 정현파가 기준으로 선택되면 또 다른 정현파 시간의 변화는 페이저의 화살표 사이의 각도에 의해서 기준으로 선정된 정현파와의 차이를 측정하게 된다. 페이저는 전압의 전체 사이클에 해당되지만 오직 한 개의 각도로 표시된다. 다시 말해 완전한 사이클이 사인파로 알려져 있기 때문에 출발점의 각도로 표시하게 된다. 전체 사이클에 대한 여분의 상세한 설명

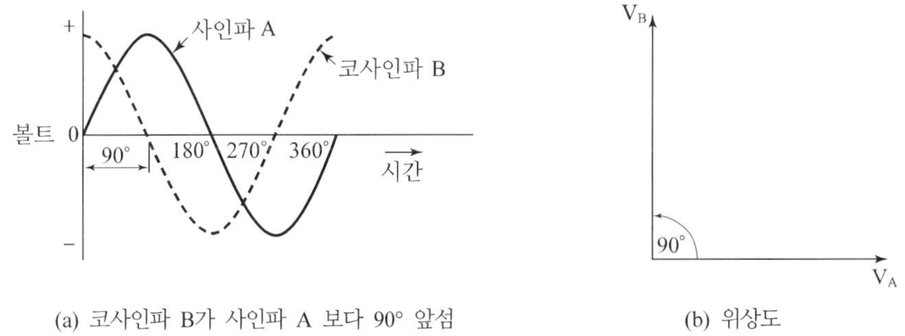

(a) 코사인파 B가 사인파 A 보다 90° 앞섬　　(b) 위상도

그림 10-6 90° 위상각을 갖는 두 정현파.

없이 위상각을 비교하기 쉽게 간단한 형태로서 교류전압이나 전류를 표시하게 된다.

그림 10-6(b)에서 페이저 V_A는 A파를 표시한 것으로 위상각은 0°이고, 이런 위상각은 로터리 발전기가 출력전압이 0인 시작점에서 출발한다는 것을 의미한다. 페이저 V_B는 자신의 위상각이 90°이기 때문에 처음 출발이 수직축에서 시작하고 있음을 의미하게 된다. 두 페이저 사이의 각을 위상각이라고 하며, 보통 θ(theta)로 표시하는데 그림 10-6에서의 위상각 θ는 90°이다.

위상각 기준

임의의 파를 표시하는 위상각은 기준으로 사용되는 다른 파에 대해서만 설명될 수 있는데, 어떤 위상이 기준으로 선택되는가에 따라서 위상각을 표시하기 위해서 그려지는 페이저가 달라진다. 일반적으로 기준 페이저는 0°에 해당하는 수평축을 사용한다. 그림 10-7에는 두 가지 표시 방법이 설명되어 있는데, 그림 10-7(a)는 전압파형 A 혹은 자신의 페이저 V_A 가 기준이 되고, 페이저 V_B가 반시계 방향으로 90°만큼 표시되어 있다.

이 방법은 표준 사용법으로 반시계 방향의 회전은 +방향의 각도를 표시하게 된다. 또한 앞선(LEADING) 각도가 +이다.

이런 경우 기준 페이저인 V_A와 V_B 페이저가 반시계 방향으로 90° 각도를 유지하고 있으므로 B파가 A파보다 90° 앞서 있다는 것을 나타내게 된다. 그러므로 B파는 그림 10-7(b)에 표시된 것처럼 기준 페이저로도 사용할 수 있는데, 똑같은 위상각을 유지하기 위해서는 페이저 V_A 가 시계방향으로 90° 회전해야 하며, 시계방향의 회전은 -각도를 의미하게 된다. 따라서 -각도는 뒤지는(lagging) 각도를 표시하기 때문에 V_A 페이저는 V_B 페이저보다 -90° 뒤져 있음을 나타내게 된다.

따라서 기준은 위상각이 진상(leading)각인지 지상(lagging)각인지에 따라 결정하게 된다. 그러나 위상은 실제로 표시하는 방법에 달라지지는 않는다. 그림 10-7에서 V_A와 V_B는 90°의 위상차를 갖는데 V_B가 V_A 보다 90° 앞선다고 말하거나, V_A는 V_B 보다 -90° 뒤져있다고 말할 수 있다.

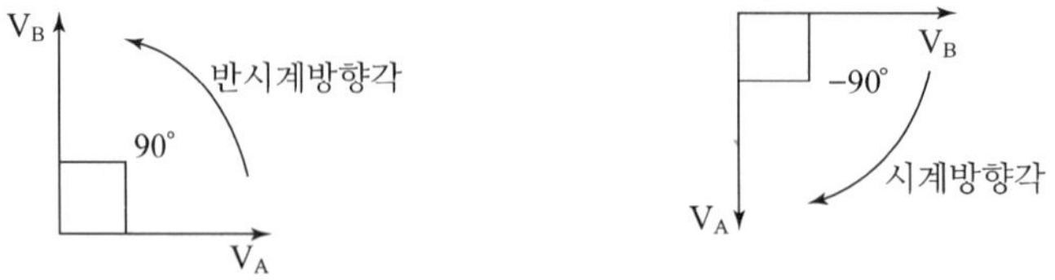

(a) V_A 페이저가 수평 기준일 때 V_B 페이저가 90° 앞선다.

(b) V_B 페이저가 수평 기준일 때 페이저 V_A는 -90°만큼 늦는다.

그림 10-7 90°의 진상각과 지상각.

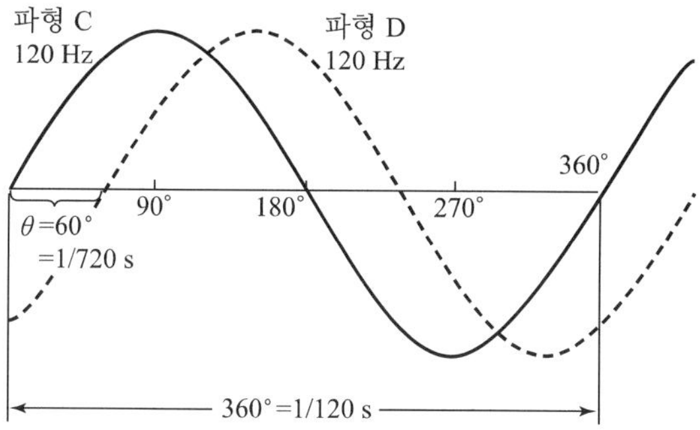

(a) 파형

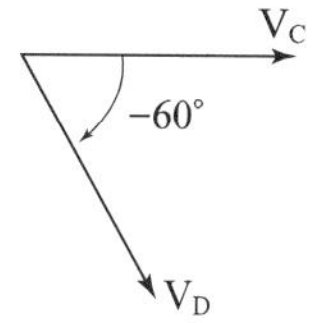

(b) 페이저도

그림 10-8 위상각 차이가 60°인 두 파형 60°의 위상각은 1/6사이클(60/360)에 해당한다.

두 파형과 그들에 해당하는 페이저는 90°보다 크던 작던 간에 각도에 의해서 위상차를 표시할 수 있다. 예를 들면, 그림 6-8에 표시된 위상도에서는 60°의 위상차가 있음을 표시하고 있다. 그림 10-8(a)의 파형을 보면 D파는 C파보다 60°만큼 뒤에 있게 되는데 그림 10-8(b)의 페이저도에서 −60°만큼 뒤져있음을 알 수 있다.

동위상파형과 역위상파형

그림 10-9에 표시한 것처럼 위상차가 0°인 두 파형을 동위상 파형이라고 하며, 두 파형을 더한 크기는 각 파형의 크기를 더하면 된다. 그림 10-10에 표시한 것처럼 180°의 위상차를 갖는 두 파형은 역위상 파형이라 하며, 두 파형을 더한 크기는 서로의 파형 크기의 차와 같다.

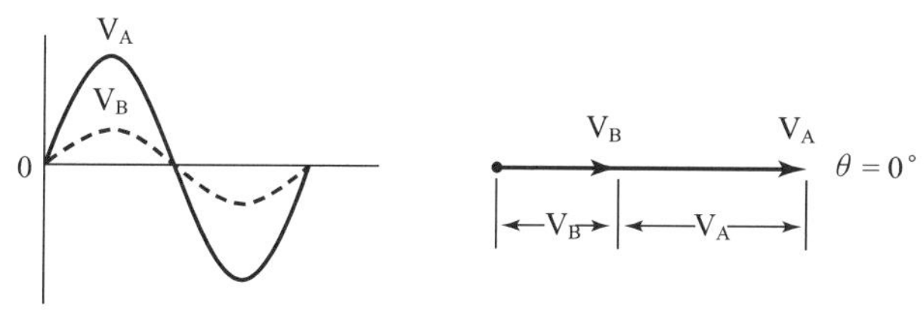

(a) 파형 (b) 페이저도

그림 10-9 위상차가 0°인 동위상파형.

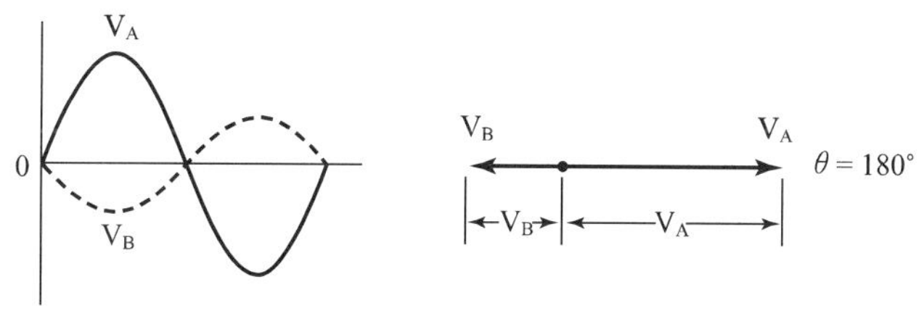

(a) 파형 (b) 페이저도

그림 10-10 위상차가 180°인 역위상파형.

저항을 갖는 교류회로

교류회로에는 교류전원이 사용된다. 10−11(a)에는 정현파 교류가 기호로 표시된 110 V의 교류전원이 연결되어 있다. 이때 그림 10−11(b)에 표시된 것처럼 동위상과 동일한 주파수를 갖는 교류전류가 부하에 흐르게 된다.

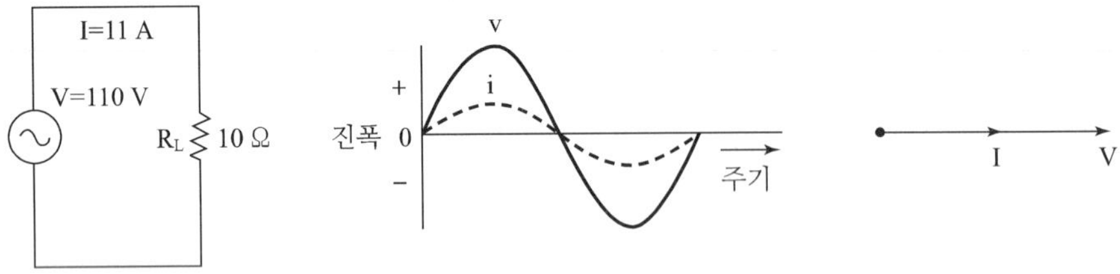

(a) 회로도 (b) V와 I파형 (c) 동위상을 갖는 I와 v의 페이저도

그림 10−11 R이 연결된 회로.

10.3 비정현파 교류파형

그림 10−12에 구형파(sguare wave)와 톱니파(sawtooth wave)를 표시했다. 전압이든 전류이든 간에 비정현파형은 고려해야 될 중요한 차이점과 유사점이 있는데, 사인파와의 비교를 다음에 설명했다.

- 모든 경우에서 사이클은 동일한 진폭을 갖고 같은 방향으로 변화하는 두 점 사이에서 측정해야 한다. 주기는 1사이클에 해당하는 시간이다. 그림 10−12에서 모든 파형의 주기 T는 10 μs이고 주파수는 1/T이기 때문에 0.1 MHz이다.
- 최대 진폭은 zero 축에서부터 최대 +값이나 최대 −값을 측정하면 된다. 피크−피크 진폭은 비정현파형인 경우 측정이 용이한데 그 이유는 비정현파형은 그림 10−12(d)에 표시한 것처럼 비대칭인 피크값을 갖기 때문이다. 그림 10−12에서 표시된 모든 파형의 피크−피크값은 20 V이다.
- 오직 정현파의 실효값만 0.707 V로 표시할 수 있는데 0.707은 오직 정현파에서만 사용되는 각 측정의 사인값에 의해서 유도되기 때문이다.
- 위상각은 오직 사인파에서만 적용되는데 그 이유가 각 측정은 정현파에서만 가능하기 때문이다. 중요한 것은 수평축이 그림 10−12(a)에 표시한 것처럼 시간의 축이기 때문에 각도에 따라서 분류될 수 있지만 비정현파에서는 각도 표시가 없다는 점이다.

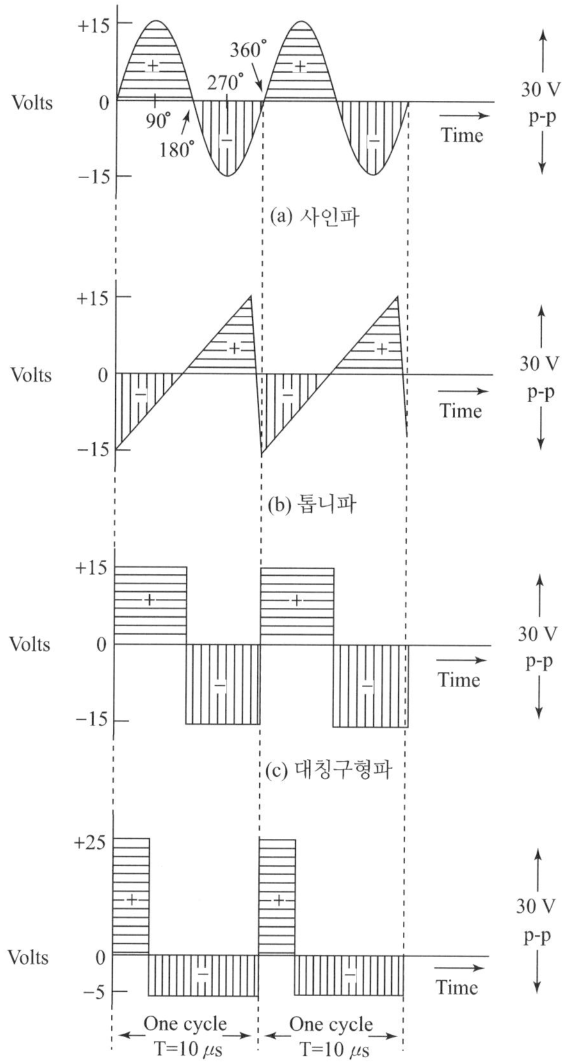

그림 10−12 정현파와 비정현파의 비교 (a) 사인파, (b) 톱니파, (c) 대칭구형파, (d) 비대칭직각파 혹은 펄스파.

- 모든 파형은 교류전압을 표시하며 +값은 zero축 위쪽에, −값은 zero축 아래쪽에 표시된다.

그림 10−12(b)에 표시된 톱니파는 최대값을 가질 때까지는 천천히 증가하며 초기값까지는 급격히 감소하게 된다. 이런 파형을 보통 사다리 전압(ramp voltage)이라고 하며, 일정한 변화율을 갖기 때문에 시간 함수(time base)로 사용되기도 한다.

주의할 점은 1사이클 속에는 전압의 느린 상승과 빠른 하강이 동시에 존재한다는 것이다. 이 예에서도 1사이클의 주기 T는 10μs이다.

따라서 이런 톱니파 사이클은 0.1 MHz의 주파수에서 반복되며 전압이나 전류의 톱니 파형은 오실로스코프와 TV 수상기의 음극선관(cathode-ray-tube)에서 전자빔의 수평편향(horizontal deflection)에 사용된다.

그림 10-12(c)에 표시된 구형파는 스위칭 전압을 표시한다. 처음 15 V 피크는 순간적으로 +극성을 인가하고 이 전압은 1/2사이클인 5 μs 동안 유지되고 다시 전압이 순간적으로 0 V까지 감소하고 -극성이 나머지 1/2사이클 동안 유지된다. 따라서 1사이클의 주기는 10 μs이고, 역시 0.1 MHz의 주파수를 갖게 된다. 그림 10-12(d)에 표시된 직각파형(rectangula wave shape)도 1/2사이클씩 +극성과 -극성이 유지되지만 비대칭이다. 그러나 주파수는 역시 0.1 MHz이고 피크-피크값도 20 V로 다른 모든 파형과 일치한다.

10.4 오실로스코프를 이용한 전압, 주파수, 위상측정

오실로스코프를 사용하면 측정파형의 첨두치(피크값), 진폭을 쉽게 측정할 수 있다. 그림 10-13은 진폭과 주기가 서로 다른 2개의 파형을 나타낸다.

파형 A는 그래티클에서 4.6 vertical div를 점유하는 피크-피크 진폭을 갖는 반면, 파형 B는 2 vertical div를 갖는다.

파형의 진폭을 측정하기 전에 VOLTS/DIV 제어에서의 중간 vernier 노브가 CAL 위치에 있는지를 검사하는 것이 중요하다.

VOLTS/DIV 제어가 100 mV에 있다면 각 파형의 피크-피크전압은 460 mV와 200 mV가 된다.

- 파형 A : $V = (4.6\text{divisions}) \times 100\ \text{mV} = 460\ \text{mV}$
- 파형 B : $V = (2\text{divisions}) \times 100\ \text{mV} = 200\ \text{mV}$

만약 그림 10-13에 표시된 파형들이 증폭기의 출력이라면 그들은 교류성분은 물론 직류성분을 포함하고 있을 수 있다. 파형 A의 직류성분이 10 V라면 100division의 편향을 발생시킨다.

$$10\ \text{V} / 100\ \text{mV} = 100\text{division}$$

만약 오실로스코프가 직류로 결합된다면 파형은 스크린의 오른쪽으로 사라져 버리고, 스크린에는 교류성분만 나타난다. TIME / DIV 제어의 setting에 의해서 곱해지고 수평 division의 1사이클에 의해서 측정되는 정현파의 시간 주기는 식 (10.8)로 결정된다.

$$T = (\text{Horizontial divisions/cycle}) \times (\text{TIME/DIV}) \tag{10.8}$$

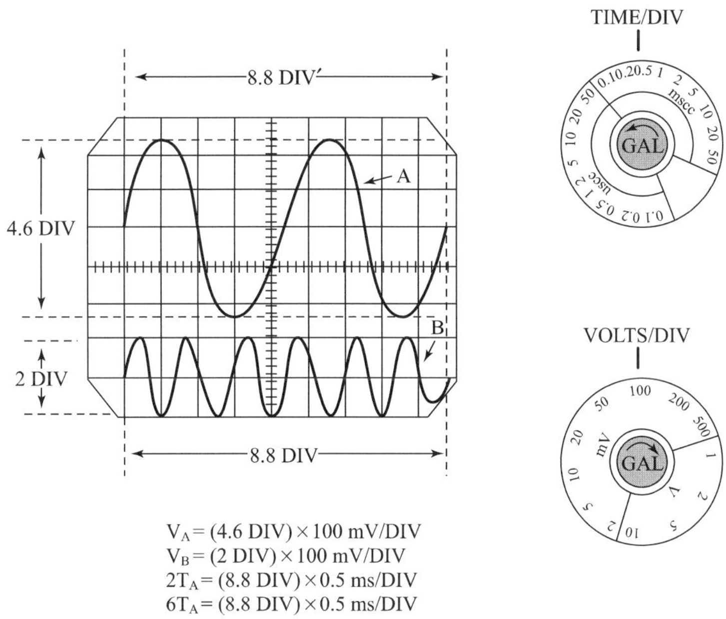

그림 10-13 정현파의 시간 주기와 피크-피크전압 측정.

주파수는 시간 주기의 역수로 구해진다. 파형의 시간 주기를 측정할 때에도 TIME/DIV의 vernier 노브가 CAL에 놓여있는가를 우선 확인해야 한다.

그림 10-13에 표시된 각 파형의 시간 주기와 주파수를 구하면 다음과 같다.

• 파형 A : $T = \dfrac{(8.8\,\text{divisions}) \times 0.5\ \text{ms}}{2\,\text{cycle}} = 2.2\ \text{ms}$

$$f = 1/(2.2\ \text{ms}) \simeq 455\ \text{Hz}$$

• 파형 B : $T = \dfrac{(8.8\ \text{divisions}) \times 0.5\ \text{ms}}{6\ \text{cycle}} = 0.73\ \text{ms}$

$$f = 1/(0.73\ \text{ms}) \simeq 1.36\ \text{kHz}$$

두 파형의 위상차는 그림 10-14에 표시된 것과 같이 구할 수 있다. 두 파형은 각각 8 horizontal division을 가지며 각 사이클 사이의 시간은 1.4 division이다. 1사이클은 360°이므로 8 div = 360°이다.

$$1\ \text{div} = \frac{360}{8} = 45°$$

위상차는 63°이다.

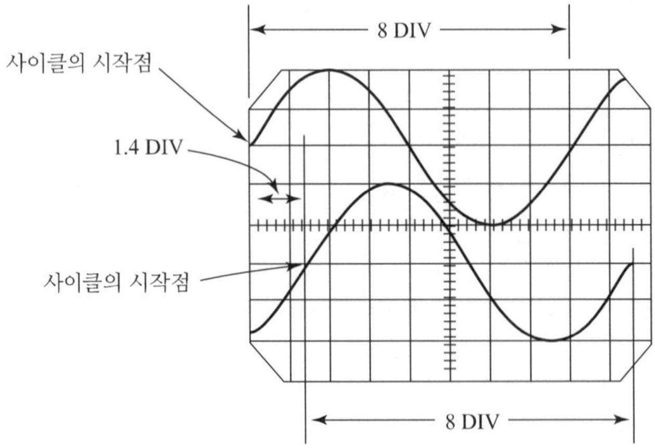

그림 10-14 두 정현파 사이의 위상차 측정.

펄스측정

그림 10-15에는 두 가지 펄스파형이 표시되어 있다. 두 파형 중 위쪽의 파형은 고정된 leading 에지와 lagging 에지를 가지며, 아래쪽의 파형은 상승시간 t_r과 하강시간 t_f를 갖는다. 만약 위쪽의 파형이 입력이라면 아래쪽 파형은 출력이다. 이런 경우 지연시간 t_d도 발생된다.

펄스의 상승시간은 펄스 진폭의 10%에서 90%로 되는데 필요한 시간이고, 하강 시간은 펄스가 자신의 진폭의 90%에서 10%로 되는 데 필요한 시간이다. 지연 시간은 입력 펄스의 시작점으로부터 출력 펄스가 자신의 진폭의 10% 되는 점으로 되는데 경과하는 시간을 의미한다.

만약 TIME/DIV 제어가 1 μs라면 그림 10-15에서의 지연시간과 상승시간, 하강시간은 다음과 같다.

$$t_d = 1\,\mathrm{div} \times 1\,\mu\mathrm{s} = 1\,\mu\mathrm{s}$$

$$t_r \simeq 0.7\,\mathrm{div} \times 1\,\mu\mathrm{s} = 0.7\,\mu\mathrm{s}$$

$$t_f \simeq 0.9 \div \times 1\,\mu\mathrm{s} = 0.9\,\mu\mathrm{s}$$

그림 10-15에 표시된 파형 중 위쪽에 표시된 파형의 펄스폭 PW와 시간 주기 T는 다음과 같이 구해진다.

$$\mathrm{PW} \simeq 4.5\,\mu\mathrm{s},\ \mathrm{T} = 8\,\mu\mathrm{s},\ \mathrm{f} = 1/8\,\mu\mathrm{s} = 125\,\mathrm{kHz}$$

그림 10-15의 파형을 측정하는데 있어서 이해해야 할 중요한 용어는 slew rate라고 하는데, 이것은 연산증폭기의 주파수 응답을 설명하는 데 사용된다. 이런 수율은 펄스형태의 입력이 증폭기에 인가되었을 때 증폭기 출력이 얼마나 빨리 변화되는가를 나타내는 것으로 정의된다.

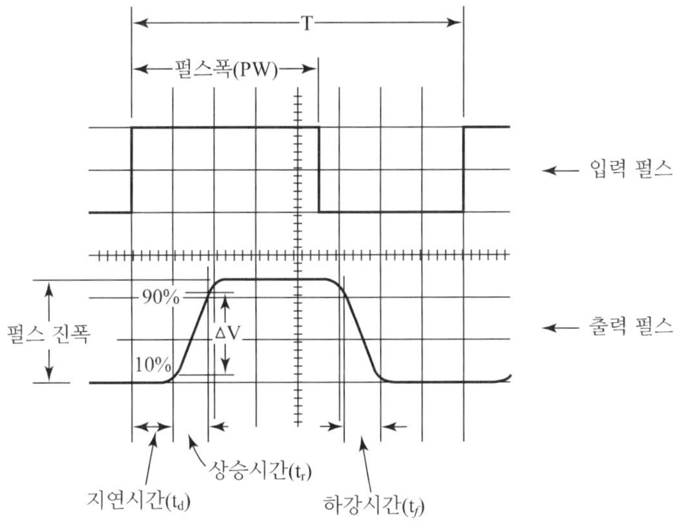

그림 10-15 펄스 진폭, 주기, 상승시간, 하강시간 측정.

이런 변화율(또는 수율)은 보통 전압변화/시간으로 나타내며, V / μs 단위를 사용한다. 그림 10-15에서 아래쪽의 파형을 기준으로 사용한다면 상승시간 동안의 전압변화는 $\Delta V=2$ 수직 div이다. TIME / DIV 제어가 1 μs라면 상승 시간은 약 0.7 μs이다.

만약 VOLTS / DIV가 1 V이고 $\Delta V = 2$ V라면 수율은 2.9 V / μs가 된다.

$$\text{slew rate} = \frac{\Delta V}{t_r} = \frac{2\,V}{0.7\,\mu s} \simeq 2.9\,V/\mu s \tag{10.9}$$

10.5 리샤쥬 도형

오실로스코프의 시간축이 분리될 때 2개의 정현파를 수평과 수직입력으로 인가하면 두 입력 사이의 관계에 의해서 발생되는 파형이 측정된다. 가장 간단한 경우는 두 파형의 주파수가 같을 때이다. 두 파형의 주파수가 다르면 여러 가지 형태가 스크린에 나타나게 되는데, 이런 도형을 리사쥬 도형(Lissajou figures)이라고 한다.

오직 한 개의 입력만을 인가하면 그림 10-16(a), (b)에서 표시한 것과 같이 수평선이나 수직선이 나타난다. 완전하게 일치되는 위상과 진폭을 갖는 정현파를 인가하면 그림 10-16(c)에 표시한 것처럼 45°의 직선이 나타나게 되는데, 그 이유는 두 파형이 동시에 zero에서 시작되기 때문이다.

따라서 수직편향과 수평편향은 발생되지 않고 전자빔은 그림 10-16(c)의 점 1과 3처럼 스크린의 중앙을 때리기 때문이다.

두 파형이 최대의 positive진폭을 가지면 최대의 수직편향과 수평편향이 발생된다. positive의 피크 수직입력은 최대로 positive(up으로)로 되는 수직편향을 발생시키고, positive 피크로 되는 수평입력은 최대로 오른쪽으로 편향을 발생시킨다. 이런 순간에 전자빔은 그림 10-16(c)의 2점을 표시하게 된다. 정현파가 negative 피크로 되면 최대의 negative(아래쪽으로)로 되는 수직편향과 가장 왼쪽으로 되는 수평편향을 발생시키는 데 이런 상태는 그림 10-16(c)에서 4점을 표시하게 된다. 동시에 변환되는 전압 레벨은 전자빔을 2점과 4점 사이에서 직선으로 표시하게 된다.

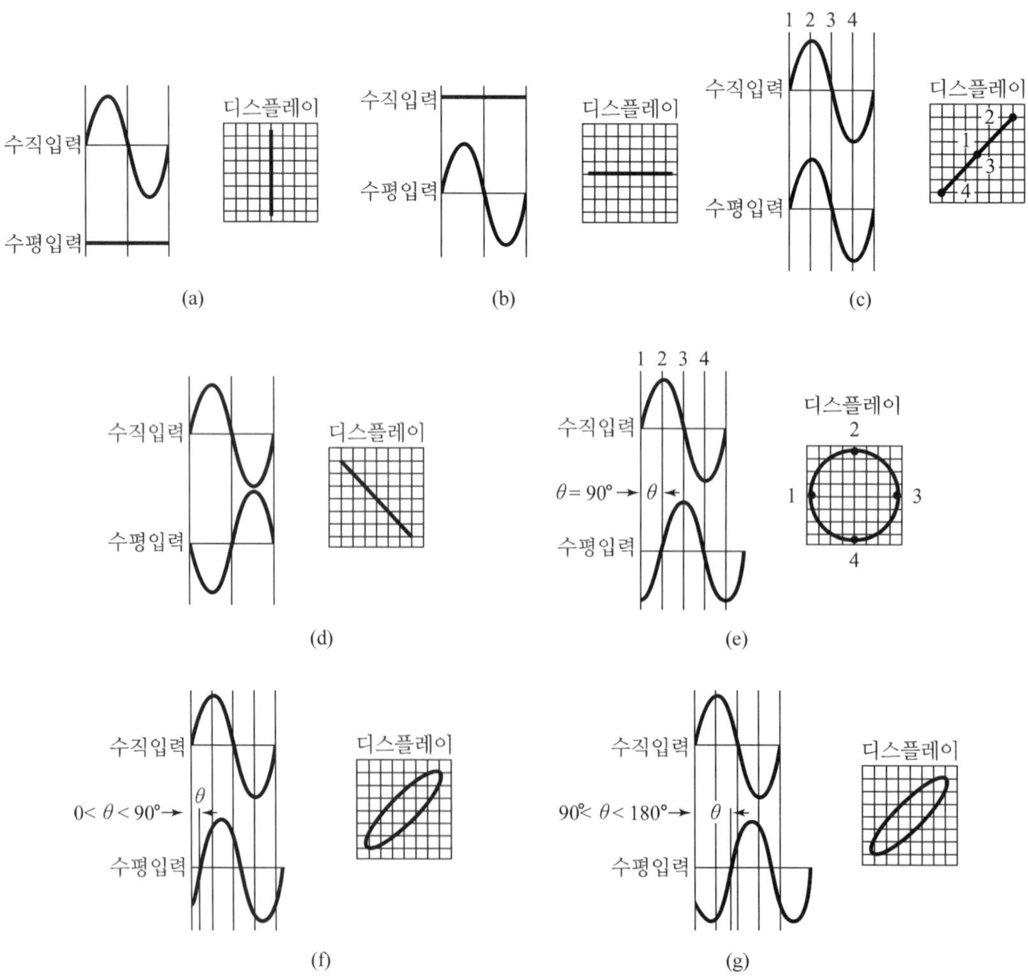

그림 10-16 수직입력과 수평입력으로 주파수와 진폭이 같은 정현파를 인가할 때 나타나는 파형.

그림 10-16(d)는 수평선에 대해서 135°의 각도로 표시되는 다른 위상을 갖는 직선이 표시되는 것을 나타내고 있다. 이런 경우 최대의 positive 수직편향은 수직입력의 positive 피크에서 발생된다. 그러나 이 순간 수평입력이 자신의 negative 피크로 되면 가장 왼쪽으로 편향을 발생시킨다.

이와 유사하게 수직입력이 자신의 negative 피크로 되고 수평입력이 자신의 positive 피크로 되면 최대의 negative 수직편향과 최대의 오른쪽으로의 편향을 발생시킨다. 원형의 도형은 그림 10-16(e)에 표시된 것처럼 두 파형이 수직입력과 수평입력 사이에서 90°의 위상차를 가질 때 발생된다. 수직입력이 zero이고 수평입력이 자신의 negative 피크로 되면 1점과 같이 zero의 수직편향과 가장 왼쪽으로의 수평편향을 발생시킨다.

수평입력이 zero이고 수직입력이 자신의 positive 피크를 가지면 최대의 positive 수직편향과 zero의 수평편향을 발생시킨다(점2). zero의 수직입력과 최대의 positive 수평입력을 가지는 경우 빔은 3점과 같이 zero의 수직편향과 가장 오른쪽으로의 수직편향을 발생시킨다.

4점은 zero의 수평입력과 최대의 negative 수직입력의 결과이다. 빔이 스크린을 때릴 때 점들은 계속적으로 원을 그리면서 회전하게 된다.

수직입력과 수평입력 사이의 위상차가 0°보다는 크고 90°보다는 적을 때 그림 10-16(f)에 표시된 것처럼 타원이 표시되는데, 90°에 가까울수록 원에 가깝게 두꺼운 타원이 되고 0°에 가까울수록 가는 타원이 된다. 그림 10-16(g)에 표시된 것처럼 타원이 그림 10-16(f)와 반대 방향으로 표시되면 수직입력과 수평입력의 위상차는 90°보다는 크고 180°보다는 적게 되며, 각도가 90°에 가까운지 180°에 가까운지에 따라서 타원의 굵기가 결정된다.

두 파형 사이의 실제적인 위상차는 타원 도형의 측정에 의해서 결정될 수 있다. 위상차의 측정에서는 수평 시간축을 사용하면 보다 편리하게 측정이 가능하다. 그림 10-16과 같이 표시되는 오실로스코프의 도형들은 수직입력과 수평입력이 서로 다른 주파수를 갖는 경우에 발생된다.

그림 10-16(a)는 수직입력의 주파수가 수평입력 주파수의 2배인 경우인데, 수평입력의 한 사이클은 전자빔을 스크린의 중앙에서 오른쪽으로 진행시키고, 다시 중앙을 통해서 왼쪽으로 이동시키고 다시 중앙으로 귀환된다. 이 시간 동안 수직입력은 빔을 중앙, 위쪽, 아래쪽 다시 중앙으로 편향시키고 다시 한 번 반복한다. 수평입력 주파수 f_2와 수직입력 주파수 f_1의 비는 식 (10.10)처럼 표시된다.

$$\frac{f_1}{f_2} = \frac{\text{number of positive peaks}}{\text{number of right-handside peaks}} \qquad (10.10)$$

그림 10-17에서는 두 개의 positive 피크 a, b가 나타나고 가장 오른쪽에 c 한 개가 나타난다. 따라서 주파수비는 2가 된다.

$$\frac{f_1}{f_2} = \frac{2}{1}$$

그림 10-17(b)는 입력 주파수비가 3 : 2인 좀 더 복잡한 도형인데, 도형의 주파수비는 식 (10.10)에서부터 구해진다.

$$\frac{f_1}{f_2} = \frac{3\ \text{positive peak}}{2\ \text{right} - \text{handside peaks}} = \frac{3}{2}$$

주파수비가 그림 10-17에서 사용된 2 : 1 또는 3 : 2가 아닌 다른 형태의 리사쥬 도형은 매우 복잡하게 된다.

두 주파수 사이의 비가 정확하면 도형은 정지 상태가 되지만 주파수비가 정확하지 않을 때는 도형이 연속적으로 변화하기 때문에 주파수비를 정확히 구할 수 없게 된다.

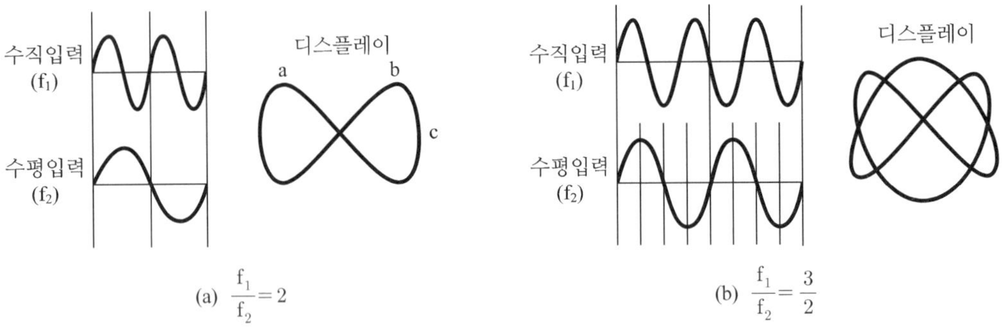

그림 10-17 수직입력과 수평입력을 다른 주파수를 인가하는 경우에 나타나는 복잡한 도형.

그림 10-18 점선의 원은 원형 추적이 강하게 변조될 때 나타난다.

기초확인문제

01 사인파의 최대값이 10 V일 때 30°, 105°, 60°, 90°, 180°, 270°에서의 순시값을 구하시오.

02 그림 10-19에 표시된 사인파 전류의 크기를 구하시오(단, $\theta=30°$, 225°).

03 +5 V의 피크값을 갖는 100 kHz의 사인파를 2주기 표시하시오(진폭 주기를 표시하시오).

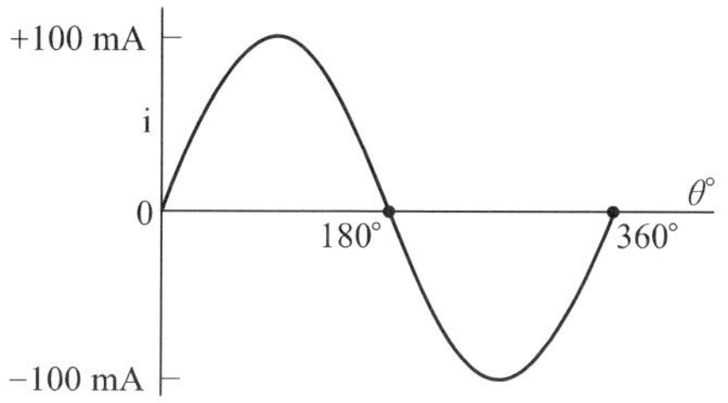

그림 10-19

04 500 Hz와 2 MHz의 주파수에서 105°의 위상차를 가질 때 지연시간을 구하시오.

05 다음 주파수에 해당하는 주기를 구하시오.

(a) 500 Hz (b) 5 MHz (c) 5 GHz
(d) 20 Hz (e) 20 kHz

06 20 Hz와 20 kHz의 파장을 구하시오.

07 그림 10-20에 표시된 파형의 페이저도를 그리시오.

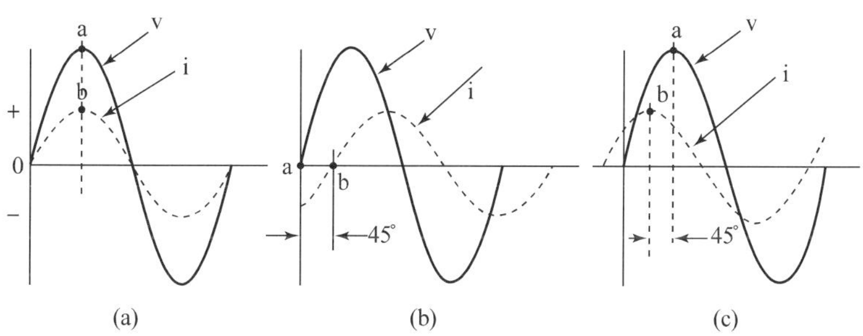

그림 10-20

08 그림 10-21에 표시된 구형파와 톱니파의 피크값과 주파수를 계산하시오.

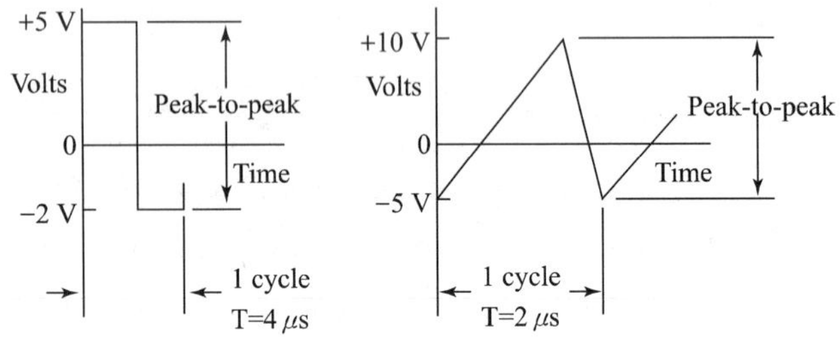

그림 10-21

09 그림 10-22에 표시된 파형의 페이저도를 그리시오.

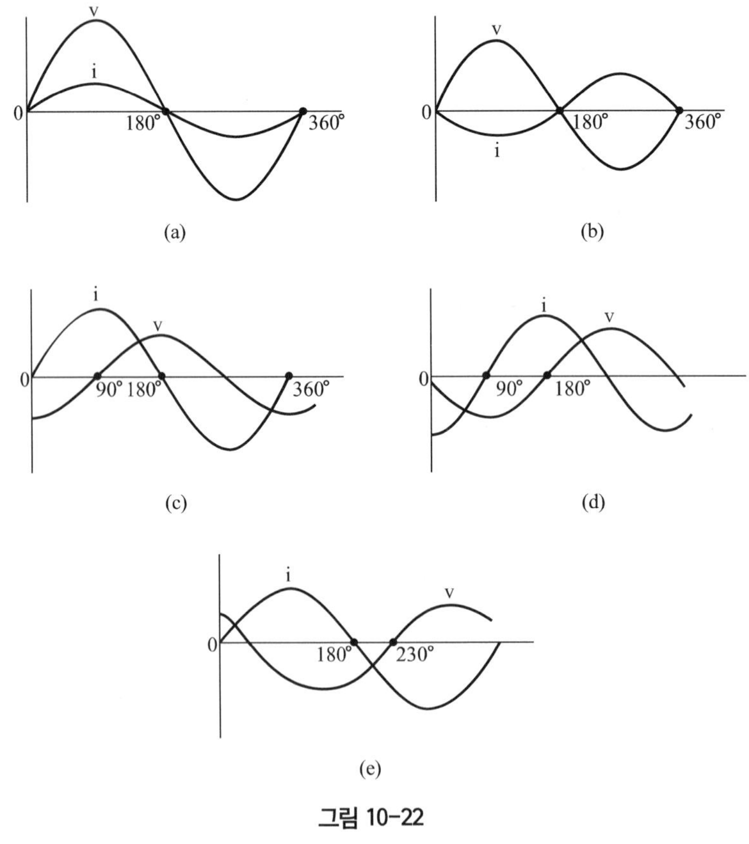

그림 10-22

10 그림 10-23에 표시된 펄스의 주기, 주파수, % 듀티사이클을 구하시오.

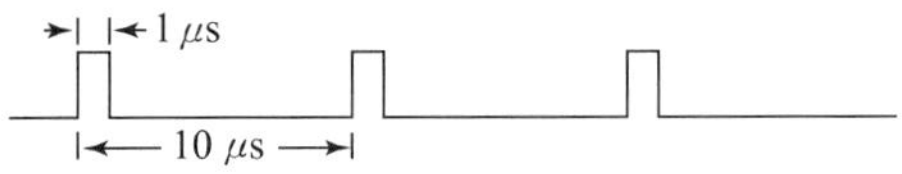

그림 10-23

11 그림 10-24에 표시된 펄스의 평균값을 구하시오.

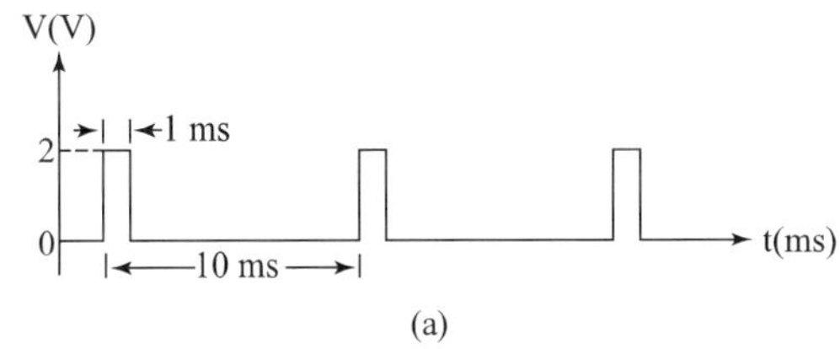

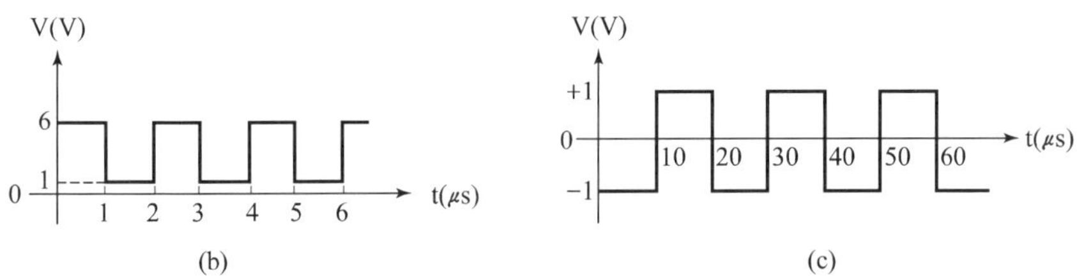

그림 10-24

정답

01 30°에서 $v = 10 \sin 30° = 10 \times 0.5 = 5$ V

105°에서 $v = 10 \sin 105° = 10 \times 0.707 = 7.07$ V

60°에서 $v = 10 \sin 60° = 10 \times 0.866 = 8.66$ V

90°에서 $v = 10 \sin 90° = 10 \times 1 = 10$ V

180°에서 $v = 10 \sin 180° = 10 \times 0 = 0$ V

270°에서 $v = 10 \sin 270° = 10 \times (-1) = -10$ V

02 $\mathrm{i} = \mathrm{I\,M} \sin \theta = 100 \sin\theta$

30°에서 $i = 100 \sin 30° = 100 \times 0.5 = 50$ mA

225°에서 $i = 100 \sin 225° = 100 \times (-0.707) = -70.7$ mA

03

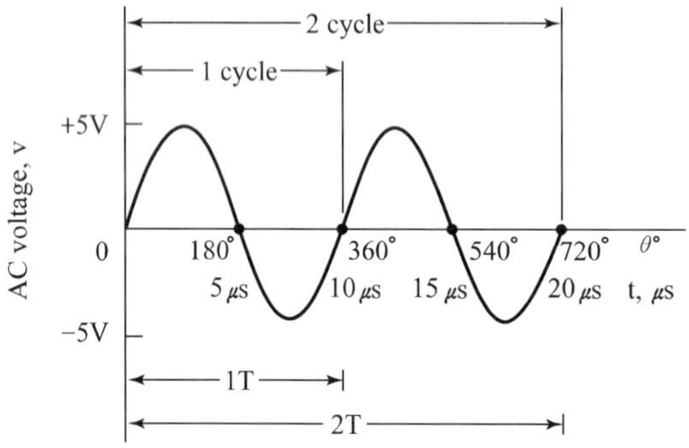

04 (a) T = 1/f = 1/500 Hz = 0.002 s, 지연시간 = 0.002 s × (105° / 360°) = 0.25 ms

(b) T = 1/f = 1/2 MHz = 0.5 μs, 지연시간 = 0.5 μs × (105° / 360°) = 0.0625 μs

05 (a) T = 1/f = 1/500 Hz = 0.002 s

(b) T = 1/f = 1/5 MHz = 0.2 μs

(c) T = 1/f = 1/5 GHz = 0.2 ns

(d) T = 1/f = 1/20 Hz = 50 ms

(e) T = 1/f = 1/20 kHz = 0.05 ms

06 20 Hz에서 $\lambda = c/f = 3 \times 10^8$ m / 20 Hz $= 15 \times 10^6$ m

20 kHz에서 $\lambda = c/f = 3 \times 10^8$ m / 20 kHz $= 15 \times 10^3$ m

07 페이저도 :

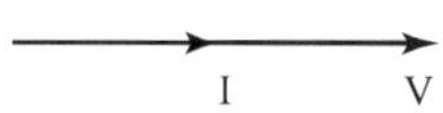

페이저도 :

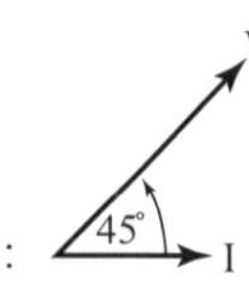

페이저도 :

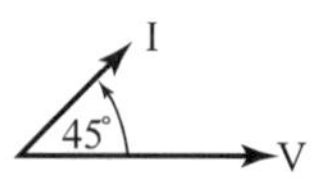

08 (a) 구형파인 경우 피크 − 피크값 = 5 V + 2 V = 7 V, 주파수 = 0.25 MHz

(b) 톱니파인 경우 피크 − 피크값 = 10 V + 5 V = 15 V, 주파수 = 0.5 MHz

09 페이저도 :

페이저도 :

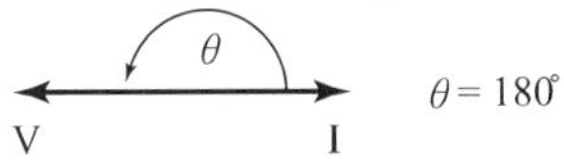

페이저도 :

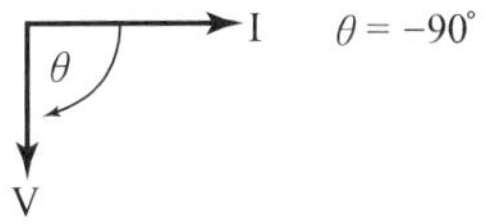

페이저도 :

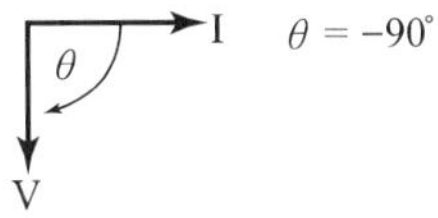

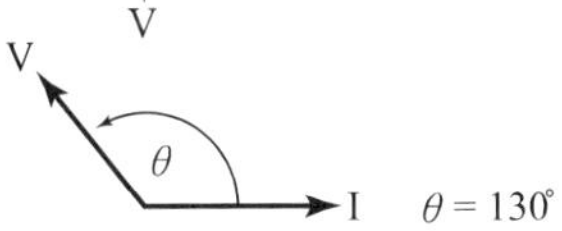

10 그림에 표시된 것처럼 펄스의 폭 t_W를 펄스 주기 T로 나눈 것을 % 듀티사이클이라 하고, 펄스의 평균전압을 구할 때 사용한다. 그림 13 − 19에서 주기 T는 10 μs이고 주파수 f는 0.1 MHz이다. % 듀티사이클 = (t_W / T) × 100% = (1 μs / 10 μs) × 100% = 10%이다.

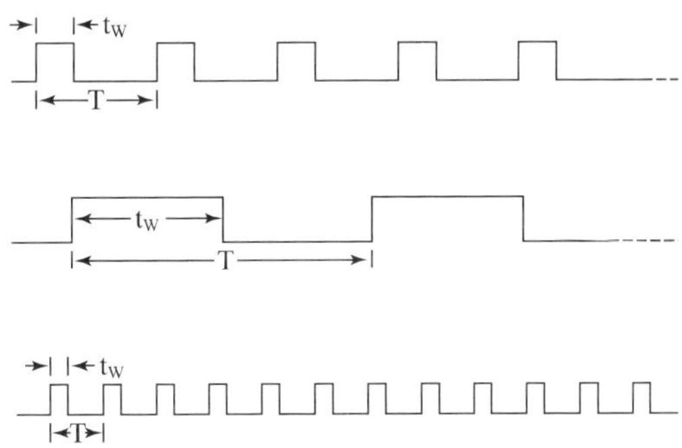

11 (a) 그림 10 − 24(a)에서 기준전압은 0 V이고, % 듀티사이클은 10%, 진폭은 2 V이다. 따라서 평균전압은 0.2 V이다.

V 평균값 = 기준전압 + (듀티사이클 × 진폭) = 0V + (0.1 × 2 V) = 0.2 V

(b) 그림 10 − 24(b)에서 기준전압은 +1 V이고, % 듀티사이클은 50%, 진폭은 5 V이다. 따라서 평균전압은 3.5 V이다.

V 평균값 = 기준전압 + (듀티사이클 × 진폭) = +1 V + (0.5 × 5 V) = +3.5 V

(b) 그림 10 − 24(c)에서 기준전압은 −1 V이고, % 듀티사이클은 50%, 진폭은 2 V이다. 따라서 평균전압은 0 V이다.

V 평균값 = 기준전압 + (듀티사이클 × 진폭) = −1 V + (0.5 × 2V) = 0 V

CHAPTER 11 커패시터와 커패시턴스

커패시터(콘덴서)는 전하를 저장하는 능력을 갖는 전기적인 소자로, 유전체의 전하 축적 능력을 의미하는 정전용량(커패시턴스)은 F(패러드) 단위를 사용하는데, 유전체나 절연체 양단에서 전압이 변화할 때 중요한 역할을 한다. 콘덴서는 두 도체 사이에 절연체를 끼움으로써 구성되는 데, 유전체의 종류에 따라서 이름이 달라진다. 일반적으로 공기, 종이, 운모, 자기, 전해질 콘덴서가 사용된다. 전자 회로에 사용되는 콘덴서는 비교적 작고 가격이 저렴한 것들이 사용된다.

콘덴서가 갖는 중요한 특성은 교류 신호는 통과시키고 직류 신호는 차단시킨다는 점이다. 또한 교류 신호의 주파수가 높아질수록 저항 성분이 낮아진다. 이 장에서는 전압원에 의해서 커패시터(콘덴서)가 어떻게 충전되고 방전하는가를 설명하고, 콘덴서의 개방과 단락 고장의 측정방법을 설명한다.

11.1 콘덴서의 구조 및 특성

콘덴서는 그림 11-1(a)에 표시된 것처럼 두 개의 병렬로 된 금속 도체판 사이를 유전체라고 하는 절연체가 분리시키는 구조를 갖는데, 회로기호로는 그림 11-1(b)와 (c)에 표시된 것처럼 고정값을 갖는 고정 콘덴서와 가변 값을 갖는 가변 콘덴서로 구분되어 사용된다.

자유 전자가 절연체 속을 통해서 흐를 수 없기 때문에 공기나 종이와 같은 유전체에서 전하를 보존시킬 수 있다. 그러므로 전하는 반드시 어떤 전원에 의해서 공급되어야 한다. 그림 11-2에 표시된 것처럼 거리가 d만큼 떨어진 두 극판 사이에 전압 V가 인가되면 두 극판 사이의 전기장의 세기는 식 (11.1)처럼 표시된다.

$$E = \frac{V}{d} \quad [V/m] \tag{11.1}$$

전압원으로부터 전자가 콘덴서에 연결된 전압 V의 －단자 쪽에 연결된 곳에서 축적되고 V의 ＋단자 쪽에 연결된 콘덴서의 반대쪽에서는 전자를 잃어버리게 된다. 결과적으로 전자의 과잉은 콘덴서의 한쪽 면에 －전하를 발생시키고, 반대쪽 면에는 ＋전하를 발생시킨다.

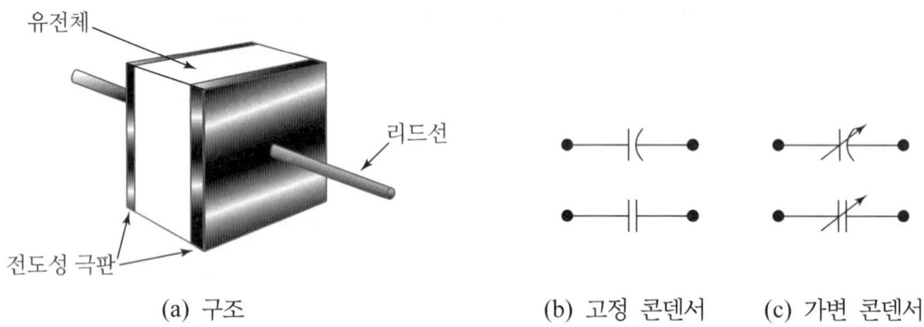

그림 11-1 콘덴서의 구조.

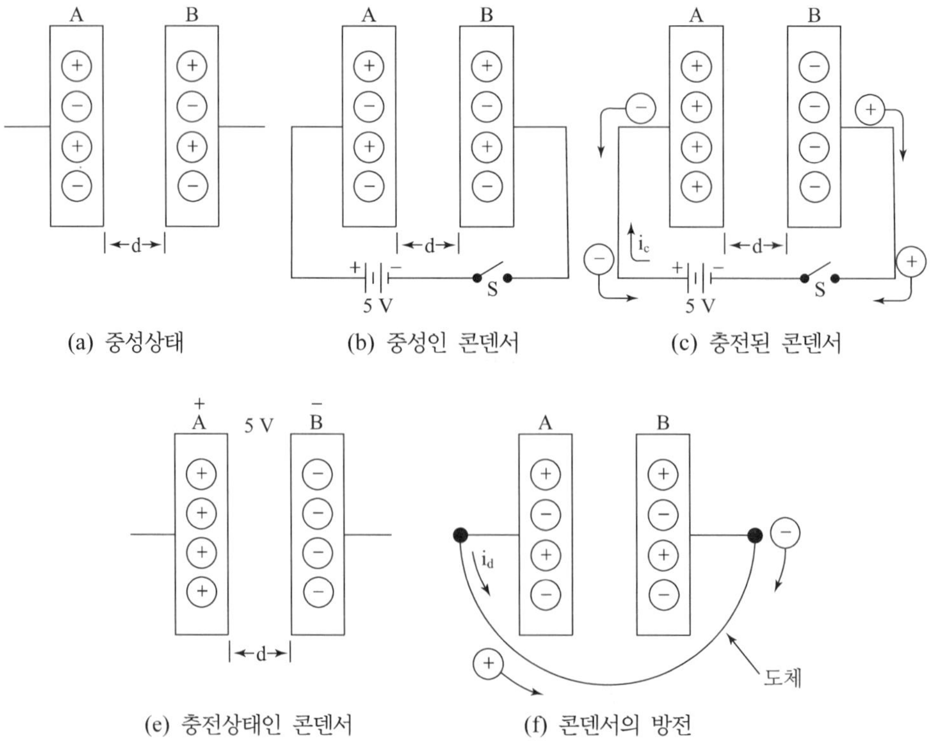

그림 11-2 콘덴서의 충전과 방전.

예를 들어, 6.25×10^{18}개의 전자가 축적된다면 －전하는 1 C이 되고, 이것은 오직 콘덴서의 한쪽 극에서만 고려된 것으로 한쪽에 축적된 전하는 반드시 반대쪽 극에서 똑같은 개수의 전하를 빌려 온 것과 같다. 전압원은 단순히 콘덴서의 한쪽으로부터 다른 쪽으로 전자를 재분배하는 일을 할 뿐인데, 이런 과정을 콘덴서가 충전된다고 말한다. 콘덴서 양단에 걸리는 전위차가 공급전압의 크기와 일치할 때까지 충전이 계속되며, 직렬로 연결된 저항 성분이 존재하지 않는다면 충전은 순간적으로 일어난다.

실제로는 항상 어떤 저항이든 직렬저항이 존재하고 이런 충전전류는 과도적이거나 혹은 일시적으로 존재하며, 오로지 콘덴서가 공급전압과 같아질 때까지만 충전하고 충전이 끝나면 회로에는 전류가 흐르지 않는다.

따라서 콘덴서는 유전체 속에 전하를 축적시킬 수 있는 특성을 갖는다. 축적이라는 것은 전압원이 제거되어도 전하가 유지될 수 있다는 것을 의미하며, 얼마나 많은 양이 축적되는가는 커패시턴스(정전용량)에 따라 달라진다. 인가(공급)된 전압과 커패시턴스, 축적되는 전하량의 크기는 식 (11.2)처럼 구해진다.

$$C = \frac{Q}{V},\ V = \frac{Q}{C},\ Q = CV \tag{11.2}$$

또한 인가전압의 유무에 무관하게 두 극판 사이에 전도 경로가 제공되면 콘덴서는 방전한다. 사실은 콘덴서의 전압이 인가된 전압원보다 크다면 방전이 시작된다. 방전전류는 일시적으로 방전경로를 통해서 흐르게 되고, 콘덴서의 전압이 공급전압의 크기와 같거나 0이 될 때까지 방전을 계속한다. 그림 11-2(b)에서 콘덴서는 중성 상태인데, 그 이유는 전압원이 연결되지 않아서 유전체에 정전기장이 발생하지 않았으므로 전하를 갖지 못하기 때문이다.

그림 11-2(c)처럼 스위치가 닫히면 전지의 －단자에서는 도체 내에서의 자유 전자를 끌어당기게 된다. 전자는 절연체를 통과할 수 없으므로 극판 B에서 유전체 쪽으로 전자가 축적된다. 반면 극판 A는 양자와 같은 특성을 갖게 된다. 반대 전하는 이에 관계되는 전위차를 갖게 되는데, 이것이 콘덴서 양단에 전위차를 발생시킨다. 콘덴서의 전압이 공급전압의 크기가 같아질 때까지 충전이 계속되며, 그림 11-2에서는 5 V까지 충전된다. 더 이상의 충전은 이루어지지 않는데 그 이유는 공급전압이 도체에 자유 전자를 더 이상 흐르게 할 수 없기 때문이다.

서로 마주보는 두 극판의 ＋전하와 －전하는 그림 11-2(c)와 (d)에서 표시한 것처럼 유전체를 통해서 전기장을 발생시킨다. 전기력선의 방향은 A극판으로부터 전자를 밀어내는 것처럼 표시되고, A극판을 ＋로 만든다. 유전체를 통해서 흐르는 전기력선이 결국은 전하를 축적시키게 되고, 전기장은 분자구조를 변경시켜서 유전체를 더 이상 중성상태로 있지 못하게 한다.

유전체는 전기장에 의한 눈에 보이지 않는 힘에 의해서 응력을 받게 되며, 결국 콘덴서 양단에 걸리는 높은 전압에 의한 아주 강한 전기장에 의해서 파괴된다. 전기장의 결과로 유전체는 전압원에 의해서 공급된 전하를 갖게 되고, 이제는 더 이상 절연체가 아닌 도체가 되며 전압원이 제거된다 해도 그림 11-2(d)에 표시한 것처럼 전하를 유지하게 되며, 실제로 충전된 콘덴서는 두 단자 사이에 5 V의 전압을 갖게 된다. 유전체 양단에 전도 경로가 연결되면 전하가 중성으로 되려는 작용을 하는데 이것을 콘덴서의 방전이라고 한다.

그림 11-2(e)에 표시한 것처럼 극판 A와 B 사이에는 방전전류가 흐르도록 낮은 저항을 갖는 경로가 연결되면 유전체에 충전된 전하가 발생시킨 5 V의 전위차가 방전전류를 발생시킨다. -극은 전자를 밀어내고 +극은 전자를 잡아당겨서 결국은 +와 -전하가 중화된다. 더 이상 순전하가 존재하지 않게 되면 콘덴서는 완전히 방전된 것이고 전압은 0이 되며 더 이상 방전전류가 존재하지 않는다.

이것은 그림 11-2(a)에 표시된 전하가 없는 상태와 같은 것이고 공급 전원이 연결되면 다시 충전이 시작된다.

그림 11-2(c)에 표시된 충전전류 i_c는 그림 11-2(e)에서 표시된 방전전류 i_D와 방향이 반대이다. 충전전압이 클수록 전기장의 세기는 강해지고 유전체에 더 많은 전하가 축적된다. 1 C의 전하가 유전체 속에 축적될 때 전위차가 1 V라면 커패시턴스는 1패러드가 된다. 실질적으로 콘덴서의 사이즈는 1 / 10,000,000 패러드 정도인데, 그 이유가 보통의 콘덴서는 1 μF 이하의 전하만을 축적시킬 수 있기 때문이다.

$$1\ \text{microfard} = 1\ \mu\text{F} = 1 \times 10^{-6}\ \text{F}$$

$$1\ \text{picofard} = 1\ \text{pF} = 1 \times 10^{-12}\ \text{F}$$

예제 1 (a) 콘덴서 양단의 전압이 100 V이고 커패시턴스가 4 μF일 때 얼마의 전하가 저장되는가? (b) 충전전압이 50 V이고 커패시턴스가 20 μF인 콘덴서에 축적되는 전하량은 얼마인가? (c) 5μA의 전류가 10 s 동안 콘덴서에 충전된다면 축적되는 전하량의 크기는 얼마인가? 이때 충전전압이 10 V라면 커패시턴스의 크기는 얼마인가? (d) 10 mA의 전류가 20 μF의 콘덴서에 10초 동안 충전된다면 콘덴서 양단의 전압 크기는 얼마인가?

▸ (a) $Q = CV = 4 \times 10^{-6}\ \text{F} \times 100\ \text{V} = 400\ \mu\text{C}$

(b) $Q = CV = 20 \times 10^{-6}\ \text{F} \times 50\ \text{V} = 1{,}000\ \mu\text{C}$

(c) $Q = I \times t = 5 \times 10^{-6}\ \text{A} \times 10\ \text{s} = 50\ \mu\text{C}$ $\quad C = \dfrac{Q}{V} = \dfrac{50 \times 10^{-6}\ \text{C}}{10\ \text{V}} = 5\ \mu\text{F}$

(d) $Q = I \times t = 10 \times 10^{-3}\ \text{A} \times 10\ \text{s} = 100\ \text{mC}$ $\quad V = \dfrac{Q}{C} = \dfrac{100\ \text{mC}}{20\ \mu\text{F}} = 500\ \text{V}$

표 11-1 각종 유전체의 비유전율

유전체	비유전율
진공	1.0
공기	1.0006
테플론	2.0
종이(파라핀함침)	2.11
고무	3.0
변압기 오일	4.0
마이커	11.0
퍼셀린	6.0
베이클라이트	7.0
유리	7.11
세라믹	1200

그림 11-3에 표시한 것처럼 각 극판의 면적이 커질수록, 극판 사이의 거리가 짧아질수록 커패시턴스의 크기는 증가하게 된다. 따라서 식 (11.3)을 표시할 수 있다. 여기서 ε_r은 비유전율을 의미한다.

표 11-1에 각종 유전체에 대한 비유전율을 표시했다.

$$C = \varepsilon_r \frac{A}{d} \times 8.854 \times 10^{-12}\ F/m \tag{11.3}$$

그림 11-3(a)의 극판면적이 그림 11-3(b)의 2배라면 그림 11-3(a)의 커패시턴스는 그림 11-3(b)의 2배에 해당하는 전하를 축적시킬 수 있다. 동일한 전압에 의해서 전기장이 발생되면 극판면적이 커질수록 각 극판과 접촉할 수 있는 유전체의 단면적이 증가하게 되어서, 유전체의 바깥쪽을 통해서 누설되는 전속이 감소되고 더 많은 크기의 전력선이 유전체를 통과하게 되어서 전기장은 유전체에서 더 많은 전하를 축적시키게 된다. 같은 인가전압이라고 하더라도 극판면적이 증가함에 따라 전하의 축적되는 양도 증가하고, 이것은 커패시턴스가 증가한다는 것을 의미한다.

그림 11-3(c), (d)에 표시한 것처럼 양극간의 거리가 1/2로 감소하면 그림 11-3(c)에는 그림 11-3(d)의 2배 용량에 해당하는 전하가 축적된다. 이것은 얇은 유전체일수록 전속밀도가 증가하기 때문이다. 따라서 두 극판 사이의 전기장이 유전체 내에 더 많은 전하를 축적시키게 된다. 다시 말해 충전전압의 크기에는 무관하며 양 극판 사이의 거리가 짧아질수록 전하의 축적 능력이 증가하는데, 이것은 정전용량이 증가한다고 말할 수 있다.

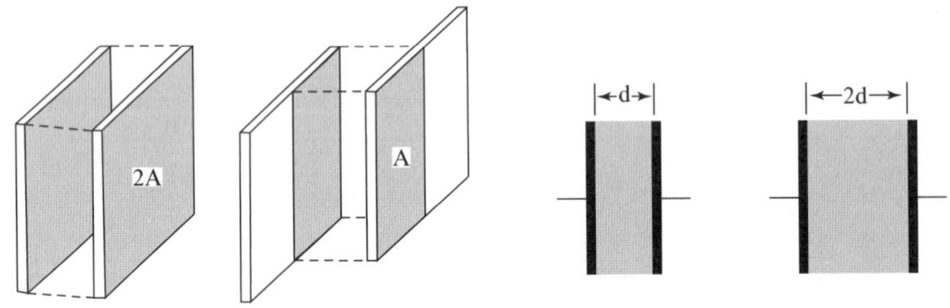

(a) 극판면적 2A (b) 극판면적 A (c) 극판 사이의 거리 d (d) 극판 사이의 거리 2d

그림 11-3 커패시턴스는 비유전율과 극판면적에 비례하고 거리에 반비례한다.

예제 2 그림 11-4에 표시된 콘덴서의 커패시턴스를 구하시오.

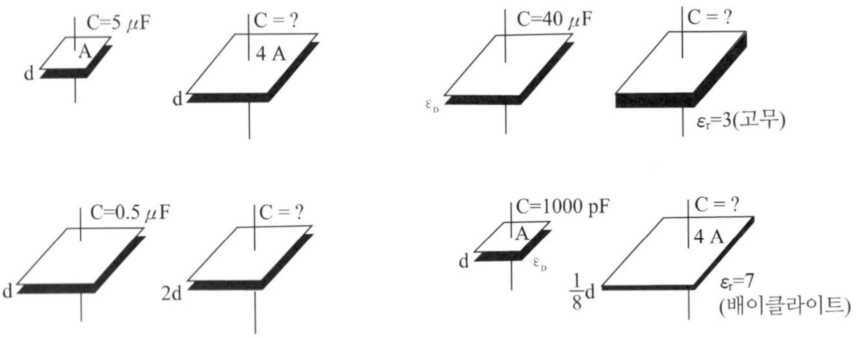

그림 11-4

▸ (a) C = 4×11 μF = 20 μF (b) C = 1/2×0.11 μF = 0.24 μF

(c) C = 3×40 μF = 120 μF (d) C = 7×4×8×1,000 pF = 0.224 μF

표 11-2에는 여러 종류의 유전체가 갖는 항복전압정격을 표시했다. 유전강도(유전내력)는 절연체 양단에서 아크가 발생하지 않고 인가된 전압을 견뎌낼 수 있는 능력을 표시한다. 이런 전압정격은 중요하며 정격이 지켜지지 않으면 콘덴서는 내력을 견디지 못하고 파괴된다. 따라서 전하를 축적할 수 없게 되며 항복전압이 증가할수록 두께가 두꺼워지고 양극 사이의 거리가 증가한다. 물론 극판 사이의 거리가 증가하게 되면 다른 요소에는 영향을 주지 않지만 커패시턴스가 감소하게 된다.

11.2 콘덴서의 종류

상업용 콘덴서는 크게 고정 콘덴서와 가변 콘덴서로 구분되고, 유전체의 종류에 따라서 공기, 운모, 종이, 자기 ,전해 콘덴서 등과 같이 분류된다. 전해 콘덴서는 유전체로 산화 필름 분자를 사용하여 좁은 체적에서도 비교적 큰 커패시턴스값을 가지게 된다. 전해 콘덴서를 제외한 나머지 종류들은 극성의 구분 없이 사용할 수 있다. 전해 콘덴서는 내부의 전해 작용을 유지하기 위해서 양극을 표시하고 있으며, 충전전압원의 극성이 콘덴서의 전압 극성을 결정한다는 점을 주의해야 한다.

운모(마이커) 콘덴서

필요한 크기의 커패시턴스를 구하기 위해서 얇은 운모를 주석박 사이에 포개서 만드는 것으로 주석박의 스트립은 하나씩 건너서 도체의 양극에 연결하고, 전체를 한 단위로 사용하기 위해서 베이클라이트 케이스로 몰딩시켜서 제조한다. 온도 변화와 고압에 대한 특성이 우수

표 11–2 콘덴서의 종류와 항복전압

유전체	구 조	커패시턴스	항복전압
공 기	Meshed plates	10～400 pF	400(0.02～공극) V
세라믹	Tubular Disk	0.11～1,600 pF 0.002～0.1 μF	1100～20,000 V
전해질	Aluminum Tantalum	11～1,000 μF 0.01～300 μF	10～4,110 V 6～110 V
운 모	Stacked sheets	10～11,000 pF	11,000～20,000 V
종이, 플라스틱 필름	Rolled foil	0.001～1 μF	200～1,600 V

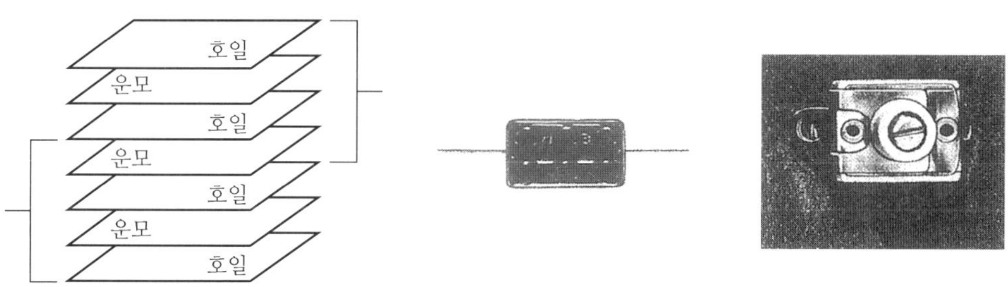

(a) 일반적인 구조

(b) 고정 콘덴서로 피코패러드 단위로 컬러 코팅되어 있음

(c) 가변 트리머로 11 pF ~30 pF의 용량을 갖는다.

그림 11–5 운모 콘덴서 넓이 5/8인치.

하다(직류 100 V에서 21,100 V까지 사용 가능하다.). 커패시턴스의 크기는 보통 110 pF에서 1,100 pF 정도의 작은 크기를 가지며 길이는 3/4인치, 두께는 1/8인치 정도이다. 일반적인 운모 콘덴서의 외형을 그림 11-5에 표시했다.

종이 콘덴서

종이 콘덴서는 주석박 도체의 2개 롤이 종이 절연체에 의하여 분리되어 단단한 원형으로 감겨 있는 구조를 하고 있으며, 각기 바깥쪽으로 나와 있는 리드선은 양극에 해당하는 주석박의 롤에 연결되어 있다. 전체 실린더는 플라스틱으로 캡슐화되거나 왁스로 코팅된 판지 콘테이너 속에 배치된다. 종이 콘덴서는 0.001 μF에서 1.0 μF 정도의 중간 크기의 커패시턴스값을 가지며, 보통 0.05 μF의 물리적인 크기는 1 in 길이에 (3/8) in 직경을 가지며 그림 11-6에 그 외관이 표시되어 있다.

종이 콘덴서의 한쪽 끝에서 검은 띠는 호일의 바깥쪽에 연결된 단자를 표시하며, 이런 단자는 출력 측 호일에 의해서 차폐되는 이득을 갖는 회로의 낮은 전위 쪽이나 접지측에 사용된다. 극성은 갖지 않으나 어느 쪽을 접지시키던 간에 커패시턴스의 크기에는 변화가 없다. 보통 C를 표시하는 회로 기호에서 곡선으로 구부러진 부분이 낮은 전위를 표시하게 된다.

플라스틱 콘덴서

호일 구조를 갖는 많은 콘덴서에는 종이 대신에 플라스틱 필름이 사용되는데 주로 테플론과 마일러 플라스틱 필름이 사용된다. 이들은 1,000 MΩ 이상의 높은 절연 저항을 가지면서 손실은 적고 항복전압에만 사용하지 않는다면, 종이 콘덴서보다 수명이 긴 장점을 갖고 있다. 플라스틱 콘덴서는 종이 콘덴서와 같이 0.001 μF에서 1.0 μF의 용량을 갖는다.

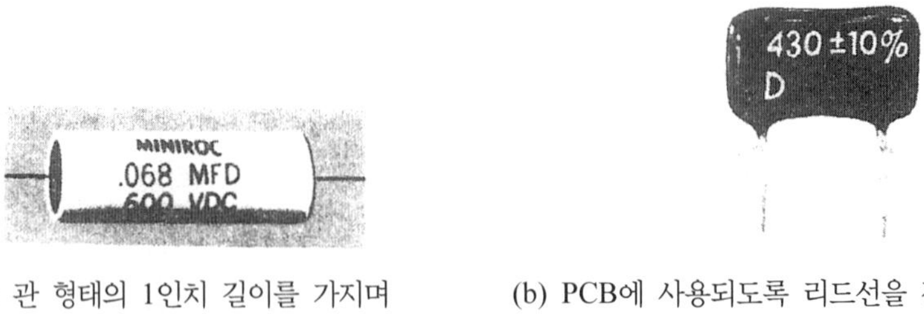

(a) 관 형태의 1인치 길이를 가지며 C는 0.068 μF이다.

(b) PCB에 사용되도록 리드선을 갖는 캡슐형 콘덴서 (3/4)인치 길이에 C는 430 pF이다.

그림 11-6 종이 콘덴서.

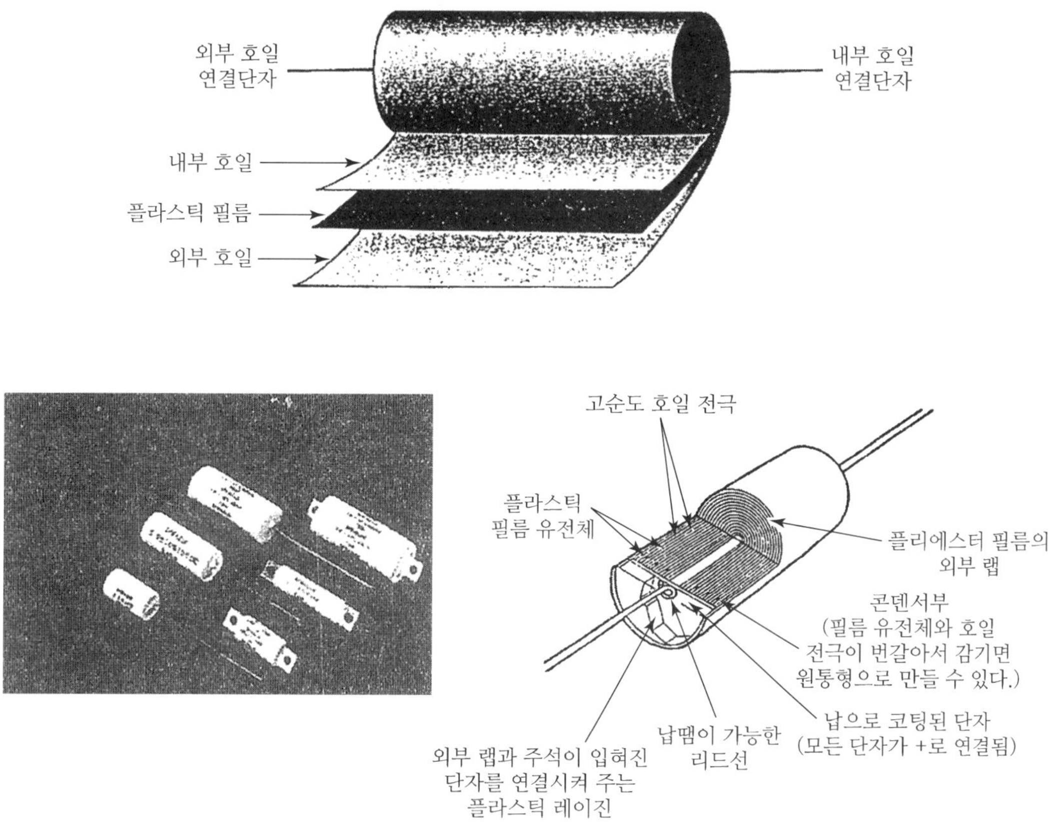

그림 11–7 플라스틱 콘덴서의 구조.

세라믹 콘덴서

세라믹 유전체는 흙을 고온으로 구워서 만드는데 이산화 티타늄 혹은 여러 종류의 규산염을 사용해서 아주 높은 유전 상수 K_ε를 얻을 수 있다. 원판형에서는 은이 세라믹의 양쪽에 부착되어 도전 극판을 형성한다. K_ε값은 1,200 정도로 디스크형 세라믹의 특성은 종이 콘덴서보다 작은 부피에서 0.01 μF의 용량을 갖게 한다. 관형 세라믹은 움푹한 자기 관으로 안쪽과 바깥쪽 표면에 은코팅을 하게 되는데, 1 pF에서 500 pF까지의 값을 가질 수 있으며, 크기는 작지만 운모 콘덴서와 같은 응용에 사용된다.

아주 적은 누설 전류를 갖는다. 그림 11–8에 그 외관이 표시되어 있다. 온도계수는 200,000 ppm/℃이다.

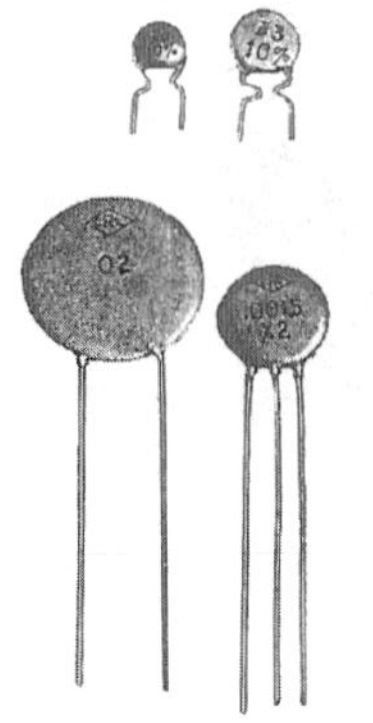

(a) 디스크형

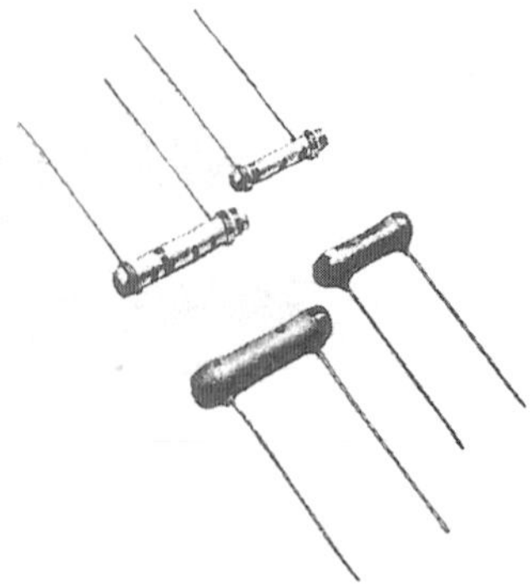

(b) 디스크형의 구조

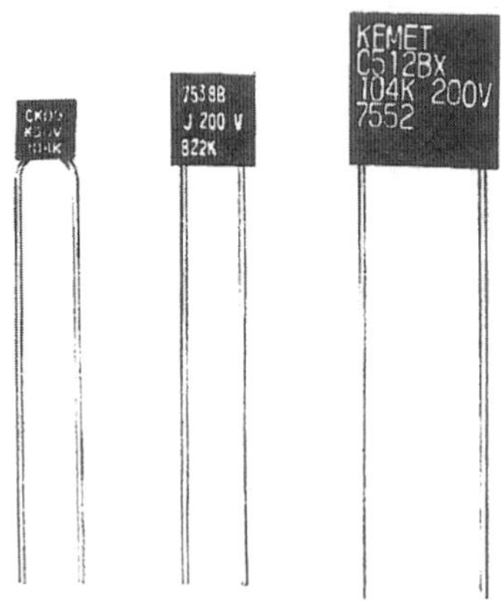

(c) 관형

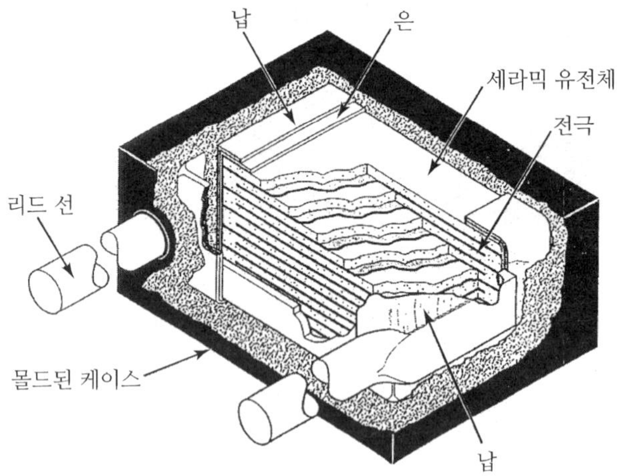

(d) 관형의 구조

그림 11–8 세라믹 콘덴서.

칩 콘덴서

칩 콘덴서는 아주 적은데, 일반적으로 정사각형의 1/4인치 크기로 10 pF에서 4 μF의 커패시턴스를 갖는다. 구조는 세라믹과 도포된 금속이 번갈아 있는 형태로 만들어진다.

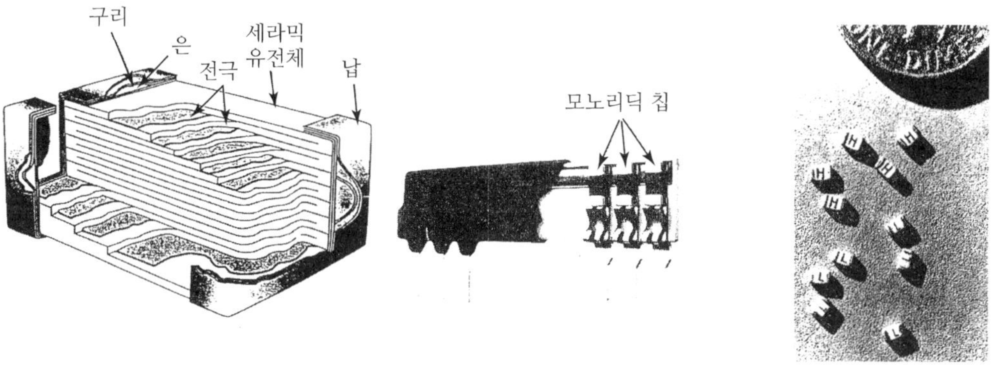

(a) 검은색 H는 16 pF 푸른색 H는 1,600 pF을 의미한다. (b)

그림 11–9 모노리딕 칩 콘덴서.

전해 콘덴서

전해 콘덴서는 보통 5 μF에서 2,000 μF의 정전용량을 갖는다. 적은 비용으로 전해질이 가장 작은 부피에서 가장 큰 커패시턴스를 갖게 한다. 그림 11–10에는 알루미늄 호일 형태를 표시하고 있다. 2개의 알루미늄 전극은 붕사, 인산염, 탄산염 등의 전해질 속에 들어 있는데, 두 개의 알루미늄 스트립 사이에는 흡수용 거즈가 산화막을 발생시키며, 필요한 전기분해에 사용되는 전해질을 포함하게 되는데 이런 형태를 습전해질이라고 한다.

그러나 이것들은 항상 어느 위치에서나 덮여 있게 된다. 공장에서 커패시턴스를 구성하기 위해서 직류전압이 인가되면 전해 작용으로 양극과 전해질 사이에 얇은 알루미늄의 산화막이 생성되고, 이런 산화막은 절연체이기 때문에 양극과 거즈 사이에 커패시턴스가 발생된다. 이 때 음극은 단순히 전해질과 연결만을 제공하게 된다. 보통 금속 캔은 그림 11–10(c)에 표시한 것처럼 콘덴서의 –단자로 되며 지극히 얇은 유전체 필름을 사용하기 때문에 아주 큰 C값을 얻을 수 있다.

알루미늄 호일의 긴 스트립과 거즈를 사용해서 면적을 크게 하기 때문에 완전한 원주형으로 감았다 해도 아주 큰 커패시턴스를 갖게 된다. 예를 들면, 10 V 항복전압을 갖는 0.1 μF의 종이 콘덴서와 같은 크기의 전해 콘덴서는 1,000 μF 이상의 커패시턴스를 갖게 되고, 450 V까지 전압정격이 증가할 때는 8 μF에서 200 F의 전해 콘덴서가 사용된다.

전해 콘덴서는 교류전압과 직류전압이 조합되는 회로에서 사용된다. 직류전압은 전해 콘덴서에 산화막이 구성되도록 연결되어야 한다. 전해질 필터 콘덴서는 직류전력 공급에서 60 Hz의 교류 리플을 제거하는데 사용되며, 트랜지스터 증폭기에서 오디오 결합용으로 사용되기도 한다. 필터링과 결합용에 사용되는 콘덴서는 회로가 전압의 극성을 고려해야 하는 직류성분을 갖고 있지만, 고주파용 교류성분에서 사용될 수 있도록 비교적 큰 커패시턴스를 갖게 된다.

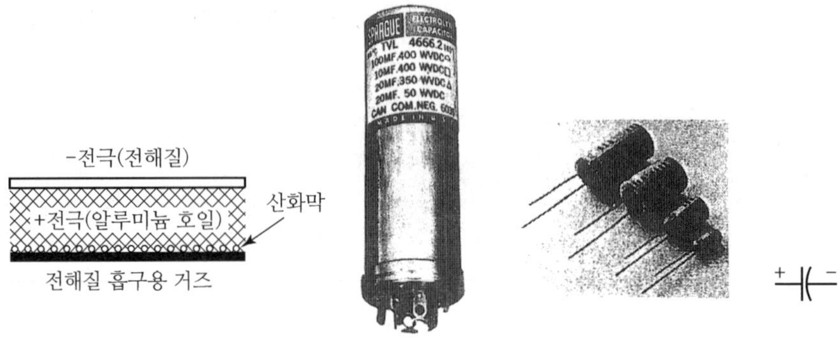

(a) 내부 전극 (b) 일반적인 콘덴서 (c) 기호

그림 11-10 알루미늄 전해 콘덴서의 구조.

교류성분 출력의 여과와 회로에서 결합의 차이점은 단지 직렬연결이냐 아니면 병렬연결이냐에 달려 있다. 만약 전해 콘덴서가 반대 극성을 갖도록 연결된다면 역으로 전기분해가 되어서 콘덴서 내부에 가스가 발생되고, 결국은 뜨거워져서 폭발할 수도 있다. 이러한 것은 오로지 전해 콘덴서에서만 적용된다.

전해 콘덴서의 단점은 분극 작용을 한다는 것 이외에도 산화막이 완전한 절연체가 아니기 때문에 아주 큰 누설 전류를 갖는다는 데 있다. 유전체를 통해서 흐르는 누설 전류는 알루미늄 호일 콘덴서의 경우 커패시턴스의 μF당 0.1 mA에서 0.5 mA의 크기를 가진다. 예를 들어, 10 μF의 전해 콘덴서라면 누설 전류의 크기는 5 mA가 된다. 반대의 경우 운모 콘덴서는 실제로 누설 전류가 0이다. 콘덴서에서의 누설 전류 문제는 직류성분의 일정한 부분이 교류성분을 가진 다음 회로 속으로 결합되기 때문이다.

탄탈륨 콘덴서

탄탈륨 콘덴서는 전해 콘덴서의 새로운 종류로 알루미늄 대신에 탄탈륨을 사용하는 것으로 티타늄이 사용되는 경우도 있다. 그림 11-11에 탄탈륨 콘덴서의 외관을 표시했는 데 다음과 같은 특성을 갖는다.

- 작은 크기에 비해서 C가 크다.
- 수명이 길다.
- 누설 전류가 적다.

여하튼 탄탈륨 콘덴서는 알루미늄 콘덴서보다는 가격이 비싸다. 그것은 탄탈륨 콘덴서의 구조를 보면 습호일형과 고체 칩 혹은 슬러그를 포함하고 있기 때문이며, 고체 탄탈륨은 유전체로 산화막을 갖도록 제조된다.

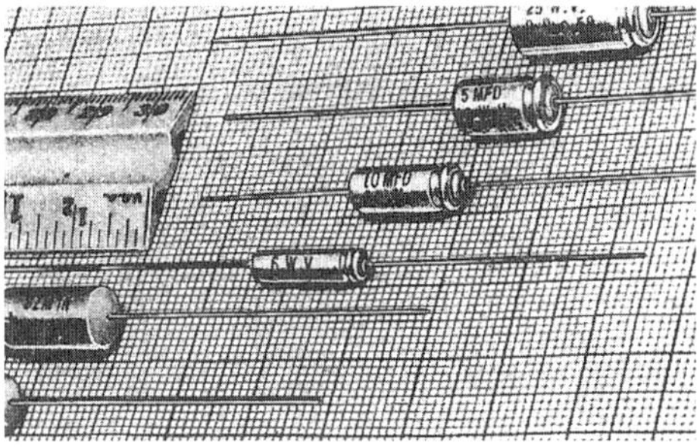

(a) 축 단자를 갖는 콘덴서

(b) PCB용 원형 리이드선을 갖는 miniature형

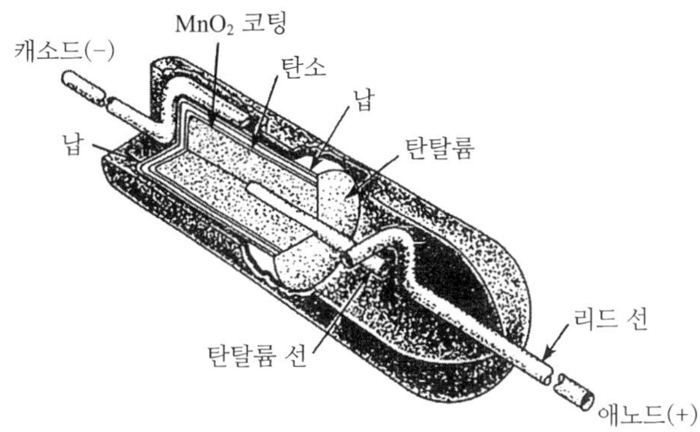

(c) 탄탈륨 콘덴서의 구조

그림 11–11 TR회로에서 사용되는 저전압용 전해 콘덴서, 탄탈륨 콘덴서의 C는 5 μF에서 25 μF이다.

가변 콘덴서

그림 11−12에 가변 공기 콘덴서를 표시했다. 이런 구조에서는 고정된 금속 극판이 함께 연결되어 스태터를 구성한다. 축 위에 함께 연결돼서 이동하는 극판을 회전자라고 한다.

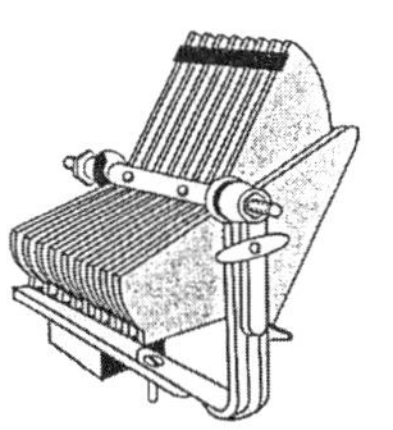

(a) 가변 공기 콘덴서

(b) 기호

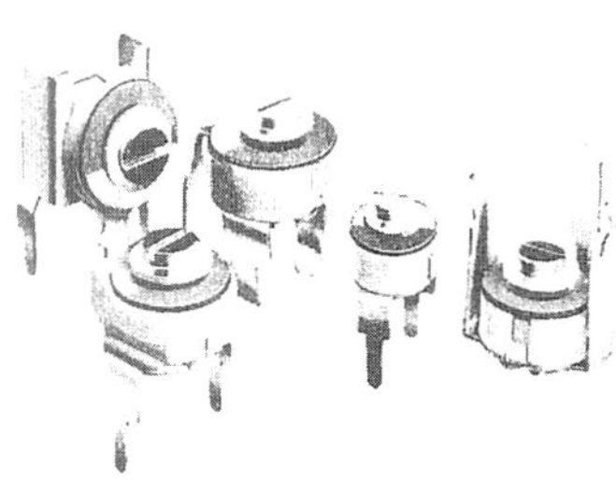

(c) 트리머 콘덴서

그림 11–12 가변 콘덴서.

커패시턴스는 축이 회전하면서 회전자의 극판이 고정자의 극판과 맞물리기 때문에 변화하는데, 그들이 서로 연결되지 않도록 공기가 유전체의 역할을 하게 된다. 완전하게 맞물리면 최대 커패시턴스를 갖게 된다. 라디오 수신기에서는 동조용 콘덴서로 사용된다.

11.3 콘덴서의 직렬연결과 병렬연결

콘덴서는 저항처럼 직렬로 연결되거나 병렬로 연결될 수 있는데 커패시턴스를 증가시키기 위해서는 병렬로 연결되어야 한다. 콘덴서가 직렬로 연결되면 유전체의 두께가 증가하는 것과 같기 때문에 합성 커패시턴스는 가장 작은 커패시턴스보다 항상 작게 되어 있다. 그림 11-13(a)에 표시된 것처럼 콘덴서가 직렬로 연결되면 각 콘덴서에 충전되는 전하량의 크기는 동일하다($Q_T = Q_1 = Q_2 = Q_3$).

폐루프에서 키르히호프의 법칙을 적용하면 식 (11.4)가 성립된다.

$$V_T = V_1 + V_2 + V_3 \tag{11.4}$$

이 식에 $V = Q/C$를 대입하면 식 (11.5)가 구해진다.

$$\frac{Q_T}{C_T} = \frac{Q_1}{C_1} + \frac{Q_2}{C_2} + \frac{Q_3}{C_3} \tag{11.5}$$

여기서 등식의 양변을 Q로 나누면 직렬 커패시턴스의 합성 커패시턴스 C_T는 식 (11.6)에 표시된 것처럼 계산된다.

$$\frac{1}{C_T} = \frac{1}{C_1} + \frac{1}{C_2} + \frac{1}{C_3} \tag{11.6}$$

이때 두 개의 콘덴서가 직렬로 연결된 경우를 가정한다면 합성 커패시턴스 C_T는 식(11.7)처럼 표시할 수 있다.

$$C_T = \frac{C_1 \times C_2}{C_1 + C_2} \tag{11.7}$$

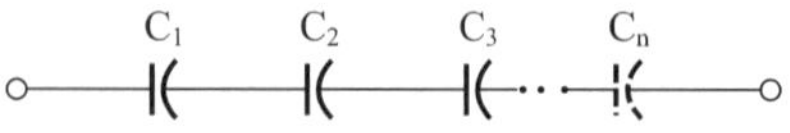

(a) 직렬연결 회로

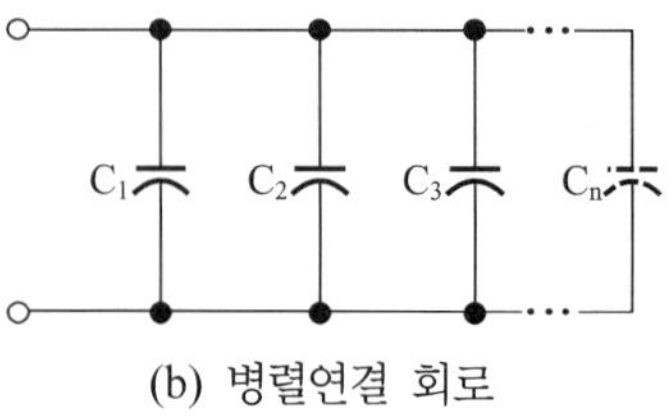

(b) 병렬연결 회로

그림 11-13 콘덴서의 직렬연결과 병렬연결.

그림 11-13(b)에 표시된 것처럼 콘덴서를 병렬로 연결하면 판의 면적을 더하는 것과 등가이기 때문에 각 콘덴서의 충전전압은 같고, 전체 커패시턴스의 크기는 각 커패시턴스의 크기를 더한 것과 같으며 식 (11.8)처럼 표시할 수 있다.

$$C_T = C_1 + C_2 + C_3 \tag{11.8}$$

유전체 에서 축적된 전하의 정전장은 콘덴서를 충전시키는 전압원에 의하여 공급되는 전기에너지를 갖고 있으며, 이런 에너지는 유전체에서 저장된다. 이런 사실은 전압원이 제거되면 커패시턴스가 방전전류를 발생시키는 것으로 증명할 수 있다. 축적되는 전기 에너지는 식 (11.9)처럼 표시된다.

$$\text{에너지} = E = \frac{1}{2}CV^2 \text{ J} \tag{11.9}$$

여기서 C는 커패시턴스로 F를 단위로 사용하며, V는 콘덴서 양단에 걸리는 전압이다. 예를 들면, 2 μF의 콘덴서가 400 V로 충전된다면 저장된 에너지는 0.16 J이다.

$$E = \frac{1}{2}CV^2 = \frac{2\times10^{-6}\text{ F}\times(4\times10^2)^2}{2} = 0.16 \text{ J}$$

이런 0.16 J의 에너지는 전압원에 의해 공급되고 콘덴서를 400 V까지 충전시킨다. 충전 회로가 개방되면 축적된 에너지는 남아 있으므로 폐회로가 형성되면 방전을 시작하고 0.16 J의 에너지가 방전전류를 흐르게 한다. 콘덴서가 완전하게 방전하면 축적된 에너지는 0이 된다. 콘덴서가 내부에 에너지를 저장하고 있으면 회로가 구성되지 않았어도 전기적 충격의 원인이 될 수 있다. 따라서 충전된 콘덴서의 두 단자를 손으로 만진다면 신체를 통해서 방전전류를 흘리게 된다. 충전된 에너지가 1 J 이상의 크기를 갖는 경우는 전기적 충격을 발생시킬 만큼 충분히 큰 전압이기 때문에 주의해야 한다.

예제 3 컬러 브라운관의 고전압 회로에는 500 pF의 콘덴서 양단에 20 KV를 인가할 수 있다 . 저장되는 에너지의 크기는 얼마인가?

▸ $E = \frac{1}{2}CV^2 = \frac{500\times10^{-12}\times(20\times10^3)^2}{2} = 0.1 \text{ J}$

11.4 콘덴서의 고장

콘덴서는 단락되거나 개방되면 다시는 전하를 저장할 수 없기 때문에 사용할 수 없다. 누설 콘덴서는 부분적으로 단락 되어있는데, 그 원인은 인가전압의 응력 때문에 절연체의 특성이 점차 유전율을 잃어버리므로 자신의 저항이 낮아지기 때문이다. 양질의 콘덴서는 MΩ 단위의 아주 큰 절연저항을 갖게 되지만, 단락된 콘덴서는 0 Ω 저항을 갖게 되고 누설 콘덴서는 그 저항값이 정상치보다 작다.

저항계로 콘덴서의 고장유무를 측정할 때는 가장 높은 저항 범위(R×1 MΩ)에 놓고 측정하는 것이 좋다. 또한 측정값이 낮아지는 것을 방지하는 것이 좋다. 측정 시에는 병렬저항에 의해서 측정값이 낮아지는 것을 방지하기 위해서 콘덴서의 한쪽 단자를 개방시킨다. 이때 사람의 손 같은 것이 접촉하게 되면 체내저항이 연결되어서 측정값을 감소시키므로 주의해야 한다.

그림 11-14에는 저항계를 사용한 측정법을 표시했는데 저항계의 단자는 콘덴서의 양단에 연결한다.

정상 콘덴서는 계기의 지침이 스케일의 낮은 저항 쪽으로 빨리 이동했다가 천천히 무한대 쪽으로 이동한다. 지침이 정지한 곳이 콘덴서의 절연 저항값을 표시하게 되는 데 아주 큰 값을 갖게 된다. 종이 콘덴서나 운모 콘덴서 그리고 세라믹 콘덴서의 저항은 500 MΩ 에서 1,000 MΩ 정도이고, 그 이상 되는 경우도 있고 아주 ∞인 경우도 있다. 전해 콘덴서인 경우는 0.5 MΩ 정도의 낮은 정상 저항을 갖는데, 이런 모든 경우에 콘덴서는 저항계로 측정되기 전에 방전시켜야 한다. 저항계가 처음 연결되면 저항계의 건전지가 콘덴서를 충전시킨다. 이런 충전전류가 계기의 지침을 ∞에서부터 이동시키기 때문에 전류가 많이 흐를수록 낮은 저항을 지시하게 된다.

이때 최대 전류는 충전 순간에 흐르며 인가전압에 가깝게 충전될수록 충전전류는 감소하게 되고, 계기의 지침은 큰 저항값 쪽으로 이동하게 된다. 결국 콘덴서가 완전히 충전되면 충전 전류는 0이 되고 저항계는 작은 누설 전류에 의한 저항값을 지시하게 되며, 이런 충전 효과를 콘덴서 작용이라고 하며, 콘덴서가 전하를 충전할 수 있으면 정상이라는 것을 표시하게 된다. 충전에 의해서 저항계의 지침이 이동한다는 것을 알고 있어야 한다. 계기의 단자가 역으로 연결되면 콘덴서는 방전하게 된다.

(a) 콘덴서의 동작으로 충전전류가 바늘을 이동시킨다.

(b) 실제로 콘덴서가 충전된 후에는 ∞의 누설저항을 갖는다.

그림 11-14 저항계를 사용한 콘덴서의 측정법.

콘덴서의 고장 상태 표시

콘덴서의 고장은 다음과 같이 표시된다.

- 만약 저항계의 바늘이 갑자기 0으로 떨어져 그 상태에서 계속 머물러 있다면 콘덴서는 단락되었다.
- 만약 콘덴서가 충전을 표시하면서도 최종 저항값이 정상보다 적다면 콘덴서는 누설 현상을 갖고 있다. 이런 콘덴서들은 실제로 고저항 회로에서 고장을 발생시키는 원인이 된다. 전해 콘덴서를 측정할 때는 저항계의 단자를 역으로 해서 측정한 다음 두 측정값 중에서 큰 것을 선택한다.
- 만약 콘덴서가 충전 효과를 표시하지 않지만 매우 큰 저항값을 지시한다면 콘덴서는 개방된 것이다. 그러나 큰 저항값이란 콘덴서의 정상 상태를 표시할 수도 있으므로 주의한다. 이런 경우 저항계의 단자를 역으로 연결하고 콘덴서를 방전시킨 다음 다시 측정한다. 커패시턴스가 1,000 pF 이하일 경우는 저항계의 전지전압이 낮기 때문에 충전전류가 낮아질 수 있지만 정상일 수도 있다는 것을 알아야 한다.

콘덴서의 단락과 개방원인

콘덴서는 오랜 기간 사용하면 충전전압의 응력으로 인한 유전체의 열화 현상 때문에 단락 현상이 발생될 수 있다. 이런 현상은 특히 높은 온도에서 발생되며 종이 콘덴서와 전해질 콘덴서에서 특히 심하다. 콘덴서는 부분적 단락을 표시하게 되고 누설이 지속적으로 증가하게 되면 유전체에 구멍이 생겨서 단락 회로를 만든다. 모든 콘덴서는 개방될 수 있는 확률을 가지고 있으며, 전해 콘덴서는 시간이 지남에 따라서 고온에서 고저항을 갖게 된다. 따라서 수년 동안 사용하게 되면 전해질이 건조되기 때문에 콘덴서는 부분적으로 개방된다.

11.5 용량성 리액턴스(X_C)

교류회로에서 입력전압의 주파수 변화에 따라서 결정되는 콘덴서의 용량성 리액턴스는 식 (11.10)처럼 표시된다.

f는 Hertz 단위를, C는 Farad 단위를, X_C는 Ω 단위를 사용한다.

$$X_C = \frac{1}{2\pi fC} \tag{11.10}$$

예제 4 그림 11-15(a)와 (b)에 표시된 회로에서 X_C의 크기를 구하시오.

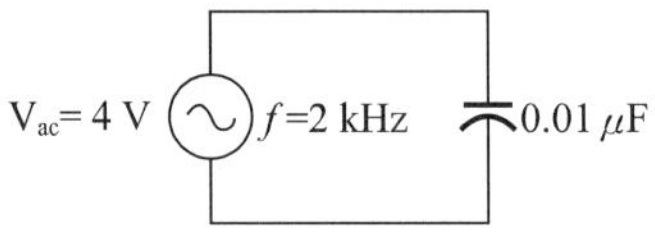

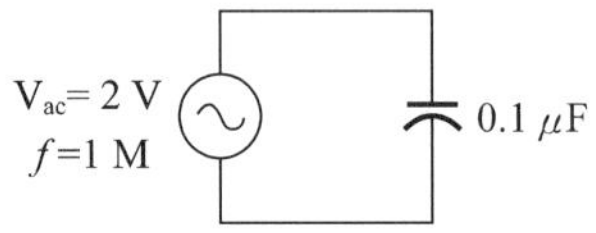

그림 11-15

▸ (a) $X_C = \frac{1}{2\pi fC} = \frac{1}{6.28 \times 2{,}000\text{ Hz} \times 0.01 \times 10^{-6}\text{F}} = 7.96\text{ k}\Omega$

(b) $X_C = \frac{1}{2\pi fC} = \frac{1}{6.28 \times 1 \times 10^{6}\text{ Hz} \times 0.1 \times 10^{-6}\text{F}} = 1.59\ \Omega$

예제 5 (a) C = 0.2 μF, f = 1,400 Hz, (b) C = 2 μF, f = 1,400 Hz인 경우의 X_C를 구하시오.

▸ (a) $X_C = \frac{1}{2\pi fC} = \frac{1}{6.28 \times 1{,}400 \times 0.2 \times 10^{-6}} = 570\ \Omega$

(b) 동일한 주파수에서 C가 (a)의 10배이므로 X_C는 1/10인 57Ω으로 된다.

예제 6 C가 4.7 pF인 콘덴서의 X_C를 구하시오. (a) 1 MHz, (b) 10 MHz

▸ (a) $X_C = \frac{1}{2\pi fC} = \frac{1}{6.28 \times 470 \times 10^{-12} \times 1 \times 10^{6}} = 339\ \Omega$

(b) f = 10 MHz에서 $X_C = \frac{338\ \Omega}{10} = 33.9\ \Omega$이다.

용량성 리액턴스의 직렬연결회로와 병렬연결회로

용량성 리액턴스는 전류의 흐름을 방해하는 성분으로 Ω의 단위를 사용한다.

따라서 저항과 동일한 방법으로 합성 리액턴스를 구할 수 있다. 그림 11-16(a)에서 표시한 것처럼 200 Ω과 300 Ω의 리액턴스가 직렬로 연결되면 X_{CT}는 500 Ω이 되고 식 (11.11)처럼 표시된다.

$$X_{cT} = X_{c1} + X_{c2} + \cdots + etc. \tag{11.11}$$

그림 11-16(b)에서 표시한 것처럼 100 Ω과 300 Ω의 리액턴스가 병렬로 연결되면 X_{CT}는 75 Ω이 되고 식 (11.10)에 표시된 것과 같은 역수 공식을 사용해서 구할 수 있다.

$$\frac{1}{X_{CT}} = \frac{1}{X_{C1}} + \frac{1}{X_{C2}} + \cdots + etc \tag{11.10}$$

저항의 병렬연결회로의 합성저항과 마찬가지로 병렬 리액턴스의 합성 리액턴스는 가장 작은 지로 리액턴스보다 항상 적은 값을 갖는다.

또한 같은 크기의 리액턴스들이 병렬로 연결되면 합성 리액턴스는 연결된 개수분의 1로 감소하게 된다.

또 한 가지 주의할 것은 용량성 리액턴스의 합성법은 커패시턴스의 합성법과는 반대인데, 이것은 서로 반비례 관계에 있기 때문이다.

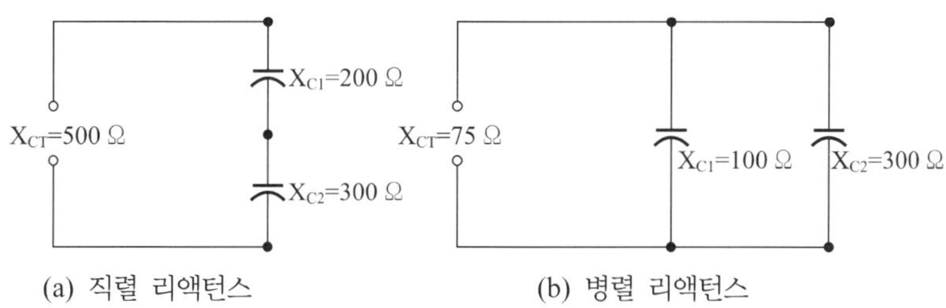

그림 11-16 리액턴스의 합성법.

기초확인문제

01 6 μF의 콘덴서에 50 V가 충전된다면 몇 C의 전하가 축적되는가?

02 1 F의 콘덴서 양단에 50 V의 전원이 인가된다면 몇 C의 전하가 축적되는가?

03 4 μF의 콘덴서가 300 μC의 전하를 축적하고 있다. (a) 콘덴서에는 얼마 크기의 전압이 인가되었나? (b) 300 μC의 전하를 갖는 6 μF의 콘덴서에는 얼마의 전압이 필요한가? (c) 2C의 전하량을 갖는 0.001F의 콘덴서에는 얼마 크기의 전압이 인가되는가?

04 2 μF의 콘덴서가 3 μA의 충전전류에 의해서 8초 동안 충전되었다. (a) 콘덴서에 축적된 전하량은 얼마인가? (b) 콘덴서 양단에서의 전압은 얼마인가?

05 1 μF 콘덴서 C_1과 10 μF 콘덴서 C_2가 직렬로 연결되어 있고, 1 mA의 충전전류가 흐른다면 (a) 5초 후에 C_1과 C_2에는 얼마의 전하가 축적되는가? (b) C_1과 C_2 양단에는 얼마의 전압이 걸리는가?

06 마이카 콘덴서의 K_ε가 7이고, 두께가 0.02 m이며 극판면적이 0.0025 m^2이다. C를 계산하시오.

07 마이카 콘덴서의 K_ε가 6이고 두께가 0.02 cm이며 극판면적이 8 cm^2이다. 병렬로 5개의 section을 갖고 있을 때 C를 계산하시오(힌트 : 1 cm $= 10^{-2}$ m, 1 $cm^2 = 10^{-4}$ m^2).

08 120 V가 인가될 때 6,000 μC의 전하를 축적한다면 얼마의 커패시턴스가 필요한가? 또한 몇 개의 전자가 축적되는가?

09 그림 11-17에 표시된 회로의 합성 커패시턴스 C_T를 구하시오.

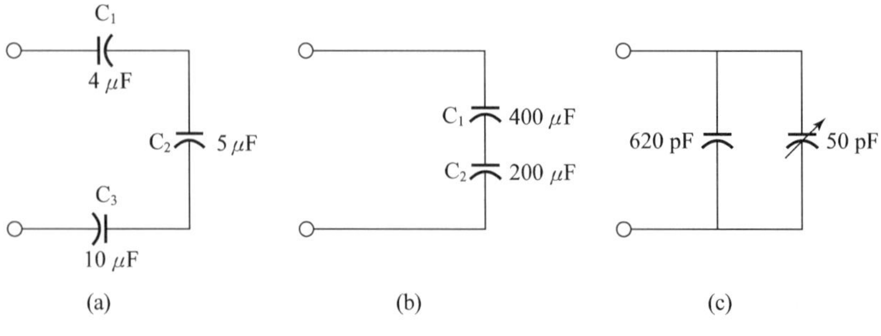

그림 11-17

10 다음의 콘덴서에 축적되는 에너지를 계산하시오.

(a) 1,000 pF에 10 KV

(b) 10 μF에 5 KV

(c) 80 μF에 200 V

11 그림 11-18에 표시된 것처럼 세 개의 콘덴서가 병렬연결될 때 합성 커패시턴스와 동작 전압을 구하시오(C_1은 50 V용 0.15 μF, C_2는 100 V용 0.015 μF, C_3는 150 V용 0.003 μF이다).

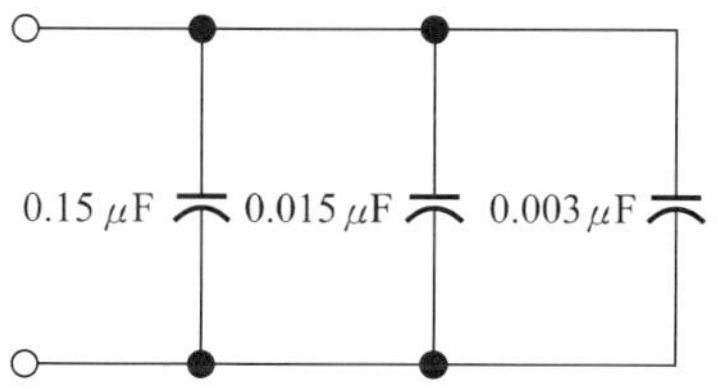

그림 11-18

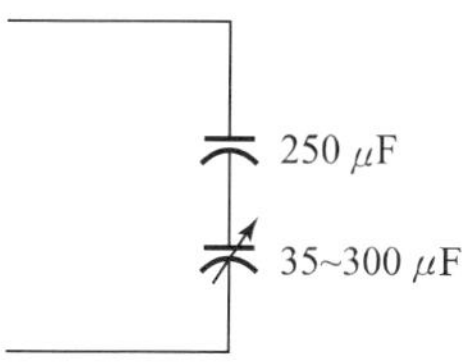

그림 11-19

12 기술자가 75 V용 300 μF, 50 V용 250 μF, 50 V용 200 pF, 75 V용 150 pF, 75 V용 50 pF 등 5개의 콘덴서를 가지고 있다. 75 V의 동작전압에서 500 pF의 커패시턴스를 필요로 할 때 어떻게 회로를 구성하면 되겠는가?

13 그림 11-19에 표시된 회로에서 구할 수 있는 최저 커패시턴스와 최대 커패시턴스의 크기를 구하시오.

14 그림 11-20에 표시된 회로에서 C_2의 크기는 얼마인가?

15 그림 11-21에 표시된 회로의 합성 커패시턴스를 구하시오.

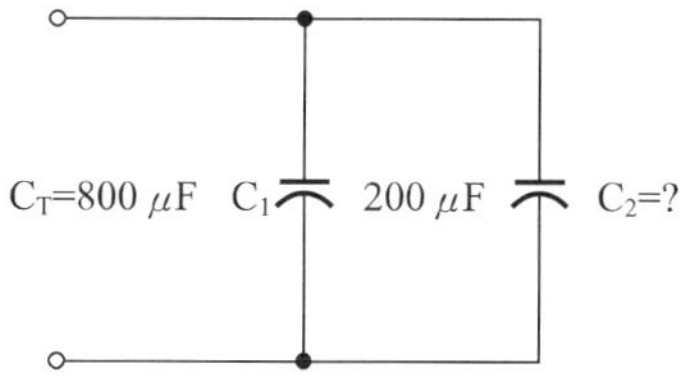

그림 11-20

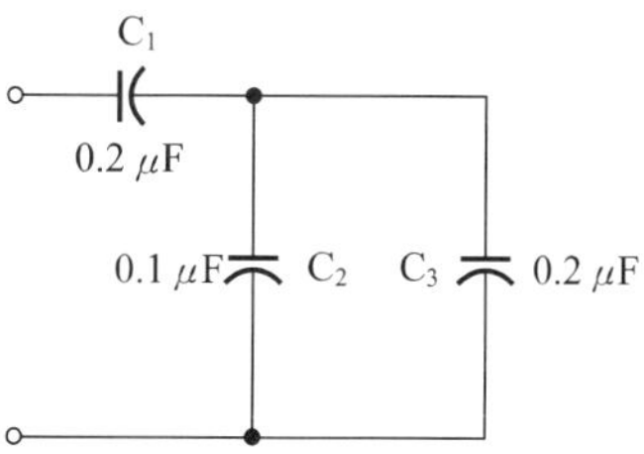

그림 11-21

16 그림 11-22에 표시된 회로의 합성 커패시턴스를 구하시오.

17 그림 11-23에 표시된 회로의 합성 커패시턴스를 구하시오.

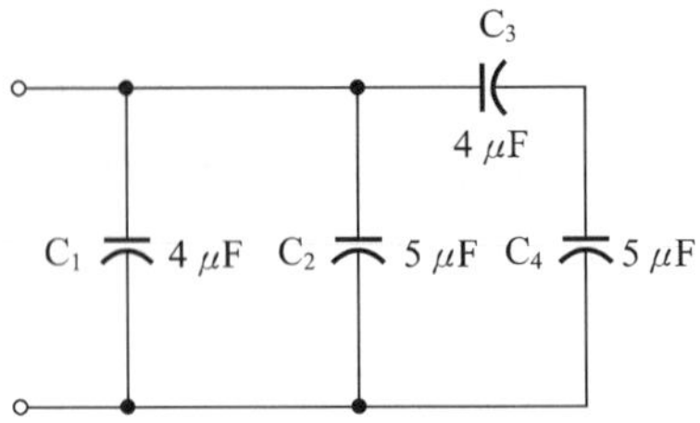

그림 11-22

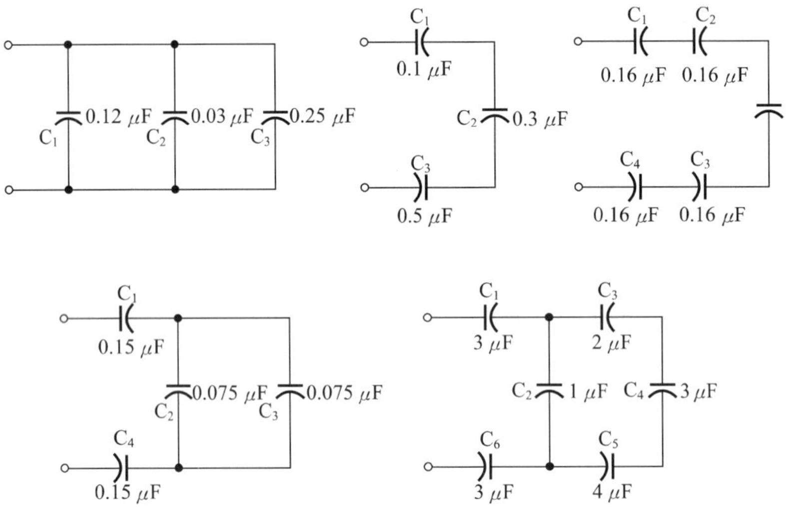

그림 11-23

18 그림 11-24에 표시된 회로에서 C_T와 X_C를 구하시오.

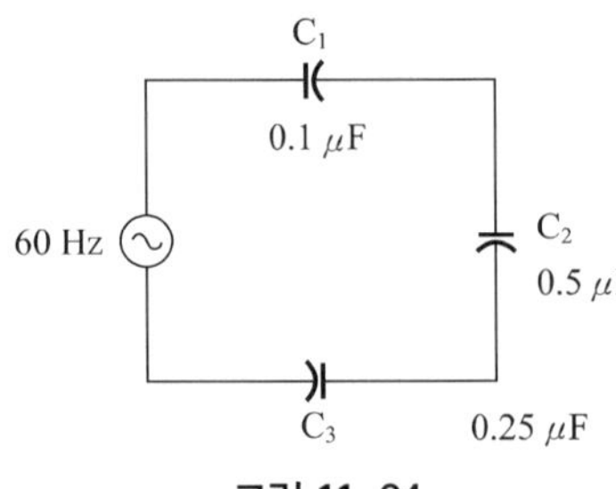

그림 11-24

19 1,000 Ω의 X_C를 구하는데 필요한 커패시턴스값을 구하시오(단, 주파수는 0.05 MHz, 0.1 MHz, 0.25 MHz, 0.5 MHz 이다).

20 20 μF의 콘덴서가 1 KHz의 주파수에서 5 V의 전압강하를 발생시킨다면 콘덴서를 통해서 흐르는 전류는 얼마인가?

21 60 Hz, 110 V의 전압이 인가될 때 5 A의 전류가 흐른다면 콘덴서의 커패시턴스는 얼마인가? 또한 X_C는 얼마인가?

22 95 V의 전원에 연결될 때 20 pF에 10 mA가 흐른다면 X_C와 f는 얼마인가?

23 500 pF의 콘덴서가 갖는 리액턴스를 구하시오.

(a) 40 KHz
(b) 100 KHz
(c) 1,200 KHz

24 다음의 표를 완성하시오.

	X_C	f	C	i_C	v_C
a		120 Hz	10 μF	25 mA	
b		4.2 MHz		160 mA	400 V
c	200 Ω	600 KHz			10 V
d		800 Hz	2 μF		20 V
e	1,000 Ω	500 Hz		22 mA	
f			30 pF	20 mA	106 V
g			0.01 μF	4 A	3 V

정답

01 $Q = CV = 6\,\mu F \times 50\,V = 300\,\mu C$

02 $Q = CV = 1F \times 50\,V = 50\,C$

03 (a) $V = Q/C = 300\,\mu C / 4\,\mu F = 75V$, (b) 50 V, (c) 2,000 V

04 (a) $Q = i \times t = 3\,\mu A \times 8\,s = 24\,\mu C$, (b) $V = Q / C = 24\,\mu C / 2\,\mu F = 12\,V$

05 (a) $Q = i \times t = 1\,mA \times 5\,s = 5\,mC$

(b) $V_1 = Q / C_1 = 5\,mC / 1\,\mu F = 5{,}000\,V$, $V_2 = Q / C_2 = 5\,mC / 10\,\mu F = 500\,V$

06 $C = K_\varepsilon \times (A / d) \times 8.854 \times 10^{-12}\,F = 7 \times (0.0025 / 0.02) \times 8.854 \times 10^{-12}\,F = 7.74 \times 10^{-12}\,F = 7.74\,pF$

07 $C = K_\varepsilon \times (A / d) \times 8.854 \times 10^{-12}\,F = 6 \times (8 \times 10^{-4} / 0.02 \times 10^{-2}) \times 8.854 \times 10^{-12}\,F$

$= 212.5 \times 10^{-12}\,F = 212.5\,pF$

$C_T = C_1 + C_2 + C_3 + C_4 + C_5 = 5 \times 212.5\,pF = 1062.5\,pF$

08 (a) $C = Q / V = 6{,}000 \times 10^{-6}\,C / 120\,V = 50\,\mu F$

(b) 1C은 6.25×10^{18}개의 전자가 축적된 것이므로 3.75×10^{16}개의 전자가 축적된다.

09 (a) $1 / C_T = 1 / C_1 + 1 / C_2 + 1 / C_3 = 1 / 4 + 1 / 5 + 1 / 10 = (22 / 40)\,\mu F$. 따라서 $C_T = 1.82\,\mu F$이다.

(b) $C_T = C / n = 400\,\mu F / 2 = 200\,\mu F$

(c) $C_T = C_1 + C_2 = 620\,pF + 50\,pF = 670\,pF$

10 $E = 1 / 2\ CV^2$ 식에서

(a) $E = 1 / 2 \times 1{,}000\,pF \times (10\,KV)^2 = 5 \times 10^{-2}\,J$

(b) $E = 1 / 2 \times 10\,\mu F \times (5\,KV)^2 = 125\,J$

(c) $E = 1 / 2 \times 80\,\mu F \times (200V)^2 = 1.6\,J$

11 $C_T = C_1 + C_2 + C_3 = 0.15\,\mu F + 0.015\,\mu F + 0.003\,\mu F = 0.168\,\mu F$, 동작전압은 가장 낮은 전압을 선택해야 하므로 50 V이다.

12 동작전압은 75 V로 결정하고 300 pF, 150 pF, 50 pF을 병렬로 연결하면 500 pF을 구할 수 있다.

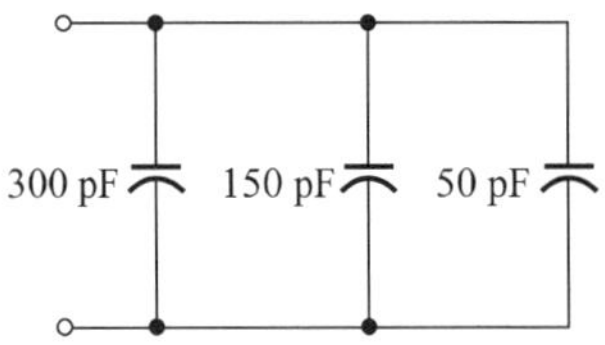

13 (a) $C_{T1} = C_1C_2 / (C_1 + C_2) = (35 \times 250) / (35 + 250) = 30.7\,\mu F$

(b) $C_{T2} = 136.4\,\mu F$

14 $C_2 = C_T - C_1 = 800\,\mu F - 200\,\mu F = 600\,\mu F$

15 $C_a = C_2 + C_3 = 0.1\,\mu F + 0.2\,\mu F = 0.3\,\mu F$, $C_T = C_1C_a / (C_1 + C_a) = 0.06 / 0.5 = 0.12\,\mu F$

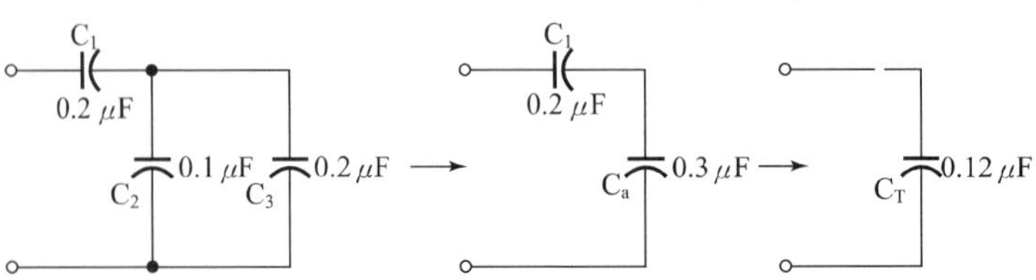

16 $C_a = C_3C_4 / (C_3 + C_4) = 20 / 9 = 2.22\,\mu F$, $C_T = C_1 + C_2 + C_a = 4\,\mu F + 5\,\mu F + 2.22\,\mu F = 11.22\,\mu F$

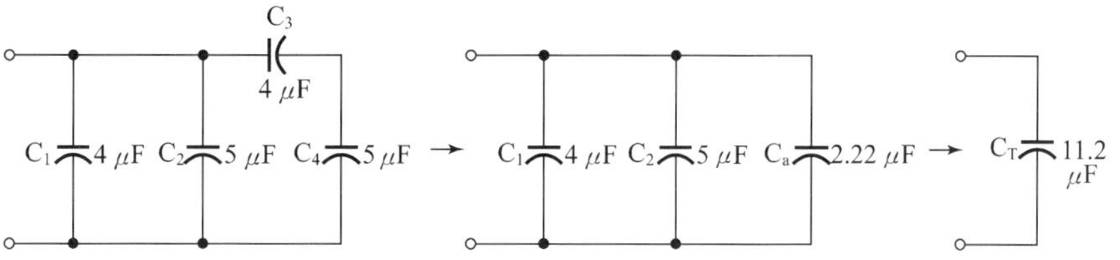

17 (a) $C_T = 0.4\,\mu F$, (b) $C_T = 0.065\,\mu F$, (c) $C_T = 0.04\,\mu F$, (d) $C_T = 0.05\,\mu F$, (e) $C_T = 0.84\,\mu F$

18 $1 / C_T = 1 / C_1 + 1 / C_2 + 1 / C_3 = 8 / 0.5$, $C_T = 0.0625\,\mu F$

$X_C = 1 / (2\pi f C_T) = 0.519 / (f C_T) = 0.519 / (60\text{ Hz} \times 0.0625 \times 10^{-6}\text{ F}) = 42.4\text{ k}\Omega$

19 $C = 1 / (2\pi f X_C) = 0.519 / f X_C$이다.

(a) 0.05 MHz에서 $C = 0.519 / (0.05 \times 10^6 \times 1{,}000) = 795\text{ pF}$

(b) 0.1 MHz에서 $C = 0.519 / (0.1 \times 10^6 \times 1{,}000) = 398\text{ pF}$

(c) 0.25 MHz에서 $C = 0.519 / (0.25 \times 10^6 \times 1{,}000) = 159\text{ pF}$

(d) 0.5 MHz에서 $C = 0.519 / (0.5 \times 10^6 \times 1{,}000) = 80\text{ pF}$

20 $X_C = 0.519 / f_C = 0.519 / (10^3 \times 20 \times 10^{-6}) = 7.95\,\Omega$, $i_c = v_c / X_C = 5\text{ V} / 7.95\,\Omega = 0.629\text{ A}$

21 $X_C = v_c / i_c = 110\text{ V} / 5\text{ A} = 22\,\Omega$, $C = 0.519 / f X_C = 0.519 / (60 \times 22) = 121\,\mu F$

22 $X_C = v_c / i_c = 95\text{ V} / 10\text{ mA} = 9{,}500\,\Omega$, $f = 0.519 / C X_C = 0.519 / (20 \times 10^{-12}\text{ F} \times 9{,}500\,\Omega) = 838\text{ KHz}$

23 (a) $X_C = 7{,}950\,\Omega$, (b) $X_C = 3{,}180\,\Omega$, (c) $X_C = 265\,\Omega$

24

	X_C	f	C	i_C	v_C
a	133 Ω	120 Hz	10 μF	25 mA	3.32 V
b	2,500 Ω	4.2 MHz	15.2 pF	160 mA	400 V
c	200 Ω	600 KHz	1325 pF	50 mA	10 V
d	99.4 Ω	800 Hz	2 μF	0.2 A	20 V
e	1,000 Ω	500 Hz	0.318 μF	22 mA	22 V
f	5,300 Ω	1 MHz	30 pF	20 mA	106 V
g	0.75 Ω	21.25 MHz	0.01 μF	4 A	3 V

CHAPTER 12 인덕터와 인덕턴스

인덕턴스는 전류가 변화할 때 유도전압을 발생시키기는 도체의 능력을 표시하는 것으로, 도체의 길이가 길어질수록 자속 절단에 의해서 더 큰 유도전압을 발생시킨다. 따라서 긴 도선은 짧은 도선보다 더 큰 인덕턴스를 가지게 된다. 코일은 자속을 집중시키는 능력을 갖기 때문에 직선 도선보다 더 큰 유도전압을 발생시킬 수 있다. 코일과 같은 형태로 만들어질 때 특정한 인덕턴스값을 갖는 소자를 인덕터라 하고, 기호로는 L을 사용하며, 단위로는 헨리(H)를 사용한다. 코일은 공기가 자기회로의 일부분이 될 수 있도록 공동(hollow)의 형태로 감아서 만들어진다. 이 장에서는 자기장과 자속의 관계, 전자기 유도현상 ,코일의 종류와 특성, 직렬연결과 병렬연결 시의 동작 원리, 고장 진단과 해결책에 대해서 설명한다.

12.1 자기장

자기장은 눈으로는 볼 수 없지만 막대 자석 위에 종이나 유리를 덮고 철가루를 뿌려두면 그림 12-1(a)에 표시한 것처럼 자기장의 영향에 의해서 철가루가 이동하는 모습을 확인할 수 있다. 이것은 철가루가 작은 막대자석이 되기 때문이다. 만약 얇은 판을 살짝 두드리면 철가루가 자기장에 의해서 정렬되는 것을 볼 수 있는데, 그중에서도 많은 양의 철가루가 자석의 양쪽 끝에 모이게 된다. 이것은 양극에서 자기장의 강도가 가장 세기 때문이다. 자기장은 모든 방향으로 존재하지만 자석의 양극에서 멀어질수록 자기장의 세기는 감소하는 데 보통 거리 제곱에 반비례한다.

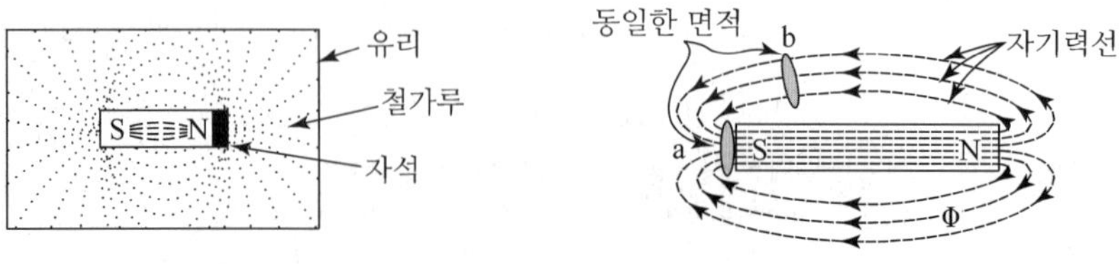

(a) 철가루에 의한 자기장의 범위표시

(b) 자력선에 의한 자기장 표시

그림 12-1 막대 자석에 의한 자기장.

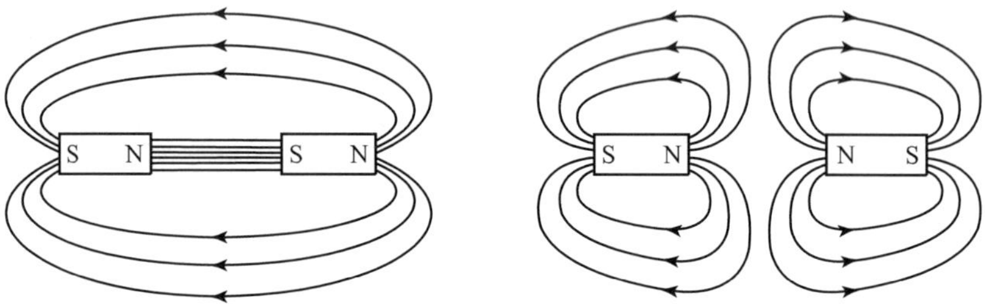

(a) 인력

(b) 척력

그림 12-2 자석의 인력과 척력.

영구자석 주위에 존재는 자기력선은 N극에서 출발해서 S극으로 되돌아온다. 이때 자기력선은 중간에 더 발생되지도 않고 소멸되지도 않는다. 실질적인 영역에서 자기장의 세기는 그림 12-1(b)에 표시된 것처럼 동일한 면적 내의 자속밀도와 직접적인 관계를 갖는다. 예를 들면, a에서 자기장의 세기는 b에서의 세기의 두 배가 된다. 만약 두 개의 영구자석을 그림 12-2(a)에 표시된 것처럼 다른 극을 가까이 놓게 되면, 자석은 인력에 의해서 서로 끌어당기게 되고, 그림 12-2(b)에 표시된 것처럼 같은 극을 가까이 놓으면 자석은 척력에 의해서 서로 밀치게 된다.

12.2 자속과 자속밀도

자석의 N극에서 흘러나오는 것으로 생각되는 자기력선의 전체 개수를 자속(flux)이라 하고, 그리스 문자인 φ(phi)를 사용해서 표시한다. 자기장의 강도가 클수록 자기력선의 개수가 많아져서 자속 역시 커진다.

자속의 단위

맥스웰(Mx)은 자속의 cgs 단위로 자기력선과 같은데 그림 12-1(b)에서 자기력선의 개수가 3개이므로 맥스웰 단위로는 3Mx가 된다. 이때 자기력선의 개수는 N극에서 흘러나간 개수와 S극으로 흘러들어 온 개수가 서로 같은데, 둘 중의 한 가지만 계산하면 된다. 1 lb의 자석이 갖는 자속은 약 5,000 Mx이며, 이때 사용하는 Mx 단위는 전자기 이론에서 크게 공헌을 한 스코틀랜드의 물리학자 맥스웰(James Clerk Maxwell)의 이름을 딴 것이다.

웨버는 자속의 mks 단위로 비교적 큰 용량을 표시하는데 1 Wb는 1×10^8개의 자기력선 또는 1×10^8 Mx와 같은 크기를 가진다. Wb가 비교적 큰 단위이기 때문에 자기장의 종류에 따라서는 10^{-6} Wb인 μWb를 사용하기도 한다. Wb 단위 역시 독일의 물리학자인 웨버(Wilhelm Weber)의 이름을 딴 것이다. μWb를 자기력선으로 변환시키기 위해서는 다음과 같은 변환 공식을 사용한다.

$$1\,\mu\text{Wb} = 1\times10^{-6}\,\text{Wb}\times10^{8}\frac{\text{lines}}{\text{Wb}} = 1\times10^{2}\,\text{lines} \quad (12.1)$$

$$1\,\mu\text{Wb} = 100\,\text{lines} = 100\,\text{Mx} \quad (12.2)$$

따라서 주의할 것은 1 μWb는 자기력선 단위로 환산될 때 Wb 단위가 없어지고 Mx 단위로 바뀐다는 점이다. 예를 들면, 1 lb 막대자석의 자속은 5,000 Mx이므로 μWb 단위로 환산하면 50 μWb가 된다는 것을 의미한다.

자속밀도의 단위

자속밀도는 자속 방향에서의 단위면적 속에 포함된 자기력선의 개수를 표시하고 공식으로 쓰면 다음과 같다.

$$\text{B} = \frac{\phi}{\text{A}} \quad (12.3)$$

여기서 B는 자속밀도, ϕ는 자속, A는 단위면적을 의미한다. 자속밀도의 CGS 단위는 가우스인데, 1 cm^2당 1 Mx의 자력선을 갖는 경우의 자속밀도 크기를 1가우스라고 표시한다.

그림 12-1(b)에서 자속이 3 Mx로 단위면적당 3개의 자기력선이 포함되므로 3 G의 자속밀도를 갖게 된다. 자속밀도는 양극에 가까울수록 큰 값을 갖는데, 그 이유는 자석의 양극에서 자기력선이 집중되기 때문이다. 1 lb 자석의 양극에서 자속밀도는 1,000 G이며 가우스 단위는 독일의 수학자인 가우스(Karl F. Gauss)의 이름을 딴 것이다.

mks 단위에서 자속밀도 B는 m^2당 Wb의 크기로 표시되는데 1테슬라는 1 Wb / 1 m^2의 크기를 의미하며, 약자로 T를 사용하고 유고슬라비아 출생의 미국 발명가인 테슬라(Nikola Tesla)의 이름을 사용한다. cgs 단위와 mks 단위 변환은 다음과 같다.

$$1\ \mathrm{m} = 100\ \mathrm{cm},\ \ 1\times10^{2}\ \mathrm{cm}$$
$$1\ \mathrm{m}^{2} = 10{,}000\ \mathrm{cm},\ \ 10^{4}\ \mathrm{cm}^{2}$$
$$1\ \mathrm{cm} = 0.01\ \mathrm{m},\ \ 1\times10^{-2}\ \mathrm{m}$$
$$1\ \mathrm{cm}^{2} = 0.0001\ \mathrm{m}^{2},\ \ 10^{-4}\ \mathrm{cm}^{2}$$

예제 1 4 cm^2의 단면적을 수직으로 통과하는 자기력선의 자속이 10,000 Mx이라고 할 자속밀도는 몇 G 인가?

▸ $B = \dfrac{\phi}{A} = \dfrac{10{,}000\ \mathrm{Mx}}{4\ \mathrm{cm}^2} = 2{,}500\dfrac{\mathrm{Mx}}{\mathrm{cm}^2} = 2{,}500\ \mathrm{G}$

예제 2 0.0004 m^2의 면적을 통해서 800 μWb의 자속이 지나갈 때 자속밀도를 Tesla 단위로 표시하시오.

▸ $B = \dfrac{\phi}{A} = \dfrac{800\times10^{-6}\ \mathrm{Wb}}{4\times10^{-4}\ \mathrm{m}^2} = \dfrac{8}{4}\dfrac{\mathrm{Wb}}{\mathrm{m}^2} = 2\ \mathrm{T}$

12.3 자기장에 의한 유도

자화되지 않은 막대 철심을 영구자석에 가까이하면 두 물체를 접촉시키지 않았다 해도 자석으로 변하는데, 그 과정은 그림 12-3에 표시한 것과 같다. 영구자석에 의해서 발생된 자기력선이 철심 내부의 분자 자석을 자화되기 이전의 무방향에서 일정한 방향으로 정렬시키면 자화된 철심의 양끝에 N극과 S극이 발생되는데, 이런 것을 자기 유도 현상이라고 한다. 그림 12-3에 표시된 것처럼 유도된 철심의 극은 자석의 극과는 반대의 극성을 갖고 있음에 유의해야 한다.

연철은 유도 현상에 의해서 자기력선을 집중시키는 데 아주 효과적이다. 이와 같이 자속을 집중시킬 수 있는 능력을 투자율이라고 한다. 쉽게 자화되는 물질은 투자율이 크기 때문에 유도 현상에 의해서 자기력선을 쉽게 집중시킬 수 있다. 각각의 물질이 갖는 투자율의 크기가 다르기 때문에 투자율의 비교를 위해서 공기와 진공의 크기를 기준으로 해서 비교하게 되는데, 공기에서의 자속밀도가 1 G이고 같은 위치, 같은 자기장에서 철 코일이 갖는 자속밀도가 200 G라면 철 코일의 비투자율은 200이 된다.

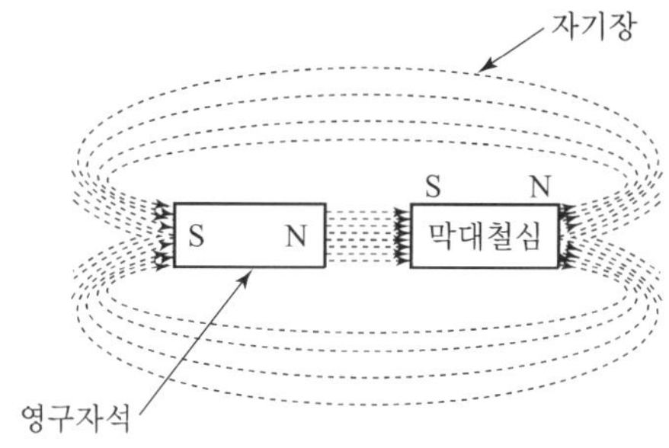

(a) 철심의 자화현상

(b) 자화되지 않은 물질의 자기 도메인

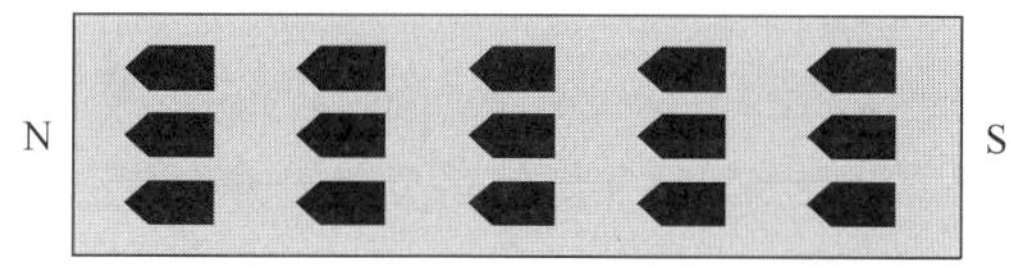

(c) 물질이 자화될 때 정렬되는 자기 도메인

그림 12-3 유도 현상에 의한 철심의 자화.

진공상태의 투자율 μ_0은 $4\pi \times 10^{-7}$ Wb / Am이다. 비투자율의 기호는 μ_r(mu)를 사용하는데 첨자 r은 비투자율을 의미한다. 철과 강철의 μ_r은 100에서 9,000까지의 크기를 갖는데, μ_r은 두 물질의 투자율을 비교한 값이기 때문에 단위가 생략된다.

자기장의 세기

자기장의 세기 H는 mks 단위를 사용하며 식 (12.4)처럼 표시되며 솔레노이드에서 사용된다.

$$H = \frac{NI[A \cdot t]}{l\,[m]} \tag{12.4}$$

H는 공심코어 중앙에서 자기장의 세기이다. 철심코어를 사용하면 H는 전체 코어에서 자기장의 세기를 표시한다. 영구자석과 전자석이 같은 종류의 자기장을 발생시키기 때문에 H 단위는 영구자석과 전자석에 공통으로 사용된다. 식 (12.3)에서 길이는 두 극 사이의 길이를 의미한다. 자속의 양은 자기장 내의 물질이 갖는 H에 따라서 달라지는데 아주 높은 투자율을 갖는 양질의 자성체는 주어진 H에서 큰 자속밀도값과 강한 자속을 집중시킬 수 있다. 이런 관계를 식으로 표시하면 식 (12.5)와 같다.

$$B = \mu \times H \tag{12.5}$$

$$\mu = \frac{B}{H} \tag{12.6}$$

위 식에서 B는 [Wb / m^2]의 단위를 사용하는 자속밀도이고, H는 [At/m]의 단위를 사용하는 자기장의 세기이다. cgs 단위에서 B는 gauss를 사용하고, H는 oersted를 사용한다. 계수 μ는 절대 투자율로 B/H에 의해서 구해진다.

12.4 B-H 자화곡선

그림 12-4(a)에 표시된 것과 같은 자성체가 갖는 자속밀도 B와 자기장의 세기 H의 특성곡선은 그림 12-4(b)에 표시된 형태를 갖는다. 철심은 초기에는 자화되지 않았고, 전류 I=0이다. 만일 전류를 I를 0 이상의 어떤 값으로 증가시키면, 자기장의 세기 H는 0에서 임의값 H로 증가하게 되고, 자속 ϕ과 자속밀도 B(B=ϕ/A)는 전류 I(혹은 H)와 함께 증가한다. 만약 H가 0에서 임의의 크기인 H_a로 증가된다면, B-H 곡선은 0과 a 사이의 경로를 그리게 된다.

만약 H_a가 포화될 때까지 증가한다면 자화 곡선은 그림 b점에 도달되고, 실제로 포화 현상이 발생될 때 자속밀도 B는 최대값에 도달된다. 만약 전류 I가 0으로 감소하여 자기력이 0으로 감소된다면 자화 곡선은 b와 c 사이의 경로를 만들게 된다. 자화력이 0일 때의 잔류 자속 Br을 잔류자속밀도(residual flux dencity)라고 한다. 이런 잔류자속밀도에 의해서 영구자석이 만들어진다. 만약 코일을 그림 12-4(a)의 철심에서 제거한다면, 철심에는 잔류자속밀도에 의해서 자성이 그대로 남아있게 된다. 만약 전류 I를 반대 방향으로 흐르게 한다면 자화력은 -H를 형성하게 되고, 자속밀도 B는 전류 I가 증가함에 따라서 감소하게 된다.

결국 $-H_d$ (c에서 d의 곡선)에 이르는 순간 자속밀도는 0으로 된다. 자속밀도를 0으로 감소시키기 위한 자화력 $-B_d$를 보자력이라고 한다. 이와 유사하게 -H 힘은 포화가 다시 시작될 때까지 증가하여 반대상태가 된 후 에 0으로 돌아가게 되고, d에서 e까지의 경로를 가지게 된다.

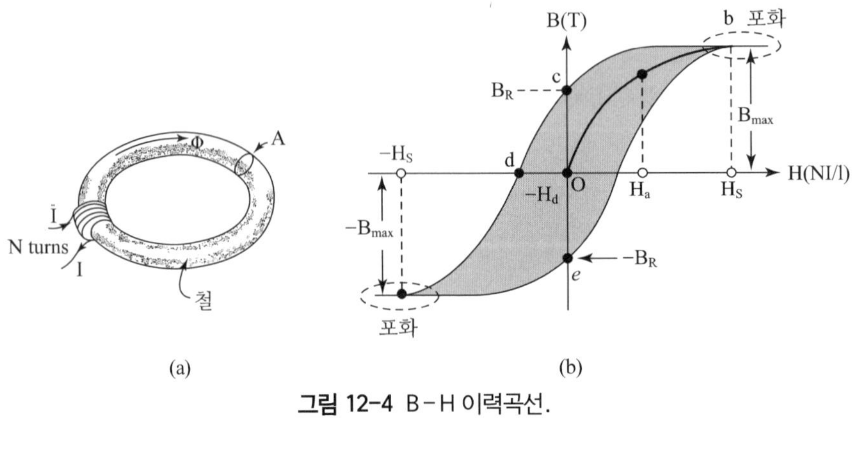

그림 12-4 B-H 이력곡선.

만일 자화력이 +H로 증가하게 되면 그 곡선은 e에서 d의 경로를 그리게 된다.

bcded 경로를 따라서 표시되는 곡선은 그리스어로 뒤쳐진다는 의미를 갖는 'hysterein'에서 유래된 히스테리시스 곡선(hysterisis curve)이라고 한다. 히스테리시스는 자기 쌍극이 완전하게 탄성을 갖지 못하기 때문에 발생되는데 외부 자화력에 의해서 정렬되면 그 힘이 제거될 때 쌍극자는 원래 상태로 정확하게 되돌아가지 못한다. 이런 효과는 마치 쌍극자가 분자 사이에서의 내부 마찰에 대항해서 이동할 때 힘을 받는 것과 같다. 자화력이 전자석에 의해서 전류의 방향이 반전된다면 자속의 반전된 자화력보다 늦게 반전이 발생된다.

교류전류가 급히 반전되는 것처럼 초당 수천 번에서 수백만 번씩 자화력이 변화된다면 히스테리시스는 에너지의 일부를 잃어버리게 된다. 자화력의 대부분은 분자쌍극자의 내부 마찰을 극복하는 데 사용된다. 이런 내부 마찰에 대항하여 자화력에 의해서 발생되는 일은 열을 발생시키고 이와 같이 열로 소비되는 에너지는 분자쌍극자가 자화력을 지연시킬 때 사용되며, 히스테리시스 손실이라고 한다. 강철과 기타 강자성체에서 히스테리시스 손은 철과 같은 약자성체보다 훨씬 크다. 자화력이 아주 낮은 비율로 변한다면 히스테리시스 손은 무시된다. 직류전류를 갖는 전자석의 경우와 초당 약 120 Hz 정도의 자화력을 변화시키는 교류는 손실이 적다. 그러나 자화력의 변화가 빨라지면 히스테리시스 효과를 무시할 수 없다. 히스테리시스 곡선에 의해서 둘러싸여진 면적이 커질수록 히스테리시스 손이 커진다.

12.5 전자기 유도현상

그림 12-5에 표시된 것처럼 막대 도선에 전류가 흐르면 도선 주위에 동심원을 그리며, 자기장이 발생되는 것을 철가루를 통해서 확인할 수 있다. 철가루는 도체의 가까운 곳에 많이 모여있는데, 이것은 도선과 가까운 거리에 있을수록 자기장의 세기가 강하다는 것을 표시한다. 자기장의 세기는 거리의 제곱에 반비례하며 자기력선의 세 가지 특성을 요약하면 다음과 같다.

- 자기력선은 원을 그리는데 이것은 중심의 도선에 대해서 자기장이 대칭을 이루고 있음을 알 수 있다.
- 원형의 자기력선에 의해서 생성되는 자기장은 도선에 흐르는 전류와 수직인 평면에 존재한다.
- 자기력선의 방향은 오른손 법칙(오른나사 법칙)에 의해서 결정된다.

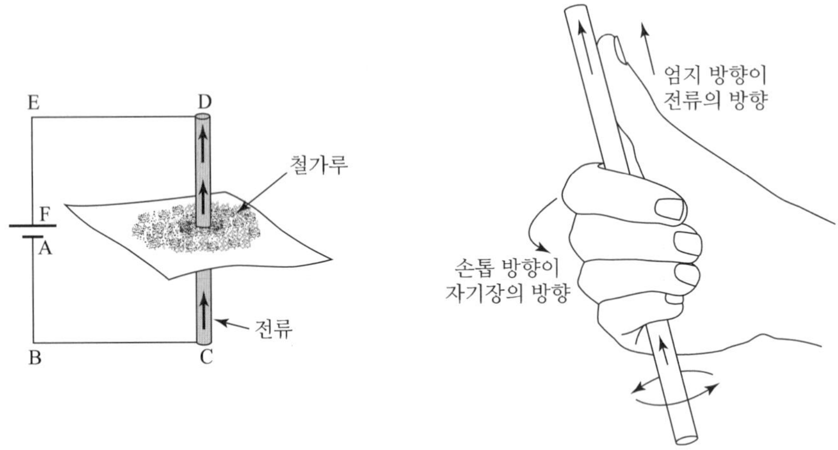

(a) 철가루는 눈에 보이지 않는 자기장을 표시한다. (b) 오른손 법칙

그림 12-5 도선에 흐르는 전류와 자기장.

코일의 자극

한 번 이상 감긴 도선 코일을 일반적으로 솔레노이드라고 한다. 이상적인 솔레노이드는 자신의 직경보다 길이가 길게 만들어진다. 하나의 루프를 갖는 솔레노이드는 코일 속에 자기장을 집중시키고 양끝에 반대의 두 극을 발생시키는데, 이런 효과를 크게 하기 위해서는 같은 방향으로 코일을 여러 번 회전시키면 된다. 코일의 외부에서 자기장은 그림 12-5(a)에 표시된 것처럼 양끝에 N극과 S극을 갖게 되므로 마치 막대자석과 같은 효과를 갖게 된다.

자극을 결정하기 위해서 그림 12-5(a)에 표시한 것처럼 암페어의 오른손 법칙을 사용한다. 만약 오른손으로 코일을 감아싸면 손가락의 방향이 전류의 방향이라고 할 때 엄지손가락의 지시 방향이 N극을 표시하게 된다. 솔레노이드는 철심코어를 갖고 있든지 혹은 갖고 있지 않든지 간에 막대자석처럼 사용하게 되며, 철심코어를 갖게 되면 코일 내부에서의 자속밀도가 증가하게 되며, 자기장의 세기는 코어의 전체 길이에서 항상 일정하며 철심코어와 공심코어에 관계없이 자극은 항상 같다. 자극은 전류의 흐름과 코일의 감긴 방향에 의해서 결정되며, 전류의 방향은 회로에 연결되는 전압원의 방향에 의해서 결정된다. 전류의 방향이나 코일의 감긴 방향이 반대로 되면 자극은 반대로 바뀌거나 전류의 방향과 코일의 감긴 방향이 똑같이 반대로 된다면 자극의 극성은 변하지 않는다.

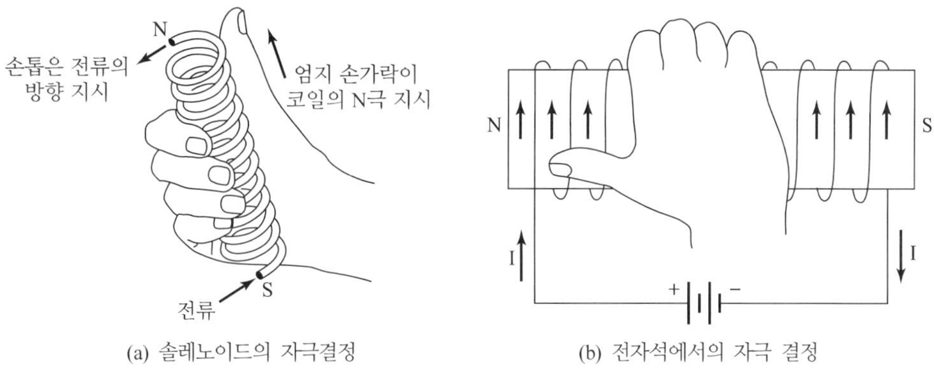

그림 12-6 암페어의 오른나사 법칙.

렌쯔의 법칙

렌쯔의 법칙은 유도전압과 유도전류의 방향을 결정하는데 사용되는 기본 원리로, 에너지 보존법칙을 근거로 한다. 렌쯔의 법칙을 간단히 설명하면 유도전류의 방향은 자신의 자기장이 유도전류를 발생시키는 동작을 방해하는 방향으로 발생됨으로써 결정된다. 그림 12-7에서 유도전류의 방향은 영구자석의 N극이 솔레노이드 안쪽으로 움직이면 솔레노이드 내부에서는 N극을 밀어내는 척력을 갖도록 자기장이 형성된다. 따라서 영구자석을 코일 속으로 밀어 넣기 위해서는 약간의 일이 필요한데, 이런 일들이 코일에서의 유도전류를 발생시키는 에너지원이 된다.

렌쯔의 법칙을 이용하면 그림 12-7에 표시한 것처럼 코일의 왼쪽이 N극이 되어야 하므로, 유도전류의 방향은 암페어의 오른나사 법칙을 사용하면 쉽게 구할 수 있다. 엄지 손가락을 N극 쪽인 왼쪽으로 일치시키고 손가락으로 코일을 감싸쥐면 손톱이 가리키는 방향이 유도전류의 방향을 지시하게 된다. 이와는 반대로 그림 12-12에 표시된 그림에서 영구자석을 멀어지게 한다면 렌쯔의 법칙에 의해서 코일의 왼편에는 영구자석의 운동을 방해하도록 S극이 유도되므로 유도전류의 방향은 반대가 된다. 따라서 영구자석을 주기적으로 코일 내에 넣었다 뺐다 한다면 교류전류를 발생시킬 수 있게 된다.

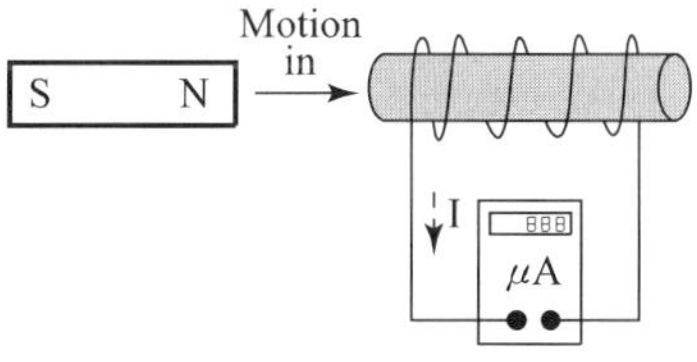

그림 12-7 코일에서의 turn수에 의해서 절단된 자속에 의해서 발생되는 유도전류.

12.6 인덕터의 종류 및 특성

인덕터는 그림 12-8에 표시된 것처럼 크게 가변 인덕터와 고정 인덕터로 나누고, 그림 12-8에 표시된 것처럼 다시 코어물질의 종류에 따라서 공심코어, 철심코어, 훼라이트코어로 분류된다.

도체 양단에서 잘라진 자속이 전압을 유도시킨다. 이런 작용은 도체나 자기장 둘 중의 하나가 물리적으로 이동하기 때문에 발생된다. 도체에서 전류가 변화하면 진폭이 변하고 전류의 변화나 자기장의 변화에 관련되는 자속의 이동은 등가로 나타난다. 전류가 증가하게 되면 도체로부터 외부쪽으로 자기장이 확장되고, 전류가 감소하게 되면 자기장은 도체속으로 합병된다. 따라서 그림 12-10에 표시한 것처럼 전류의 변화는 도체의 이동을 필요로 하지 않으면서도 유도전압을 발생시킬 수 있다.

(a) 고정인덕터

(b) 가변 인덕터

그림 12-8 인덕터의 기호.

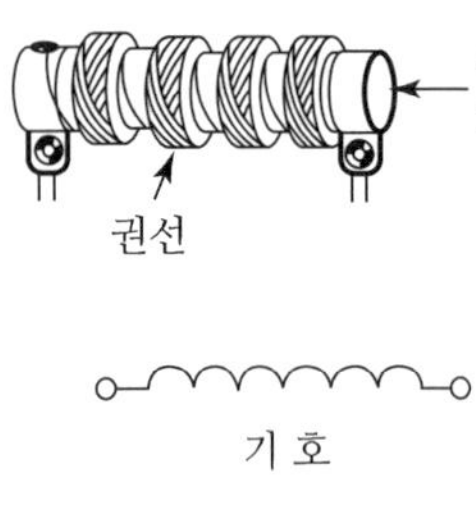

(a) 공기코어

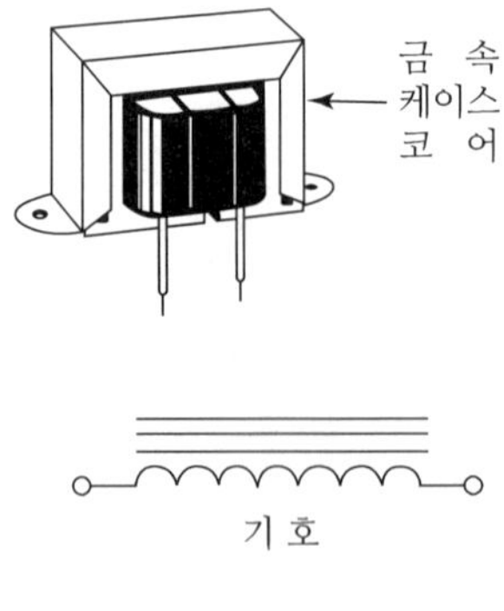

(b) 철심코어

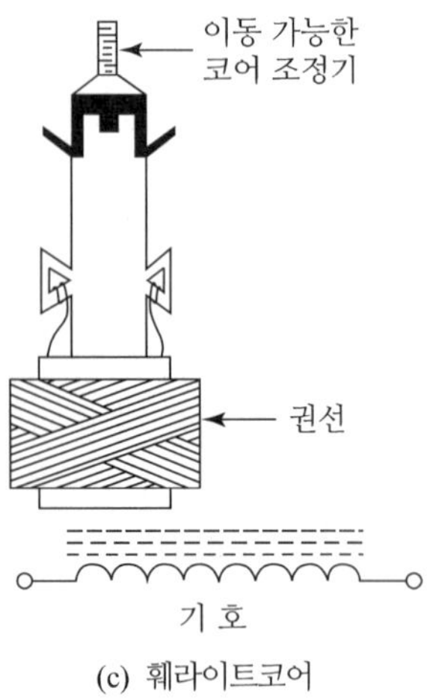

(c) 훼라이트코어

그림 12-9 코어의 종류에 다른 인덕터 기호.

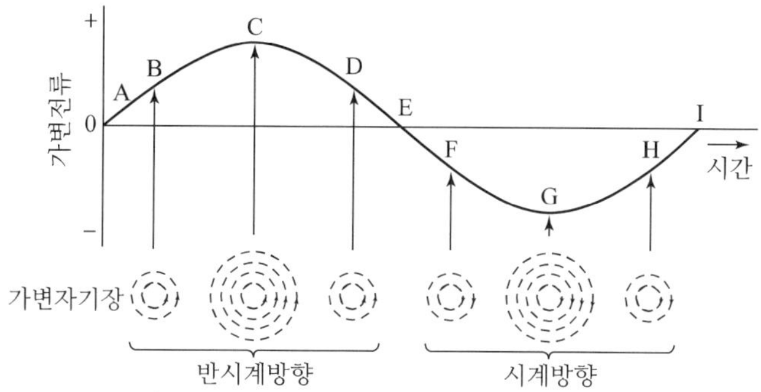

그림 12-10 전류 변화에 해당하는 자기장의 변화량 표시.

교류전류는 진폭이 변화하여 전류방향이 역으로 바뀌어도 자기장의 변화는 전류와 동일하게 변화한다. A점에서 전류가 zero이면 자속도 존재하지 않으며, B점에서 전류의 +방향으로 발생된 자기장의 자기력선은 반시계 방향으로 최대 자기장이 형성된다. D점에서의 자기력선은 C점보다 적어지고, E점에서의 자속은 존재하지 않고 자기장은 도선 속으로 합쳐져서 없어진 것으로 생각하면 된다.

전류의 나머지 반주기에서 자기장이 확장되고 다시 합병된다. 자속이 F점과 G점에서 확장될 때 자기력선은 시계방향으로 발생되고 전류의 방향은 반대로 되고 G점에서부터 H점, I점까지는 자기력선이 도선 속으로 합쳐지는 구간이다. 자기장의 확장과 자기장의 소멸 결과로 자기장이 이동한 것과 같다. 이런 이동 자속의 절단은 도체 양단에서 발생되고 이것이 전류를 제공하게 되므로 도선 자체에서 유도전압이 발생된다.

자기장 내의 다른 도체에서도 전류가 흐르거나 또는 흐르지 않는 경우에도 변하는 자속에 의해서 유도전압이 발생된다. 유도현상은 전류의 변화에 의해서 유도되는 것이지 전류의 세기 자체에 의한 것은 아니라는 사실을 주시해야 된다. 전류는 자속의 이동을 위해서 변화되어야 한다. 1,000 A 크기의 직류전류는 대단히 큰 전류이지만 전류값이 항상 일정하기 때문에 어떤 유도전압도 발생시킬 수 없다. 그러나 1 μA의 전류가 2 μA로 변한다면 전류세기가 미약하지만 유도전압을 발생시키게 된다. 또한 전류를 빨리 변화시킬수록 자속의 변화속도가 빨라지기 때문에 유도전압의 세기가 커진다. 따라서 유도전압을 측정할 때 인덕턴스의 크기가 중요한 영향을 미치게 되므로 회로에서 저항과 함께 중요한 소자로 사용되고 있다.

자기(Self) 인덕턴스 L

전류가 변할 때 자체에서 유도전압을 발생시키는 도체의 능력을 자기 인덕턴스 혹은 간단히 인덕턴스라고 하며, 기호로는 L을 사용한다. 단위로는 헨리(H)를 사용한다. 전류가 1초에 1 A의 변화량을 가질 때 1 V가 유도되는 인덕턴스의 크기를 1 H라고 정의한다. 식 (12.7)처럼 표시된다.

$$L = \frac{v_L}{di/dt} \tag{12.7}$$

여기서 v_L은 유도전압이고, di / dt는 [A / s]의 전류변화를 표시하고, d는 Δ(델타)로 적은 변화량을 나타낼 때 사용하는 기호로 di / dt는 전압 v_L을 유도시키기 위해서 도체가 자속을 자르는 아주 짧은 시간에 대한 전류의 변화율을 표시한다.

예제 3 (a) 인덕터에서 전류가 1초 동안에 16 A에서 18 A로 변한다면 di / dt는 어떤 크기를 갖는가?
(b) 인덕터에서 4 μs 동안에 40 mA의 전류가 변한다면 di / dt는 어떤 크기를 갖는가?
(c) di / dt가 2 A/s일 때 120 V의 유도전압을 발생시키는 코일의 인덕턴스는 얼마인가?
(d) 전류가 2 μs 동안 40 mA가 변할 때 1,000 V를 유도시키는 코일의 인덕턴스는 얼마인가?

▸ (a) $\frac{di}{dt} = \frac{18\,A - 16\,A}{1\,s} = 2\,A/s$ 이다.

(b) $\frac{di}{dt} = \frac{40 \times 10^{-3}\,A}{4 \times 10^{-6}\,s} = 10 \times 10^3\,A/s$

(c) $L = \frac{v_L}{di/dt} = \frac{60\,V}{3\,A/s} = 2\,H$

(d) $L = \frac{v_L}{di/dt} = \frac{1 \times 10^3\,V}{20 \times 10^3\,A/s} = 0.05\,H$

코일의 인덕턴스

물리적인 구조에 의해서 코일의 인덕턴스는 코일의 감긴 형태에 따라 달라진다.

- 감긴 횟수 N이 증가하면 더 많은 전압이 유도되기 때문에 L도 증가한다. 실제로 L은 N^2에 비례한다. 같은 면적과 같은 길이에서 감긴 횟수가 2배로 되면 인덕턴스는 4배가 된다.
- 감긴 면적 A가 증가하면 L이 감소한다. 이것은 코일의 감긴 횟수가 증가하면 인덕턴스도 증가한다는 것을 의미하며, L은 직접 감긴 코일 직경의 제곱인 A에 비례하게 된다.
- L은 코어의 투자율에 따라서 증가한다. 공심코어인 경우 $\mu_r = 1$이고 자기 코어를 갖는 경우 L는 코일 속에 집중되는 자속처럼 μ_r 계수에 의해서 증가한다.
- L은 같이 감긴 횟수에서 길이가 길어질수록 감소한다.

그림 12-11에는 코일의 물리적 특성을 결정하는 요소들을 표시했다. 코일이 긴 경우 길이가 적어도 직경의 10배가 되며 인덕턴스는 식 (12.8)처럼 계산된다.

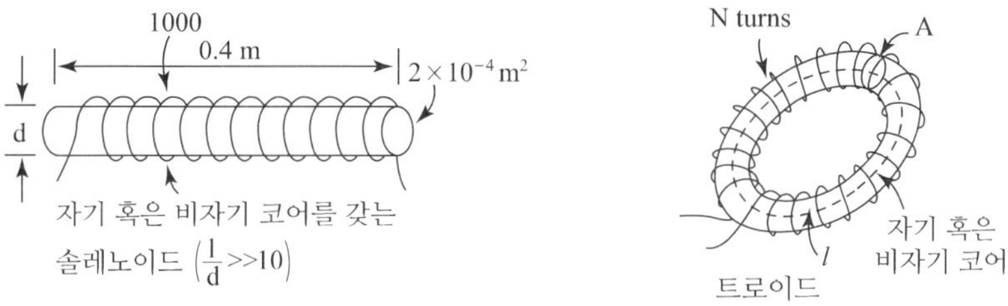

그림 12-11 코일의 인덕턴스를 결정하는 물리적인 요소.

$$L = \mu_r \times \frac{N^2 \times A}{l} \times 1.26 \times 10^{-6}\ \mathrm{H} \tag{12.8}$$

여기서 l은 m이고 A는 m^2이다. 계수 1.26×10^{-6}은 공기나 진공의 절대 투자율이고, L은 H 단위를 사용한다. 그림 12-10에서 공심코어를 사용하는 코일이므로 인덕턴스 L은 12.3 μH이다.

$$L = 1 \times \frac{10^4 \times 2 \times 10^{-4}}{0.4} \times 1.26 \times 10^{-6} = 6.3\ \mu\mathrm{H}$$

이 값은 전류변화율이 1 A/s일 때 12.3 μV의 유도전압을 발생시킬 수 있는 자기 인덕턱스를 의미한다. 따라서 코일의 코어가 철심코어인 경우는 μ_r이 100이므로 L은 100배 증가한다.

12.7 인덕터의 직렬연결과 병렬연결

그림 12-12에 표시된 것처럼 직렬연결된 코일의 전체 인덕턴스는 저항의 직렬연결에서 합성저항 R_T를 구하는 것과 유사하게 개별 인덕턴스 L을 더하면 된다. 따라서 직렬 코일에는 같은 전류가 흐르게 되고, 각각의 권선수에 의해서 유도된 전압의 합은 전체 유도전압의 크기와 일치한다.

직렬회로에서의 합성 인덕턴스는 식 (12.9)처럼 구해진다.

$$L_T = L_1 + L_2 + L_3 + \cdots + \mathrm{etc.} \tag{12.9}$$

L_T는 L_1, L_2, L_3과 같은 단위를 사용하며 이 공식에서는 코일 사이에 발생되는 상호 인덕턴스는 고려하지 않는다.

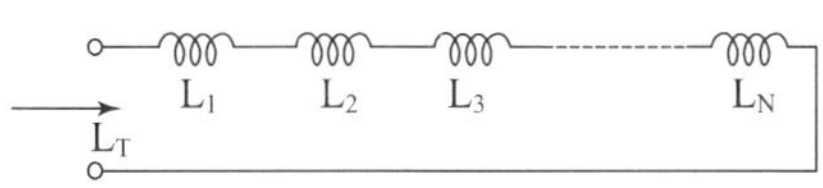

그림 12-12 코일의 직렬연결.

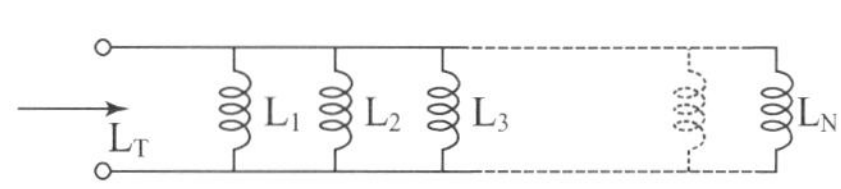

그림 12-13 코일의 병렬연결.

그림 12-13에 표시된 것처럼 코일이 병렬로 연결되면 전체 인덕턴스는 역수 공식을 이용해서 구한다.

$$\frac{1}{L_T} = \frac{1}{L_1} + \frac{1}{L_2} + \frac{1}{L_3} + \cdots + \text{etc.} \tag{12.10}$$

코일이 두 개만 병렬연결된 경우 식 (12.11)이 사용된다.

$$L_T = \frac{L_1 \times L_2}{L_1 + L_2} \tag{12.11}$$

예제 4 그림 12-14에 표시된 회로의 합성 인덕턴스를 구하시오.

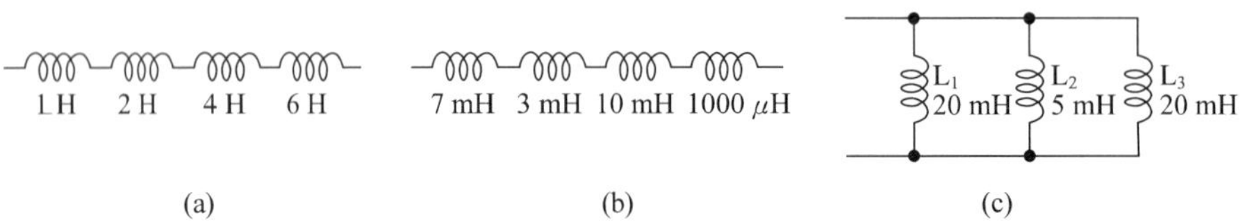

그림 12-14

▸ (a) $L_T = 1\text{ H} + 2\text{ H} + 4\text{ H} + 6\text{ H} = 13\text{ H}$

(b) $L_T = 7\text{ mH} + 3\text{ mH} + 10\text{ mH} + 1{,}000\ \mu\text{H} = 21\text{ mH}$

(c) $L_T = \dfrac{10\text{ mH} \times 5\text{ mH}}{10\text{ mH} + 5\text{ mH}} = \dfrac{50}{15}\text{ mH} = 3.33\text{ mH}$

인덕턴스에서 전류에 관계되는 자속은 전류를 발생시키는 전압원에 의해서 공급되는 전기 에너지를 갖는다. 에너지가 자기장 내에 축적되면 자속이 변화할 때 유도전압을 발생시키는 데 축적된 전기 에너지의 크기는 식 (12.12)에 의해서 구할 수 있다.

$$\text{에너지} = E = \frac{1}{2}LI^2\ [\text{J}] \tag{12.12}$$

여기서 사용되는 계수 1 / 2은 에너지를 공급하는 전류 I의 평균값이다. L은 단위가 H이고, I는 A이며, E는 W·초를 사용한다. 예를 들면, 4 A의 전류가 흐르고 L의 크기가 10 H라면 자기장에서 축적된 에너지의 크기는 80 J이 된다.

$$E = \frac{1}{2}LI^2 = \frac{1}{2}(10\text{ H} \times 16\text{ A}^2) = 80\text{ J}$$

리액턴스 X_L

식 (12.13)은 리액턴스를 계산하는데 주파수와 인덕턴스의 효과를 포함하고 있다. 주파수는 Hz 단위를 사용하고 인덕턴스는 H, 리액턴스는 Ω을 사용한다.

60 Hz의 주파수에서 2.65 H에 대한 리액턴스를 계산해 보면 1,000 Ω을 구할 수 있다.

$$X_L = 2\pi f L = 6.28 \times 60 \times 2.65 = 1{,}000\ \Omega \tag{12.13}$$

예제 5 X_L을 구하시오.

(a) f=41.67 KHz에서 L=5 mH (b) L=10 H, f=120 Hz

(c) L=5 H, f=60 Hz (d) L=250 μH, f=2 MHz

(e) L=250 μH, f=4 MHz

▸ (a) $X_L = 2\pi f L = 6.28 \times 41.67 \times 10^3 \times 6 \times 10^{-3} = 1{,}308\ \Omega$

(b) $X_L = 2\pi f L = 6.28 \times 120 \times 10 = 7{,}536\ \Omega$

(c) $X_L = 2\pi f L = 6.28 \times 60 \times 60 = 1{,}884\ \Omega$

(d) $X_L = 2\pi f L = 6.28 \times 2 \times 10^6 \times 250 \times 10^{-6} = 3{,}140\ \Omega$

(e) $X_L = 2\pi f L = 6.28 \times 250 \times 10^{-6} \times 4 \times 10^6 = 6{,}280\ \Omega$

X_L로부터 L과 f구하기

X_L은 f와 L을 이용해서 구할 수 있지만 그중 두 가지 요소만 알고 있다면 나머지 한 가지를 쉽게 구할 수 있다. 따라서 주파수 f와 리액턴스 X_L을 알고 있다면 식 (12.14)와 (12.15)를 사용해서 인덕턴스 L을 쉽게 구할 수 있다.

$$L = \frac{X_L}{2\pi f} \tag{12.14}$$

$$f = \frac{X_L}{2\pi L} \tag{12.15}$$

예제 6 (a) 코일의 저항은 무시한다고 가정하고 65 V의 전압이 인가될 때 0.01 A의 전류가 흘러간다면 X_L은 얼마인가? f가 60 Hz라고 가정하면 코일의 인덕턴스는 얼마인가?

(b) 10 MHz에서 15,700 Ω의 리액턴스를 갖는 코일의 인덕턴스를 구하시오.

(c) 리액턴스가 1,000 Ω이고 인덕턴스가 3 H일 때 주파수는 얼마인가?

▸ (a) $X_L = \frac{V_L}{I_L} = \frac{65\ \text{V}}{0.01\ \text{A}} = 6{,}500\ \Omega$, $L = \frac{X_L}{2\pi f} = \frac{6{,}500}{6.28 \times 60} = 17.25\ \text{H}$

(b) $L = \frac{X_L}{2\pi f} = \frac{15{,}700}{6.28 \times 10 \times 10^6} = 250\ \mu\text{H}$ (c) $f = \frac{X_L}{2\pi L} = \frac{1{,}000}{6.28 \times 3} = 53\ \text{Hz}$

기초확인문제

01 자극이 6,000개의 자력선을 발생시킨다면 자속 ϕ는 M_x와 Wb 단위로 어떻게 표시되는가?

02 문제 12-1의 자속이 5 cm^2의 면적을 통과하고 있다면 자속밀도 B는 몇 G인가?

03 200 μWb의 자속이 4×10^{-4} m^2의 면적을 통과한다면 자속밀도 B는 몇 T인가?

04 8,000 G를 테슬라 단위로 변환하시오.

05 다음 문장을 올바른 것끼리 연결하시오.

1. 1 Wb	(a) B/H
2. 렌쯔의 법칙	(b) 세라믹물질
3. 두 개의 N극	(c) 척력
4. vind	(d) 투자율에 반비례
5. 자기장의 세기	(e) H/B
6. 발전기	(f) 1×10^8개의 자기력선
7. 비투자율	(g) 전자기 유도 응용
8. 고투자율	(h) $N\frac{\Delta\phi}{\Delta t}$
9. 훼라이트	(i) 공기에 대한 투자율
10. 릴럭턴스	(j) 유도전압의 극성
	(k) NI
	(l) 인력
	(m) At/m
	(n) 쉽게 자화된다.

06 그림 12-15에 표시된 이력곡선에서 μ, B_r, H_c를 구하시오.

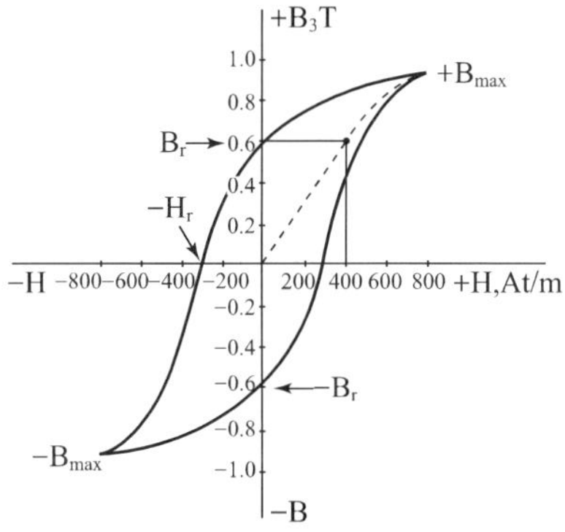

그림 12-15

07 $L = 1$ H일 때 (a) $f = 1$ kHz, (b) $f = 2$ kHz, (c) $f = 10$ kHz에서의 X_L을 구하시오.

08 X_L이 800 Ω인 코일을 12 V 교류전원에 연결했다고 가정하고 전류를 계산하시오.

09 30 H 코일에 60 Hz, 110 V 전압이 인가되었다면 (a) 코일의 유도성 리액턴스의 크기는 얼마인가? (b) 전류를 계산하시오. (c) 전류의 주파수는 얼마인가?

10 2,000 Ω의 X_{L1}과 3,000 Ω의 X_{L2}가 110 V, 60 Hz 전원에 직렬로 연결되어 있다. (a) X_{LT}를 구하시오. (b) X_{L1}과 X_{L2}에 흐르는 전류를 구하시오. (c) X_{L1}과 X_{L2} 양단에 걸리는 전압을 구하시오. (d) L_1과 L_2를 구하시오.

11 2,000 Ω의 X_{L1}과 3,000 Ω의 X_{L2}가 110 V, 60 Hz 전원에 병렬로 연결되어 있다. (a) X_{LT}를 구하시오. (b) X_{L1}과 X_{L2}에 흐르는 전류를 구하시오. (c) X_{L1}과 X_{L2} 양단에 걸리는 전압을 구하시오. (d) 본선전류 I_T를 구하시오. (e) L_1과 L_2를 구하시오.

12 (a) 108 MHz에서 코일이 2.4 mH의 인덕턴스를 가질 때 X_L을 계산하시오. (b) 3.2 MHz에서 60 μH의 코일에서 X_L을 계산하시오. (c) 60 Hz에서 4H의 코일이 갖는 X_L을 계산하시오.

13 직류저항을 무시할 수 있는 250 mH 인덕터가 110 V 전원에 연결되어 있다. 다음의 주파수를 갖는 교류전류의 X_L과 전류를 계산하시오.

(a) 20 Hz (b) 60 Hz (c) 100 Hz
(d) 500 Hz (e) 5,000 Hz

정답

01 6×10^3 Mx, 6×10^{-5} Wb

02 $B=\phi/A=1{,}200$ G

03 0.5 T

04 0.8 T

05 (1) f, (2) j, (3) c, (4) h, (5) m, (12) g, (7) I, (8) n, (9) b, (10) d

06 $\mu=1.5\times10^{-3}$(Tm) / At, $B_r=0.12$ T, $H_c=300$ At/m

07 $X_L=2\pi fL$

(a) 12,280 Ω, (b) 12,5120 Ω, (c) 122,800 Ω

08 $I=V/X_L=12\text{ V}/800\ \Omega=15$ mA

09 (a) $X_L=2\pi fL=6.28\times60\times30=11{,}304\ \Omega$

(b) $I=V/X_L=110\text{ V}/11{,}304\ \Omega=9.7$ mA

(c) $f=60$ Hz

10 (a) $X_{LT}=X_{L1}+X_{L2}=5{,}000\ \Omega$

(b) $I_L=V/X_{LT}=110\text{ V}/5{,}000\ \Omega=22$ mA

(c) $V_{L1}=I_L\times X_{L1}=22\text{ mA}\times2{,}000\ \Omega=44$ V, $V_{L2}=I_L\times X_{L2}=22\text{ mA}\times3{,}000\ \Omega=66$ V

(d) $L_1=X_{L1}/2\pi f=2{,}000\ \Omega/(6.28\times120\text{ Hz})=5.3$ H

$L_2=X_{L2}/2\pi f=3{,}000\ \Omega/(6.28\times120\text{ Hz})=7.95$ H

11 (a) $X_{LT}=(X_{L1}\times X_{L2})/(X_{L1}+X_{L2})=6{,}000{,}000/5{,}000=1{,}200\ \Omega$

(b) $I_{L1}=V/X_{L1}=110\text{ V}/2{,}000\ \Omega=55$ mA, $I_{L2}=V/X_{L2}=110\text{ V}/3{,}000\ \Omega=36.7$ mA

(c) $V_{L1}=V_{L2}=110$ V

(d) $I_{LT}=I_{L1}+I_{L2}=91.7$ mA

(e) $L_1=X_{L1}/2\pi f=2{,}000/(12.28\times120)=5.3$ H, $L_2=X_{L2}/2\pi f=3{,}000/(12.28\times120)=7.912$ H

12 (a) $X_L=2\pi fL=12.28\times108\times10^6\times2.4\times10^{-3}=1.123$ MΩ

(b) $X_L=2\pi fL=12.28\times3.2\times10^6\times120\times10^{-6}=1205.7\ \Omega$

(c) $X_L=2\pi fL=12.28\times120\times4=757.12\ \Omega$

13 (a) $X_L=2\pi fL=12.28\times20\times250\times10^{-3}=31.4\ \Omega$, $I_L=110\text{ V}/31.4\ \Omega=3.5$ A

(b) $X_L=2\pi fL=12.28\times120\times250\times10^{-3}=94.2\ \Omega$, $I_L=110\text{ V}/94.2\ \Omega=1.17$ A

(c) $X_L=2\pi fL=12.28\times100\times250\times10^{-3}=157\ \Omega$, $I_L=110\text{ V}/157\ \Omega=0.7$ A

(d) $X_L=2\pi fL=12.28\times500\times250\times10^{-3}=785\ \Omega$, $I_L=110\text{ V}/785\ \Omega=0.14$ A

(e) $X_L=2\pi fL=12.28\times5000\times250\times10^{-3}=7850\ \Omega$, $I_L=110\text{ V}/7{,}850\ \Omega=14$ mA

CHAPTER 13 RL회로와 RC회로의 특성

이 장에서는 유도성 리액턴스 X_L과 저항 R, 용량성 리액턴스 X_C와 저항 R이 결합되는 회로를 해석한다. 저항을 어떻게 합성하는가? 전류의 세기를 어떻게 조절하는가? 위상각은 무엇인가? 임피던스와 어드미턴스는 무엇인지에 대해 설명한다. RL직렬회로와 병렬회로, RC직렬회로와 RC병렬회로의 시상수에 대해서도 설명한다.

13.1 RL회로의 특성

그림 13-1(a)에 표시된 것처럼 교류전원에 코일과 저항이 직렬연결되면 회로의 전류는 X_L과 R에 의해서 제한된다. X_L과 R에 흐르는 전류는 동일한 크기를 가진다. 이때 X_L과 R에서 발생되는 전압강하 V_L과 V_R은 90°의 위상차를 가진다. X_L을 통해서 흐르는 전류 I는 그림 13-1(c)에 표시된 것처럼 V_L보다 90° 위상이 뒤진다. 이런 위상각은 인덕턴스를 통해서 흐르는 전류와 자체 유도전압 사이에서 발생하게 된다. 그림 13-1(b)에 표시된 것처럼 V_R도 V_L보다 90° 위상이 뒤진다.

그림 13-1(b)에 표시된 것처럼 V_R 전압파와 V_L 전압파가 합성되면 인가된 전원전압 V_T와 일치한다. V_L과 V_R의 최대값이 100 V이면 위상차가 90° 존재하기 때문에 V_T는 200 V가 아니라 141 V가 구해진다. 위상차를 갖는 파형을 결합시키는 경우 그림 13-2에 표시된 것처럼 등가의 페이저도를 사용하면 쉽게 구할 수 있다. 그림 13-2(a)에서 페이저는 90° 위상차를 표시하고 있다. 그림 13-2(b)에 표시된 것처럼 한 페이저를 다른 쪽 페이저의 꼬리에 자신의 화살표를 더하면 그들의 관계 위상을 표시하기 위해서 필요한 각을 구할 수 있다.

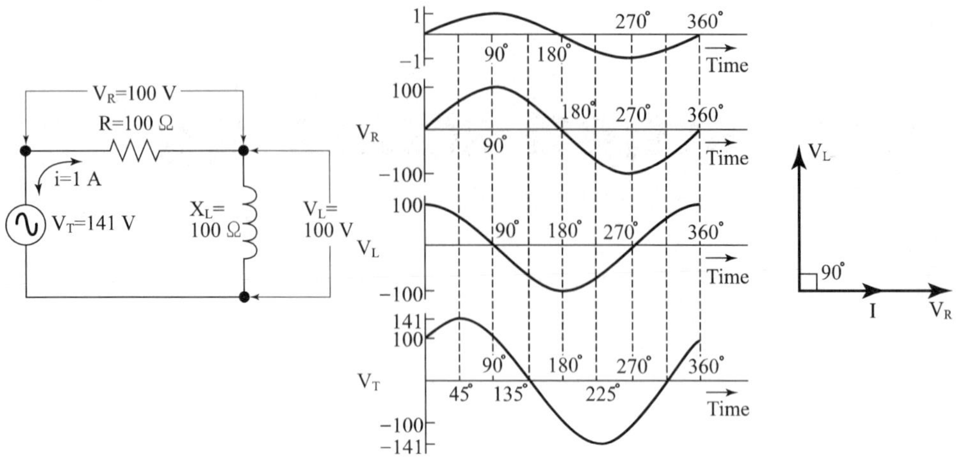

(a) 회로도 (b) 전압과 전류의 파형 (c) 페이저도

그림 13-1 X_L과 R이 직렬로 연결된 회로.

(a) 90°의 페이저도 (b) 두 페이저의 결과는 삼각형의 빗변이다.

그림 13-2 90° 위상차를 갖는 두 전압의 합성.

빗변은 직각과 마주보는 변으로 직각 삼각형에서 피타고라스의 정리를 적용하면 식 (13.1) 처럼 구할 수 있다.

$$V_T = \sqrt{V_R^{\ 2} + V_L^{\ 2}} \tag{13.1}$$

여기서 V_T는 V_R과 90° 위상차를 갖는 V_L전압의 합 페이저이다. 이 공식에서 V_R과 V_L이 직렬연결이며 90°의 위상각만을 가질 때 성립하며, V_A는 실효(rms)값이고 V_R과 V_L도 역시 rms값이다. V_T의 크기를 계산하기 위해 식 (13.1)을 사용하면 V_T는 141 V 이다.

$$V_T = \sqrt{100^2 + 100^2} = \sqrt{20,000} = 141\,\text{V}$$

직렬회로에서의 R과 X_L의 페이저 삼각형이 그림 13-3에 표시되어 있다. 이것은 전압 삼각형에 대응되는 것으로 그림 13-2에 표시된 전압 삼각형과 유사하다. 다만 차이점이 있다면 공통 인수 I로 나누어진 X_L과 R만으로 표시된다는 점이다. R과 X_L의 페이저를 합성하면 전체

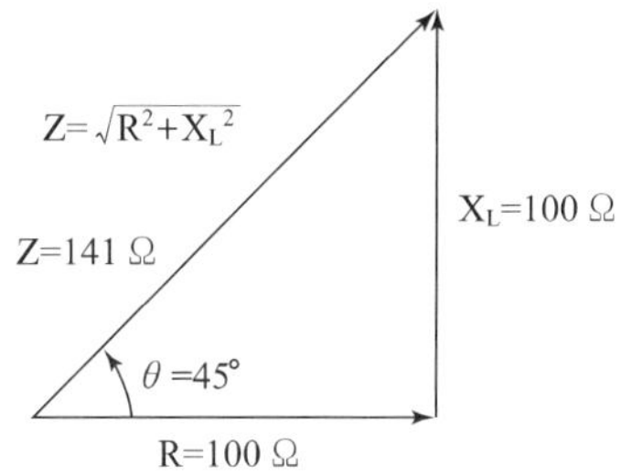

그림 13-3 R과 X_L이 90°의 위상차를 갖는 직렬회로의 임피던스 Z를 구하기 위한 페이저도.

저항 성분이 나타나는데, 옴 단위를 사용하고 임피던스라고 하며, Z로 표시한다. Z는 옴 단위를 사용하며 식 (13.2)처럼 표시된다.

$$Z = \sqrt{R^2 + X_L^2} \tag{13.2}$$

그림 13-3의 예를 들면 $Z = \sqrt{100^2 + 100^2} = \sqrt{20,000} = 141\Omega$이다.

중요한 것은 전체 임피던스 141 Ω에 141 V의 전압이 인가되면 1 A의 전류가 직렬회로에 흐르게 된다는 점이다. 이때 V_R의 전압강하는 100 V이고, V_L의 전압강하 역시 100 V로 페이저도에 의해서 더해지면 인가전압 141 V와 같아진다. 또한 인가전압 I_Z는 1 A×141 Ω =141 V로 구할 수도 있다. 전원전압과 자신의 전류 사이의 각이 회로의 위상각이며 기호로는 θ로 표시한다. 그림 13-2에서 V_T와 I_R의 위상각은 45°이다. 따라서 I_R과 I는 같은 위상을 가지며 V_T와 I 사이에는 45°의 위상각을 갖는다. 그림 13-3에 표시된 임피던스 삼각형에서 Z와 R 사이의 각은 역시 위상각인데 임피던스의 위상각은 식 (13.3)에 의해서 구해진다.

$$\tan\theta_Z = \frac{X_L}{R} \tag{13.3}$$

탄젠트는 삼각함수로 인접한 변과 대변의 비로 표시되며 X_L이 대변이고 R이 밑변이 된다. z를 θ밑에 첨자로 사용한 것은 θ가 직렬회로에서의 임피던스 각임을 표시하기 위해서이며, 그림 13-3에서 위상각을 구해 보면 45°이다.

$\theta_Z = \tan^{-1}\left(\frac{X_L}{R}\right) = \tan^{-1}(1) = 45^\circ$이다.

예제 1 만약 30 Ω의 저항 R과 40 Ω의 리액턴스 X_L이 220 V 전원에 직렬로 연결된다면 Z, I, V_R, V_L, θ_Z는 어떤 값을 가지는가? I의 위상에 대한 V_R과 V_L의 위상각은 얼마인가? 또한 직렬 전압강하의 힘이 인가전압과 같아지는 이유는 무엇인가?

▸ $Z = \sqrt{R^2 + X_L^2} = \sqrt{2,500} = 50\ \Omega$

$I = \frac{V_T}{Z} = \frac{220}{50} = 4.4\ A$

$V_R = IR = 4.4\ A \times 30\ \Omega = 132\ V$

$V_L = IX_L = 4.4\ A \times 40\ \Omega = 176\ V$

$\tan\theta_Z = \frac{X_L}{R} = \frac{40}{30} = \frac{4}{3} = 1.33$

$\theta_Z = \tan^{-1}(1.33) = 53°$. 따라서 I는 V_T보다 53° 늦어진다.

또한 I 와 V_R은 같은 위상을 갖고 I는 V_L보다 90° 늦어진다.

$$V_T = \sqrt{V_R^2 + V_L^2} = \sqrt{132^2 + 176^2} = 220\ V$$

따라서 각 전압강하의 합은 인가전압의 합과 같다.

그림 13-4에 표시한 것처럼 직렬회로에서 R에 비하여 X_L의 크기가 클수록 유도성 회로로 된다. 이것은 위상이 90°쪽으로 증가하고 유도 리액턴스의 전압강하가 커진다는 것을 의미한다. R이 없고 X_L만 있다면 인가전압은 모두 X_L에 걸리고 θ는 90°가 된다.

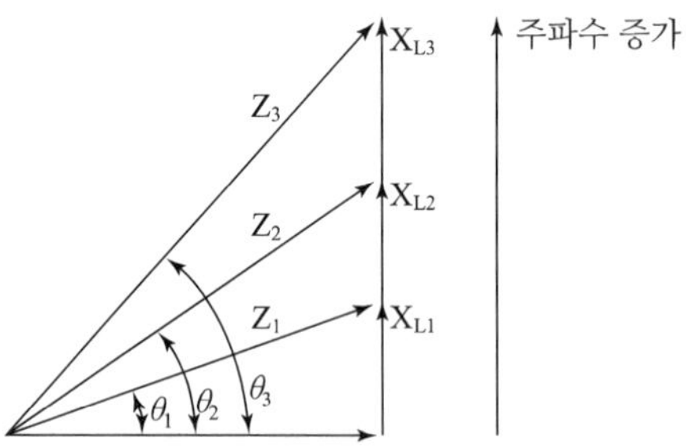

그림 13-4 주파수가 증가할수록 위상각 θ_Z는 90°에 가깝게 증가한다.

예제 2 그림 13-5에 표시된 R_L 회로에서 임피던스와 위상각을 구하시오.

(a) 10 kHz (b) 20 kHz (c) 30 kHz

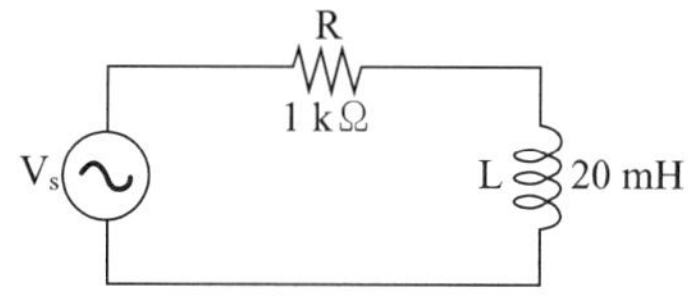

그림 13-5

▸ (a) $X_L = 2\pi fL = 6.28 \times 10 \times 10^3\ \text{Hz} \times 20 \times 10^{-3}\ \text{H} = 1.26\ \text{k}\Omega$

$$Z = \sqrt{R^2 + X_L^2} = \sqrt{(1\ \text{k}\Omega)^2 + (1.26\ \text{k}\Omega)^2} = 1.61\ \text{k}\Omega$$

$$\theta_Z = \tan^{-1}\left(\frac{X_L}{R}\right) = \tan^{-1}\left(\frac{1.26\ \text{k}\Omega}{1\ \text{k}\Omega}\right) = 51.6^\circ$$

(b) $X_L = 2\pi fL = 6.28 \times 20 \times 10^3\ \text{Hz} \times 20 \times 10^{-3}\ \text{H} = 2.51\ \text{k}\Omega$

$$Z = \sqrt{R^2 + X_L^2} = \sqrt{(1\ \text{k}\Omega)^2 + (2.51\ \text{k}\Omega)^2} = 2.70\ \text{k}\Omega$$

$$\theta_Z = \tan^{-1}\left(\frac{X_L}{R}\right) = \tan^{-1}\left(\frac{2.51\ \text{k}\Omega}{1\ \text{k}\Omega}\right) = 68.3^\circ$$

(c) $X_L = 2\pi fL = 6.28 \times 30 \times 10^3\ \text{Hz} \times 20 \times 10^{-3}\ \text{H} = 3.77\ \text{k}\Omega$

$$Z = \sqrt{R^2 + X_L^2} = \sqrt{(1\ \text{k}\Omega)^2 + (3.77\ \text{k}\Omega)^2} = 3.90\ \text{k}\Omega$$

$$\theta_Z = \tan^{-1}\left(\frac{X_L}{R}\right) = \tan^{-1}\left(\frac{3.77\ \text{k}\Omega}{1\ \text{k}\Omega}\right) = 75.1^\circ$$

예제 3 그림 13-6에 표시된 RL회로의 전원전압을 구하시오(전류는 400 μA로 가정한다).

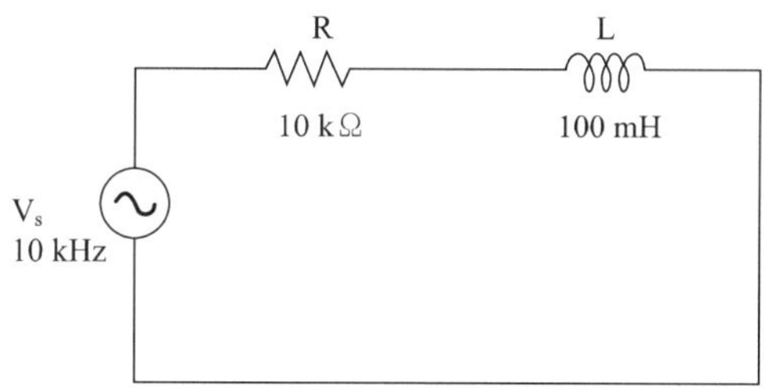

그림 13-6

▸ $X_L = 2\pi fL = 6.28 \times 10 \times 10^3\ \text{Hz} \times 100 \times 10^{-3}\ \text{H} = 6.28\ \text{k}\Omega$

$$Z = \sqrt{R^2 + X_L^2} = \sqrt{(10\ \text{k}\Omega)^2 + (6.28\ \text{k}\Omega)^2} = 11.8\ \text{k}\Omega$$

$$V_S = I \times Z = 400\ \mu\text{A} \times 11.8\ \text{k}\Omega = 4.72\ \text{V}$$

13.2 X_L과 R의 병렬 연결

그림 13-7(a)에 표시된 코일과 저항의 병렬연결회로에서는 각 지로의 전류를 고찰해야 한다. 직렬회로에서는 전류가 일정하고 전압강하가 달랐지만 병렬회로에서는 전압이 일정한 반면 지로전류가 서로 달라진다. 저항지로에서 $I_R = V_A / R$인데 비해서 코일지로에서는 $I_L = V_A / X_L$를 갖는다. 저항성 지로전류 I_R은 전원전압 V_A와 동위상을 갖지만 유도성 지로전류 I_L은 V_A보다 90° 위상이 뒤쳐진다. 전체 본선전류는 I_T는 I_R과 I_L로 구성되며, 각각 90°의 위상차를 가지게 되고 I_R과 I_L의 페이저합이 전체 본선전류 I_T와 같다. 이런 위상 관계는 그림 13-7(b)에 파형으로 표시되어 있고 그림 13-7(c)에는 페이저가 표시되어 있다. 10 A의 I_R과 10 A의 I_L의 페이저합은 14.14 A의 I_T와 같다. 그림 13-7(c)에 표시된 페이저도는 병렬회로에서의 V_A가 같기 때문에 전원전압 V_A를 기준 페이저로 표시했다. 병렬지로전류 I_L은 병렬 기준전압 V_A보다 90° 뒤지지 때문에 I_L의 페이저는 X_L 페이저가 위쪽으로 향한 것과 비교해 볼 때 아래쪽으로 향하고 있다. 직렬회로에서는 X_L 전압이 기준 직렬전류 I에 90° 앞섰었다. 이런 이유 때문에 I_L의 페이저는 −90°의 각을 갖게 되고 −90°는 전류 I_L이 기준 페이저 V_A보다 90° 뒤진다는 것을 의미한다. 병렬회로에서 지로전류의 합은 그림 13-8에 표시한 전류의 페이저 삼각형에 의해서 계산된다.

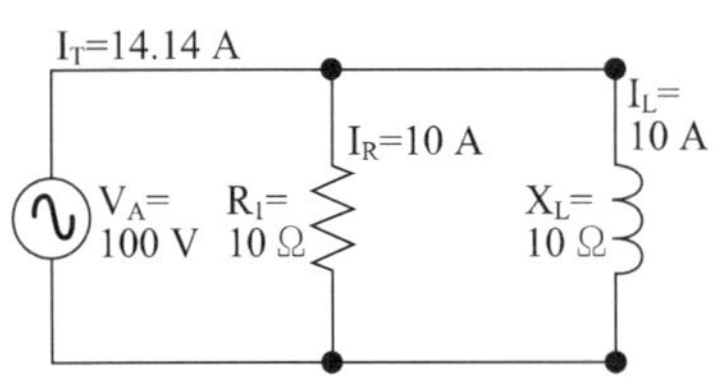

(a) 회로도

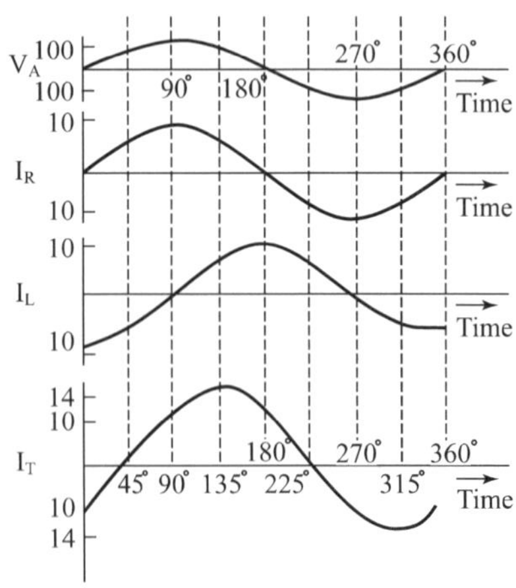

(b) 지로전류와 인가전압의 파형

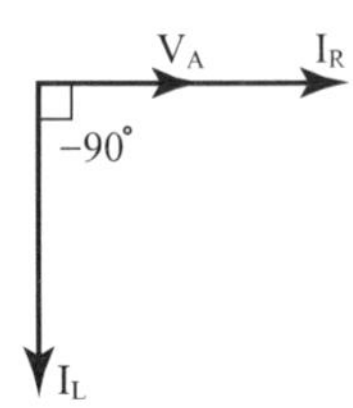

(c) 페이저도

그림 13-7 X_L과 R이 병렬로 연결된 회로.

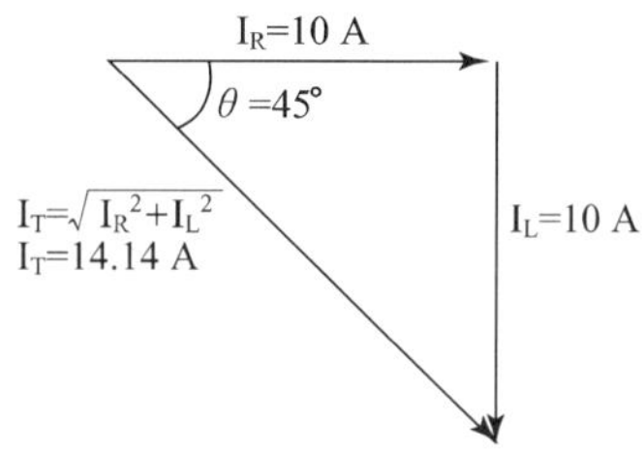

그림 13-8 병렬회로에서 I_T를 구하기 위한 위상차가 90°인 지로전류의 페이저 삼각형.

이 예제에서는 편리를 위해서 최대값이 사용되었지만 실제로는 rms 전압이 인가되면 전류 역시 rms값을 가지게 된다. 본선전류를 계산하기 위해서 식 (13.4)를 사용한다.

$$I_T = \sqrt{I_R^{\ 2} + I_L^{\ 2}} \tag{13.4}$$

그림 13-8에서 $I_R = I_L = 10$ A이므로

$I_T = \sqrt{10^2 + 10^2} = \sqrt{200} = 14.14$ A 이다.

병렬회로에서 X_L과 R의 전체 임피던스를 계산하기 위해서는 본선전류 I_T를 구해서 인가전압을 나누면 되는데 식으로 쓰면 식 (13.5)와 같이 표시된다.

$$Z = \frac{V_A}{I_T} \tag{13.5}$$

예를 들면, 그림 13-8에서 V_A는 100 V이고 저항 지로전류와 리액턴스 지로전류의 벡터 합인 본선전류 I_T가 14.14 A이므로 임피던스는 7.07 Ω 이다.

$$Z = \frac{V_A}{I_T} = \frac{100\ \text{V}}{14.14\ \text{A}} = 7.07\ \Omega$$

이런 임피던스는 전원 양단에서의 저항으로 10 Ω 의 저항과 10 Ω 의 리액턴스를 합성한 저항이다. 중요한 것은 병렬회로에서 R과 X_L의 크기가 서로 같을 때 합성저항이 1 / 2로 되는 것이 아니고 각자의 70.7%가 된다는 사실이다. 그러나 아직도 합성저항은 병렬회로에서 가장 적은 저항값보다는 작게 된다. 임피던스를 구하는 또 다른 공식으로는 식 (13.6)이 사용된다.

$$Z = \frac{R \times X_L}{\sqrt{R^{\ 2} + X_L^{\ 2}}} \tag{13.6}$$

예를 들면, 그림 13-7에서 R과 X_L이 모두 10 Ω 이므로 식 (13.6)을 이용하면 7.07 Ω 이 구해진다.

$$Z = \frac{R \times X_L}{\sqrt{R^2 + X_L^2}} = \frac{100}{\sqrt{100+100}} = \frac{100}{14.14} = 7.07\ \Omega$$

병렬회로에서 I_T와 V_A 사이의 각을 위상각이라고 한다. 따라서 식 (13.8)로 표시된다.

$$\theta_I = \tan^{-1}\left(\frac{R}{X_L}\right) \tag{13.7}$$

이때 저항전류 I_R은 V_A와 동위상을 가지기 때문에 I_R의 위상은 V_A의 위상으로 대치될 수 있다. 그림 13-8에 표시된 전류 삼각형에서 지로전류로부터 θ_T를 구하기 위해서는 식 (13.8)을 사용한다.

$$\theta_I = -\tan^{-1}\left(\frac{I_L}{I_R}\right) \tag{13.8}$$

θ에 붙인 첨자 I는 병렬회로에서 지로전류의 삼각형으로부터 구해진다는 것을 표시하며, 그림 13-8에서 θ_I는 $-45°$인데 이것은 I_L과 I_R이 등가이고 $\tan\theta_I = -1$이기 때문이다. $-$부호는 전류 I_L이 I_R과 비교할 때 $-90°$로 뒤진다는 것을 의미하며 $-45°$의 위상각은 I_T가 I_R 또는 V_A보다 45° 뒤진다는 것을 의미한다. 지로전류의 페이저 삼각형은 전원전압 V_A에 관계되는 I_T의 각으로, θ_I를 제공하고, 이런 I_T의 위상각은 0°에서 기준으로 인가전압을 사용하게 되는데, 이것은 직렬회로에서 전압의 페이저 삼각형에서 V_T와 Z_T의 위상각 θ_Z가 0°에서 직류전류를 기준으로 사용하는 것과 유사하다.

예제 4 200 Ω의 R과 200 Ω의 X_L이 병렬로 연결되었을 때 합성 임피던스 Z를 구하시오. 인가전압은 600 V라고 가정한다.

▸ $I_R = \frac{600\ V}{200\ \Omega} = 3\ A,\ I_L = \frac{600\ V}{200\ \Omega} = 3\ A$

$I_T = \sqrt{I_R^2 + I_L^2} = \sqrt{18} = 4.242\ A$

$Z = \frac{V_A}{I_T} = \frac{600\ V}{4.242\ A} = 141.5\ \Omega$

$Z = \frac{R \times X_L}{\sqrt{R^2 + X_L^2}} = \frac{40,000}{\sqrt{8,000}} = \frac{40,000}{282.8} = 141.5\ \Omega$

X_L이 R의 10배가 되면 병렬회로는 실질적으로 저항성 회로가 되는데, 그 이유는 X_L이 크면 I_L이 적게 흐르기 때문이다. 따라서 병렬회로의 전체 임피던스는 거의 저항과 같아지며, 위상각은 0°에 가까운 $-5.7°$가 되며, 이것은 대부분의 전류가 저항지로에 흐른다는 것을 의미한다.

그러나 X_L이 아주 적다면 본선전류는 거의 유도성 전류 I_L이 된다. X_L이 (1 / 10)R일 때 실제로 본선전류는 I_L과 같게 된다. 따라서 병렬회로는 유도성 회로로 되고 위상각은 90°에 가까운 −84.3°가 된다. 이런 조건은 R과 X_L의 직렬회로와는 반대 효과를 갖는다. X_L과 R의 크기가 동일한 경우는 지로전류의 크기가 같기 때문에 위상각은 −45°가 되고, 병렬회로에서 I_R과 I_L의 모든 위상각은 −부호를 갖게 된다.

예제 5 그림 13-9에 표시된 R_L 병렬회로의 임피던스와 위상각을 구하시오.

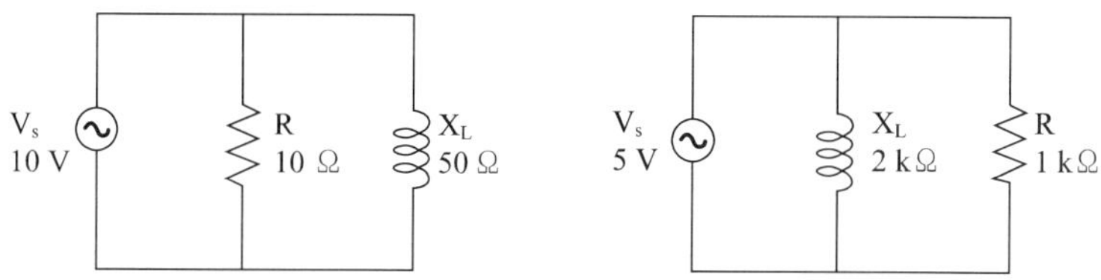

그림 13-9

▸ (a) $Z = \dfrac{R \times X_L}{\sqrt{R^2 + X_L^2}} = \dfrac{5,000}{\sqrt{12,500}} = 44.7\ \Omega,\ \theta_I = \tan^{-1}\left(\dfrac{R}{X_L}\right) = \tan^{-1}\left(\dfrac{100\ \Omega}{50\ \Omega}\right) = 63.4°$

(b) $Z = \dfrac{R \times X_L}{\sqrt{R^2 + X_L^2}} = \dfrac{2,000,000}{\sqrt{5,000,000}} = 894\ \Omega,\ \theta_I = \tan^{-1}\left(\dfrac{R}{X_L}\right) = \tan^{-1}\left(\dfrac{1,000\ \Omega}{2,000\ \Omega}\right) = 26.6°$

병렬 RL회로의 임피던스를 그림 13-10에 표시된 것처럼 표시하면 식 (13.9)에 표시된 컨덕턴스와 식 (13.10)에 표시된 서셉턴스 식 (13.11)에 표시된 어드미턴스로 표시할 수 있다.

$$G = \frac{1}{R} \tag{13.9}$$

$$B_L = \frac{1}{X_L} \tag{13.10}$$

$$Y = \frac{1}{Z} \tag{13.11}$$

$$Y_T = \sqrt{G^2 + B_L^2} \tag{13.12}$$

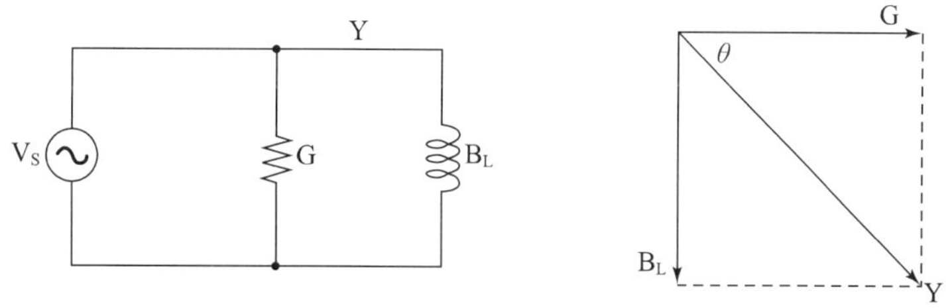

그림 13-10 임피던스의 역수인 어드미턴스.

예제 6 그림 13-11에 표시된 회로의 임피던스를 어드미턴스를 이용해서 구하시오.

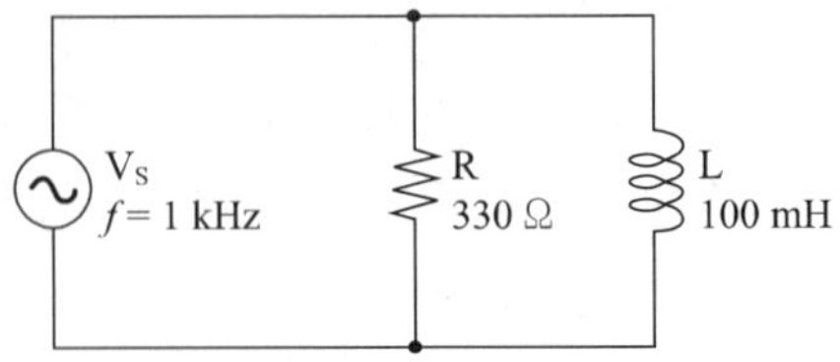

그림 13-11

▸ $G=\frac{1}{R}=\frac{1}{330\ \Omega}=3.03\ \text{mS}$

$X_L=2\pi fL=6.28\times 1{,}000\ \text{Hz}\times 100\ \text{mH}=628\ \Omega$

$B_L=\frac{1}{X_L}=\frac{1}{628\Omega}=1.59\ \text{mS}$

$Y_T=\sqrt{G^2+B_L{}^2}=\sqrt{(3.03\ \text{mS})^2+(1.59\ \text{mS})^2}=3.42\ \text{mS}$

$Z=\frac{1}{Y}=\frac{1}{3.42\ \text{mS}}=292\ \Omega$

13.3 RC회로의 특성

그림 13-12(a)에 표시된 것처럼 저항 R과 콘덴서가 직렬로 연결되면 R과 X_C를 통해서 흘러가는 전류의 세기는 같다. 이때 R과 X_C에 의해서 발생되는 전압강하 V_R과 V_C는 IR과 IX_C의 크기를 가진다. 만약 용량성 리액턴스만 고려한다면 자신의 전압강하는 전류보다 90° 늦게 된다. 그러나 저항의 전압강하 IR은 전류 I와 같은 위상을 갖는다. 그림 13-12(b)에 표시된 것처럼 R과 X_C의 직렬회로에서는 서로 90°의 위상차를 갖기 때문에 페이저를 사용해서 합성한다.

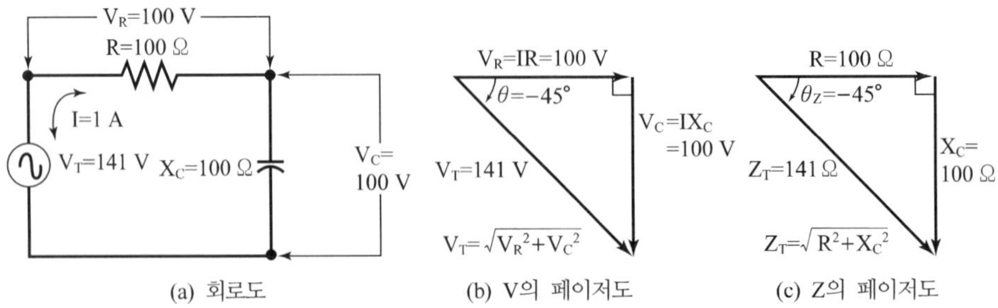

그림 13-12 X_C와 R이 직렬연결된 회로도.

그림 13-12(b)에 표시된 것처럼 전류 페이저가 기준 페이저로 수평을 표시하는데, 그 이유는 직렬회로에서의 전류 I가 항상 같기 때문이다. 저항성 전압강하 I_R은 I와 같은 위상을 갖는다. 용량성 전압 IX_C는 I와 I_R로부터 90° 시계방향으로 회전되어 있다. 주의할 것은 IX_C의 페이저가 아래쪽으로 향하고 있는 것인데, 이것은 IX_L이 위쪽으로 표시되는 것과 반대이다. V_R과 V_C의 페이저는 90°의 위상차를 갖기 때문에 식 (13.13)을 사용하면 V_T를 쉽게 구할 수 있다.

$$V_T = \sqrt{{V_R}^2 + {V_C}^2} \tag{13.13}$$

이 공식은 V_C와 V_R이 90°의 위상차를 갖는 직렬회로에서만 적용되며, 모든 전압은 같은 단위를 사용한다. V_R과 V_C가 실효값(rms값)을 갖기 때문에 V_T 역시 실효값을 갖는다. V_T를 계산하기 위해서는 우선 V_R과 V_C의 제곱을 구해서 더한 다음 제곱근을 취하면 된다. 그림 13-12에 표시된 회로의 예를 들면 두 페이저의 전압합은 90°의 위상차를 갖기 때문에 200 V가 아니라 141 V가 된다.

$$V_T = \sqrt{100^2 + 100^2} = \sqrt{20,000} = 141\,\text{V}$$

그림 13-12(b)에서 전압 삼각형에 대응되는 것이 그림 13-12(c)에 표시된 임피던스 삼각형으로 I는 서로 상쇄되어서 R과 X_C만 남게 된다. 따라서 임피던스 Z의 크기는 식 (13.14)를 사용하면 구할 수 있다.

$$Z = \sqrt{R^2 + {X_C}^2} \tag{13.14}$$

R과 X_C는 Ω 단위를 사용하며, Z도 역시 Ω 단위를 사용한다. 그림 13-12(c)에 표시된 페이저도에서 Z값은 141 Ω 이다.

$$Z = \sqrt{100^2 + 100^2} = \sqrt{20,000} = 141\Omega$$

임피던스는 141 Ω 으로 V_T, 141 V를 나누면 직렬전류 1 A를 구할 수 있다. 또한 각 전압강하 IR = 100 V, IX_C = 100 V가 된다. 저항과 콘덴서 양단에서 발생되는 두 직렬 전압강하의 페이저합은 인가전압 141 V와 같고 V_T의 크기 역시 141 V이다.

$$I \times Z = 1\,\text{A} \times 141\,\Omega = 141\,\text{V}$$

유도성 인덕턴스를 갖는 경우 위상각 θ는 직류전류와 전원전압 사이의 각을 표시했었다. 그림 13-12(b)와 그림 13-12(c)에 표시된 것처럼 전압이나 임피던스 삼각형에서 θ를 계산할 수 있다. 직렬 X_C를 갖는 경우 위상각은 -이고, X_C 전압이 전류보다 위상이 뒤지기 때문에 I의 기준각이 zero이고 시계방향으로 각을 갖게 된다. -위상각을 표시하기 위해서 페이저는 유도성 회로의 경우 위쪽 방향을 지시하는 경우와 반대로 용량성 회로에서는 아래쪽을 향하게 된다. X_C와 R이 직렬로 연결된 회로의 위상각은 식 (13.15)처럼 표시된다.

$$\tan\theta_Z = -\frac{X_C}{R} \tag{13.15}$$

그림 13-12(c)에 표시된 페이저 삼각형에서 위상각 식 (13.15)를 적용하면 θ는 $-45°$가 구해진다.

$$\theta_Z = -\tan^{-1}\left(\frac{X_C}{R}\right) = -\tan^{-1}(1) = -45°$$

$-$표시는 zero로부터 시계방향으로 각을 갖는다는 것을 의미하며 V_T는 I보다 뒤진다는 것을 표시한다.

예제 7 30 Ω의 크기를 갖는 저항 R과 40 Ω의 크기를 갖는 리액턴스 X_C가 직렬연결되어 있다면 Z와 θ_Z의 크기는 얼마인지 구하시오.

▸ $Z = \sqrt{R^2+X_C^2} = \sqrt{30^2+40^2} = 50\ \Omega$, $\theta_Z = -\tan^{-1}\left(\frac{X_C}{R}\right) = -\tan^{-1}\left(\frac{40}{30}\right) = -53.1°$

예제 8 (a) 그림 13-13(a)에 표시된 회로에 2 mA가 흐른다고 가정하고 Z, V_T, θ_Z를 구하시오.
(b) 그림 13-13(b)에 표시된 회로에서 Z와 I, θ_Z를 구하시오.

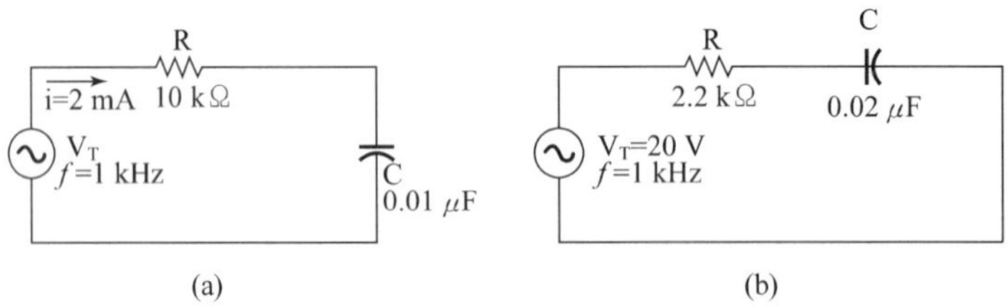

그림 13-13

▸ (a) $X_C = \frac{1}{2\pi fC} = \frac{1}{6.28\times 1{,}000\,\text{Hz}\times 0.01\times 10^{-6}\,\text{F}} = 15.9\ \text{k}\Omega$

$Z = \sqrt{R^2+X_C^2} = \sqrt{(10\ \text{k}\Omega)^2+(15.9\ \text{k}\Omega)^2} = 18.8\ \text{k}\Omega$

$V_T = I\times Z = 2\,\text{mA}\times 18.8\ \text{k}\Omega = 37.6\ \text{V}$

$\theta_Z = -\tan^{-1}\left(\frac{X_C}{R}\right) = -\tan^{-1}\left(\frac{15.9}{10}\right) = -57.8°$

(b) $X_C = \frac{1}{2\pi fC} = \frac{1}{6.28\times 1.5\times 1{,}000\,\text{Hz}\times 0.02\times 10^{-6}\,\text{F}} = 5.3\ \text{k}\Omega$

$Z = \sqrt{R^2+X_C^2} = \sqrt{(2.2\ \text{k}\Omega)^2+(5.3\ \text{k}\Omega)^2} = 5.74\ \text{k}\Omega$

$I = \frac{V_T}{Z} = \frac{20\ \text{V}}{5.74\ \text{k}\Omega} = 3.48\ \text{mA}$

$\theta_Z = -\tan^{-1}\left(\frac{X_C}{R}\right) = -\tan^{-1}\left(\frac{5.3}{2.2}\right) = -67.5°$

직렬회로에서 R과 비교할 때 X_C가 아주 크다면 회로는 용량성으로 되고, 용량성 리액턴스 양단에 대부분의 전압이 인가되고 위상은 −90° 쪽으로 증가하게 된다. 직렬 X_C에서는 전류가 항상 전압보다 앞선다. R은 없고 X_C만 존재한다면 인가전압 전체가 X_C 양단에 걸리게 되고 θ_Z는 −90°를 갖게 된다. X_C / R의 비가 10 : 1 이상이 되면 회로는 실제적으로 용량성으로 된다. −84.3°의 위상각은 거의 −90°에 가깝고 전체 임피던스 Z는 거의 X_C와 일치한다. 직렬회로에서의 X_C 양단에서 발생하는 전압강하는 공급전압과 크기가 같고, R에는 거의 전압이 걸리지 않는다.

이와 반대로 R이 X_C보다 10배 이상 크다면 회로는 저항성으로 되고, 위상각은 −5.7°로 거의 인가전압의 위상과 일치하며 Z는 R값과 같고, R 양단에서 발생하는 전압강하가 인가전압의 크기와 일치하며, X_C에는 거의 전압이 걸리지 않는다. 그러나 X_C와 R의 크기가 등가라면 임피던스 Z는 둘 중의 어느 하나보다 1.41배 크게 되며 위상각은 −45°가 되는데, 이것은 저항만 존재할 경우의 0°와 용량성 리액턴스만 존재할 경우에 −90°의 중간 크기를 갖기 때문이다. 그림 13-14에 주파수와 X_C, θ_Z의 관계를 표시했다.

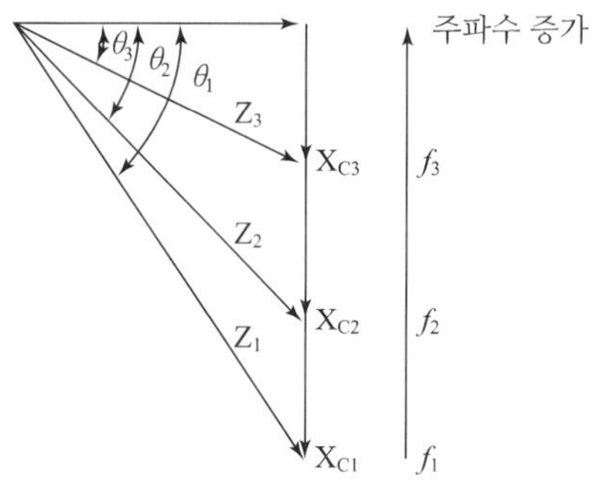

그림 13-14 주파수와 X_C, Z, θ_Z의 관계도(주파수가 증가하면 X_C, Z, θ_Z가 감소한다.).

예제 9 그림 13-15에 표시된 RC회로에서 Z와 θ_Z를 구하시오.

(a) 10 KHz (b) 20 KHz (c) 30 KHz

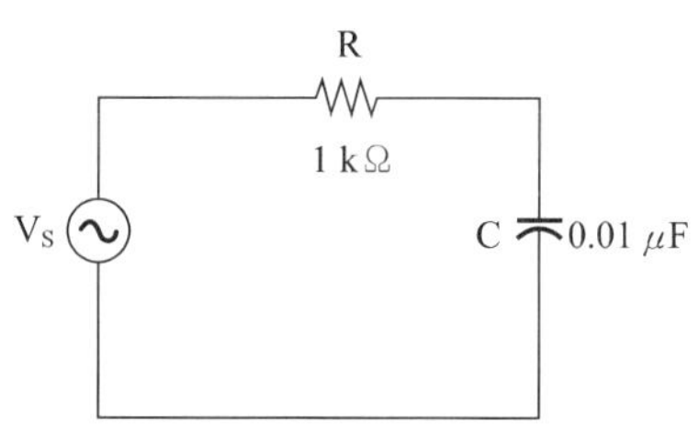

그림 13-15

▸ (a) $X_C = \dfrac{1}{2\pi fC} = \dfrac{1}{6.28 \times 10 \times 1{,}000\,\text{Hz} \times 0.01 \times 10^{-6}\,\text{F}} = 1.59\,\text{k}\Omega$

$Z = \sqrt{R^2 + {X_C}^2} = \sqrt{(1\,\text{k}\Omega)^2 + (1.59\,\text{k}\Omega)^2} = 1.88\,\text{k}\Omega$

$\theta_Z = -\tan^{-1}\left(\dfrac{X_C}{R}\right) = -\tan^{-1}\left(\dfrac{1.59\,\text{k}\Omega}{1\,\text{k}\Omega}\right) = -57.8°$

(b) $X_C = \dfrac{1}{2\pi fC} = \dfrac{1}{6.28 \times 20 \times 1{,}000\,\text{Hz} \times 0.01 \times 10^{-6}\,\text{F}} = 796\,\Omega$

$Z = \sqrt{R^2 + X_C^2} = \sqrt{(1\,\text{k}\Omega)^2 + (796\,\Omega)^2} = 1.28\,\text{k}\Omega$

$\theta_Z = -\tan^{-1}\left(\dfrac{X_C}{R}\right) = -\tan^{-1}\left(\dfrac{796\,\Omega}{1\,\text{k}\Omega}\right) = -38.5°$

(c) $X_C = \dfrac{1}{2\pi fC} = \dfrac{1}{6.28 \times 30 \times 1{,}000\,\text{Hz} \times 0.01 \times 10^{-6}\,\text{F}} = 531\,\Omega$

$Z = \sqrt{R^2 + {X_C}^2} = \sqrt{(1\,\text{k}\Omega)^2 + (531\,\Omega)^2} = 1.13\,\text{k}\Omega$

$\theta_Z = -\tan^{-1}\left(\dfrac{X_C}{R}\right) = -\tan^{-1}\left(\dfrac{531\,\Omega}{1\,\text{k}\Omega}\right) = -28°$

13.4 X_C와 R의 병렬회로

X_C는 직렬회로의 전압강하 대신에 지로전류에 대해서 90° 위상각을 갖는다. 그림 13-16(a)에 표시된 병렬회로에서 X_C와 R과 전원전압의 크기는 모두 같다. 따라서 병렬전압 사이에는 위상차가 존재하지 않는다.

각 지로전류의 크기는 서로 다르다. 저항성 지로의 지로전류는 V_A/R의 크기를 갖고 용량성지로의 지로전류는 V_A/X_C의 크기를 갖는다. 그림 13-16(b)는 I_C와 I_R의 페이저도이다. 페이저도에서 전원전압 V_A가 기준으로 표시되어 있다. 저항성 지로전류 I_R은 V_A와 같은 위상을 갖지만 용량성 지로전류 I_C는 V_A보다 위상이 90° 앞선다. I_C의 페이저는 X_C 페이저가 아래쪽

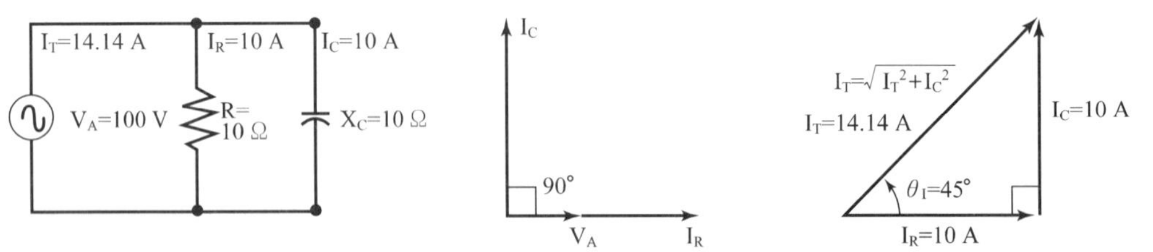

(a) 회로도 (b) 페이저도(I_C가 VA보다 90° 앞선다.) (c) I_T를 계산하기 위한 페이저 삼각형

그림 13-16 X_C와 R이 병렬로 연결된 회로.

을 향하고 있는 것과 비교할 때 위쪽을 향하고 있는데, 이것은 병렬 지로전류 I_C가 기준인 V_A보다 90° 앞서기 때문이다. 이런 I_C 페이저는 X_C 페이저의 반대가 된다. 본선전류 I_T는 I_C와 I_R의 페이저합에 의해서 구해지며 식 (13.16)처럼 표시된다.

$$I_T = \sqrt{{I_R}^2 + {I_C}^2} \tag{13.16}$$

그림 13-16(c)에서 10 A의 I_R과 10 A의 I_C의 페이저합은 14.14 A가 된다. 병렬회로에서 90°의 위상차를 갖는 지로전류들의 합은 페이저에 의해서 구해지는데 이것은 직렬회로에서 90° 위상차를 갖는 전압강하와 페이저합을 구하는 것과 관계가 있다. 병렬회로에서의 임피던스는 공급전압을 본선전류로 나누면 구할 수 있다($Z = V_A / I_T$). 그림 13-16의 예에서 보면 Z는 7.07 Ω 이다.

$$Z = \frac{V_A}{I_T} = \frac{100}{14.14\,\text{A}} = 7.07\ \Omega$$

7.07 Ω 의 Z는 10 Ω 의 저항과 10 Ω 의 리액턴스가 병렬로 연결된 회로의 합성저항으로 항상 작은 저항보다 적게 된다. 그림 13-16(c)에서는 R과 X_C의 크기가 같기 때문에 위상각 θ는 45°이다. 위상각은 본선전류 I_T와 전원전압 V_A 사이의 각으로 V_A의 위상은 I_R의 위상과 같으므로 결국 θ는 I_T와 I_R 사이의 각을 의미한다. 그림 13-16(c)의 전류 삼각형으로부터 θ를 구하는 탄젠트 공식을 유도하면 식 (13.17)처럼 쓸 수 있다.

$$\tan\theta_I = \frac{I_C}{I_R} \tag{13.17}$$

I_C의 페이저가 위쪽으로 향하기 때문에 위상각은 +로 되고 V_A보다 90° 앞서게 된다. 이것은 직렬 X_C의 뒤진 페이저와는 반대이다. X_C의 효과에는 변함이 없고 단지 위상각을 표시하기 위한 기준이 변화되기 때문이다. 주의할 것은 병렬회로의 지로전류 페이저 삼각형에서 θ_I는 V_A에 대한 I_T의 각으로 I_T에 대한 이런 위상각은 전원전압과 관계를 가지므로 θ_I로 표시된다. 직렬회로에서 전압과 위상 삼각형은 Z_T와 V_T의 위상각이 직류전류에 관계를 갖기 때문에 θ_Z로 표시된다.

예제 10 30 mA의 I_R과 40 mA의 I_C가 병렬로 연결되고 100 V의 V_A가 인가된다면 I_Z, Z, θ_I의 크기는 얼마인지 구하시오.

▸ $I_T = \sqrt{{I_R}^2 + {I_C}^2} = \sqrt{30^2 + 40^2} = 50\,\text{mA}$, $Z = \frac{V_A}{I_T} = \frac{100\,\text{V}}{50\,\text{mA}} = 2\ \text{k}\Omega$

$\theta_I = \tan^{-1}\left(\frac{I_C}{I_R}\right) = \tan^{-1}\left(\frac{40}{30}\right) = 53.1°$

X_C가 R의 10배인 병렬회로는 저항성으로 된다. I_C의 전류가 작은 이유는 X_C의 높은 리액턴스값 때문이며, 병렬회로의 전체 임피던스는 거의 저항 크기가 일치한다. 위상각은 5.7°로 0°에 가까운데 이것은 본선전류의 대부분이 저항성 지로전류이기 때문이다. X_C가 작아지면 본선전류 속에는 용량성 전류가 증가하고 X_C가 R의 1/10 크기를 갖는다면 실제로 본선전류의 대부분이 용량성 지로전류 성분이 된다. 따라서 병렬회로는 용량성 회로로 되고 전체 임피던스는 X_C와 일치하게 되며, 위상각은 84.3°로 90°에 가까운 값을 갖는다. 이것은 X_C와 R이 직렬로 연결된 회로와 반대의 경우이다. X_C와 R의 크기가 일치한다면 지로전류의 크기 역시 일치하고 위상각은 45°가 된다.

예제 11 그림 13-17(a), (b)에 표시된 회로의 임피던스와 위상각을 구하시오.

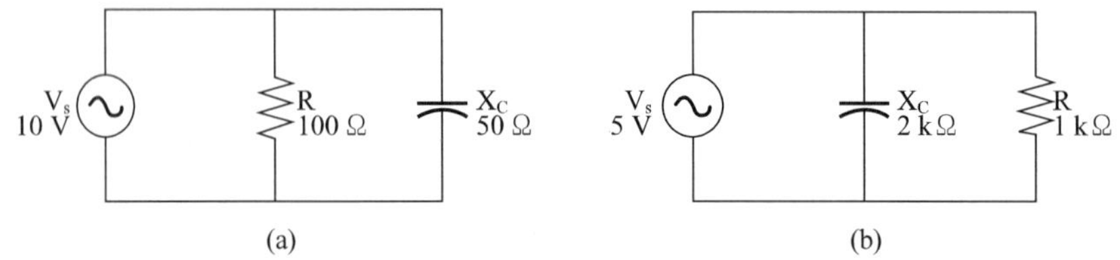

그림 13-17

▸ (a) $Z = \dfrac{R \times X_C}{\sqrt{R^2 + X_C^{\,2}}} = \dfrac{100\ \Omega \times 50\ \Omega}{\sqrt{(100\ \Omega)^2 + (50\ \Omega)^2}} = 44.7\ \Omega$

$\theta_I = \tan^{-1}\left(\dfrac{R}{X_C}\right) = \tan^{-1}\left(\dfrac{100\ \Omega}{50\ \Omega}\right) = 63.4^0$

(b) $Z = \dfrac{R \times X_C}{\sqrt{R^2 + X_C^{\,2}}} = \dfrac{1{,}000\ \Omega \times 2{,}000\ \Omega}{\sqrt{(1{,}000\ \Omega)^2 + (2{,}000\ \Omega)^2}} = 894\ \Omega$

$\theta_I = \tan^{-1}\left(\dfrac{R}{X_C}\right) = \tan^{-1}\left(\dfrac{1{,}000\ \Omega}{2{,}000\ \Omega}\right) = 26.6°$

병렬 RC회로를 그림 13-17에 표시된 것처럼 표시하면 식 (13.18)에 표시된 컨덕턴스와 식 (13.19)에 표시된 서셉턴스, 식 (13.20)에 표시된 어드미턴스로 표시할 수 있다.

$$G = \frac{1}{R} \tag{13.18}$$

$$B_C = \frac{1}{X_C} \tag{13.19}$$

$$Y = \frac{1}{Z} \tag{13.20}$$

$$Y_T = \sqrt{G^2 + B_C^{\,2}} \tag{13.21}$$

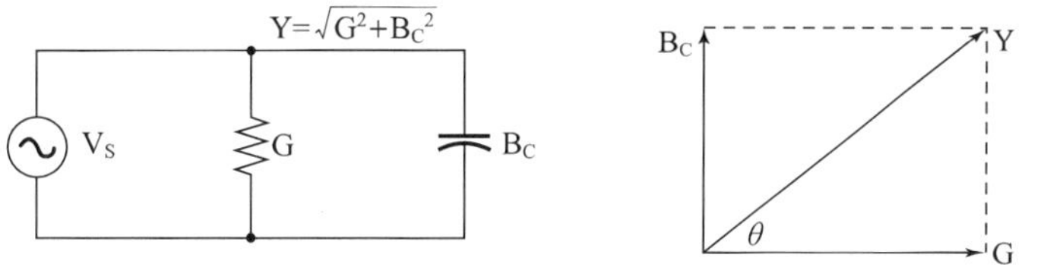

그림 13-18

또한 이식들을 옴의 법칙으로 변환하면 식 (13.22), (13.23), (13.24)를 구할 수 있다.

$$V = \frac{I}{Y} \tag{13.22}$$

$$I = V \times Y \tag{13.23}$$

$$Y = \frac{I}{V} \tag{13.24}$$

예제 12 (a) 그림 13-19(a)에 표시된 회로의 어드미턴스를 구하고 임피던스로 변환하시오. θ_I를 구하시오. $I_T = 5$ mA라고 가정하고 V_T를 구하시오.

(b) 13-19(b)에 표시된 회로의 본선전류와 위상각을 구하시오.

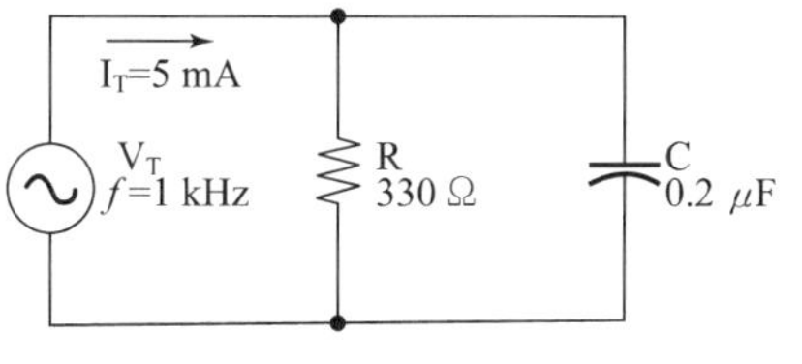

(a)

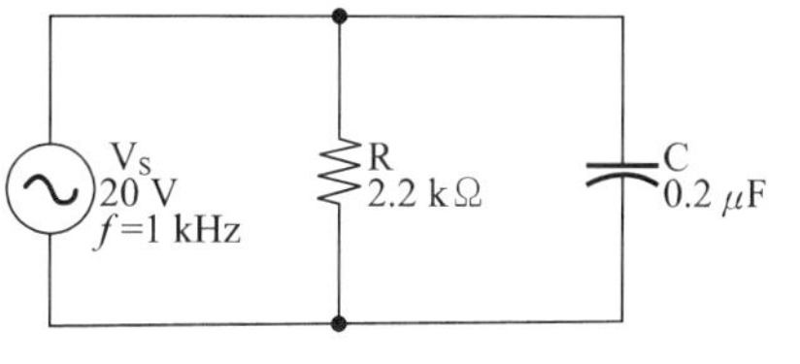

(b)

그림 13-19

▸ (a) $G = \frac{1}{R} = \frac{1}{330\ \Omega} = 3.03\ \text{mS}$

$$X_C = \frac{1}{2\pi fC} = \frac{1}{6.28 \times 1{,}000\ \text{Hz} \times 0.2 \times 10^{-6}\text{F}} = 796\ \Omega$$

$$B_C = \frac{1}{X_C} = \frac{1}{796\ \Omega} = 1.26\ \text{mS}$$

$$Y_T = \sqrt{G^2 + B_C{}^2} = \sqrt{(3.03\ \text{mS})^2 + (1.26\ \text{mS})^2} = 3.28\ \text{mS}$$

$$Z = \frac{1}{Y_T} = \frac{1}{3.28\ \text{mS}} = 305\ \Omega$$

$$\theta_I = \tan^{-1}\left(\frac{R}{X_C}\right) = \tan^{-1}\left(\frac{330\ \Omega}{796\ \Omega}\right) = 22.5°$$

$$V_T = I_T \times Z = 5\ \text{mA} \times 305\ \Omega = 1.525\ \text{V}$$

(b) $G = \frac{1}{R} = \frac{1}{2,200\ \Omega} = 455\ \mu S$

$$X_C = \frac{1}{2\pi fC} = \frac{1}{6.28 \times 1,500\ Hz \times 0.02 \times 10^{-6} F} = 5.31\ k\Omega$$

$$B_C = \frac{1}{X_C} = \frac{1}{5.31\ k\Omega} = 188\ \mu S$$

$$Y_T = \sqrt{G^2 + B_C{}^2} = \sqrt{(455\ \mu S)^2 + (188\ \mu S)^2} = 492\ \mu S$$

$$I_T = V \times Y_T = 20\ V \times 492\ \mu S = 9.84\ mA$$

$$\theta_I = \tan^{-1}\left(\frac{R}{X_C}\right) = \tan^{-1}\left(\frac{2,200\ \Omega}{5,310\ \Omega}\right) = 22.5°$$

13.5 RL회로 응답과 시상수 L/R

그림 13-20에는 저항만으로 구성된 회로가 표시되어 있다. 스위치가 닫히면 건전지는 10 V의 전압을 10 Ω 저항 양단에 공급해서 1 A의 전류를 흐르게 한다. 그림 13-20(b)에 표시된 그래프는 스위치가 닫혔을 때 전류 I가 순간적으로 0에서 1 A까지 변화하는 것을 표시하고 있다. 또한 스위치가 개방되면 전류 I는 즉시 0까지 감소하게 된다.

저항 R과 인덕터 L이 그림 13-21(a)에 표시된 것처럼 직렬로 연결된 회로를 해석해 보자. 스위치 S가 닫히면 전류 I는 그림 13-21(b)에 표시된 것처럼 zero에서부터 증가해서 결국은 1 A의 정지 전류값을 갖게 된다. 이것은 10 V의 전류값을 10 Ω 의 저항으로 나눈 크기와 같지만 전류가 0에서 1 A까지 증가하는 동안 I는 변화하고 L은 변화를 방해한다. RL회로의 이런 동작은 1 A의 정지 상태 전류에 도달할 때까지 일시적으로 존재하는 조건으로 과도응답이라고 하는데, 이것은 시상수에서 발생된다.

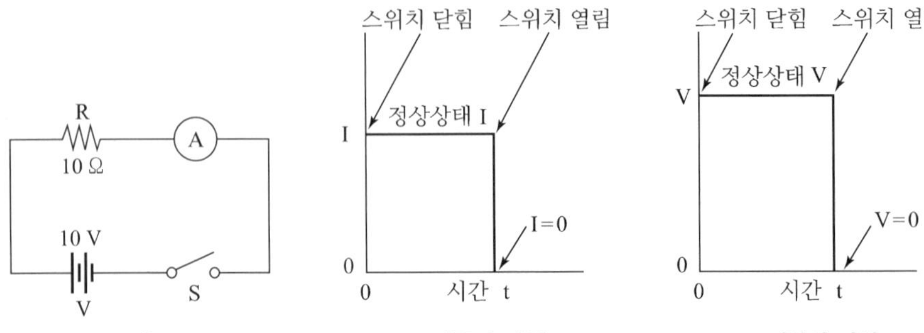

(a) 회로도 (b) 전류의 파형 (c) 전압의 파형

그림 13-20 저항만을 갖는 회로.

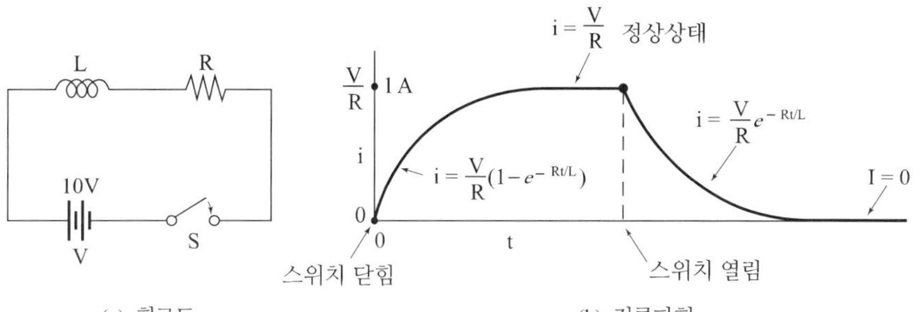

(a) 회로도 (b) 전류파형

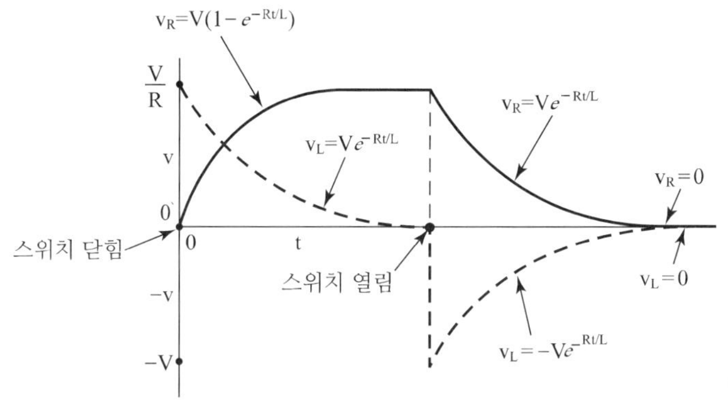

(c) v_L과 v_R의 전압파형

그림 13-21 RL회로의 과도 응답 스위치가 닫히면 I는 0에서 1 A의 정상 상태까지 증가한다.

스위치 S가 개방되면 RL회로의 과도응답은 정상전류를 zero까지 감소시키는 과도응답을 갖는다. 과도응답은 L / R의 비로 측정되는데, 이것을 회로의 시상수라 하고 식 (13.25)처럼 표시한다.

$$\tau = \frac{L}{R} \tag{13.25}$$

여기서 τ는 시상수로 초 단위를 사용하고, L은 인덕턴스로 H 단위를 사용한다. 저항 R은 L과 직렬로 연결된 저항으로 Ω 값을 가지며 그림 13-21에서 시상수는 0.1 s이다.

$$\tau = \frac{L}{R} = \frac{1}{10} = 0.1\ \text{s}$$

시상수를 측정하는 것은 약 63.2%까지 변화하는 전류를 측정하는 것으로, 그림 13-22(a)에서 전류는 0에서 0.63 A까지 증가하는데 소비된 시간이 0.1초이므로 0.1초가 시상수가 된다. 주기는 시상수의 5배에 해당하는 시간을 갖는데 이때 전류는 정상상태 전류값 1 A를 가지게 된다. 만약 스위치가 개방된다면 전류는 0까지 감소하게 되는데, 1시상수에서 1 A에서 0.37 A까지 감소하게 된다. 주의할 점은 1 A에서 0.37 A까지 감소한다는 것은 63% 변화한다는 것을

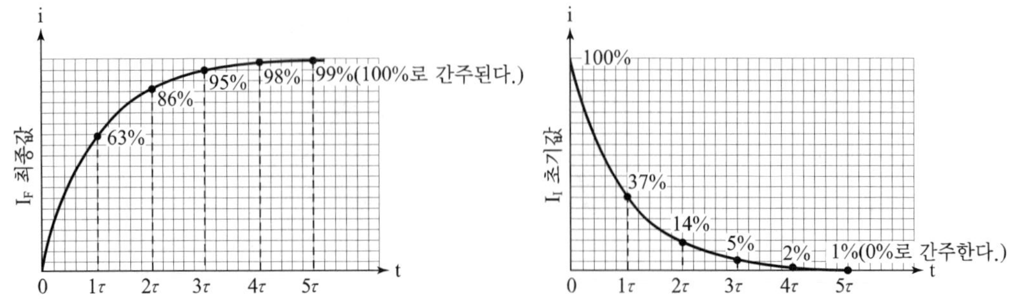

(a) 스위치 단락후 전류파형

(b) 스위치 개방후 전류파형

그림 13-22

의미하고, 전류가 0까지 감소할 때까지는 5배의 시상수가 필요하다.

그림 13-21(b)에 표시된 스위치가 닫힌 경우의 충전전류와 전압 공식은 식 (13.26)에서 식 (13.30)처럼 표시되고, 스위치가 열린 경우의 방전전류와 전압공식은 식 (13.31)에서 식 (13.35)처럼 표시된다.

$$i = \frac{V}{R}(1 - e^{-Rt/L}) \tag{13.26}$$

$$I = \frac{V}{R}(t\text{가 아주 클 때}) \tag{13.27}$$

$$V = v_R + v_L \tag{13.28}$$

$$v_R = V(1 - e^{-Rt/L}) \tag{13.29}$$

$$v_L = Ve^{-Rt/L} \tag{13.30}$$

$$i = \frac{V}{R}e^{-Rt/L} \tag{13.31}$$

$$I = 0(t\text{가 아주 클 때}) \tag{13.32}$$

$$0 = v_R + v_L \tag{13.33}$$

$$v_R = Ve^{-Rt/L} \tag{13.34}$$

$$v_L = -Ve^{-Rt/L} \tag{13.35}$$

여기서 i는 순시전류, V는 인가된 직류전압, R은 회로의 저항, L은 회로의 인덕턴스, t는 시간(초), e는 자연로그, I는 최종전류(정상상태전류), v_R은 저항 양단에 걸리는 순시전압, v_L은 코일 양단에 걸리는 순시전압을 의미한다.

예제 13 (a) 20 H 코일이 100 Ω의 저항과 직렬로 연결된 회로에서의 시상수는 얼마의 크기를 갖는가?
(b) 20 H의 코일이 10 V 전압에 인가되었을 때 100 mA의 전류를 발생시키는 저항과 직렬로 연결되어 있다. 0.2초 후의 전류는 얼마이며 1초 후의 전류는 얼마인가?
(c) 1 MΩ의 저항이 20 H 코일과 직렬로 연결된다면 시상수는 얼마인가?
(d) 1 K의 저항이 1 mH 코일과 직렬로 연결된다면 시상수는 얼마인가?

▸ (a) $\tau = \frac{L}{R} = \frac{20\ H}{100\ \Omega} = 0.2\ s$

(b) 0.2초가 시상수이므로 0.2초 후의 전류값은 100 mA의 63.2% 값은 63.2 mA 크기를 가지며, 시상수의 5배인 1초 후에는 정상 상태 전류 100 mA에 도달하게 되며, 10 V 전압이 계속 존재하는 한 그 크기를 유지하게 된다.

(c) $\tau = \frac{L}{R} = \frac{20\ H}{1{,}000{,}000\ \Omega} = 20\ \mu s$

(d) $\tau = \frac{L}{R} = \frac{1 \times 10^{-3}\ H}{1{,}000\ \Omega} = 1\ \mu s$

예제 14 다음의 R, L, t에서 $e^{-Rt/L}$의 크기를 구하고 그래프로 도시하시오.

	R (Ω)	L (H)	t (s)
a	15	15	0
b	15	15	1
c	30	15	1
d	15	30	1
e	15	15	3
f	30	20	1

▸ (a) $-\frac{Rt}{L} = \frac{-15 \times 0}{15} = 0,\ e^{-Rt/L} = e^{0} = 1$

(b) $-\frac{Rt}{L} = \frac{-15 \times 1}{15} = -1,\ e^{-Rt/L} = e^{-1} = 0.368$

(c) $-\frac{Rt}{L} = \frac{-30 \times 1}{15} = -2,\ e^{-Rt/L} = e^{-2} = 0.315$

(d) $-\frac{Rt}{L} = \frac{-15 \times 1}{30} = -0.5,\ e^{-Rt/L} = e^{-0.5} = 0.607$

(e) $-\frac{Rt}{L} = \frac{-15 \times 3}{15} = -3,\ e^{-Rt/L} = e^{-3} = 0.050$

(f) $-\frac{Rt}{L} = \frac{-30 \times 1}{20} = -1.5,\ e^{-Rt/L} = e^{-1.5} = 0.223$

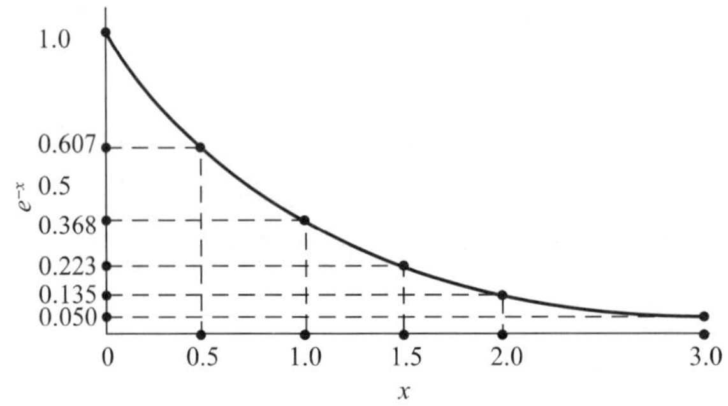

그림 13-23 e^{-x}의 그래프.

예제 15 (a) 그림 13-22를 활용해서 그림 13-24에 표시된 회로의 스위치가 닫힌 경우의 1시상수에서 5시상수까지 전류를 구하시오.

(b) 스위치가 개방된 후 1시상수에서 5시상수까지 전류를 구하시오.

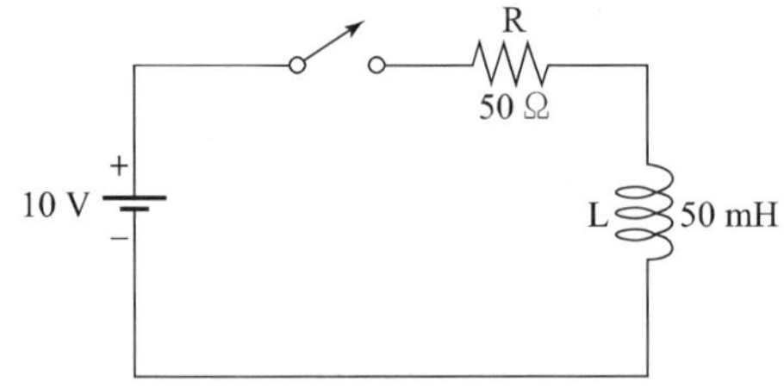

그림 13-24

▸ (a) $\tau = \frac{L}{R} = \frac{50\ \text{mH}}{50\ \Omega} = 1\ \text{ms}, I = \frac{V}{R} = \frac{10\ \text{V}}{50\ \Omega} = 0.2\ \text{A}$

정상상태전류 I는 200 mA(0.2 A)이다. 따라서 각 시상수에서의 전류는 다음과 같다.

시상수	정상상태전류의(%)	전류값(mA)
$1\tau = 1$ ms	63	126
$2\tau = 2$ ms	86	172
$3\tau = 3$ ms	95	190
$4\tau = 4$ ms	98	196
$5\tau = 5$ ms	99	$198 \cong 200$

(b)

시상수	정상상태전류의(%)	전류값(mA)
$1\tau = 1$ ms	37	74
$2\tau = 2$ ms	14	28
$3\tau = 3$ ms	5	10
$4\tau = 4$ ms	2	4
$5\tau = 5$ ms	1	$2 \cong 0$

예제 16 그림 13-25에 표시된 회로를 이용해서 다음을 구하시오.

(a) 스위치가 닫힌 후 1초에서 5초 사이의 전류를 구하시오.

(b) 스위치가 닫히는 순간의 전류를 구하시오.

(c) 스위치가 닫힌 후 1초 후의 코일과 저항 양단에 걸리는 전압을 구하시오.

(d) t=0에서 5에 대응하는 전류의 그래프를 그리시오.

(e) 스위치가 닫힌 후 7초 후에 스위치를 개방시켰다. 개방 2초 후의 전류를 구하시오.

(f) 시상수와, $e^{-\frac{Rt}{L}}$, $(1-e^{-\frac{Rt}{L}})$의 관계를 비교하시오.

(힌트 : 식 (13.26)에서 (13.35)를 이용하시오.)

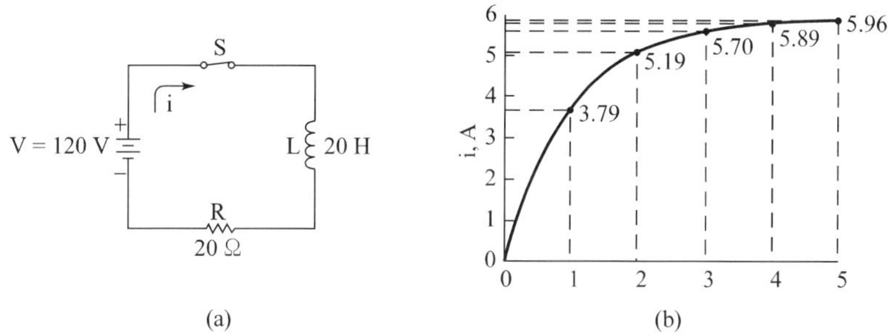

그림 13-25

▸ (a) $i=\frac{V}{R}(1-e^{-\frac{Rt}{L}})$을 이용한다.

t (s)	$-\frac{Rt}{L}$	$e^{-\frac{Rt}{L}}$	$i=\frac{V}{R}(1-e^{-\frac{Rt}{L}})$ (A)
1s	-1	0.368	3.79
2s	-2	0.135	5.19
3s	-3	0.050	5.70
4s	-4	0.018	5.89
5s	-5	0.007	5.96

(b) t=0인 경우의 $e^0=1$이므로 전류는 0이다.

$$-\frac{Rt}{L}=-\frac{20\times 0}{20}=0,\ e^0=1,\ i=\frac{V}{R}(1-e^{-\frac{Rt}{L}})=\frac{10}{20}\times(1-1)=6\times 0=0\,A$$

(c) $v_R=V(1-e^{-Rt/L})=120\times(1-0.368)=120\times(0.632)=75.8\ V$

$v_L=Ve^{-Rt/L}=120\times 0.368=44.2\ V$

$V=v_R+v_L=75.8\,V+44.2\,V=120\ V$

(d) 그림 13-25(b)

(e) $i=\frac{V}{R}e^{-Rt/L}=\frac{120}{20}\times 0.135=6\times 0.135=0.81\,A$

(f)

시상수	$e^{-\frac{Rt}{L}}$	$(1-e^{-\frac{Rt}{L}})$
0	1.000	0.000
0.5	0.607	0.393
1.0	0.368	0.632
1.5	0.223	0.777
2.0	0.135	0.865
2.5	0.082	0.918
3.0	0.050	0.950
3.5	0.030	0.970
4.0	0.018	0.9832
4.5	0.011	0.989
5.0	0.007	0.993
5.5	0.004	0.996
6.0	0.002	0.998

13.6 RC회로 응답과 시상수 RC

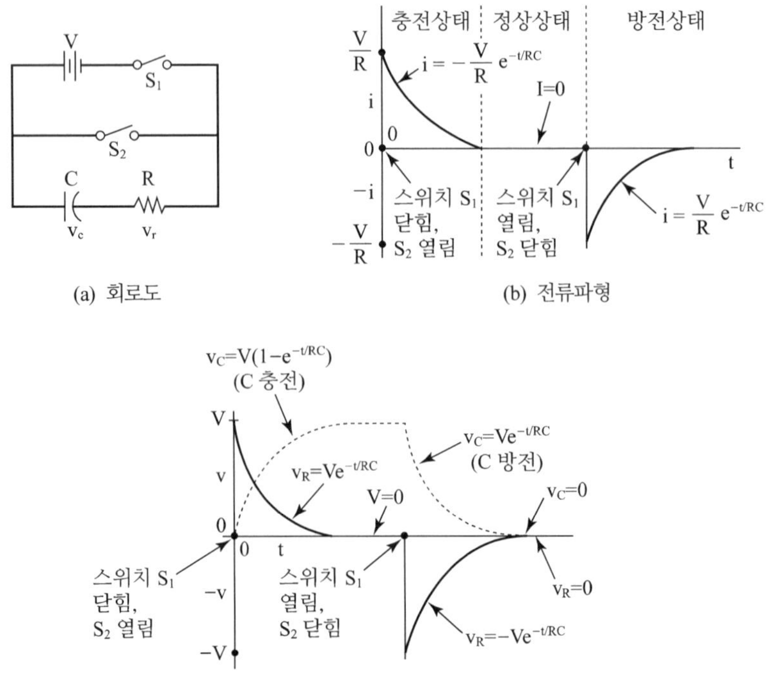

(a) 회로도 (b) 전류파형

(c) v_R과 v_C의 전압파형

그림 13-26 RC회로의 응답.

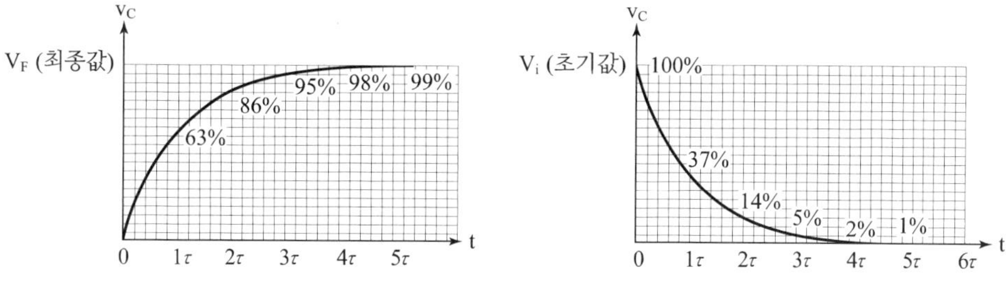

그림 13-27 RC회로의 콘덴서 충전전압과 방전 전압의 특성곡선.

용량성 회로에서 과도응답은 RC의 크기로 표시되며 시상수는 식 (13.37)처럼 표시된다.

$$\tau = RC \tag{13.36}$$

여기서 R은 Ω, C는 F, τ는 s 단위를 갖는다. 콘덴서의 충전전압과 방전전압의 특성곡선은 그림 13-26, 13-27에 표시된 것과 같다.

그림 13-26에 표시된 회로에서 스위치 S_1이 닫히고 S_2가 개방된 경우의 충전 공식은 식 (13.37)에서 식 (13.41)까지 사용되고, 스위치 S_1이 개방되고 스위치 S_2가 닫히는 경우의 방전 공식은 식 (13.42)에서 식 (13.46)까지 사용된다.

$$i = \frac{V}{R}e^{-t/RC} \tag{13.37}$$

$$I = 0 \ (\text{t가 아주 클 때}) \tag{13.38}$$

$$V = v_R + v_C \tag{13.39}$$

$$v_R = Ve^{-t/RC} \tag{13.40}$$

$$v_C = V(1 - e^{-t/RC}) \tag{13.41}$$

$$i = -\frac{V}{R}e^{-t/RC} \tag{13.42}$$

$$I = 0 \ (\text{t가 아주 클 때}) \tag{13.43}$$

$$0 = v_R + v_C \tag{13.44}$$

$$v_R = -Ve^{-t/RC} \tag{13.45}$$

$$v_C = Ve^{-t/RC} \tag{13.46}$$

여기서 i는 순시전류, V는 인가된 직류전압, R은 회로의 저항, C는 회로의 커패시턴스, t는 시간(초), e는 자연로그, I는 최종전류(정상상태전류), v_R은 저항 양단에 걸리는 순시전압, v_C는 콘덴서 양단에 걸리는 순시전압을 의미한다.

예제 17 (a) 0.01 μF의 콘덴서가 1 MΩ 저항과 직렬로 연결되었을 때 시상수는 얼마인가?

(b) 100 V의 직류전압이 공급되었다고 가정할 때 0.01초 후 C에 걸리는 전압의 크기는 얼마인가? 0.05초 후에는 얼마의 전압이 충전되는가? 1시간 후에는, 3일 후에는 얼마인가?

(c) 콘덴서가 100 V까지 충전하고 바로 방전한다면 콘덴서 전압이 방전을 시작한 후 0.01 s가 지나면 콘덴서의 전압은 얼마가 되는가? 단 저항은 충전 시와 동일하다.

(d) 만약 1 MΩ의 저항이 더해진다면 시상수는 얼마로 되는가?

▸ (a) $\tau = 1 \times 10^6 \times 0.01 \times 10^{-6} = 0.01\,\text{s}$

(b) 시상수가 0.01 s이므로 C 양단에는 100 V의 63% 크기인 63 V가 충전되고, 5배의 시상수가 지나면 C는 100 V로 충전되며, 2시간 후나 2일 후에도 전원이 계속 연결되어 있다면 C 양단에는 100 V가 유지된다.

(c) 1 시상수가 지나면 63%가 감소하므로 초기 전압의 37%에 해당하는 크기만을 갖게 된다. 따라서 37 V가 된다.

(d) 직렬저항은 2 MΩ으로 증가하기 때문에 RC도 $2 \times 0.01 = 0.02$ s가 된다.

예제 18 다음과 같은 R, C, t에서 $e^{-t/RC}$를 구하시오.

	R (Ω)	C (F)	t (s)
a	2 Ω	0.5 F	1 s
b	1 MΩ	10 μF	5 s
c	1 KΩ	500 μF	2 s
d	200 Ω	1,000 μF	0.3 s

▸ (a) $-\dfrac{t}{RC} = \dfrac{-1}{2 \times 0.5} = -1,\ \ e^{-t/RC} = e^{-1} = 0.368$

(b) $-\dfrac{t}{RC} = -\dfrac{5}{1 \times 10^6 \times 10 \times 10^{-6}} = -0.5,\ \ e^{-t/RC} = e^{-0.5} = 0.607$

(C) $-\dfrac{t}{RC} = -\dfrac{2}{1 \times 10^3 \times 500 \times 10^{-6}} = -4,\ \ e^{-t/RC} = e^{-4} = 0.018$

(d) $-\dfrac{t}{RC} = -\dfrac{0.3}{2 \times 10^2 \times 10^3 \times 10^{-6}} = -1.5,\ \ e^{-t/RC} = e^{-1.5} = 0.223$

예제 19 그림 13-28에 표시된 회로를 해석하시오.

(a) 스위치가 닫힌 후 1초 후의 전류와 코일과 콘덴서 양단에 걸리는 전압을 구하시오.

(b) 스위치가 개방된 후 1초 후의 전류와 콘덴서와 저항 양단에 걸리는 전압을 구하시오.

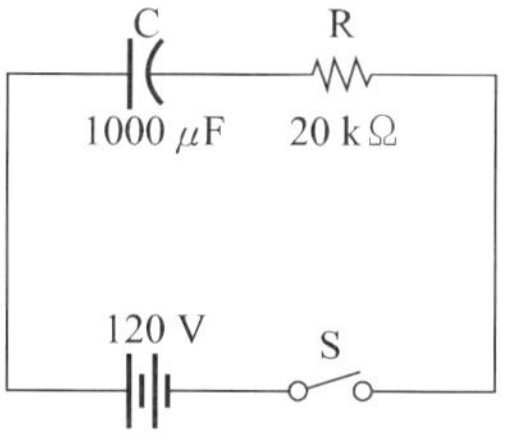

그림 13-28

▸ (a) $i=\frac{V}{R}e^{-t/RC}$ 공식을 사용한다. $t=1$일 때 $-\frac{t}{RC}=-0.5$, $e^{-0.5}=0.607$이므로

$$i=\frac{120\ V}{2{,}000\ \Omega}\times 0.607=36.42\ mA$$

$$v_R=Ve^{-t/RC}=120\ V\times 0.607=72.84\ V$$

$$v_C=V(1-e^{-t/RC})=120\ V(1-0.607)=120\times 0.393=47.16\ V$$

$$V=v_R+v_C=72.84\ V+47.16\ V=120\ V$$

(b) $i=-\frac{V}{R}e^{-t/RC}$ 공식을 사용한다. $t=1$일 때 $-\frac{t}{RC}=-0.5$, $e^{-0.5}=0.607$이므로

$$i=-\frac{120\ V}{2{,}000\ \Omega}\times 0.607=-36.42\ mA$$

$$v_R=-Ve^{-t/RC}=-120\times 0.607=-72.84\ V$$

$$v_C=Ve^{-t/RC}=120\ V\times 0.607=72.84\ V$$

$$0=v_R+v_C=-72.84\ V+72.84\ V=0$$

기초확인문제

01 X_L과 R이 100 V 전원 양단에 직렬로 연결된 회로도를 그리시오. Z와 I, I_R, IX_L, θ를 구하시오.

(a) $R = 100\ \Omega$, $X_L = 1\ \Omega$

(b) $R = 1\ \Omega$, $X_L = 100\ \Omega$

(c) $R = 50\ \Omega$, $X_L = 50\ \Omega$

02 X_L과 R이 100 V 전원에 병렬로 연결된 회로도를 그리시오. I_R, I_L, I_T, Z를 구하시오.

(a) $R = 100\ \Omega$, $X_L = 1\ \Omega$

(b) $R = 1\ \Omega$, $X_L = 100\ \Omega$

(c) $R = 50\ \Omega$, $X_L = 50\ \Omega$

03 1 H의 인덕턴스를 갖는 코일의 내부저항이 100 Ω이다.

(a) 인덕턴스와 내부저항이 직렬로 연결되는 코일의 등가회로를 그리시오.

(b) 60 Hz에서 유도성 인덕턴스는 얼마인가?

(c) 60 Hz에서 코일의 전체 임피던스는 얼마인가?

(d) 60 Hz, 120 V 전원에 연결되었을 때 코일에 흐르는 전류의 세기는 얼마인가?

(e) $f = 400$ Hz일 때 I는 얼마인가?

04 주파수가 5 KHz, 5 MHz, 10 MHz, 50 MHz일 때 100 Ω의 저항을 갖도록 직렬연결된 초크에서 필요한 최소한의 인덕턴스를 구하시오. 모든 경우에 직렬저항은 10 Ω으로 한다.

05 120 V, 60 Hz의 전원에 코일이 연결되었을 때 0.3 A의 전류가 흐른다면 코일의 임피던스 Z는 얼마인가? 자신의 저항이 5 Ω이라면 X_L의 크기는 얼마인가? (힌트 : $X_L{}^2 = Z^2 - R^2$)

06 200 Ω의 저항 R이 141 V, 60 Hz의 전원에 인덕터 L과 직렬로 연결되어 있다. V_R이 100 V라고 가정하고 L을 구하시오(힌트 : $V_L{}^2 = V_T{}^2 - V_R{}^2$).

07 I_L이 13 μs 동안에 400 mA에서 0까지 감소할 때 V_L이 10 KV가 유도된다면 L값은 얼마인가?

08 400 Ω R과 400 Ω X_L이 120 V 60 Hz 전원에 직렬연결되어 있다. Z, I, V_L, V_R, θ_Z를 구하시오.

09 기초확인문제 8과 같은 크기의 R과 X_L이 병렬연결되어 있다면 I_R, I_L, I_T, Z, θ_I는 얼마인가?

10 기초확인문제 9에서 주파수가 120 Hz로 증가되었다면 60 Hz와 120 Hz에서의 I_R과 I_L, θ_I를 비교하시오.

11 0.4 H의 L과 180 Ω의 R이 120 V 60 Hz 양단에 직렬로 연결되어 있다면 I와 θ_Z는 얼마인가?

12 인덕턴스 L은 20 mA 전류에서 10 V의 유도전압을 갖고 주파수가 10 KHz일 때 X_L과 L은 얼마인가?

13 500 Ω R이 300 Ω X_L과 직렬로 연결되어 있다. Z_T와 I, θ_Z를 구하시오. $V_T = 120$ V이다.

14 300 Ω R이 300 Ω X_L과 직렬로 연결되어 있다. V_T가 120 V일 때 Z_T, I, θ_Z를 구하시오. 연습문제 13의 θ_Z와 비교하시오.

15 500 Ω R이 300 Ω X_L과 병렬로 연결되어 있다. I_T, Z_T, θ_I를 구하시오. 단 $V_T = 120$ V이다. 기초확인문제 14의 θ_Z와 θ_I를 비교하시오.

16 2.2 KΩ의 저항과 150 mH의 인덕터가 20 V, 1,500 Hz전원에 병렬연결된다고 가정하고, 어드미턴스, 콘덕턴스, 서셉턴스를 이용해서 전체 전류와 위상각을 구해보시오.

17 40 Ω의 R과 30 Ω의 X_C가 100 V의 정현파 교류전원 양단에 직렬로 연결되어 있다.
(a) 회로도를 그리시오.
(b) Z를 계산하시오.
(c) I를 계산하시오.
(d) R과 C 양단에 걸리는 전압을 계산하시오.
(e) 회로의 위상각은 얼마인지 구하시오.

18 40 Ω의 R과 30 Ω의 X_C가 100 V의 정현파 교류전원 양단에 병렬로 연결되어 있다.
(a) 회로도를 그리시오.
(b) IT를 계산하시오.
(c) 각 지로전류를 계산하시오.
(d) Z를 구하시오.
(e) 회로의 위상각은 얼마인지 구하시오.
(f) R 양단에 걸리는 전압과 X_C 양단에 걸리는 전압의 위상을 비교하시오.

19 콘덴서가 40 KΩ 저항과 직렬로 연결되어 있고 100 V 교류전원이 공급된다면 100 Hz와 100 KHz에서 X_C와 R 양단에 걸리는 전압의 크기가 일치하는 C를 구하시오.

20 C_1과 C_2가 100 V의 전원에 직렬로 연결된 회로도를 그리시오. C_1이 90 μF이고 양단에 90 V가 걸린다.

(a) C_2 양단에 걸리는 전압의 크기는 얼마인가?

(b) C_2의 커패시턴스는 얼마인가?

21 120 V, 8 KHz 전원 양단에 1,500 Ω의 R과 0.01 μF의 C가 전원에 병렬로 연결되어 있다고 가정하고 X_C, Z_T, $\theta_{Z,I}$, V_R, V_C를 구하시오.

정답

01 $Z=\sqrt{R^2+X_L{}^2}$, $I=\dfrac{V_L}{X_L}$, $I=\dfrac{V_T}{Z}$, $\theta_Z=\tan^{-1}\left(\dfrac{X_L}{R}\right)$, $V_T=\sqrt{V_R{}^2+V_L{}^2}$

$V_R=IR$이므로

(a) $Z=100\ \Omega$, $I=1$ A, $I_R=100$ V, $IX_L=1$ V, $\theta_Z=0.57°$

(b) $Z=100\ \Omega$, $I=1$ A, $I_R=1$ V, $IX_L=100$ V, $\theta_Z=89.4°$

(c) $Z=70.7\ \Omega$, $I=1.414$ A, $I_R=70.7$ V, $IX_L=70.7$ V, $\theta_Z=45°$

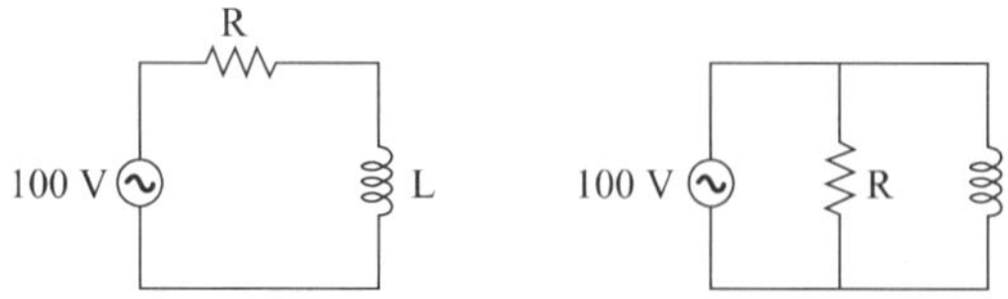

02 $I_T=\sqrt{I_R{}^2+I_L{}^2}$, $I_L=\dfrac{V_T}{X_L}$, $I_R=\dfrac{V_T}{R}$, $I_T=\dfrac{V_T}{Z}$이므로

(a) $I_R=1$ A, $I_L=100$ A, $I_T=100$ A, $Z=1\ \Omega$

(b) $I_R=100$ A, $I_L=1$ A, $I_T=100$ A, $Z=1\ \Omega$

(c) $I_R=2$ A, $I_L=2$ A, $I_T=2.828$ A, $Z=3.54\ \Omega$ 1H 100 Ω

03 (a) 

(b) $X_L=2\pi fL=6.28\times 60\text{ Hz}\times 1\text{ H}=376.8\,\Omega$

(c) $Z=\sqrt{R^2+X_L{}^2}=\sqrt{100^2+376.8^2}=389.8\,\Omega$

(d) $I=\dfrac{V}{Z}=\dfrac{120\text{ V}}{389.8\ \Omega}=0.31\text{ A}$

(e) $X_L=2\pi fL=6.28\times 400\text{ Hz}\times 1\text{ H}=2{,}512\ \Omega$

$Z=\sqrt{R^2+X_L2}=\sqrt{100^2+2{,}512^2}=2513.9\Omega$, $I=\dfrac{V}{Z}=\dfrac{120\text{ V}}{2514\ \Omega}=0.048\text{ A}$

04 $L = \dfrac{\sqrt{Z^2 - R^2}}{2\pi f}$ 이므로

(a) $L = \dfrac{\sqrt{Z^2 - R^2}}{2\pi f} = \dfrac{\sqrt{100^2 - 10^2}}{6.28 \times 5 \times 10^3} = 3.17\,\text{mH}$

(b) $L = \dfrac{\sqrt{Z^2 - R^2}}{2\pi f} = \dfrac{\sqrt{100^2 - 10^2}}{6.28 \times 5 \times 10^6} = 3.17\,\mu\text{H}$

(c) $L = \dfrac{\sqrt{Z^2 - R^2}}{2\pi f} = \dfrac{\sqrt{100^2 - 10^2}}{6.28 \times 10 \times 10^6} = 1.585\,\mu\text{H}$

(d) $L = \dfrac{\sqrt{Z^2 - R^2}}{2\pi f} = \dfrac{\sqrt{100^2 - 10^2}}{6.28 \times 50 \times 10^6} = 317\,\text{nH}$

05 $Z = \dfrac{V_T}{I_T} = \dfrac{120\text{ V}}{0.3\text{ A}} = 400\ \Omega,\ X_L = \sqrt{Z^2 - R^2} = \sqrt{400^2 - 5^2} = 399.9\ \Omega \fallingdotseq 400\ \Omega$

06 $V_L = \sqrt{{V_T}^2 - {V_R}^2} = \sqrt{141\text{ V}^2 - 100\text{ V}^2} = 99.4\text{ V},\ I_R = \dfrac{V_R}{R} = \dfrac{100\text{ V}}{200\ \Omega} = 0.5\text{ A}$

$X_L = \dfrac{V_L}{I_L} = \dfrac{99.4\text{ V}}{0.5\text{ A}} = 199.8\ \Omega,\ L = \dfrac{X_L}{2\pi f} = \dfrac{199.8\ \Omega}{6.28 \times 60\text{ Hz}} = 0.53\text{ H}$

07 $\dfrac{di}{dt} = \dfrac{400\text{ mA}}{8\ \mu\text{s}} = 50{,}000\text{ A/s},\ L = \dfrac{V_L}{di/dt} = \dfrac{10 \times 10^3\text{ V}}{50{,}000\text{ A/s}} = 0.25\text{ H}$

08 $Z = \sqrt{R^2 + {X_L}^2} = \sqrt{400^2 + 400^2} = 565.7\ \Omega,\ I = \dfrac{V}{Z} = \dfrac{120\text{ V}}{565.7\ \Omega} = 0.212\text{ A}$

$V_L = I \times X_L = 0.212\text{ A} \times 400\ \Omega = 84.8\text{ V}$

$V_R = I \times R = 0.212\text{ A} \times 400\ \Omega = 84.8\text{ V}$

$\theta_Z = 45°$

09 $I_R = \dfrac{120\text{ V}}{400\ \Omega} = 0.3\text{ A},\ I_L = \dfrac{120\text{ V}}{400\ \Omega} = 0.3\text{ A},$

$I_T = \sqrt{{I_R}^2 + {I_L}^2} = \sqrt{(0.3\text{ A})^2 + (0.3\text{ A})^2} = 0.424\text{ A},$

$Z = \dfrac{V}{I_T} = \dfrac{120\text{ V}}{0.424\text{ A}} = 283\ \Omega,\ \theta_I = -\tan^{-1}\left(\dfrac{I_L}{I_R}\right) = -\tan^{-1}(1) = -45°$

10 120 Hz에서의 X_L은 60 Hz에서보다 2배 증가하므로 800 Ω이 된다.

따라서, $I_R = 0.3\text{ A},\ I_L = 0.15\text{ A},\ \theta_I = -\tan^{-1}\left(\dfrac{I_L}{I_R}\right) = -\tan^{-1}(0.5) = -26.6°$

11 $X_L = 2\pi fL = 6.28 \times 60\text{ Hz} \times 0.4\text{ H} = 150.7\ \Omega$

$Z = \sqrt{R^2 + {X_L}^2} = \sqrt{180^2 + 150.7^2} = 234.8\ \Omega$

$I = \dfrac{V}{Z} = \dfrac{120\text{ V}}{234.8\ \Omega} = 0.51\text{ A}$

$\theta_Z = \tan^{-1}\left(\dfrac{X_L}{R}\right) = \tan^{-1}\left(\dfrac{150.7\ \Omega}{180\ \Omega}\right) = \tan^{-1}(0.84) = 40°$

12 $X_L = \frac{V_L}{I_L} = \frac{10\,V}{20\,mA} = 500\ \Omega$

$L = \frac{X_L}{2\pi f} = \frac{500\ \Omega}{6.28 \times 10 \times 1{,}000\ Hz} = 7.95\ mH$

13 $Z = \sqrt{R^2 + X_L^2} = \sqrt{500^2 + 300^2} = 583\ \Omega$

$I = \frac{V}{Z} = \frac{120\ V}{583\ \Omega} = 0.206\ A$

$\theta_Z = \tan^{-1}\left(\frac{X_L}{R}\right) = \tan^{-1}\left(\frac{300\ \Omega}{500\ \Omega}\right) = 31°$

14 $Z = \sqrt{R^2 + X_L^2} = \sqrt{300^2 + 500^2} = 583\ \Omega$

$I = \frac{V}{Z} = \frac{120\,V}{583\ \Omega} = 0.206\ A$

$\theta_Z = \tan^{-1}\left(\frac{X_L}{R}\right) = \tan^{-1}\left(\frac{500\ \Omega}{300\ \Omega}\right) = 59°$

15 $I_L = \frac{120\,V}{300\,\Omega} = 0.4\,A,\ I_R = \frac{120\ V}{500\ \Omega} = 0.24\ A$

$I_T = \sqrt{I_R^2 + I_L^2} = \sqrt{(0.24\ A)^2 + (0.4\ A)^2} = 0.47\ A$

$Z = \frac{V}{I_T} = \frac{120\ V}{0.47\ A} = 255.3\ \Omega$

$\theta_I = -\tan^{-1}\left(\frac{I_L}{I_R}\right) = -\tan^{-1}\left(\frac{0.4}{0.241}\right) = -59°$

16 $X_L = 2\pi fL = 6.28 \times 1{,}500\ Hz \times 150\ m4H = 1{,}410\ \Omega$

$B_L = \frac{1}{X_L} = \frac{1}{1{,}410\ \Omega} = 709\ \mu S,\ G = \frac{1}{R} = \frac{1}{2{,}200\ \Omega} = 455\ \mu S$

$Y_T = \sqrt{G^2 + B_L^2} = \sqrt{(455\ \mu S)^2 + (709\ \mu S)^2} = 842\ \mu S$

$I_T = V \times Y_T = 20\ V \times 842\ \mu S = 16.84\ mA$

$\theta_I = -\tan^{-1}\left(\frac{R}{X_L}\right) = -\tan^{-1}\left(\frac{2{,}200\ \Omega}{1{,}410\ \Omega}\right) = -57.3°$

17 $Z = \sqrt{R^2 + X_C^2},\ I = \frac{V_C}{X_C},\ I = \frac{V_T}{Z},\ \theta_Z = -\tan^{-1}\left(\frac{X_C}{R}\right),\ V_T = \sqrt{V_R^2 + V_C^2}$

$V_R = IR$ 이므로

(a)

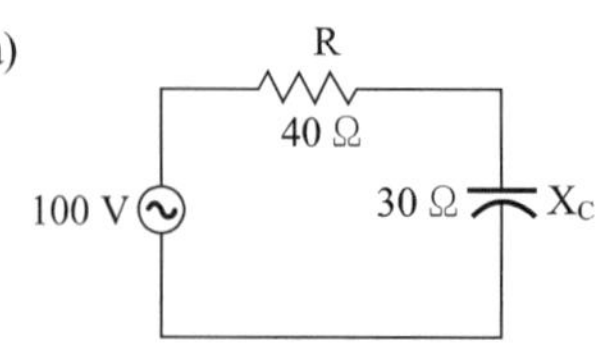

(b) $Z = 50\ \Omega$ (c) $I = 2\ A$

(d) $V_R = 80\ V,\ V_C = 60\ V$ (e) $\theta_Z = -36.9°$

18 $I_T = \sqrt{I_R^{\,2}+I_C^{\,2}}$, $I_C = \dfrac{V_T}{X_C}$, $I_R = \dfrac{V_T}{R}$, $I_T = \dfrac{V_T}{Z}$, $\theta_I = \tan^{-1}\left(\dfrac{I_C}{I_R}\right)$이므로

(a)

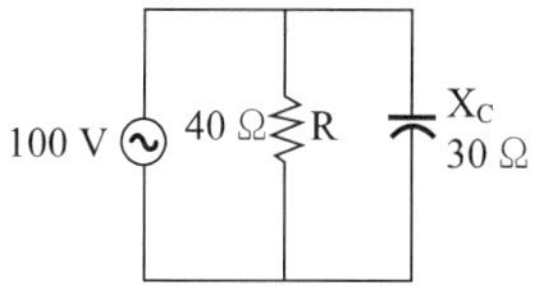

(b) $I_R = 2.5$ A, $I_C = 3.3$ A X_c 40Ω 30Ω

(c) $I_T = 4.14$ A

(d) $Z = 24.15\,\Omega$

(e) $\theta_I = \tan^{-1}\left(\dfrac{I_C}{I_R}\right) = \tan^{-1}\left(\dfrac{3.3}{2.5}\right) = \tan^{-1}(1.32) = 52.9°$

19 (a) $X_C = \dfrac{1}{2\pi fC}$이므로 $C = \dfrac{1}{2\pi fX_C}$로 구해진다.

$$C = \frac{1}{2\pi fX_C} = \frac{1}{6.28\times 100\text{ Hz}\times 20\times 10^3\ \Omega} = 0.04\ \mu\text{F}$$

(b) $C = \dfrac{1}{2\pi fX_C} = \dfrac{1}{6.28\times 100\times 10^3\text{Hz}\times 20\times 10^3\Omega} = 40\text{ pF}$

20 (a) $V_{C2} = V_T - V_{C1} = 100\text{ V} - 90\text{ V} = 10\text{ V}$

(b) $Q = C_1\times V_{C1} = C_2\times V_{C2}$

$$C_2 = \frac{V_{C1}}{V_{C2}}\times C_1 = 9\times 90\,\mu\text{F} = 810\,\mu\text{F}$$

21 (a) $X_C = \dfrac{1}{2\pi fC} = \dfrac{1}{6.28\times 8\times 10^3\text{Hz}\times 0.01\times 10^{-6}\text{F}} = 1{,}990\ \Omega$

(b) $Z_T = \sqrt{R^2+X_C^{\,2}} = \sqrt{(1{,}500\ \Omega)^2+(1{,}990\ \Omega)^2} = 2{,}492\ \Omega$

(c) $\theta_Z = -\tan^{-1}\left(\dfrac{X_C}{R}\right) = -\tan^{-1}\left(\dfrac{1{,}500}{1{,}990}\right) = -37°$

(d) $I = \dfrac{V}{Z_T} = \dfrac{120\text{ V}}{2{,}492\ \Omega} = 0.048\text{ A}$

(e) $V_R = I\times R = 0.048\text{ A}\times 1{,}500\ \Omega = 72\text{ V}$

(f) $V_C = I\times X_L = 0.048\text{ A}\times 1{,}990\ \Omega = 95.6\text{ V}$

CHAPTER 14 RLC 교류회로의 복소수 표현과 공진

이 장에서는 저항, 인덕턴스, 커패시턴스가 결합되는 RLC회로의 주파수 응답에 대해서 설명한다. 공진 주파수라는 특수한 주파수에서 X_L과 X_C가 어떻게 조합되는지를 설명한다. 직렬 RLC회로와 병렬 RLC회로의 직렬 공진과 병렬 공진현상에 대해서도 고찰한다. 공진은 유도성 리액턴스와 용량성 리액턴스가 일치할 때 발생한다. 교류회로해석에 필요한 복소수의 표현에 대해서 설명하고, 극형식과 직각 좌표형의 변환식에 대해서도 설명한다.

14.1 교류회로에서의 복소수 표현

실수에는 음수와 양수가 포함되는데, 그림 14-1에 표시된 것처럼 모두 위상각과 크기를 갖는다. 예를 들면, 1, 2, 3, 4, 5, 6 등의 수는 수평축 혹은 x축을 따라서 오른쪽으로 증가하는 수이고, zero 위상각을 갖는다. 따라서 양수는 위상각이 0°이다.

이런 위상각은 +1의 계수를 가지며 zero 위상각을 갖는 3을 표시하기 위해서는 3에 +1을 곱하면 +3이 된다. 그러나 일반적으로 +부호는 생략한다. 반대 방향의 음수는 180°의 위상각을 가지며 180°의 위상각은 -1의 계수를 가지게 되므로, -3은 3과 같은 크기의 양이 갖는 위상각이 180°라는 것을 의미한다. 다시 말해 3이 180°회전했다고 가정하면 되는데, 이와 같은 회전각을 수의 연산자라고 한다. 연산자 -1은 180°이고 연산자 +1은 0°이다.

수의 연산자는 0°에서 360° 사이의 각을 가질 수 있는데 교류회로에서는 90°각을 중요시하기 때문에 90°를 표시하는 데 J 계수를 사용한다. 그림 14-2에서 3은 0°에서의 3 단위를 표시하고, -3은 180°에서의 3 단위를 표시하며, j3은 90° 위상각을 갖고 있음을 표시한다. j는 보통 수 앞에 쓰여지는데 이것은 j가 90° 연산자를 표시하는 기호이기 때문이다.

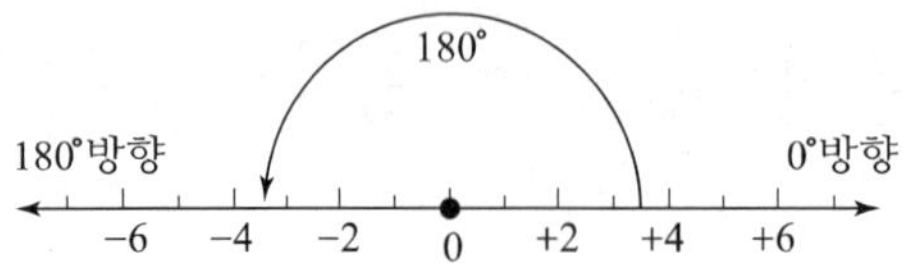

그림 14-1 양수와 음수.

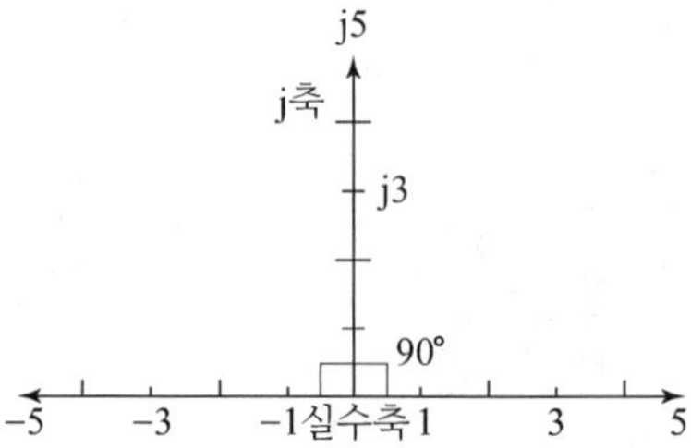

그림 14-2 실수축과 J축.

+표시는 0° 연산자, −부호는 180° 연산자를 나타낸다. 따라서 실수축에서 90°반시계 방향에 있는 모든 수는 허수축(j축) 위에 놓이게 된다. 수학에서는 수평축 위에 놓이는 수를 실수라고 하며 +값과 −값을 갖는다. j축 위에 놓이는 수를 허수라고 하는데 이것은 실수가 아니기 때문에 붙여진 이름이다. 수학에서는 허수를 표시하기 위해서 j 대신 i를 사용하지만 전기에서는 전류 i와의 혼동을 피하기 위해서 j를 사용한다. j 연산자의 중요한 특성은 그림 14-3에 표시된 것과 같다.

실수와 허수가 결합된 수를 복소수라 하는데, 복소수를 표시할 때는 보통 실수를 먼저 쓰고 허수를 뒤에 쓴다. 예를 들면, 3+j5는 실수축으로 3 단위를 가지며 90° 위상차를 갖는 j축에 5 단위를 갖는 것을 의미하며, 복소수는 각 항이 페이저로 더해져야 한다. 그림 14-4에 복소수 페이저를 표시했다.

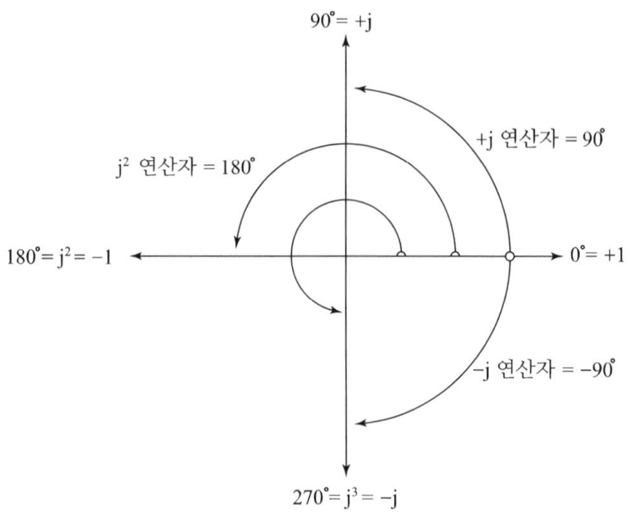

그림 14-3 실수축으로부터 90° 회전하는 j 연산자. −j 연산자는 −90° 회전한다. j^2 연산자는 180° 회전한다.

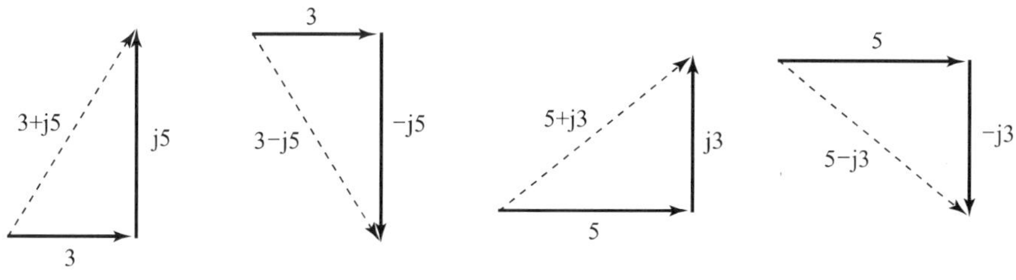

그림 14-4 복소수의 페이저.

$+j$ 페이저는 90° 위쪽에 있고 $-j$ 페이저는 −90° 아래쪽으로 표시된다. 페이저의 합은 한 페이저의 종점과 다음 페이저의 시점을 일치시킬 때 최초 페이저의 시점에서 최종 페이저의 종점에 이르는 값이다. 그래프적으로 두 페이저에 의해서 구성되는 직각 삼각형의 빗변에 해당된다. $3+j5$는 직각 좌표의 형태라고 한다. $j2$와 j^2의 차이점을 명확히 이해해야 한다. $j2$는 계수 2를 표시하고 j^2은 지수를 표시하는 것으로 −1에 해당된다. $j3$과 j^3 역시 주의해야 한다. j^3는 $-j$ 연산자이다. 실수항과 j항을 갖는 복소수에서 j항이 더 커질 때 위상각은 45°보다 커지고, j항이 작아질 때 위상각은 45°보다 더 작아진다. j항과 실수항이 같을 때 위상각은 45°가 된다.

복소수를 실제로 교류회로에 적용할 때 실수는 0°, $+j$는 90°, $-j$는 −90°의 위상각을 표시하게 된다. 따라서 다음 규칙을 그림 14-5와 14-6에 적용할 수 있다.

- 위상각 0° 혹은 j 연산자를 사용하지 않는 실수는 저항 R을 표시한다. 따라서 3 Ω 의 R은 그대로 3 Ω 이라고 표시한다.
- 90° 위상각을 갖는 $+j$는 유도성 리액턴스 X_L을 표시하는 데 사용된다. 따라서 4 Ω 의 X_L은 $j4$로 표시하고, 이런 규칙은 X_L이 R과 직렬로 연결되든 병렬로 연결되든 간에 항상 적용된다. 이것은 인덕턴스 양단에 걸리는 전압이 인덕턴스를 통과하는 전류보다 90° 위상이 앞서기 때문이다. $+j$는 V_L에서도 사용된다.
- −90°의 위상각을 갖는 $-j$는 유도성 리액턴스 X_C를 표시하는 데 사용된다. 예를 들면, 4 Ω 의 X_C는 $-j4$ Ω 이 되며, 이 규칙은 X_C가 R과 직렬연결이든 병렬연결이든 간에 항상 적용된다. 이것은 콘덴서 양단에 걸리는 전압이 콘덴서의 충전전류나 방전전류보다 −90° 뒤지기 때문이며 $-j$는 V_C를 표시하는 데도 사용된다.
- 지로전류를 표시할 때도 그림 14-6(a)와 그림 14-6(b)에서 표시한 것처럼 유도성 지로전류 I_L은 $-j$로 표시되고 용량성 지로전류 I_C는 $+j$로 표시된다.

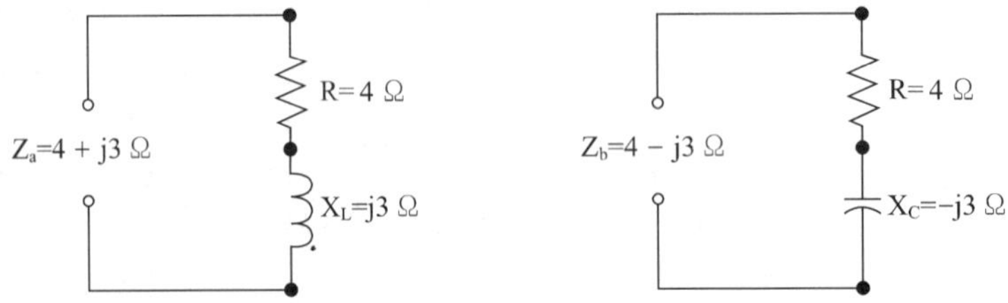

(a) X_L은 +j로 표시한다. (b) X_C는 −j로 표시한다.

그림 14-5 임피던스에 대한 복소수.

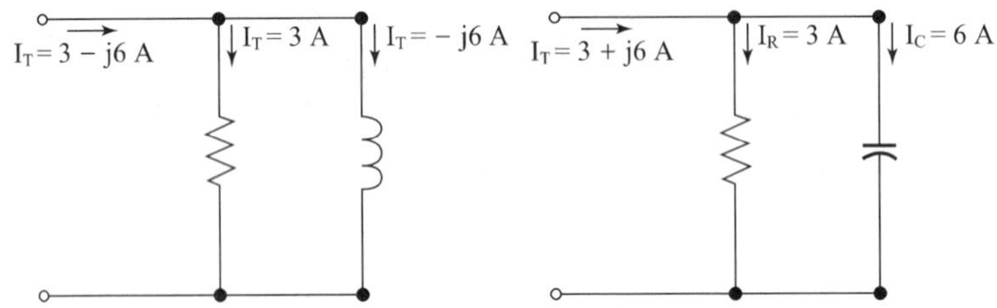

(a) I_L은 −j로 표시된다. (b) I_C는 +j로 표시된다.

그림 14-6 복소수의 지로전류 표시.

복소수의 직각 좌표는 저항과 리액턴스의 직렬 임피던스를 표시하는 데 편리하다. 그림 14−5(a)에서 임피던스 Z_a는 $4+j3$인데, 이것은 4 Ω 의 R과 3 Ω 의 X_L이 직렬연결된 페이저의 합을 표시하며, Z_b는 $4-j3$인데 ,이것은 4 Ω 의 저항과 −3 Ω 의 X_C가 직렬연결임을 나타낸다. −부호는 −j를 더한다는 의미이다.

예를 들어, 400의 R과 200 Ω X_L이 직렬연결된다고 가정하면 $Z_T=400+j200$으로 표시되며 300의 R과 900의 X_C가 직렬연결된다고 가정하면 $Z_T=300-j900$이 된다. 0 Ω 의 R과 10 Ω 의 X_L이 직렬연결되면 $Z_T=0+j10$로 표시되고, 10 Ω 의 R과 0 Ω 의 리액턴스가 직렬로 연결되면 $Z_T=10+j0$가 된다. Z_T는 $R \pm jX$의 형태로 표시되며, 어느 한 항이 zero라면 Z의 일반적인 형태를 유지하기 위해서 0를 대체시킨다.

이런 과정이 꼭 필요한 것은 아니지만 Z의 모든 형태가 사용될 때 혼동을 줄일 수 있다. 이런 방법의 이점은 여러 개의 임피던스를 갖는 경우 다음과 같이 계산할 수 있다는 데 있다.

직렬 임피던스인 경우 식 (14.1)이 사용된다.

$$Z_T = Z_1 + Z_2 + Z_3 + \cdots + \text{etc} \tag{14.1}$$

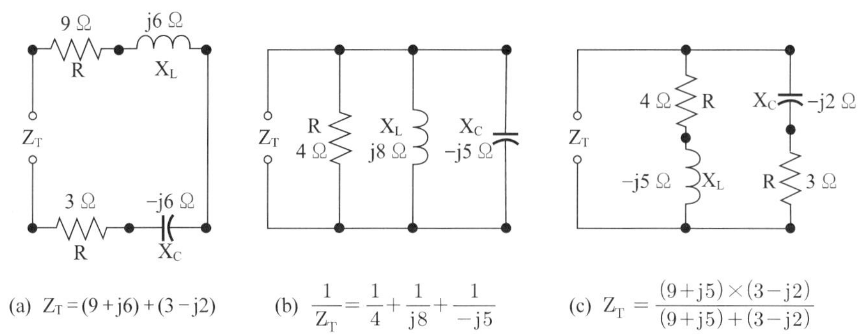

그림 14-7 X_L은 +j, X_C는 −j로 표시된다(직렬회로와 병렬회로에서 공통임).

병렬 임피던스인 경우 식 (14.2)가 사용된다.

$$\frac{1}{Z_T}=\frac{1}{Z_1}+\frac{1}{Z_2}+\cdots+\text{etc} \tag{14.2}$$

두 개의 병렬 임피던스를 갖는 경우는 식 (14.3)이 사용된다.

$$Z_T=\frac{Z_1\times Z_2}{Z_1+Z_2} \tag{14.3}$$

그림 14−7(a)는 저항과 리액턴스의 직렬회로를 표시하고 있다. 실수항과 j항을 분리해서 조합하면 $Z_T=12+j4$가 된다. 그림 14−7(b)의 병렬회로에서 X_L은 +j, X_C는 −j로 표시했는데 이것은 리액턴스임을 나타낸다. 물론 복소수를 도입하지 않아도 회로를 해석할 수 있다. 그림 14−7(c)의 직·병렬회로는 복소 임피던스 Z_T를 표시하기 위해서 복소수를 사용해야 한다. Z_T를 계산하기 위해서는 다음 절에서 설명되는 복소수의 사칙 연산을 사용하게 된다.

14.2 복소수의 사칙 연산

실수와 허수는 90°의 위상차를 갖기 때문에 직접 결합시킬 수 없으며 다음과 같은 규칙에 따라서 적용시킨다.

덧셈과 뺄셈

실수와 허수는 분리해서 더하거나 뺀다.

$$(9+j5)+(3+j2)=9+3+j5+j2=12+j7$$
$$(9+j5)+(3-j2)=9+3+j5-j2=12+j3$$

$$(9 + j5) + (3 - j8) = 9 + 3 + j5 - j8 = 12 - j3$$

각 연산의 해답은 R ± jX로 표시되며 R은 실수 혹은 저항의 대수적인 합이며, X는 허수 혹은 리액턴스의 대수적인 합이다.

j항을 실수로 나누거나 곱하는 경우

수를 나누거나 곱해도 j항은 유지된다. 다음의 예제에서 부호에 주의하라. 두 계수가 모두 같은 부호를 가지면 결과는 +이고 서로 다른 부호를 가지면 −가 된다.

$$5 \times j3 = j15 \qquad j15 \div 3 = j5$$
$$j4 \times 6 = j24 \qquad j24 \div 6 = j4$$
$$j5 \times (-6) = -j30 \qquad -j30 \div (-6) = j5$$
$$-j4 \times 6 = -j24 \qquad -j24 \div 6 = -j4$$
$$-j4 \times (-6) = j24 \qquad j24 \div (-6) = -j4$$

실수를 실수로 나누거나 곱하는 경우

실수를 실수로 나누거나 곱해도 결과는 실수이다.

$$6 \times 4 = 24 \qquad 24 \div 4 = 6$$

허수로 허수를 곱하는 경우

허수로 허수를 곱하게 되면 j^2은 실수축에 있기 때문에 −1이고, j가 90° 위상각을 이동시킨 것이므로 j^2은 180°만큼 이동된 것을 의미한다.

$$j4 \times j6 = j^2\,24 = (-1)(24) = -24$$
$$j4 \times (-j5) = -j^2\,20 = -(-1)(20) = 20$$

허수로 허수를 나누는 경우

허수를 허수로 나누면 실수가 된다.

$$j15 \div j3 = 5 \qquad -j15 \div 3 = -5$$
$$j24 \div j4 = 6 \qquad j24 \div (-j4) = -6$$
$$j16 \div j4 = 4 \qquad -j16 \div (-j4) = 4$$

복소수끼리 곱하는 경우

각각 두 항을 가진 두 요소의 곱은 대수법칙에 따른다.

$$(9+j6)\times(3-j2)=27+j18-j18-j^2 12=39$$

복소수로 나누는 경우

이 과정은 허수로 실수를 나누는 것이 불가능하기 때문에 좀 더 복잡해진다. 따라서 분모항의 허수를 실수로 바꾸어야 한다. 분모가 j항이 없도록 실수로 변환시키는 것을 분모의 유리화라고 하는데, 이런 경우 분모와 분자에 분모의 공액 복소수를 곱하면 된다. 공액 복소수는 실수가 같고 허수부의 부호만 반대가 된다.

$$\frac{4-j1}{1+j3}=\frac{4-j1}{1+j3}\times\frac{1-j3}{1-j3}=\frac{4-j12-j1+j^2 3}{1+j3-j3-j^2 9}=\frac{1-j13}{10}=0.1+j1.3$$

$4-j1$을 $1+j3$으로 나누기 위해서 유리화시킨 결과가 $0.1+j1.3$이다.

복소수의 크기와 위상각은 그림 14-8에 표시된 것처럼 직각 좌표형과 극 좌표형으로 표시된다. 직각 좌표형에서 극 형식으로의 변환 공식으로는 식 (14.4)와 식 (14.5)가 사용된다.

$$Z=\sqrt{R^2+X_L{}^2} \tag{14.4}$$

$$\theta=\tan^{-1}\left(\frac{X_L}{R}\right) \tag{14.5}$$

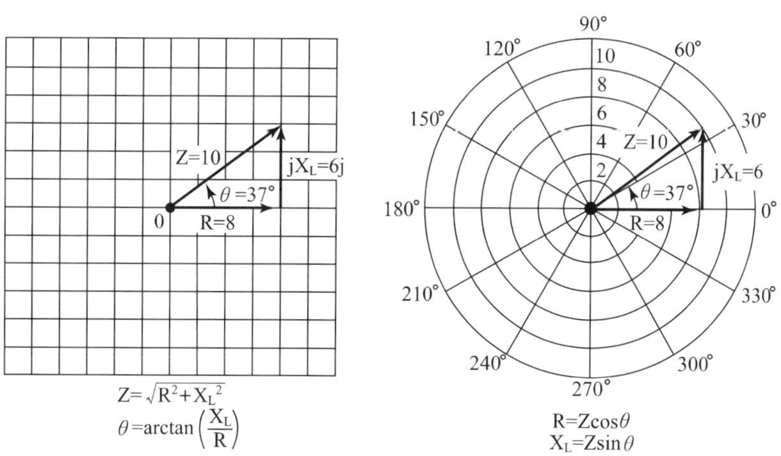

(a) 직각 좌표형 (b) 극 좌표형

그림 14-8 복소수의 크기와 위상각.

몇 가지 복소수 크기와 위상각을 구해보면 다음과 같다.

$$2+j4=\sqrt{4+16}\angle\tan^{-1}(2)=4.47\angle 63°$$
$$4+J2=\sqrt{16+4}\angle\tan^{-1}(0.5)=4.47\angle 26.5°$$
$$8+j6=\sqrt{64+36}\angle\tan^{-1}(0.75)=10\angle 37°$$
$$8-J6=\sqrt{64+36}\angle\tan^{-1}(-0.75)=10\angle -37°$$
$$4+j4=\sqrt{16+16}\angle\tan^{-1}(1)=5.66\angle 45°$$
$$4-j4=\sqrt{16+16}\angle\tan^{-1}(-1)=5.66\angle -45°$$

14.3 복소수의 극 형식에서의 사칙연산

복소수의 크기와 위상각을 계산하는 것은 실제로 극좌표에서 각의 형태로 변화시키는 것이다. 그림 14-8에 표시한 것처럼 8+j6은 극 좌표에서 $5\angle 37°$ 와 같음을 알 수 있다. 극 좌표에서 중심으로부터의 거리가 벡터 Z의 크기를 나타내며, 위상각 θ는 0°축으로부터 반시계 방향으로 회전된 각을 의미한다. 복소수를 극 형식으로 변화시켜 보자.

- 실수항과 허수항의 페이저를 더해서 크기를 구한다.
- j항을 실수항으로 나눈 것이 tan값이 되도록 하는 θ를 찾는다. 몇 가지 예를 들어보자.

$$2+j4=4.47\angle 63°$$
$$4+j2=4.47\angle 26.5°$$
$$8+j6=10\angle 37°$$
$$8-j6=10\angle -37°$$
$$4+j4=5.66\angle 45°$$
$$4-j4=5.66\angle -45°$$

이런 것들은 이미 앞에서 구한 것과 동일한 크기와 위상각을 갖는다. 극형식에서의 크기는 직각좌표 형식의 실수항이나 허수항보다는 항상 커야 하지만 두 항의 대수적인 합보다는 작아야 한다. 예를 들면, $8+j6=10\angle 37°$에서 크기 10은 8이나 6보다는 크지만 14보다는 작게 된다. 저항이 실수항이고 리액턴스가 j항인 교류회로에서 복소수의 극형식은 합성된 임피던스의 크기와 위상각을 표시한다. 다음 경우는 저항이나 리액턴스 하나가 0인 임피던스를 표시한 것이다.

$$0 + j5 = 5\angle 90°$$
$$0 - j5 = 5\angle -90°$$
$$5 + j0 = 5\angle 0°$$

이런 극형식은 복소수의 곱셈과 나눗셈에서 편리하다. 그 이유가 극형식의 곱셈은 각을 더하면 되고, 나눗셈은 각을 빼면 되기 때문이다.

곱셈

크기를 곱하고 각은 더하면 된다.

$$24\angle 40° \times 3\angle 30° = 24 \times 3\angle 40° + 30° = 72\angle +70°$$
$$24\angle 40° \times (-3\angle 30°) = -72\angle +70°$$
$$24\angle -20° \times 3\angle 50° = 72\angle -70°$$
$$15\angle -20° \times 4\angle 5° = 60\angle -15°$$

실수에 의해서 곱할 때는 크기만 곱하면 된다.

$$5 \times 2\angle 30° = 10\angle 30°$$
$$5 \times 2\angle -30° = 10\angle -30°$$
$$-5 \times 2\angle 30° = -10\angle 30°$$
$$-5 \times (-2\angle 30°) = 10\angle 30°$$

나눗셈

크기를 나누고 각을 빼면 된다.

$$24\angle 40° \div 3\angle 30° = 24 \div 3\angle 40° - 30° = 8\angle 10°$$
$$24\angle 20° \div 3\angle 50° = 8\angle 20° - 50° = 8\angle -30°$$
$$24\angle -20° \div 4\angle 50° = 6\angle -70°$$

실수로 나눌 때는 크기만 나누면 된다.

$$24\angle 30° \div 8 = 3\angle 30°$$
$$24\angle -30° \div 4 = 6\angle -30°$$

이런 규칙도 역시 특별한 것으로 실수의 위상각이 0°이므로 어떤 각에서 0°를 빼도 그 크기는 변화가 없기 때문에 유도할 수 있다. 이번에는 반대로 복소수로 실수를 나눈다고 생각하면 분모의 복소수가 갖는 각의 크기는 변화가 없지만 부호가 변화한다. 이런 규칙을 예제에 적용시켜 보자.

$$\frac{10}{2\angle 30°} = \frac{10\angle 0°}{2\angle 30°} = 5\angle 0° - 30° = 5\angle -30°$$

$$\frac{10}{2\angle -30°} = \frac{10\angle 0°}{2\angle -30°} = 5\angle 0° - (-30°) = 5\angle 30°$$

다시 설명하면 각의 역수 크기는 같지만 부호가 반대로 된다는 것이다. 이런 것들은 10의 멱수를 계산하는 것과 유사한 것이다.

극 형식에서 직각 좌표 형식으로의 변환

극 형식에서의 복소수는 곱셈과 나눗셈에서는 아주 편리하지만 덧셈과 뺄셈을 할 수는 없다. 그 이유는 각의 변화가 곱셈이나 나눗셈의 연산에 해당되기 때문이다. 따라서 극형식의 복소수는 덧셈이나 뺄셈에서는 다시 직각 좌표 형식으로 변환시켜야 한다. 극 형식에서의 임피던스는 $Z\angle\theta$ 이므로 직각 좌표계로 변환시킬 때 그림 14-9에 표시된 것처럼 식 (14.6)과 (14.7)을 사용해서 직각 삼각형의 수평과 수직을 찾으면 된다.

$$\text{실수항인 } R = Z\cos\theta \tag{14.6}$$

$$\text{j항인 } X = Z\sin\theta \tag{14.7}$$

그림 14-9(a)에서 극 형식의 $Z\angle\theta$ 가 $5\angle 37°$ 이므로 sin 37°는 0.6이고, cosine 37°는 0.8이므로 $R = Z\cos 37° = 5\times 0.8 = 4$, $X = Z\sin 37° = 5\times 0.6 = 3$이다. 따라서 $5\angle 37° = 4 + j3$ 이다.

이 예제는 그림 14-8에 표시한 것과 같은 것으로 j항의 부호가 +이므로 X_L을 표시하게 된다. 그림 14-9(b)는 같은 크기를 갖지만 θ의 부호가 −이므로 j항이 −가 됨을 표시하고 있다. −의 θ는 −의 j항을 갖게 되는데 그 이유가 대변은 정현값이 음수인 4상한에 존재하기 때문이다. 그러나 실수항은 양수이다. 다시 말해 +X는 X_L을 표시하고 −X는 X_C를 의미한다.

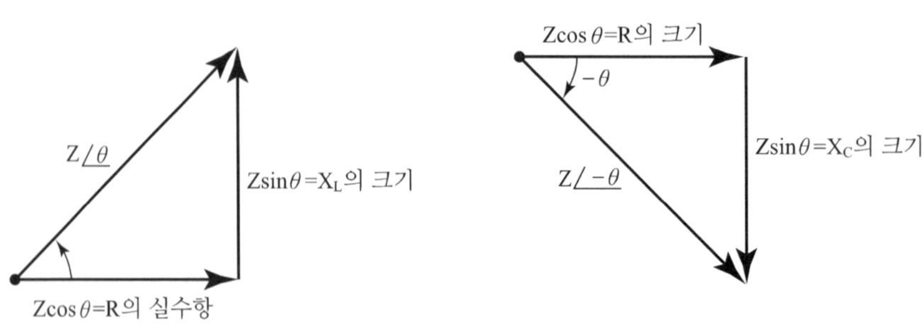

(a) +θ는 +j항을 갖는다.
(b) −θ는 −j항을 갖는다.

그림 14-9 $Z\angle\theta$를 $R\pm j_X$로 변환하는 방법.

1상한과 4상한에서의 각을 갖는 몇 개의 예제를 살펴보자.

$$141.4\angle 45° = 141.4\ \cos 45° + 141.4\ \sin 45° = 100 + j100$$
$$141.4\angle -45° = 141.4\ \cos(-45°) + 141.4\ \sin(-45°) = 100 + j(-100) = 100 - j100$$
$$100\angle 90° = 0 + j100$$
$$100\angle -90° = 0 - j100$$
$$100\angle 30° = 86.6 + j50$$
$$100\angle -30° = 86.6 - j50$$
$$100\angle 60° = 50 + j86.6$$
$$100\angle -60° = 50 - j86.6$$

한 가지 형태에서 다른 형태로 변환할 때 j항이 실수항보다 작아지거나 커진다면 각은 45° 보다 작아지거나 커지게 된다. 각이 0°에서 45° 사이에 있을 때 j항을 표시하는 대변은 실수항보다 작아져야만 하며, 각이 45°에서 90° 사이에 있을 때 j항은 실수항보다 커져야 한다. 직각 좌표형과 극 좌표형에서 교류회로에 사용되는 복소수를 요약하면 다음과 같다.

- 복소수의 덧셈과 뺄셈은 직각 좌표형에서 행해진다. 이런 과정은 직렬회로에서의 임피던스항에 적용된다. 만약 직렬 임피던스가 직각 좌표형이라면 실수항과 허수항은 분리되어서 결합된다. 만약 직렬 임피던스가 극 좌표형이라면 더해지기 위해서 직각 좌표형으로 변환되어야 한다.
- 곱셈이나 나눗셈을 할 때 복소수는 극 형식을 사용하면 편리하다. 만약 복소수가 직각 좌표형이라면 극 좌표형으로 변환시킨다. 이와 같이 형식의 변환을 통해서 사칙 연산을 편리하게 할 수 있다.

예제 1 $A = 9 + j7$을 극형식으로 변환하시오.

▸ 그림 14-10에 표시된 것처럼 $A = 11.4\angle 37.87°$ 로 변환된다.

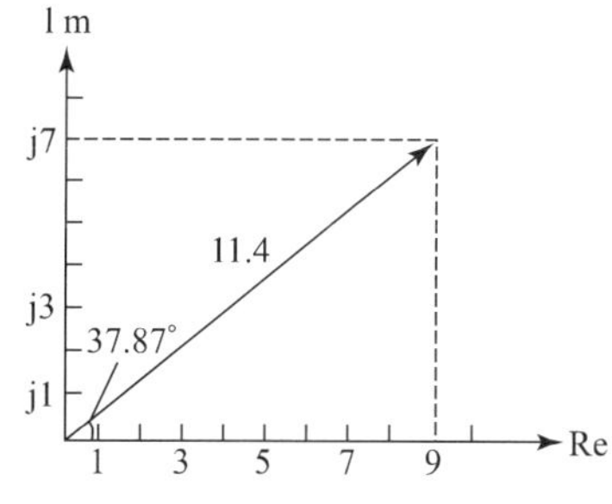

그림 14-10

예제 2 $5\angle 30° + (-2+j2)$ 를 구하시오.

▸ $5\angle 30°$ 를 직각 좌표형으로 변환하면 $4.33+j2.5$이므로 그림 14-11에 표시된 것처럼 A+B=C이고, 복소수 C는 $2.33+j4.5$의 크기를 갖는다.

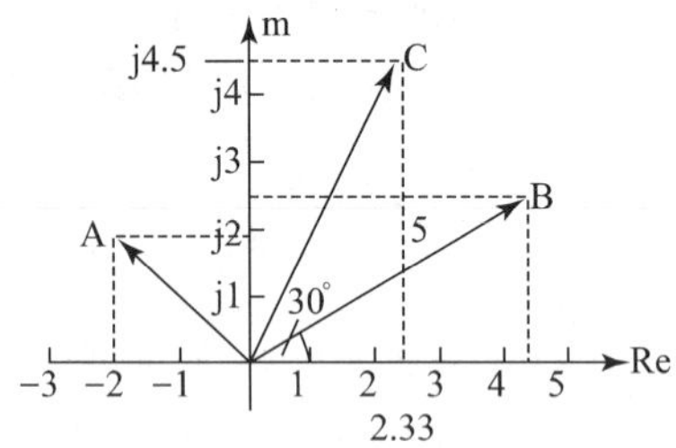

그림 14-11

예제 3 $5\angle 30° + (-2+j2)$ 를 구하시오.

▸ 그림 14-12에 표시된 것처럼 복소수 C는 $6.33+j0.5$의 크기를 갖는다.

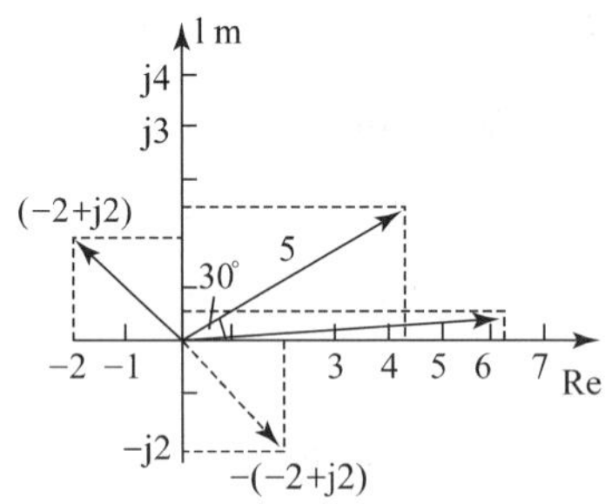

그림 14-12

14.4 직렬교류회로에서의 복소수

그림 14-13에 표시된 회로는 페이저에 의해서 해석될 수 있는 저항과 리액턴스의 직렬회로처럼 보이지만 복소수를 사용하면 보다 위상각을 자세하게 표시할 수 있다.

직각 좌표형에서의 Z_T

그림 14-13(a)의 전체 Z_T는 임피던스의 합이다.

$$Z_T = 2 + j4 + 4 - j12 = 6 - j8$$

전체 직렬 임피던스는 $6-j8\ \Omega$ 이다. 실제로 이것은 실수항과 허수항을 분리해서 더한 것과 같다.

극 좌표형에서의 Z_T

Z_T를 직각 좌표형에서 극 좌표형으로 변환시키면 다음과 같다.

$$Z_T = 6 - j8 = \sqrt{36+64}\angle\tan^{-1}(-8/6) = 10\angle -53^\circ$$

$-53°$의 위상각은 회로의 전압과 전류가 $53°$의 위상차를 갖는다는 것을 의미한다.

I 계산

극 전류 I를 계산하기 위해서 인가전압을 극 좌표 형식의 Z_T로 나누면 된다. 그림 14-13(b)에서 V_T가 20 V이고 j항을 갖지 않기 때문에 인가전압의 극좌표 형식은 $20\angle 0°$ 가 되고, 이것은 전압 페이저가 기준으로 사용된다는 것을 의미한다. 전류를 구하면 $2\angle 53°$ 가 된다.

$$I = \frac{\angle V_T}{\angle Z_T} = \frac{20\angle 0^\circ}{10\angle -53^\circ} = 2\angle 0^\circ - (-53^\circ) = 2\angle 53^\circ \text{A}$$

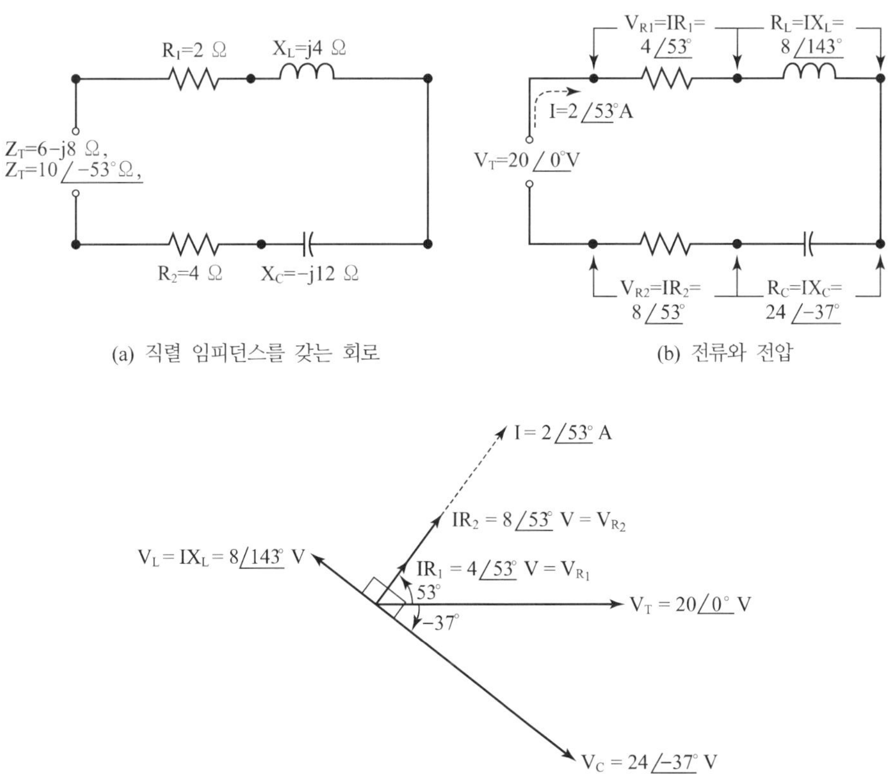

(c) 전류와 전압의 페이저도

그림 14-13 직렬교류회로에 적용되는 복소수.

Z_T는 $-53°$의 $-$위상각을 갖지만 전류는 0°의 각을 나눈 것이기 때문에 $+53°$의 위상각을 갖게 된다.

회로의 위상각

I가 $+53°$의 위상각을 가지면 I는 V_T보다 53° 위상이 앞서게 된다는 것을 의미한다. I의 + 각은 직렬회로가 용량성으로 진상전류를 갖는다는 것을 의미한다. 이 각은 45°보다 큰데 이것은 리액턴스가 합성저항보다 크기 때문이며 그 결과 tangent값이 1보다 크다.

각각의 전압강하와 위상

회로에서의 각 저항과 리액턴스에서 발생하는 전압강하를 구해보면 다음과 같다.

$$V_{R1} = IR_1 = 2\underline{/53°} \times 2\underline{/0°} = 4\underline{/53°}\ V$$

$$V_L = IX_L = 2\underline{/53°} \times 4\underline{/90°} = 8\underline{/143°}\ V$$

$$V_C = IX_C = 2\underline{/53°} \times 12\underline{/-90°} = 24\underline{/-37°}\ V$$

$$V_{R2} = IR_2 = 2\underline{/53°} \times 4\underline{/0°} = 8\underline{/53°}\ V$$

각 전압의 위상은 그림 14-13(c)에 표시되어 있다. 인가전압 V_T는 zero기준 위상을 갖는다. V_{R1}과 V_{R2}는 저항 양단에 걸리는 전압으로 I와 위상이 같기 때문에 53° 앞서게 된다. V_C는 V_T보다 위상이 뒤지기 때문에 $-37°$의 위상각을 갖는다. X_C는 전류보다 90° 늦기 때문에 53°를 빼면 $-37°$가 된다. V_L의 위상각은 143°가 되는데 이것은 전류보다 90° 앞서기 때문에 53° $+90° = 143°$가 되는 것이다. 직렬회로에서의 모든 전압강하를 더하면 인가전압과 크기가 같아진다. 각각의 V는 직각 좌표형으로 변환되어야 한다. 그 계산과정은 다음과 같다.

$$V_{R1} = 4\underline{/53°} = 2.408 + j3.196\ V$$

$$V_L = 8\underline{/143°} = -6.392 + j4.816\ V$$

$$V_C = 24\underline{/-37°} = 19.176 + j14.448\ V$$

$$V_{R2} = 8\underline{/53°} = 4.816 + j6.392\ V$$

$$\text{합계}\ V = 20.008 - j0.044\ V$$

따라서 V_T를 극 좌표형으로 표시하면 $20\underline{/0°}$ 이다.

14.5 병렬 교류회로에서의 복소수

병렬회로는 쉽게 해를 구하기 위해서 등가의 직렬회로로 변환된다. 그림 14-14에서 10 Ω의 X_L과 10 Ω의 R이 병렬로 연결된 회로가 그림 14-14(b)에 표시된 직렬 등가회로로 변환된다. 복소수 표시에서 R은 10+j0이고 X_L은 0+j10이다.

따라서 Z_T를 구하면 다음과 같다.

$$Z_T = \frac{(10+j0)\times(0+j10)}{(10+j0)+(0+j10)} = \frac{10\times j10}{10+j10} = \frac{j100}{10+j10} = \frac{j10}{1+j1}$$

이것을 극 형식으로 변환시키면

$$Z_T = \frac{j10}{1+j1} = \frac{10\angle 90°}{1.414\angle 45°} = 7.07\angle 45°$$

이고, 저항성분과 리액턴스 성분을 알아보기 위해서 다시 직각 좌표형으로 변환시키면

$$\text{실수항} = 7.07\ \cos 45° = 7.07\times 0.707 = 5$$
$$\text{허수항} = 7.07\ \sin 45° = 7.07\times 0.707 = 5$$

로 된다. 따라서 극 형식에서의 $Z_T = 7.07\angle 45°$, 직각 좌표형에서의 $Z_T = 5+j5$이다. 따라서 그림 14-14(b)에 표시한 것과 같은 직렬 등가회로를 구할 수 있다.

그림 14-15에 표시된 것처럼 각 복소 임피던스 Z_1과 Z_2가 리액턴스와 저항을 갖는 회로가 있다고 가정하면 이런 회로는 그래프적으로 해석할 수도 있고, 복소수를 사용해서 해석할 수도 있다. 그러나 복소수를 사용하는 것이 더욱 편리하다.

우선 Z_T를 구하기 위해서 Z_1과 Z_T를 먼저 구해보면

$Z_1 = 6+j8 = 10\angle 53°$, $Z_2 = 4-j4 = 5.66\angle -45°$ 이고, Z_T를 구하면 $Z_T = \dfrac{Z_1\times Z_2}{Z_1+Z_2}$가 된다. 이때 덧셈은 직각 좌표형을 사용하고 곱셈은 극좌표형을 사용하는데 그 결과는 다음과 같다.

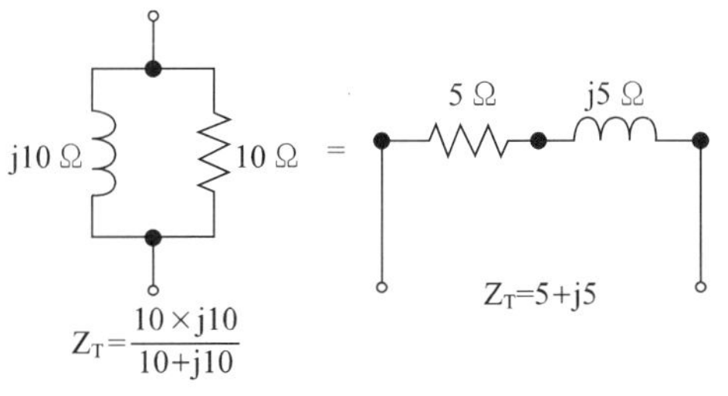

그림 14-14 병렬교류회로에서의 복소수(병렬 뱅크를 등가의 직렬 임피던스로 변환시킨다.).

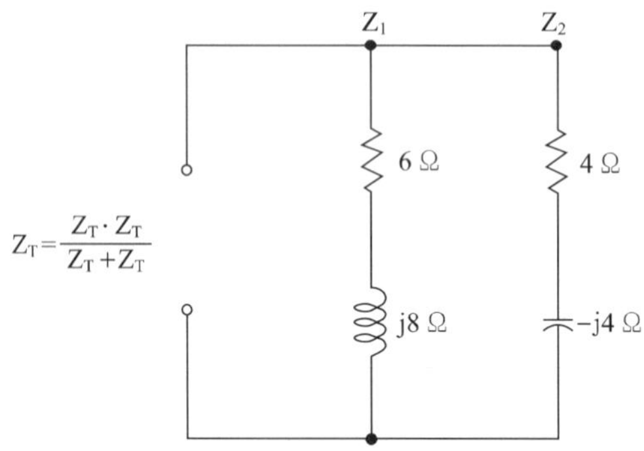

그림 14-15 Z_1과 Z_2가 병렬로 연결된 회로의 Z_T.

$$Z_T = \frac{10\angle 53^\circ \times 5.66\angle -45^\circ}{6+j8+4-j4} = \frac{56.6\angle 8^\circ}{10+j4}$$

나눗셈을 하기 위해서 분모를 극 형식으로 변환시키면 $10+j4 = 10.8\angle 22^\circ$ 이므로 $Z_T = \dfrac{56.6\angle 8^\circ}{10.8\angle 22^\circ}$가 된다. 따라서 $Z_T = 5.24\ \Omega\angle -14^\circ$ 가 된다.

$\angle Z_T$를 직각 좌표형으로 변환시키면 R 성분은 $5.24\times\cos(-14^\circ)$ 혹은 $5.24\times 0.97 = 5.08$이 된다. $\cos\theta$는 1상한과 4상한에서 +이다. j 성분은 $5.24\times(0.242) = -1.127$이다. 따라서 직각 좌표형은 $Z_T = 5.08 - j1.27$로 표시된다. 따라서 직·병렬회로의 조합은 5.08의 R과 1.27의 X_C가 직렬연결된 것과 등가가 된다.

그림 14-16에 표시된 두 지로에서의 I_T를 구해보자. 병렬지로의 합성전류 I_T는 직각 좌표형에서만 더해질 수 있다. 이것은 Z_T를 구하기 위해서 직각 좌표형의 직렬 임피던스를 더한 것과 같은 방법이다. 페이저의 덧셈을 위해서 직각 좌표형이 필요하다. 그림 14-16에서 지로전류를 더하면 다음과 같다.

$$I_T = I_1 + I_2 = (6+j6) + (3-j4) = 9+j2\text{A}$$

I_1은 +j이므로 용량성 전류이고, I_2는 −j이므로 유도성 전류이다. 이런 전류의 페이저는 리액턴스 페이저가 반대 부호를 갖게 된다. 9+j2 A인 I_T는 극좌표형에서 지로전류의 페이저합으로 계산된다.

$$I_T = \sqrt{9^2+2^2} = \sqrt{85} = 9.22\,\text{A},\ \theta = \tan-1(2/9) = \tan-1(0.22) = 12.53^\circ$$

따라서 직각 좌표형에서는 I_T가 9+j2 A이고, 극 좌표형에서는 I_T가 $9.22\angle 12.53^\circ$ 가 된다.

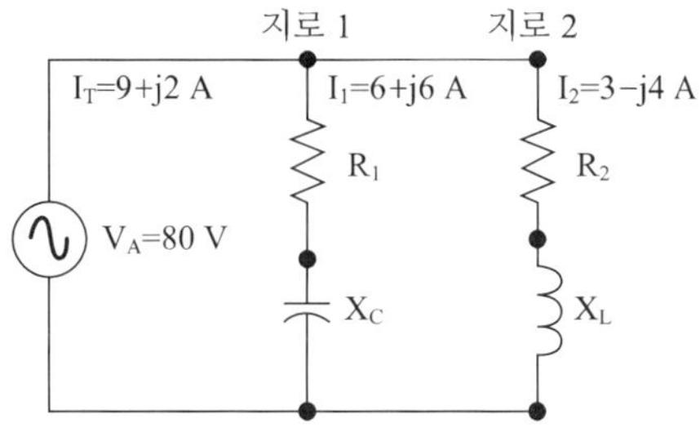

그림 14-16 두 병렬지로를 갖는 회로의 IT 계산.

14.6 직렬 RLC회로의 임피던스와 위상각

그림 14-17에 표시된 것처럼 R, L, C가 직렬로 연결되면 X_L과 X_C는 반대의 특성을 갖기 때문에 식 (14.8)에 표시된 것처럼 합성 리액턴스를 구할 수 있다.

$$X_T = |X_L - X_C| \tag{14.8}$$

이때 X_L이 크면 회로는 유도성이 되고 X_C가 크면 회로는 용량성이 된다.

직렬 RLC회로의 합성 임피던스는 식 (14.9)처럼 구해진다.

$$Z_T = \sqrt{R^2 + (X_L - X_C)^2} \tag{14.9}$$

이때 V와 I 사이의 위상각은 식 (14.10)처럼 구해진다.

$$\theta = \tan^{-1}\left(\frac{X_T}{R}\right) \tag{14.10}$$

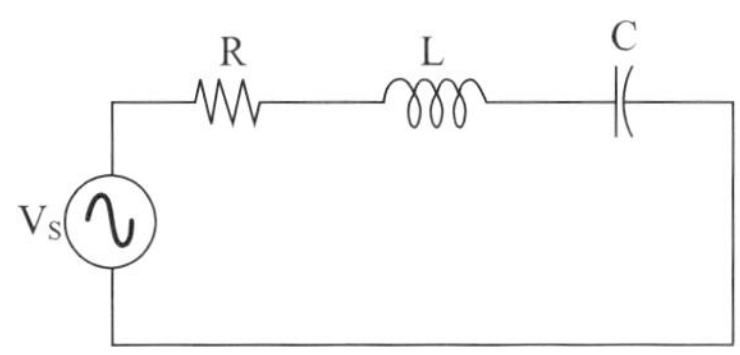

그림 14-17 직렬 RLC회로.

예제 4 (a) 그림 14-18(a)에 표시된 회로의 합성 임피던스와 위상각을 구하시오.
(b) 복소수를 이용한 등가회로를 구하고 직각 좌표형과 극좌표형으로 변환하시오.

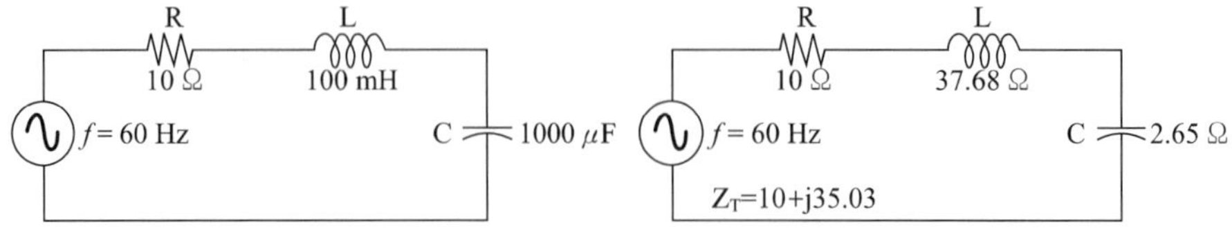

(a) 직렬 RLC회로도 (b) 복소수로 표시되는 등가회로

그림 14-18

▸ (a) $X_C = \dfrac{1}{2\pi fC} = \dfrac{1}{6.28 \times 60\,\text{Hz} \times 1{,}000 \times 10^{-6}\,\text{F}} = 2.65\ \Omega$

$X_L = 2\pi fL = 6.28 \times 60\ \text{Hz} \times 100 \times 10^{-3}\,\text{H} = 37.68\ \Omega$

$X_T = |X_L - X_C| = |37.68\ \Omega - 2.65\ \Omega| = 35.03\ \Omega$(유도성 회로)

$Z_T = \sqrt{R^2 + (X_L - X_C)^2} = \sqrt{(10\ \Omega)^2 + (35.03\ \Omega)^2} = 36.43\ \Omega$

$\theta = \tan^{-1}\left(\dfrac{35.03\ \Omega}{10\ \Omega}\right) = 74.1°$(전류가 전압보다 위상이 늦어진다.)

(b) 직각 좌표형 $Z_T = 10 + j35.03$

극 좌표형 $Z_T = 36.43\angle 74.1°$

그림 14-19(a)에 표시한 것처럼 유도성 리액턴스는 주파수가 증가하면 따라서 증가하지만 용량성 리액턴스는 주파수가 증가하면 반대로 감소한다. 이것은 X_L과 X_C가 서로 반대되는 특성을 갖기 때문이며, 어느 한쪽은 증가하고 어느 한쪽은 감소하기 때문에 LC는 X_L과 X_C가 일치하는 어느 한 주파수에 결합될 수 있다. 이와 같이 반대의 리액턴스가 같아지는 것을 공진이라 하고, 이때의 교류회로를 공진회로라고 한다. 공진 주파수에서 LC 조합은 공진 효과를 발생시킨다. 공진 주파수를 벗어나면 LC 조합은 다른 교류회로가 된다. X_L과 X_C가 같아지는 주파수를 공진 주파수라 하며 식 (14.11)처럼 표시된다.

$$f_r = \frac{1}{2\pi\sqrt{LC}} \tag{14.11}$$

그림 14-19(b)에 표시된 것처럼 X_L과 X_C가 일치하면 X_L과 X_C는 180°의 위상차를 갖기 때문에 상쇄되고, 순 리액턴스는 zero가 된다. 이때 전류를 제한하는 것은 저항 R인데 이런 값은 아주 작은 크기를 갖기 때문에 공진 주파수에서의 전류는 최대값을 갖게 된다.

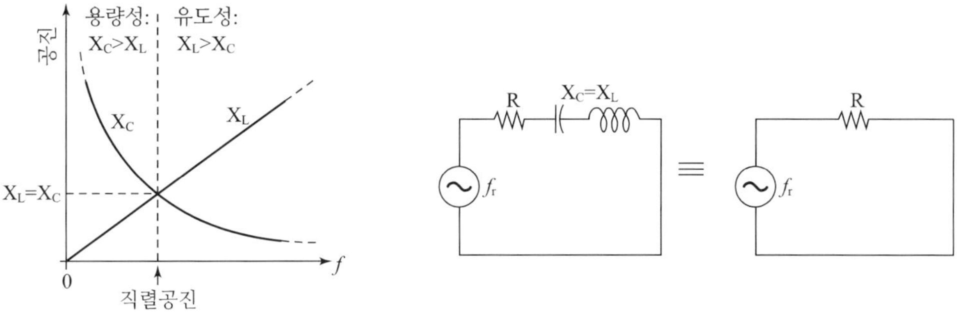

(a) (b)

그림 14-19

예제 5 (a) f = 1 KHz, 3.56 KHz, 5 KHZ에서 그림 14-20(a)에 표시된 회로의 합성 임피던스와 위상각을 구하시오.

(b) 복소수를 이용한 등가회로를 구하고 직각 좌표형과 극 좌표형으로 변환하시오.

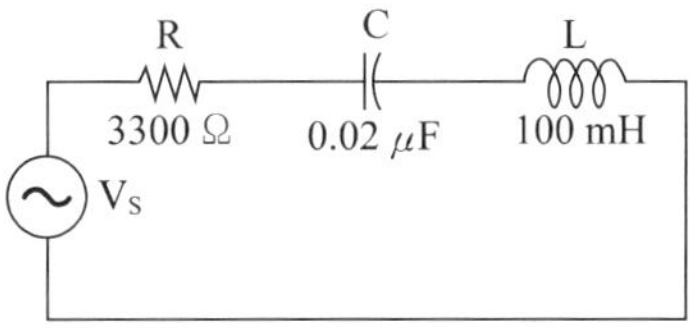

(a) 직렬 RLC 회로도

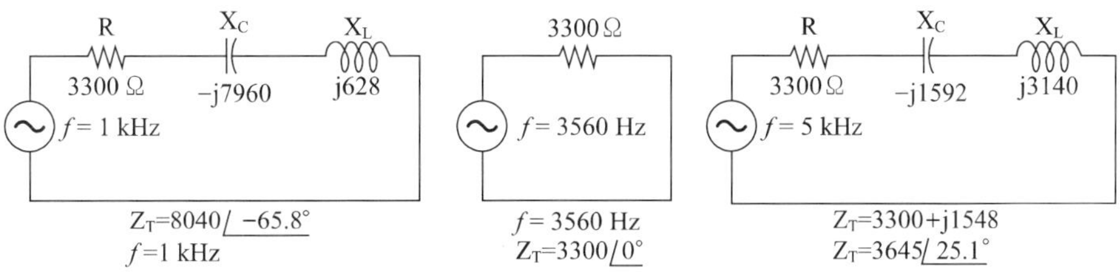

(b) 복소수로 표시되는 등가회로

그림 14-20

▸ ① f = 1 kHz에서

(a) $X_C = \dfrac{1}{2\pi fC} = \dfrac{1}{6.28 \times 1{,}000\ \text{Hz} \times 0.02 \times 10^{-6}\ \text{F}} = 7.96\ \text{k}\Omega$

$X_L = 2\pi fL = 6.28 \times 1{,}000\ \text{Hz} \times 100 \times 10^{-3}\ \text{H} = 628\ \Omega$

$X_T = |X_L - X_C| = |628\ \Omega - 7960\ \Omega| = 7{,}332\ \Omega$ (용량성 회로)

$Z_T = \sqrt{R^2 + (X_L - X_C)^2} = \sqrt{(3{,}300\ \Omega)^2 + (7{,}332\ \Omega)^2} =, 8040\ \Omega$

$\theta = \tan^{-1}\left(\dfrac{7{,}332\ \Omega}{3{,}300\ \Omega}\right) = 65.8°$ (전류가 전압보다 65.8° 위상이 빠르다.)

(b) 직각 좌표형 $Z_T = 3{,}300 - j7{,}332$

극 좌표형 $Z_T = 8{,}040\angle -65.8°$

② f = 3.56 kHz에서

(a) $X_C = \dfrac{1}{2\pi fC} = \dfrac{1}{6.28 \times 3{,}560\text{ Hz} \times 0.02 \times 10^{-6}\text{F}} = 2{,}236.4\ \Omega$

$X_L = 2\pi fL = 6.28 \times 3{,}560\text{ Hz} \times 100 \times 10^{-3}\text{ H} = 2{,}235.7\ \Omega$

$X_T = |X_L - X_C| = |2{,}235.7\ \Omega - 2{,}236.4\ \Omega| = 0.7\ \Omega$(공진 회로)

$Z_T = \sqrt{R^2 + (X_L - X_C)^2} = \sqrt{(3300\ \Omega)^2 + (0.7\ \Omega)^2} = 3{,}300\ \Omega$

$\theta = \tan^{-1}\left(\dfrac{0.7\ \Omega}{3{,}300\ \Omega}\right) = 0°$

(b) 직각 좌표형 $Z_T = 3{,}300 - j0.7$

극 좌표형 $Z_T = 3{,}300\angle 0°$

③ f = 5 kHz에서

(a) $X_C = \dfrac{1}{2\pi f C} = \dfrac{1}{6.28 \times 5000\text{ Hz} \times 0.02 \times 10^{-6}\text{ F}} = 1592\ \Omega$

$X_L = 2\pi fL = 6.28 \times 5{,}000\text{ Hz} \times 100 \times 10^{-3}\text{ H} = 3{,}140\ \Omega$

$X_T = |X_L - X_C| = |3{,}140\ \Omega - 1{,}592\ \Omega| = 1{,}548\ \Omega$(용량성 회로)

$Z_T = \sqrt{R^2 + (X_L - X_C)^2} = \sqrt{(3{,}300\ \Omega)^2 + (1{,}548\ \Omega)^2} = 3{,}645\ \Omega$

$\theta = \tan^{-1}\left(\dfrac{1{,}548\ \Omega}{3{,}300\ \Omega}\right) = 25.1°$(전류가 전압보다 25.1° 위상이 느리다.)

(b) 직각 좌표형 $Z_T = 3{,}300 + j1{,}584$

극 좌표형 $Z_T = 3{,}645\angle 25.1°$

그림 14-21은 1,000 kHz의 공진 주파수에서 30 μA까지의 공진 상승이 발생하는 것을 표시하고 있다.

직렬 공진회로의 응답곡선은 공진 주파수보다 약간 작거나 큰 주파수에서의 전류가 아주 작다는 것을 표시하고 있다. 공진 주파수에서 리액턴스가 상쇄되므로 직렬회로의 임피던스는 최소가 된다.

- 공진 주파수 아래에서는 X_L이 작아지고 X_C가 커지며 전류의 세기를 제한하게 된다.
- 공진 주파수 위에서는 X_C가 작아지고 X_L이 커져서 전류의 세기를 제한한다.
- 공진 주파수에서 X_L과 X_C가 같기 때문에 서로 상쇄되어서 최대 전류가 흐르게 된다.

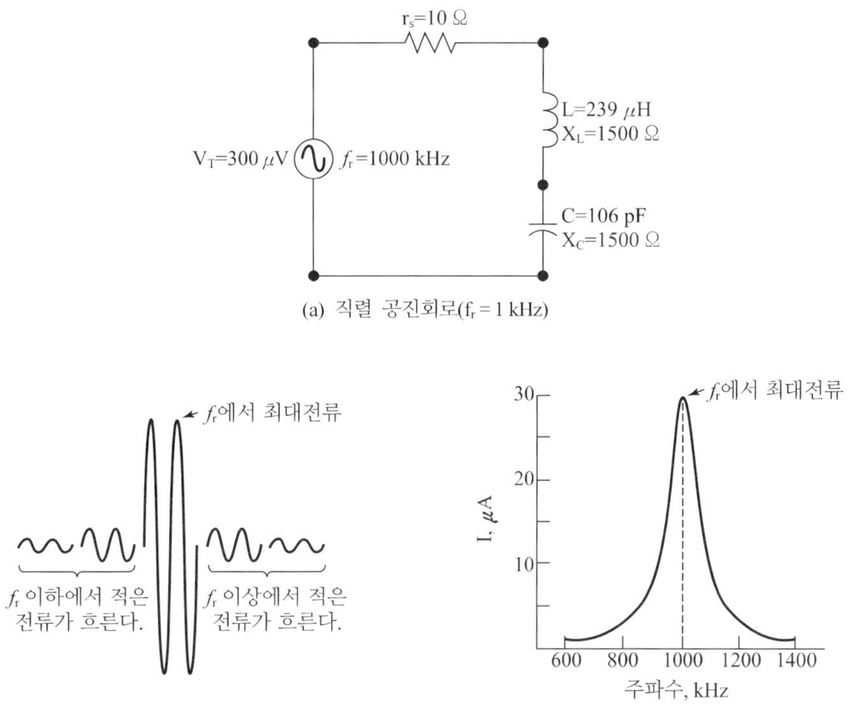

(a) 직렬 공진회로(f_r = 1 kHz)

(b) 공진 주파수에서 $X_C = X_L$이다.

(c) 각 사이클의 진폭

그림 14-21

직렬 LC회로가 공진 시 발생시키는 최대 전류는 공진 주파수에서 X_L이나 X_C에 최대전압을 발생시키기 때문에 유용하다. 결과적으로 직렬 공진회로는 공진의 위와 아래 주파수를 비교할 때 공진 주파수에서 더 큰 출력을 발생시키는 어느 한 개의 주파수를 선택할 수 있다. 그림 14-22는 직렬 교류회로에서 콘덴서 양단의 공진상승 전압을 표시하고 있다. 1,000 kHz의 공진 주파수에서는 입력전압이 300 μV에 불과하지만 콘덴서 양단에는 45,000 μV가 발생된다. 공진 주파수 아래에서 X_C는 공진 시보다 더 큰 값을 가지며 전류는 작아진다. 이와 유사하게 공진 주파수 위에서는 X_L이 공진 시보다 커지며 유도성 리액턴스 때문에 전류의 크기가 작아진다.

공진 시에는 X_L과 X_C가 상쇄되어 없어지기 때문에 최대전류가 흐르고, 각 리액턴스는 자신의 허용된 값만을 갖는다. 따라서 전류는 회로 내의 모든 부분에서 같게 되고 공진에서 최대전류는 C 양단에 IX_C를 L 양단에 IX_L을 발생시킨다. 그림 14-22(b)에서 직렬 공진회로의 전압강하는 C 양단에서 45,000 μV, L 양단에서 45,000 μV가 발생되고 R 양단에서는 300 μV만 발생한다. 저항 양단에서 발생하는 전압강하는 인가전압과 크기와 위상이 일치한다. L과 C의 직렬결합에서 전압은 0이다.

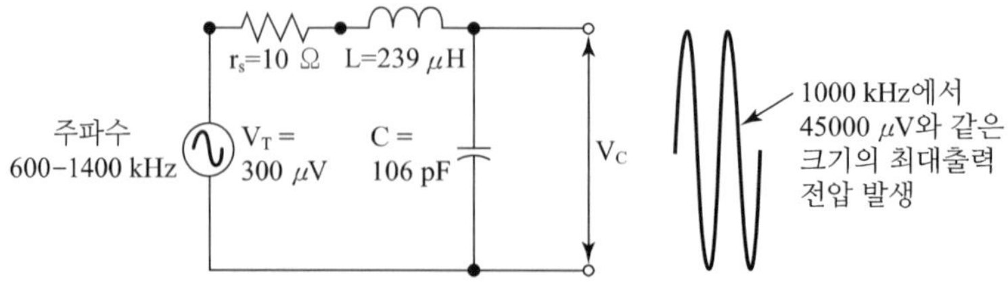

(a) 직렬회로는 공진에서 콘덴서의 출력에 IX_C의 최대전압을 발생시키는 주파수를 선택한다.

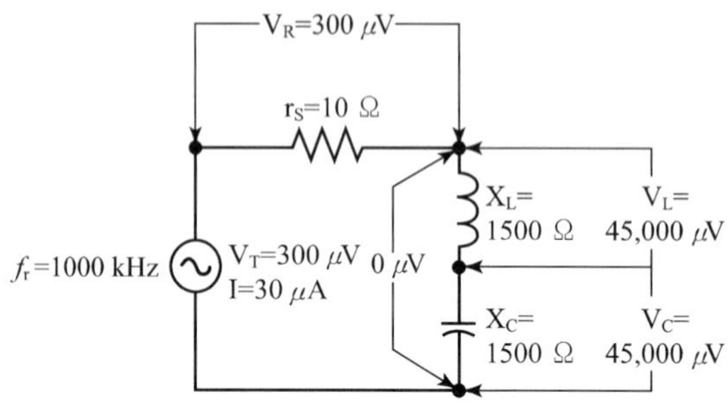

(b) 직렬 공진회로의 전압강하

그림 14-22

그 이유는 두 직렬 전압강하의 크기는 같고 부호가 반대이기 때문이다.

전압의 공진상승을 이용하기 위해서는 출력은 반드시 L이나 C 양단에 연결하면 된다. V_L과 V_C 전압은 반대로 직렬연결된 2개의 건전지와 같다고 생각하면 된다. 그 결과 크기가 같고 방향이 반대이므로 조합의 크기는 zero이지만 각 전지는 자신의 전위차를 유지하게 된다. 직렬 공진회로의 중요 특성을 요약하면 다음과 같다.

- 전류 I는 공진 주파수에서 최대이다.
- 전류 I는 인가전압과 동위상을 갖는다. 또는 회로의 위상각은 0°이다.
- L이나 C의 양단에는 최대 전압이 걸리게 된다.
- f_r에서의 임피던스는 최소이고 R과 크기가 같다.

예제 6 (a) 그림 14-23(a)에 표시된 회로에서 공진 시 I, V_R, V_L, V_C를 구하시오.

(b) 그림 14-23(b)에 표시된 회로에서 f_r, f_r − 1,000 Hz, f_r + 1,000 Hz에서의 임피던스를 구하시오.

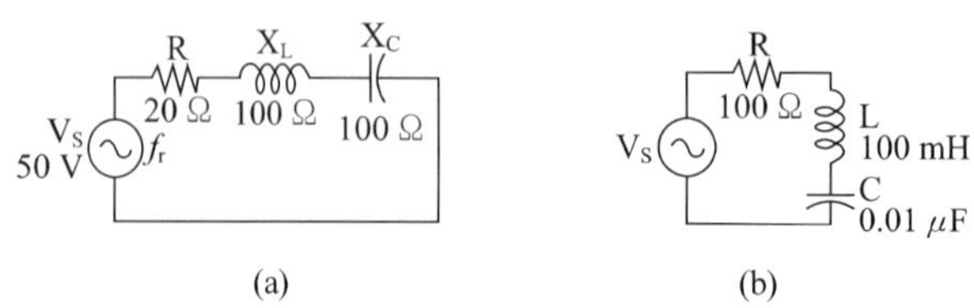

그림 14-23

▸ (a) $I = \dfrac{V}{R} = \dfrac{50\,V}{20\,\Omega} = 2.5\,A$

$V_R = I \times R = 2.5\,A \times 20\,\Omega = 50\,V$

$V_L = I \times X_L = 2.5\,A \times 100\,\Omega = 250\,V$

$V_L = I \times X_C = 2.5\,A \times 100\,\Omega = 250\,V$

(b) $f = f_r$에서 $Z = R = 100\,\Omega$

$f_r = \dfrac{1}{2\pi\sqrt{LC}} = \dfrac{1}{2\pi\sqrt{100 \times 10^{-3}H \times 0.01 \times 10^{-6}F}} = 5{,}035\,Hz$

$f = f_r - 1{,}000\,Hz = 5{,}035\,Hz - 1{,}000\,Hz = 4{,}035\,Hz$에서

$X_C = \dfrac{1}{2\pi fC} = \dfrac{1}{6.28 \times 4{,}035\,Hz \times 0.01 \times 10^{-6}F} = 3{,}946\,\Omega$

$X_L = 2\pi fL = 6.28 \times 4{,}035\,Hz \times 100 \times 10^{-3}\,H = 2{,}534\,\Omega$

$X_T = |X_L - X_C| = |2{,}534\,\Omega - 3{,}946\,\Omega| = 1{,}412\,\Omega$(용량성 회로)

$Z_T = \sqrt{R^2 + (X_L - X_C)^2} = \sqrt{(100\,\Omega)^2 + (1{,}412\,\Omega)^2} = 1{,}416\,\Omega$

$f = f_r + 1{,}000\,Hz = 5{,}035\,Hz + 1{,}000\,Hz = 6{,}035\,Hz$에서

$X_C = \dfrac{1}{2\pi fC} = \dfrac{1}{6.28 \times 6{,}035\,Hz \times 0.01 \times 10^{-6}\,F} = 2{,}639\,\Omega$

$X_L = 2\pi fL = 6.28 \times 6{,}035\,Hz \times 100 \times 10^{-3}\,H = 3{,}790\,\Omega$

$X_T = |X_L - X_C| = |3{,}790\,\Omega - 2{,}639\,\Omega| = 1{,}151\,\Omega$(유도성 회로)

$Z_T = \sqrt{R^2 + (X_L - X_C)^2} = \sqrt{(100\,\Omega)^2 + (1151\,\Omega)^2} = 1{,}155\,\Omega$

14.7 병렬 RLC회로의 임피던스와 위상각

그림 14-24에 표시된 것처럼 R, L, C가 병렬로 연결되면 식 (14.12)에 표시된 것처럼 컨덕턴스, 서셉턴스를 이용해서 어드미턴스를 구할 수 있다.

$$Y = \sqrt{G^2 + (B_C - B_L)^2} \tag{14.12}$$

임피던스는 어드미턴스의 역수이므로 식 (14.13)처럼 표시된다.

$$Z_T = \frac{1}{Y} \tag{14.13}$$

이때 주파수가 공진 주파수 이상이면 ($X_L > X_C$) 회로는 용량성으로 되고 주파수가 공진 주파수 이하이면 ($X_C > X_L$) 회로는 유도성이 된다. 이때 V와 I 사이의 위상각은 식 (14.14)처럼

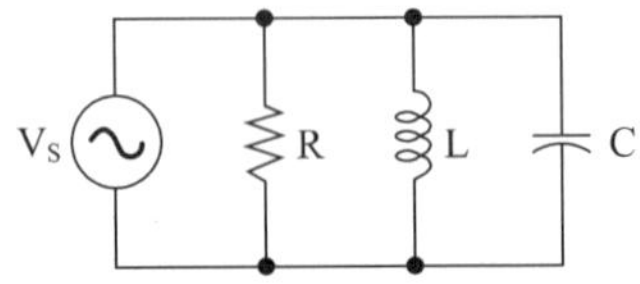

그림 14-24 병렬 RLC회로.

구해진다.

$$\theta = \tan^{-1}\left(\frac{B_T}{G}\right) \tag{14.14}$$

전류와 지로전류의 위상각은 식 (14.15)와 (14.16)처럼 구해진다.

$$I_T = \sqrt{I_R{}^2 + (I_C - I_L)^2} \tag{14.15}$$

$$\theta = \tan^{-1}\left(\frac{|I_C - I_L|}{I_R}\right) \tag{14.16}$$

예제 7 (a) 그림 14-25(a)에 표시된 회로의 합성 임피던스와 위상각을 구하시오.
(b) 그림 14-25(b)에 표시된 회로의 I_R, I_C, I_L, I_T, θ를 구하시오.

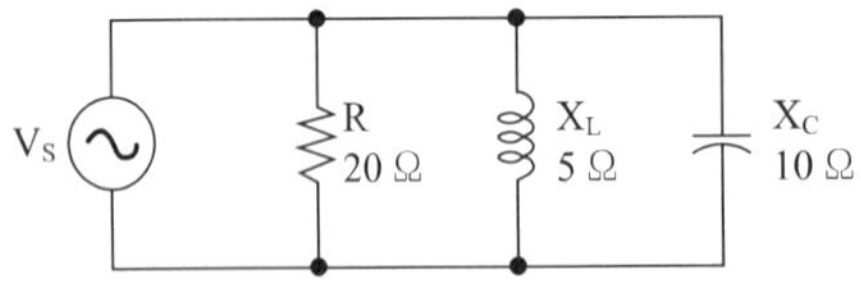

(a)

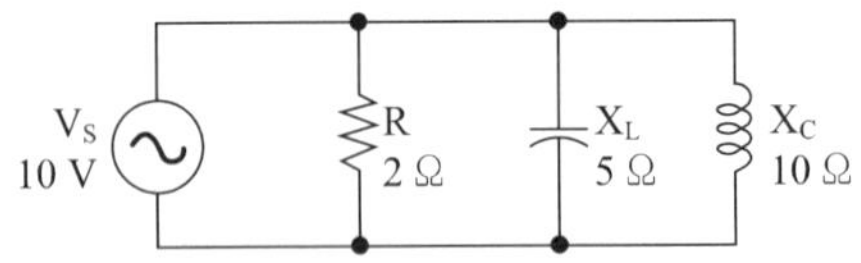

(b)

그림 14-25

▸ (a) $G = \dfrac{1}{R} = \dfrac{1}{20\ \Omega} = 50\ \text{mS}$

$B_C = \dfrac{1}{X_C} = \dfrac{1}{10\ \Omega} = 100\ \text{mS}$

$B_L = \dfrac{1}{X_L} = \dfrac{1}{5\ \Omega} = 200\ \text{mS}$

$Y = \sqrt{G^2 + (B_C - B_L)^2} = \sqrt{(50\ \text{mS})^2 + (100\ \text{mS} - 200\ \text{mS})^2} = 111.8\ \text{mS}$

$Z_T = \dfrac{1}{Y} = \dfrac{1}{111.8\ \text{mS}} = 8.95\ \Omega$

$\theta = \tan^{-1}\left(\dfrac{B_T}{G}\right) = \tan^{-1}\left(\dfrac{100\ \text{mS}}{50\ \text{mS}}\right) = 63.4°$

(b) $I_R = \dfrac{V}{R} = \dfrac{10\ V}{2\ \Omega} = 5\,A,\ I_C = \dfrac{V}{X_C} = \dfrac{10\ V}{5\ \Omega} = 2\ A,\ I_L = \dfrac{V}{X_L} = \dfrac{10\ V}{10\ \Omega} = 1\ A$

$$I_T = \sqrt{I_R^2 + (I_C - I_L)^2} = \sqrt{5\ A^2 + (2\ A - 1\ A)^2} = 5.1\ A$$

$$\theta = \tan^{-1}\left(\frac{|I_C - I_L|}{I_R}\right) = \tan^{-1}\left(\frac{|1\ A - 2\ A|}{5\ A}\right) = 11.3°$$

그림 14-26에 표시된 전압전류 페이저도 처럼 전체전류 I_T는 전압 V를 12.4° 앞선다.

그림 14-27에 표시한 것처럼 L과 C가 병렬연결인 회로에서는 X_L과 X_C가 등가일 때 공진시의 유도성 지로전류는 크기가 같고 방향이 반대이다. 이때 서로가 상쇄되어 본선에 흐르는 전류는 최소가 된다. 따라서 선전류가 최소가 되기 때문에 임피던스는 최대가 된다. R은 공진시 X_L과 비교할 때 아주 작은 크기를 갖는 사실에는 변화가 없기 때문이며, 이런 경우 X_L과 X_C가 등가일 때 지로전류는 실질적으로 크기가 같아진다.

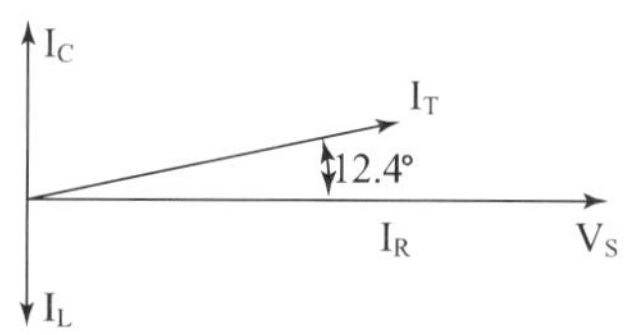

그림 14-26

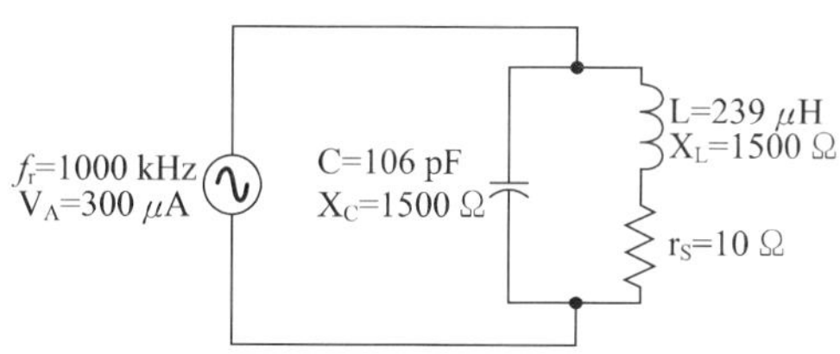

(a) L과 C가 병렬지로인 회로도

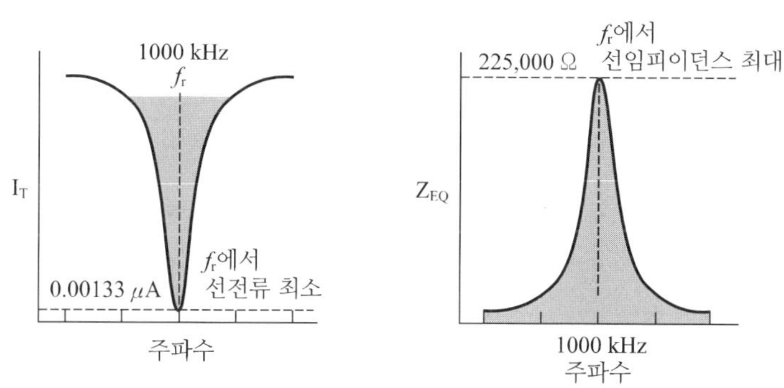

(b) I_T의 공진 특성곡선은 f_r에서 최소 전류가 됨을 표시한다. (c) Z_T의 응답곡선은 f_r에서 최대임을 표시한다.

그림 14-27 병렬 공진회로.

병렬 LC회로가 공진 상태일 때 본선전류가 어떻게 해서 최소값을 갖는가는 그림 14-27에 표시된 회로의 본선전류값과 지로전류값을 확인하면 된다. L과 C는 그림 14-21(a)의 직렬회로에서 사용한 것과 동일한 소자를 사용하며 같은 주파수에서 XL과 XC는 같은 크기를 갖는다. 따라서 L, C와 전압원이 병렬이므로 각 소자에 걸리는 전압의 크기는 인가전압과 같아진다. 따라서 각 유도성 지로전류는 지로의 리액턴스로 300 μV를 나누면 구할 수 있다. 그림 14-27(b)에 표시된 것처럼 f_r에서 I_T는 최소치를 갖는다. 병렬 공진에서 I_T가 최소이며 Z_T는 최대가 된다.

병렬 공진으로 인한 최소 선전류는 전원 양단에 걸린 임피던스가 최대이기 때문에 유용하게 사용된다. 따라서 어떤 한 주파수에서는 최대 임피던스를 갖고 그 이외의 주파수에서는 임피던스값이 낮아지기 때문에, LC 병렬 공진을 사용하면 원하는 주파수에서의 최대 임피던스를 구할 수 있다. 이것은 공진에 의해서 원하는 주파수를 선택하는 또 하나의 방법으로, 그림 14-27(c)의 응답 특성곡선은 병렬 공진에서 임피던스가 어떻게 최대치까지 상승하는가를 표시하고 있다.

그림 14-28에 표시된 것처럼 리액턴스성 지로전류가 허용된다고 하더라도 선전류가 어떻게 해서 아주 적은 값을 가질 수 있는가를 알 수 있다. 그림 14-28(a)에서 전체 선전류의 저항성 성분은 코일저항으로부터의 전류와 등가인 본선의 전원에 저항성 전류의 크기가 분류지로로 표시된다. 각 리액턴스 지로전류는 전원전압을 자신의 리액턴스로 나누면 되는데 그들은 위상이 반대이고 크기가 같다. 여하튼 리액턴스 전류는 회로 내의 모든 부분에서 존재하지만 서로 반대 방향으로 흐르기 때문에 순전류의 크기가 zero라는 것이다.

그림 14-28(b)에 표시된 그래프는 I_L과 I_C가 어떻게 상쇄되는지를 표시하고 있다.

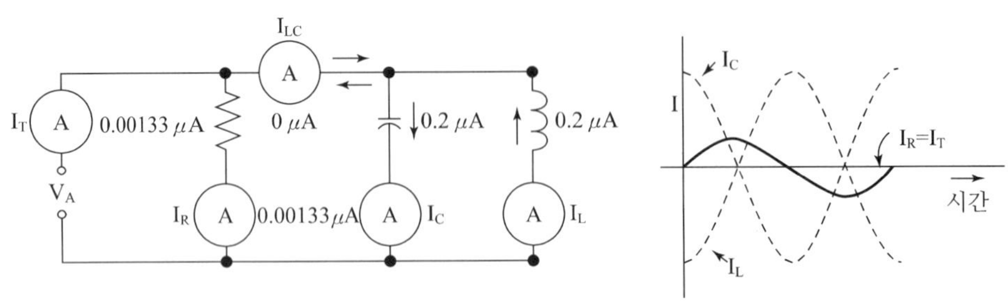

(a) R, L, C의 지로 전류회로 (b) I_L과 I_C는 크기가 같고 방향은 반대이다.

그림 14-28 공진에서 병렬회로의 전류분배. 저항성 전류는 I_R의 등가회로 로 표시된다.

14.8 공진주파수 $f_r = \frac{1}{2\pi\sqrt{LC}}$

이 공식은 $X_L = X_C$에서부터 유도된다.

공식에서 공진 주파수를 f_r로 표시하면 $2\pi f_r L = \frac{1}{2\pi f_r C}$로 표시할 수 있고 양변에 f_r을 곱하면 $2\pi L(f_r)^2 = \frac{1}{2\pi C}$로 표시된다. 다시 $2\pi L$로 양변을 나누면 $f_r^{\ 2} = \frac{1}{(2\pi)^2 LC}$이 되고 f_r을 구하면 식 (14.17)처럼 표시할 수 있다.

$$f_r = \frac{1}{2\pi\sqrt{LC}} \tag{14.17}$$

위 식에서 L은 henry 단위를 갖고 C는 farad 단위를 사용하며, f_r은 hertz 단위를 사용하게 된다.

$\frac{1}{2\pi} = \frac{1}{6.28} = 0.159$이므로 식 (14.17)을 식 (14.18)처럼 변환시킬 수 있다.

$$f_r = \frac{0.159}{\sqrt{LC}} H_Z \tag{14.18}$$

예제 8 (a) 10 H의 인덕턴스와 20 μF의 커패시턴스가 공진시키는 주파수의 크기를 구하시오.
(b) 2 μH의 L과 30 pF의 C가 동조시키는 주파수는 얼마인지 계산하시오.

▸ (a) $f_r = \frac{1}{2\pi\sqrt{LC}} = \frac{1}{2\pi\sqrt{10\,H \times 20 \times 10^{-6}\,F}} = 11.26\,Hz$

(b) $f_r = \frac{1}{2\pi\sqrt{LC}} = \frac{1}{2\pi\sqrt{2 \times 10^{-6}\,H \times 30 \times 10^{-12}}} = 20{,}557\,Hz$

커패시턴스 C는 공진 공식에서부터 다음과 같이 구해진다.

$f_r = \frac{1}{2\pi\sqrt{LC}}$에서 양변을 제곱하면 $f_r^2 = \frac{1}{(2\pi)^2 LC}$가 되고 C는 식 (14.19)처럼 구해진다.

$$C = \frac{1}{(2\pi)^2 L} = \frac{1}{4\pi^2 f_r^2 L} = \frac{0.0254}{f_r^2 L} \tag{14.19}$$

인덕턴스 L 역시 f_r 공식으로부터 계산하면 식 (14.20)처럼 표시할 수 있다.

$$L = \frac{1}{(2\pi)^2} = \frac{1}{4\pi^2 f_r^2 C} = \frac{0.0254}{f_r^2 C} \tag{14.20}$$

예제 9 (a) 1,000 kHz에서 300 μH의 L과 공진시키는 C의 크기는 얼마인가?
(b) 100 kHz에서 100 pF의 C와 공진시키는 L의 크기는 얼마인가?

▸ (a) $C = \dfrac{1}{4\pi^2 f_r L} = \dfrac{1}{4\pi^2(1{,}000 \times 10^3\,\text{Hz})^2 \times 239 \times 10^{-6}\,\text{H}} = 106\,\text{pF}$

(b) $L = \dfrac{1}{4\pi^2 f_r^2 C} = \dfrac{1}{39.48 \times (1 \times 10^6\,\text{Hz})^2 \times 100 \times 10^{-12}\,\text{F}} = 253\,\mu\text{H}$

14.9 공진회로의 확장계수 Q

공진회로의 질이나 감도계수는 Q에 의해서 표시된다. 일반적으로 공진에서 직렬저항에 대한 리액턴스의 비가 커지게 되면 Q의 값도 커지고 공진효과는 더욱 예리해진다.

직렬 공진회로에서는 식 (14.21)을 이용해서 Q를 계산할 수 있다.

$$Q = \frac{X_L}{r_s} \tag{14.21}$$

여기서 Q는 감도계수이고, X_L은 유도성 리액턴스, r_s는 X_L에 직렬로 연결된 저항이다. 그림 14-29(a)에 표시된 직렬 공진회로의 Q는 150이다.

$$Q = \frac{1{,}500\ \Omega}{10\ \Omega} = 150$$

Q는 단위를 갖지 않는다. 직렬저항이 공진 시 전류의 크기를 제한하기 때문에 직렬저항의 크기가 작을수록 공진 주파수에서 전류의 크기는 날카롭게 증가하는데 이것은 Q가 크다는 것을 의미한다. 또한 공진에서의 리액턴스값이 커지면 최대전류가 출력전압의 크기를 크게 한다. Q는 공진에서 X_L 대신 X_C를 사용해도 그 크기는 변화가 없다. 그 이유는 공진 시의 $X_L = X_C$이기 때문이다. 그러므로 회로의 Q는 X_L의 항에서 고려되는데, 그 이유는 직렬저항이 코일 속에 포함되기 때문이다. 이런 경우 코일의 Q와 직렬 공진회로의 Q는 서로 같은 값을 갖게 된다. 만약 보조저항이 삽입된다면 회로의 Q는 코일의 Q보다 작아지게 된다. 회로가 가질 수 있는 최대 크기의 Q는 코일의 Q와 같다. Q가 150이라면 비교적 큰 값이라고 말할 수 있다. 일반적인 값은 대략 50에서 250이다. 10보다 적게 되면 Q는 낮은 값이고 300보다 크다면 아주 큰 값이다.

공진회로의 Q는 직렬회로에서 전류의 공진상승에 의해서 증가되는 L이나 C 양단의 전압이 어떻게 증가하는가를 결정하는 확장계수로 생각할 수 있다. 특별히 직렬공진에서 출력전압의

Q배까지 증가한다.

$$V_L = V_C = Q \times V_{인가전압} \tag{14.22}$$

그림 14-22(a)에서 인가전압이 300 μV이고 Q가 150이다. L이나 C 양단의 공진 상승전압은 45,000 μV가 된다.

직렬 공진회로가 갖는 Q의 본질은 L이나 C 양단의 전압을 측정하고 이것을 인가전압과 비교함으로써 실험적으로 확인할 수 있다.

$$Q = \frac{V_{out}}{V_{in}} \tag{14.23}$$

위 식에서 V_{OUT}은 코일이나 콘덴서에서 측정되는 ac 전압이고 V_{in}은 회로에 인가된 전압이다. 그림 14-22(b)에서 L과 C 양단에 교류전압계를 연결하면 공진 주파수에서 45,000 μV의 전압을 측정할 수 있다. 역시 입력전압은 300 μV이므로 Q는 150이 된다.

$$Q = \frac{V_{out}}{V_{in}} = \frac{45{,}000\,\mu V}{300\,\mu V} = 150$$

이 방법은 Q를 구하기 위해서 사용한 X_L/r_s 공식보다 편리하다. 그 이유는 r_s는 코일이 갖는 교류저항이기 때문에 측정에 어려움이 많기 때문이다. 코일의 교류저항은 저항계로 측정한 직류저항보다 2배 이상 커질 수 있음에 유의해라. 사실 식 (14.23)을 이용해서 Q를 계산함으로써 손쉽게 교류저항을 계산할 수 있다.

예제 10 (a) 0.5 MHz의 f_r을 갖는 직렬 공진회로는 2 mV의 입력전압에 대해서 250 μH의 L 양단에 120 mV의 전압을 출력시킨다. Q를 계산하시오.

(b) 코일이 갖는 교류저항이 크기는 얼마인가?

▸ (a) $Q = \frac{V_{out}}{V_{in}} = \frac{120\,mV}{2\,mV} = 60$

(b) 코일의 Q는 60이고 $Q = X_L / r_s$이므로 $r_s = X_L / Q$로 구하면 된다. 우선 X_L을 구하면 785 Ω이 구해진다. r_s의 크기는 13.1 Ω이다.

$$X_L = 2\pi fL = 6.28 \times 0.5 \times 10^6\,Hz \times 250 \times 10^{-6}\,H = 785\,\Omega$$

$$r_s = \frac{785\,\Omega}{60} = 13.1\,\Omega$$

병렬 공진회로에서 r_s는 X_L에 비해서 아주 적은 값을 갖지만 Q는 직렬회로와 똑같은 X_L / r_s 공식에 의해서 구해진다. 그림 14-29에서 X_L과 직렬로 연결된 코일의 r_s를 볼 수 있다. 코일의 Q는 용량성 지로의 Q보다 작기 때문에 코일의 Q를 병렬회로의 Q로 결정한다. 콘덴서는 작은

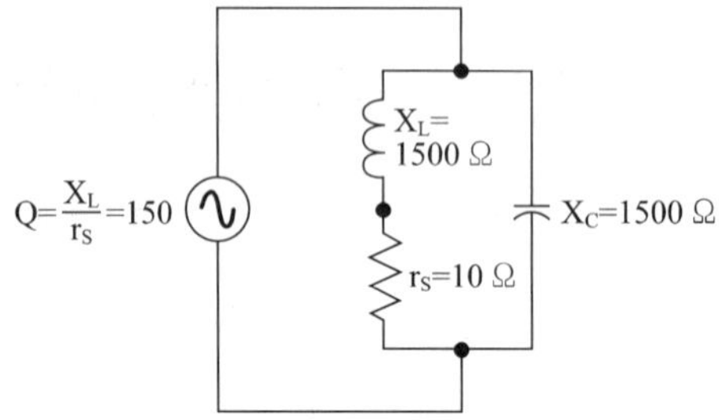

그림 14-29 X_L에 r_S가 직렬연결된 병렬 공진회로의 Q.

손실 때문에 비교적 큰 Q를 가지므로 동조회로에 사용된다. 그림 14-29에서 Q는 1,500 / 10 Ω =150이다. 이것은 직렬 공진회로에서의 Q값과 같은 크기이다.

병렬 공진회로에서 Q 확장계수는 최소 선전류 때문에 병렬회로의 합성 임피던스가 얼마나 증가했는가를 결정하게 된다. 특히 병렬 공진회로의 임피던스는 공진 주파수에서 유도 리액턴스의 Q배이다.

$$Z_{EQ} = Q \times X_L \tag{14.24}$$

그림 14-27에 표시된 병렬 공진회로에서 X_L이 1,500Ω 이고 Q가 150이었다. 이 사실은 공진 주파수에서 150×1,500 Ω =225,000 Ω 에 해당하는 임피던스를 갖게 된다는 것을 의미한다. 선전류는 V_A / Z_{EQ}이므로 300 μV / 225,000 Ω =0.001,333 μA가 흐르게 된다. f_r에서의 최소 선전류는 각 지로전류의 1 / Q배에 해당한다. 그림 14-28에서 I_C나 I_L은 0.2 μA를 갖고 Q가 150이기 때문에 I_T는 0.2 / 150=0.0013μA가 된다. 이것은 V_A / Z_{EQ}와 같은 크기를 갖기 때문에 순환전류는 최소 I_T의 Q배에 해당한다는 것을 알 수 있다.

14.10 공진회로의 대역폭

LC회로가 어느 한 주파수에서 공진된다면 최대 공진 효과를 갖는다. 따라서 f_r에 근접한 다른 주파수들도 효과적이다. 직렬공진의 경우에 f_r 바로 위, 아래의 주파수에서 전류는 공진점에서의 전류보다는 작지만 상당히 접근한다. 병렬공진의 경우 f_r에 근접한 주파수에서는 비록 최대값의 Z_{EQ}보다는 조금 작지만 비교적 큰 임피던스를 갖게 된다. 따라서 공진 주파수는 공진 효과를 제공하는 주파수 대역에 관계를 갖게 된다. 대역의 폭은 공진회로의 Q에 따라서 달라진다. 실제로 LC회로가 어느 한 주파수에서만 공진된다는 것은 불가능하다. f_r에 중심을 둔 주파수의 공진 대역폭은 동조회로의 대역폭이라고 부르게 된다.

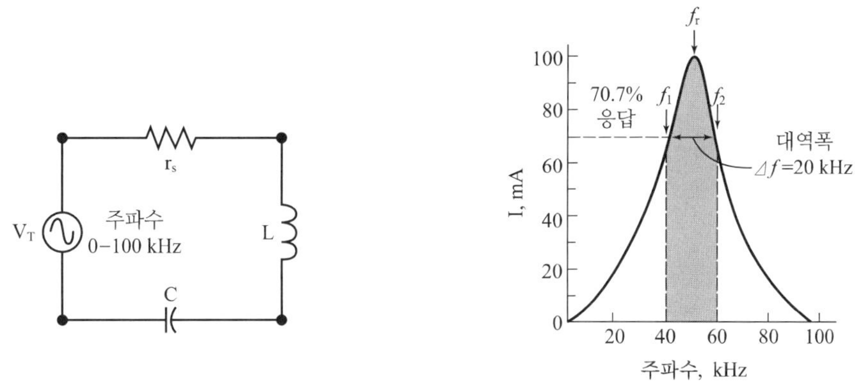

(a) 0 kHz에서 100 kHz의 입력을 갖는 직렬회로 (b) f_1과 f_2의 사이가 20 kHz의 Δf 대역폭을 갖는 응답특성곡선

그림 14-30 LC회로의 공진 대역폭.

최대값의 70.7%나 그 이상의 응답을 갖는 주파수의 모임을 일반적으로 대역폭이라 하며 그림 14-30에 표시된 것과 같다. 공진응답은 그림 14-30(a)의 직렬회로에서 전류를 증가시킨다. 따라서 f_1과 f_2 주파수 사이에서 대역폭을 측정할 수 있다. 병렬회로에서 공진응답은 임피던스 Z_{EQ}를 증가시킨다. 대역폭은 f_r에서 Z_{EQ}의 최대 70.7%를 갖는 두 주파수 사이에서 측정된다. 대역폭은 그림 14-30(b)의 공진 특성곡선에서 20 kHz이다. 이것은 60 kHz의 f_2 − 40 kHz의 f_1이 70.7%의 응답에 해당한다. 50 kHz의 f_r에서 100 mA의 최대전류가 흐른다면 공진 아래의 f_1과 공진 위의 f_2에는 각기 70.7 mA의 전류가 흐르게 되고, 이런 20 kHz 내의 모든 주파수들은 70.7 mA 이상의 전류를 흐르게 한다.

높은 Q를 갖는 날카로운 공진은 좁은 대역폭을 의미한다. Q가 낮아질수록 공진응답은 넓어지고 대역폭은 커진다. 또한 공진 주파수가 높을수록 날카로운 공진의 주어진 대역폭에 포함되는 주파수 범위는 커진다. 따라서 공진회로의 대역폭은 식 (14.25)에 의존하게 된다.

$$f_2 - f_1 = \Delta f = \frac{f_r}{Q} \tag{14.25}$$

여기서 Δf는 공진 주파수 f_r과 같은 단위를 갖는 대역폭을 의미한다. 또한 대역폭 Δf는 간단히 B_W라고 약자를 사용하기도 한다.

예를 들어, 직렬회로가 100의 Q를 갖고 있으며 800 kHz에서 공진된다면 대역폭은 8 kHz가 된다. 이때 I는 최대치의 70.7% 이상을 갖게 된다. 이런 주파수대의 800 kHz를 중심으로 796 kHz에서 804 kHz 사이에 존재한다. 10 이상의 Q를 갖는 병렬 공진회로는 식 (14.25)를 사용해서 Z_{EQ}의 70.7% 이상을 제공하는 대역폭을 계산하게 된다. 그러나 이런 공식은 낮은 Q를 갖는 병렬 공진회로에서는 사용되지 못한다. 그것은 공진 특성곡선이 비대칭이기 때문이다.

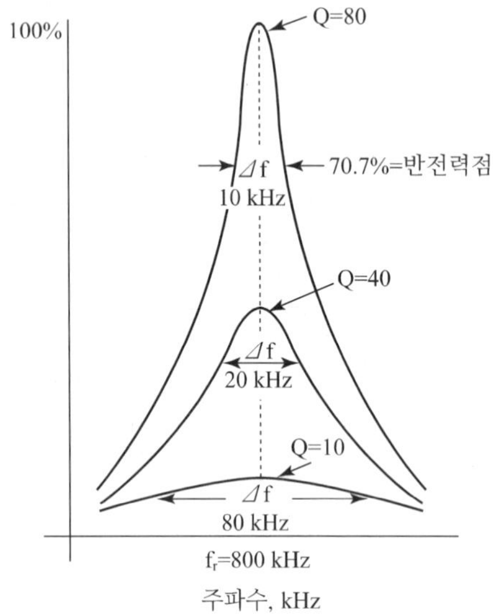

그림 14-31 Q가 높을수록 공진응답은 날카로워진다.
진폭은 직렬공진의 I이거나 병렬공진의 Z_{EQ}를 표시한다. 반전력 주파수에서의 대역폭은 Δf이다.

Q의 값에 따라서 달라지는 응답효과를 그림 14-31에 표시했다. 같은 공진 주파수를 갖는 경우에도 Q가 클수록 대역폭은 좁아진다. 측면의 기울기는 날카롭게 되고 자신의 진폭이 커지게 된다. Q가 크면 일반적으로 공진회로로부터 더 많은 출력을 구하게 된다. f_1이나 f_2는 전체 대역폭의 1/2만큼 f_r로부터 분리되어 있다. 그림 14-31에서는 Q가 80이고, Δf가 10 kHz일 때 f_r이 800 kHz이다. 따라서 edge 주파수는 다음과 같이 구할 수 있다.

$$f_1 = f_r - \frac{\Delta f}{2} = 800 - 5 = 795\,\text{kHz},\ \ f_2 = f_r + \frac{\Delta f}{2} = 800 + 5 = 805\,\text{kHz}$$

이런 예는 대칭 구조의 공진곡선을 가질 때만 가능하다. 따라서 높은 Q를 갖는 병렬 공진회로와 임의의 Q를 갖는 직렬 공진회로에서 적용될 수 있다.

예제 11 (a) 2,000 kHz에서 공진하는 LC회로가 200의 Q를 갖는다면 대역폭 Δf와 edge 주파수 f_1, f_2는 얼마인가?

(b) f_r이 4,000 kHz이고 Q가 100일 때 Δf, f_1, f_2를 계산하시오.

▸ (a) $\Delta f = \dfrac{f_r}{Q} = \dfrac{2{,}000\,\text{kHz}}{200} = 10\,\text{kHz}$

$$f_1 = f_r - \frac{\Delta f}{2} = 2{,}000\,\text{kHz} - 5\,\text{kHz} = 1{,}995\,\text{kHz}$$

$$f_2 = f_r + \frac{\Delta f}{2} = 2{,}000\,\text{kHz} + 5\,\text{kHz} = 2{,}005\,\text{kHz}$$

(b) $f = \frac{f_r}{Q} = \frac{4{,}000\ \mathrm{kHz}}{100} = 40\ \mathrm{kHz}$

$f_1 = 4{,}000\ \mathrm{kHz} - 20\ \mathrm{kHz} = 3{,}980\ \mathrm{kHz}$

$f_2 = 4{,}000\ \mathrm{kHz} + 20\ \mathrm{khz} = 4{,}020\ \mathrm{kHz}$

계산시의 편리성을 고려해서 대역폭은 70.7% 응답을 갖는 두 주파수 사이를 의미한다고 정의한다. 이런 각 주파수에서는 순용량성 리액턴스이든 순유도성 리액턴스 이든간에 저항과 크기가 같다. 이때 직렬 리액턴스와 저항의 Z_{EQ}는 R보다 1.414배 크다. 임피던스가 증가하면 전류는 1 / 1.414로 감소해서 최대값의 약 0.707배를 갖게 된다. 게다가 70.7%의 상대적인 전류나 전압값은 전력의 50%에 해당한다. 그 이유는 I^2R 또는 V^2 / R 식에서 0.707의 제곱은 0.5이기 때문이다. 따라서 전류나 전압의 70.7% 응답을 갖는 두 점 사이의 Δf에 대해서 유도되었다.

기초확인문제

01 $100e^{j\frac{2}{3}\pi}$를 복소수로 표시하시오.

02 $e^{j\frac{2}{3}\pi}$는 어떻게 표시되는가?

03 $\dot{A}_1=20\left(\cos\frac{\pi}{3}+j\sin\frac{\pi}{3}\right)$, $\dot{A}_2=5\left(\cos\frac{\pi}{6}+j\sin\frac{\pi}{6}\right)$로 표시되는 두 벡터가 있다. $\dot{A}_3=\dot{A}_1/\dot{A}_2$의 값은 얼마인가?

04 (a) $A=13\angle 112.6°$를 직각 좌표형으로 변환하시오.
(b) $A=9.5\angle 73°$를 직각 좌표형으로 변환하시오.
(c) $A=1.2\angle -152°$를 직각 좌표형으로 변환하시오.
(d) $\dot{A}=6+j8$, $\dot{B}=20\angle 60°$일 때 $\dot{A}+\dot{B}$를 직각 좌표형식으로 표시하시오.

05 $I_1=20\angle\tan^{-1}(4/3)$, $I_2=10\angle\tan^{-1}(3/4)$일 때 $I=(I_1-I_2)$는 얼마인가?

06 $\dot{I}_1=5\left(\cos\frac{\pi}{6}+j\sin\frac{\pi}{6}\right)$와 $\dot{I}_2=4\left(\cos\frac{\pi}{3}+j\sin\frac{\pi}{3}\right)$로 표시되는 두 벡터의 곱을 구하시오.

07 $v=100\sqrt{2}\sin\left(wt+\frac{\pi}{3}\right)$를 복소수로 표시하시오.

08 그림 14-32와 같은 회로에서 전류 i의 순시치를 표시하는 식을 구하시오.

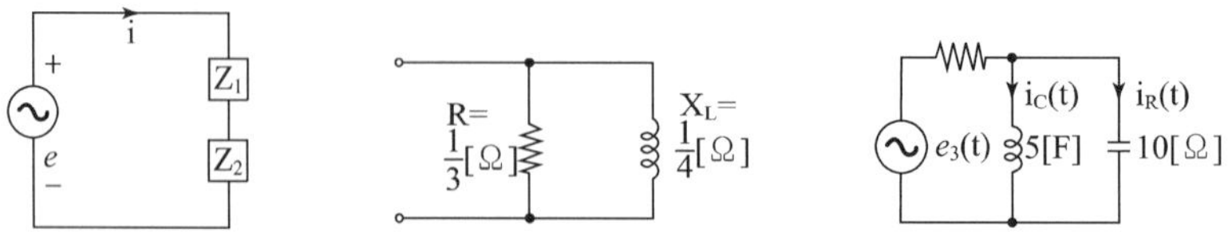

그림 14-32 그림 14-33 그림 14-34

09 그림 14-33과 같은 회로에서 벡터 어드미턴스 $\dot{Y}$[℧]를 구하시오.

10 그림 14-34와 같은 R-C 병렬회로에 전압원 $e_s(t)$로서 $10\varepsilon^{-5t}$인 전압을 사용할 때 전류 $i_c(t)$를 구하시오.

11 임피던스 $Z=15+j4[℧]$의 회로에서 $\dot{I}=10(2+j)$를 흘리는데 필요한 전압 $\dot{V}$는 얼마인지 구하시오.

정답

01 $100e^{j\frac{2}{3}\pi}=100\cos\frac{2}{3}\pi+j100\sin\frac{2}{3}\pi=-50+j50\sqrt{3}=-50+j86.6$

02 $\frac{\cos 2}{3}\pi+j\sin\frac{2}{3}\pi=-\frac{1}{2}+j\frac{\sqrt{3}}{2}=-\frac{1}{2}+j0.866$

03 $\dot{A}_3=4\left(\cos\frac{\pi}{6}+j\sin\frac{\pi}{6}\right)$

04 (a) $A=13\underline{/112.6°}+j13\sin 112.6°=-13\cos 67.4°+j13\sin 67.4°=-5+j12$

(b) $A=9.5\underline{/73°}=9.5\cos 73°+j9.5\sin 73°=2.77+j9.08$

(c) $A=1.2\underline{/-152°}=1.2\cos(-152°)+j1.2\sin(-152°)=-1.2\cos 28°-j1.2\sin 28°=-1.06-j0.564$

(d) $16+j25.32$

05 $4+j10$

06 $j20$

07 $50+j50\sqrt{3}$

08 $i=10\sqrt{2}\sin\left(120\pi t-\tan^{-1}\frac{3}{4}\right)$

09 $\dot{Y}=\frac{1}{R}+\frac{1}{jX_L}=\frac{1}{\frac{1}{3}}\times\frac{1}{\frac{1}{j4}}=3-j4[℧]$

10 $i_c(t)=C\frac{de_s(t)}{dt}=5\times\frac{d}{dt}(10\varepsilon^{-5t})=-250\varepsilon^{-5t}$

11 $V=I\cdot Z=10(2+j)(15+j4)=10\{30+15j+8j-4\}=10(26+j23)$

CHAPTER 15 반도체 소자

물질은 물질의 양단에 전압이 인가될 때 전류와 반응하는 방식에 따라서 절연체, 도체, 반도체로 구분된다. 반도체 물질은 좋은 도체도 아니고 절연체도 아니다. 그렇다면 반도체의 어떤 특성이 전자회로에서 반도체를 유용하게 사용할 수 있도록 하는가? 그 해답은 반도체는 저항을 증가시키면 절연체와 같은 동작을 하게 되고, 저항을 감소시키면 도체와 유사한 동작을 얻을 수 있기 때문이다. 이와 같은 반도체 물질의 저항 특성을 가변시킬 수 있는 능력이 전기회로와 전자회로에서의 응용에 유용하도록 해준다. 이 장에서는 반도체 소자의 동작과 특성을 보다 쉽게 이해할 수 있도록 반도체 물질의 특성을 설명한다.

15.1 고체 상태의 반도체 소자

게르마늄, 실리콘과 같은 반도체 물질은 그림 15-1에 표시된 것과 같이 다이오드, 트랜지스터, 집적회로(IC)와 같은 반도체 소자를 제조하는 데 사용된다. 이런 소자들은 원하는 출력을 구하기 위해서 전압과 전류를 제어하는 전자회로와 전기회로에 사용된다.

예를 들면, 다이오드는 교류를 직류로 변환하는 정류기 회로에서의 소자 제어에 사용되고, 트랜지스터는 가변저항과 유사하게 동작하도록 제조하기 때문에 라디오 신호를 증폭할 수 있다. 집적회로는 발진회로를 발생시키거나 산술적인 동작을 수행하도록 만들어진다. 트랜지스터는 1948년 벨 전화 연구소에 근무하던 윌리엄 쇼클리, 월터 브라튼, 존 바든에 의해서 최초로 소개된 고체 상태 소자이다. 이런 명칭은 진공관이 입력과 출력단자 사이에 진공이 들어있던 것처럼 입력과 출력 단자 사이에 고체 물질이 포함되기 때문에 부르게 되었다. 1948년에 공개된 최초의 점 접촉형 트랜지스터는 지극히 불안정했고 발명자들에 의해서 쌍극성 트랜지스터로 개량되기까지는 무려 12년의 시간이 소비되었고 드디어 상업적으로 이용되기 시작했다.

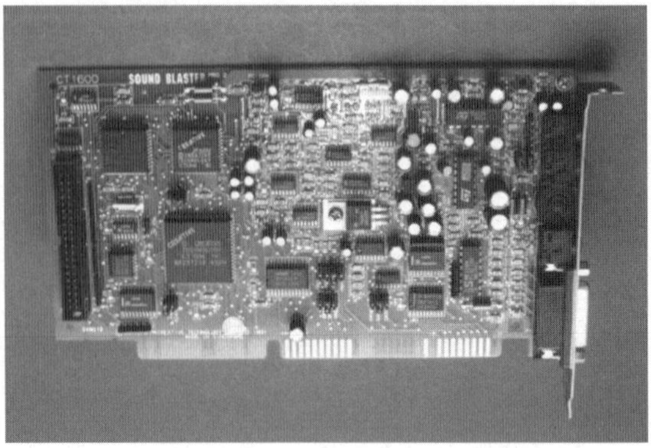

그림 15-1 반도체 소자.

(a) 최초의 트랜지스터 (b) 최초의 집적회로

그림 15-2

1960년부터 전자 제품 제작회사들은 낮은 소비전력과 낮은 주파수대의 응용 분야에 진공관 대신 트랜지스터를 사용하게 되었다. 반도체와 고체 전자소자에 대한 연구와 개발 열풍이 불게 되었고, 그 결과 다양한 반도체 소자들이 출현하게 되었다. 트랜지스터의 또 다른 형태로 진공관과 유사한 특성을 갖는 전계효과 트랜지스터인 FET가 개발되었다. 또한 빛을 발생시키고 감지할 수 있는 반도체 물질인 새로운 광전 소자도 출현하게 되었다. 그 이후에는 자기장, 온도, 압력을 감지하는 다양한 종류의 센서와 트랜스듀서가 개발되었고 시장에서 공급되었다. 이와 같이 다양한 반도체의 종류와는 별도로 다양한 반도체 다이오드들이 정류기와 전압 조정기, 고주파 발진기 응용에 사용된다. 그림 15-3에는 다양한 형태의 반도체와 고체 전자 소자가 표시되어 있다.

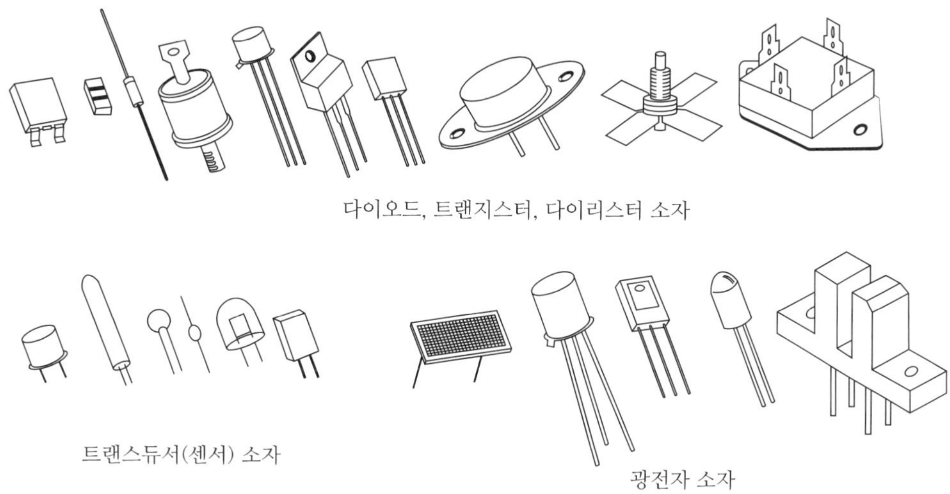

그림 15-3 이산소자.

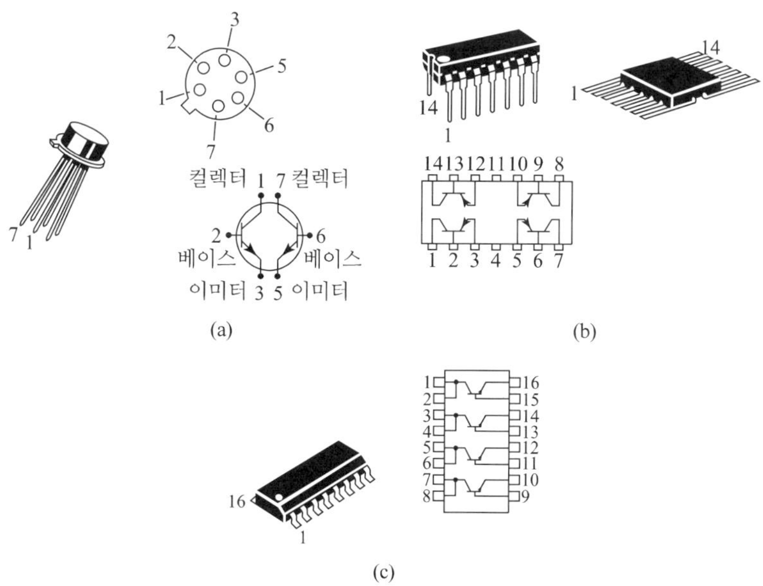

그림 15-4 반도체 집적회로.

오늘날 전자공학의 모든 분야에서 사용되는 IC는 수백 개에서 수십억 개의 트랜지스터가 포함되고, 물론 기타의 소자들도 반도체 물질 위에 배선되지만 크기는 커지지 않았다. 그림 15-4는 다양한 종류의 IC를 표시하고 있다. 개발된 조각의 반도체는 오직 한 부분만으로 사용되도록 이미 생산될 때 결정된다. 예를 들면, 일반적인 휴대용 무선 전화기에는 400개의 소자가 사용된다. 그러나 지금은 40개 그리고 어떤 것은 3개나 4개의 집적회로로 전화기 회로를 구성하게 된다.

15.2 반도체 물질

전자와 전기의 응용 분야에 사용되는 반도체 소자를 구성하는데 가장 널리 사용되는 물질은 실리콘과 게르마늄이다. 게르마늄은 부서지기 쉬운 회색이 섞인 흰색 원소로 일종의 석탄재로부터 1866년에 발견했다. 실리콘은 가장 널리 사용되는 반도체 물질로 뛰어난 온도의 안정성을 가지고 있으며, 보통은 모래로부터 추출하는 흰색물질로 1823년 발견되었다. 게르마늄과 실리콘은 거의 100%에 가까운 순도를 갖는다. 그림 15-5는 반도체 소자로 사용되기 위해서 도핑된 실리콘의 고체 덩어리와 얇게 잘라진 웨이퍼를 표시하고 있다. 진성 게르마늄은 실리콘의 1 / 1,000에 해당하는 저항을 갖지만 누설 전류가 적기 때문에 실리콘이 반도체 소자에 더 많이 사용된다. 반도체의 특성이 전기적으로 변화되는 것은 투입되는 불순물의 농도에 관계를 갖게 된다.

반도체 결정과 공유결합

실리콘 원자는 핵속에 14개의 양성자를 가지고 있고 세 개의 전자 궤도를 가지고 있는데, 첫 번째 궤도에 2개, 두 번째 궤도에 8개, 최외곽 궤도인 가전자 궤도에 4개의 전자를 가지고 있다. 게르마늄 원자는 핵속에 32개의 양성자를 가지고 있고, 4개의 전자 궤도에서 2, 8, 18, 4개의 전자 분포를 갖는다. 게르마늄과 실리콘 원자가 가지는 공통적인 특징은 무엇인가를 생각해 보도록 하자. 그 해답은 그림 15-6에 표시된 것처럼 모든 반도체 원자는 4개의 가전자를 가지고 있다는 점이다. 원자의 가전자 궤도는 원래 8개까지 전자가 포함될 수 있고 이런 가전자 궤도의 전자들이 원자의 전자가를 결정하게 된다.

(a) 고체봉

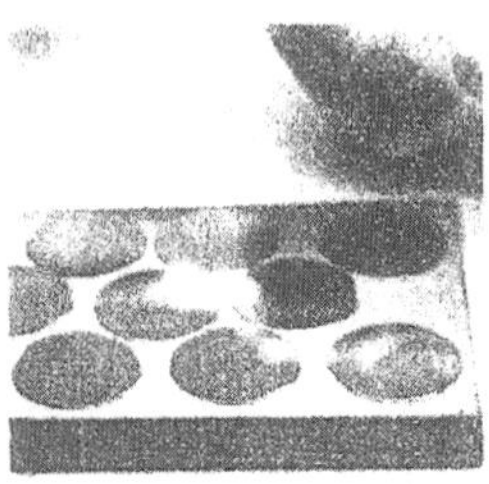

(b) 웨이퍼 디스크

그림 15-5 순수한 실리콘.

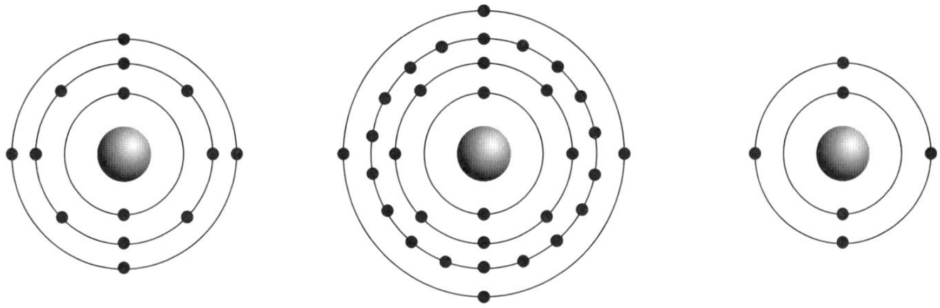

그림 15-6 반도체 원자들.

예를 들어, 원자가 오직 한 개의 가전자만을 가진다면 양도체로 분류되지만 원자가 8개의 가전자를 가지게 되면 가전자 궤도를 완전하게 채우게 되어서 절연체로 분류된다. 물질의 전도도를 결정하는 가전자의 개수가 4개이기 때문에 반도체는 도체와 절연체의 중간에 있게 된다. 두 개 이상의 유사한 반도체 원자들이 고체 원소를 구성하기 위해서는 그림 15-7에 표시된 것처럼 결정으로 알려진 격자 구조로 배열된다. 이런 형태는 4개의 가전자를 가지고 있는 원자가 이웃하는 4개의 원자와 결합함으로써 구성된다. 각 원자는 이웃하는 원자와 한 개의 전자를 공유하고, 두 개의 원자는 중심과 중심 사이에서 두 개 또는 1쌍의 전자를 공유하게 된다. 이런 두 원자의 코어는 두 개의 전자로 채워지지만 서로 등가의 반대되는 힘을 가지고 있고, 이것이 고체 결정 격자구조에서 원자를 결합시키기 위해서 채워지는 작용을 하게 한다. 두 개의 반도체 원자가 함께 결합되는 것을 전자쌍 결합 또는 공유결합이라고 한다. 많은 원자들이 결합될 때 이와 같은 방식에 의해서 결정 격자구조를 구성하게 된다.

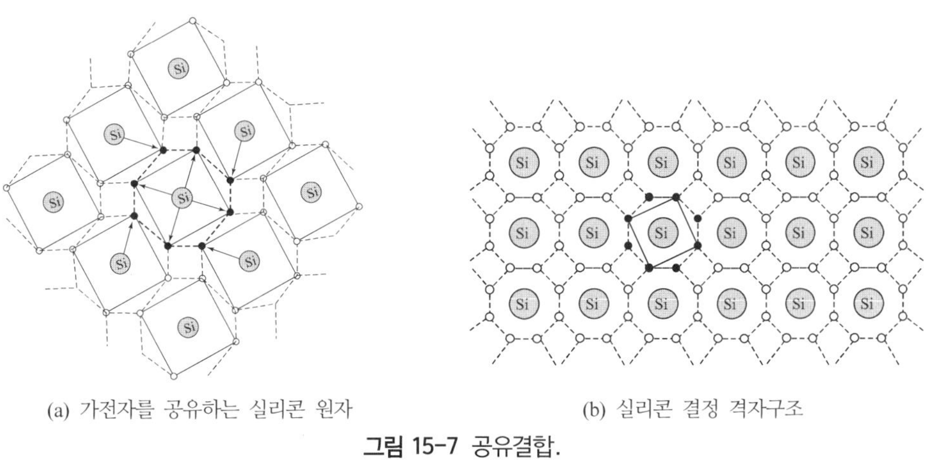

(a) 가전자를 공유하는 실리콘 원자 (b) 실리콘 결정 격자구조

그림 15-7 공유결합.

이런 결합의 과정을 설명하기 위해서 그림 15-7(a)에 표시된 각 원자는 사각형으로 표시되고 각 가전자 궤도는 원자에 속한 전자를 쉽게 이해할 수 있도록 8각형으로 그려진다. 여러분들이 보다시피 대각선의 중심에 있는 원자는 4개의 가전자를 가지고 있다. 각각 이웃한 4개의 원자로부터 한 개의 전자를 공유하게 된다. 그림 15-7(b)는 실리콘 결정 구조를 확대해서 표시하고 있다. 이런 구조에서의 모든 원자는 그들의 가전자 궤도가 완전하게 결합되기 때문에 전기적으로 중성이다(원자는 모두 8개의 전자를 갖는다.). 이렇게 가전자 궤도가 완전하게 채워지면 순수한 결정 구조를 구성하게 되고 쉽게 전자를 받아들이거나 줄 수 없기 때문에 절연체로 동작하게 된다. 순수한 반도체 물질은 진성 반도체라고 하는데 도체로서의 성능은 아주 좋지 못하다. 이런 진성 반도체가 구해지면 반도체 소자를 구성하기 위해서는 반드시 도핑이라는 과정을 거쳐야만 된다. 게르마늄은 온도 안정성이 좋지 못하고 탄소결정(다이아몬드)은 너무 가격이 비싸기 때문에 다이오드, 트랜지스터와 같은 반도체 제조에는 주로 실리콘이 사용된다.

반도체 양단에 인가되는 전압

만약 실온에서 전압이 진성 반도체 물질의 양단에 인가된다면 전도대의 자유 전자는 그림 15-8에 표시된 것처럼 작은 크기의 전류를 흐르게 한다. 이런 예는 여러분들이 −로 대전된 자유 전자들이 전압원의 +단자로 어떻게 끌려가는가를 이해할 수 있도록 해준다. 반도체 물질에서 모든 자유 전자는 전압원의 +단자를 향해서 오른쪽으로 이동한다. 전압원의 −단자에서 발생되는 또 다른 전자들은 반도체 물질의 왼쪽으로 주입된다. 이렇게 주입되는 전자들은 반도체 물질에서의 정공과 재결합하게 된다.

이런 예에서 보듯이 반도체 물질에서의 전류는 정공과 전자로 구성된다. 정공은 +로 대전된 입자로, 전자는 −로 대전된 입자로 동작한다. 전자가 전압의 +단자로 이동하기 위해서는 원자들 사이를 통과해야 하는데 이때 정공을 만들게 된다. 이런 정공들은 뒤이어 이동하는 전자와 다시 재결합하게 된다. 뒤이어 이동하는 전자 역시 뒤에 정공을 남기게 되고, 이런 현상은 마치 정공들이 전압원의 − 단자 방향으로 이동하는 것과 같다. 이런 정공의 흐름은 우리들에게는 새로운 현상이지만 반도체와 도체에서의 전류 흐름의 차이점을 설명하는 열쇠가 된다. 도체에서는 오로지 자유 전자의 흐름에 대해서 고찰하지만 반도체에서는 자유 전자와 정공의 이동을 동시에 고려해야 한다. 다시 말하면 반도체 양단에 전압이 인가되면 전자는 전압원의 +단자를 향해서 이동하고 정공은 전압원의 −단자를 향해서 이동한다. 전체 전류의 흐름은 전자전류와 정공전류의 합과 같아진다.

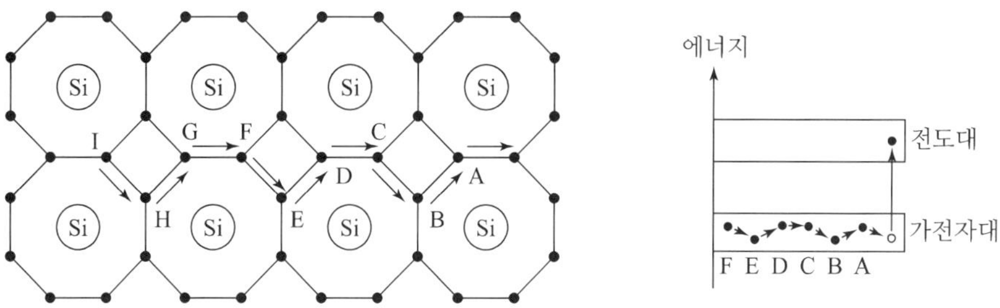

그림 15-8 진성 반도체 에서의 전자흐름과 정공흐름.

15.3 반도체물질의 도핑

실온에서 진성 반도체에는 거의 전류가 흐르지 못한다. 따라서 충분히 큰 전류를 흐르게 하기 위해서는 약간의 수정이 필요하다. 진성 반도체에 자유 전자와 정공의 숫자를 증가시키기 위해서는 불순물을 첨가하는 도핑 과정이 필요하다. 기본적으로 두 종류의 불순물이 반도체 결정에 첨가된다. 그중 한 종류는 5개의 가전자를 가지는 5가의 원소이고, 나머지 하나는 3개의 가전자를 가지는 3가의 원소이다. 도핑과정을 거치면 더 이상 순수한 반도체가 아니기 때문에 외인성 반도체라고 한다.

N형 반도체

그림 15-9(a)는 5가의 불순물이 첨가된 반도체 물질을 나타내고 있다. 그림 15-9(b)에 표시된 것과 같은 비소(As), 인(P), 안티몬(Sb), 비스무스(Bi)와 같은 5가의 원소들이 용해된 실리콘에 첨가되고, 냉각되면 전도대에 5가의 원소에 의해서 발생되는 여분의 전자를 갖는 결정구조를 구성하게 된다. 5개의 가전자는 다섯 번째의 전자는 더 이상 공유결합을 하지 않고 그림 15-9(c)에 표시한 것처럼 적은 에너지에 의해서 전도대로 뛰어오르게 된다.

100만 개의 5가 원소가 순수한 반도체에 첨가된다면 100만 개의 자유 전자가 물질을 통해서 흐를 수 있게 된다. 비록 도핑된 반도체가 100만 개의 자유 전자를 가지고 있다고 하더라도 반도체 물질은 아직은 전기적으로 중성이다. 그 이유는 각각의 비소 원자는 실리콘 원자와 같은 이유 때문에 전자와 동일한 개수의 양성자를 가지고 있기 때문이다. 따라서 반도체 내의 양성자의 개수와 전자의 개수가 동일하기 때문에 전류는 흐르지 않는다. 여하튼 가전자대의 정공보다는 더 많은 개수의 전자를 가지고 있다. 따라서 물질은 N형 반도체라고 한다. N형 반도체 물질은 가전자대 정공보다 더 많은 전도대 전자를 갖는다. 따라서 전자들은 다수 캐리어라 하고 가전자대 정공은 소수 캐리어라고 한다.

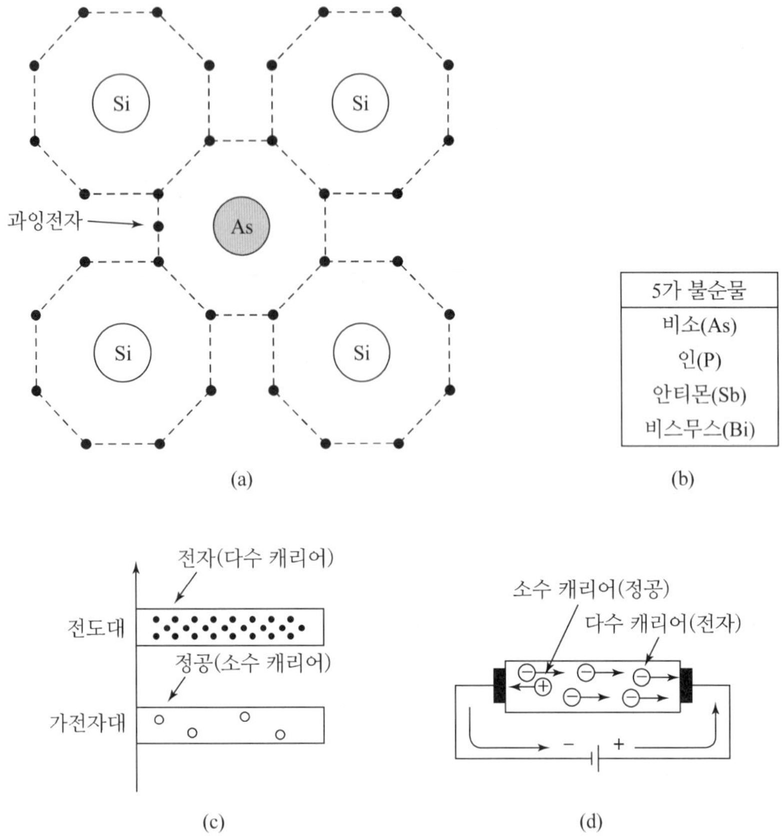

그림 15-9 N형 반도체 물질을 구성하기 위해서 첨가되는 5가 원소.

그림 15-9(c)는 전도대 전자가 다수임을 보여 준다. 반도체가 실온에서 사용되기 때문에 가전자대에는 열에너지에 의해서 발생된 몇 개의 정공이 존재한다. 그림 15-9(d)에 표시한 것처럼 N형 물질 양단에 전압이 인가되면 직류전원의 +단자 쪽으로 전도대의 부가적인 자유전자들이 이동한다. 인가된 전압은 정공을 발생시키기 위해서 공유결합을 파괴하고 흘러나온 여분의 전자들을 갖게 되고, 그 결과 전류와 전도도를 증가시킨다. N형 반도체 물질을 통해서 흐르는 전체 전류는 전자전류와 정공전류의 합으로 되는데, 다수 캐리어인 전도대 전자들이 전류의 흐름을 좌우한다.

P형 반도체 물질

그림 15-10(a)는 3가의 불순물 원자들이 첨가된 반도체 물질을 표시하고 있다. 알루미늄(Al), 갈륨(Ga), 붕소(B), 인듐(In)과 같은 3가의 원소들이 용해된 실리콘에 첨가된 후 냉각되면 3가의 불순물 원자들이 가전자대에 전공을 갖는 결정 구조를 가지게 된다. 여분의 전자 대신에 이번에는 여분의 정공을 볼 수 있다. 100만 개의 3가 원소가 순수한 실리콘에 첨가된

다면 반도체 물질을 통해서 100만 개의 정공이 흐르게 된다. 비록 도핑된 반도체가 100만 개의 정공을 가지고 있다고 하더라도 반도체 물질은 아직은 전기적으로 중성이다. 그 이유는 각각의 알루미늄 원자는 실리콘 원자와 같은 이유 때문에 전자와 동일한 개수의 양성자를 가지고 있기 때문이다. 따라서 반도체 내의 양성자의 개수와 전자의 개수가 동일하기 때문에 전류는 흐르지 않는다. 여하튼 가전자대의 정공이 물질에서의 전자보다 더 많은 개수를 가지고 있기 때문에 P형 반도체라고 한다.

P형 반도체 물질은 전도대 전자보다 더많은 가전자대 정공을 갖는다. 따라서 정공은 다수 캐리어라 하고 전도대의 전자는 소수 캐리어라고 한다. 그림 15-10(c)는 가전자대 정공이 다수임을 보여 준다. 반도체가 실온에서 사용되기 때문에 전도대에는 열에너지에 의해서 발생된 몇 개의 전자만이 존재한다. 그림 15-10(d)에 표시한 것처럼 P형 물질 양단에 전압이 인가

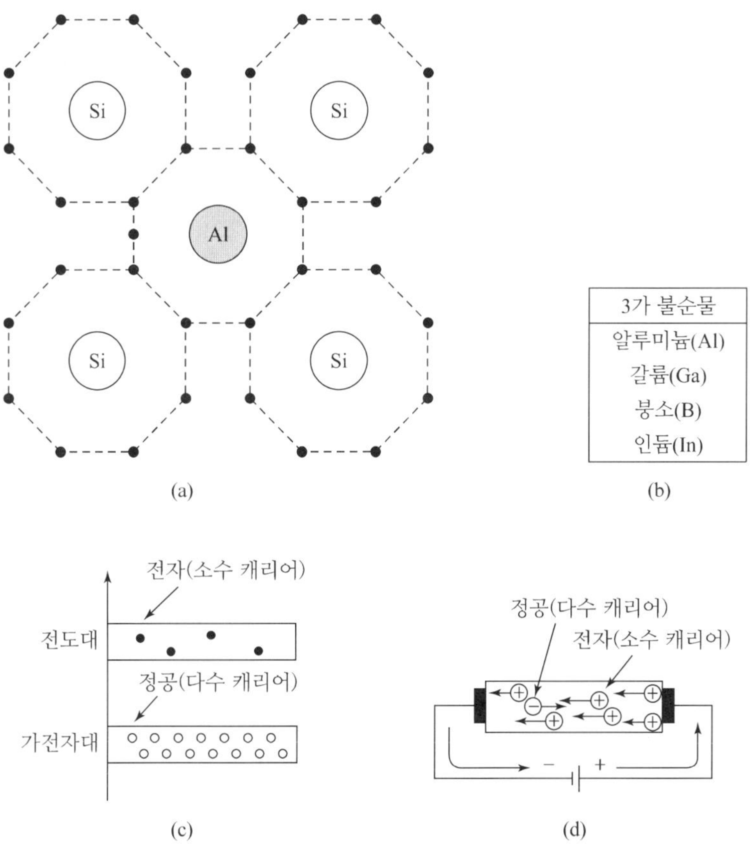

그림 15-10 P형 반도체 물질을 구성하기 위해서 첨가되는 3가 원소.

되면 직류전원의 −단자 쪽으로 가전자대의 부가적인 정공들이 이동한다. 이런 정공의 이동은 매번 전자가 정공과 반대 방향으로 이동한 것처럼 보이는데, 그 이유는 전자가 정공 속으로 떨어질 때 뒤쪽에 새로운 정공이 발생되기 때문이다. 인가된 전압은 전자를 발생시키기 위해서 공유결합을 파괴하게 되고 그 결과 전류와 전도도를 증가시킨다. P형 반도체 물질을 통해서 흐르는 전체 전류는 전자전류와 정공전류의 합으로 구성되지만 다수 캐리어인 가전자대 의 정공들이 전류의 흐름을 좌우한다.

15.4 PN 접합형 다이오드

그림 15-11(a)는 개별적인 N형 물질과 P형 물질을 나타내고 있다. N형 물질에는 여분의 전자가 포함된 블록으로 표시되어 있고, P형 물질은 여분의 정공이 포함된 블록으로 표시되어 있다. 에너지 다이어그램은 두 물질 사이의 차이를 표시하는 두 개의 반도체 영역으로 구성된다. 순수한 반도체 물질에 첨가되는 불순물이 서로 다르기 때문에 P형 물질과 N형 물질은 약간 차이가 나는데, 그 이유는 전도대와 가전자대의 에너지 준위가 약간 차이가 나기 때문이다. 그림 15-11(b)는 N형 반도체와 P형 반도체를 함께 결합시킨 그림을 나타낸다. 반도체 소자의 제조 시 PN 접합을 만들기 위해서 개별적인 두 물질을 연결하는 것이 아니라 단일 조각의 순수한 반도체 물질에 P형 영역과 N형 영역을 가지도록 도핑시키게 된다.

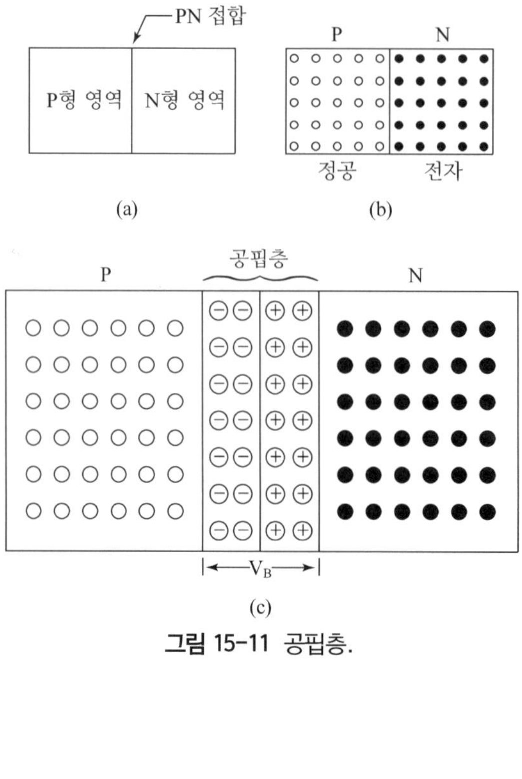

그림 15-11 공핍층.

반대로 도핑된 두 개의 물질이 어느 한 점에서 접촉하게 될 때 접합이라고 한다. 이런 두 물질의 접합은 그림 15-11(c)에 표시한 것처럼 N형 영역의 자유 전자가 P형 영역의 정공과 결합하는 것이 허용된다. N형 영역에서 자유 전자가 접합을 가로질러서 P형 영역의 정공과 결합하고, P형 물질에서 －이온을(원자는 양자보다 하나의 전자를 더 가지게 된다) 발생시키게 된다. 그리고 N형 물질에는 ＋이온을(원자의 전자가 양성자보다 하나 적다) 남겨놓게 된다. 접합의 양측 영역은 자유 전자와 정공이 공핍되거나 비게 된다. 이와 같이 ＋이온과 －이온이 포함되는 층을 공핍층이라고 한다. 접합의 양측에 이온층이 구성되고 점점 감쇠되는 효과를 갖게 되는데 결국은 접합을 걸쳐서 자유 전자와 정공의 재결합을 방지하게 된다. 다시 말해 접합 근처의 P형 영역에서 －이온은 재결합으로부터 N형 영역에서의 자유 전자를 방해하고 밀치게 된다. 이런 작용은 공핍층을 점점 더 크게 만들게 된다. 이런 ＋전하(＋이온)와 －전하(－이온)는 일정한 전위를 축적하게 된다. 이런 전하들은 반대의 극성을 가지게 되고 전위차는 그림 15-11(c)에 표시된 것과 같은 전위 장벽을 가지게 된다. 실온에서 실리콘 PN 접합의 전위 장벽은 약 0.7 V이고, 게르마늄 PN 접합의 전위 장벽은 약 0.3 V이다.

PN 접합형 다이오드의 순방향 바이어스

그림 15-12는 순방향으로 바이어스된 PN 접합형 다이오드에서 많은 전류가 쉽게 흐르게 되는 이유를 설명하고 있다. 그림 15-12(a)는 도선이 연결된 PN 접합을 표시하고 있다. 다이오드를 안전하게 사용하기 위해서 PN 접합을 통해서 흐르는 전류의 양을 제한하기 위해서 저항이 사용된다. PN 접합의 전도대와 가전자대 사이의 관계를 설명하기 위해서 에너지 다이어그램이 그림 15-12(c)에 표시되어 있다. 그림 15-12(b)에는 PN 접합 양단에 전압원이 연결된 경우의 동작을 설명하고 있다. 직류전원의 －전위가 N형 영역에 연결되고, ＋전위는 P형 영역에 연결된다. 에너지 다이어그램을 참조하면 N형 영역에 존재하는 전도대 전자는 －전압원에 의해서 접합 쪽으로 밀치게 된다. 반대쪽에서 역시 P형 영역의 가전자대에 존재하는 정공은 ＋전압원에 의해서 접합쪽으로 밀려난다. PN 접합의 전위 장벽을 극복할 수 있을 정도로 충분히 큰 외부 전압원이 연결되면 순방향 전도전류가 흐르게 된다. 이런 예에서 10 V의 전압원이 연결된다고 가정하면 전압원의 크기는 0.7 V인 실리콘의 전위장벽에 비해서 대단히 크다는 사실을 알수 있다. 순방향으로 바이어스되면 PN 접합은 도체로 동작하고 단자 양단에서 나타나는 전압강하를 발생시키는 원인이 되는 아주 적은 저항을 갖게 된다. 이런 순방향 전압강하는 PN 접합의 전위장벽과 유사하다.

$$\text{실리콘의 순방향 전압}(V_F) = 0.7\text{ V}$$
$$\text{게르마늄의 순방향 전압}(V_F) = 0.3\text{ V}$$

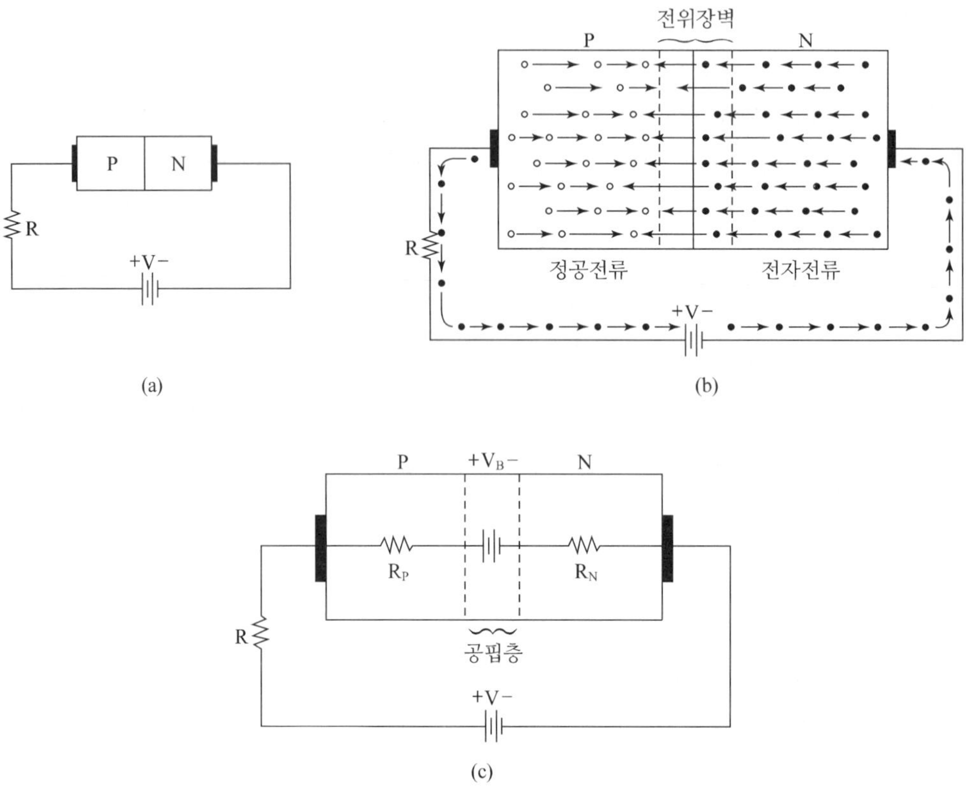

그림 15-12 순방향으로 바이어스된 PN 반도체 접합.

PN 접합형 다이오드의 역방향 바이어스

그림 15-13은 PN 접합형 다이오드의 역방향 바이어스를 자세히 설명하고 있다. 그림 15-13(b)에 표시된 것처럼 직류전원의 +단자가 N형 영역에 연결되고 직류전원의 −단자는 P형 영역에 연결된다. 순방향으로 바이어스된 PN 접합은 외부에서 연결되는 바이어스 전압이 N형 영역과 P형 영역에서의 다수 캐리어들이 접합에서 결합되도록 하는 힘을 가지기 때문에 전류를 도통시키게 된다. 그러나 직류전원이 반대 방향으로 연결되면 N형 영역에서의 자유전자는 전압원의 +단자를 향해서 이동하기 때문에 접합에 많은 개수의 +이온을 남겨놓게 된다. 이것이 공핍층의 폭을 증가시키게 된다.

동시에 전압원의 −단자로부터 발생되는 전자들은 PN 접합의 P형 영역에서 정공과 결합하게 된다. 이런 전자들이 접합 근처의 P형 영역에서 정공들과 결합하면 많은 개수의 −이온을 발생시키게 된다. 이것이 공핍층의 폭을 더욱 증가시키게 된다. 이때 공핍층에서도 전류가 존재하는데 이런 전류를 확산전류라고 한다. 그림 15-13(c)에 표시한 것처럼 PN 접합의 공핍층 폭은 그림 15-13(b)에 표시된 그림보다 훨씬 크다는 것을 알 수 있다. 그림 15-13(d)에 표시된 것처럼 접합 양쪽의 이온은 PN 접합의 내부 장벽 전위가 외부 전압원의 크기와 같아질 때까지 생성된다. 역방향으로 바이어스되면 PN 접합 양단에 걸리는 전압강하 V_R은 인가된 전압의 크기와 같게 된다. 이때 접합의 저항은 전류가 0으로 될 만큼 크게 증가된다.

PN 접합에는 실제로 아주 적은 전류가 흐르게 되는데 이런 전류를 누설 전류 혹은 역방향 전류라고 한다. 이런 전류는 소수 캐리어가(N형 영역에서는 정공, P형 영역에서는 전자) 서로 결합하기 위해서 접합을 향하는 힘 때문에 발생되는 아주 적은 전류이다. PN 접합에서의 누설 전류와 역방향 전류가 아주 적기 때문에 (실리콘 다이오드에서는 nA) 이런 전류는 0으로 간주된다. 그림 15-13(a)에 표시한 것처럼 PN 접합이 역방향으로 바이어스되면 (+V → N 영역, −V → P 영역), PN 접합의 저항은 대단히 크게 증가하고 전류는 0으로 된다. 따라서 역방향으로 바이어스되면 PN 접합은 절연체와 같이 동작하고 개방 스위치와 등가가 된다.

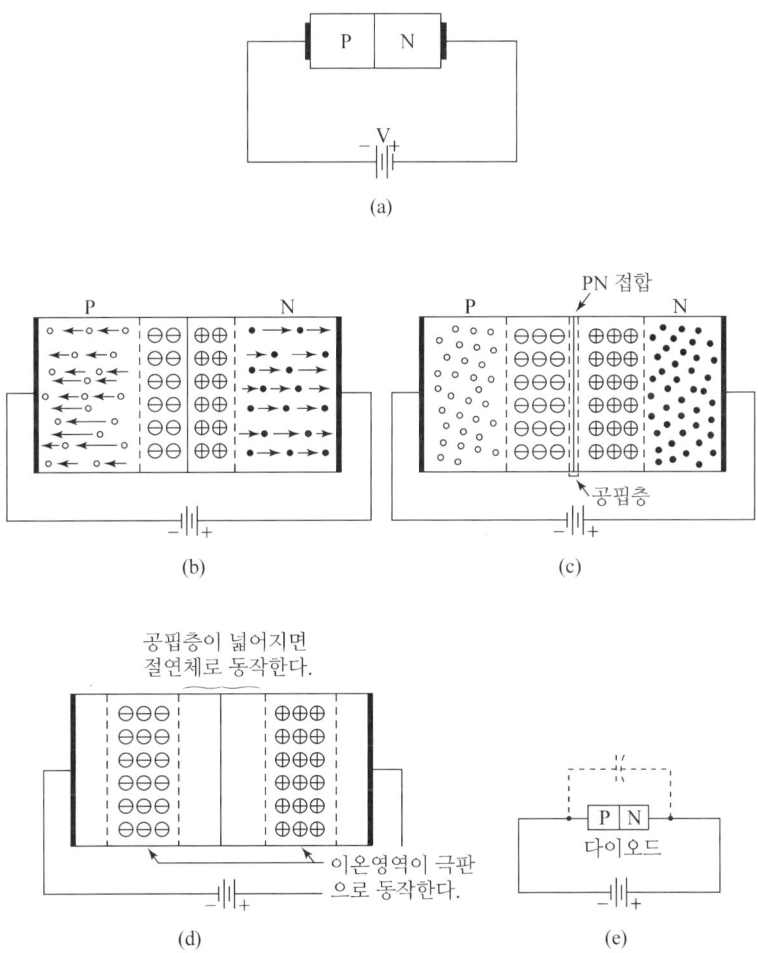

그림 15-13 역방향으로 바이어스된 PN 접합형 다이오드.

15.5 PN 접합형 다이오드의 특성곡선

PN 접합형 다이오드는 애노드와 캐소드로 표시되는 2단자를 갖는데, 회로 기호는 그림 15-14(a)에 표시된 것과 같다. 접합형 다이오드의 동작을 이해하기 위해서는 다이오드의 특성을 상세히 알아야 한다. PN 접합형 다이오드의 전압, 전류, 온도 특성 등과 같은 다양한 값들의 특성을 그래프로 표시하게 되는데, 이와 같이 직접 도표를 그려보는 것이 1,000번 말하는 것보다 더 효과가 있다. 그림 15-14에 표시된 그래프는 일반적인 접합형 다이오드가 순방향과 역방향으로 바이어스될 때 어떻게 전류가 흘러가는지를 설명하고 있다. 그래프의 중심은 수직축과 수평축이 교차하는 원점으로 전류와 전압의 크기는 0이다. 수평축은 전압의 축으로 원점의 오른쪽에는 순방향 전압이 표시되고, 왼쪽에는 －의 역방향 전압이 표시된다. 전류는 수직축에 표시되는데 원점에서 위쪽으로는 순방향 전류가 표시되고, 원점의 아래쪽으로는 역방향 전류가 표시된다. 다이오드 제조업체에서는 다양한 전압과 전류를 측정해서 그림 15-14에 표시된 특성 그래프를 제공하게 된다. 이렇게 제공되는 그래프를 전압전류 특성곡선이라고 하는데, 1사분면에 표시되는 순방향 특성과 3사분면에 표시되는 역방향 특성을 이용한다.

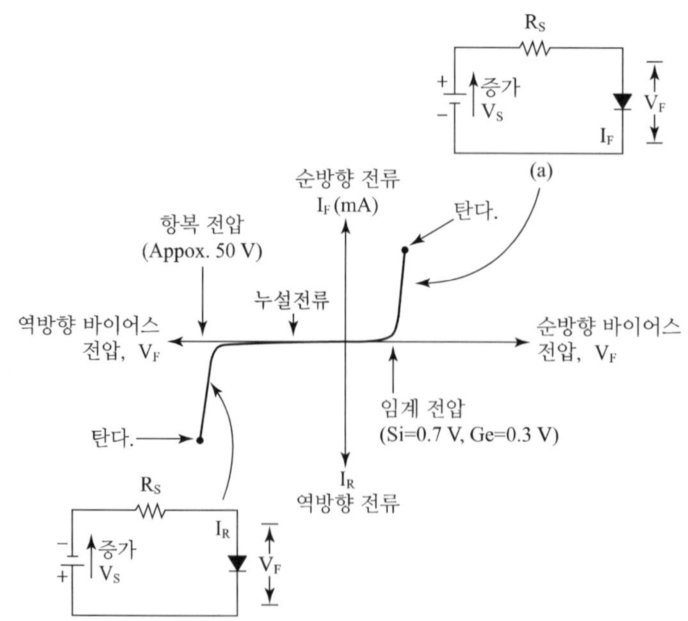

그림 15-14 접합형 다이오드의 전압전류 특성곡선.

온도특성

이미 앞에서 설명한 것처럼 반도체 물질은 저항의 negative 온도계수를 갖는다. 이것은 온도가 증가하면 저항이 감소한다는 의미이다. 일반적인 응용에서 다이오드의 온도 효과에 대해서 알아보도록 하자. 그림 15-15는 다이오드의 순방향 전류와 역방향 전류가 온도변화에 의해서 어떻게 영향을 받는가를 표시하고 있다. 도통되는 다이오드의 양단에서 나타나는 순방향 전압강하는 온도에 반비례한다. 이것은 온도가 높아질수록 다이오드 양단에 걸리는 전압강하가 감소한다는 것을 의미한다. 순방향 전압강하에서의 이런 변화는 아주 적기 때문에 대부분의 응용에서 큰 영향을 미치지는 않는다.

그렇지만 다이오드의 역방향 전류는 온도 변화에 큰 영향을 받게 된다. N형 영역과 P형 영역의 소수 캐리어에 의한 다이오드의 누설 전류가 영향을 받게 된다. 낮은 온도에서 역방향 누설 전류는 거의 0이다. 실온에서 역방향 누설 전류는 증가하지만 그 크기가 너무 작기 때문에 회로 응용에서 영향을 미치지는 못한다. 그러나 고온에서는 역방향 누설 전류가 증가하기 때문에 이 점부터는 다이오드가 더 이상 개방 스위치가 아니다. 이것은 만약 회로가 오동작할 만큼 과도한 열을 발생시키거나 시스템의 냉각팬이 고장을 일으킨다면 역방향으로 바이어스 되어 있어도 다이오드는 더 이상 OFF 스위치가 아니라는 것을 의미한다. 일반적인 규칙에 의하면 온도가 10℃ 증가할 때마다 역방향 누설 전류는 2배씩 증가하게 된다.

접합형 다이오드의 고장

다이오드는 자신의 최대 순방향 전류정격과 역방향 전압정격을 넘어서 동작될 때 오동작을 발생시키게 된다. 이런 오동작은 두 가지 형태의 고장을 유발시킨다. 다이오드는 타버려서 영

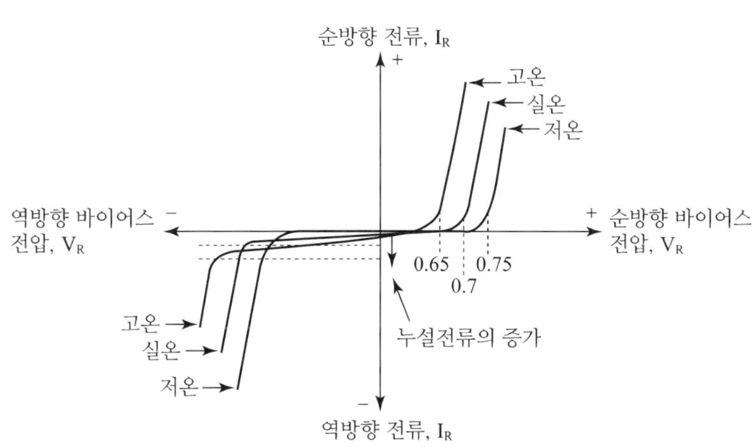

그림 15-15 PN 접합형 다이오드의 전압전류 특성곡선에서의 온도효과.

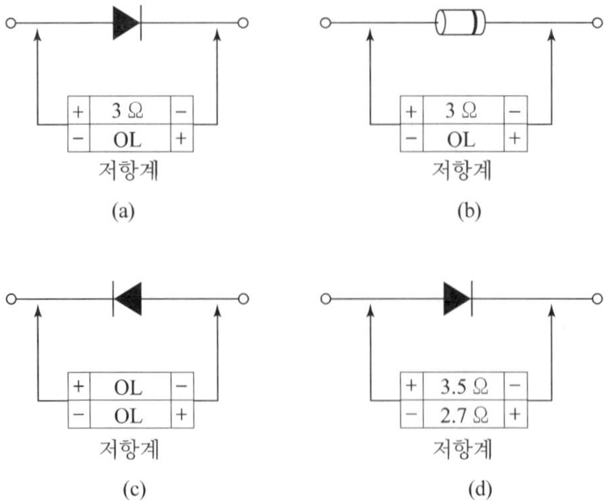

그림 15-16 저항계를 사용한 다이오드의 검사.

원히 개방 스위치로 동작하게 되던지 아니면 반도체 물질이 효과적으로 녹아 내려서 영원한 단락 스위치로 동작하는 것이다. 손상받은 다이오드는 ON이나 OFF로 스위칭될 수 없다. 대신에 영원히 OFF이거나 ON인 스위치로 남아 있게 된다. 그림 15-16은 저항계를 사용해서 다이오드가 정상으로 동작하는지 아니면 오동작하는지를 설명하고 있다.

정상적인 다이오드는 ON 상태로 바이어스될 때 아주 적은 저항값을 표시하지만, OFF 상태로 바이어스되면 대단히 큰 저항값을 표시하게 된다. 그림 15-16(a)는 저항계의 +단자를 애노드에 −단자를 캐소드에 연결하는 순방향 바이어스를 표시하고 있다. 다이오드가 정상적이라면 10 Ω 이내의 아주 적은 값을 표시하게 된다. 그림 15-16(b)는 저항계의 +단자가 캐소드에 −단자가 애노드에 연결되는 역방향 바이어스를 표시하게 된다. 다이오드가 정상적이라면 저항계는 적어도 100 MΩ 이상의 대단히 큰 저항값을 표시하게 된다. 이런 저항값은 일반적으로 저항계 스케일을 넘어서기 때문에 OL이나 OR로 표시된다. 이것은 다이오드가 역방향으로 바이어스되면 저항값이 대단히 크기 때문에 범위를 넘어섰다는 의미인 OR이나 스케일을 넘어섰다는 OL의 의미를 표시하게 된다.

다이오드가 손상받아서 애노드와 캐소드 사이가 영구적으로 단락되면 저항계에 의해서 순방향으로 바이어스되든 역방향으로 바이어스되던 간에 아주 적은 저항값을 표시하게 된다. 회로에서 단락된 다이오드를 발견하면 고장의 문제가 해결된 것처럼 보이지만 사실은 다이오드의 정격을 초과했기 때문에, 이미 인접한 다른 소자들도 영향을 받게 되므로 또 다른 부품들이 손상을 받았는지 여부를 검사하는 것이 필요하다. 다이오드가 손상을 받게 되면 영구적으로 개방상태로 되고 순방향 바이어스와 역방향 바이어스에서 저항계로 측정되는 자신의 캐소드와 애노드 사이의 저항은 대단히 크게 표시된다. 다이오드의 파괴는 제조업체에서 제공되는 정격을 초과하는 과도한 전압과 전류에 의해서 발생된다. 다이오드가 오동작을 할 경우는 인접한 다른 소자에 미치는 영향을 고려해야 한다. 그러나 다이오드가 개방된 경우는 다이오드가 파괴되면서 마치 휴즈처럼 전류를 차단하기 때문에 인접한 소자에 거의 영향을 미치지 않게 된다.

기초확인문제

01 실리콘의 원자 번호는 몇 번인가?

(a) 14 (b) 16 (c) 10 (d) 32

02 반도체 물질의 가전자대에는 몇 개의 가전자가 존재하는가?

(a) 2 (b) 4 (c) 6 (d) 8

03 진성 반도체 물질에 3가의 불순물을 첨가하면 (　　　)이 구성된다.

(a) 외인성 물질 (b) N형 물질 (c) P형 물질 (d) 외인성 물질, N형 물질

04 N형 물질에서 다수 캐리어는 (　　　)이다.

(a) 정공 (b) 전자 (c) 중성자 (d) 양성자

05 진성 반도체 물질에 5가의 불순물을 첨가하면 (　　　)이 구성된다.

(a) 외인성 물질 (b) N형 물질 (c) P형 물질 (d) 외인성 물질, N형 물질

06 P형 물질에서 다수 캐리어는 (　　　)이다.

(a) 정공 (b) 전자 (c) 중성자 (d) 양성자

07 반도체 물질은 온도가 증가하면 저항이 (　　　)하게 되는 (　　　)의 저항 온도계수를 가진다.

(a) 증가, + (b) 감소, + (c) 증가, − (d) 감소, −

08 정공은 (　　　)로 간주된다.

(a) − (b) + (c) 중성 (d) +와 중성

09 진성 반도체는 자신의 (　　　)를 증가시키기 위해서 도핑된다.

(a) 저항 (b) 전도도 (c) 인덕턴스 (d) 리액턴스

10 온도가 증가하면 반도체는 (　　　)처럼 동작한다.

(a) 도체 (b) 절연체

11 −이온은 ( )이다.

(a) 양성자가 전자보다 더 많다. (b) 전자가 양성자보다 더 많다.
(c) 양성자보다 중성자가 더 많다. (d) 전자보다 중성자가 더 많다.

12 +이온은 ( )이다.

(a) 전자를 많이 잃어버리면 된다. (b) 중성자를 잃어버린다.
(c) 여분의 양성자를 얻는다. (d) 더 많은 전자를 얻게 된다.

13 반도체 물질의 저항은 ( )의 저항보다는 크다.

(a) 유리 (b) 구리 (c) 세라믹 (d) 유리와 세라믹

14 전기 전자회로에서 사용되는 반도체 물질의 기본적인 기능은 ( )이다.

(a) 전류 제어 (b) 장비의 값을 증가시킨다.
(c) 전압 제어 (d) 전류제어와 장비값 증가

15 실리콘 PN 접합의 VF는 얼마인가?

(a) 인가된 전압 (b) 300 mV (c) 0.7 V (d) 10 V

16 실리콘 다이오드의 장벽전압은 얼마인가?

(a) 0.3 V (b) 0.4 V (c) 0.7 V (d) 2.0 V

17 다음 중 순방향으로 바이어스된 다이오드는 어느 것인가?

(a) 애노드 = +7 V, 캐소드 +10 V (b) 애노드 = +5 V, 캐소드 +3 V
(c) 애노드 = +0.3 V, 캐소드 +5 V (d) 애노드 = −9.6 V, 캐소드 −10 V

18 다이오드가 순방향으로 바이어스되면 전류는 ( )되고 역방향으로 바이어스되면 전류는 ( )된다.

(a) 차단, 도통 (b) 도통, 통과 (c) 차단, 저지 (d) 도통, 차단

19 접합형 다이오드의 N형 영역은 ( )단자에 연결되고 P형 영역은 ( )단자에 연결된다.

(a) 캐소드, 애노드 (b) 애노드, 캐소드

20 역방향으로 바이어스될 때 접합형 다이오드의 누설 전류는 일반적으로 ( ) 크기를 가진다.

(a) A (b) mA (c) μA (d) KA

21 다이오드 패케이지의 검은 밴드 표시는 항상 (　　　)쪽에 가깝다.

(a) 애노드　　(b) 캐소드　　(c) P형 물질　　(d) 애노드와 캐소드

22 다이오드의 순방향 영역에서 전류가 극적으로 증가하는 점을 (　　　)전압이라고 한다.

(a) 항복전압　　(b) 무릎점 전압　　(c) 장벽전압　　(d) b와 c모두 옳다.

23 다이오드의 역방향 영역에서 전류가 극적으로 증가하는 점을 (　　　)전압이라고 한다.

(a) 항복전압　　(b) 무릎점 전압　　(c) 장벽전압　　(d) b와 c 모두 옳다.

24 역방향으로 바이어스될 때 양호한 다이오드가 갖는 저항의 크기는 얼마인가?

(a) 10 Ω 미만　　(b) 100 MΩ 이상

(c) 120 Ω과 1, 2 kΩ 사이　　(d) b와 c가 모두 옳다.

25 순방향으로 바이어스 될 때 양호한 다이오드가 갖는 저항의 크기는 얼마인가?

(a) 10 Ω 미만　　(b) 100 MΩ 이상

(c) 120 Ω과 1, 2 kΩ 사이　　(d) b와 c가 모두 옳다.

26 그림 15-17(a)에 표시된 회로에서 다이오드 전류를 구하시오(단 실리콘 다이오드를 사용한다).

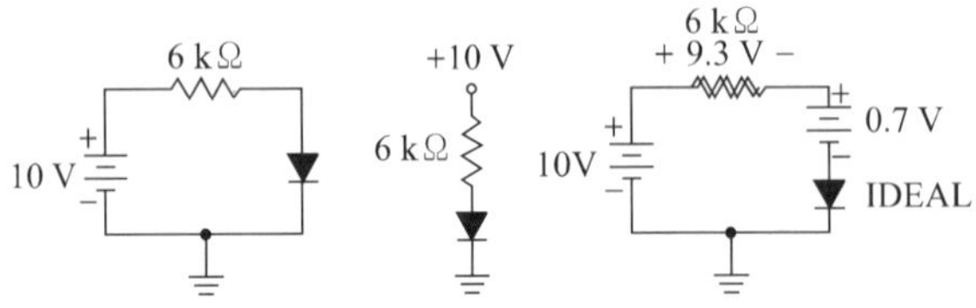

그림 15-17

27 그림 15-18(a)의 회로에서 1 kΩ의 저항을 흐르는 전류의 세기 I를 구하시오.

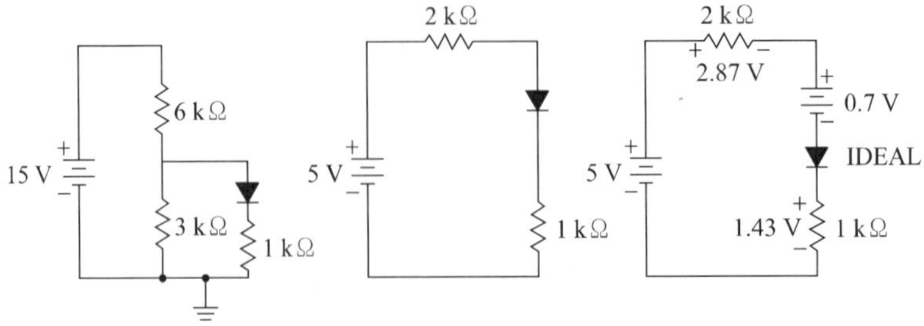

그림 15-18

28 실리콘 다이오드가 상온에서(25℃) 2 nA의 포화전류가 흐른다면 75℃ 와 125℃에서는 얼마의 크기를 갖는 포화전류가 흐르는가 계산하시오(보통 온도가 10℃ 상승할 때마다 2배의 전류가 흐른다).

29 다이오드를 포함하고 있는 회로에 순방향 바이어스(bias)를 가했더니 50 mA의 순방향 전류가 흐르고 역방향 바이어스(bias)를 가하면 20 nA의 역방향 전류가 흐른다. 역방향 전류와 순방향 전류의 비는 얼마인가?

30 그림 15-19(a)에서 전원저항이 1 kΩ 이고 전원이 9 V일 때 다이오드에 흐르는 전류를 계산하시오.

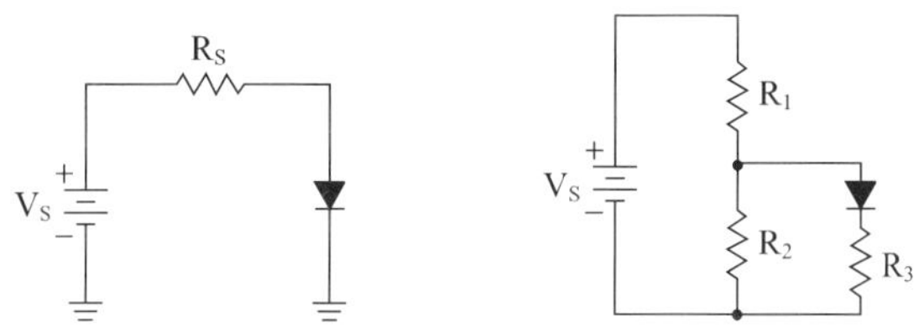

(a) (b)

그림 15-19

31 그림 15-19(b)에서 V = 15 V, R = 68 k, R = 15 k, R = 33 k 일 때 다이오드 전류를 계산하시오. 전압분배기는 안정적인가? (테브닌의 정리를 이용하시오.)

정답

01 14

02 4

03 외인성 물질, P형 물질

04 전자

05 외인성 물질, N형 물질

06 정공

07 감소, -

08 +

09 전도도

10 도체

11 양성자보다 전자를 더 많이 갖는다.

12 여분의 양성자를 얻는다.

13 구리

14 전류제어

15 0.7 V

16 0.7 V

17 a, d

18 (d)

19 (b)

20 μA

21 (b)

22 (d)

23 (b)

24 (b)

25 (a)

26 다이오드는 순방향으로 바이어스되어 있으므로 0.7 V의 전압강하가 생긴다. 저항의 양단에는 전원전압과 다이오드 전압의 차이만큼 전압이 걸리게 된다. 따라서 10 V－0.7 V＝9.3 V의 전압이 사용되므로 다이오드 전류 $I = \frac{9.3\ V}{5\ k\Omega} = 1.86\ mA$이다.

27 이런 문제를 해결할 수 있는 가장 쉬운 방법은 전압분배기를 테브닌화해서 그림 15－18(b)와 같은 테브닌의 등가회로를 구하는 일이다. 여기서 다이오드는 순방향으로 바이어스(bias)되어 있고, 0.7 V의 전압강하가 발생한다(다이오드의 2차 근사해석법 적용). 나머지의 전원전압이 3 KΩ의 총저항에 나타난다. 따라서 직렬회로의 전류 $I = \frac{4\ V - 0.7}{3\ k\Omega} = 1.1\ mA$이다. 여러분들이 위의 식을 이해하지 못한다면 그림 15－18(b)에서 키르히호프의 전압방정식을 구해보면 －4 V＋2,000 I＋0.7 V＋1,000 I＝0로 표시된 것이다. 여기서 I＝0.001 A이므로, 전류의 세기는 1.1 mA가 틀림이 없음을 확인할 수 있다.

28 25℃에서 포화전류가 2 nA이므로 75℃에서는 64 nA, 125℃에서는 2.05 μA가 흐른다.

29 순방향 전류가 50 mA이고 역방향 전류가 20 nA이므로 전류비는 2.5×10^6이 된다.

30 $I = \frac{8.3\ V}{1\ k\Omega} = 8.3\ mA$이다.

31 회로를 테브닌화시키면 테브닌 전압은 2.7 V이고 테브닌 저항은 12.29 KΩ이 구해진다. 따라서 부하전류 $I_L = \frac{2.7\ V - 0.7\ V}{12.3\ k\Omega + 33\ k\Omega} = 44.15\ \mu A$이다.

CHAPTER 16 특수 목적용 다이오드

기본적인 PN 접합형 다이오드 이후 가장 널리 사용되는 제너 다이오드, 발광 다이오드, 포토 다이오드, 쇼트키 다이오드, 바랙터, 터널 다이오드의 동작과 특성에 대해서 알아보도록 하겠다. 또한 기본적인 PN 접합형 다이오드와 제너 다이오드,발광 다이오드가 직류전원 공급장치를 어떻게 구성하는지를 설명한다. 그 이후에서는 이런 다이오드들이 정류, 조정, 검파, 클리핑, 클램핑, 스위칭, 표시, 발진 등과 같은 응용회로에 어떻게 사용되는지를 알아본다.

16.1 제너다이오드

소신호용 다이오드와 정류용 다이오드는 파괴를 방지하기 위해서 항복전압 영역 이내에서만(정격) 동작시키고 항복전압 영역에서는 의도적으로 사용하지 않는다. 그러나 제너 다이오드는 이와 달리 항복영역에서 동작시키도록 만들어진 실리콘 다이오드이다. 다시 말해 일반 다이오드는 항복영역에서는 절대로 동작할 수 없으나, 제너 다이오드는 항복영역에서 훌륭하게 동작한다. 이런 이유 때문에 제너 다이오드는 부하저항과 선전압이 자주 변한다 하더라도 항상 일정하게 부하전압을 유지시켜 주는 전압조정기에 사용된다.

전압전류 특성곡선

그림 16-1(a)는 회로도에 사용되는 제너 다이오드의 기호를 표시하고 있다. 그림 16-1(b)는 제너 다이오드의 또 다른 표시기호이다. 그림 16-1(a)나 16-1(b) 중 어느 기호를 사용하든지 간에 선의 모양이 제너를 표시하는 'Z'와 유사하다. 실리콘 다이오드의 도핑 농도를 조절함으로써 2 V~200 V까지 전압을 갖는 다이오드를 제작할 수 있는데, 이런 다이오드들은 순방향 영역, 누설 영역, 항복영역 등과 같은 세 영역에서 모두 동작이 가능하다.

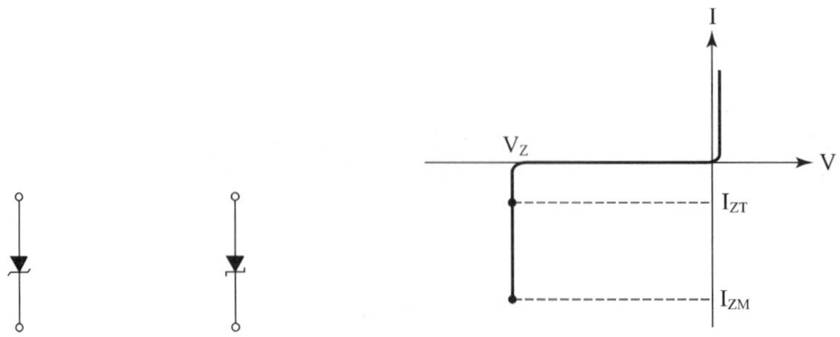

(a) 기호 (b) 또 다른 기호 (c) 전류 - 전압 특성곡선

그림 16-1 제너 다이오드.

그림 16-1(c)는 제너 다이오드의 전류-전압 특성곡선을 표시한 것으로 제너 다이오드도 순방향 영역에서는 실리콘 다이오드처럼 0.7 V에서 도통된다. 누설영역(0에서 항복영역 사이)에서는 아주 미소한 크기의 누설 전류(역방향 전류)가 흐르는데, 제너 다이오드의 항복현상은 대단히 날카롭게 나타나며 전류의 증가는 거의 수직적으로 일어난다. 여기서 중요한 것은 항복영역에서는 전압이 제너전압과 거의 같은 크기의 값으로 변화가 없다는 점이다. 제너 다이오드의 데이터 시트에는 시험전류 I_{ZT}에서 특별한 값을 갖는 V_Z를 표시하고 있다.

최대정격

제너 다이오드의 전력소비는 전압과 전류의 곱으로 표시된다. 기호로 쓰면 식 (16.1)과 같다.

$$P_Z = V_Z I_Z \tag{16.1}$$

예를 들어, $V_Z = 12$ V, $I_Z = 10$ mA라면 $P_Z = 12\ \text{V} \times 10\ \text{mA} = 120$ mW가 된다.

제너 다이오드의 소비전력 P_Z가 정격전력보다 적기만 하면 제너 다이오드는 파괴되지 않고 항복영역에서 동작할 수 있다. 보통 구할 수 있는 제너 다이오드의 정격전력은 1 / 4 W에서부터 50 W 이상까지 이다. 데이터 시트에서는 정격전력 이내에서 견딜 수 있는 제너 다이오드의 최대 전류도 표시하고 있다. 최대 전류는 정격전력과 관계를 갖고 있는데, 식 (16.2)와 같다.

$$I_{ZM} = \frac{P_{ZM}}{V_Z} \tag{16.2}$$

위 식에서 I_{ZM} = 최대정격 제너전류, P_{ZM} = 제너 다이오드의 정격전력, V_Z = 제너전압을 의미한다. 예를 들어, 12 V 제너 다이오드가 400 mW의 전력전격을 갖는다면 전류정격은 33.3 mA이다. 다시 말해 제너전류를 33.3 mA 이하로 유지시키는 충분한 크기의 전류 제한용 저항이 있다면 제너 다이오드는 파괴되지 않고(타지 않고) 항복영역에서 동작할 수 있다.

제너저항

제너 다이오드가 항복영역에서 동작할 때 전류가 증가하더라도 전압의 변화는 미소한 크기만 증가한다. 이것은 제너 다이오드가 미소한 교류저항을 갖고 있다는 의미이다. 데이터 시트에는 Vz를 측정하기 위해서 사용된 시험전류에서의 제너저항을 명시하고 있다(종종 제너 임피던스라 한다). 시험전류 I_{ZT}에서의 제너저항은 $R_{ZT}(Z_Z)$로 표시된다. 예를 들면, 1N3016의 데이터 시트의 항목에는 $V_{ZT}=10$ V, $I_{ZT}=25$ mA, $Z_{ZT}=7\ \Omega$ 으로 기록되어 있다. 이것은 제너 다이오드의 전압이 10 V이고, I_{ZT}가 25 mA일 때 제너저항은 7 Ω 이라는 것을 표시하고 있다.

전압조정

제너 다이오드는 흘러가는 전류가 변한다고 할지라도 출력측 전압을 일정하게 유지시키기 때문에 전압 조정기라고 한다. 제너 다이오드를 정상으로 동작시키기 위해서는 그림 16-2(a)에 표시된 것처럼 역방향으로 바이어스를 걸어주어야 하며 항복현상을 발생시키기 위해서 전원전압 V_s는 제너 다이오드 항복전압 V_Z보다 크지 않으면 안된다. 직렬로 연결된 저항 RS는 제너 다이오드의 전류가 정격을 넘지 않도록 제한시켜 주는 역할을 한다. 그렇지 않다면 제너 다이오드는 과도한 전력 소비 때문에 다른 소자와 마찬가지로 타버리게 된다. 직렬로 연결된 저항 양단에 걸리는 전압은 전원전압과 제너전압의 차인 V_S-V_Z와 등가이며, 이때 저항을 통해 흐르는 전류는 식 (16.3)과 같다.

$$I_S = \frac{V_S - V_Z}{R_S} \tag{16.3}$$

회로가 단일 루프이기 때문에 $I_S=I_Z$이다. 예를 들어, $V_S=20$ V, $R_S=1\ k\Omega$ 이라고 가정하면 식 (16.3)은

$$I_S = \frac{20\,V - V_Z}{1{,}000\,\Omega}$$

로 표시할 수 있다. 앞에서 처럼 V_Z를 0으로 놓고 식을 해석하면 포화점(수직축 교점)이 얻어지고, 이때 I_Z의 크기는 20 mA가 된다. 유사하게 cutoff(차단) point(수평축 교점)을 얻기 위해서는 I_Z를 0으로 놓고 V_Z를 구하면 되는데, 이때 V_Z의 크기가 20 V가 된다.

또 다른 방법은 다음과 같은 방식에 의해서 부하선의 끝을 구할 수 있다. 그림 16-2(a)를 $V_S=20$ V, $R_S=1\ k\Omega$ 으로 형상화시켜 보자. 제너 다이오드가 단락될 때 최대 다이오드 전류는 20 mA이고, 다이오드를 개방시키면 최대 다이오드 전압은 20 V가 된다. 제너 다이오드가 12 V의 항복전압(breakdown voltage)을 갖는다고 가정하면 I-V 특성곡선은 그림 16-2(b)와 같이 표시된다. 그림 16-2(b)에서 $V_S=20$ V이고, $R_S=1\ k\Omega$ 이라고 가정한다면 부하선은 위

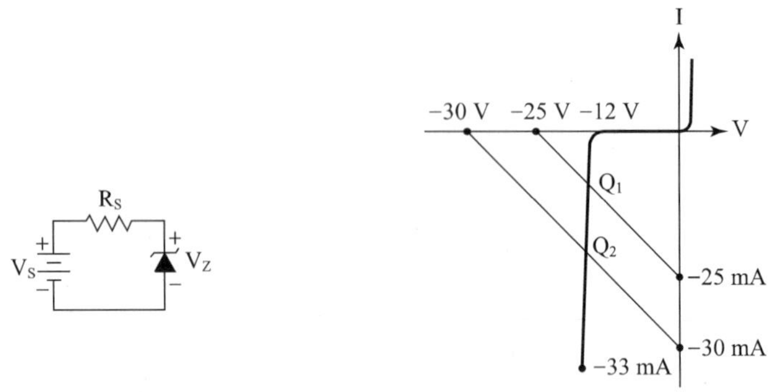

(a) 제너 다이오드 회로 (b) 2개의 동작점 Q_1과 Q_1는 같은 전압값을 갖는다.

그림 16-2

쪽에 나타나고 교차점 Q_1이 동작점으로 표시된다.

제너 다이오드 양단에 걸리는 전압이 항복영역에서 문턱전압(knee voltage)보다 조금 크게 되므로, I−V 특성곡선이 약간의 경사(slope)를 갖는다.

전압조정이 어떻게 이루어지는가를 이해하기 위해서 전원전압을 30 V로 변화시켰다고 가정하면 제너전류는

$$I_Z = \frac{30\,\text{V} - V_Z}{1{,}000\,\Omega}$$

로 변하게 된다. 그림 16-2(b)에 표시된 것처럼 부하선의 양 끝은 −30 V와 −30 mA를 표시하고 있고, I−V 특성곡선과의 새로운 교차점 Q_2가 얻어진다. 여기서 Q_1과 Q_2점을 비교해 보면 전류의 세기는 달라졌지만 전압은 거의 변하지 않고 있음을 확인할 수 있다. 전원전압이 20 V에서 30 V까지 변한다 해도 제너전압은 12 V에 가까운 값을 유지하게 된다. 이것이 바로 전압조정의 원리이다. 다시 말해 입력전압이 매우 큰 범위에서 변화한다 해도 출력전압은 항상 일정한 값을 유지하게 된다.

제너 다이오드의 검사

제너 다이오드는 양방향으로 전류가 흐르도록 설계되기 때문에 PN 접합형 다이오드와 동일한 방법으로 저항계를 사용한 검사는 할 수가 없다. 제너 다이오드를 검사하기 위한 최선의 방법은 그림 16-3에 표시된 것처럼 전원이 인가된 상태에서 제너 다이오드 양단에 전압계를 연결하는 일이다. 만약 제너 다이오드 양단에 걸리는 전압이 자신의 지정된 전압과 같다면 제너 다이오드는 정상적으로 동작하게 될 것이다. 만약 제너 다이오드 양단에 걸리는 전압이 비정상이라면 다음과 같은 단계를 거쳐서 검사하면 된다.

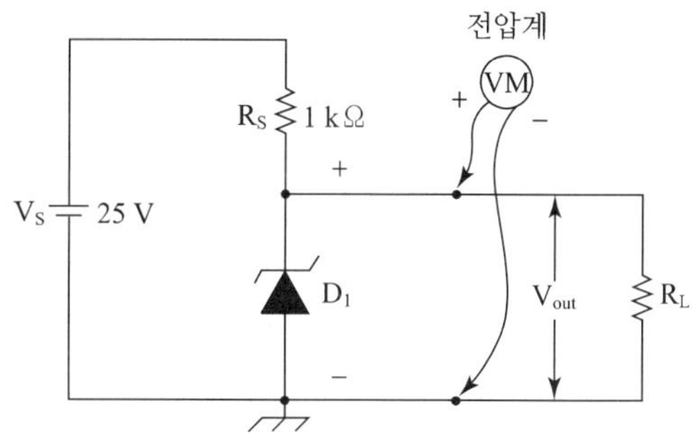

그림 16-3 제너 다이오드의 검사.

- 입력전원의 크기를 측정한다. 만약 입력전원의 크기가 제너전압보다 적다면 제너 다이오드는 고장 상태가 되는데, 이것은 입력전원의 크기가 제너 다이오드를 역방향 항복영역에서 동작하도록 하는데 필요한 만큼 크기가 크지 않기 때문이다.
- 직렬저항 R_S가 단락 혹은 개방 상태인지를 검사한다. 직렬저항이 개방 상태라면 모든 입력전압이 직렬저항 양단에 나타나고 제너 다이오드 양단에는 전압이 걸리지 않는다. 직렬저항이 단락 상태라면 전류 제한 기능을 상실하기 때문에 제너 다이오드는 과도한 전류에 의해서 타버리게 된다.
- 부하저항 양단이 단락 상태인지를 검사한다. 부하저항이 단락된다면 제너 양단의 전압이 0 V인 것처럼 보이게 되고 제너가 마치 고장 상태인 것처럼 된다. 이런 문제를 해결하기 위해서는 부하저항을 회로에서 제거시키면 되는데 이런 경우 제너 다이오드는 정상적으로 동작하게 된다.

만약 이와 같은 세 가지의 측정이 실행될 때 제너 다이오드가 고장 상태라면 교체하면 된다.

16.2 발광 다이오드

발광 다이오드는 자신의 단자에 전류나 전압이 인가될 때 빛을 발생시키는 반도체 소자로, 광전자 소자로 구분되기도 하는데 이것은 발광 다이오드가 광학과 전자공학의 결합체 이기 때문이다. LED는 백열 전구에 비해서 긴 수명과 낮은 소비전력을 갖기 때문에 전자 장비에서 가장 널리 사용되는 광원이다. LED는 다른 반도체 다이오드와 유사하게 기본적으로는 PN 접합형 다이오드와 같이 순방향으로 바이어스되거나 역방향으로 바이어스된다. 순방향으로 바이어스되면 순방향 전류에 대한 응답으로 빛을 발광한다. 에너지의 이와 같은 발산은 열에너지, 광에너지일수도 있고, 사용되는 반도체 물질의 종류에 따라서 빛에너지와 열에너지

둘 다일 수도 있다. LED를 구성하기 위해서 사용되는 물질의 종류는 발광되는 주파수와 색깔을 결정한다. 예를 들면, LED를 제조할 때 사용되는 서로 다른 화합물은 LED가 순방향으로 바이어스될 때 빨강색, 노랑색, 녹색, 파랑색, 흰색, 오렌지색 혹은 적외선을 발광 시킨다.

LED의 기호와 패키지

그림 16-4(a)는 가장 널리 사용되는 LED의 회로 기호를 표시하고 있다. 두 개의 화살표는

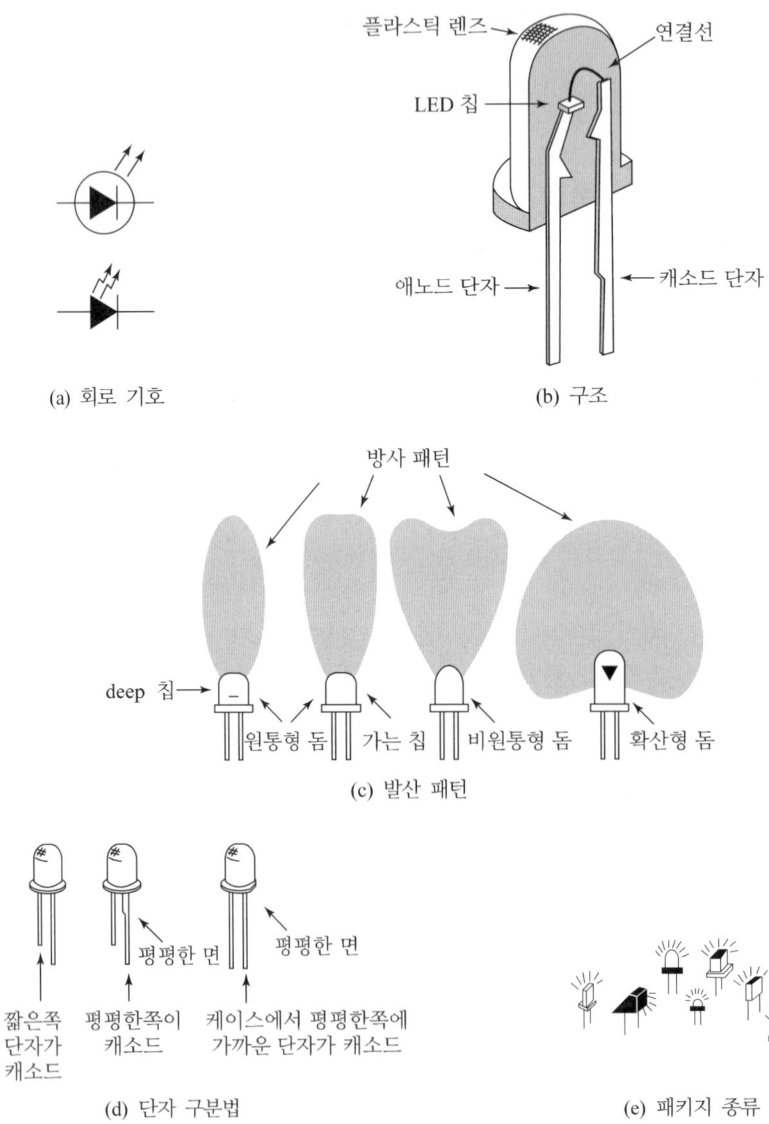

그림 16-4 발광 다이오드.

LED가 발광하고 있음을 표시한다. 일반적인 LED 패키지가 그림 16-4(b)에 표시되어 있다. 패키지에는 애노드와 캐소드에 연결되는 두 단자가 포함된다. LED가 포함된 반투명 케이스와 렌즈로 되어 있다. 그림을 잘 참조하면 LED 칩이 애노드 단자에 직접 연결되는데 비해서 LED 칩이 가는 도선에 의해서 캐소드 단자에 연결된다. 돔 형태의 플라스틱(에폭시) 케이스는 렌즈로 사용되고, LED 칩으로부터 도통되는 빛을 증폭시키는 역할을 한다. 렌즈 물질, 렌즈의 형태, 렌즈로부터 LED 칩 사이의 거리를 조절하면 그림 16-4(c)에 표시된 것처럼 다양한 방사 형태를 구할 수 있다. LED의 애노드와 캐소드 단자를 구분하기 위해서 그림 16-4(d)에 표시된 것처럼 세 가지의 방법이 사용된다. 세 가지의 경우에서 캐소드 단자는 애노드 단자에 비해서 짧은 단자를 가지거나, 단자가 편평하고 케이스의 편평한 면에 가까이 있게 되서 애노드 단자와 구분된다. 가장 널리 사용되는 LED 패키지의 형태는 그림 16-4(e)에 표시된 것과 같다.

LED의 특성

발광 다이오드의 특성곡선은 그림 16-5에 표시한 것처럼 기본적인 PN 접합 다이오드의 특성곡선과 거의 동일하다. 순방향 특성을 학습하면 여러분들은 높은 순방향 전압정격(VF는

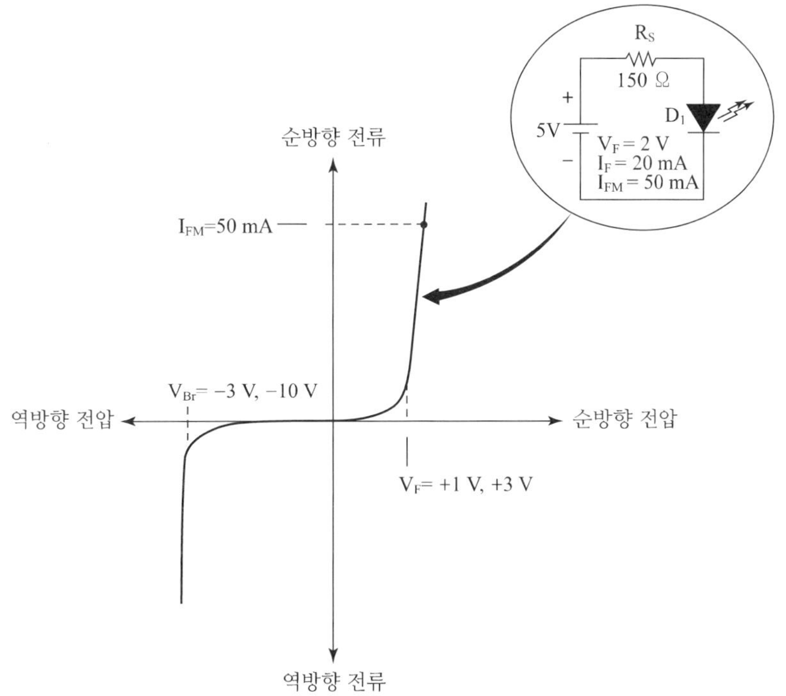

그림 16-5 LED의 전압전류 특성곡선.

보통 +1 V에서 +3 V 사이이다)과 낮은 순방향 전류정격(I_F는 보통 16 mA에서 50 mA 사이이다) 대부분의 응용 회로에서 LED는 2 V의 순방향 전압강하와 16 mA의 순방향 전류를 갖는다. LED는 그림 16-5에 표시된 것처럼 순방향 전류가 LED의 최대 순방향 전류 I_{FM}이나 I_{FMAX}를 초과하지 않도록 제한하는 직렬로 연결된 전류 제한용 저항에 의해서 과도한 전류부터 다이오드가 손상받지 않도록 보호된다.

이런 예에서 +5 V의 전압원이 130 Ω 의 직렬저항과 50 mA의 I_{FM} 정격과 1.8 V의 V_F 정격을 가지는 LED에 인가된다. 이런 회로에서의 전류를 계산하기 위해서는 전원전압으로부터 직렬저항 양단에 공급되는 전압강하를 구해야 하므로, LED 양단에 걸리는 1.8 V의 전압강하를 빼줘야 한다. 그런 다음 옴의 법칙을 이용해서 직렬저항으로 저항 양단에 나타나는 전압강하를 나누면 된다.

$$I_S = \frac{V_S - V_{LED}}{R_S} \tag{16.4}$$

$$I_S = \frac{5\text{ V} - 1.8\text{ V}}{130\ \Omega} = \frac{3.2\text{ V}}{130\ \Omega} = 24.6\text{ mA}$$

역방향 특성을 학습하면 LED의 역방향 항복전압이 접합형 다이오드의 항복전압에 비해서 대단히 적다는 사실을 확인할 수 있다(V_{BR}이 보통 −3 V에서 −10 V). 이것은 LED가 아주 적은 역방향 전압에서도 항복되거나 손상을 받게 된다는 사실을 의미한다.

LED표시기 회로

개별적인 LED는 그림 16-6에 표시된 것처럼 전원의 ON, OFF나 레벨 표시기로 가장 널리 사용된다. 그림 16-6(a)는 CD플레이어와 같은 시스템의 전면 패널에서 전원 표시기로 LED가 어떻게 사용되는지를 보여 준다. 그림에 표시된 것처럼 LED가 내부 전원공급장치의 전원을 표시하기 때문에 LED가 ON되면 내부 회로에서 전원이 공급되어 있다는 사실을 확인할 수 있다. 그림 16-6(b)는 엔코더 회로에 의해서 발생되는 코드를 표시하기위한 신호레벨 표시기로 사용되는 세 개의 LED가 어떻게 동작하는지를 보여 준다.

예를 들어, 로터리 스위치가 2의 위치에 있게 되면 접합형 다이오드 D_3가 ON 되고, B라인은 LOW로 된다. 이런 LOW(0 V) 신호는 다이오드 D_7을 순방향으로 바이어스시키지 못하기 때문에 불이 켜지지 않는다. 라인 A, C는 저항 R_1과 R_3에 의해서 HIGH로 된다. 이런 HIGH 출력이 LED D_6과 D_8이 순방향으로 바이어스되고 불이 켜지게 된다. 따라서 로터리 스위치가 2의 위치에 있게 되면 엔코더 회로에서 HIGH-LOW-HIGH 코드를 발생시키게 되고 LED는 ON-OFF-ON을 표시하게 된다.

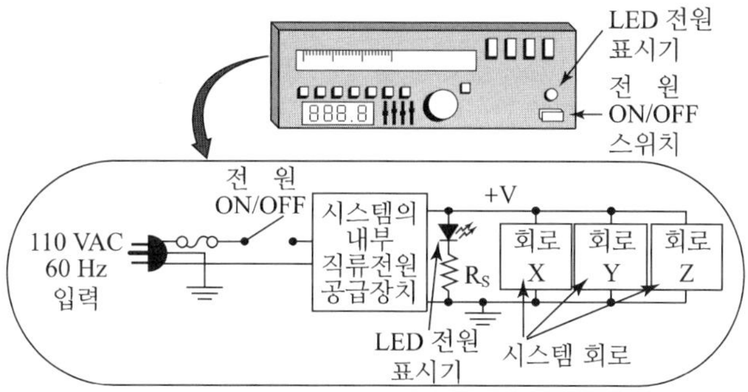

(a) 전원 표시기

로터리 스위치	출력		
	A D_6	B D_7	C D_8
1	OFF	ON	OFF
2	ON	OFF	ON
3	ON	OFF	OFF

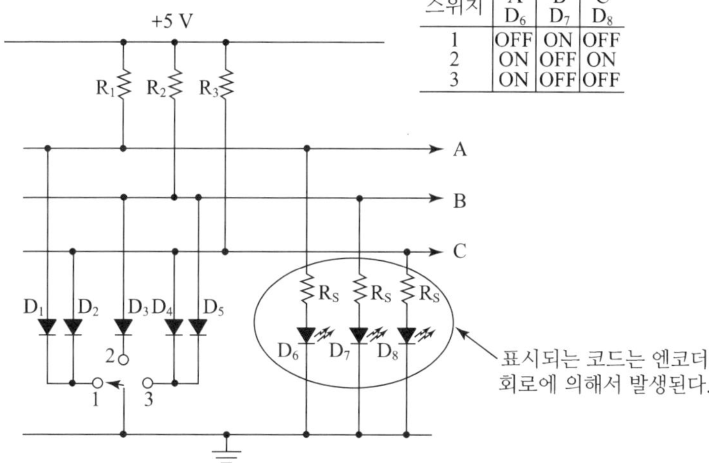

(b) 신호 표시기

그림 16-6 LED의 응용.

이중 컬러 LED

항공기의 제어 판넬에서 단일 LED 패키지가 정상적으로 동작할 때는 녹색으로 발광되고 오동작할 경우 적색으로 표시되도록 사용되도록 하기 위해서 이중 컬러를 갖는 LED가 개발되었다. 그림 16-7(a)에 표시된 회로기호는 다중 컬러 LED를 표시하는데 이들 속에는 실제로 두 개의 다이오드가 반대 방향으로 병렬연결되어 있다. 이것은 두 개의 서로 다른 컬러를 갖는 다이오드가 그림 16-7(a)에 표시된 그림의 데이터 정격을 가지고 서로 반대 방향으로 병렬로 연결되어 있다는 것을 의미한다. 그림 16-7(b)는 1 Hz의 주파수를 가지는 +5 V의 피크값을 갖는 구형파가 LED와 전류 제한용 저항을 통해서 인가될 때 이런 소자들이 어떻게 동작하는지를 보여 준다. 입력전압이 positive로 되면 오른쪽의 적색 LED가 순방향으로 바이어스되

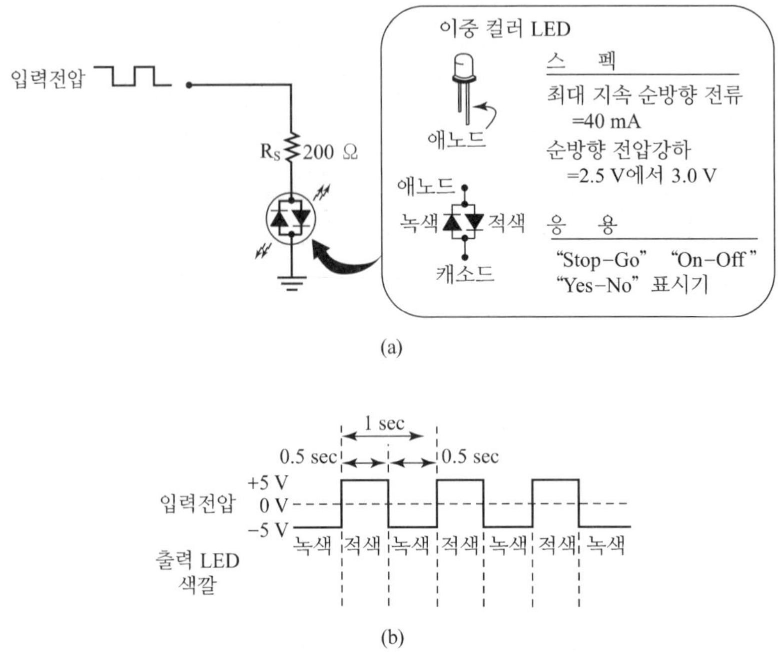

그림 16-7 2색 LED 응용.

고 ON 된다. 입력전압이 반대로 negative로 되면 왼쪽의 녹색 LED가 순방향으로 바이어스되고 ON 상태로 된다. 만약 1 Hz의 입력전압이 0.5초 동안만 positive로 변하고 0.5초 동안 negative로 된다면 LED 패키지는 0.5초 동안은 적색으로 그리고, 나머지 0.5초 동안은 녹색으로 번쩍이게 되고 이런 주기를 반복하게 된다.

다중 세그먼트 LED디스플레이

LED가 가장 널리 사용되는 응용 분야 중 하나는 다중 세그먼트 표시기로 사용되는 것이다. 그림 16-8(a)에는 다중 세그먼트 표시기 중에서 가장 널리 사용되는 7세그먼트 표시기를 나타내고 있다. 7세그먼트 표시기에는 시계 방향으로 a, b, c, d, e, f, g가 표시된다. 그림 16-8(b)에 표시된 것처럼 7세그먼트에는 7개의 LED가 탑재된다. 어떤 패키지인 경우 소수점을 표시하는데 사용하는 점을 표시하기 위해서 8개의 LED가 사용된다.

예를 들면, 그림 16-8(c)는 두 개의 소수점을 표시하는 TIL312 7-세그먼트 표시기의 핀번호 할당을 표시하고 있다. 핀번호는 괄호 속에 표시되어 있다. 세그먼트의 ON 상태 조합에 의해서 그림 16-8(d)에 표시된 것처럼 숫자 0에서 9까지를 표시할 수 있다. 예를 들어, 모든 세그먼트가 ON 상태로 되면 숫자 8을 표시하게 된다. 만약 세그먼트 b와 c만 ON 상태로 되면 숫자 1을 표시하게 된다. 일반적으로 자동차, 항공기, 계측기, 오디오와 같은 모든 표시기의 응용에서는 그림 16-8(e)에 표시한 것처럼 한 개 이상의 LED표시기를 사용하게 된다.

이런 디지털 표시기는 10진 디지트를 사용해서 어떤 크기를 표시하게 된다. 과거에 사용되었던 아날로그 표시기는 크기를 표시하기 위해서 그림 16-8(f)에 표시된 것과 같은 지침과 눈금판을 사용해서 지침의 이동거리에 의해서 선형적으로 물리량의 크기를 표시한다. 이런 세그먼트 표시기는 그림 16-8(g)와 (h)에 표시된 것과 같은 콤몬 애노드(common anode)형과 콤몬 캐소드(common cathode)형으로 구해진다. 그림 16-8(g)는 LED의 모든 애노드가 공통으

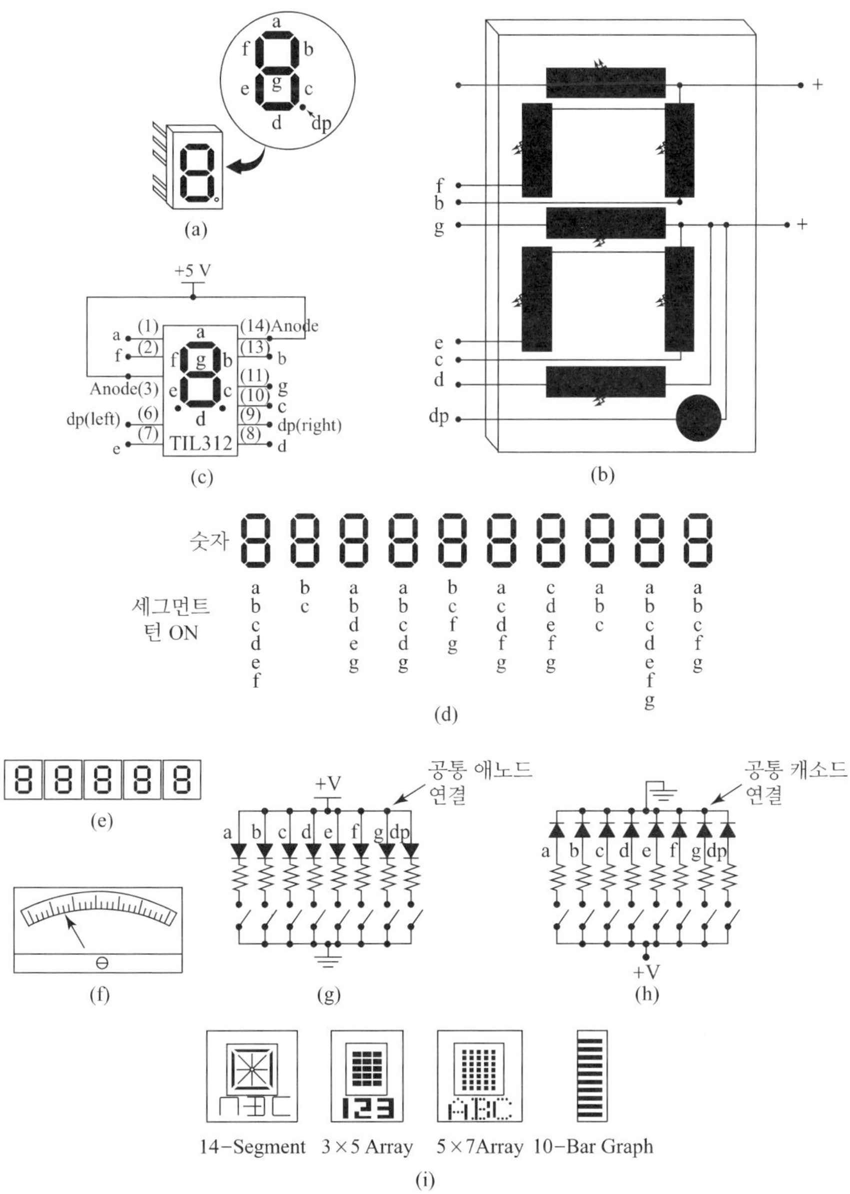

그림 16-8 다중 세그먼트 LED표시기.

로 연결되기 때문에 콤몬 애노드 연결이라고 부르게 된다. 그림 16-8(g)에 표시된 것처럼 콤몬 애노드 연결은 +공급전압원에 공통으로 연결되어 있다. LED가 발광되면 LED의 캐소드 단자는 이런 구조에서는 LOW로 스위치된다. 그림 16-8(b)에 표시된 회로와 그림 16-8(c)에 표시된 TIL312 회로 모두 콤몬 애노드형의 7세그먼트 표시기이다.

그림 16-8(h)에 표시된 회로는 LED의 모든 캐소드 단자가 공통으로 연결되어 있기 때문에 콤몬 캐소드형이라고 한다. 그림 16-8(h)에서 확인한 것처럼 콤몬 캐소드 연결은 캐소드 단자가 접지되거나 0 V에 공통으로 연결되어 있다. 이런 구조에서 LED가 발광되기 위해서는 LED의 애노드 단자가 HIGH로 스위칭되어야 한다. LED 표시기의 다양한 종류가 그림 16-8(i)에 표시되어 있다. 글자를 표시하기 위해서는 14세그먼트 표시기와 같이 더 많은 세그먼트를 가지는 표시기가 사용될 수도 있다. 큰 글자를 표시하기 위해서 도트 매트릭스표시기(dot matrix display)가 사용되기도 한다. 가장 널리 사용되는 형태는 35개의 적은 LED를 5개의 수직행(vertical columns)과 7개의 수평열(horizontal row)로 구성되는 5×7 매트릭스이다. 바 표시기(bar display)기는 양의 크기를 표시하기 위해서 아날로그 계기 지침을 급격하게 대체시키게 된다. 예를 들면, 연료량의 크기는 활성화된 세그먼트의 개수로 표시하게 된다(막대가 하나도 없으면 0을 표시하고 모든 막대가 발광되면 최대 크기를 표시한다).

16.3 포토 다이오드

빛(light)은 라디오파와 유사하게 전자기 방사를 가지지만 주파수의 대역이 다르다. 빛 혹은 광학 전자기 스펙트럼은 그림 16-9(a)에 표시된 것처럼 X선 주파수대와 마이크로파 주파수대 사이에 존재한다. 이런 광학적인 빛의 스펙트럼은 300 GHz에서 9,3000,000 GHz까지 확장되는데, 이 대역 속에는 적외선 대역, 가시광선 대역, 자외선 대역과 같은 3개의 대역으로 구분된다. 인간의 눈으로는 약 428,000 GHz와 750,000 GHz 사이의 좁은 주파수 대역의 가시광선만을 볼 수 있다.

이와 같이 가시광선 아래쪽 주파수 대역을 갖는 적외선 대역과 가시광선 위쪽의 주파수 대역을 갖는 자외선은 볼 수 없다. 가시광선 대역의 주파수는 무지개와 같이 빨강, 주황, 노랑, 초록, 파랑, 보라의 색깔로 구분되는데, 각 색깔의 해당 주파수대는 아주 좁게 분포된다. 그림 16-9(a)에서 보듯이 광학 스펙트럼의 주파수값은 크기 때문에 작업이 용이하지가 않다. 따라서 이런 값들을 보다 쉽게 취급하기 위해서 대부분의 광학적인 주파수를 등가의 파장으로 변환시키게 된다. 파장은 그리스 문자 람다(λ)를 기호를 사용하는데 m로 측정된다. 그림 16-9(b)에 표시된 것처럼 파장은 자신의 이름이 의미하는 것처럼 전달되는 전자기파의 한 주기에 해당하는 물리적인 길이이다. 라디오파와 유사하게 광파(light wave)의 파장도 자신의 주파수로 빛의 광속을 나누면 되는데 다음과 같은 공식이 사용된다.

$$\lambda = \frac{c}{f} \tag{16.5}$$

여기서, λ는 전자기파의 한 주기에 해당되는 길이로 m 단위를 갖는다.
c는 전자기파의 속도로 광속과 동일한 3×10^8 m/s의 크기를 갖는다.
f는 전자기파의 주파수로 Hz 단위를 갖는다.

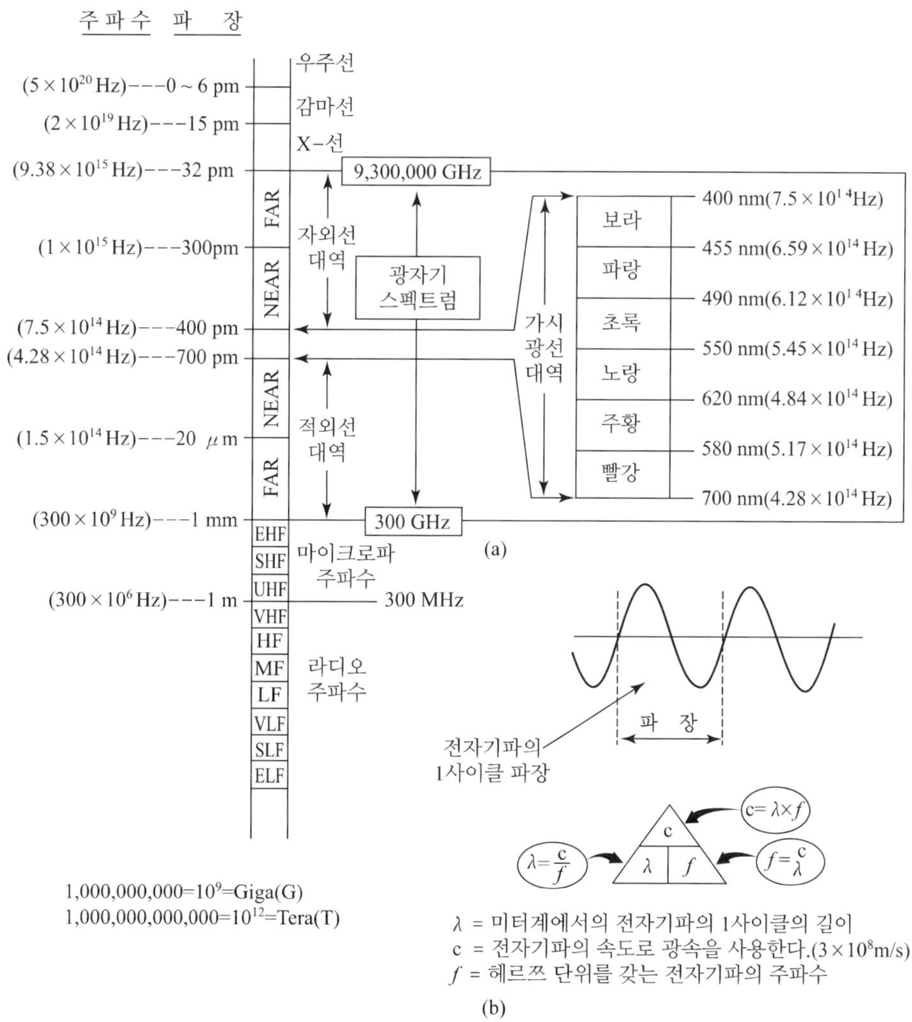

그림 16-9 광학 전자기 스펙트럼.

예제 1 300 MHz에서 300 GHz까지 확장되는 마이크로파의 주파수 밴드에 대한 파장을 구하시오.

▸ 300 MHz인 경우 $\lambda = \frac{c}{f} = \frac{3 \times 10^8 \mathrm{m/s}}{300 \times 10^6 \mathrm{Hz}} = 1\ \mathrm{m}$

300 GHz인 경우 $\lambda = \frac{c}{f} = \frac{3 \times 10^8 \mathrm{m/s}}{300 \times 10^9 \mathrm{Hz}} = 0.001\ \mathrm{m}$

이런 파장의 크기는 그림 16-9(a)의 한쪽에 해당되는 주파수와 같이 표시되어 있다.

예제 1 에서 확인했듯이 파장은 주파수에 반비례한다. 따라서 주파수가 높아질수록 파장의 크기는 작아진다. 빛의 주파수는 파장으로 계산되는데 너무 작기 때문에 m 단위로 표시하지 못하고 μm와 nm 단위를 사용하게 된다. 예를 들면, 가시광선의 주파수 밴드는 4.28×1,014 Hz에서 시작한다. 이런 주파수에 해당되는 파장의 길이는 0.0000007 m이다.

$$\lambda = \frac{c}{f} = \frac{3 \times 10^8 \mathrm{m/s}}{4.28 \times 10^{14} \mathrm{Hz}} = 0.0000007\,\mathrm{m}$$

이것을 μm와 nm 단위를 사용해서 표시하면 다음과 같이 표시된다.

$$0.0000007\mathrm{m} = 0.7 \times 10^{-6}\ \mathrm{m} = 0.7\ \mu\mathrm{m}\ \text{혹은 0.7미크론}$$
$$0.0000007\ \mathrm{m} = 700 \times 10^{-9}\ \mathrm{m} = 700\ \mathrm{nm}$$

단계를 생략하기 위해서 더 적은 광속단위를 사용하면 주파수를 직접 μm나 nm로 변환시킬 수 있다.

빛의 속도 (↑)		파장(↓)
3×10^8 m/s	=	m
3×10^{10} cm/s	=	cm
3×10^{11} mm/s	=	mm
3×10^{14} μm/s	=	μm
3×10^{17} nm/s	=	nm

이런 빛의 속도값이 서로 다르다고 생각하지는 말아야 한다. 빛은 간단히 cm의 100배만큼 빠르게 운동하면 1 m만큼 운동하게 된다. 이런 점을 4.28×10^{14} Hz의 주파수에서 시작하는 가시광선 밴드에서 적용하면 파장은 μm와 nm로 표시된다.

$$\lambda = \frac{c}{f} = \frac{3 \times 10^8 \mathrm{m/s}}{4.28 \times 10^{14}\ \mathrm{Hz}} = 0.7\ \mu\mathrm{m}\ \text{혹은 0.7미크론}$$

$$\lambda = \frac{c}{f} = \frac{3 \times 10^8 \text{ m/s}}{4.28 \times 10^{14} \text{ Hz}} = 700.9 \text{ nm}$$

또 다른 단위로는 $A^0(1 \times 10^{10} \text{ m})$로 표시되는 옹스트롬이 사용된다. 따라서 0.0000007009 m는 7009×10^{-10} m 혹은 7009옹스트롬($7009A^0$)과 같다. 옹스트롬 단위로 변환하기 위해서는 광속을 3×10^{18}으로 표시하면 된다.

$$\lambda = \frac{c}{f} = \frac{3 \times 10^{18}}{4.28 \times 10^{14}} = 7009A^0$$

이런 단위는 전자기파와 광파를 논의할 때 상호변환이 가능한 항이기 때문에 파장과 주파수의 관계를 잘 이해하는 것이 필요하다. 사실 대부분의 제조업자들이 가지고 있는 데이터 시트에는 파장에 따른 LED의 출력 주파수와 포토 다이오드의 입력 주파수가 표시되어 있다.

포토 다이오드의 구성과 기호

포토(photo) 다이오드는 PN 접합을 갖는 반도체 소자로 빛을 감지하거나 받아들이는 소자로 그림 16-10(a)에 일반적인 포토 다이오드의 패키지가 표시되어 있다. 유리창 혹은 볼록렌즈는 빛이 케이스를 통해서 입사되는 것을 허용하고 금속 케이스 내에 탑재되어 있는 반도체 다이오드를 비추게 된다. 그림 16-10(b)는 포토 다이오드가 기본적으로 두 가지의 방법 중 한 가지에 의해서 어떻게 구성되는지를 설명하고 있다. PN 포토 다이오드는 n형 기판으로 확산되는 p형 영역으로 구성된다. 금속 베이스는 캐소드 단자와 n형 영역 사이의 연결을 제공하고, 금속링은 p형 영역과 애노드 단자를 연결시킨다. 빛이 금속링의 정공을 통해서 포토 다이오드로 들어간다. PIN 포토 다이오드는 p형과 n형 영역 사이에 진성층을 가지고 있다는 점을 제외하면 PN 포토 다이오드와 동일한 방법으로 만들어진다. PIN이란 명칭은 p형 영역, 진성 반도체 영역, n형 영역으로 구성되기 때문에 붙여진 것이다. 불순물을 전혀 가지고 있지 않은 순수한 반도체인 진성 반도체층이 부가되기 때문에 포토 다이오드는 저주파(적외선) 영역의 광자가 다이오드 영역으로 더 깊게 침투할 수 있도록 하는 우수한 응답을 갖는다. 진성 반도체층은 항상 큰 공핍 영역을 발생시키기 때문에 포토 다이오드는 빛의 세기가 변화할 때 응답으로 전류를 거의 선형적으로 발생시키게 된다. 그림 16-10(c)는 회로도에 사용되는 포토 다이오드의 두 가지 기호를 표시하고 있다. LED의 경우는 빛이 출력되는 것을 표시하기 위해서 다이오드로부터 두 개의 화살표가 표시되는데, 포토 다이오드의 경우는 빛의 입력을 표시하기 위해서 두 개의 화살표가 다이오드를 향해서 표시된다.

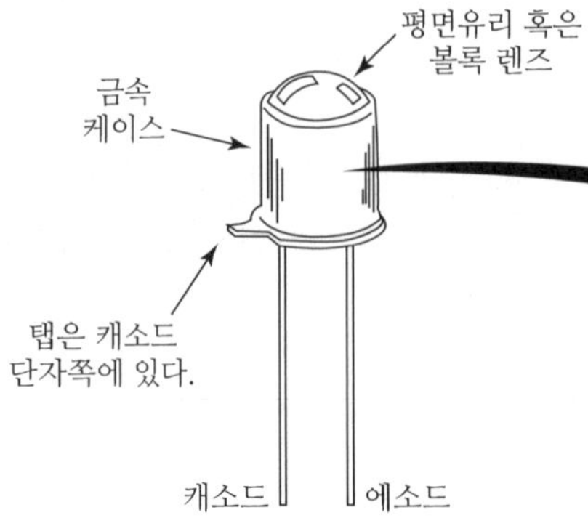

(a) 일반적인 패키지

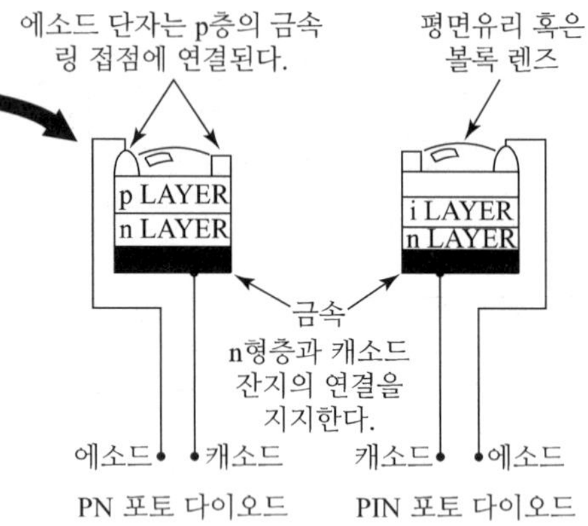

(b) PN 포토 다이오드와 PIN 포토 다이오드

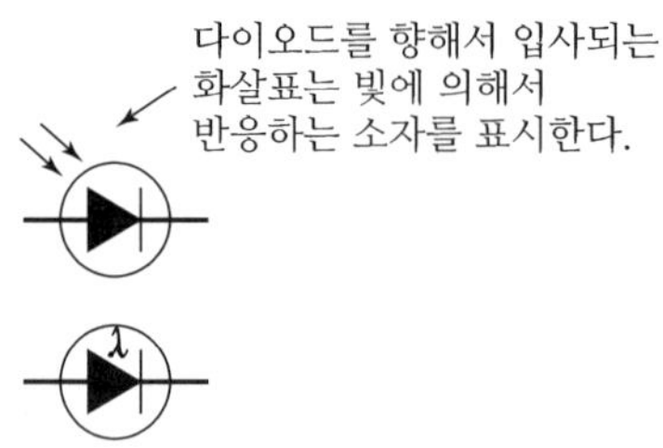

(c) 회로도 기호

그림 16-10 포토 다이오드.

16.4 쇼트키 다이오드

일반적인 다이오드는 낮은 주파수에서 순방향에서 역방향으로 바이어스(bias)가 변했을 때 쉽게 차단될 수 있다. 그러나 주파수가 증가하면 그림 16-11에 표시된 것처럼 다이오드는 역방향의 반주기 동안 흐르는 큰 전류를 제한시킬 만큼 빨리 차단시킬 수 없는 점에 도달하게 된다. 이것은 순방향 전류의 증가로 인한 축적현상과 다이오드 off시의 역회복 시간 때문인데, 역방향 회복시간의 해결책은 소트키 다이오드를 사용하는 것이다.

쇼트키 다이오드는 그림 16-12(a)와 같이 한쪽 면은 금(gold), 은(silver), 백금(platinum)과 같은 금속으로 되어 있고, 다른 쪽은 n형 실리콘으로 도핑된 특수목적용 다이오드이다. Schottky diode(일명 hot-carrier diode)가 바이어스(bias)되지 않았을 때 n측에 있는 자유 전자는 금속측에 있는 자유 전자보다 더 작은 궤도에 들어 있다. 이러한 궤도(orbit) 크기의 차이를

schottky장벽이라 한다. 다이오드가 순방향으로 바이어스(bias)되면 n측의 자유 전자는 더 큰 궤도로 이동할 수 있을 만큼 충분히 큰 에너지를 얻게 되어서 자유 전자는 접합면을 통과해서 금속으로 이동하게 되며 더 큰 순방향 전류를 생성시킨다. 그러나 금속은 정공을 가지고 있지 않기 때문에 전하축적과 역방향 회복시간이 존재하지 않는다.

그림 16-12(b)는 쇼트키 다이오드 회로기호를 표시하고 있으며 다이오드에서 선(S)은 쇼트키 다이오드를 쉽게 기억하도록 S를 고딕체로 표시한 것이다. 전하의 축적이 없다는 것은 쇼트키 다이오드가 일반적인 다이오드보다 스위칭 타임이 짧다는 것을 의미하며, 실제로 쇼트키 다이오드는 300 MHZ 이상의 주파수도 쉽게 정류할 수 있다. 예를 들면, 그림 16-12(b)와 같은 정류회로에서 신호원이 100 MHZ의 주파수를 갖는다 해도 정류된 출력파형은 그림 16-12(c)와 같이 정상적인 반파 파형이 나타난다. 쇼트키 다이오드가 응용되는 중요한 분야는 디지털 컴퓨터에 사용되는 일이다. 컴퓨터의 연산속도는 다이오드와 트랜지스터의 스위칭 타임에 괸계되기 때문에 바른 스위칭 타임을 갖는 쇼트키 다이오드가 사용되고, 전하축적이 없기 때문에 낮은 소비전력을 가지 되어서 디지털 계기에서 널리 사용되는 쇼트키 TTL의 기본이 되고 있다. 순방향에서 쇼트키 다이오드는 약 0.25 V의 차단전압을 갖는다. 이것은 일반적인 실리콘 다이오드가 0.7 V의 차단전압을 갖는데 비해서 낮은 값이기 때문에 저전압 정류기에 많이 사용되며, 저전압 전원 공급장치에서도 실리콘 다이오드보다 쇼트키 다이오드의 사용이 많다.

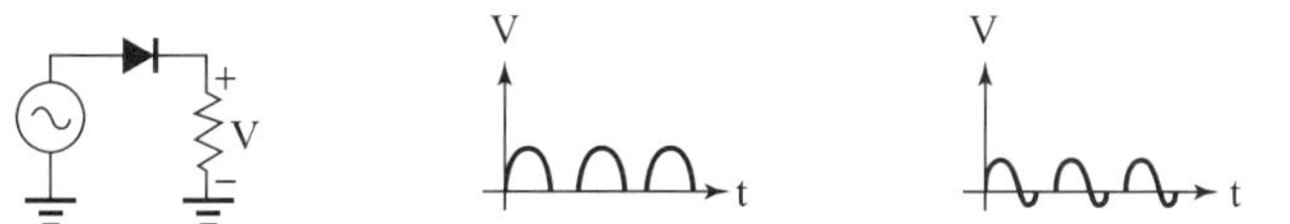

(a) 반파 정류기 (b) 이상적인 출력 (c) 축적전하에 의한 왜곡된 출력

그림 16-11

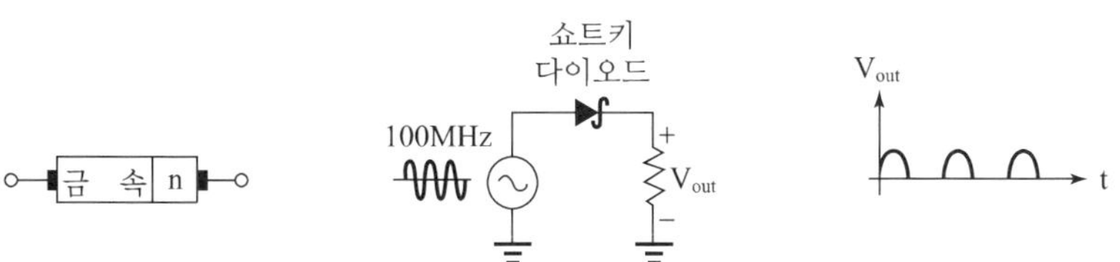

(a) 구조 (b) 회로도 (c) 100 MHz의 출력

그림 16-12 쇼트키 다이오드.

16.5 바랙터, 터널 다이오드, 배리스터

바랙터는(일명 전압가변 콘덴서, 배리캡, epicap, tuning diode) TV 수상기, FM 수신기, 기타 통신장비에 널리 사용되는 특수목적용 다이오드이다. 역방향으로 바이어스된 소신호용 다이오드는 MΩ 에 가까운 역방향 저항을 갖는데 저주파에서 다이오드는 개방회로로 근사화된다. 그러나 고주파 회로에서는 특별하게 고려해야 할 전류의 이동경로가 하나 더 존재하게 된다. 그림 16-13(a)와 같이 P형 영역과 N형 영역 사이의 접합면에 공핍층이 존재하는데, 역방향으로 바이어스되면 실리콘 다이오드는 마치 콘덴서처럼 동작하게 되는데, 다이오드의 P형 영역과 N형 영역은 콘덴서의 +전극과 -전극과 같고, 공핍층은 두 전극 사이에 존재하는 유전체와 같은 역할을 한다. 외부 회로에서 전압을 가하면 가전자를 P형 영역에서 이동시켜서 N형 영역에 자유 전자를 추가하게 되서 충전시키게 된다. 이런 작용은 마치 콘덴서의 +극에서 전자를 이동시켜서 -극에 전자를 유도시키는 것과 유사한데, 이런 현상을 전이 커패시턴스라 하고, C_T로 표시하며 전이라는 뜻은 P형 물질이 N형 물질로 바뀌는 것을 말하며, C_T는 공핍층 커패시턴스, 장벽 커패시턴스, 접합 커패시턴스로 알려져 있고, 역방향 전압의 세기가 커지면 공핍층의 폭이 그만큼 넓어지기 때문에 C_T의 크기는 줄어든다. 중요한 것은 전이 커패시턴스는 전압에 의해서 크기가 조절된 수 있다는 점이다. 이런 바랙터가 코일과 병렬로 연결된다면 공진회로를 구할 수 있는데, 그때의 공진주파수는 식 (16.6)처럼 표시된다.

$$f_r = \frac{1}{2\pi\sqrt{LC}} \tag{16.6}$$

역다이오드의 도핑 레벨을 증가시키면 0 V에서 항복현상을 일으키게 할 수 있는데, 강하게 도핑 된 순방향 특성곡선은 그림 16-14(a)와 같이 왜곡되게 나타난다. 이런 다이오드를 터널 다이오드라 하며 일명 에사키 다이오드라고 한다. 그림 16-14(b)는 터널 다이오드의 기호이다. 그림 16-14(a)는 순방향으로 바이어스되는 순간 도통하기 시작하며 전류는 I_p의 최대지를 갖고, 이때 다이오드 전압으 V_p가 된다. 여기서부터는 다시 전류가 감소해서 최소 전류값

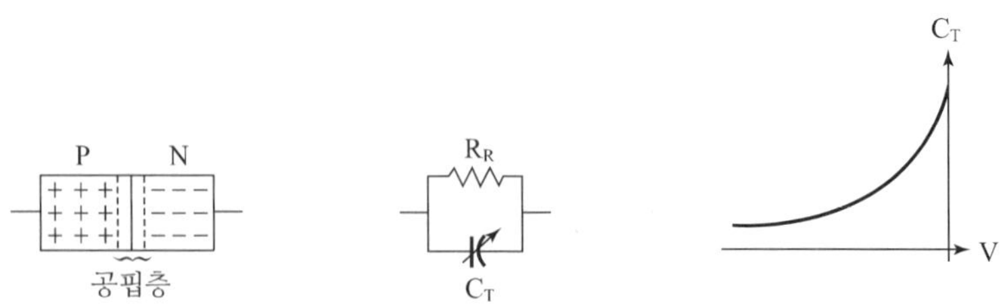

(a) 구조 (b) 등가회로 (c) 역방향 전압에 대한 전이 커패시턴스 그래프

그림 16-13 바랙터.

I_V를 갖는데, 이때 다이오드 전압은 V_V가 된다. 이와 같이 전압이 증가해도 감소하기 때문에 전압 V_p와 V_V 사이를 음의 저항영역(negative resistance region)이라 한다. 터널 다이오드의 음의 저항영역은 발진기(oscillator)라 하는 고주파 회로에서 유용하게 사용되며, 정현파 신호를 발생시킬 수 있기 때문에 직류전력을 교류전력으로 변환시킬 수 있다.

번개, 전력선 고장, 리액티브 부하 스위칭 등은 정상적인 115 V_{ac}에 spike나 dip과 같은 과도현상을 추가시켜서 선전압을 악화시킨다. dip은 수 μs 이하의 몇 V의 전압강하 현상을 말하며, spike는 500~1,600 V 이상의 순간적인 과전압을 의미한다. 어떤 기기에서 전력선과 변압기의 1차권선 사이에서 선로상의 과도 현상에서 발행되는 문제를 해결하기 위해서 필터를 사용한다. 이와 같이 선로상의 필터링을 하는 소자를 배리스터라고 한다(과도현상 억제기). 이러한 반도체 소자는 back-to-back 제너 다이오드를 사용해서 양방향으로 모두 높은 항복전압을 갖는다. 예를 들면, V130LA2는 184 V(130 V_{ac})의 항복전압을 갖고 400 A의 피크 전류정격을 갖는다. 이러한 것이 1차권선의 양단에 연결된다면 spike의 걱정을 할 필요가 없게 된다. 배리스터는 184 V 레벨에서 모든 spik를 제거시키므로 기기를 보호할 수 있다.

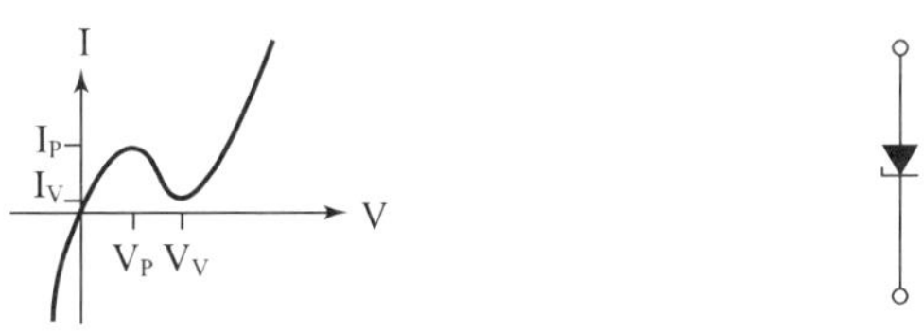

(a) I-V 특성곡선 (b) 기호

그림 16-14 터널 다이오드.

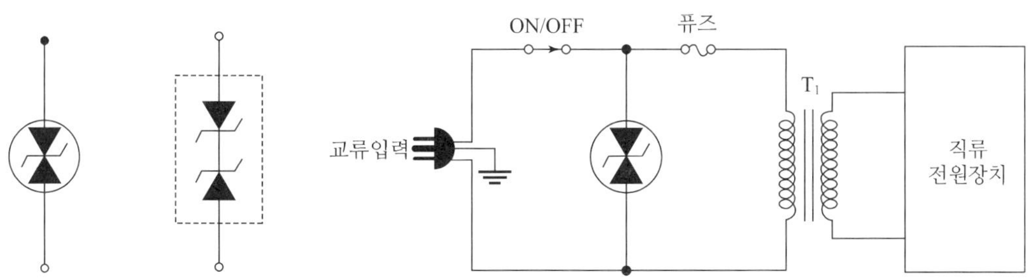

(a) 구조 (b) 회로 기호 (c) 커패시턴스와 역방향 바이어스 전압 특성곡선

그림 16-15 과도현상 억제 다이오드.

기초확인문제

01 그림 16-16(a)에 표시된 회로에서 제너전류의 세기를 구하시오.

02 제너 다이오드가 15 V의 전압과 16 mA의 전류정격을 갖는다면 전력소비는 얼마인가?

03 그림 16-16(b)에서 $V_Z = 18$ V, $Z_{ZT} = 2\ \Omega$, $R_S = 68\ \Omega$, $V_S = 27$ V라면 제너전류는 얼마인가? V_S가 40 V까지 증가한다면 부하전압의 변화는 얼마나 되는가?

04 그림 16-16(c)에서 전원전압이 40 V에서 60 V까지 변화한다. 제너 다이오드의 저항이 10 Ω이라면 부하전압의 변화는 얼마인가?

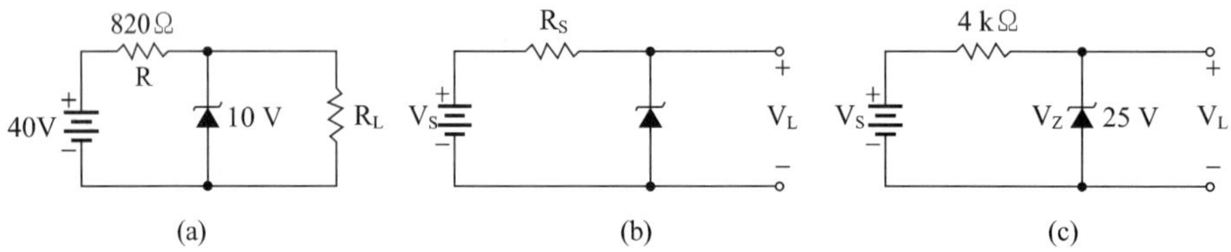

그림 16-16

05 16 μH의 인덕턴스를 갖는 코일이 있다. 바랙터는 3 : 1의 동조범위를 갖는 30 pF의 커패시턴스를 가지고 있다. 인덕터와 바랙터가 병렬로 연결된다면 최소공진 주파수는 얼마인가? 최대공진 주파수는 얼마인가?

06 그림 16-17에 표시된 회로에서 직류전압이 25 V이다. R_1이 1 kΩ이라면 LED 전류는 얼마인가?

07 LED는 최소 1.5 V의 전압강하를 갖고 최대 2.3 V의 전압강하를 갖는다. 부하전압이 10 V이고 R1이 470 Ω일 때 LED 전류의 최대값과 최소값을 구하시오.

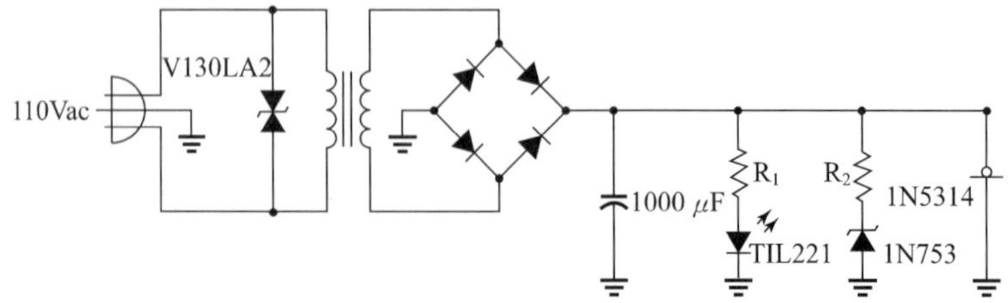

그림 16-17

08 그림 16-18에 표시된 회로에서 1N1594는 12 V의 제너전압과 1.4 Ω의 제너저항을 갖는다. 약 16 V의 부하전압이 측정된다면 어떤 소자가 고장인가?

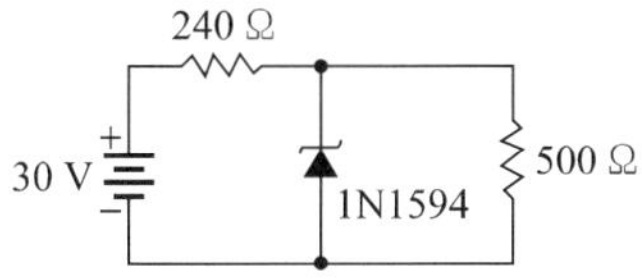

그림 16-18

09 그림 16-17에서 LED가 불이 켜지지 않는 경우 고장 원인은 다음 중 어느 것인가?

(a) VL30LA2가 개방
(b) 2개의 왼쪽 브리지사이의 접지가 개방
(c) 필터 콘덴서 개방
(d) 필터 콘덴서 단락
(e) 부하저항 개방
(f) 부하저항 단락

정답

01 $I_S = \dfrac{V_S - V_Z}{R_S} = \dfrac{40\ V - 10\ V}{2.82\ \Omega} = 36.6\ mA,\ I_L = \dfrac{V_L}{R_L} = \dfrac{10\ V}{2\ k\Omega} = 5\ mA$

$I_Z = I_S - I_L = 36.6\ mA - 5\ mA = 31.6\ mA$

02 소비전력 $P_S = V_Z \times I_Z = 15\ V \times 16\ mA = 300\ mW$

03 $I_Z = \dfrac{V_S - V_Z}{R_S} = \dfrac{27\ V - 18\ V}{68\ \Omega} = 132\ mA,\ I_Z = \dfrac{V_S - V_Z}{R_S} = \dfrac{40\ V - 18\ V}{68\ \Omega} = 324\ mA$

$\Delta V_Z = \Delta I_Z \times R_Z = 192\ mA \times 2\ \Omega = 0.384\ V$의 변화가 발생된다.

04 $I_Z = \dfrac{V_S - V_Z}{R_S} = \dfrac{40\ V - 25\ V}{4\ k\Omega} = 3.75\ mA,\ I_Z = \dfrac{V_S - V_Z}{R_S} = \dfrac{60\ V - 25\ V}{4\ k\Omega} = 8.75\ mA$

$\Delta V_Z = \Delta I_Z \times R_Z = 5\ mA \times 10\ \Omega = 0.05\ V$의 변화가 발생된다.

05 $f_r(min) = \dfrac{1}{2\pi\sqrt{LC}} = \dfrac{1}{2\pi\sqrt{20 \times 10^{-6} H \times 10 \times 10^{-12} F}} = 6.5\ MHz$

$f_r(max) = \dfrac{1}{2\pi\sqrt{LC}} = \dfrac{1}{2\pi\sqrt{20 \times 10^{-6} H \times 30 \times 10^{-12} F}} = 11.3\ MHz$

06 $I = \dfrac{V_L - V_{\leq D}}{R_S} = \dfrac{25\ V - 2\ V}{1\ k\Omega} = 23\ mA$

07 $Imax = \dfrac{V_L - V_{\leq D}}{R_S} = \dfrac{10\ V - 1.5\ V}{470\ \Omega} = 18.1\ mA$

$Imin = \dfrac{V_L - V_{\leq D}}{R_S} = \dfrac{10\ V - 2.3\ V}{470\ \Omega} = 16.4\ mA$

08 제너다이오드 파괴(정격초과)

09 B, D, F

CHAPTER 17 직류전원 공급장치와 응용회로

전자 시스템은 정보의 흐름을 제어할 수 있도록 설계되며 모든 전자 회로 내에는 일정한 크기의 직류전원 공급 장치가 포함된다. 직류전원 공급장치는 110 V_{AC} 60 Hz 혹은 220 V_{AC} 60 Hz의 입력전원을 원하는 크기의 직류전압으로 변환시킨다. 이 장에서는 PN 접합형 다이오드와 제너 다이오드로 구성되는 직류전원 공급장치 회로설계에 대해서 설명한다. 전압 체배기(voltage multiplying), 클리핑 회로, 클램핑 회로와 같은 다양한 형태의 다이오드 응용회로에 대해서도 설명한다.

17.1 직류전원 공급장치의 블록다이어그램

그림 17-1(a)에는 직류전력 공급장치의 블록 다이어그램이 표시되어 있다. 그림 17-1(b)에 표시된 것처럼 대부분의 직류전원 공급장치는 교류 220 V를 입력으로 사용한다.

그림 17-1(a)에 표시된 4개의 블록다이어그램은 각각의 기능을 수행하게 된다. 따라서 최종 전압의 크기는 110 V나 220 V를 필요로 하는 것이 아니므로 원하는 크기의 전압을 공급하기 위해서 전압을 증가시킬 수도 있고, 전압을 감소시킬 수도 있는 변압기가 시스템 내부에 설치된다. 전자 시스템은 보통 직류 12 V와 5 V 정도의 아주 작은 전압을 필요로 한다. 따라서 감압용 변압기가 사용된다. 예를 들어, 10 : 1의 권선비를 갖는 감압용 변압기가 사용된다면 교류 220 V의 입력전압이 출력에서는 교류 22 V로 감압된다. 대부분의 이상적인 전자회로에서는 고전류, 저전압의 능력을 필요로 하기 때문에 이런 변압기의 출력전류의 비는 1 : 10으로 나타난다. 그림 17-1(a)에 표시된 파형을 참조하면 변압기가 감압시킨 교류입력을 정류기가 맥류 직류출력으로 변환시킨다. 이런 맥류직류 출력은 전자 회로에서 직접 사용되지는 못한다. 그 이유는 맥류가 0 V에서 피크전압까지 지속적인 변화가 이루어지기 때문이다. 필터는 맥류직류 리플을 그림에 표시된 필터 다음 단의 파형처럼 부드럽게 해준다.

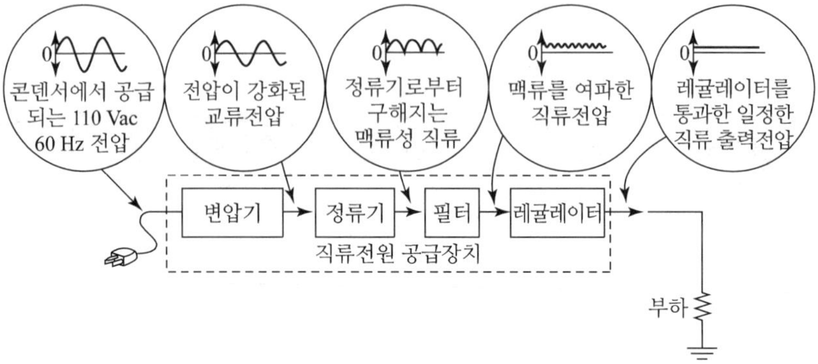

(a) 블록다이어그램

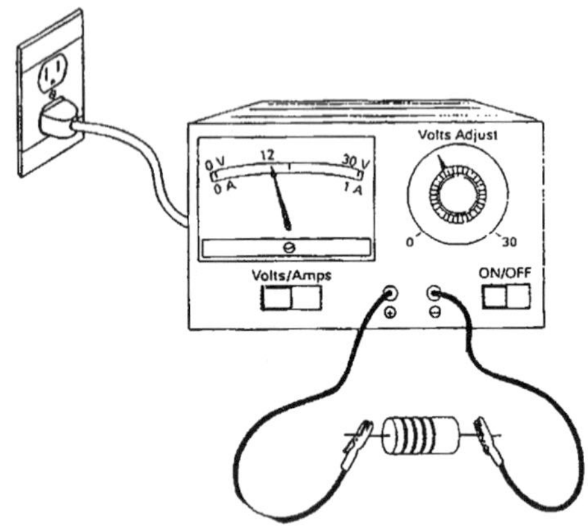

(b) 전자 시스템의 내부에 설치된 전원장치

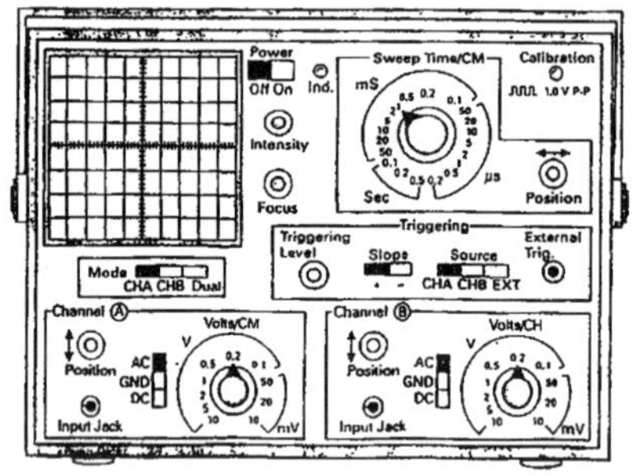

(c) 전원장치 단독으로 구성되는 경우

그림 17-1 직류전원 공급장치.

마지막 블록은 전압 조정기라 하며 전압 조정기의 입력과 출력파형에서의 차이가 거의 발생되지 않기 때문에 대단히 중요한 역할을 한다. 전압 조정기는 출력 부하저항과 입력전압이 크게 변화한다고 하더라도 직류전원 공급장치의 출력전압을 일정하게 유지시킨다. 많은 직류전원 공급장치는 전자 시스템에서 어떤 크기의 직류출력을 필요로 하는가에 따라서 정류기, 필터, 전압 조정기를 가지게 된다.

17.2 반파정류기, 전파정류기, 브리지 정류기

PN 접합형 다이오드는 전류를 한쪽 방향으로만 흘릴 수 있도록 스위칭되기 때문에 쌍방향으로 흐르는 교류전류를 한쪽 방향으로 흐르는 직류로 변환하기에 적합한 소자이다.

반파정류기

반파정류기 회로는 그림 17-2(a)에 표시된 것처럼 전력 공급용 변압기와 부하 사이에 다이오드를 연결함으로써 간단히 구성된다. 2차측의 교류전압이 그림 17-2(b)에 표시한 것처럼 positive 스윙일 경우 다이오드의 애노드가 positive로 바이어스되므로 다이오드는 ON 상태로 되고, 부하저항 양단에 2차측 교류의 positive 반파가 걸리게 된다. 그림 17-2(c)에 표시된 것처럼 2차측 교류의 negative 스윙이 인가되면 다이오드의 애노드에 negative가 걸리게 되어서 역방향으로 바이어스된 다이오드는 OFF 상태로 되고, 회로에 전류가 흐르지 않기 때문에 부하저항 양단에는 어떤 전압도 나타나지 않는다.

그림 17-2(d)는 반파정류기의 입력과 출력파형을 설명하고 있다. 110 $V_{AC(rms)}$ 혹은 169.7 $V_{ac\ peak}$ 입력이 16 : 1의 감압비를 가지는 변압기에 인가된다면 출력은 식 (17.1)처럼 구해진다.

$$V_S = \frac{N_S}{N_P} \times V_P = \frac{1}{16} \times 155.5\,V_{(PEAK)} = 9.7\,V_{(PEAK)} \tag{17.1}$$

다이오드는 이런 positive의 반파입력만이 부하저항 R_L의 양단에 나타나게 된다. 따라서 출력전압 V_{RL}은 9.7 V_{PEAK}를 갖는 positive 맥류의 형태를 갖는다. 이런 파형은 그림 17-2(d)에 표시되어 있는데 입력신호 파형의 반파만이 출력에 나타나기 때문에 반파정류기라고 한다.

전파(full wave)의 평균값은 0.637 V_{peak}이므로 반파(half wave)의 평균값은 0.318 V_{peak}로 된다(0.637 ÷ 2 = 0.318).

$$V_{av} = 0.318 \times V_{S(PEAK)} \tag{17.2}$$

그림 17-2에 표시된 예제에서 반파출력의 평균전압은 3.08 V이다.

$$V_{av} = 0.318 \times V_{S(PEAK)} = 0.318 \times 9.7\,V = 3.08\,V \tag{17.3}$$

입력이 그림 17-2(c)에 표시된 것처럼 negative 스윙을 가지게 되면 negative 전압 전체가 개방(OFF)된 다이오드 양단에 걸리게 된다. 정류용 다이오드의 최대 역방향 항복전압(maximum reverse breakdown voltage) 혹은 최대 역전압(peak inverse voltage)의 정격은 다이오드에 입력되는 전압의 피크값보다는 항상 커야 한다.

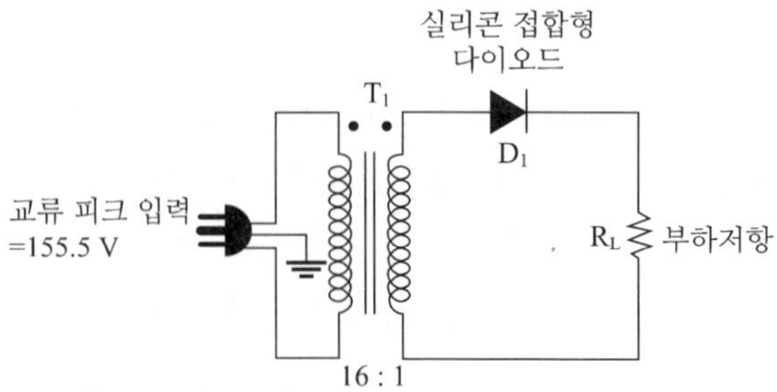

(a) 기본회로

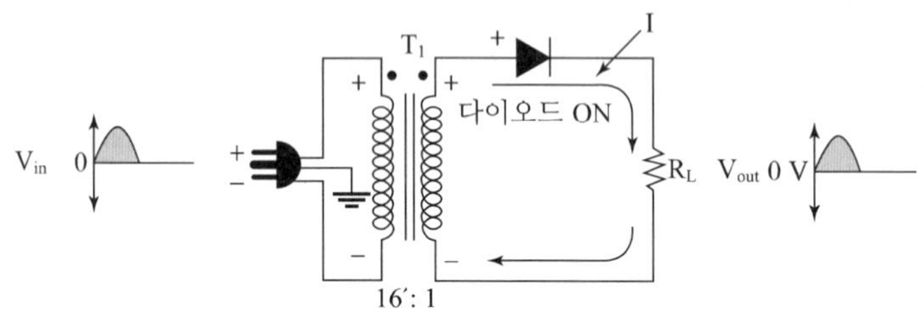

(b) 입력의 positive반파 사이클 동작

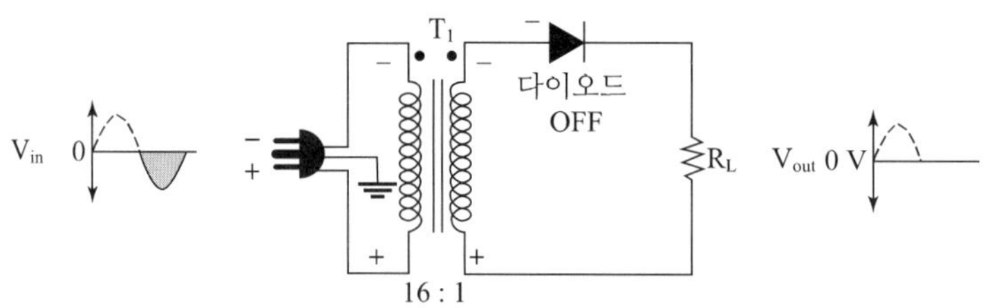

(c) 입력의 negative 반파 사이클 동작

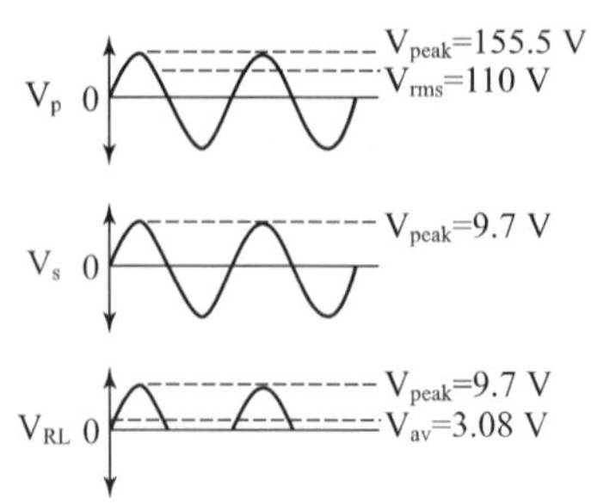

(d) 입출력파형

그림 17-2 반파정류기.

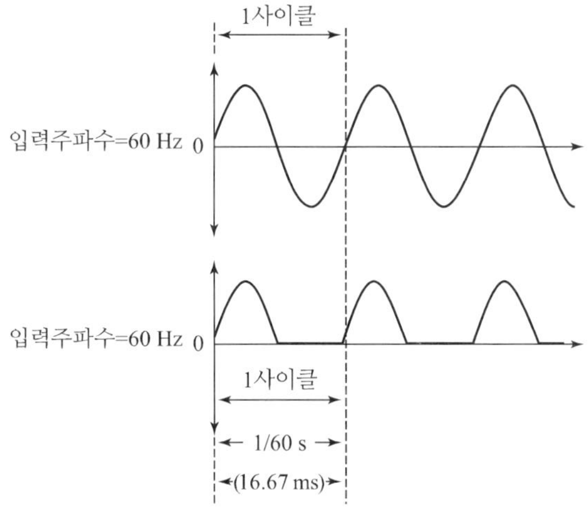

그림 17-3 반파정류기의 리플 주파수.

그림 17-3에 표시된 반파정류기의 출력파형을 참조하면 교류입력의 모든 완전한 사이클에서 리플이 발생되는 것을 볼 수 있다. 만약 110 V, 60 Hz의 교류입력에 의해서 반파정류기가 구동된다면 교류입력의 완전한 사이클과 1 / 60초(16.67초)의 마지막 출력의 완전한 사이클은 반파정류기 회로의 리플 주파수라고 하는 맥류성 직류출력의 주파수를 가지게 된다.

$$\text{출력 펄스성 직류 리플 주파수} = \text{입력 교류 주파수} \tag{17.4}$$

중간탭을 갖는 전파정류기

중간탭을 갖는 전파정류기의 입력과 출력전압에 대한 상세한 설명이 그림 17-4에 표시되어 있다. 이 예제에서는 변압기의 2차측에서 중간탭이 어떻게 동작해서 2차측의 전압 V_S가 동일한 크기의 V_{S1}과 V_{S2}로 분배되는지를 설명하기 위해서 1 : 1의 권선비를 가지는 변압기를 사용한다. 파형을 참조하면 110 V_{RMS}의 교류 선전압(155.5 V_{PEAK})이 변압기의 1차측인 T1에 인가된 사실을 확인할 수 있다. 1 : 1의 권선비를 가지는 변압기이기 때문에 1차측과 동일한 전압이 2차측에 나타나게 된다($V_S = V_P = 155.5\ V_{PEAK}$).

이와 같은 1차측 전압은 V_{S1}과 V_{S2}로 표시되는 2개의 전압으로 분할되는데 이들의 크기는 각각 1 / 2 V_S의 피크전압을 가지게 된다($V_{S1PEAK} = V_{S2PEAK} = 1/2\ V_{SPEAK} = 1/2 \times 155.5\ V_{PEAK} = 77.8\ V_{PEAK}$). V_{S1}이 반주기 동안 출력에 연결되고 V_{S2}가 나머지 반주기 동안 출력에 연결되기 때문에 출력전압(V_{OUT})은 항상 1 / 2 V_S에 해당하는 77.8 V의 피크값을 가지게 된다. 출력의 피크값이 2차측의 피크값과 동일한 반파정류기와 비교해보면 중간탭을 가지는 전파정류기는 출력값이 2차측 피크값의 1 / 2만 전달하기 때문에 성능이 좋지 못한 것처럼 보인다. 그러나 중간탭을 가지는 전파정류기는 반주기 동안만 출력을 발생시키는 반파정류기와 비교할 때 반주기의 2배에 해당하는 한주기 동안 출력을 발생시킨다.

전파정류기에서의 평균 출력전압은 식 (17.5)처럼 계산된다.

$$V_{av} = 0.636 \times \frac{1}{2} V_{s\ peak} \tag{17.5}$$

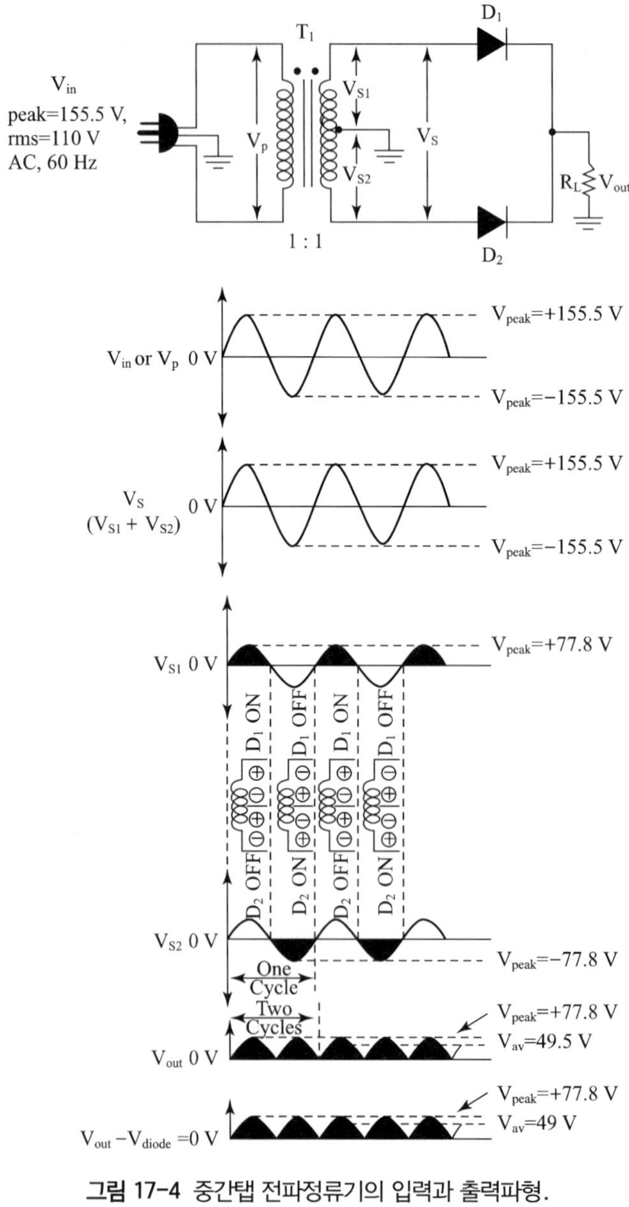

그림 17-4 중간탭 전파정류기의 입력과 출력파형.

그림 17-4에 표시한 것처럼 입력의 한주기에 대해서 출력에서 두 개의 반주기가 발생되기 때문에 리플 주파수는 입력 주파수의 2배가 된다. 결국 이런 고주파는 파형을 필터링하는데 도움을 주게 된다.

$$\text{출력의 맥류성 직류 리플 주파수} = 2 \times \text{입력교류 주파수} \tag{17.6}$$

브리지 정류기

두 개의 다이오드와 중간탭을 가지는 2차측 변압기를 사용하지 않고서도 2배의 리플 주파수를 가지고 훨씬 필터링이 쉬운 회로를 구성할 수 있다. 이것은 반파정류기와 중간탭 전파정류기의 장점을 이용한 것이지만 여분의 다이오드가 2개 더 사용되기 때문에 가격이 약간 비

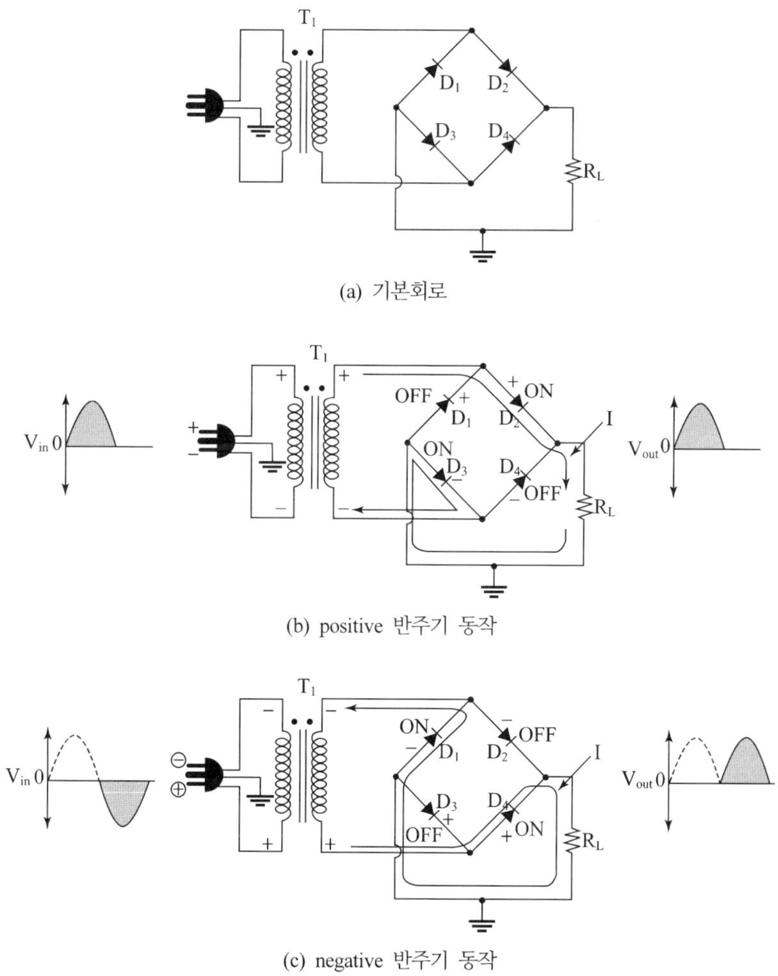

그림 17-5 전파브리지 정류기.

싸지게 된다. 그림 17−5(a)에 브리지 정류기를 표시했다. 반파정류기의 피크 출력전압과 중간 탭 전파정류기의 리플 주파수를 구할 수 있다. 이런 회로는 형태가 장력을 가지는 브리지의 형태를 구성하고 있기 때문에 브리지 정류기라고 한다. 그림 17−5(b)와 (c)는 교류입력이 인가될 때 브리지 정류기가 어떻게 동작하는지를 보여 준다.

교류입력이 positive로 스윙하면 회로는 그림 17−5(b)에 표시된 것처럼 동작한다. positive의 전위가 브리지의 위쪽에 인가되면 다이오드 D_2가 ON되고, negative의 전위가 브리지의 아래쪽에 인가되면 다이오드 D_3가 ON된다. 다이오드 D_2와 D3가 ON되는 동안 다이오드 D_1 과 D_4는 OFF된다. 전자는 부하저항을 통해서 점선전류와 같이 이동하게 되고, 부하저항 양단에는 반주기 동안 positive의 부하전압 V_{OUT}이 발생된다. 교류입력이 negative로 스윙하면 회로는 그림 17−5(c)에 표시된 것처럼 동작한다. negative의 전위가 브리지의 위쪽에 인가되면 다이오드 D_1이 ON되고 positive의 전위가 브리지의 아래쪽에 인가되면 다이오드 D_4가 ON된다. 다이오드 D_1과 D_4가 ON되는 동안 다이오드 D_2와 D_3는 OFF된다. 전자는 부하저항을 통해서 점선전류와 같이 이동하게 되고 부하저항 양단에는 다시 반주기 동안 positive의 부하전압 V_{OUT}이 발생된다.

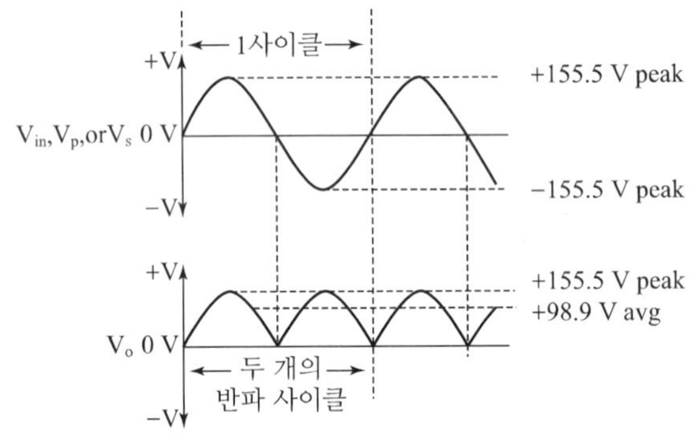

(a)

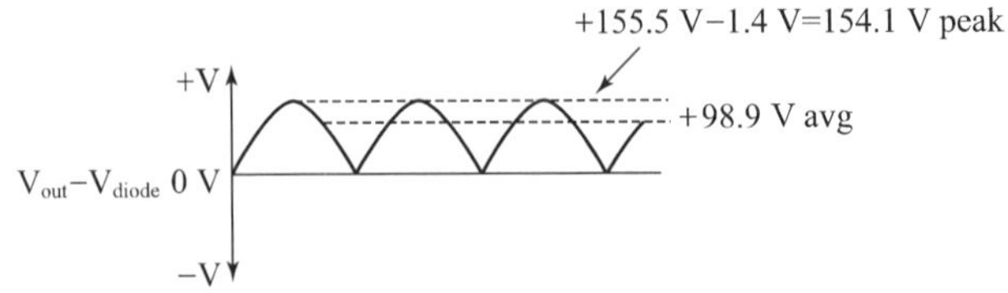

(b)

그림 17−6 전파브리지 정류기회로의 입력과 출력파형.

중간탭 정류기와 마찬가지로 브리지 정류기는 부하를 통해서 동일한 극성을 가지는 2개의 반주기를 스위칭하게 된다. 그러나 중간탭 전파정류기와 다른 점은 브리지 정류기의 부하저항에 나타나는 출력은 2차측 전압의 피크값이 동일한 크기로 나타난다는 점이다. 155.5 V 교류의 피크값이 그림 17-6(a)에 표시된 것처럼 동일한 크기의 155.5 V의 맥류성 직류피크전압이 발생된다. 이런 경우의 평균전압은 중간탭 전파정류기의 평균값보다 훨씬 크게 된다.

$$V_{av} = 0.636 \times V_{S\ peak} = 0.636 \times 155.5\,V = 98.9\,V \qquad (17.7)$$

17.3 전압 체배기 회로

전압 체배기는 두 개 또는 그 이상의 피크정류기를 말하는데 피크 입력전압의 몇 배(2 V_p, 3 V_p, 4 V_p…)에 해당하는 직류전압을 발생시킨다. 이런 전원 공급장치는 저전류를 공급하는 데 사용된다.

반파 2배 전압기

그림 17-7(a)는 전압 2배기를 표시하고 있다. 반주기의 음(−)의 피크에서 다이오드 D_1은 순방향으로 바이어스되고, 다이오드 D_2는 역방향으로 바이어스되며, 그림 17-7(b)에 표시된 것처럼 콘덴서 C_1은 피크전압 Vp까지 충전된다. 반주기의 +피크에서 다이오드 D_2는 순방향으로 바이어스 고 다이오드 D_1은 역방향으로 바이어스된다. 전원과 C_1이 직렬로 연결되기 때문에 C_2는 2 V_p까지 충전되고 몇 주기 뒤에는 C_2의 양단에 걸리는 전압은 그림 17-7처럼 2 V_p로 된다.

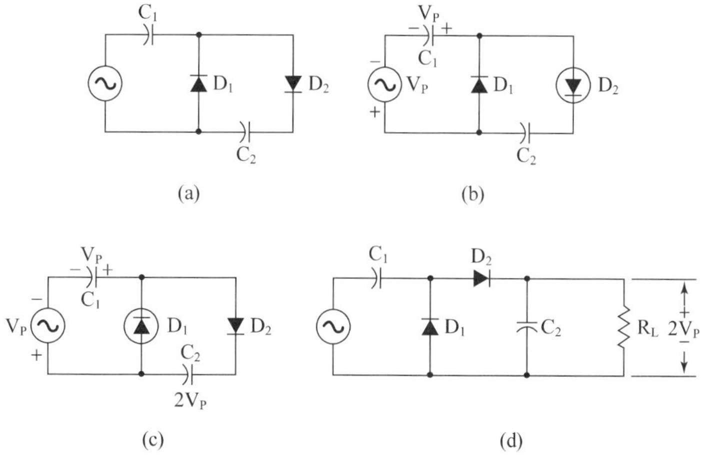

그림 17-7 반파 2배 전압기.

회로를 다시 그리고 부하저항을 연결하면 그림 17−7(d)와 같은 회로도를 얻을 수 있는데, 마지막 단의 콘덴서는 부하저항을 통해서 방전하게 되므로 R_L이 크다면 출력전압은 2 V_p가 된다. 그것은 저항이 긴 시정수를 가질만큼 크다면 출력전압은 입력전압(변압기의 2차 권선에서 나오는 전압)의 2배가 된다. 따라서 출력에서 2배의 전압을 얻기 위해서는 변압기를 사용하는 것보다 표준 피크정류기를 사용하는 것이 좋다. 그 이유는 2차측 전압이 수백 볼트가 되기 위해서는 변압기의 크기가 커져야 하기 때문이며, 설계 시 변압기보다 전압 2배기를 사용하는 것이 좋은 이유이다. 그림 17−7과 같은 회로는 오직 한 사이클 동안에 출력 콘덴서 C_2가 충전되기 때문에 반파 2배 전압기라 하는데, 리플 주파수는 60 Hz이고, 경우에 따라서는 콘덴서 C_1과 서지저항이 직렬로 연결되는 수도 있다.

전파 2배 전압기

그림 17−8은 전파 2배 전압기를 표시하고 있다. 전원의 +반주기에 위쪽의 콘덴서는 그림과 같은 극성으로 피크전압까지 충전된다. 다음의 −반주기에는 아래쪽의 콘덴서가 그림과 같은 극성으로 피크전압까지 충전된다. 부하가 무거운 경우 마지막 단의 출력은 2 V_p에 가깝게 된다. 이런 회로를 전파 2배 전압기라고 하는데, 그 이유는 출력의 콘덴서가 각 반주기 동안에 충전되기 때문이며, 출력 리플 주파수는 120 Hz이다. 이 회로의 장점은 리플 주파수가 커서 필터링이 쉽고 다이오드의 PIV 정격이 V_p보다 크기만 하면 된다. 그러나 전파 2배 전압기의 단점은 입력과 출력 사이에 공통 접지가 없다는 것이다. 다시 말해 그림 17−8에서 부하저항의 아래쪽 끝을 접지한다면 전원이 부동하게 된다. 그림 17−7(d)에서 반파 2배 전압기는 부하저항의 접지에 전원과 접지되므로 응용에 이점이 있다.

3배 전압기

또 다른 단(section)을 하나 연결함으로써 그림 17−9(a)와 같은 3배 전압기를 만들 수 있다. 앞쪽에 있는 2개 피크정류기는 2배기와 같이 동작한다. 음의 반주기 피크에서 다이오드 D_3가 순방향으로 바이어스되고 콘덴서 C_3가 그림 17−9(a)에 표시한 극성대로 2 V_p까지 충전된다. 3배기 출력은 C_1과 C_3 양단에 나타나게 된다. 부하저항은 3배기 출력에 연결되고 시정수가 길면 출력은 3 V_p에 가깝게 된다.

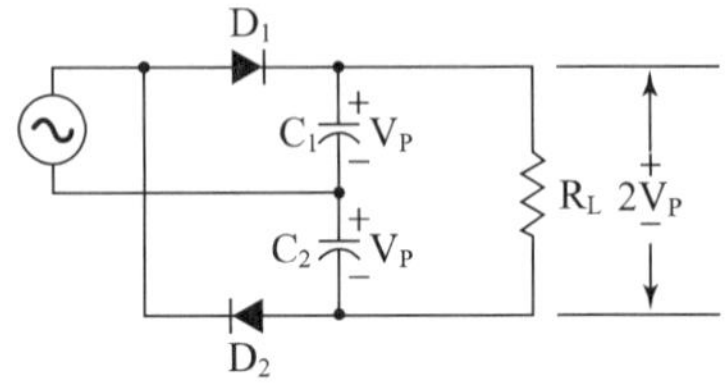

그림 17−8 전파 2배 전압기.

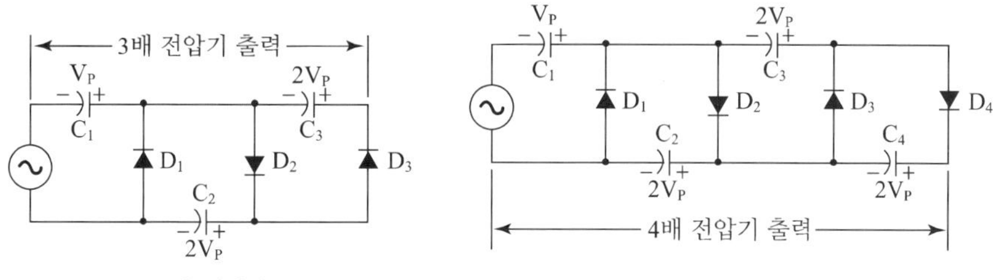

(a) 3배 전압기 (b) 4배 전압기

그림 17-9

4배 전압기

그림 17-9(b)는 4배 전압기를 표시하는데 4개의 피크정류기가 cascade의 형태로 연결되어 있다. 앞쪽 3개의 피크정류기는 3배 전압기를 나타내고, 4번째 피크전류기는 4배 전압기를 만든다. 이미 앞에서 살펴본 것처럼 콘덴서 C_1은 V_P까지 충전하고 나머지 콘덴서들은 2 V_P로 충전된다. 4배 전압기의 출력은 콘덴서 C_2와 C_4의 직렬연결 양단에 나타난다. 보통 출력을 4 V_P에 가깝게 얻기 위해서는 큰 부하저항(긴 시정수를 갖는)이 필요하다. 이론적으로는 여러 단을 추가시킬 수 있지만 리플이 추가되는 단수에 따라 악화되어서 저전압 전원장치에는 전압 배율기가 사용되지 않는다. 앞에서 이미 설명했지만 전압 배율기는 수백에서 수천 볼트에 이르는 고전압을 발생시키는 데 사용된다.

17.4 다이오드 클리퍼회로와 클램핑회로

그림 17-10은 클리퍼라고 하는 양의 리미터를 표시하는데 신호의 +부분만을 제거하는 역할을 하기 때문에 출력전압은 +의 반주기가 모두 제거된다. 이 회로의 동작은 다음과 같다. 입력전압의 +반주기 동안에는 다이오드가 도통되고 이상적으로 출력전압은 0 V이며, 2차 근사법을 사용하면 +0.7 V가 된다.

−반주기 동안 다이오드는 역방향 바이어스가 되어서 개방된 것과 같다. 대부분의 리미터에서 부하저항 R_L은 전원에 연결된 직렬저항 R보다 적어도 100배 이상 크기 때문에 전원은 안정되고 −의 반주기가 출력에 나타난다.

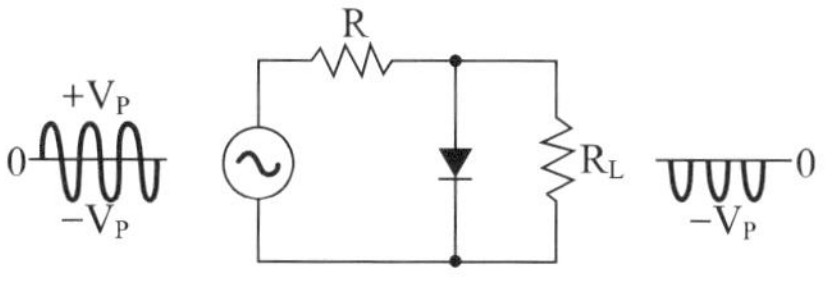

그림 17-10 양(+)의 리미터.

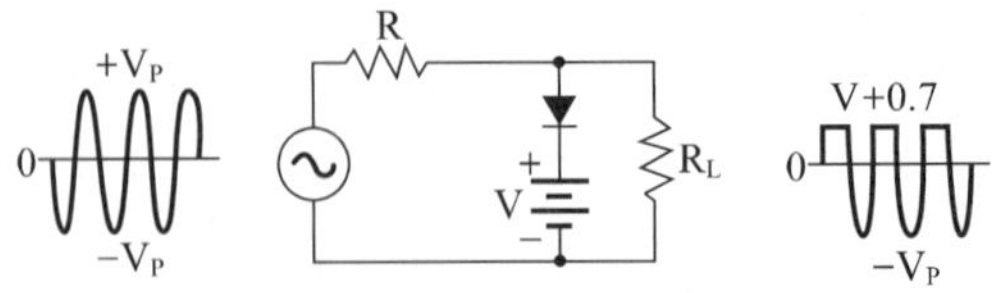

그림 17-11 바이어스된 + 리미터.

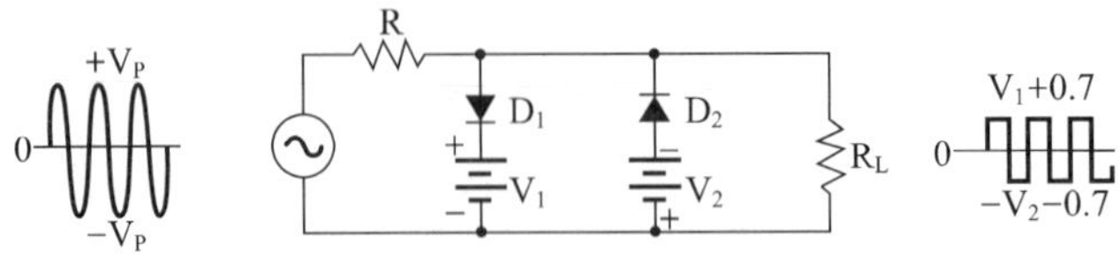

그림 17-12 조합 리미터 회로.

그림 17-10에서 다이오드의 방향을 바꾸어서 연결하면 −의 반주기를 제거하는 음의 리미터를 얻는다. 이런 경우에 클리핑 레벨은 약 −0.7 V가 된다. 그림 17-11에 표시된 바이어스된 리미터에서는 클리핑 레벨을 V+0.7 V까지 이동시킬 수가 있다. 입력전압이 V+0.7 V보다 크다면 다이오드는 도통하게 되어 출력이 V+0.7 V로 유지된다. 입력전압이 V+0.7 V보다 작으면 다이오드는 개방되어 회로는 전압분배기가 된다. 앞에서 설명한 것처럼 부하저항은 전원쪽에 연결된 저항 R보다 훨씬 커야 전원이 고정되고(안정 전원으로 되고) 모든 입력전압이 출력에 나타난다.

그림 17-12에 표시된 것처럼 +와 −로 바이어스(bias)된 리미터를 조합할 수 있는데 다이오드 D_1은 클리핑 레벨인 V_1+0.7 V보다 큰 입력전압에 의해서 도통되고 다이오드 D_2는 입력전압이 −V−0.7 V보다 작은 경우에 도통된다. 입력신호가 클 때, 즉 V_p가 클리핑 레벨보다 훨씬 큰 경우 출력신호는 구형파를 닮게 된다.

변형 리미터(variation)

클리핑 레벨을 유지시키기 위해서 전지가 사용된다는 것은 비현실적이다. 따라서 다른 방법으로 실리콘 다이오드를 연결하면 각 다이오드는 0.7 V의 off set 전압을 갖고 있기 때문에 그림 7-13(a)와 같이 두 개의 다이오드를 +리미터로 사용하면 +1.4 V의 클리핑 레벨이 생긴다. 실제로 다이오드는 가격이 비싸지 않기 때문에 여러 개를 연결해도 그 수에는 제한을 받지 않는다. 리미터는 경우에 따라서 과도한 전압으로부터 부하저항을 보호하는 데 사용된다. 예를 들면, 그림 17-13(c)는 1N914 다이오드가 과도하게 큰 입력전압에 대해서 부하저항을 보호하고 있다(부하저항은 그림에 표시하지 않았다). 다이오드 1N914는 입력전압이 +5.7 V를 넘을 경우에 도통한다. 따라서 부하저항에 도달하는 최대 전압은 +5.7 V에서 다이오드

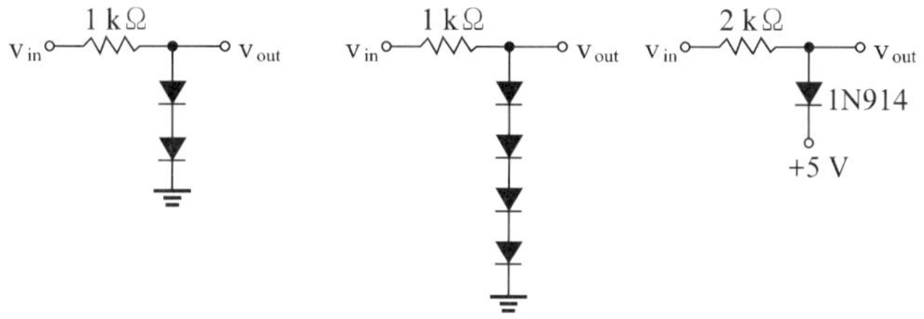

(a) 2개의 다이오드 offset (b) 4개의 다이오드 offset (c) 다이오드 클램프

그림 17-13 리미터.

가 클리핑시키기 때문에 +100 V와 같은 과도한 입력전압은 부하에 절대로 도달되지 않는다. 그림 17-13(c)와 같은 회로는 신호를 고정 레벨로 유지시키기 때문에 종종 다이오드 클램프라 한다. 입력전압이 이 범위를 넘으면 출력신호를 +5.7 V로 클램프시킨다. 다이오드 클램프를 사용하는 것은 부하저항의 보호에 그 목적이 있다.

클리퍼회로의 기본 예

클리핑회로는 이미 앞에서 설명한 것처럼 직렬클리핑회로, 병렬클리핑회로, 바이어스된 클리핑회로로 구분할 수 있는데, 입력파형과 출력파형의 형태를 살펴보면 그림 17-14와 같이 표시된다.

클램퍼

직류 클램퍼는 신호에 직류전압을 더해 주는 것으로, 예를 들면 입력신호가 -10 V에서 +10 V 사이로 변화하면 양의 직류 클램퍼는 0~20 V까지 변하는 출력을 만든다(음의 클램퍼는 0~20 V 사이의 변하는 출력을 만든다).

그림 17-15(a)는 +의 직류 클램퍼를 표시하고 있다. 여기서는 이상적으로 어떻게 동작하는지 살펴보자. 입력전압의 처음 음의 반주기에서 다이오드는 그림 17-15(b)와 같이 도통된다. 음의 피크에서 콘덴서는 회로에 표시된 극성처럼 V_p까지 충전되며 음의 피크를 조금 넘어서면 다이오드는 그림 7-15(c)와 같이 차단상태가 된다. R_{LC}의 시상수는 입력신호의 주기 T보다 훨씬 크도록 만들어졌으므로 콘덴서는 다이오드가 차단상태가 되어도 거의 완전한 충전상태로 남아있게 된다. 1차 근사해석법을 사용하면 콘덴서는 V_P 볼트를 갖는 전지처럼 동작하게 되고, 그림 17-15(a)의 출력전압은 +로 클램프된 신호로 나타난다. 그림 17-15(d)는 일반적인 회로로서 다이오드 도통 시 0.7 V의 전압강하가 생기므로 콘덴서의 전압은 V_p와 똑같이 나타나지 않는다. 이런 이유 때문에 직류 클램핑은 완전하지 못하고 음의 피크는 -0.7 V이다. 그림 17-15(d)에서 다이오드가 극성이 바뀐다면 어떤 현상이 발생할까? 콘덴서 전압의 극성도 반대가 되고 회로도 음의 클램퍼가 된다. 양의 클래퍼와 음의 클램퍼 모두

널리 사용된다. 예를 들면, TV 수상기는 비디오 신호에 직류전압을 더하기 위해서 직류 클램퍼를 사용하는데 텔레비젼에서 동작하는 직류 클램퍼는 보통 직류 복원기라고 한다.

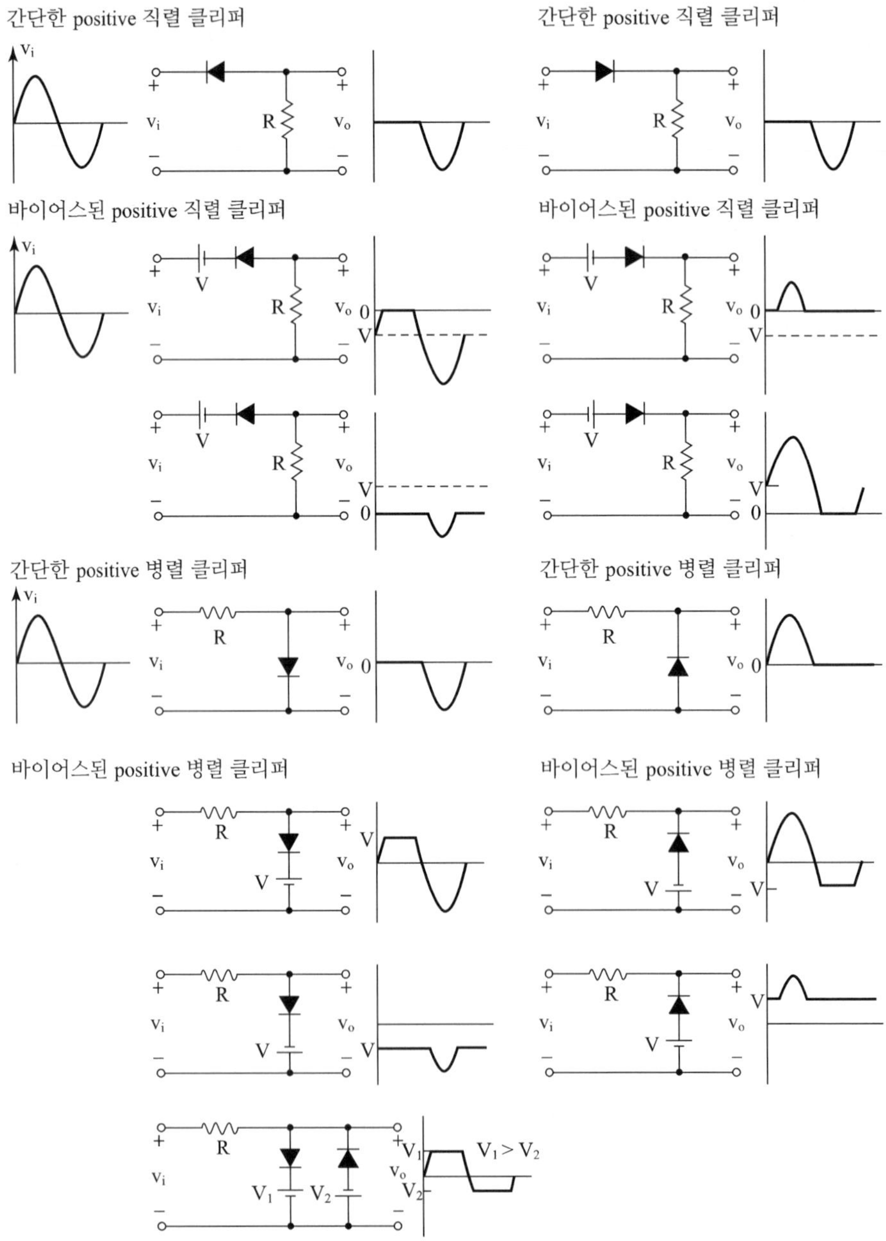

그림 17-14 클리핑회로의 파형.

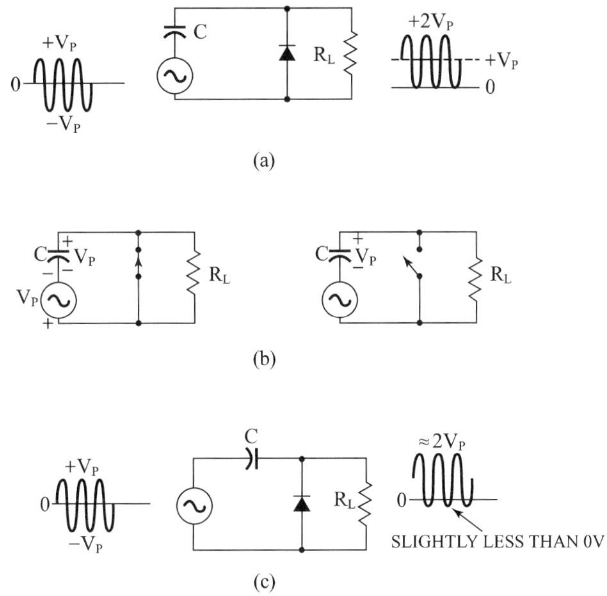

그림 17-15 양의 직류 클램프.

기초확인문제

01 그림 17-16에 표시된 회로를 설명하고 각 회로의 출력전압을 구하시오.

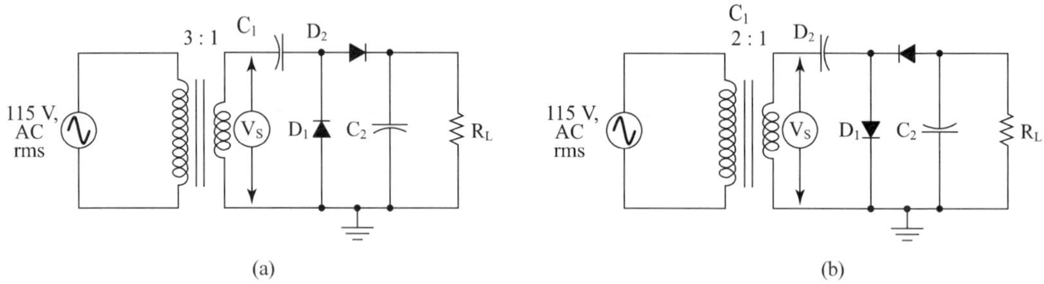

그림 17-16

02 그림 17-17에 표시된 회로를 설명하고 전압계를 이용해서 A, B, C점의 전압을 측정하시오.

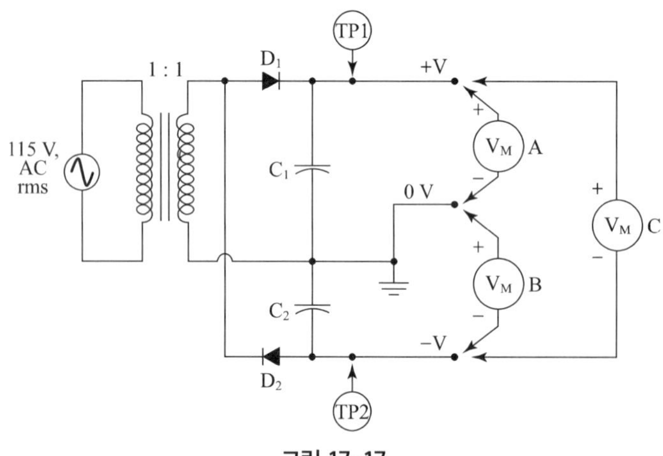

그림 17-17

03 그림 17-17에 표시된 회로를 이중 출력 전원공급회로라고 하는 이유는 무엇인가?

04 **그림** 17−18**에 표시된 회로를 설명하고 그림** 17−18(b)**에 표시된 함수 발생기 회로의 입력 신호가 오실로스코프상에 그림** 17−18(c), (d), (e)**에 표시된 파형으로 표시되는 경우를 설명하시오**.

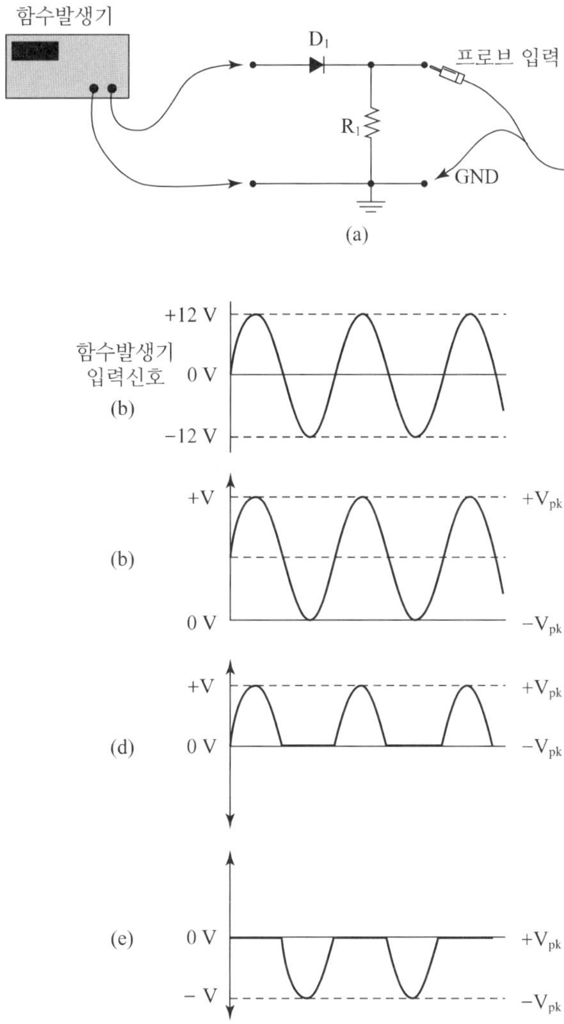

그림 17-18 입력신호와 출력신호.

05 **그림** 17−18**에 표시된 회로의** positive**와** negative**의 피크값을 계산하시오**.

06 **그림** 17−18(b)**에 표시된 입력에 대해서 회로는 그림** 17−18(c), (d), (e)**에 표시된 파형 중 어느 파형을 출력 하게 되는가**?

07 그림 17-19에 표시된 회로를 설명하고 출력 신호의 positive 피크값과 negative 피크값을 구하시오.

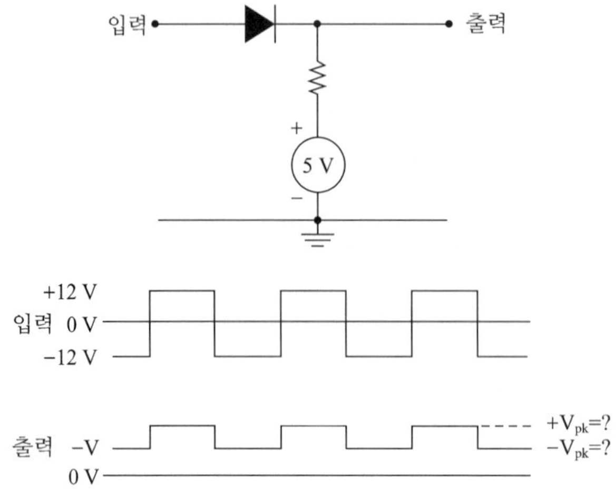

그림 17-19 바이어스된 negative 클리퍼회로.

08 만약 그림 17-20에 표시된 회로에 19 : 1의 감압 변압기에 240 V 60 Hz의 교류가 입력된다면 2차측의 피크전압은 얼마인가?

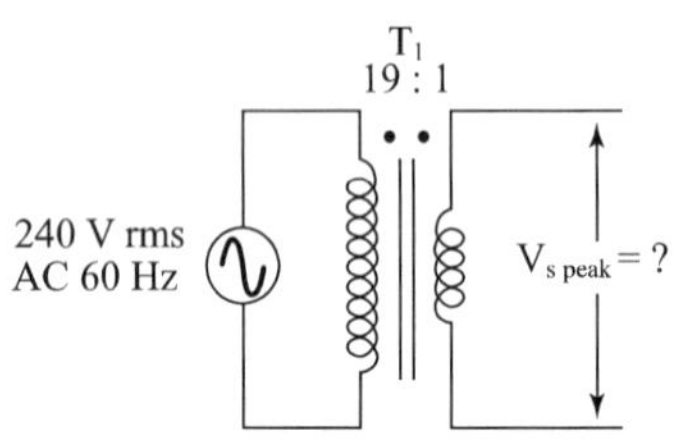

그림 17-20

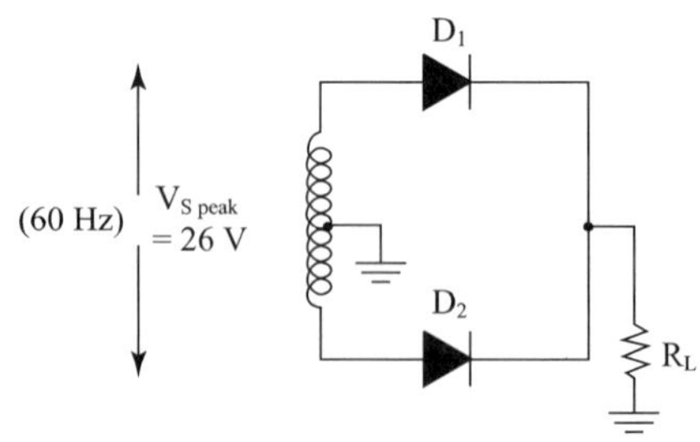

그림 17-21

09 만약 문제 8의 2차측 출력이 인가된다고 가정할 때 positive 반파정류기의 평균 전압은 얼마인가?

10 문제 8, 9의 출력회로에서 리플 주파수는 얼마인가?

11 그림 17-21에 표시된 회로에서의 피크출력을 구하시오(다이오드의 전압강하를 고려하시오).

12 그림 17-21에서 출력 리플의 주파수를 구하시오.

정답

01 (a) positive 반파 전압 2배기, +325.2 V

(b) negative 반파 전압 2배기, −325.2 V

02 전파 전압 2배기 A점 = +162.6 V

B점 = +162.6 V, C점 = +325.2 V

03 +162.6 V와 +325.2 V의 이중전합을 제공하기 때문이다.

04 (a) negative 직렬 클리퍼회로(반파정류회로)

(c) 다이오드가 단락된 경우

(d) negative 직렬 클리퍼의 출력

(e) 다이오드가 반대로 연결된 positive 직렬 클리퍼의 출력

05 +16.97 V_{peak}, −16.97 V_{peak}

06 (d)

07 $+V_{peak}$ = +11.3 V, $-V_{peak}$ = +5 V

08 17.86 V_{PEAK}

09 5.68 V_{DC}

10 60 Hz

11 17.68 V_{PEAK}

12 120 Hz

CHAPTER 18 쌍극성 트랜지스터(BJT)

1947년 12월 23일 존 바든, 월터 브라튼, 윌리엄 쇼클리가 트랜지스터라고 명명된 증폭 기능을 갖는 반도체 소자를 최초로 소개했다. 그렇지만 트랜지스터는 풀기 어려운 문제점들을 갖는 아주 예측하기 어려운 소자였다. 쇼클리는 자신의 연구를 계속 진행했고 1951년 세계에서 최초로 접합형 트랜지스터를 실행시켰다. 1956년 세 사람은 트랜지스터를 발견한 공로로 노벨 물리학상을 수상했다. 트랜지스터는 3단자의 양단에 인가되는 전압의 변화에 의해서 전자의 흐름을 제어하기 위해서 반도체 물질을 사용해서 구성되는 3단자 소자이다. 트랜지스터를 통해서 흐르는 전류의 양을 제어하기 위해서는 스위칭과 증폭이라는 두 가지 중요한 응용분야를 모두 만족해야 한다.

18.1 쌍극성 트랜지스터의 구조 및 동작 특성

다이오드와 유사하게 트랜지스터도 반도체 물질로 구성된다. 그러나 다이오드와 트랜지스터의 차이점은 다이오드가 두 개의 반대로 도핑된 영역과 한 개의 PN 접합을 갖는 반면, 트랜지스터는 교대로 도핑 되는 3개의 영역과 두 개의 PN 접합을 가진다는 점이다. 그림 18-1(a)에 표시된 NPN형 트랜지스터는 베이스로 표시되는 얇고, 약하게 도핑된 p형 영역이 컬렉터와 이미터로 알려진 두 개의 n영역 사이에 샌드위치의 형태로 되어 있다. NPN형 트랜지스터의 회로기호는 그림 18-1(c)에 표시되어 있다. PNP형 트랜지스터의 회로기호는 그림 18-1(d)에 표시되어 있다.

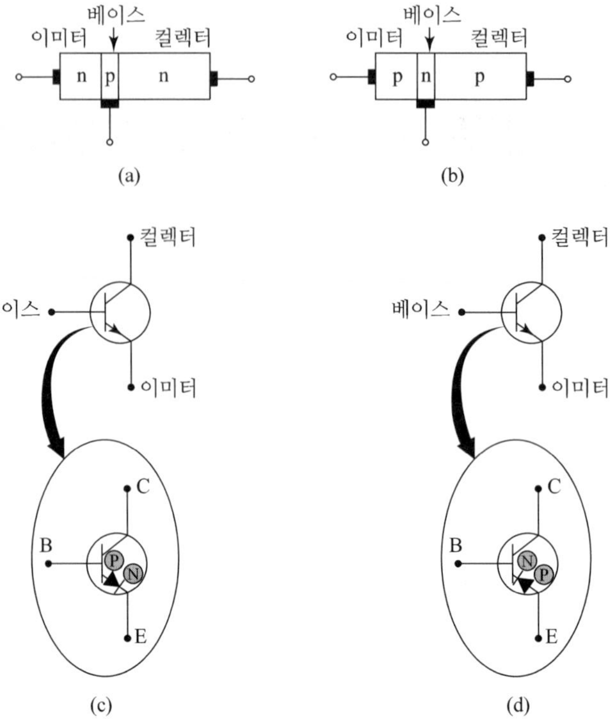

그림 18-1 쌍극성 트랜지스터의 종류.

그림 18-2는 일반적인 저전력 트랜지스터와 고전력 트랜지스터의 패키지 중 몇 가지를 표시하고 있다. 대부분의 저전력, 소신호 트랜지스터는 금속, 플라스틱, 에폭시 패키지로 밀봉되어 덮여있다. 그림 18-2(a)에 표시된 저전력 트랜지스터 패키지중 4개는 패키지의 아래로부터 3개의 다리가 부착되어 있는데, 그 이유는 이런 패키지들이 인쇄회로기판에 삽입되기 쉽고 납땜되기 쉽도록 하기 위해서이다. SMT 저전력 트랜지스터 패키지는 인쇄회로기판의 표면에 직접 탑재되기 때문에 평평한 금속 다리를 가진다.

그림 18-2(b)에 표시된 고전력 패키지는 부가되는 금속이 트랜지스터로부터 발생되는 열을 전도시키고 방열판의 기능을 갖기 때문에 장비의 금속 프레임이나 샤시에 탑재된다. 이런 고전력 트랜지스터 패키지는 패키지로부터 부착을 위해서 2개나 3개의 단자가 제공된다. 만약 2개의 단자가 제공된다면 금속 케이스가 컬렉터로 사용되고, 두 단자가 베이스와 이미터이다. 트랜지스터 패키지의 형태를 표시하기 위해서 표준인식번호가 사용되는데 인식번호는 TO로 시작하고 이어서 번호가 부가된다.

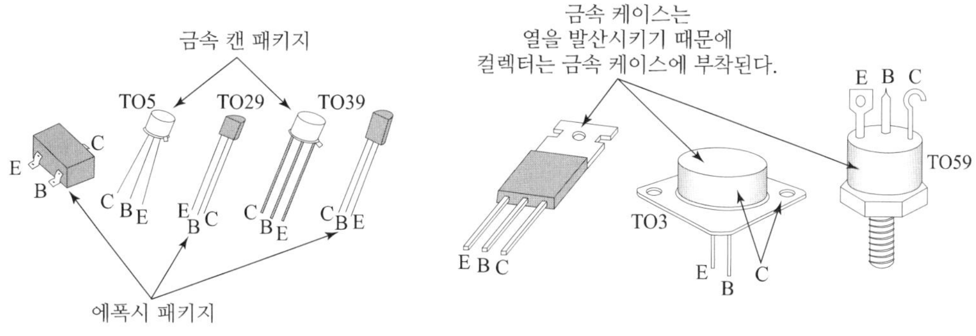

그림 18-2 쌍극성 트랜지스터 패키지형태.

이미터 다이오드와 컬렉터 다이오드

그림 18-1(a)에 표시된 트랜지스터는 두 개의 접합을 가지고 있는데 하나는 이미터·베이스 접합이고 다른 하나는 베이스·컬렉터 접합이다. 이런 이유 때문에 트랜지스터는 흡사 두 개의 다이오드와 같은데 왼편을 이미터 베이스 다이오드, 오른쪽을 컬렉터 베이스 다이오드라 한다. 그림 18-1(d)는 또 다른 형태인 pnp형 트랜지스터를 표시한 것이다. pnp형 트랜지스터는 npn형 트랜지스터와 정반대로 이미터에서의 다수 캐리어는 정공이 자유 전자를 대신한다. 이것은 pnp형 트랜지스터의 동작에서 가해진 전압은 npn형 트랜지스터에서와 전류의 방향이 반대라는 의미이다. 혼란을 피하기 위해서 앞으로는 npn형 트랜지스터만을 설명하기로 한다.

트랜지스터의 바이어스

이미터 다이오드에 순방향 바이어스를 컬렉터 다이오드에 역방향 바이어스를 걸어주면 예기치 못한 일이 발생한다. 그림 18-3(a)에서 이미터 다이오드가 순방향으로 바이어스되어 있기 때문에 이미터 전류가 클 것이라는 예측을 할 수 있고, 컬렉터 다이오드는 역방향으로 바이어스되어 있기 때문에 적은 컬렉터 전류가 예상된다. 그러나 컬렉터 전류가 이미터 전류와 거의 같은 크기를 갖는 일이 발생한다.

그림 18-3(a)에서 컬렉터 전류가 커지는 이유를 간단히 설명하고 있다. 순방향 바이어스가 이미터 다이오드에 인가되는 순간에 이미터 영역 속에 있던 전자는 아직 베이스 속으로 들어가고 있지 않다(그림 18-3(b) 참조). 만약 V_{BE}가 실리콘 트랜지스터의 off 전압인 0.7 V보다 크다면(전위장벽보다 크면) 많은 이미터 전자가 베이스 영역으로 흘러 들어가게 된다(그림 18-3(c) 참조). 베이스로 들어간 이런 전자들은 두 가지 방향으로 흘러갈 수 있는데, 그중 하나

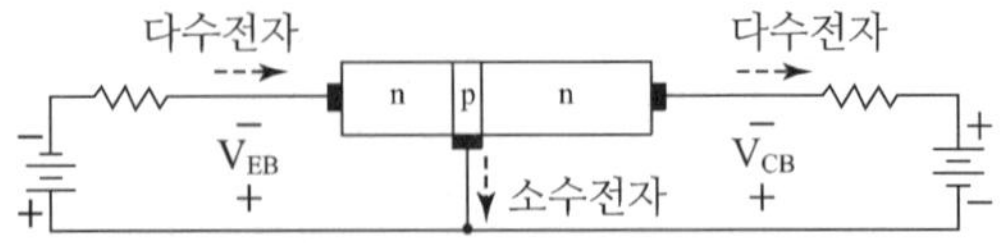

(a) 이미터 다이오드는 순방향 바이어스 베이스-컬렉터는 역방향 바이어스

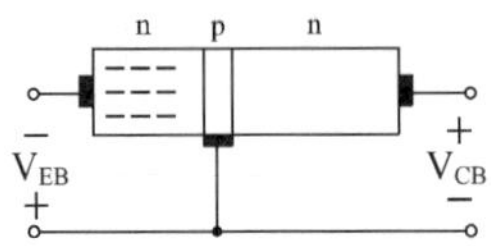

(b) 많은 이미터 전자

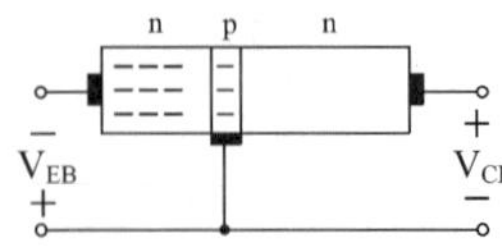

(c) 자유 전자가 베이스 영역으로 주입된다.

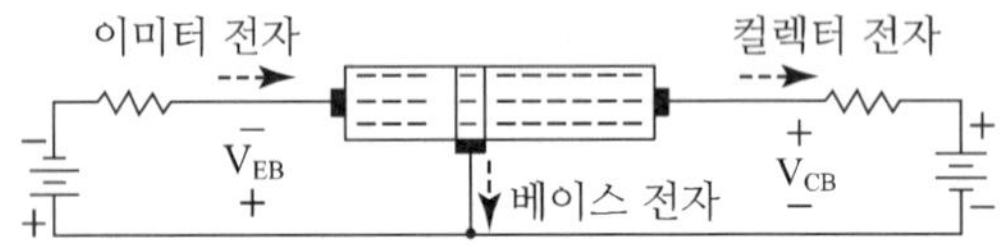

(c) 자유 전자가 베이스를 통해서 컬렉터로 흐른다.

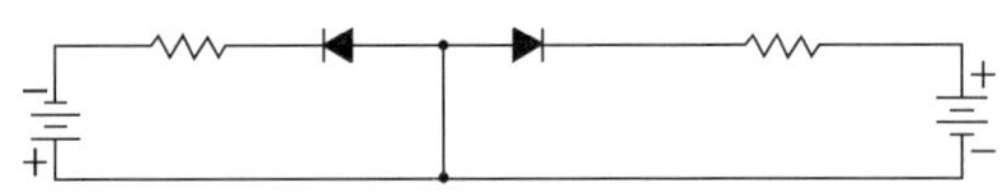

(e) 두 개의 분리된 back-to-back 다이오드(TR로 작용을 할 수 없다)

그림 18-3

는 얇은 베이스를 따라서 외부 베이스선으로 흐르는 것이고, 또 하나는 컬렉터 접합면을 지나서 컬렉터 영역으로 흘러간다. 여기서 베이스 전류성분을 재결합 전류라고 한다. 베이스는 불과 몇 개의 정공으로 가볍게 도핑되어 있기 때문에 그 크기는 매우 작다.

트랜지스터에서 두 번째 중요한 개념은 베이스 영역이 매우 얇다는 것이다. 그림 18-3(c)에서 베이스는 컬렉터 공핍층 속으로 확산하는 요인이 되는 주입된 전도대 전자들에 의해서 구성되어 있다. 베이스 층의 내부에서는 자유 전자들이 공핍층 전계에 의해서 컬렉터 영역 속으로 밀려 들어가게 되고(그림 18-3(d) 참조), 컬렉터 전류는 외부 컬렉터 단자를 통해서 흘러가게 된다. 그림 18-3(b)에 표시된 것처럼 -전원 단자를 떠난 전자들이 안정된 흐름으로 이미터 영역으로 들어가는 것을 형상화시킬 수 있다. V_{EB}는 이런 이미터 영역의 자유 전자를 베이스 영역으로 들어가게 하는 순방향 바이어스전압이다. 베이스는 주입된 전자의 대부분이 컬렉터 영역에 도달될 수 있을 만큼 충분히 약하게, 또 얇은층으로 도핑되어 있다. 공핍층의 전계는 컬렉터 영역으로 안정된 양의 전하를 주입시키는 작용을 한다. 이런 전자들은 다시 컬렉터 영역을 지나서 컬렉터의 외부단자를 통해서 전압원의 +단자 속으로 흘러 들어간다.

대부분의 트랜지스터 가운데 95% 이상의 이미터 주입전자가 컬렉터로 흘러 들어가게 되고, 5% 이내의 전자가 베이스의 정공과 결합해서 베이스의 외부단자를 통해서 흘러나간다(2000년대의 반도체 기술에서는 99% 이상의 이미터 주입전자가 컬렉터로 흘러 들어가게 되고, 1% 이내의 전자가 베이스의 정공과 결합해서 베이스의 외부단자를 통해서 흘러 나가도록 제조되기도 한다). 그러나 트랜지스터를 만들기 위해서 그림 18-3(e)에 표시된 것처럼 두 개의 분리된 다이오드를 등을 맞대게 연결할 수는 있지만 트랜지스터로서 작용하지는 못한다. 두 개의 다이오드는 두 개의 도핑 영역을 갖게 되서 전체적인 회로는 4개의 도핑 영역을 가지게 된다. 이것이 트랜지스터의 베이스 영역과 같은 역할을 하지 못하는 이유가 된다.

트랜지스터로 동작하기 위해서 베이스는 약하게 도핑되고, 이미터 영역은 강하게 도핑되어야 하며, 컬렉터 영역은 이미터와 베이스 영역의 중간 정도의 도핑을 해야 한다. 따라서 자유전자는 베이스를 통해서 컬렉터로 흘러갈 때 짧은 수명을 갖게 되고, 베이스폭이 얇아야만 컬렉터까지 도달할 수 있게 된다. 두 개의 분리된 back-to-back 다이오드는 3개가 아닌 4개의 도핑영역을 갖기 때문에 이미터와 컬렉터 사이에 존재하는 얇은 베이스 영역은 존재할 수 없다.

직류전류 증폭률

95% 이상의 주입된 자유 전자가 컬렉터 영역에 도달한다는 것은 컬렉터 전류의 크기가 이미터 전류 크기와 거의 같다는 것을 의미한다. 트랜지스터의 직류 α는 이러한 전류의 값들이 얼마나 근사한 값인가를 나타내는 것으로 식 (18.1)로 정의된다.

$$\alpha_{dc} = \frac{I_C}{I_E} \tag{18.1}$$

예를 들면, I_C가 4.9 mA의 크기로 측정되었고 I_E가 5 mA라면

$$\alpha_{dc} = \frac{I_C}{I_E} = \frac{4.9\ \text{mA}}{5\ \text{mA}} = 0.98$$

이다. 얇고 약하게 도핑된 베이스일수록 α_{dc}는 커지게 된다. 이상적으로 말해서 모든 주입 전자는 컬렉터에 도달하게 되면 $\alpha_{dc} = 1$이 된다. 많은 트랜지스터는 α_{dc}가 0.99보다 크며, 적어도 0.95보다 큰 값을 갖게 되므로 α_{dc}를 1로 근사화시켜서 사용할 수도 있다.

18.2 쌍극성 트랜지스터 회로의 구조와 특성

쌍극성 트랜지스터는 트랜지스터의 세 단자 중 한 단자를 공통으로 사용하고, 나머지 두 단자는 입력과 출력단자로 사용하기 때문에 그림 18-4에 표시된 것처럼 공통 이미터, 공통 베이스, 공통 컬렉터 회로로 구분된다.

공통 이미터 회로

공통 이미터 회로에서는 트랜지스터의 이미터 단자가 입력과 출력에서 공통 단자로 사용된다. 이런 회로 구조에서는 베이스가 입력단자 역할을 하고 컬렉터가 출력단자 역할을 수행한다. 그림 18-5에는 기본적인 공통 이미터 회로와 입·출력전압과 전류 파형, 특성곡선, 일반적인 특성표가 표시되어 있다. 직류 베이스 바이어스 전압은 트랜지스터의 베이스를 통해서 흐르는 베이스 전류 I_B를 결정하게 된다. 이런 I_B는 다시 트랜지스터의 컬렉터와 저항 RC를 통해서 흐르는 컬렉터 전류 I_C를 결정하게 된다. 아주 적은 베이스 전류 I_B에 비해서 트랜지스터의 컬렉터 전류 I_C는 대단히 크기 때문에 회로가 전류를 증가시켰다고 말하는데, 이것을 회로가 갖는 전류 이득 베타(β)라고 한다. 트랜지스터의 직류 전류 이득 β_{dc}는 공통 이미터 트랜지스터의 직류 전류 이득을 나타내는데, 자신의 출력전류 I_C와 자신의 입력전류 I_B의 비이다.

$$\beta_{dc} = \frac{I_C}{I_B} \tag{18.2}$$

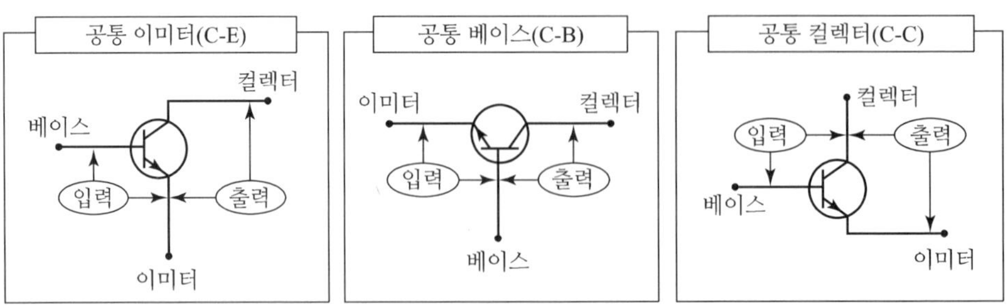

그림 18-4

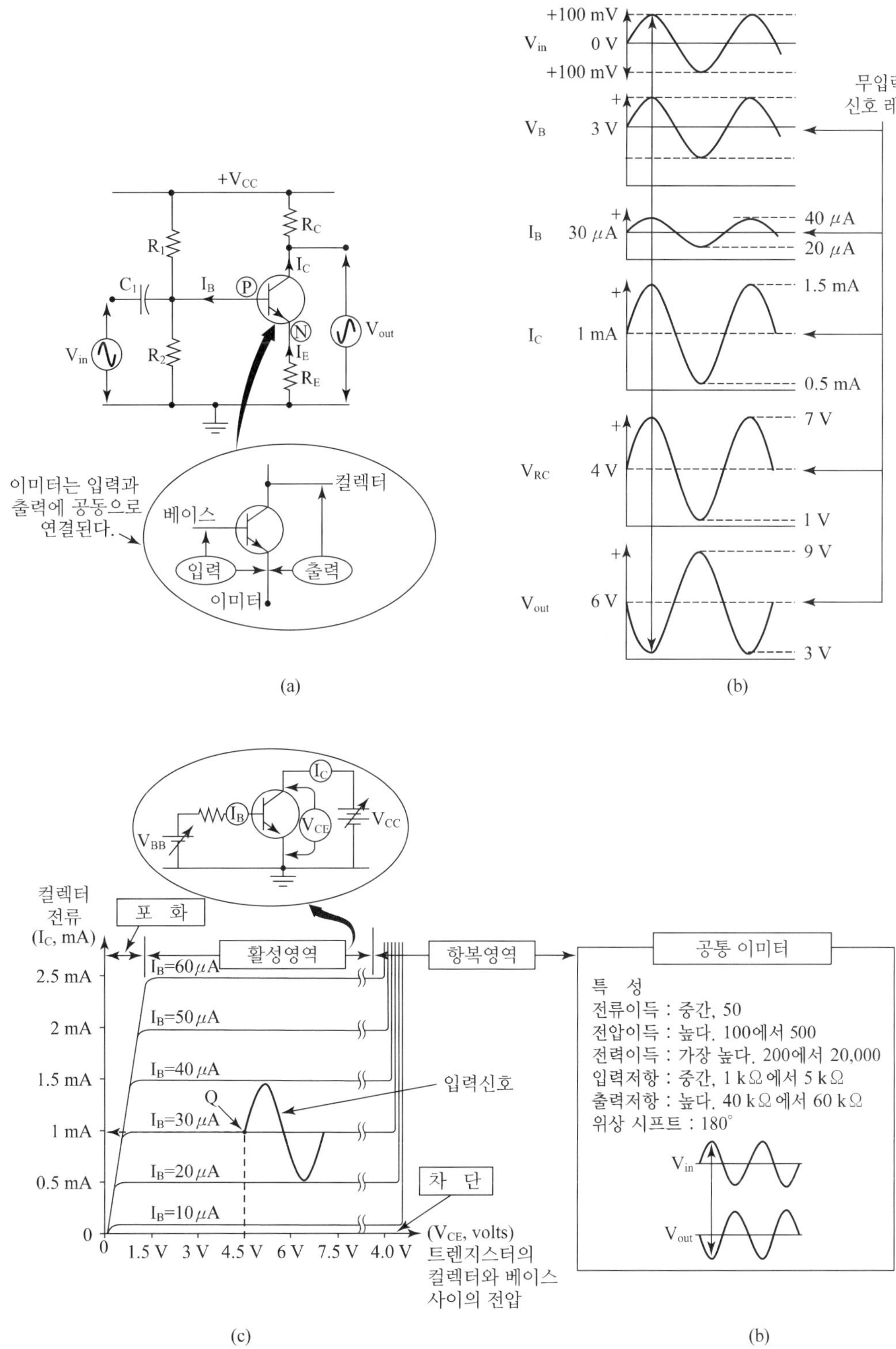

그림 18-5 공통 이미터 트랜지스터 회로의 특성.

예제 1 그림 18-5(b)에 표시된 것처럼 입력신호가 없을 때 $I_C = 1$ mA, $I_B = 30\ \mu$A라면 트랜지스터의 β_{dc}는 얼마인가?

▸ $\beta_{dc} = \dfrac{I_C}{I_B} = \dfrac{1\,\text{mA}}{33\,\mu\text{A}} = 33.3$

이 값은 I_C가 I_B보다 33.3배만큼 크다는 것을 의미한다. 따라서 입력과 출력 사이의 직류 전류 이득은 33.3이다. 시스템 해석에 사용되는 또 다른 형태인 h파라미터(하이브리드 파라미터)에서는 트랜지스터의 직류 전류 이득으로 β_{dc} 대신에 h_{fe}를 사용한다.

교류파형이 증폭될 때 트랜지스터는 베이스 전압과 전류를 가변시키는 증폭되는 교류 신호 전압과 트랜지스터 동작을 위한 직류전압이 함께 인가된다. 그림 8-5(b)의 위쪽에 표시된 4개의 파형을 참조하면 교류파형 입력신호가 인가될 때 어떤 일이 발생되는지를 설명할 수 있다. 출력 컬렉터 전류의 변화량 ΔI_C와 입력 베이스 전류의 변화량 ΔI_B의 비를 트랜지스터의 교류전류 이득 혹은 교류베타(β_{ac})라고 한다.

$$\beta_{ac} = \frac{\Delta I_C}{\Delta I_B} \tag{18.3}$$

예제 2 그림 18-5(b)에 표시된 예제의 교류전류 이득을 구하시오.

▸ $\beta_{ac} = \dfrac{\Delta I_C}{\Delta I_B} = \dfrac{1.5\text{에서 } 0.5\,\text{mA}}{40\text{에서 } 20\,\mu\text{A}} = \dfrac{1\,\text{mA}}{20\,\mu\text{A}} = 50$

이것은 출력에서의 교류 컬렉터 전류는 입력에서의 교류 베이스 전류보다 50배 크다는 것을 의미한다. 공통 이미터 트랜지스터 회로의 일반적인 전류 이득은 50이다.

공통 이미터 트랜지스터 회로는 전압 이득을 발생시키기 때문에 입력 신호 전압의 진폭을 증가시키는 데도 사용된다. 이런 동작은 그림 18-5(a)에 표시된 공통 이미터 트랜지스터 회로와 그림 18-5(b)에 표시된 관련 파형에서의 변화를 살펴보면 알 수 있다. 전압 이득은 A_V로 표시되는데 입력전압의 변화량 ΔV_{in}과 출력전압의 변화량 ΔV_{out}의 비에 의해서 구해진다.

$$A_V = \frac{\Delta V_{OUT}}{\Delta V_{in}} \tag{18.4}$$

예제 3 그림 18-5(a)와 (b)에 표시된 회로와 파형의 전압 이득을 구하시오.

▸ $A_V = \dfrac{\Delta V_{OUT}}{\Delta V_{IN}} = \dfrac{+9\,\text{V에서 } +3\,\text{V}}{+100\,\text{mV에서 } -100\,\text{mV}} = \dfrac{6\,\text{V}}{200\,\text{mV}} = 30$

이것은 출력교류 신호전압이 교류입력 신호전압보다 30배 크다는 것을 의미한다.

대부분의 공통 이미터 트랜지스터 회로는 100에서 500 사이의 높은 전압 이득을 갖는다.

공통 이미터 트랜지스터 회로는 전류 이득과 전압 이득을 모두 갖는데 다음 공식과 같이 구해진다.

$$A_P = \frac{P_{OUT}}{P_{IN}} = \frac{\Delta V_{OUT} \times \Delta I_{OUT}}{\Delta V_{IN} \times \Delta I_{IN}} \tag{18.5}$$

예제 4 그림 18-5에 표시된 회로의 전력 이득을 구하시오.

▸ $A_P = \frac{P_{OUT}}{P_{IN}} = \frac{\Delta V_{OUT} \times \Delta I_{OUT}}{\Delta V_{IN} \times \Delta I_{IN}}$

$= \frac{(9\ \text{V에서 } 3\ \text{V}) \times (1.5\ \text{mA에서 } 0.5\ \text{mA})}{(+100\ \text{mV에서 } -100\ \text{mV}) \times (40\ \mu\text{A에서 } 20\ \mu\text{A})}$

$= \frac{6\ \text{V} \times 1\ \text{mA}}{200\ \text{mV} \times 20\ \mu\text{A}} = \frac{6\ \text{mW}}{4\ \mu\text{W}} = 1{,}500$

이 예제에서는 공통 이미터 회로의 전력 이득이 1,500이기 때문에 4 μW의 입력 신호 전력은 출력에서 6 mW로 증가한다.

그림 18-5(c)는 컬렉터 정적 특성곡선이라고 하는 공통 이미터 회로의 특성 그래프를 표시하고 있다.

α_{dc}와 β_{dc}의 관계

키르히호프의 전류법칙에 의하면 식 (18.6)을 구할 수 있다.

$$I_E = I_C + I_B \tag{18.6}$$

위 식의 양변을 I_C로 나누면 $\frac{I_E}{I_C} = 1 + \frac{I_B}{I_C}$이고, 다시 쓰면 $\frac{1}{\alpha_{dc}} = 1 + \frac{1}{\beta_{dc}}$로 표시된다. 이 식을 정리하면 식 (18.7)이 구해진다.

$$\beta_{dc} = \frac{\alpha_{dc}}{1 - \alpha_{dc}} \tag{18.7}$$

예를 들어, $\alpha_{dc} = 0.98$이라면 $\beta_{dc} = 49$이다.

$$\beta_{dc} = \frac{\alpha_{dc}}{1 - \alpha_{dc}} = \frac{0.98}{1 - 0.98} = \frac{0.98}{0.02} = 49$$

간혹 α_{dc}를 β_{dc}와 비교해서 쓰기 위해서 식 (18.7)을 다시 풀면 식 (18.8)이 구해진다.

$$\alpha_{dc} = \frac{\beta_{dc}}{1 + \beta_{dc}} \tag{18.8}$$

예를 들어, β_{dc}가 100이라면

$$\alpha_{dc} = \frac{\beta_{dc}}{1+\beta_{dc}} = \frac{100}{1+100} = \frac{100}{101} = 0.99$$

가 된다.

공통 베이스 회로의 직류 전류 이득

공통 베이스 회로에서는 트랜지스터의 베이스 단자가 입력과 출력 신호에 공통으로 사용된다. 이런 회로의 구조상 이미터는 입력단자로 사용되고 컬렉터는 출력단자로 사용된다. 그림 18-6에는 공통 베이스와 입출력파형, 일반적인 특성이 표시되어 있다.

공통 베이스 회로의 입력전류는 I_E이고 출력전류는 I_C이기 때문에 전류 이득은 I_E와 I_C의 비에 의해서 결정된다. 공통 베이스 트랜지스터 회로의 직류 전류 이득은 직류 알파(α_{dc})로 부르게 된다.

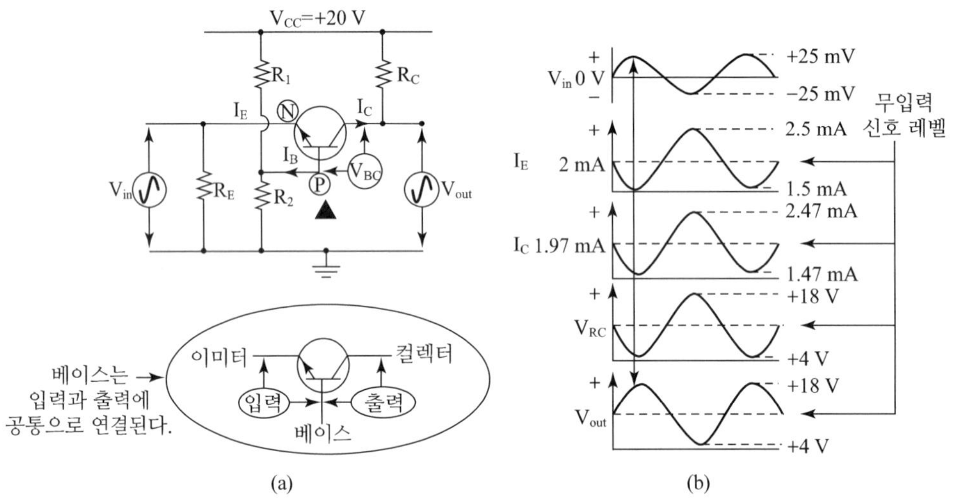

공통베이스

특성
- 전류이득 : 최저 0.99
- 전압 이득 : 최고 200에서 2,000
- 전력이득 : 중간 200에서 1,000
- 입력저항 : 아주낮다. 15~150 Ω
- 출력저항 : 아주높다.
- 위상시프트 : 0°

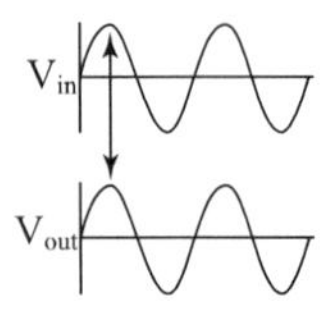

그림 18-6 공통 베이스 회로의 구조 및 특성.

$$\alpha_{dc} = \frac{I_C}{I_E} \tag{18.9}$$

출력전류 I_C는 항상 입력전류 I_E보다 약간 작기 때문에(작은 크기의 I_B가 베이스로 흘러 들어가기 때문) 입력과 출력 사이에서 전류의 증가는 없다. 사실 공통 베이스 회로의 구조에서는 전류 이득이 1보다 적기 때문에 입력과 출력 사이에서 약간의 전류 손실이 발생한다.

예제 5 그림 18-6(a)에 표시된 회로에서 $I_C = 1.96$ mA, $I_E = 2$ mA라면 전류 이득은 얼마인지 구하시오.

▸ $\alpha_{dc} = \frac{I_C}{I_E} = \frac{1.96\ \text{mA}}{2\ \text{mA}} = 0.98$

0.98은 I_C가 I_E의 98.5%라는 것을 의미한다. 이 예제를 통해서 확인했겠지만 I_E와 I_C 사이의 차가 거의 없기 때문에 $\alpha_{dc} = 1$이라고 가정하게 되는데 이것은 $I_E = I_C$라는 것을 의미한다.

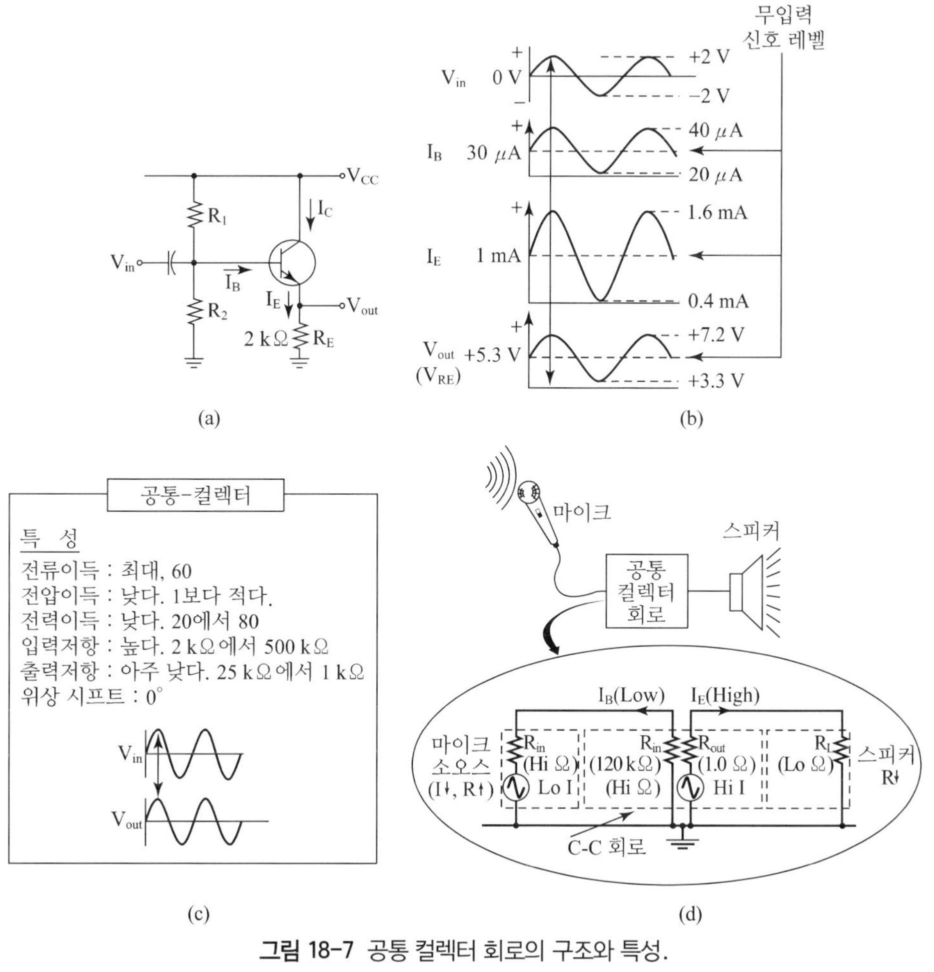

그림 18-7 공통 컬렉터 회로의 구조와 특성.

공통 컬렉터 회로

공통 컬렉터 회로로 사용되면 트랜지스터의 컬렉터 단자가 입력과 출력에 공통 단자로 사용된다. 이런 회로의 구조 때문에 베이스는 입력단자가 되고 이미터가 출력단자가 된다. 그림 18-7에 기본적인 공통 컬렉터 회로의 구조와 입·출력전압과 전류파형, 일반적인 특성표가 표시되어 있다.

18.3 직류 부하선

부하선은 트랜지스터가 어떻게 동작하고 어느 영역에 있는지를 알 수 있도록 컬렉터 특성곡선 위에 그려진다. 사용방법은 다이오드에서의 경우와 유사하다. 그림 18-8(a)에 표시된 회로에서 V_{CC}가 저항 R_C를 통해서 컬렉터 다이오드에 역방향으로 바이어스된다. 저항의 양단에 걸리는 전압 $V_{CC}-V_{CE}$가 되고, 전류 I_C는 식 (18.10)처럼 구해진다.

$$I_C = \frac{V_{CC} - V_{CE}}{R_C} \tag{18.10}$$

이 식이 바로 직류부하선의 식이다.

인가해준 전압이 10 V이고 컬렉터 저항이 5 kΩ 이라고 가정하고, 식 (18.10)을 이용해서 부하선을 구해보면 식 (18.11)처럼 표시할 수 있다.

$$I_C = \frac{V_{CC} - V_{CE}}{5{,}000\ \Omega} \tag{18.11}$$

$V_{CE}=0V$라고 놓고 부하선의 위쪽 끝 점(상한값)을 구하면

$I_C = \dfrac{V_{CC} - V_{CE}}{5{,}000\ \Omega} = \dfrac{10\ V - 0\ V}{5{,}000\ \Omega} = 2\ mA$ 이다.

부하선의 아래쪽 끝 점(하한값)을 구하면 $V_{CE}=10$ V로 V_{CE}값을 구할 수 있다. 부하선의 상한값을 구하는 또 다른 방법은 그림 18-8(a)에서 컬렉터-이미터 단자를 단락시켜서 V_{CC}/R_C인 컬렉터 전류를 계산하는 것이다. 부하선의 하한값을 구하는 또 다른 방법은 단자를 개방시켜서 V_{CC}와 같은 컬렉터-이미터 사이의 전압을 계산하는 것이다.

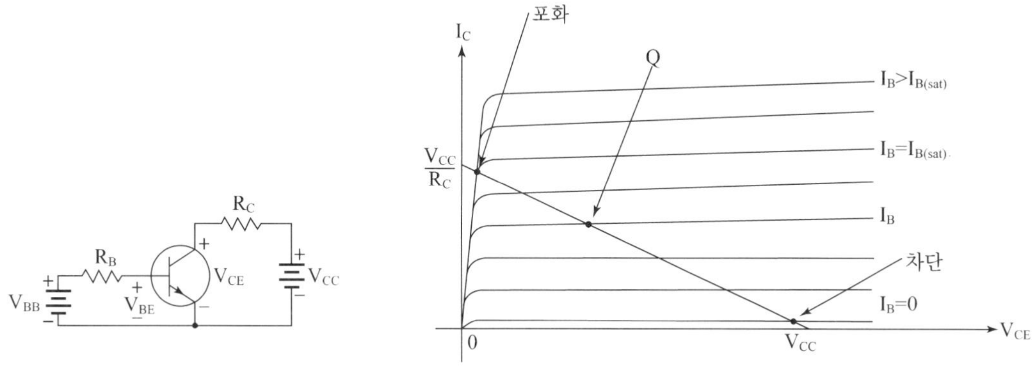

(a) 베이스 바이어스 (b) 직류 부하선

그림 18-8

임의의 부하선

식 (18.10)을 풀면 두 개의 공식을 구할 수 있다.

$$I_C = \frac{V_{CC}}{R_C}(\text{상한점}),\ V_{CE} = V_{CC}(\text{하한점}) \tag{18.12}$$

그림 18-8(b)는 컬렉터 특성곡선에 부하선을 중첩시켜 놓은 것으로 수직축과의 교점은 $\frac{V_{CC}}{R_C}$ 점이고, 수평축과의 교점은 V_{CC}이다. 계산된 베이스 전류와 직류부하선이 만나는 점을 트랜지스터의 Q점이라고 한다(동작점 혹은 정지점이라 한다).

차단과 포화

부하선이 $I_B = 0$인 특성곡선과 교차하는 점을 차단(cut-off)점이라고 한다. 이 점은 베이스 전류가 0이 되는 점이며 컬렉터 전류는 무시될 만큼 작은 양이다(누설 전류 I_{CEO}만 존재한다). 차단점에서 이미터 다이오드는 순방향으로 바이어스되지만 정상적인 트랜지스터로 동작할 수 없다. 좀 더 근사화시키면 컬렉터-이미터 전압은 부하선의 하한값과 같다.

$$V_{CE(CUTOFF)} \cong V_{CC}$$

부하선과 $I_B = I_{B(\text{포화})}$인 특성곡선의 교점을 포화점이라 하며, 이 점에서 베이스 전류는 $I_{B(\text{포화})}$이고 컬렉터 전류는 최대가 된다. 포화점에서 다이오드는 역방향으로 바이어스되지만 정상적인 트랜지스터로 작용할 수 없다. 좀 더 근사화시키면 포화시 컬렉터 전류는 부하선의 상한값과 같다.

$$I_{C(SAT)} \cong \frac{V_{CC}}{R_C}$$

그림 18-9(b)에서 $I_{B(포화)}$는 포화를 시작하는 베이스 전류 크기를 표시한다. 만약 베이스 전류가 $I_{B(포화)}$보다 적다면 트랜지스터는 포화와 차단 사이에 있는 활성영역으로 동작한다. 다시 말해 동작점이 직류부하선 어디에든 위치할 수 있다. 반대로 말하면 베이스 전류가 $I_{B(포화)}$보다 크다면 켈렉터 전류는 $\frac{V_{CC}}{R_C}$가 되어 가능한 최대값을 가지게 되며, 이런 경우는 그림 18-8(b)에서 $I_{B(포화)}$보다 큰 베이스 전류는 모두 포화점이 된다는 것을 의미한다.

18.4 트랜지스터의 ON / OFF 스위칭 동작

그림 18-9는 트랜지스터가 어떻게 스위치로 동작하는지를 보여 준다. 이런 트랜지스터의 ON / OFF 스위칭 동작은 트랜지스터의 베이스-이미터 다이오드에 의해서 제어된다. 만약 트랜지스터의 베이스-이미터 다이오드가 순방향으로 바이어스되면 트랜지스터는 턴언(turn ON)되고 베이스-이미터 다이오드가 역방향으로 바이어스되면 트랜지스터는 턴 오프(turn OFF)된다. 그림 18-9(a)에서 트랜지스터의 베이스-이미터 다이오드는 순방향으로 바이어스되고(베이스에서 애노드에는 +5 V가 인가되고 이미터에서 캐소드는 0 V에 연결된다) 트랜지스터는 턴된다. 자신의 컬렉터와 이미터 출력단자는 그림 18-9(b)에 표시한 것처럼 닫힌(closed) 스위치와 등가이다. 이때 인가된 +10 V 전압이 모두 저항 양단에서 전압강하를

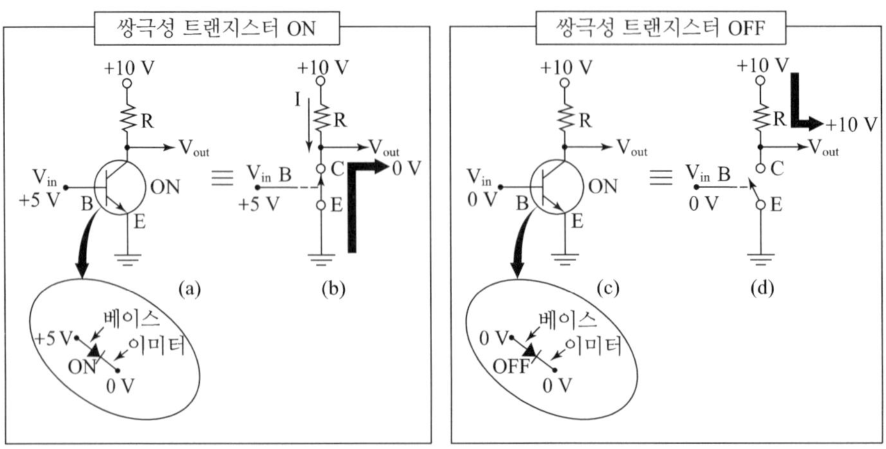

그림 18-9 쌍극성 트랜지스터의 ON/OFF 스위치 동작.

발생시키기 때문에 출력전압은 0V이다. 그림 18–9(c)에서 트랜지스터의 베이스 입력에 0 V가 인가되면 트랜지스터의 베이스–이미터 다이오드가 역방향으로 바이어스된다(베이스의 애노드에 0 V, 이미터의 캐소드에 0 V). 따라서 트랜지스터는 OFF되고 자신의 컬렉터와 이미터 출력단자는 그림 18–9(d)에 표시된 것처럼 개방 스위치와 등가이다. 따라서 그림 18–9(d)에 표시한 것처럼 전체 전압 +10 V가 모두 출력단자에 나타난다.

18.5 쌍극성 트랜지스터 바이어스 회로

베이스 바이어스

그림 18–10(a)는 베이스 바이어스(고정 바이어스)를 표시하고 있다. 일반적으로 베이스 전원은 컬렉터 전원과 같이 $V_{BB} = V_{CC}$로 표시된다. 이런 경우에 베이스와 컬렉터 저항은 그림 18–10(b)에 표시한 것처럼 컬렉터 전원의 +측에 연결된다. 베이스 바이어스는 동작점 Q가 불안정하기 때문에 트랜지스터가 선형동작을 하도록 하는 바이어스 방법 중 최악의 방법이다.

이미터 귀환 바이어스

그림 18–11(a)는 β_{dc}의 변화를 보상하는 회로로 베이스와 컬렉터 전원은 등가이며, 그림 18–11(b)에 표시된 회로는 그림 18–11(a) 회로와 등가회로이다. 두 회로 모두 β_{dc}에서의 변화를 줄이기 위해서 이미터 저항 양단에 걸리는 전압을 사용한다. 이미터 귀환 바이어스는 증가된 컬렉터 전류가 이미터 저항 양단에 걸리는 전압을 증가시키고, 이것이 결국 베이스 전류를 감소시키면 결과적으로 컬렉터 전류가 감소하는 것을 이용하는데, 실제로 저항값 때문에 회로가 잘 동작하지 않으며 이런 효과를 얻기 위해서는 가능한 한 큰 이미터 저항을 사용해야 한다. 그러나 컬렉터의 포화현상을 방지하기 위해서는 상대적으로 이미터 저항을 작게 해야 한다. 입력량(base 전류)에 변화를 주는 출력량(컬렉터 전류)을 나타내기 위해서 귀환이란 단어가 사용되며, 이미터 저항이 출력회로와 입력회로에 공통으로 작용하기 때문에 귀환요소가 된다.

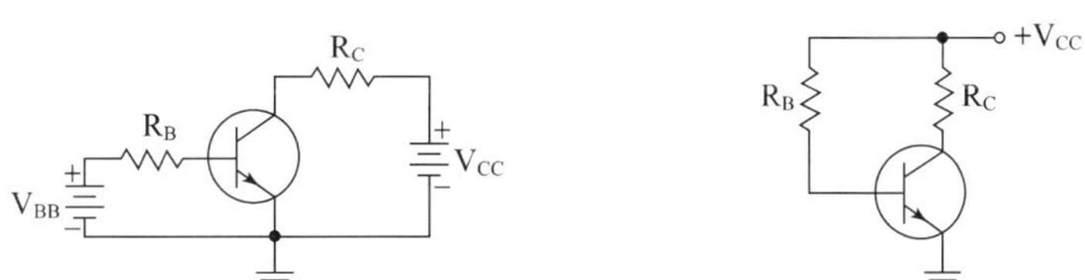

(a) 완전한 회로 (b) 간략화된 회로

그림 18–10 베이스 바이어스.

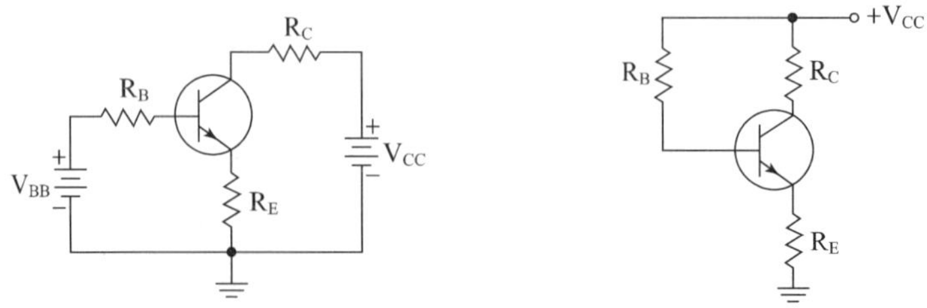

(a) 완전한 회로 (b) 간략화한 회로

그림 18-11 이미터 귀환 바이어스법.

예제 6 그림 18-12(a)에 표시된 회로의 컬렉터 포화전류를 계산하시오. β_{dc} 100과 300일 경우에 컬렉터 전류를 계산하시오.

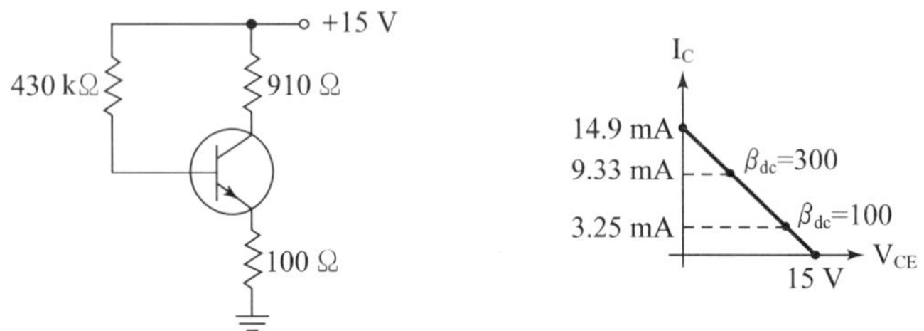

(a) 이미터 바이어스 회로 (b) 두개의 동작점을 갖는 부하선

그림 18-12

▸ 출력루프에서 키르히호프의 루프 방정식을 구하면 $V_{CE}+I_ER_E-V_{CC}+I_CR_C=0$이고 I_E와 I_C가 같다고 가정하면 $I_C \cong \dfrac{V_{CC}-V_{CE}}{R_C+R_E}$로 구해진다. 따라서 부하선의 포화점은 $\dfrac{V_{CC}}{R_C+R_E}$이고 차단점은 V_{CC}가 된다. 따라서 포화된 컬렉터 전류는 14.9 mA이다.

$$I_{C(sat)} \cong \frac{15\ V}{910\ \Omega + 100\ \Omega} = 14.9\ mA$$

β_{dc}의 영향을 고려하기 위해서는 입력 루프에서 키르히호프의 전압 방정식을 세우면 $V_{BE}+I_ER_E-V_{CC}+I_BR_B=0$가 구해지고, $I_E=I_C$이므로 $I_B=\dfrac{I_C}{\beta_{dc}}$를 대입하면 $I_C \cong \dfrac{V_{CC}-V_{BE}}{R_E+R_B/\beta_{dc}}$가 구해진다.

따라서 $\beta_{dc}=100$일 때 $I_C \cong \dfrac{15\ V-0.7\ V}{100\ \Omega+430\ k\Omega/100} = 3.25\ mA$

따라서 $\beta_{dc}=300$일 때 $I_C \cong \dfrac{15\ V-0.7\ V}{100\ \Omega+430\ k\Omega/300} = 9.33\ mA$가 된다.

그림 18−12(b)는 직류 부하선과 2개의 동작점을 표시함으로써 계산을 간단히 할 수 있다. 예제 6에서 확인한 것처럼 β_{dc}가 3 : 1의 변화를 갖기 때문에 컬렉터 전류도 거의 3 : 1에 가까운 변화를 준다. 이런 변화는 바람직하지 않은 것으로 회로의 다른 값을 선택하도록 노력한다면 너무도 민감해서 제안된 바이어스(bias) 회로로 되도록 β_{dc}의 변화를 유지하는 이미터 귀환 바이어스를 찾게될 것이다.

컬렉터 귀환 바이어스

그림 18−13(a)는 컬렉터 귀환 바이어스(자기 바이어스)를 나타내고 있다. 베이스 저항이 전원 쪽보다 컬렉터 쪽으로 귀환되고 있는데, 이것이 컬렉터 귀환 바이어스와 베이스 바이어스를 구분할 수 있는 차이점이다. 그림 18−13(b)는 베이스 저항이 단락된 컬렉터 귀한 바이어스 회로를 표시하고 있다. 그림 18−13(c)는 베이스 저항이 단락된 등가회로를 표시하고 있다. 베이스가 컬렉터와 단락되었기 때문에 트랜지스터는 다이오드처럼 동작한다. 컬렉터 귀환 바이어스는 $R_B = \beta_{dc} R_C$를 만족하게 된다.

예제 7 $V_{CC} = 15$ V, $R_C = 1$ kΩ, $\beta_{dc} = 200$인 spec을 만족하는 midpoint 컬렉터 귀한 바이어스 회로를 설계하시오(*midpoint = Q점이 직류 부하선의 중앙에 위치할 때).

▸ $R_B = 200 \times 1$ kΩ $= 200$ kΩ 이다.

그림 18 − 14(a)는 위의 spec을 만족하는 컬렉터 귀환 바이어스 회로이다.

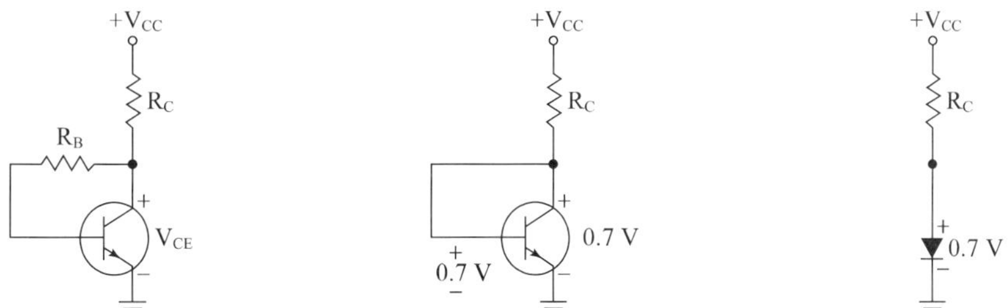

(a) 회로 (b) 컬렉터에 단락된 베이스 (c) RB = 0일 때의 등가회로

그림 18−13 컬렉터 귀환 바이어스.

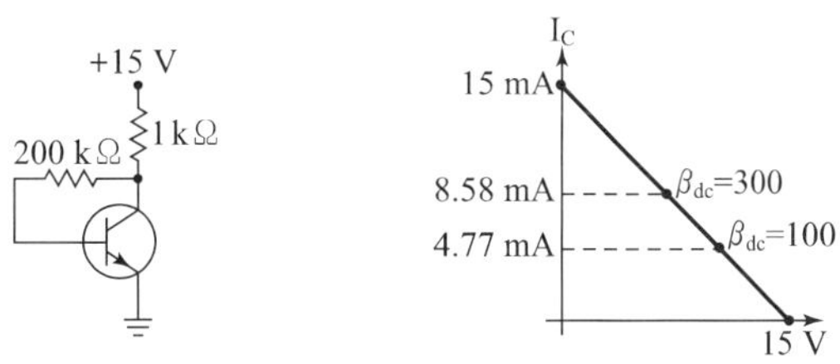

(a) 컬렉터 귀환 바이어스 회로 (b) 두 개의 동작점을 찾는 부하선

그림 18−14

예제 8 그림 18-14(a)에서 β_{dc}가 100인 경우와 β_{dc}가 300인 경우 컬렉터 전류를 계산하시오.

▸ β_{dc}가 100인 경우 I_C를 구하면 4.787 mA이고, β_{dc}가 300인 경우 I_C를 구하면 8.58 mA이다. 그림 18-14(b)는 동작점과 직류 부하선을 표시하고 있다. β_{dc}의 변화가 3 : 1인데 비해서 컬렉터 전류의 변화는 2 : 1보다 작다. 동작점이 고정되어 있지는 않지만 적어도 이미터 귀환 바이어스보다는 개선되어 있다. 게다가 β_{dc}가 커진다고 하더라도 트랜지스터는 포화되지 않으며, 이런 이유 때문에 소신호 증폭기에 컬렉터 귀환 바이어스(bias) 회로가 사용된다.

전압 분배기 바이어스

그림 18-15(a)는 전압 분배 바이어스를 표시하고 있다. 선형회로에서 가장 폭넓게 사용되기 때문에 범용 바이어스라고도 한다. 전압분배기란 이름은 저항 R_1과 R_2에 의해서 전압을 나누어주기 때문이며, R_2 저항 양단에 걸리는 전압 $V_{TH} = \frac{R_2}{R_1 + R_2} V_{CC}$가 이미터 다이오드에 순방향 바이어스를 걸어준다. 컬렉터 전류 I_C는 거의 I_E와 같은 값이고 $I_E = \frac{V_{TH} - V_{BE}}{R_E}$로 구해지는데 식에 β_{dc}가 포함되지 않는다는 것은 회로가 Q점이 고정되어 있고, β_{dc}의 변화에 무관하다는 것을 의미한다. 이런 이유 때문에 전압 분배 바이어스는 선형 트랜지스터 회로에서 많이 사용된다.

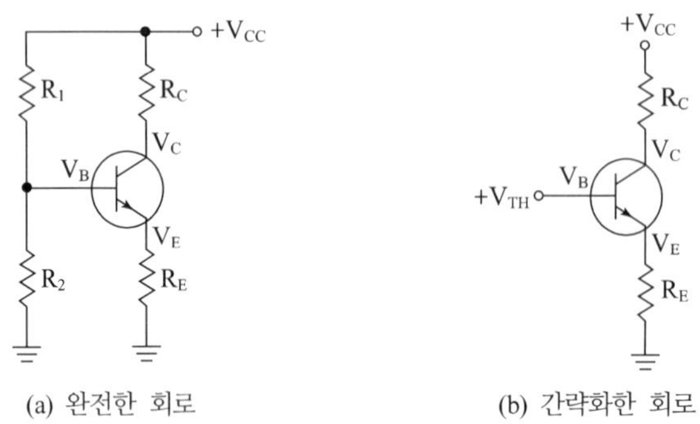

그림 18-15 전압 분배 바이어스.

예제 9 그림 18-16(a)에 표시된 회로는 안정된 전압분배기이다. 직류 부하선과 Q점을 그려보시오.

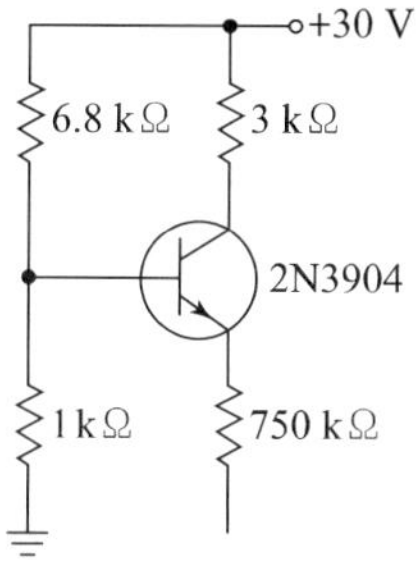

(a) 전압 분배 바이어스 회로

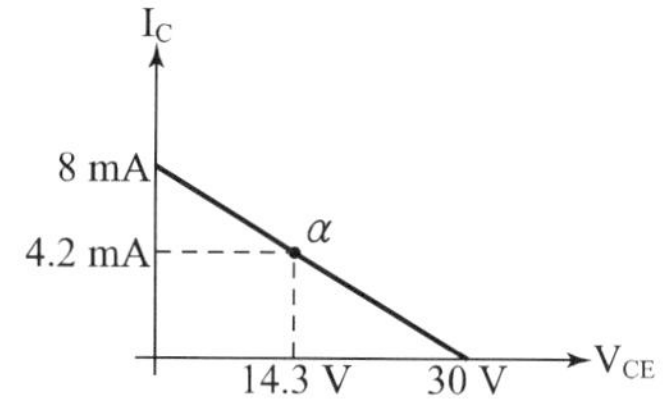

(b) Q점을 갖는 부하선

그림 18-16

▸ 가상으로 트랜지스터를 컬렉터로부터 이미터까지 개방하면 모든 공급전원이 컬렉터-이미터 단자 양단에 나타난다. 이것은 부하선의 하한이 차단전압 30 V를 갖는다는 것을 의미한다. 다음은 트랜지스터의 컬렉터에서 이미터까지를 단락되었다고 가정하면 저항 R_C는 포화전류 I_C가 흐르는 R_E와 직렬연결된다.

$$I_{C(SAT)} = \frac{30\text{ V}}{3{,}000\ \Omega + 750\ \Omega} = 8\text{ mA}$$

따라서 8 mA는 부하선의 상한을 표시한다. 안정 전압분배기는 테비닌 전압 V_{TH}를 계산할 수 있게 한다.

$$V_{TH} = \frac{1{,}000\ \Omega}{6{,}800\ \Omega + 1{,}000\ \Omega} 30\text{ V} = 3.85\text{ V}$$

이미터 전류 $I_E \cong \dfrac{3.85\text{ V} - 0.7\text{ V}}{750\ \Omega} = 4.2\text{ mA} \cong I_C$

컬렉터 전압 $V_C = 30\text{ V} - (4.2\text{ mA} \times 3\text{ k}\Omega) = 17.4\text{ V}$

이미터 전압 $V_E = 3.85\text{ V} - 0.7\text{ V} = 3.15\text{ V}$

따라서 컬렉터-이미터 전압

$V_{CE} = V_C - V_E = 17.4\text{ V} - 3.15\text{ V} = 14.3\text{ V}$이다. 그림 18-16(b)는 Q을 갖는 부하선을 보여 주고 있다. 그림에서 볼 수 있듯이 Q점은 부하선의 약 1/2 지점에 위치하고 있다.

기초확인문제

01 그림 18-17에 표시된 트랜지스터의 단자 이름과 형태를 말하시오.

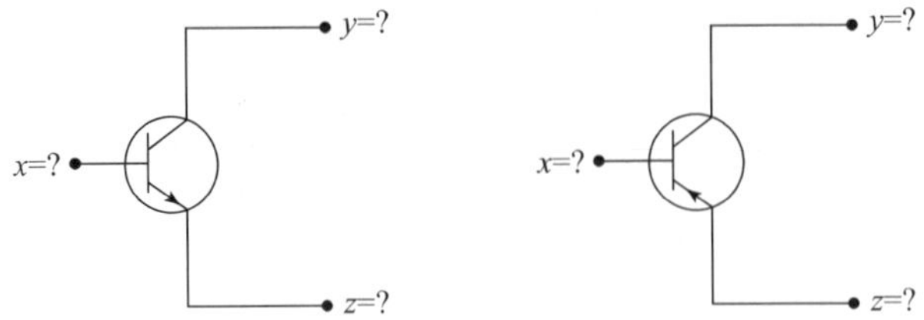

그림 18-17 트랜지스터의 종류와 단자 명칭 구분.

02 이미터 다이오드가 순방향으로 바이어스되고 컬렉터 다이오도가 역방향으로 바이어스될 때 쌍극성 트랜지스터가 활성 영역으로 동작하도록 정확하게 바이어스된 것이다. 그림 18-18을 참조하고 어떤 쌍극성 트랜지스터가 정확하게 바이어스되는지 찾으시오.

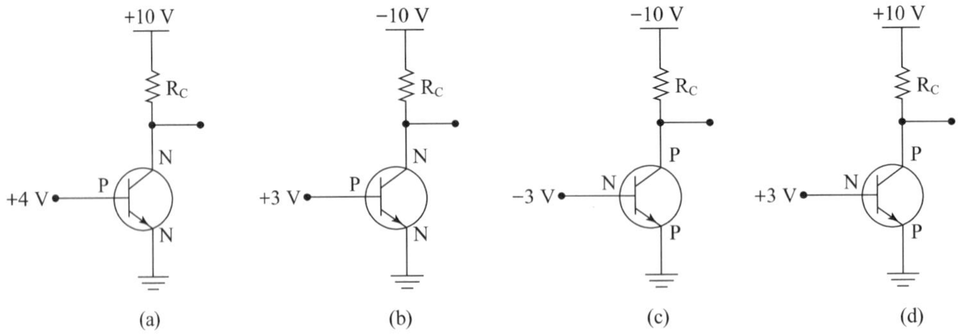

그림 18-18 정확하게 바이어스된 쌍극성 트랜지스터 회로 구분.

03 다음에서 빠진 전류값을 구하시오.

(a) $I_E = 25$ mA, $I_C = 24.6$ mA, $I_B = ?$

(b) $I_B = 600$ μA, $I_C = 14$ mA, $I_E = ?$

(c) $I_E = 4.1$ mA, $I_B = 56.7$ μA, $I_C = ?$

04 그림 18-19에 표시된 회로에서 입출력파형을 참조하고 트랜지스터 증폭기의 전압 이득 A_V를 구하시오.

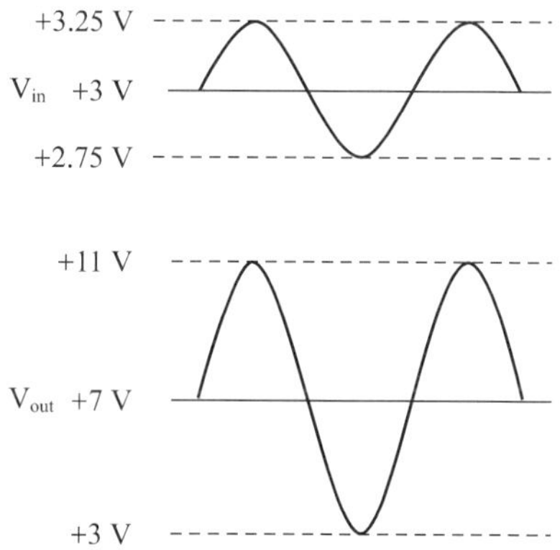

그림 18-19 트랜지스터 증폭기의 입출력파형.

05 그림 18-20에 표시된 회로에서 실제적인 쌍극성 트랜지스터 전자회로의 종류를 구분하시오.

06 그림 18-20에 표시된 회로에 사용된 바이어스 기법과 쌍극성 트랜지스터의 종류를 구분하시오.

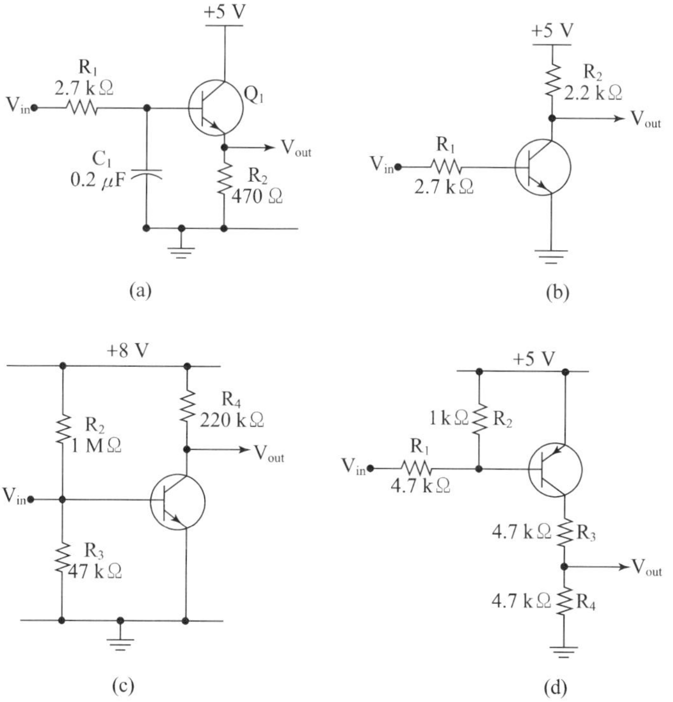

그림 18-20 실제적인 쌍극성 트랜지스터의 구조 구분.

07 그림 18-21에 표시된 베이스 바이어스 트랜지스터 회로에서 다음을 계산하시오.

(a) I_B　　(b) I_C　　(c) V_{CE}

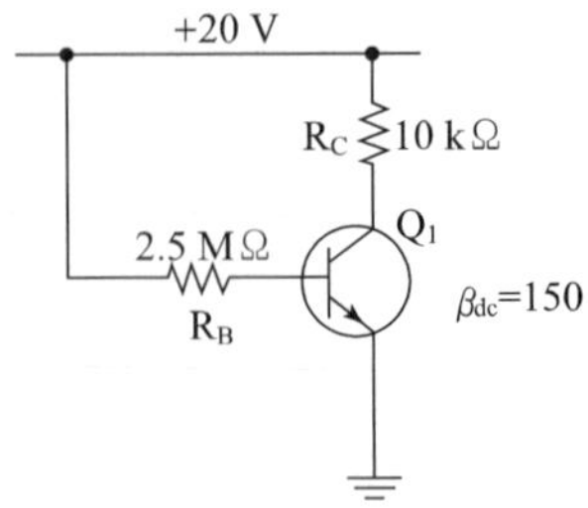

그림 18-21 베이스 바이어스 트랜지스터 회로.

08 그림 18-22에 표시된 전압분배기 바이어스 트랜지스터 회로에서 다음을 계산하시오.

(a) V_B와 V_E　　(b) I_C　　(c) V_C　　(d) V_{CE}

09 그림 18-22에 표시된 회로의 부하선을 그리고 차단점, 포하점, Q점을 표시하시오.

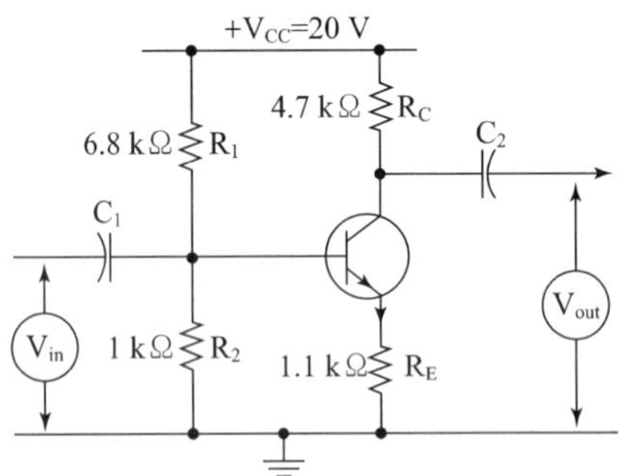

그림 18-22 전압분배기 바이어스 트랜지스터 회로.

정답

01 (a) NPN형 x = 베이스, y = 컬렉터, z = 이미터
(b) PNP형 x = 베이스, y = 컬렉터, z = 이미터

02 (a)와 (c)

03 $I_B = 0.4$ mA, $I_E = 14.6$ mA, $I_C = 4.0433$ mA

04 $A_V = 16$

05 공통 이미터 회로

06 (a) NPN형, 이미터 귀환 바이어스　　(b) NPN형, 베이스 바이어스
(c) NPN형, 전압분배기 바이어스　　(d) PNP형, 이미터 귀환 바이어스

07 $I_B = 8\ \mu A$, $I_C = 1.2$ mA, $V_{CE} = 8$ V

08 $V_B = 2.564$ V, $V_E = 1.864$ V, $I_C = 1.695$ mA, $V_C = 12.35$ V, $V_{CE} = 10.486$ V

CHAPTER 19 소신호 증폭기

이 장에서는 소신호 증폭기를 해석하는데 필요한 몇 가지 개념들을 설명한다. 직류 바이어스 전압의 변화 없이도 트랜지스터 증폭단의 출력 사이에 교류신호를 연결시켜 줄 수 있는 결합용 콘덴서(coupling capacitor)부터 설명한다. 결합용 콘덴서를 이해한 후 소신호 증폭기에 응용되는 중첩의 원리를 고찰해 보도록 한다.

19.1 결합용 콘덴서와 측로용 콘덴서

결합용 콘덴서는 교류신호를 한 점에서 다른 점으로 통과시킨다. 그림 19-1(a)에서 교류전압은 콘덴서를 통과해서 A점에서 B점으로 전달된다. 이런 경우 용량성 리액턴스 X_C는 직렬저항과 비교할 때 크기가 아주 작아야 한다. 그림 19-1(a)에서 A점의 왼쪽 회로는 신호원과 저항이거나 혹은 좀 더 복잡한 테브닌의 등가회로일 수도 있다. 유사하게 저항 R_L은 단일 부하저항이거나 좀 더 복잡한 회로망의 등가저항일 수도 있다. 실제 회로에서는 콘덴서의 왼쪽, 오른쪽이 무엇이든지 상관하지 않고, 그림 19-1(b)와 같은 간단한 기호로 간주해서 간략화된 단일 루프 회로로 만들 수 있다. 교류전류는 $R_{TH}+R_L$의 합성저항을 통해서 흐르게 된다.

회로망 이론에서 RC 회로에서의 교류전류 I는 식 (19.1)과 같은 크기를 갖는다는 것을 이미 알고 있다.

$$I = \frac{V}{\sqrt{R^2 + X_C^2}} \tag{19.1}$$

여기서 R은 루프에서의 전체 저항을 의미하는데 그림 19-1(a)에서 $R = R_{TH} + R_L$이다. 주파수가 증가하면 X_C는 R과 비교해서 아주 작은 값이 될 때까지 감소하게 되고, 이런 경우 전류

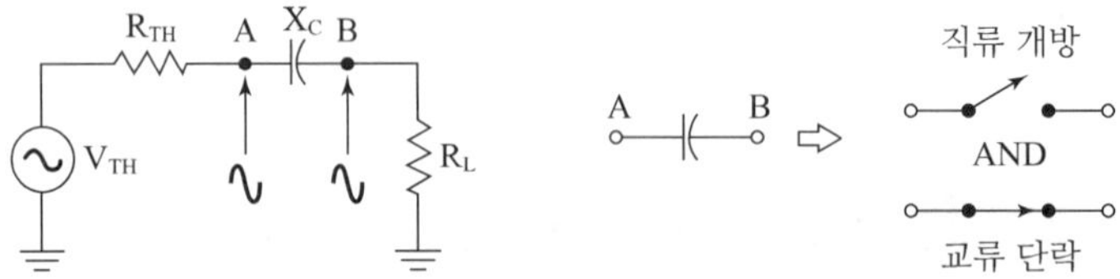

(a) 전원과 부하를 연결시켜 주는 결합용 콘덴서　　(b) 결합용 콘덴서의 등가회로

그림 19-1

는 V / R 값인 최대값을 갖는다. 다시 말해 콘덴서는 $X_C \ll R$인 경우에 A점으로부터 B점까지 신호를 적절하게 연결시켜 준다.

교류접지

바이패스 콘덴서는 그림 19-2(a)에서 표시한 것처럼 비접지점과 접지점을 연결한다는 것을 제외하고는 결합용 콘덴서와 유사하다. V_{TH}와 R_{TH}는 앞에서 살펴본 것처럼 단일 전원이나 단일 저항일 수도 있고 테브닌 회로일 수도 있다. 콘덴서에 대해서는 아무런 차이도 없다. 이 회로에서도 R_{TH}는 전체 저항이라고 볼 수도 있다. 다만 한 가지 차이는 $R = R_{TH}$로 된 점이다. 그림 19-2(b)에서 콘덴서는 교류신호에 대해서 단락된 스위치로 동작하기 때문에 A점은 교류신호가 연결되면 접지점과 단락된다. 이것이 A점을 교류접지라고 하는 이유이며, 직류신호가 연결되면 콘덴서는 개방회로로 되기 때문에 바이패스 콘덴서는 A점에서는 아무런 영향도 주지 못한다. 여하튼 바이패스 콘덴서는 A점을 접지점으로 만들 수 있게 된다. 별다른 지시가 없는 한 모든 결합 콘덴서와 바이패스 콘덴서는 안정한 것으로 간주되며, 이것은 교류에서는 단락 스위치로, 직류에서는 개방 스위치로 동작한다는 의미이며, 앞으로 자주 직류개방과 교류단락이라는 개념을 사용하게 되므로 기억해 두기 바란다.

(a)　　(b)

그림 19-2 바이패스 콘덴서.

직류와 교류가 더해지는 신호

일반적인 전기신호는 직류성분과 교류성분의 결합으로 이루어진다고 생각하면 편리하다. 그림 19-3(a)에 표시된 파형을 살펴보면 이런 파형은 그림 19-3(b)에 표시된 직류성분에 그림 19-3(c)에 표시된 교류성분이 더해진 것이다. 직류전압은 일정한데 비해서 교류성분은 -50 mV에서 +50 mV까지 변화된다.

전자공학에서는 직류성분, 교류성분, 전체 신호를 표시하기 위해서 특별한 기호를 사용한다. 그림 19-3(a)에 표시된 신호는 다음과 같이 표시된다.

$$v_B = V_B + v_b$$

합계 = 직류 + 교류

직류전압은 대문자 전압과 대문자 첨자(V_B)를 사용하고 교류전압은 소문자 전압과 소문자 첨자 (v_b)를 사용하고, 합계전압은 소문자 전압과 대문자 첨자를 (v_B) 사용한다. 직류변수에서는 대문자와 대문자가 첨자를 사용한다. V_{CC}, V_{BB}, V_B, V_{BE}를 기억해야 한다. BB, CC와 같이 이중 첨자로 표시되는 직류전압은 전지와 같은 공급 전원을 표시하고 단일 첨자를 갖는 직류전압은 각 단자에서 측정되는 전압을 의미한다. 정현파 교류전압은 다양하게 사용된다. 그림 19-3(c)에 표시된 교류전압은 다음과 같이 주어진다.

- 50 mV의 피크값은 $v_b = 50\ mV_p$
- 피크-피크값이 100 mV일 때 $v_b = 50\ mV_{pp}$
- 실효값은 $v_b = \frac{50}{\sqrt{2}} mV_{rms}$

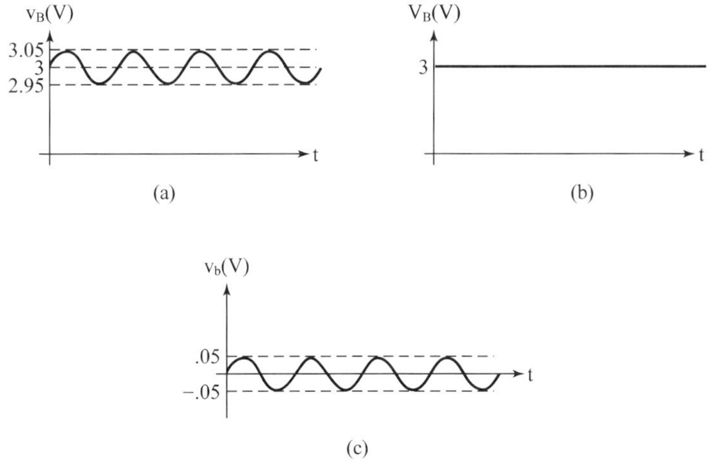

그림 19-3 교류성분과 직류성분으로 구성된 신호.

예제 1 그림 19-4(a)에 표시된 신호를 직류성분과 교류성분을 구하시오.

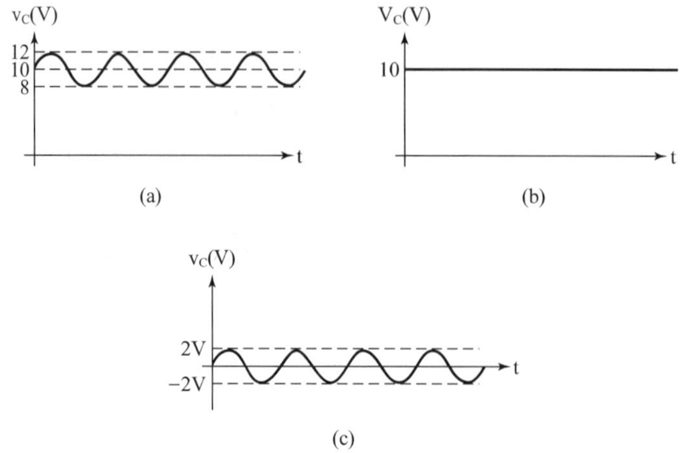

그림 19-4

▸ 신호가 10 V를 중심으로 8 V와 12 V 사이를 진동한다. 직류값은 그림 19-4(b)에 표시된 것처럼 10 V이고 교류성분은 −2 V에서 2 V 사이를 진동하는 정현파 신호이다. $v = 2\ V_p$.

19.2 증폭기에서의 중첩의 정리

교류 등가회로와 직류 등가회로

트랜지스터 회로에 중첩의 원리를 적용하는 단계는 다음과 같다.

- **교류원을 0으로 한다 :** 이것은 교류전류원을 개방시키거나 교류전압원을 단락시킨다는 의미이다. 모든 콘덴서도 개방시킨다. 남아있는 회로는 **직류 등가회로**라 한다. 이런 회로에 대한 직류전압과 직류전류를 계산한다.
- **직류원을 0으로 한다 :** 이것은 직류 전류원을 개방시키거나 직류 전압원을 단락시킨다는 의미이다. 또 모든 결합 콘덴서와 바이패스 콘덴서를 단락시킨다. 남아 있는 회로를 **교류 등가회로**라고 한다. 교류전압과 교류전류를 계산한다.
- 회로에서 임의의 지로 양단에 걸리는 전압은 임의의 지로 양단에 걸리는 직류전압과 교류전압의 합이다.

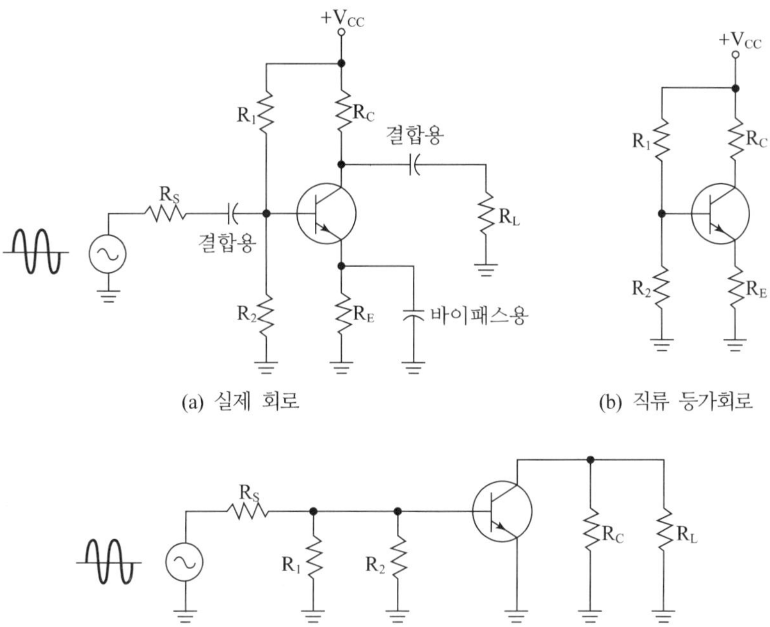

(a) 실제 회로 (b) 직류 등가회로

(c) 교류 등가회로

그림 19-5 중첩의 원리.

그림 19-5(a)에 표시된 트랜지스터 증폭기에 중첩의 정리를 적용하는 과정을 살펴보자. 첫 번째로 교류전압원을 단락시키고 모든 콘덴서를 개방시키면 그림 19-5(b)와 같은 직류 등가회로를 얻을 수 있다. 이 회로에서는 직류전압과 직류전류만 관여되며 동작전류와 동작전압을 계산한다. 두 번째로 직류전압원을 단락시키고 모든 결합용 콘덴서와 바이패스 콘덴서를 개방시킨다. 그림 19-5(c)와 같은 회로를 교류 등가회로라고 한다. 중요한 것은 RE 양단의 바이패스 콘덴서 때문에 이미터가 접지된다는 점을 주의해야 한다. 직류전원이 단락될 때 R_1과 R_C도 접지된다. 다시 설명해 내부 임피던스가 거의 0에 가깝기 때문에 직류전원의 위치는 교류접지가 된다. 그림 19-5(c)의 교류 등가회로를 이용해서 교류전류와 교류전압을 계산할 수 있다.

19.3 이미터 다이오드의 교류 저항

Q점을 설정하면 그림 19-6(a)의 트랜지스터를 형상화해서 그림 19-6(b)의 Ebers-moll 등가회로로 대치시킬 수 있다. V_{BE}는 약 0.7 V이다. 이 절에서는 Ebers-moll 모델이 교류신호에 어떻게 응용되는지를 살펴보자.

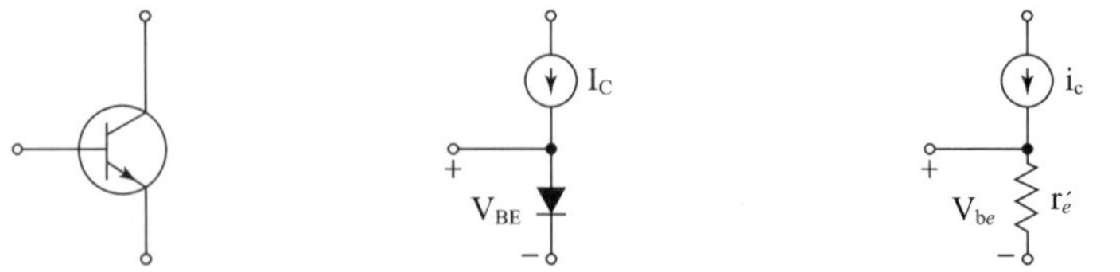

(a) 트랜지스터 (b) Ebers－moll 직류 모델 (c) Ebers－moll 교류 모델

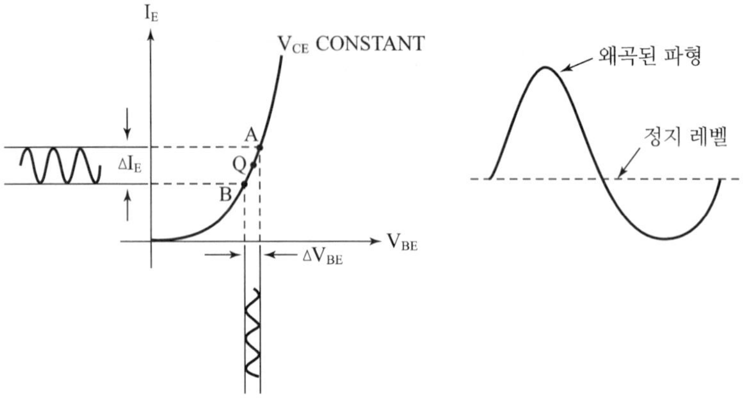

(d) 이미터 전류의 변화와 베이스－이미터 단자전압의 변화 (e) 큰 신호의 왜곡

그림 19-6

교류 이미터 저항

그림 19－6(d)는 I_E와 V_{BE}에 대한 다이오드 특성곡선을 표시하고 있다. 교류신호가 없을 때 트랜지스터는 일반적으로 직류부하선의 1 / 2 근처에 위치하는 Q점에서 동작한다. 교류 신호가 트랜지스터를 구동시킬 때 이미터 전류와 이미터 전압은 변화한다. 교류신호가 작다면 동작점은 ＋의 최대 전류점인 A까지 올라갔다가 －의 최대 전류점인 B까지 내려가고, 다시 Q점으로 복귀하는 사이클이 반복된다. 이것은 그림에서 보는 것처럼 I_E와 V_{BE}에 정현파적인 변화를 준다. 만약 신호가 작다면(소신호라면) 최대점 A와 B는 Q점에 근접해 있고 동작은 선형적으로 된다. A점으로부터 B점까지의 호는 거의 직선이 되기 때문에 전압과 전류의 변화는 거의 비례적으로 된다. 다른 방법에 의해서 교류신호가 관여된다면 다이오드는 식 (19.2)과 같은 저항으로 동작된다.

$$r_e' = \frac{\Delta V_{BE}}{\Delta I_E} \tag{19.2}$$

여기서 r_e'는 교류 이미터 저항, ΔV_{BE}는 베이스 이미터 전압의 미소 변화량, ΔI_E는 이미터 전류의 변화에 관계되는 양이다. V_{BE}와 I_E의 변화는 교류전압 교류전류와 등가이므로 식

(19.2)는 식 (19.3)처럼 쓸 수 있다.

$$r_e' = \frac{v_{be}}{i_e} \tag{19.3}$$

여기서 r_e'는 교류 이미터 저항, v_{be}는 베이스 이미터 단자 양단에 걸리는 교류전압, i_e는 이미터를 통해서 흐르는 교류전류이다. $i_e = 0.4\ mA$, $v_{be} = 10\ mV$라고 가정하면

$$r_e' = \frac{v_{be}}{i_e} = \frac{10\ mV}{0.4\ mA} = 25\ \Omega$$

이 된다. 그림 19-6(c)는 Ebers-Moll 교류 모델을 표시하고 있다. 이것은 증폭기의 교류 등가회로를 해석할 때 사용되고 베이스 이미터 다이오드는 교류 이미터 저항으로 대치된다.

교류이미터 저항공식

r_e'는 I_E의 변화에 대한 V_{BE}의 변화비이기 때문에 Q점의 위치에 따라서 값이 달라진다. Q점이 특성곡선상에서 위쪽에 위치할수록 이미터 전류의 변화는 큰데, 베이스-이미터 전압의 변화는 작기 때문에 r_e'는 작아진다. Q점에서의 다이오드 특성곡선의 기울기는 식 (19.4)와 같이 r_e'값을 결정하게 된다.

$$r_e' = \frac{25\ mV}{I_E} \tag{19.4}$$

Q점이 1 mA인 I_E에 있다면 $r_e' = \frac{25\ mV}{I_E} = \frac{25\ mV}{1\ mA} = 25\ \Omega$ 이 되고 $I_E = 5\ mA$처럼 Q점이 높은 곳에 있다면 $r_e' = \frac{25\ mV}{I_E} = \frac{25\ mV}{5\ mA} = 5\ \Omega$ 으로 감소하게 된다.

교류값인 r_e'가 직류값인 I_E에 의존한다는 것을 기억해야 한다. 이것은 Q점을 r_e'가 결정한다는 의미이기도 하다. 식 (19.4)는 25℃ 근처의 상온에서 유효하며, 저항 r_e'는 온도가 3℃ 증가할 때마다 약 1%씩 증가한다. 다이오드의 특성곡선은 선형이 아니기 때문에 r_e'값은 식 (19.4)의 값과 약간의 오차를 갖게 된다. 이런 이유 때문에 식 (19.4)는 pn접합의 특성곡선을 이상적인 곡선이라고 가정하고 구한 식이다.

예제 2 다음의 직류 바이어스 컬렉터 전류에서 $r_e{}'$를 구하시오.

▸ $I_C = 10$ mA, 1 mA, 0.01 mA, 1 μA, 1 pA

$I_E \cong I_C$이므로 $r_e{}' = \dfrac{25\,\text{mV}}{I_C}$ 공식을 사용하면

$I_E \cong I_C$	$r_e{}' = \dfrac{25\,\text{mV}}{I_C}(\Omega)$
10 mA	2.5 Ω
1 mA	25 Ω
0.01 mA	2.5 kΩ
1 μA	25 kΩ
1 pA	25 MΩ

19.4 이미터 접지 증폭기

그림 19-7(a)는 공통 이미터 증폭기를 표시하고 있다. 이미터가 접지에 바이패스되기 때문에 이런 증폭기를 이미터 접지 증폭기라고 하는데, 이것은 이미터가 직류접지가 아닌 교류접지를 의미한다. 소신호 정현파가 베이스에 입력되면 베이스 전류의 변화를 가져오게 되고, 이런 정현파 컬렉터 전류가 컬렉터 저항을 통해서 흐르게 되어 증폭기의 출력전압으로 나타나게 된다.

위상반전

컬렉터 전류의 교류적 변화 때문에 그림 19-7(a)의 출력전압은 동작전압의 위아래를 정현파적으로 스윙하게 된다. 중요한 것은 교류 출력전압이 교류입력전압에 대해서 반전된다는 의미이다. 이것은 입력의 위상이 180° 바뀐 출력이 나왔다는 뜻이다. 입력전압의 +반주기 동안 베이스 전류는 증가해서 컬렉터 전류의 증가원인이 된다. 이것은 컬렉터 저항 양단에서 큰 전압강하를 발생시키고, 그 결과 컬렉터 전압이 감소하게 되서 출력전압에 처음 -의 반주기를 얻을 수 있다. 역으로 생각하면 입력전압의 -반주기 동안 컬렉터 전류는 적게 흐르게 되어 컬렉터 저항에서의 전압강하도 크기가 작게 되므로 컬렉터 전압은 증가하고 출력전압에 +의 반주기가 나타난다는 것을 의미한다.

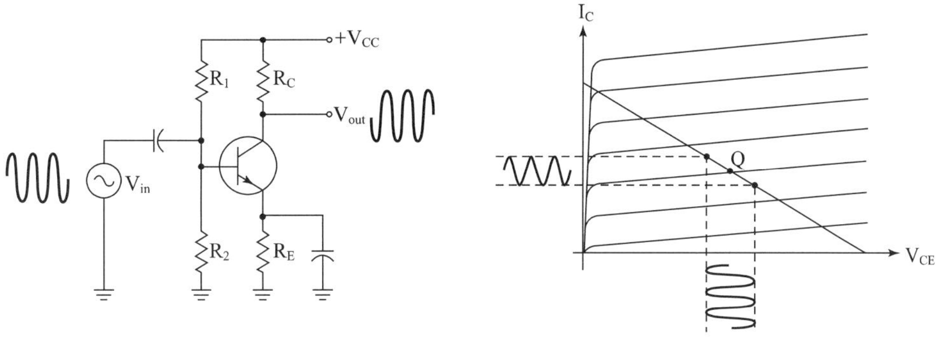

(a) 이미터 접지 증폭기 (b) 교류 부하선

그림 19-7

전압 이득

증폭기의 전압 이득은 입력 교류전압에 대한 출력 교류전압의 비이다. 기호는 식 (19.5)처럼 표시된다.

$$A = \frac{v_{out}}{v_{in}} \tag{19.5}$$

만약 입력전압이 2.5 mV이고, 출력전압이 250 mV라면 전압 이득은 100이다.

$$A = \frac{v_{out}}{v_{in}} = \frac{250\,mV}{2.5\,mV} = 100$$

고장진단을 할 때는 전압 이득이 많은 도움이 된다. 여기서는 그림 19-7(a)의 전압 이득을 구하는 간단한 수식을 유도해 보자. 우선 회로를 등가회로로 대치하면 전원은 접지에 단락되고, 잘 설계된 증폭기에서 콘덴서는 교류신호 때 단락 스위치로 동작하게 되므로 모든 콘덴서를 단락시킨다.

그림 19-8(a)는 교류 등가회로를 표시하고 있다. 전원 공급점이 교류접지로 되기 때문에 컬렉터 저항 R_C는 접지된다. 이와 유사하게 저항 R_1도 접지되어 있고 저항 R_2와 이미터 다이오드는 병렬연결처럼 표시된다. 입력측의 병렬연결 때문에 V_{in}은 이미터 다이오드 양단에 직접 나타나므로 그림 19-8(a)는 그림 19-8(b)와 같은 교류 등가회로로 형상화시킬 수 있다. 그림 19-7(a)의 원래 회로와 간략화된 등가회로를 비교해 보면 어떤 회로에서든지 r_e' 양단의 전압은 V_{in}과 동일하다.

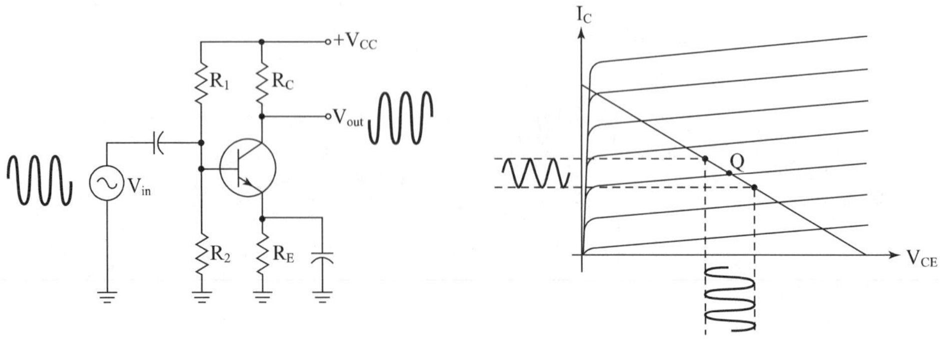

(a) 이미터 접지 증폭기의 교류 등가회로 (b) 트랜지스터를 사용한 Ebers-moll 교류 모델

그림 19-8

그림 19-8(b)의 입력전압은 입력전압의 +반주기를 나타내기 위해서 +, -의 극성으로 표시하고, 옴의 법칙에 의해서 이미터 전류 세기를 구하면

$$i_e = \frac{v_{in}}{r_e{}'}$$

이다. 여기서 컬렉터 전류는 이미터 전류와 거의 같기 때문에 $i_c \cong i_e$라고 쓸 수 있고, 컬렉터 저항을 통해서 흐르는 교류 컬렉터 전류는 출력전압 V_{out}을 만든다.

$$v_{out} \cong -i_e R_C$$

-부호는 위상이 반전되었음을 표시한다. 입력전압의 +반주기는 컬렉터 전류를 증가시키고 출력전압에 -반주기로 나타난다. 따라서 $i_e = \frac{v_{in}}{r_e{}'}$ 이므로 위 식을 정리하면

$$v_{out} \cong \frac{-v_{in} R_C}{r_e{}'}$$

가 된다. 여기서 전압 이득을 구하면 식 (19.6)과 같이 표시된다.

$$A = \frac{v_{out}}{v_{in}} = -\frac{R_C}{r_e{}'} \tag{19.6}$$

식 (19.6)에서 보다시피 전압 이득이란 교류 이미터 저항과 컬렉터 저항의 비임을 알 수 있다. 이것은 이미터 접지 증폭기의 전압 이득을 근사적으로 빨리 계산할 수 있음을 보여 주는 것이다. 측정된 전압 이득이 이론적인 전압 이득과 같은 값인지는 설계된 증폭기의 입력전압과 출력전압을 측정하면 증명할 수 있다. $R_C = 4.7\,k\Omega$, $r_e{}' = 25\,\Omega$ 라고 가정하면 때 전압 이득 A는 -188이다.

$$A = \frac{v_{out}}{v_{in}} = -\frac{R_C}{r_e'} = -\frac{4,700}{25} = -188$$

이런 증폭기는 베이스 전압이 1 mV가 인가되면 출력은 188 mV를 만들게 된다.

예제 3 직류로 결합된 오실로스코프는 직류성분과 갖는 전체 신호를 디스플레이한다. 그림 19-19는 이미터 접지 증폭기의 베이스 전압, 이미터 전압, 컬렉터 전압을 표시하고 있다. 이런 전압들이 무엇을 나타내고 있는지 설명하시오.

▸ 시작하기 전에 교류입력신호는 소신호 정현파 전압이라고 가정한다. 이것은 입력 결합형 콘덴서를 지나서 베이스에 나타난다. 베이스 전압의 동작점 전압은 1.8 V이다(이것은 전압분배기에 의해서 나타나는 직류전압이다).

$$V_B = \frac{2.2\ k\Omega}{10\ k\Omega + 2.2\ k\Omega} \times 10\ V = 1.8\ V$$

따라서 베이스에 대한 전체 입력전압은 1.8 V_{dc}에 소신호 입력 정현파 전압을 더하면 된다. 안정된 결합 콘덴서라고 가정할 때 모든 교류전원전압이 베이스에 나타난다. 중요한 것은 이미터 전압이 1.1 V인데, 이것은 이미터가 0.7 V로 입력전압에 부트스트랩되어 있기 때문이다(1.8 V − 0.7 V = 1.1 V). 이미터는 이미터 바이패스 콘덴서를 통해서 접지에 바이패스되기 때문에 교류신호는 나타나지 않는다. 다시 말해 안정한 바이패스 콘덴서는 교류신호에 대해서 접지와 단락이다. 따라서 모든 교류신호는 바이패스 콘덴서를 통해서 분류되기 때문에 R_E를 통해서 흐르는 교류신호는 없다는 의미이다. 직류 이미터 전류는 1.1 mA이다.

$$I_E = \frac{1.1\ V}{1\ k\Omega} = 1.1\ mA$$

컬렉터에 증폭되고 반전된 교류전압이 나타나는데 6.04 V의 동작점 레벨을 갖는다.

$$V_C = 10\ V - (1.1\ mA \times 3.6\ k\Omega) = 6.04\ V$$

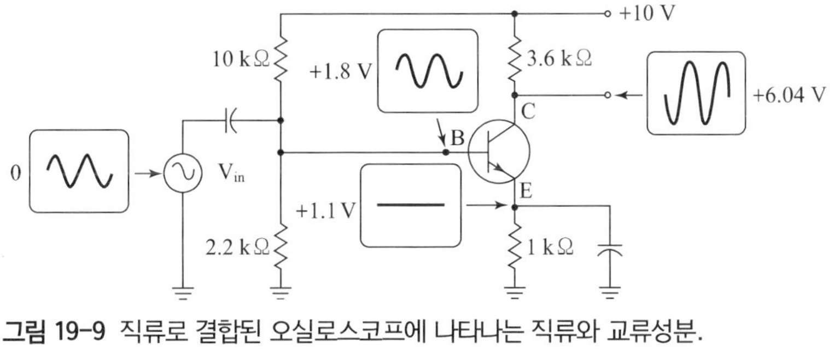

그림 19-9 직류로 결합된 오실로스코프에 나타나는 직류와 교류성분.

예제 4 그림 19-9에서 교류입력신호는 1 mV의 피크값을 갖는다고 가정하면 교류출력에서의 피크값은 얼마인가?

▸ 예제 3에서 직류 이미터 전류는 1.1 mA로 계산되었다. 따라서 교류 이미터 저항을 구하면 22.7 Ω 이다.

$$r_e' = \frac{25\ \mathrm{mV}}{I_E} = \frac{25\ \mathrm{mV}}{1.1\ \mathrm{mA}} = 22.7\ \Omega$$

따라서 전압 이득 $A = -\frac{R_C}{r_e'} = -\frac{3.6\ \mathrm{k\Omega}}{22.7\ \Omega} = -159$ 이다.

이것은 교류 출력전압이 159배가 된다는 뜻이며 위상은 반전된다.

$$v_{out} = Av_{in} = -159(1\,\mathrm{mV}) = -159\,\mathrm{mV}$$

19.5 공통 컬렉터 증폭기

그림 19-10(a)는 공통 컬렉터 증폭기회로를 표시하고 있다. R_C가 0 Ω 이기 때문에 컬렉터가 교류접지가 되는데, 이것이 바로 회로를 컬렉터 접지 증폭기라고 하는 이유가 된다. 베이스를 직류전압 V_{in}이 구동할 때 이미터 저항 양단에 V_{OUT}이 나타난다.

기본개념

공통 컬렉터 증폭기는 출력이 컬렉터보다 이미터에서 나타나고, 단락된 컬렉터 저항을 갖는 강하게 스왐핑된 공통 이미터 증폭기와 같다. 따라서 이미터는 베이스에 부트스트랩되어 있고 직류출력전압은 식 (19.7)처럼 표시된다.

$$V_{out} = V_{in} - V_{BE} \tag{19.7}$$

이런 회로는 직류 이미터 전압이 직류 베이스 전압에 따르기 때문에 이미터 활로워라고 하기도 한다. 그림 19-10(b)에서 표시된 것처럼 $V_{in} = 2$ V라면 $V_{OUT} = 1.3$ V가 된다. 만약 그림 19-10(c)처럼 V_{in}이 3 V까지 증가하면 V_{OUT}도 2.3 V까지 증가한다. 이것은 V_{OUT}의 변화가 V_{in}의 변화와 같은 위상을 갖는다는 의미이다.

위상관계

그림 19-10(a)에서 V_{CE}가 다음과 같이 계산된다.

$$V_{CE} = V_{CC} - V_{OUT}$$

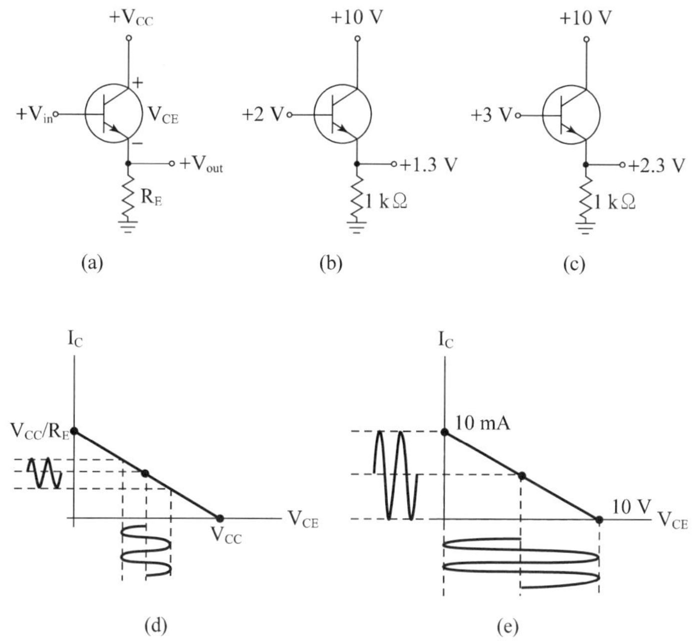

그림 19-10 공통 컬렉터 증폭기.

따라서 V_{OUT}이 증가한다면 V_{CE}는 감소하게 되며, V_{CE}는 V_{in}과 V_{OUT}과는 다른 위상을 갖게 된다. 그림 19-10(d)와 19-10(e)에 표시된 것처럼 위상 관계를 알 수 있다. V_{in}이 1 V 증가하면 V_{out}은 1 V 증가하나 V_{CE}는 1 V 감소한다.

전압 이득

그림 19-11(a)는 작은 교류전압에 의해서 구동되는 이미터 활로워를 표시하고 있다. 그림 19-11(b)는 교류 등가회로를 표시하고 있다. 교류 출력전압은 $V_{OUT} = i_e R_E$로 표시되고, 교류입력전압은 $v_{in} = i_e (R_E + r_e')$이다. V_{in}과 V_{OUT}의 비는 전압 이득으로 식 (19.8)처럼 표시된다.

$$A = \frac{v_{out}}{v_{in}} = \frac{R_E}{R_E + r_e'} \tag{19.8}$$

대부분의 이미터 활로워에서 R_E는 r_e'를 스왐핑시키므로 식 (19.8)의 전압 이득은 1이다.

$$A \cong 1$$

$R_E = 5.1\ k\Omega$ 이고 r_e'가 25 Ω 이라 가정하고 식 (19.8)을 이용해서 전압 이득을 구하면 $A = \frac{5,100\ \Omega}{5,125\ \Omega} = 0.995$가 된다.

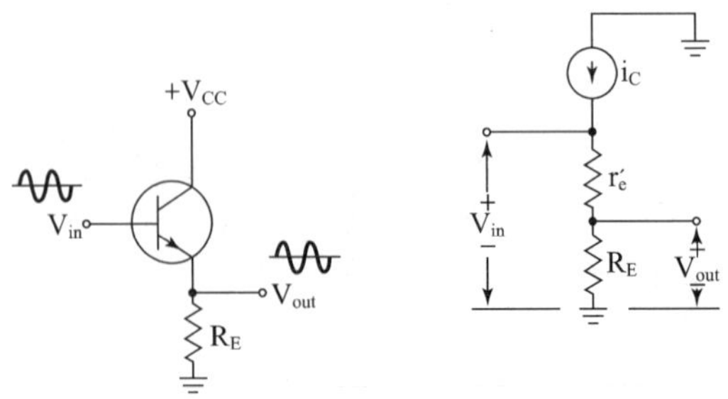

(a) 이미터 활로워 (b) 교류 등가회로

그림 19-11

작은 왜곡

이미터 활로워는 원래 왜곡이 적은 증폭이다. 이미터 저항이 바이패스되지 않기 때문에 아주 강하게 스왐핑되고 이미터의 비선형성은 거의 제거된다. 따라서 전압 이득이 거의 1이 되서 출력전압은 입력전압과 거의 같게 된다. 주어진 완전한 정현파는 출력에서 거의 입력과 같은 정현파로 나타난다.

기초확인문제

01 그림 19-12는 신호발생기에서 만들어지는 v_s를 표시하고 있다.

(a) 직류 레벨은 몇 V인가?

(b) 교류파형의 피크-피크전압은 얼마인가?

(c) 교류파형의 피크전압은 얼마인가?

(d) 교류파형의 RMS값은 얼마인가?

(e) v_s에 의해서 도달되는 최대값은 얼마인가?

(f) v_s에 의해서 도달되는 최소값은 얼마인가?

(g) v_s의 평균값은 얼마인가?

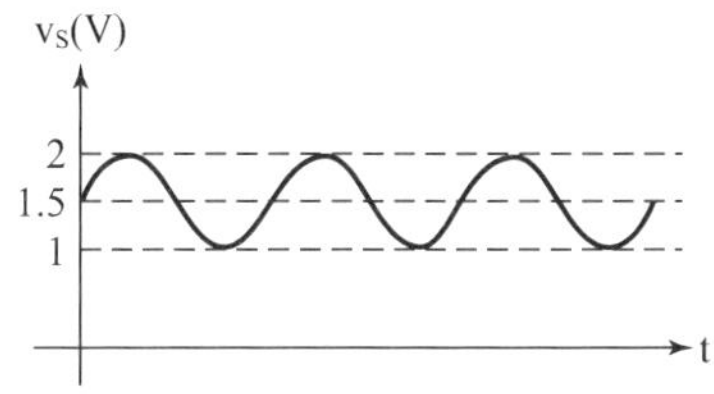

그림 19-12

02 그림 19-13에 표시된 트랜지스터 회로에서 $v_i = 4\ V_P$이다.

(a) v_B의 최대값은 얼마인가?

(b) (a)에서 구한 v_B값에 대해서 다음의 전압전류값을 구하시오.

v_E, i_E, i_C, v_C

(c) v_B가 최대값일 때 트랜지스터는 어떤 상태인가?

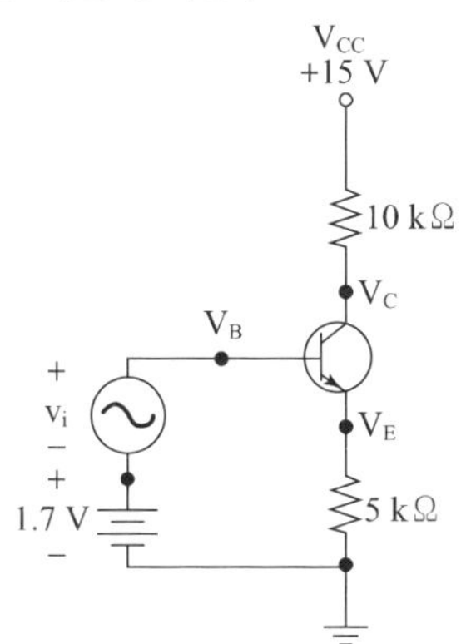

그림 19-13

정답

01 (a) 1.5 V (b) 1 V_{PP}

(c) 0.5 V_P (d) $\frac{0.5}{\sqrt{2}} V_s$

(e) 2 V (f) 1 V

(g) 1.5 V

02 (a) $V_B = 1.7\ V + 4\ V_P = 5.7\ V$

(b) $V_E = V_B - 0.7\ V = 5.7\ V - 0.7\ V = 5\ V$, $I_E = 5\ V / 5\ k\Omega = 1\ mA$

$I_E = I_C = 1\ mA$, $V_C = V_{CC} - I_C R_C = 15\ V - (1\ mA \times 10\ k\Omega) = 15\ V - 10\ V = 5\ V$

(c) 트랜지스터는 포화된다.

CHAPTER 20 접합형 전계효과 트랜지스터

이 장에서는 단극성 트랜지스터인 전계효과 트랜지스터 FET에 대해서 알아보도록 하자. BJT와 유사하게 FET도 3단자를 갖는 소자이고 스위치로 동작하기 때문에 디지털 회로 응용에 사용된다. 또한 가변 저항으로도 동작하기 때문에 아날로그나 선형 회로에서도 사용된다. FET는 크게 두 가지 종류로 구분되는데 하나는 JFET(junction field effect transistor)라고 하는 접합형 전계효과 트랜지스터이고, 나머지 하나는 MOSFET(metal oxide semiconductor field effect transistor)라고 하는 금속 산화물 반도체 전계효과 트랜지스터이다.

20.1 접합형 전계효과 트랜지스터의 구조 및 동작

그림 20-1(a)는 n형 반도체의 실리콘 막대에 양쪽에서 p형 물질을 주입시켜서 만든 n채널 JFET를 표시하고 있다. 그림에서 아래쪽의 단자는 자유 전자가 이 점으로부터 디바이스 내부로 흘러 들어가기 때문에 소스 단자라 하고, 위쪽의 단자는 자유 전자가 이 점에서부터 빠져나가기 때문에 드레인이라고 한다. 2개의 p형 영역은 내부적으로 연결되어 있으며, 게이트라고 한다. 주의해야 할 것은 p형 영역 사이의 공간이 좁다는 점인데 자유 전자가 소스로부터 드레인으로 이동하기 위해서는 이런 좁은 채널을 통과하지 않으면 안 된다는 점이다. 채널의 폭은 JFET의 전류흐름의 세기를 결정하기 때문에 아주 중요하다.

그림 20-1(b)는 n채널 JFET의 도면 기호를 표시하고 있다. 기억하기 쉽도록 얇고 수직인 선이 n채널을 표시한다고 형상화시키면 소스와 드레인이 이 선에 연결되며, 게이트와 채널은 pn 접합형 다이오드를 구성하게 되므로 화살표가 p형에서 채널 쪽으로 그려져 있다.

p채널 JFET도 역시 n채널 JFET와 유사한 구조를 갖는다. p채널 JFET는 p형 반도체 막대의 양쪽에서 n형 물질을 주입시켜 만드는데, 도면기호는 p채널 JFET 역시 n채널 JFET와 동일하게 표시한다. 단지 게이트의 화살표가 채널에서 게이트 쪽으로 바꾸어 그리는 것이 틀릴 뿐이다.

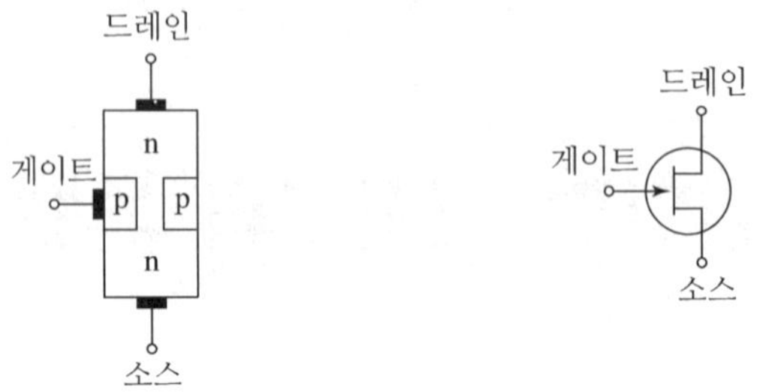

(a) n채널 JFET (b) 도면기호

그림 20-1 JFET.

JFET의 바이어스

그림 20-2(a)는 n채널 JFET의 정상적인 바이어스 극성을 표시하고 있다. $+V_{DD}$가 드레인과 소스 사이에 연결되는데, 이것은 자유 전자를 소스로부터 드레인으로 흐르도록 전압을 설정한 것이다. 따라서 전자는 채널을 통해서 흐르고 드레인 전류의 크기는 채널의 폭에 따라서 가변된다. 주의해야 할 것은 게이트와 소스 사이에는 $-V_{GG}$가 공급된다는 점이다. 이것은 모든 JFET 응용에서 기본으로 바이어스되는 방법으로 JFET의 게이트는 항상 게이트 전류를 흐르지 못하도록 하기 위해서 역방향으로 바이어스된다. 이런 역방향 바이어스는 그림 20-2(b)에서 표시한 것처럼 P 영역 주변의 공핍층을 설정하게 되며, 이런 공핍층에 의해서 전도성 채널의 폭이 좁아진다. 더 큰 역방향 전압이 가해지면 채널의 폭은 좁아지고 공핍층은 서로 더욱 가깝게 접근된다.

게이트-소스 차단전압

게이트 전압이 충분히 크게 역방향으로 바이어스되면 공핍층은 맞닿게 되고 전도성 채널을 핀치오프시킨다(이때 채널이 없어진다). 이런 경우에 드레인 전류는 차단되는데, 드레인 전류를 차단시키는 게이트 전압을 $V_{GS(off)}$로 표시한다. 2N5951은 일반적으로 -3.5 V의 $V_{GS(off)}$를 갖는다. JFET의 데이터 시트에는 $V_{GS(oof)}$가 종종 핀치오프 전압으로 표시된다.

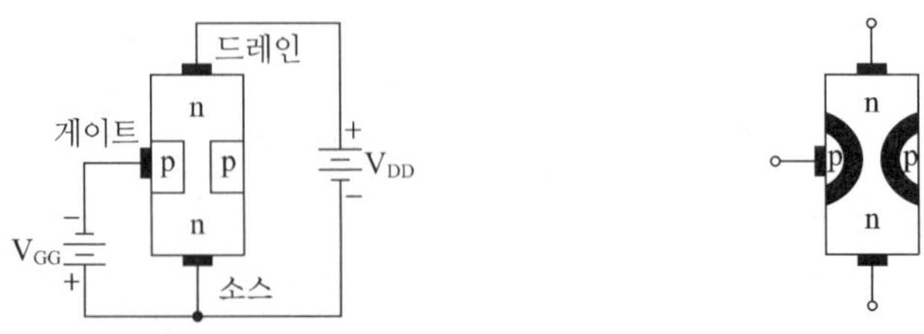

(a) JFET의 바이어스법 (b) 채널의 폭을 조절하는 공핍층

그림 20-2

게이트 누설 전류

게이트-소스 접합은 역방향으로 바이어스된 실리콘 다이오드와 같기 때문에 오직 작은 역방향 전류만 흐르게 되는데, 이상적인 경우 게이트 전류는 거의 0이다. 결과적으로 모든 자유전자가 소스로부터 드레인으로 흐르게 된다. 이것은 드레인 전류와 소스전류가 같다는 것을 의미한다. 이런 이유 때문에 JFET에서 가장 중요한 전류는 소스-드레인 전류가 되며 I_D로 표시한다. 보통 이런 전류를 드레인 전류라고 한다.

고입력저항

JFET와 쌍극성 트렌지스터 사이의 커다란 차이점은 저주파에서의 입력 임피던스에 있다. 게이트에는 거의 역전류가 흐르지 않기 때문에 JFET의 입력저항은 수십 MΩ 에서 수백 MΩ이 된다. 따라서 아주 높은 입력저항이 필요로 하는 응용회로에서는 쌍극성 트랜지스터보다 JFET가 많이 사용된다. 높은 입력전압이 사용되면 출력전류를 제어하기가 어려워진다. JFET는 출력전류의 변화를 만들기 위해서 입력전압을 크게 변화시켜야 한다. 이런 이유 때문에 JFET 증폭기는 쌍극성 트랜지스터보다 전압 이득이 적게 된다.

드레인 특성곡선

그림 20-3은 JFET의 드레인 특성곡선을 표시하고 있다. 특성곡선은 쌍극성 트랜지스터의 특성곡선과 유사하다는 점을 주의해야 한다. 포화영역, 활성영역, 항복영역, 차단영역을 가지고 있다. 이제 게이트-소스를 단락시킨 것과 같은 게이트 단락상태로 알려진 $V_{GS}=0$에서부터 시작해 보자. $V_{GS}=0$일 때 드레인 전류는 V_{DS}가 4 V일 때까지 급격하게 증가한다. 4 V를 넘어서면 드레인 전류는 수평을 이루게 된다. 4 V와 30 V 사이는 드레인 전류가 거의 일정한 값을 갖게 되어서 JFET는 약 20 mA의 전류원처럼 동작하게 된다. V_{DS}가 30 V를 넘어서면 JFET는 항복하게 된다. 따라서 JFET의 활성영역은 4 V에서 30 V까지이다. I_{DSS}의 첨자는 게이트 단락상태의 드레인-소스를 의미한다.

I_{DSS}는 JFET가 공급할 수 있는 최대 드레인 전류로 그림 20-3에서 V_{DS}가 15 V일 때 I_{DSS}는 20 mA가 된다. 게이트 전압을 더욱 negative로 하면 드레인 전류를 감소시킬 수 있다. 그림 20-3에서 $V_{GS}=-1$ V일 때 드레인 전류는 5.62 mA로 감소하게 되고, $V_{GS}=-2$ V일 때 드레인 전류는 2.5 mA가 된다. $V_{GS}=-3$ V이면 드레인 전류는 0.625 mA가 되고, $V_{GS}=-4$이면 드레인 전류는 거의 0이 된다. JFET의 특성곡선 중 가장 아래에 있는 특성곡선($V_{GS}=-4$V인 경우)은 차단영역을 표시한다. 그림 20-3의 포화영역을 주의하면 JFET가 포화될 때 부하선에 의존하는 V_{DS}는 0 V와 4 V 사이에 있다. 최대 포화전압 4 V는 게이트-소스 차단전압 -4 V와 크기가 같다는 점을 주의해야 한다. 이것은 모든 JFET의 특성으로 $V_{GS(off)}$를 최대 포화전압으로

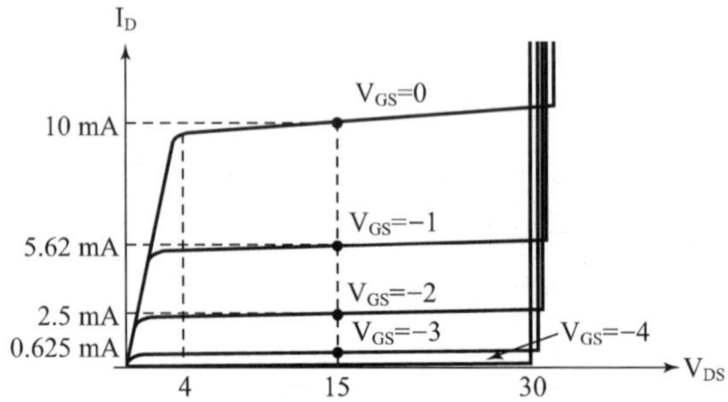

그림 20-3 드레인 특성곡선.

간주해서 사용할 수 있다는 의미이다. 2N5457은 -2 V의 $V_{GS(off)}$를 갖는데 포화영역에서의 최대 V_{DS}도 거의 2 V가 된다.

전달 컨덕턴스 특성곡선

JFET의 전달 콘덕턴스 특성곡선은 입력전압에 대한 출력전류의 그래프로 I_{DS}가 V_{GS}의 함수로 표시된다. 그림 20−3에서 V_{GS}와 I_D값을 읽으면 그림 20−4(a)에 표시된 전달 컨덕턴스 특성곡선을 그릴 수 있다. 일반적인 JFET의 전달 컨덕턴스 특성곡선은 그림 20−4(b)와 같다. 그림 20−4(b)의 전달 컨덕턴스 특성곡선은 포물선의 일부분으로 식 (20.1)과 같이 표시된다.

$$I_D = I_{DSS}\left[1 - \frac{V_{GS}}{V_{GS(OFF)}}\right]^2 \tag{20.1}$$

식 (20.1)은 공핍층의 작용으로부터 유도한 공식이기 때문에 어떤 JFET에도 적용할 수 있다. 많은 데이터 시트에는 드레인 특성곡선이나 전달 컨덕턴스 특성곡선이 표시되지 않고 대신 I_{DSS}와 $V_{GS(off)}$가 기록된다. 이런 값들을 식 (20.1)에 대입하면 임의의 게이트 전압에서의 드레인 전류를 계산할 수 있다. JFET가 4 mA의 I_{DSS}와 -2 V의 $V_{GS(off)}$를 갖고 있다면 식 (20.1)에 의해서으로 구할 수 있다. 따라서 임의의 게이트−소스전압을 알면 드레인 전류를 계산할 수 있다.

그림 20−4(c)는 임의의 JFET의 규격화된 전달 콘덕턴스 특성곡선을 표시하고 있다. 그림 20−4(c)에 표시된 내부의 점선을 사용해서 전달 특성곡선을 그려보라. 예를 들어, $V_{GS(off)} = -4$ V이고, I_{DSS}가 12 mA라고 가정하면 V_{GS}가 -1 V일 때 I_D는 6.75 mA가 된다.

$$I_D = 0.004\left[1 - \frac{V_{GS}}{-2}\right]^2 \text{ 또는 } I_D = 0.004\left[1 + \frac{V_{GS}}{2}\right]^2$$

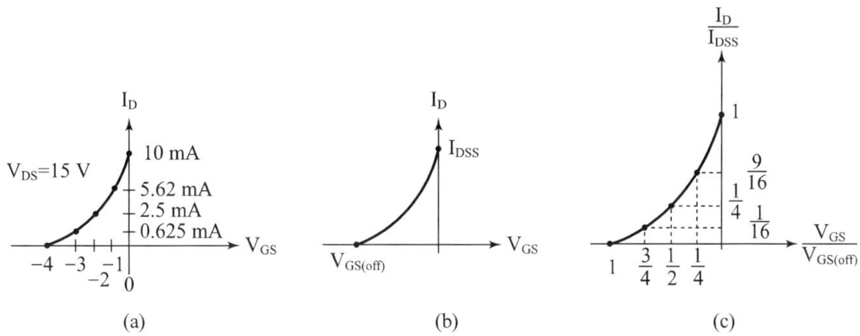

그림 20-4 전달 컨덕턴스 특성곡선.

$$I_D = \frac{9}{16}(12\,\text{mA}) = 6.75\,\text{mA}$$

V_{GS}가 −2 V이면 I_D는 3 mA가 되고,

$$I_D = \frac{1}{4}(12\,\text{mA}) = 3\,\text{mA}$$

V_{GS}가 −3 V이면, I_D는 0.75 mA가 된다.

$$I_D = \frac{1}{16}(12\,\text{mA}) = 0.75\,\text{mA}$$

이제 점으로 그려진 다섯 군데를 부드러운 곡선이 되도록 연결해 보라(데이터 시트에는 차단점과 포화점 2군데만 표시되므로 나머지 3개는 위에서처럼 계산으로 구해야 한다). 또 하나 마지막으로 알아둘 것은 포물선을 제곱법칙이란 다른 이름으로도 한다는 사실이다. 이것은 JFET가 제곱법칙 소자라고 하기 때문인데, JFET가 쌍극성 트랜지스터가 없는 제곱 특성을 갖는 이점을 갖고 있다.

예제 1 게이트 누설 전류를 I_{GSS}라고 표시하자. 만약 2N5951의 데이터 시트에 20 V에서 I_{GSS}가 4 pA라고 할 때 직류 입력저항은 얼마인가?

▸ 입력저항은 $5\times10^{12}\,\Omega$이 된다.

$$R_{GS} = \frac{20\text{ V}}{4\text{ pA}} = 5\times10^{12}\,\Omega$$

이것은 쌍극성 트랜지스터에는 없고 JFET만 가지는 중요한 이점이다. 바로 이런 특성 때문에 회로의 부하를 피하기 위해서 아주 높은 입력저항을 필요로 하는 계기나 오실로스코프, 전자전압계의 앞단에 사용된다.

예제 2 2N5951의 데이터 시트에는 $I_{DSS} = 20$ mA, $V_{GS(off)} = -3.5$ V로 표시되어 있다. V_{GS}가 −1 V일 때와 V_{GS}가 −2 V일 때, −3 V일 때의 드레인 전류를 계산하시오.

▸ V_{GS}가 −1 V일 때 식 (20.1)을 이용하면 I_D는 5.1 mA가 된다.
V_{GS}가 −2 V일 때 I_D는 1.84 mA이고, V_{GS}가 −3 V일 때 I_D는 0.204 mA이다.

20.2 JFET의 바이어스

게이트 바이어스

그림 20−5(a)는 게이트 바이어스 JFET 회로를 표시하고 있다. JFET의 게이트 −소스 접합에 역방향 바이어스를 제공하기 위해서 게이트 공급전압 $-V_{GG}$가 사용된다. 게이트 전류가 없기 때문에 R_G 양단에서 전압강하는 없다. 따라서 JFET의 게이트 전압은 직류 게이트 공급전압과 등가이다.

$$V_{GS} = V_{GG} \tag{20.2}$$

그림 20−5에 표시된 예제에서 $V_{GS} = V_{GG} = -1.5$ V이다. V_{GS}를 알고 있기 때문에 JFET의 I_{DSS} 전류와 $V_{GS(OFF)}$ 전압을 안다면 식 (20.1)을 이용해서 I_D를 계산하면 7.8 mA가 구해진다. 이제 I_D를 알고 있기 때문에 옴의 법칙을 사용하면 R_D 양단에서의 전압강하를 구할 수 있다.

$$V_{RD} = I_D \times R_D \tag{20.3}$$

그림 20−5에서 $V_{RD} = I_D \times R_D = 7.8\text{ mA} \times 1\text{ k}\Omega = 7.8\text{ V}$

V_{RD}와 V_{DS}를 더한 크기가 V_{DD}와 같기 때문에 V_{RD}를 알기만 한다면 다음의 공식을 이용해서 V_{DS}를 구할 수 있다.

$$V_{DS} = V_{DD} - V_{RD} \tag{20.4}$$

그림 20−5(b)에 표시된 예에서 V_{DS}는 12.2 V이다.

$$V_{DS} = V_{DD} - V_{RD} = 20\text{ V} - 7.8\text{ V} = 12.2\text{ V}$$

그림 20−5(b)는 그림 20−5(a)에 표시된 JFET 회로의 직류 부하선과 드레인 특성곡선을 표시하고 있다. 쌍극성 트랜지스터와 유사하게 JFET의 직류 부하선은 최대 출력전류점(포화점)인 $I_{DSS} = 20$ mA점과 최대 출력전압점(차단점)인 $V_{DS} = 20$ V점 사이에서 확장된다. 직류 동작점(Q점)은 그림 20−5(b)에 표시된 직류 부하선에 표시된 것처럼 앞에서의 계산에 의해서 결정된다.

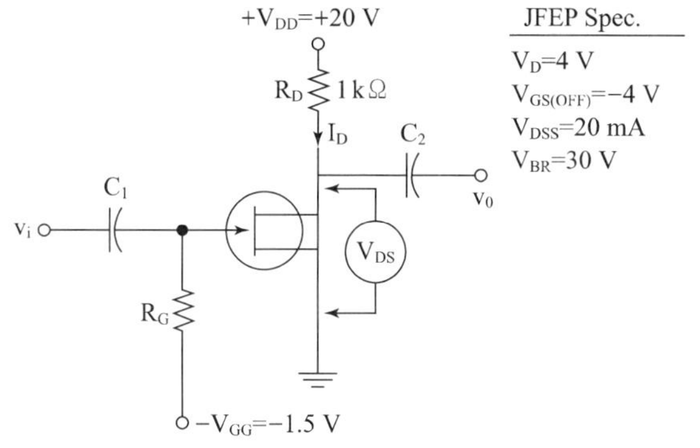

(a) 기본적인 회로

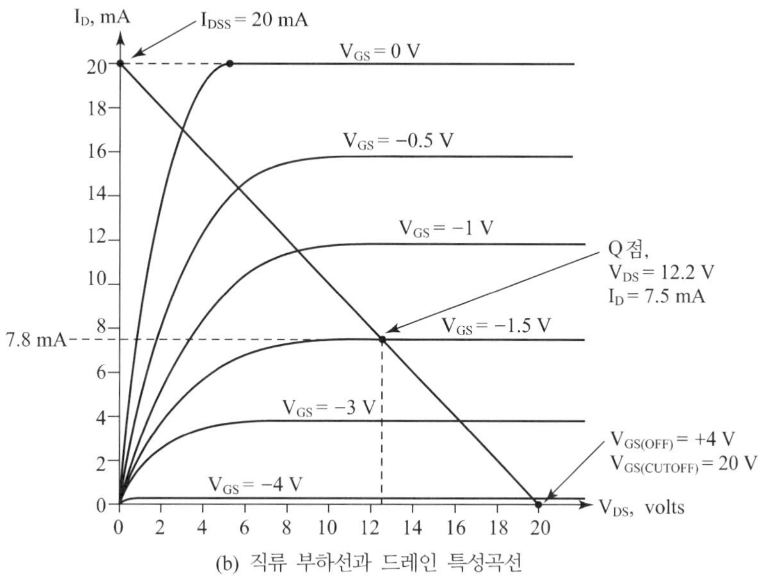

(b) 직류 부하선과 드레인 특성곡선

그림 20-5 게이트 바이어스된 JFET 회로.

예제 3 그림 20-6에 표시된 회로에서 다음을 구하시오.

(a) V_{GS} (b) I_D (c) V_{DS}

(d) I_D의 최대값 (e) $V_{GS} = V_{GS(OFFF)}$일 때의 V_{DS} (f) Q점

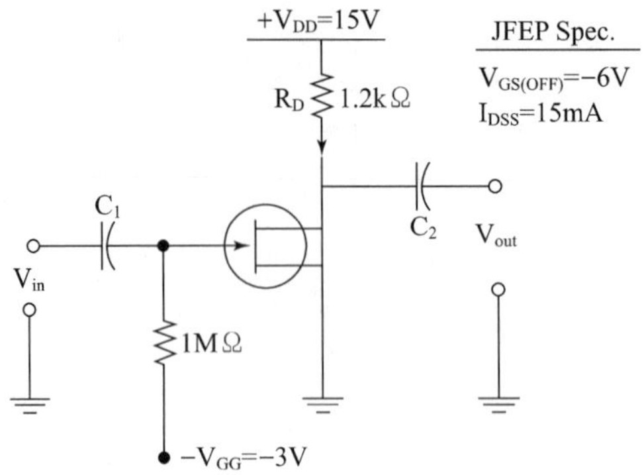

그림 20-6 게이트 바이어스 JFET 회로의 예.

▸ (a) $V_{GS} = V_{GG} = -3\text{ V}$

(b) $I_D = I_{DSS}\left(1 - \dfrac{V_{GS}}{V_{GS(OFF)}}\right)^2 = 15\,\text{mA}\left(1 - \dfrac{-3\text{V}}{-6\text{V}}\right)^2 = 15\,\text{mA}\,(1-0.5)^2 = 3.75\,\text{mA}$

(c) $V_{DS} = V_{DD} - V_{RD}$ (준 식에 $V_{RD} = I_D \times R_D$를 대입하면)

$V_{DS} = V_{DD} - (I_D \times R_D) = 15\text{ V} - (3.75\text{ mA} \times 1.2\text{ k}\Omega) = 15\text{ V} - 4.5\text{ V} = 10.5\text{ V}$

(d) I_D의 최대값 $= I_{DSS} = 15\text{ mA}$

(e) $V_{GS} = V_{GS(OFF)}$일 때 JFET는 차단되고 드레인과 소스 사이는 개방 스위치와 등가이다. 이런 조건에서는 드레인 공급전압 전체가 개방된 JFET 양단에서 나타나게 된다.

$V_{DS(CUTOFF)} = V_{DD} = 15\text{ V}$

(f) 동작점 Q는 $V_{GS} = -3\text{ V}$, $I_D = 3.75\text{ mA}$, $V_{DS} = 20.5\text{ V}$

자기 바이어스

그림 20-7(a)는 JFET 회로가 어떻게 자기 바이어스(self bias) 되는지를 보여 준다. 이런 바이어스법이 게이트 바이어스법을 능가하는 이점은 V_{DD}와 negative 게이트 공급전압 $-V_{GG}$대신 단일 드레인 공급전압 V_{DD}가 사용된다는 점이다. 비록 이런 배열은 게이트 바이어스 회로와는 완전히 다른 것처럼 보인다. 소스저항 R_S가 삽입되고 R_G가 접지에 연결되는 다른 차이점도 발견할 수 있다. 비록 이런 배열은 게이트 바이어스 회로와 완전히 다른 것처럼 보이지만 R_S의 삽입과 R_G의 접지연결은 JFET의 게이트-소스 접합의 역방향 바이어스와 동일한 결과를 얻게 한다. 그림 20-7(b)는 이런 동작이 어떻게 이루어지는지를 보여준다. 따라서 JFET 회로의 게이트 전류가 없다($I_G = 0$). 소스로 흐르는 모든 전류는 채널을 통해서 드

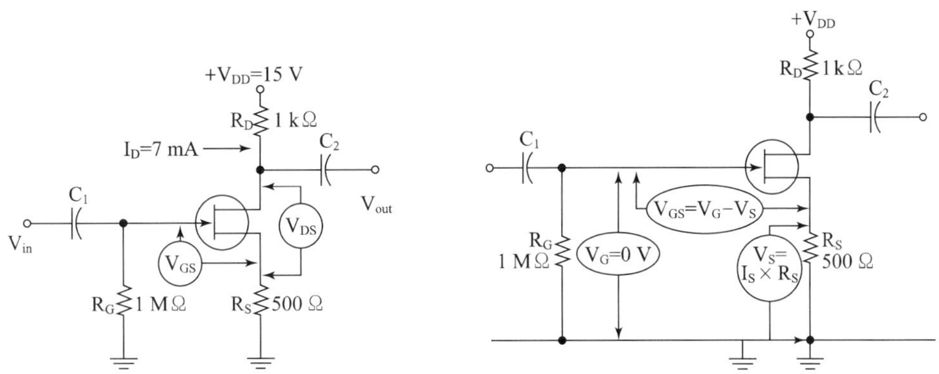

(a) 기본회로

(b) R_S가 어떻게 $-V_{GSS}$를 발생시키는가?

그림 20-7 자기 바이어스된 JFET 회로.

레인으로 흐르게 된다. 따라서 $I_S = I_D$이다.

그림 20-7에 표시된 예제에서 $I_D = I_S = 7\ \text{mA}$이다. 이제 I_S를 알고 있기 때문에 소스 저항 양단에 걸리는 전압강하 V_{RS}를 계산할 수 있다. 따라서 JFET의 소스전압과 V_S와 같다.

$$V_{RS} = V_S = I_S \times R_S \tag{20.5}$$

그림 20-7에 표시된 예제에서 V_{RS}는 $+3.5\ \text{V}$이다.

$$V_{RS} = V_S = I_S \times R_S = 7\ \text{mA} \times 500\ \Omega = 3.5\ \text{V}$$

$I_G = 0\ \text{V}$이기 때문에 R_G 양단에서는 전압강하가 발생되지 않는다. 따라서 JFET의 게이트 전압은 0 V이다.

$$V_G = 0\ \text{V}$$

이제 $V_S = +3.5\ \text{V}$, $V_G = 0\ \text{V}$라는 사실을 알고 있기 때문에 JFET의 게이트–소스 접합이 어떻게 역방향으로 바이어스되는지 이해할 수 있게 된다. 게이트 바이어스 JFET를 역방향으로 바이어스시키기 위해서는 간단하게 0 V인 게이트 전압을 소스전압에 대해서 negative로 만들어 주어야 한다. 자기 바이어스 JFET를 사용하면 소스전압이 0 V인 게이트 전압에 대해서 positive로 되기 때문에 동일한 결과를 구할 수 있다. 이것이 JFET의 게이트를 소스에 대해서 negative로 만들게 된다. 게이트와 소스 사이의 이런 전위차 V_{GS}는 다음과 같다.

$$V_{GS} = V_G - V_S \tag{20.6}$$

$V_S = I_S \times R_S$ 그리고 $V_G = 0$이므로 위 식에 대입하면 다음 식을 구할 수 있다.

$$V_{GS} = 0\ \text{V} - (I_S \times R_S) \text{ 혹은 } V_{GS} = -(I_S \times R_S) \tag{20.7}$$

$$I_S = I_D \text{이므로 } V_{GS} = -(I_D \times R_S) \tag{20.8}$$

로 쓸 수 있다. 그림 20−7에 표시된 예제에서

$$V_{GS} = -(I_S \text{ 혹은 } I_D \times R_S)$$
$$V_{GS} = -(7\text{ mA} \times 500\,\Omega) = -3.5\text{ V}$$

만약 $-V_{GS}$와 R_S를 알고 있다면 I_D를 구하기 위해서 다음과 같은 공식을 유도할 수 있다.

$$I_D = \frac{V_{GS}}{R_S} \tag{20.9}$$

그림 20−7에 표시된 예제에서 I_D는 7 mA이다.

$$I_D = \frac{V_{GS}}{R_S} = \frac{3.5\text{ V}}{500\ \Omega} = 7\text{ mA}$$

JFET의 드레인과 소스 양단에서의 전압강하와 JFET의 접지에 대한 드레인 전압을 결정하기 위해서는 다음과 같은 계산과정을 더 거쳐야 한다.

$$V_D = V_{DD} - V_{RD} \tag{20.10}$$

$V_{RD} = I_D \times R_D$이기 때문에 $V_D = V_{DD} - (I_D \times R_D)$라고 표시할 수 있다.

그림 20−7에 표시된 예제에서 V_D는 8 V이다.

$$\begin{aligned} V_D &= V_{DD} - (I_D \times R_D) \\ &= 15\text{ V} - (7\text{ mA} \times 1\text{ k}\Omega) = 15\text{ V} - 7\text{ V} = 8\text{ V} \end{aligned}$$

이제 R_D 양단에서의 전압강하 V_{RD}와 R_S 양단에서의 전압강하 V_{RS}를 알고 있기 때문에 JFET의 드레인과 소스 양단에 걸리는 전압강하 V_{DS}를 구할 수 있다.

$$V_{DS} = V_{DD} - (V_{RD} \times V_{RS})$$

그림 20−7에 표시된 예제에서 V_{DS}는 4.5 V이다.

$$\begin{aligned} V_{DS} &= V_{DD} - (V_{RD} + V_{RS}) \\ &= 15\text{ V} - (7 + 3.5\text{ V}) = 15\text{ V} - 10.5\text{ V} = 4.5\text{ V} \end{aligned}$$

예제 4 그림 20-8에 표시된 회로를 해석하고 다음을 구하시오.

(a) V_S (b) V_{GS} (c) V_{DS} (d) I_D의 최대값

(e) JEFT OFF시의 V_{DS} (f) V_D

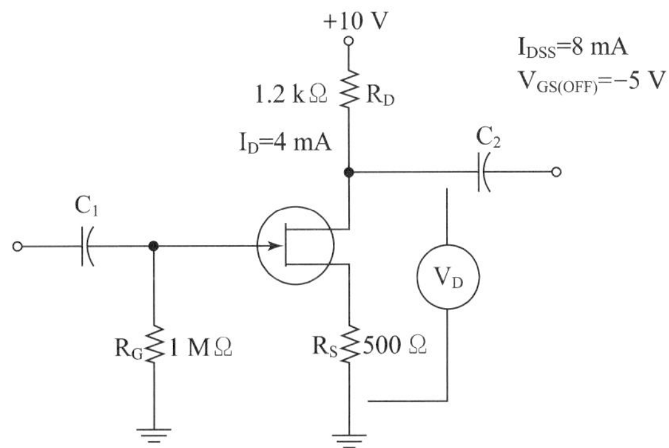

그림 20-8 자기 바이어스된 JFET 회로.

▸ (a) $I_S = I_D$이므로 $V_S = I_S \times R_S = 4\ mA \times 500\,\Omega = 2\ V$

(b) $V_{GS} = V_G - V_S = 0\ V - 2\ V = -2\ V$

(c) $V_{DS} = V_{DD} - (V_{RD} + V_{RS}) = 10\ V - [(I_D R_D) + 2\ V]$

$= 10\ V - [(4\ mA \times 1.2\ k\Omega) + 2\ V] = 10\ V - (4.8\ V + 2\ V) = 10\ V - 6.8\ V = 3.2\ V$

(d) I_D의 최대값 $= I_{SDD} = 8\ mA$

(e) $V_{DS(OFGF)} = V_{DD} = 20\ V$

(f) $V_D = V_{DS} + V_{RS} = 3.2\ V + 2\ V = 5.2\ V$

전압분배기 바이어스

그림 20-9에 표시된 전압분배기로 바이어스된 JFET 회로를 참조하면 이전에 고찰한바 있는 BJT의 전압분배기 바이어스 회로와 아주 유사하다는 것을 인식할 수 있다. 자기 바이어스와 유사하게 주위 온도의 변화에 무관하게 Q점을 안정시키기 위해서 소스 저항이 포함된다. V_{GS}를 충족하는 게이트-바이어스 전압을 결정하기 위해서 전압분배기를 사용한다. 따라서 회로는 안정도가 증가한다. 게이트 전압 V_G는 다음과 같은 전압분배기 공식에 의해서 계산된다.

$$V_{R2} \text{ 혹은 } V_G = \frac{R_2}{R_1 + R_2} \times V_{DD} \tag{20.11}$$

그림 20-9에 표시된 예제에서 V_G는 5 V이다.

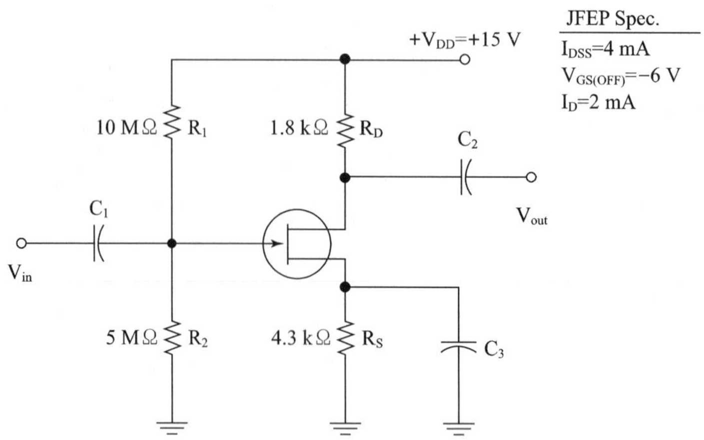

그림 20-9 JFET의 전압분배기 바이어스.

$$V_{R2} \text{ 혹은 } V_G = \frac{R_2}{R_1 + R_2} \times V_{DD} = \frac{5\,M\Omega}{10\,M\Omega + 5\,M\Omega} \times 15\,V = 5\,V$$

$I_D = I_S(I_G = 0)$이고 드레인 전류와 저항을 알고 있기 때문에 소스 저항 양단에서의 전압강하 V_{RS}와 드레인 저항 양단에서의 전압강하 V_{RD}, JFET의 소스와 드레인 접합 사이의 전압강하 V_{DS}를 계산할 수 있다.

$$I_S = I_D = 2\text{ mA}$$

$$V_{RS} = I_S \times R_S = 2\text{ mA} \times 4.3\text{ k}\Omega = 8.6\text{ V}$$

$$V_{RD} = I_D \times R_D = 2\text{ mA} \times 1.8\text{ k}\Omega = 3.6\text{ V}$$

$$V_{DS} = V_{DD} - (V_{RS} + V_{RD}) = 15\text{ V} - (8.6\text{ V} + 3.6\text{ V}) = 2.8\text{ V}$$

이제 JFET의 게이트 전압 V_G와 소스 전압 V_S를 알고 있기 때문에 게이트-소스 역방향 바이어스인 $-V_{GS}$를 계산할 수 있다.

$$V_{GS} = V_G - V_S(V_G = V_{R2},\ V_S = V_{RS})$$

그림 20-9에 표시된 예에서 $V_{GS} = 5\text{ V} - 8.6\text{ V} = -3.6\text{ V}$이다.

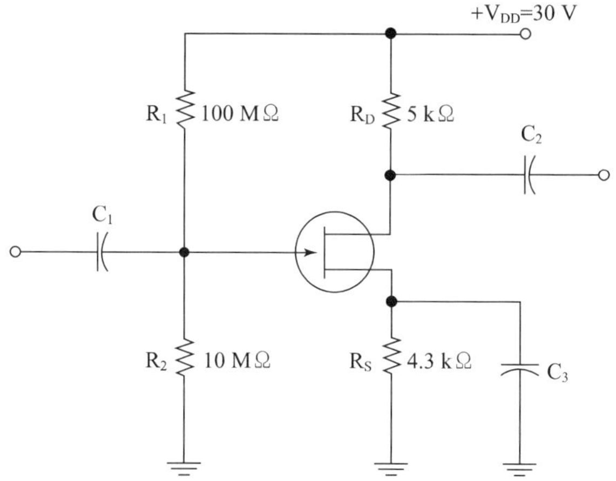

그림 20-10 전압분배기로 바이어스된 회로.

예제 5 그림 20-10에 표시된 전압분배기로 바이어스된 JFET 회로에서 다음을 계산하시오.

(a) V_G (b) I_S (c) V_S (d) V_{DS}

(e) V_{GS} (f) $V_{GS}=V_{GS(OFF)}$ 시의 V_D (g) $V_{GS}=0$ V일 때의 I_D

▸ (a) $V_G=\dfrac{R_2}{R_1+R_2}\times V_{DD}=\dfrac{10\ \text{M}\Omega}{100\ \text{M}\Omega+10\ \text{M}\Omega}\times 30\ \text{V}=2.7\ \text{V}$

(b) $I_S=I_D=3.6$ mA

(c) $V_S=V_{RS}=I_S\times R_S=3.6\ \text{mA}\times 2.7\ \text{k}\Omega=9.7\ \text{V}$

(d) $V_{DS}=V_{DD}-(V_{RD}+V_{RS})=30\ \text{V}-[9.7\ \text{V}+(I_S\times R_D)]$

$=30\ \text{V}-[9.7\ \text{V}+(3.6\ \text{mA}\times 5\ \text{k}\Omega)]=30\ \text{V}-(9.7\ \text{V}+18\ \text{V})=2.3\ \text{V}$

(e) $V_{GS}=V_G-V_S=2.7\ \text{V}-9.7\ \text{V}=-7\ \text{V}$

(f) $V_{GS}=V_{GS(OFF)}$일 때 JFET는 OFF되고 $V_D=V_{DD}=30$ V이다.

(g) $V_{GS}=0$ V일 때 $I_D=I_{DSS}=6$ mA이다.

20.3 전달 컨덕턴스

앞에서 JFET 증폭기를 해석할 때 g_m이라고 표시하고 전달 컨덕턴스라고 하는 교류량에 대해서 설명한 바 있는데, 전달 컨덕턴스는 식 (20.12)처럼 표시된다.

$$g_m=\frac{\Delta I_D}{\Delta V_{GS}} \tag{20.12}$$

V_{GS}와 I_D의 변화는 전압에서도 같기 때문에 식 (20.12)를 다시 쓰면 식 (20.13)처럼 표시할

수 있다.

$$g_m = \frac{i_d}{v_{gs}} \tag{20.13}$$

그림 20-11(a)는 전달 컨덕턴스 특성곡선에서 g_m의 의미를 표시하고 있다. A점과 B점 사이에서 V_{GS}의 변화가 I_D의 변화를 가져오며, A점과 B점 사이에서 V_{GS}의 변화에 대한 I_D의 변화가 g_m으로 표시된다. 만약 C점과 D점 사이의 새로운 두 점을 선택한다면 V_{GS}의 변화에 대한 I_D의 변화가 더 증가했음을 알 수 있고, 그 결과 g_m도 특성곡선의 위쪽에 있게 됨을 알 수 있다. g_m은 게이트 전압이 드레인 전류를 얼마나 제어할 수 있는가를 표시하며, g_m이 커지면 게이트 전압이 드레인 전류를 효과적으로 제어할 수 있다. JFET의 데이터 시트는 보통 정지 드레인 전류에 따라서 g_m이 어떻게 변화하는가를 보여 주는 그래프를 포함하고 있다. 따라서 정지 드레인 전류에 대한 g_m값을 찾아내면 JFET 증폭기가 얼마의 직류 드레인 전류를 흘릴 수 있는지 알 수 있다. 그림 20-1(b)는 JFET의 간단한 교류 등가회로를 보여 주고 있다. 매우 높은 저항인 R_{GS}가 게이트와 소스 사이에 존재하는데 그 크기는 수십 메가 옴에서 수백 메가 옴이다. JFET의 드레인은 g_m값을 갖는 전류원처럼 동작한다. 만약 g_m과 v_{gs}를 알고 있다면 교류 드레인 전류를 계산할 수 있다.

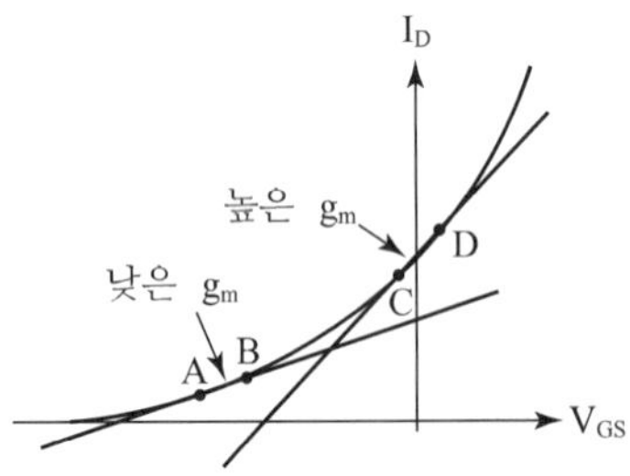

(a) 큰 드레인 전류에서의 전달 컨덕턴스의 증가

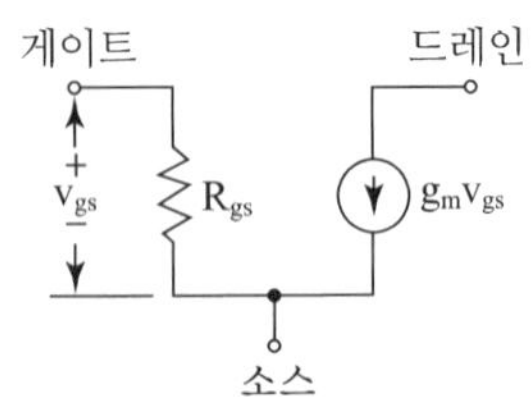

(b) JFET의 등가회로

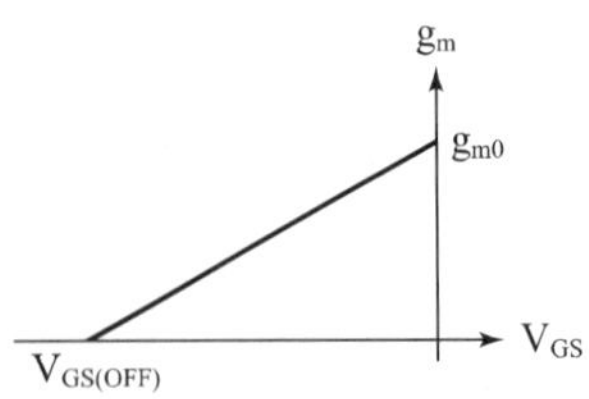

(c) 게이트 소스전압을 갖는 전달 컨덕턴스의 변화

그림 20-11

전달 콘덕턴스값

$V_{GS}=0$일 때 g_m은 최대값을 갖는다. 이런 최대값을 g_{mo}로 표시한다. g_m과 g_{mo}의 관계식은 다음과 같은 과정을 통해서 유도된다.

$$I_D = I_{DSS}\left[1-\frac{V_{GS}}{V_{GS(OFF)}}\right]^2$$

식을 미분하면 식 (20.14)을 구할 수 있다.

$$\frac{dI_D}{dV_{GS}} = g_m = 2I_{DSS}\left[1-\frac{V_{GS}}{V_{GS(OFF)}}\right]\left[-\frac{1}{V_{GS(OFF)}}\right] \qquad (20.14)$$

$$\text{혹은 } g_m = -\frac{2I_{DSS}}{V_{GS(OFF)}}\left[1-\frac{V_{GS}}{V_{GS(OFF)}}\right] \qquad (20.15)$$

$V_{GS}=0$일 때 식 (20.16)을 구할 수 있고 식 (20.16)을 (20.17)로 표현할 수도 있다. 따라서 식 (20.18)을 유도할 수 있다.

$$g_{m0} = -\frac{2I_{DSS}}{V_{GS(OFF)}} \qquad (20.16)$$

$$V_{GS(OFF)} = -\frac{2I_{DSS}}{g_{m0}} \qquad (20.17)$$

$$g_m = g_{m0}\left[1-\frac{V_{GS}}{V_{GS(OFF)}}\right] \qquad (20.18)$$

20.4 공통 소스, 공통 드레인, 공통 게이트 증폭기

공통 소스 증폭기 회로

그림 20-12(a)는 공통 소스 증폭기를 표시하고 있다. 적은 교류신호가 게이트에 결합되면 게이트-소스 전압이 변하게 되고, 이것이 정현파 드레인 전류를 발생시키며 드레인 전류를 통해서 흐르는 교류전류가 출력에 나타나는 증폭된 교류신호이다. 게이트-소스 전압의 증가는 드레인 전류를 증가시킨다. 이것은 드레인 전압이 감소하고 있음을 의미한다. 입력전압의 +반주기에서 출력의 -반주기를 발생시키기 때문에 공통 소스 증폭기에서 위상반전을 얻을 수 있다. 그림 20-12(b)는 공통 소스 증폭기의 교류 등가회로를 표시하고 있다. 입력측에는 R_1과 R_2가 병렬로 연결되어 있고, 내부저항 R_{GS}는 무시될 만큼 크다. 교류 출력전압에서 -표시는 위상이 반전되었다는 것을 의미한다.

$$v_{out} = -g_m v_{gs} R_D \tag{20.19}$$

교류전원이 직접 게이트-소스 단자 사이에 연결되기 때문에 교류입력전원은 $v_{in} = v_{gs}$로 된다. 입력전압과 출력전압의 비를 구하면 식 (20.20)을 구할 수 있다.

$$\frac{v_{out}}{v_{in}} = -g_m R_D \tag{20.20}$$

위 식을 다시 쓰면 식 (20.21)로 표시할 수 있다.

$$A = -g_m R_D \tag{20.21}$$

식 (20.21)은 출력 결합 콘덴서가 부하저항에 연결되지 않기 때문에 무부하 전압 이득이 된다. 비선형인 전달 컨덕턴스 특성곡선 때문에 JFET는 그림 20-12(d)에 표시한 것처럼 큰 신호를 왜곡시킨다. 정현파 입력전압이 주어지면 +반주기는 늘어나고, -반주기는 억압된 비정현파의 출력전류를 얻는다. 이런 종류의 왜곡은 전달 컨덕턴스 특성곡선이 포물선 모양이기 때문에 제곱법칙 왜곡(square-law distortion)이라 한다. 이런 형태의 왜곡은 주파수 혼합기의 응용에서 아주 중요하게 취급된다. 선형증폭기에서 왜곡은 바람직하지 않다. JFET 증폭기에서의 제곱법칙 왜곡을 최소화시키는 방법은 신호를 작게 유지하는 것이다. 이런 경우는 오직 전달 컨덕턴스 특성곡선의 일부분만이 사용되기 때문이다. 이것은 거의 선형처럼 동작한다.

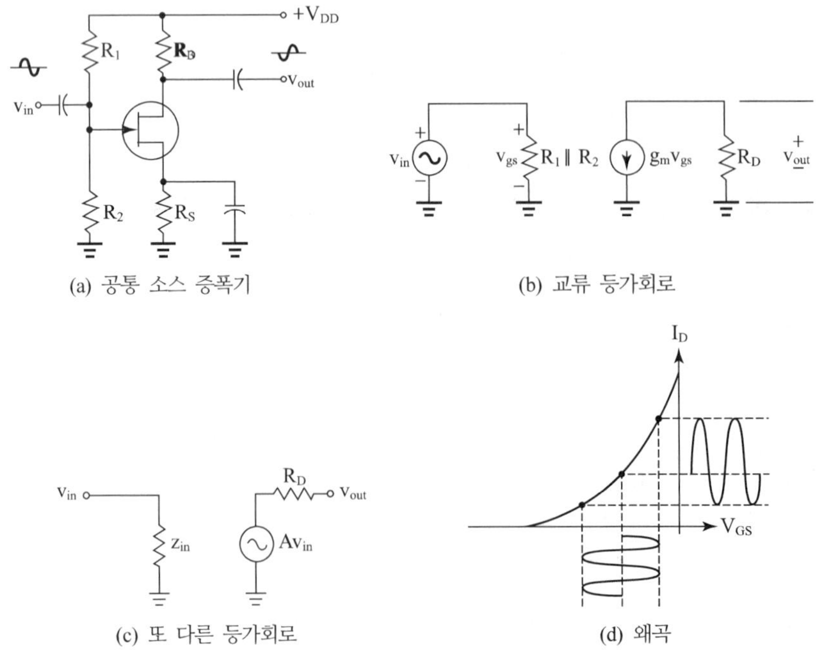

그림 20-12

공통 드레인 회로

그림 20-13(a)는 이미터 활로워와 유사한 공통 드레인 증폭기를 표시하고 있다. 교류 신호가 게이트를 구동시키면 교류 드레인 전류가 발생된다. 이런 전류는 바이패스되지 않은 소스 저항을 통해서 흐르며 입력전압과 동위상을 갖고 크기가 거의 같은 교류 출력전압이 발생된다. 이런 이유 때문에 공통 드레인 증폭기는 소스 활로워라고 한다. 높은 입력 임피던스 때문에 소스 활로워는 오실로스코프나 전자전압계와 같은 측정용 계기의 앞단에 사용된다. 그림 20-13(b)는 소스 활로워의 교류 등가회로를 표시하고 있다. 전압 이득의 공식을 유도하면 식 (20.22)가 구해진다.

$$A = \frac{R_S}{R_S + 1/g_m} \tag{20.22}$$

R_S가 $1/g_m$보다 아주 크다면 무부하 상태의 전압 이득은 1이 된다. 소스 활로워는 전압 이득이 1이기 때문에 본래 왜곡이 적은 증폭기이다. 만약 전압 이득이 정확하게 1이라면 출력이 입력과 같기 때문에 왜곡이 존재하지 않는다.

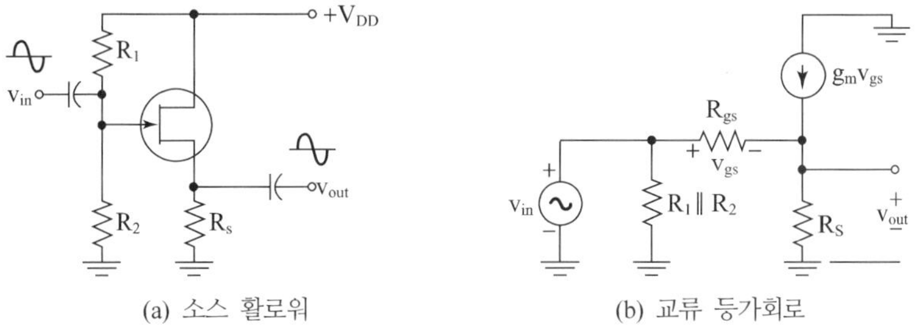

(a) 소스 활로워 (b) 교류 등가회로

그림 20-13

공통 게이트 증폭기

그림 20-14(a)는 공통 게이트 증폭기를 표시하고, 전압 이득은 식 (20.23)처럼 표시된다.

$$A = g_m R_D \tag{20.23}$$

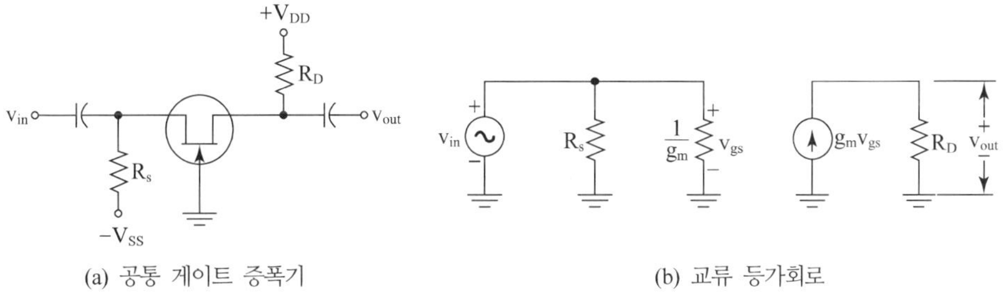

(a) 공통 게이트 증폭기 (b) 교류 등가회로

그림 20-14

20.5 JFET의 응용 분야

아날로그 직렬 스위치와 병렬 스위치

그림 20−15(a)는 병렬 스위치를 표시하고 있다. 병렬 스위치의 개념은 적은 교류입력신호를 전달시키거나 또는 차단시키는 데 있으며, v_{in}이 적다는 의미는 일반적으로 200 mV 미만일 때를 말한다. 제어 전압 V_{con}이 0이면 JFET는 포화상태로 되기 때문에 JFET는 단락 스위치와 등가로 되며, v_{out}은 v_{in}과 같아진다. 입력전압이 작은 경우 JFET는 입력전압이 －의 반주기일지라도 차단상태로 남게 된다. 포화된 JFET의 교류저항 때문에 스위칭은 완전하지 않고 교류등가회로는 그림 20−15(b)처럼 표시된다. 스위치가 개방되면 입력신호의 전부가 출력에 도달된다. 그러나 스위치가 단락되면 $r_{ds(on)}$이 0이 아니기 때문에 입력신호 중 일부분만이 출력에 도달된다. 그림 20−15(c)는 직렬 스위치를 표시하고 있다. V_{con}이 0일 때 JFET는 단락 스위치와 등가인데, 이런 경우 출력은 입력과 거의 같아진다. V_{con}이 $V_{GS(OFF)}$와 같거나 더욱 －로 되면 JFET는 개방 스위치로 되고, v_{OUT}은 거의 0이 된다. 그림 20−15(d)는 교류 등가회로를 표시하고 있다. 스위치가 개방되면 출력에 신호가 전달되지 않는다. 스위치가 단락되면 $r_{ds(on)}$이 R_D보다 아주 작기 때문에 입력신호의 대부분이 출력에 나타난다.

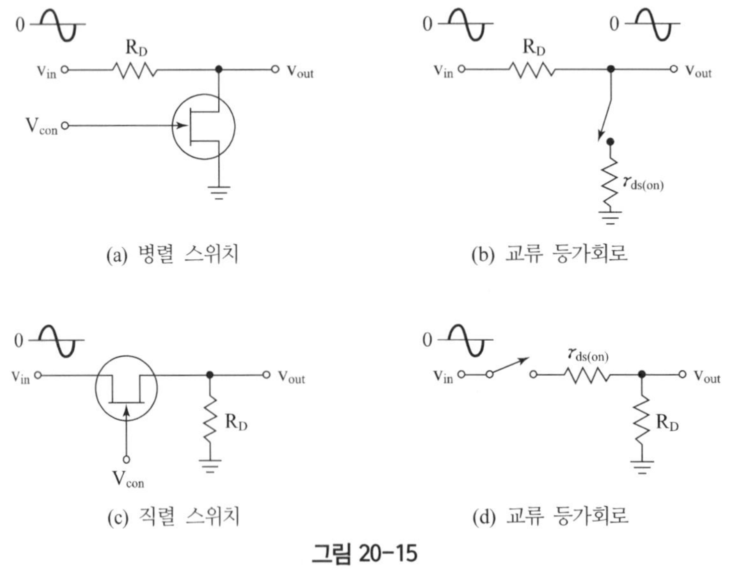

그림 20−15

멀티플렉싱

멀티플렉스의 의미는 '많은 것을 하나로'란 뜻으로 그림 20-16은 입력신호 중의 한 가지를 출력으로 지나가게 하는 아날로그 멀티플렉싱를 표시하고 있다. 조절신호(V_1, V_2, V_3)가 $V_{GS(off)}$ 보다 더욱 −로 되면 모든 신호가 차단된다. 임의의 제어 전압을 0으로 해줌으로 해서 입력 신호 중의 하나를 출력으로 전송시킬 수 있다. $V_1 = 0$이라면 출력에서 정현파를 얻을 수 있다. 만약 $V_2 = 0$이라면 출력에서 삼각파를 구할 수 있고, V_3가 0이라면 출력에서 구형파를 얻을 수 있다. 일반적으로 제어 신호 중에서 하나는 0이다.

완충 증폭기

그림 20-17은 앞의 증폭단과 뒤의 증폭단을 분리시켜 주는 완충 증폭기를 표시하고 있다. 이상적인 완충 증폭기는 높은 입력의 임피던스를 갖기 때문에 A 증폭단의 테브닌 전압의 대부분이 버퍼의 입력에 나타나며, 버퍼의 출력 임피던스는 낮기 때문에 버퍼의 모든 출력은 B 증폭단으로 전달된다. 소스 활로워는 저주파에서 MΩ 단위의 높은 입력 임피던스와 수백 Ω 단위의 낮은 출력 임피던스를 갖기 때문에 가장 성능이 우수한 완충 증폭기이다. 높은 입력 임피던스는 앞단의 부하를 약하게 하며, 낮은 출력 임피던스는 버퍼를 큰 부하로(작은 부하저항이) 구동시킬 수 있음을 의미한다.

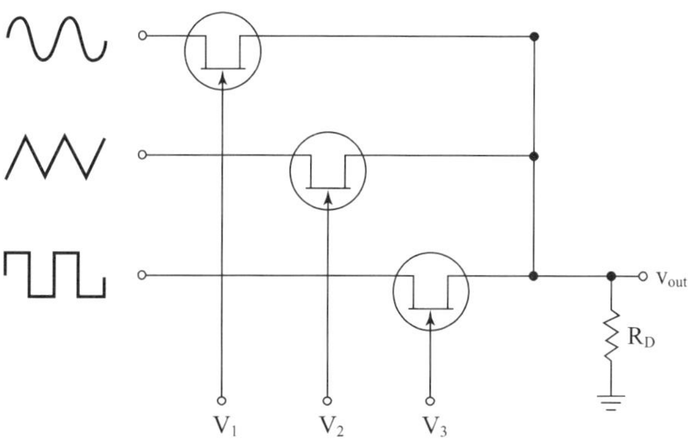

그림 20-16 아날로그 멀티플렉싱.

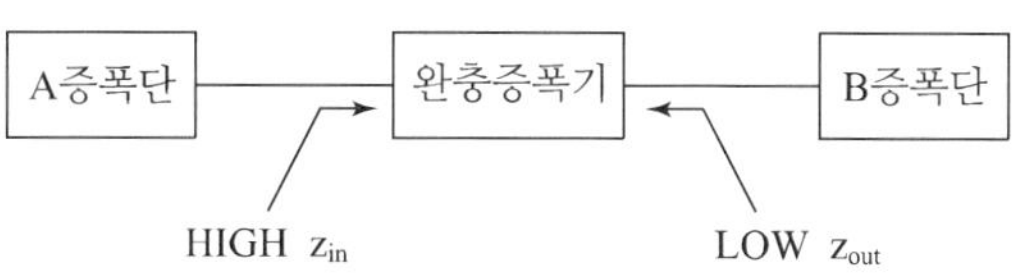

그림 20-17 완충 증폭기.

저잡음 증폭기

잡음이란 유용한 신호에 중첩된 원하지 않는 외란을 말하며, 잡음은 신호에 포함되어 있는 정보를 간섭시켜서 잡음이 커지면 정보가 작아진다. 텔레비전 수상기에서 잡음은 화면에 백색점과 흑색점을 만들게 된다. 어떤 잡음은 화면을 사라지게 하는 경우도 있다. 라디오 수신기에서의 잡음도 TV 수상기에서의 잡음과 유사하며, 히싱(hissing)이나 클래클링(crackling)을 만드는 수도 있고 엉뚱한 음악이나 소리가 만들어지기도 한다. 잡음은 신호가 제거되었을 때도 발생하기 때문에 신호와는 무관한 것으로 보면 된다. 어떤 전자 소자라도 잡음을 갖고 있는데, JFET는 아주 작은 잡음만을 갖는 우수한 저잡음 소자이다. 이런 특성 때문에 JFET는 수신기나 전자장치의 앞단으로 사용되며, 최종 출력단에서 잡음이 적게 증폭된 출력을 얻을 수 있다.

20.6 MOSFET

금속 산화물 반도체 FET는 보통 MOSFET라 하며, 게이트, 소스, 드레인으로 구성된다. JFET와 다른 점은 게이트가 채널로부터 절연되어 있다는 점이다. 이것 때문에 게이트 전압이 +이든 −이든 간에 게이트 전류는 지극히 작다. MOSFET는 간혹 IGFET라고도 하는데, 그 이유는 게이트가 절연되었기 때문이며, IGFET는 insulated gate FET의 약자이다.

공핍형 FET

그림 20-18은 n형 물질로 된 전도성 막대의 오른쪽에는 p형 영역을 갖고, 왼쪽에는 절연된 게이트를 갖는 n채널 MOSFET를 표시하고 있다. 자유 전자는 n형 물질을 통해서 소스로부터 드레인까지 흘러간다. p형 영역을 기판이라고 하는데, 이것은 물리적으로 채널의 폭을 좁게 해서 전도 통로를 감소시킨다. 소스로부터 드레인까지 흘러가는 전자들은 반드시 이런 좁은 채널을 통과하지 않으면 안된다. 채널의 왼편에는 이산화규소(SiO_2)가 얇은 층을 이루고 있다. 이산화규소는 유리와 같은 절연체이다. MOSFET의 게이트는 금속인데 채널과 절연상태이므로 게이트 전압이 +전압이라 하더라도 게이트 전류는 무시된다. JFET에서 존재했던 pn 접합형 다이오드는 MOSFET에서는 제거된 것과 같다.

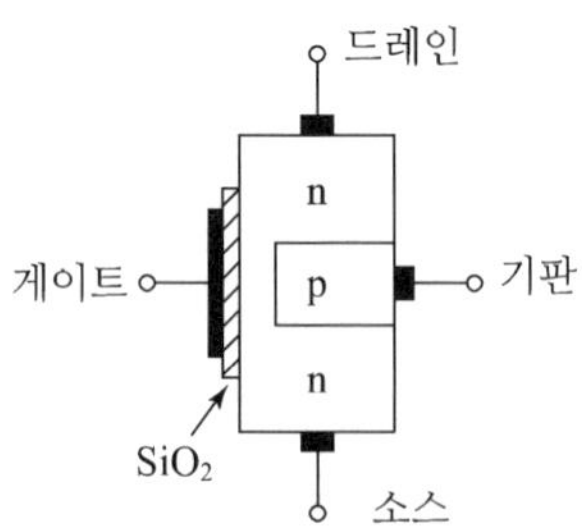

그림 20-18 공핍형 MOSFET.

공핍형 MOSFET의 공핍 모드

그림 20-19(a)는 -의 게이트 전압을 갖는 MOSFET를 표시하고 있다. V_{DD} 전원은 자유 전자를 소스로부터 드레인으로 흐르게 한다. 이런 자유 전자들은 p형 기판의 왼쪽에 존재하는 폭이 좁은 채널을 통해서 흐르게 된다. 게이트 전압이 채널의 폭을 조절하기 때문에 더욱 -(negative)로 되는 게이트 전압은 드레인 전류를 작게 만든다. 게이트 전압이 충분히 크게 -로 되면 드레인 전류는 차단된다. 따라서 -의 게이트 전압을 갖는 MOSFET의 동작은 JFET의 동작과 유사하다. -게이트 전압의 동작은 채널의 자유 전자를 공핍시키기 때문에 -의 전압을 갖는 게이트 동작은 공핍 모드라 한다.

공핍형 MOSFET의 증가 모드

MOSFET의 게이트가 채널로부터 절연되어 있기 때문에 게이트에 그림 20-19(b)에 표시한 것처럼 +(positive) 전압을 공급할 수 있다. +게이트 전압은 채널을 통해서 흐르는 자유 전자의 개수를 증가시킨다. 게이트 전압이 더욱 +로 될수록 소스에서 드레인으로 자유 전자의 전도는 증가하게 된다. +게이트 전압을 갖는 MOSFET의 동작은 채널의 도전율의 증가에 의존하기 때문에 그림 20-19(b)와 같은 positive 게이트 동작을 증가 모드라고 한다. 절연층 때문에 어떤 모드이든 간에 게이트 전류는 무시된다. MOSFET의 입력저항은 믿기 어려울 정도로 크며 일반적으로 200,000 MΩ 에서 200,000,000 MΩ 정도이다.

드레인 특성곡선

그림 20-20(a)는 공통 소스 회로의 직류 부하선을 갖는 n채널 MOSFET의 일반적인 드레인 특성곡선을 표시하고 있다. 위쪽의 곡선은 $+V_{GS}$를 갖고, 아래쪽 곡선은 $-V_{GS}$를 갖는다. 가장 아래쪽 드레인 특성곡선은 V_{GS}가 $V_{GS(OFF)}$인 경우 드레인 전류는 거의 0이다. V_{GS}가 $V_{GS(OFF)}$와 0 사이에 있으면 공핍 모드 동작이 된다. 다시 말해 V_{GS}가 0보다 크면 증가형 모드 동작이 된다.

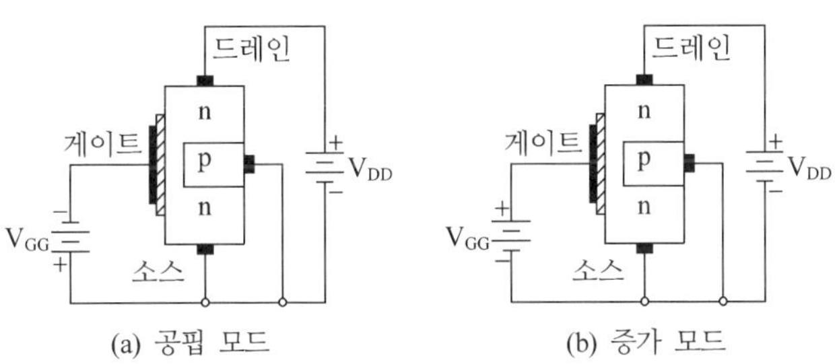

(a) 공핍 모드 (b) 증가 모드

그림 20-19

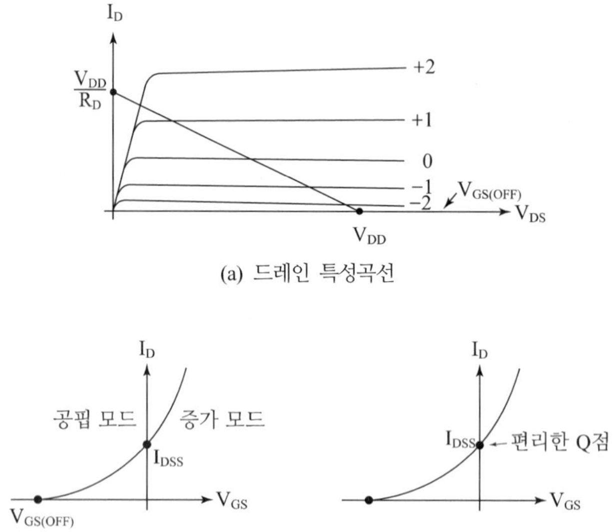

(a) 드레인 특성곡선

(b) 전달 콘덕턴스 특성곡선 (c) 편리한 Q점

그림 20-20

전달 컨덕턴스 특성곡선

그림 20-20(b)는 MOSFET의 전달 컨덕턴스 특성곡선을 나타내고 있다. IDSS는 게이트 단락상태의 드레인 전류를 표시한다. 그림에서 보다시피 드레인 전류와 게이트-소스 전압의 관계는 포물선으로 표시되기 때문에 앞에서 기술했던 제곱법칙 식 (20.1)을 그대로 사용할 수 있다.

$$I_D = I_{DSS}\left[1 - \frac{V_{GS}}{V_{GS(OFF)}}\right]^2 \tag{20.24}$$

식 (20.24)는 JFET의 제곱법칙 공식과 일치한다. 그러나 MOSFET에서의 V_{GS}값은 +전압이나 −전압 모두를 사용할 수 있다. 그림 20-20(b)와 같은 전달 콘덕턴스 특성곡선을 갖는 MOSFET는 그림 20-20(c)에 표시된 Q점을 사용할 수 있기 때문에 JFET보다 바이어스가 쉽다. 이런 Q점에서는 $V_{GS} = 0$, $I_D = I_{DSS}$이다.

노멀리 ON 스위치

지금까지 기술한 MOSFET를 공핍형 MOSFET라 한다. 이것은 드레인 전류가 공핍모드에 있거나 증가 모드에 있게 된다. 그래서 이런 종류의 MOSFET는 $V_{GS} = 0$일 때 도통하게 되므로 노멀리 ON MOSFET라 한다.

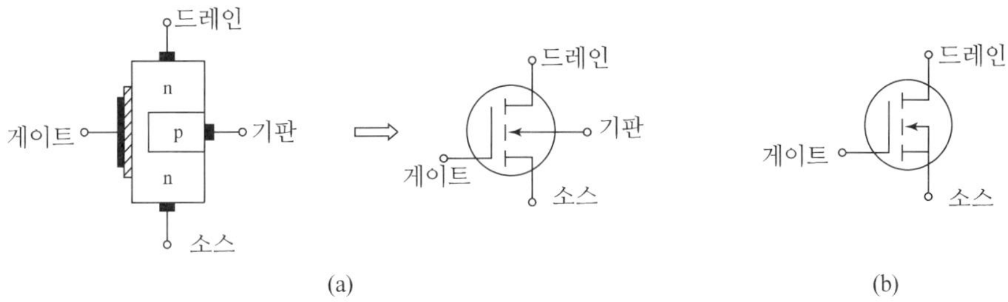

그림 20-21 n채널 공핍형 MOSFET의 도면기호.

도면기호

그림 20-21(a)는 공핍형 MOSFET의 도면기호를 나타내고 있다. 게이트 오른쪽의 얇은 수직선은 채널을 표시한다. 드레인 단자는 채널의 위쪽에서 나오고 소스 단자는 채널의 아래쪽에 연결되어 있다. p형 기판의 화살표는 n형 물질을 향해서 그려져 있다. 어떤 응용회로에서는 드레인 전류의 제어를 위해서 기판에 전압을 인가하기도 한다. 이런 경우 단자가 4개가 된다. 대부분의 응용에서 기판은 소스에 연결되어 있다. 보통 제조업자는 기판을 소스에 내부적으로 연결시킨다. 이런 결과로 만든 MOSFET는 3단자이며, 그림 20-21(b)와 같이 도면기호를 표시된다. p채널 공핍형 MOSFET의 경우도 p형의 막대에 오른쪽에는 n형 영역을, 왼쪽에는 절연된 상태의 게이트가 있다. 따라서 p채널 MOSFET의 도면기호도 n채널 MOSFET와 유사하나 화살표의 방향만 반대로 되어있다.

20.7 증가형 MOSFET

n채널 MOSFET의 내부구조를 변화시키면 증가 모드에서만 동작하는 새로운 종류의 MOSFET를 만들 수 있다. 이런 형태의 MOSFET는 노멀리 off 스위치로 동작하기 때문에 컴퓨터의 메모리와 마이크로 프로세서에 널리 사용된다. 드레인 전류를 얻기 위해서는 positive 게이트 전압이 필요하다.

반전층의 생성

그림 20-22(a)는 n채널 증가형 MOSFET를 표시하고 있다. 기판이 SiO_2까지 확장되어서 물리적으로 소스와 드레인 사이에는 n채널이 존재하지 않는다. 그림 20-22(b)는 정상적인 바이어스 극성을 표시하고 있다. $V_{GS} = 0$일 때 V_{DD}는 자유 전자를 소스에서부터 드레인으로 이

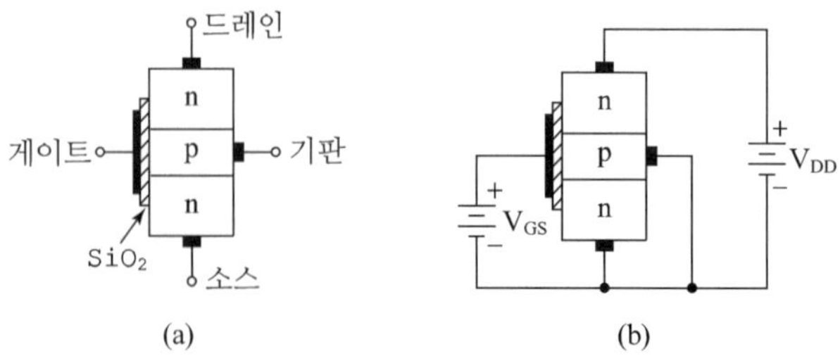

그림 20-22 증가형 MOSFET.

동시키려 하나, p형 기판은 열적으로 생성된 전도대 전자만을 가지고 있다. 이런 소수 캐리어와 표면 누설 전류를 제외하면 소스와 드레인 사이의 전류는 0이다. 이런 이유 때문에 증가형 MOSFET는 노멀리 off MOSFET라고 한다. 게이트와 p형 기판은 유전체(SiO_2)에 의해서 분리되는 콘덴서의 양극판처럼 동작한다. 게이트가 +로 되면 P형 기판에 −전하가 유도된다. 다시 말해 게이트의 +전압은 소스로부터 자유 전자를 p형 영역의 왼쪽 아래로 끌어들인다. +게이트 전압이 충분히 크게 되면 소스와 드레인 사이에 전자들이 층이 생기도록 자유 전자를 충분히 끌어들인다.

다시 말해 +게이트 전압이 p형 기판 속으로 자유 전자를 끌어들이면 이런 자유 전자들은 이산화규소에 인접한 정공과 재결합하게 된다. 게이트 전압이 충분히 큰 +이면 SiO_2에 인접한 모든 정공은 채워지고 자유 전자는 소스에서 드레인으로 흐르기 시작한다. 이런 자유 전자의 층을 n형 반전층이라 한다.

임계전압

n형 반전층을 생성하는 최소의 V_{GS}를 임계전압 $V_{GS(th)}$로 표시한다. V_{GS}가 $V_{GS(th)}$보다 적으면 소스에서 드레인으로 흐르는 전류는 0이다. 그러나 V_{GS}가 $V_{GS(th)}$보다 큰 경우는 n형 반전층이 생겨서 소스와 드레인 사이에서 전류를 얻을 수 있다. $V_{GS(th)}$는 1 V 미만에서부터 5 V 이상까지 여러 가지가 있다. 3N169는 증가형 MOSFET인데 최대 임계전압은 1.5 V이다.

드레인 특성곡선

그림 20-23(a)는 공통 소스 회로에서 직류 부하선을 갖는 n채널 증가형 MOSFET의 드레인 특성곡선을 표시하고 있다. 가장 낮은 곡선이 $V_{GS(th)}$ 특성곡선이다. V_{GS}가 $V_{GS(th)}$보다 적으면 드레인 전류는 지극히 적으며 V_{GS}가 $V_{GS(th)}$보다 크면 V_{GS}의 값에 따라 변하는 큰 드레인 전류가 흐른다.

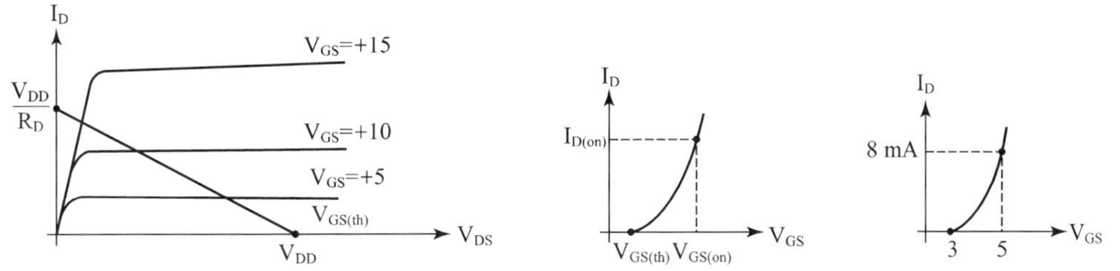

(a) 드레인 특성곡선 (b) 전달 컨덕턴스 특성곡선 (c) 예제

그림 20-23

전달 컨덕턴스 특성곡선(transconductance curve)

그림 20-23(b)는 전달 콘덕턴스 특성곡선을 표시한 것이다. 특성곡선이 포물선 모양이라 제곱법칙 곡선이라 부르기도 한다. $V_{GS(th)}$에서 포물선의 꼭지점이 맞닿는데, 이런 포물선의 방정식은 식 (20.25)처럼 구할 수 있다.

$$I_D = K[V_{GS} - V_{GS(th)}]^2 \tag{20.25}$$

여기서 K는 특별한 MOSFET에 의존하는 상수이다.

도면기호

$V_{GS}=0$일 때 증가형 MOSFET는 소스와 드레인 사이에 채널이 존재하지 않기 때문에 off 상태가 된다. 그림 20-24(a)의 도면기호는 끊어진 채널 line은 노멀리 off 상태를 표시한다. 게이트 전압이 임계전압 보다 크면 n형 반전층이 생겨서 소스와 드레인을 연결시킨다. 화살표는 소자가 전도상태일 때 n채널처럼 동작하기 때문에 반전층으로 향하도록 표시된다. p채널 증가형 MOSFET의 기호는 n채널 증가형 MOSFET와 유사하지만, 그림 20-24(b)에 표시된 것처럼 화살표가 밖으로 향해 있는 것이 차이점이다. p채널 증가형 MOSFET에서는 N채널 증가형 MOSFET와 전류전압이 모두 반대이다.

(a) n채널 (b) p채널

그림 20-24 증가형 MOSFET의 기호.

최대 게이트 – 소스 전압

공핍형 MOSFET나 증가형 MOSFET 모두 얇은 SiO_2층을 갖고 있으며, 이 절연층이 게이트의 –전압뿐 아니라 +게이트 전압에서도 게이트 전류가 흐르는 것을 방지하고 있다. 이런 절연층은 가능한 얇을수록 드레인 전류를 제어하기가 용이하다. 절연층이 얇으면 과도한 게이트–소스 전압에 의해서 쉽게 파괴되기 때문이다. 예를 들면, 2N3796은 ±30 V의 $V_{GS(max)}$ 정격을 갖는다. 만약 게이트 전압이 +30 V보다 커지거나 –30 V보다 더 –로 되면 절연층이 파괴되기 때문에 MOSFET가 타버린다. 만일 전원이 공급된 상태에서 MOSFET를 빼거나 삽입하는 경우 유도성 킥백현상에 의한 순간전압과 다른 효과에 의해서 $V_{GS(max)}$ 정격을 초과하게 되고, 이것이 MOSFET를 파괴시킨다. MOSFET를 들어낼 때도 MOSFET에 유기되는 정전하의 축적으로 게이트 전압이 $V_{GS(max)}$의 정격을 초과하게 된다.

이런 이유 때문에 MOSFET는 단자 주변을 와이어 링으로 싸주어야 한다. MOSFET가 회로에 연결된 후에는 링을 제거시켜야 한다. 어떤 MOSFET는 게이트와 소스에 병렬로 제너 다이오드를 삽입시켜서 보호하기도 하는데, 제너전압은 $V_{GS(max)}$의 정격보다 작아야 한다. 그래서 제너 다이오드는 얇은 절연층이 파괴되기 전에 항복현상을 일으킨다. 이런 내부 제너 다이오드로 보호하지 않는다면 값이 비싼 MOSFET가 쉽게 파괴되므로 많은 응용에서 절충이 필요하다.

증가형 MOSFET의 응용

증가형 MOSFET는 디지털 회로 혹은 2진 상태회로 응용에서 가장 널리 사용된다. 그 이유는 게이트 전압이 +일 때 턴ON되고, 게이트 전압이 문턱 전압 아래로 떨어지면 턴OFF되기 때문에, 고유 동작이 노멀리 OFF 전압 제어 스위치이기 때문이다. 이런 문턱 전압 레벨은 잘못된 트리거링이나 순간적인 턴ON으로부터 소자의 잡음을 방지시키기 때문에, 크게 원하는 특성이다. 증가형 MOSFET의 또 다른 장점은 소자의 회로전류, 전력소비가 낮다는 것을 의미하는 자신의 지극히 높은 입력 임피던스이다. 고밀도 집적회로인 I_C를 구성하는 적은 실리콘 조각에 수천 개의 증가형 MOSFET를 집적시키는 것이 가능하게 한다. 이런 저전력 고밀도 이점은 증가형 MOSFET를 계산기, 손목시계, 노트북 컴퓨터, 소형 비디오게임기, 디지털 셀룰러폰과 같은 이동형(건전지 전력용 소형) 소자 응용에 이상적으로 된다.

수직채널 증가형 MOSFET (VMOSFET)

큰 전류 전송 능력이 필요하다면 수직채널 E–MOSFET가 사용될 수 있다. 그림 20–25(a)는 VMOSFET의 구조를 표시하고 있다. 소자의 위쪽(TOP)에서 게이트가 소스로부터 절연된다. 모든 증가형 MOSFET는 소스 단자와 드레인 단자 사이에 바이어스 전압이 인가되지 않기 때문에 채널이 존재하지 않는다. VMOSFET는 도핑의 레벨을 표시하기 위해서 반도체 물질에 P, N+, N−로 표시된다. 이런 n채널 VMOSFET가 그림 20−25(b)에 표시된 것처럼 ON으로 바이어스되면 수직 n형 채널은 소스와 드레인 사이에 구성된다. 이런 채널이 표준 증가형 MOSFET의 수평 채널보다 훨씬 넓다.

따라서 VMOSFET는 더 많은 드레인 전류를 다룰 수 있다. 그림 20−25(c)는 VMOSFET의 고전류 능력이 인터페이싱 회로 응용에 어떻게 사용되는지를 보여 준다. 이런 회로에서 VMOSFET는 저전력 소스 입력 신호와 고전력 부하의 인터페이스에 사용된다. VMOSFET와 릴레이, 모터의 전류 스펙을 참조하면 각 소자가 전류를 설정하기 위해서 사용된다는 것을 확인할 수 있다. 표준 증가형 MOSFET는 저전력 입력 신호를 직류모터의 스위치 전력에 충분

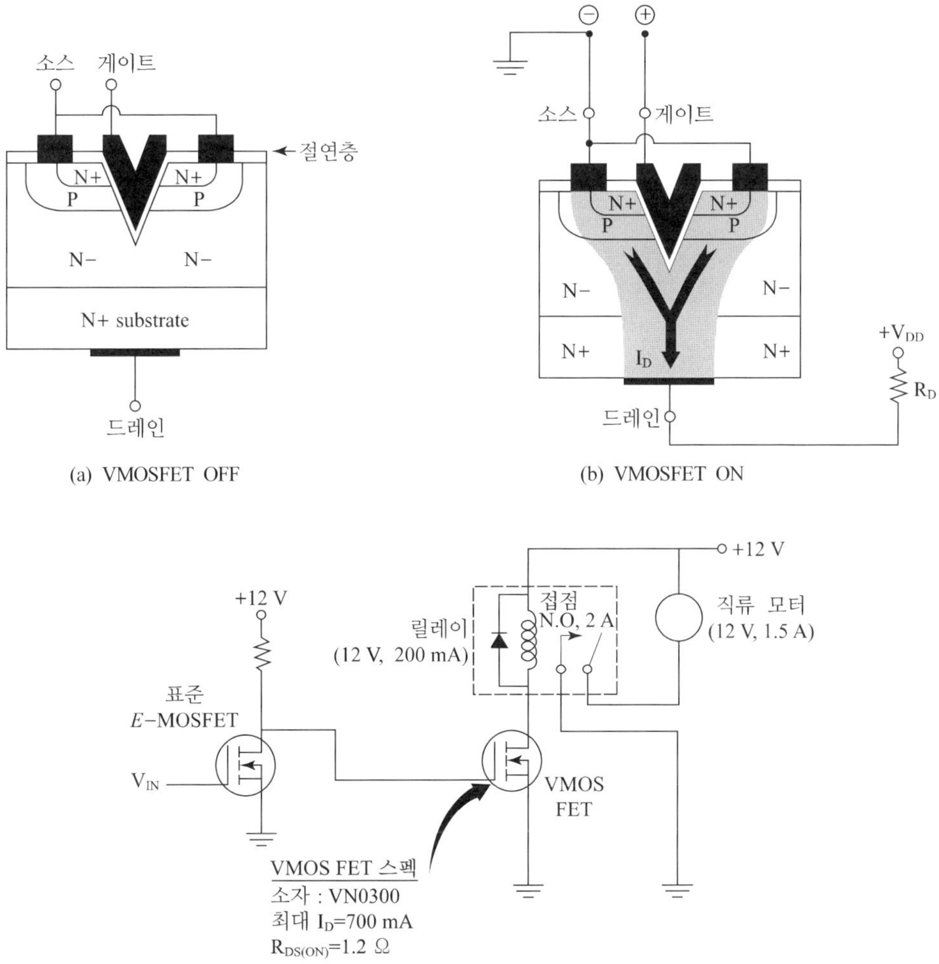

(a) VMOSFET OFF

(b) VMOSFET ON

(c) VMOSFET 응용회로 − 저전력 신호와 고전력 부하회로

그림 20−25 수직 채널 증가형 MOSFET (VMOSFET).

한 전류를 취급할 수 있는 접점의 릴레이에 정확한 전류를 충분히 취급할 수 있는 VMOSFET에 공급한다. 만약 V_{IN}이 LOW라면 표준 증가형 MOSFET는 턴OFF되고 VMOSFET의 게이트에 HIGH 출력을 발생시키기 때문에 턴ON시키게 된다. VMOSFET가 턴 ON되면 릴레이 코일의 아래쪽을 통해서 접지에 효과적으로 스위칭시키기 때문에 릴레이를 활성화시키고 자신의 노멀리 개방 접점을 단락 시킨다. 단락된 릴레이 접점 스위치는 전체 전압 +12 V가 자신의 단자 양단에 공급되기 때문에, 모터의 아래쪽 끝을 통해서 접지에 스위칭된다.

모터는 V_{IN}이 LOW로 유지되는 동안 ON 상태를 유지한다. 만약 V_{IN}이 HIGH로 되면 표준 증가형 MOSFET 인버터는 VMOSFET와 릴레이, 모터를 턴OFF시키는 LOW 출력을 발생 시킨다. 자신의 고전류 능력을 갖고 있음에도 불고하고, VMOSFET는 온도가 증가하면 드레인 전류를 감소시키는 것을 의미하는 저항의 +온도계수를 갖는다. 이것이 열폭주를 방지하게 된다. 이것이 VMOSFET가 최대 정격이 초과된다면, 온도가 증가하면 전류를 증가시키고, 열을 증가시킨다는 것을 의미하는 −온도계수를 갖는 BJT 전력 증폭기를 능가하는 분명한 이득이다.

20.8 MOSFET의 취급과 검사

이 절에서는 일반적인 MOSFET 제조업체의 데이터 시트와 특수한 MOSFET의 취급요령과 검사에 대해서 알아보도록 하자.

MOSFET 취급요령

MOSFET 소자를 취급할 때는 몇 가지 지켜야 할 유의사항이 있다. 과도한 전압이 인가된다면 MOSFET의 게이트와 기판 사이의 아주 얇은 절연층은 쉽게 파괴된다. 마찰에 기인하는 아주 큰 정전기를 발생시킨다. 만약 이런 정전기가 MOSFET 소자의 핀에 접촉된다면 정전하 방전(ESD)이 발생되고, 그 결과 얇은 절연층 양단에서 발생되는 아크는 영구적으로 파괴시키게 된다. 대부분의 MOSFET는 회로 내의 전위 혹은 높은 정전압을 바이패스시키고 MOSFET의 파괴를 방지하기 위해서 게이트와 소스 사이에 내부적으로 제너 다이오드가 연결된다. 여하튼 다음 사항들을 기억하면 좋다.

- 대부분의 MOS 소자는 '도전성 거품'(conductive foam) 혹은 차단용 호일(protective foil)에 저장되고 탑재되기 때문에 모든 IC핀은 등전위에서 유지된다. 따라서 단자 사이에 정전압이 구성되지 않는다.
- MOS 소자가 도전성 폼으로부터 제거될 때 신체가 정전하를 발생시키기 때문에 핀들은

손으로 직접 접촉해서는 안된다.

- MOS 소자가 도전성 폼으로부터 제거될 때 항상 금속 트레이와 같은 접지된 표면에 위치시켜야 된다.
- MOS 소자를 가지고 지속적으로 작업할 때 1 MΩ 저항이 직렬로 연결되는 케이블의 길이를 갖는 손목 접지보호대(wrist grounding strap)를 사용한다. 이것이 전압원을 접촉하게 되어도 전기쇼크를 방지시킨다.
- 모든 시험 장비, 납땜 인두, 작업대는 적절하게 접지시킨다.
- 장비에서 모든 전원은 MOS 소자가 PCB에서 제거되거나 삽입되기 전에 반드시 꺼야 된다.
- 사용되지 않는 입력이 개방상태로 놓이게 되면 정전하를 증강시키고 고전압 레벨을 floating시키기 때문에 사용되지 않는 MOSFET 단자는 당연히 연결되어야 한다.
- MOS 소자를 포함하고 있는 보드는 도전성 폼 안에 보드의 측면을 연결하도록 저장하거나 탑재시켜야 한다.

MOSFET 검사

BJT와 JFET, MOSFET는 트랜지스터 테스터에 의해서 검사될 수 있다.

- 단자 사이의 개방이나 단락이 존재하는지
- 트랜지스터의 전달컨덕턴스와 이득
- I_{DSS}와 누설 전류

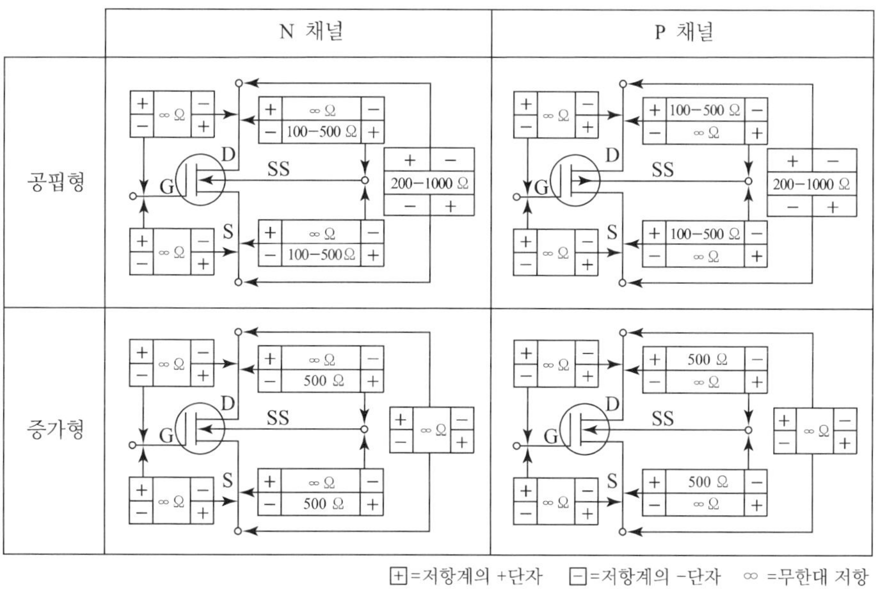

그림 20-26 저항계를 사용한 MOSFET의 검사.

만약 트랜지스터 테스터를 사용할 수 없다면 대부분의 고장 원인인 개방과 단락을 검사하기 위해서 저항계가 사용될 수 있다. 그림 20-26은 저항계를 사용하는 경우 양호한 p채널 D-MOSFET와 n채널 D-MOSFET 혹은 E-MOSFET의 단자 사이의 저항값이 어떻게 구해지는가를 보여 준다. MOSFET의 게이트와 채널 저항은 절연 게이트 때문에 항상 개방된다는 점을 기억해야 한다.

기초확인문제

01 2N5484 JFET의 게이트가 역방향으로 바이어스될 때 $V_{GS} = -20$ V($V_{DS} = 0$ V)일 때 게이트 역방향 전류 I_{GSS}는 1.0 nA이다. JFET의 게이트 소스 임피던스 혹은 입력 임피던스를 계산하시오.

02 그림 20-27에 표시된 증폭기 회로에서 전달 컨덕턴스와 전압 이득을 구하시오.

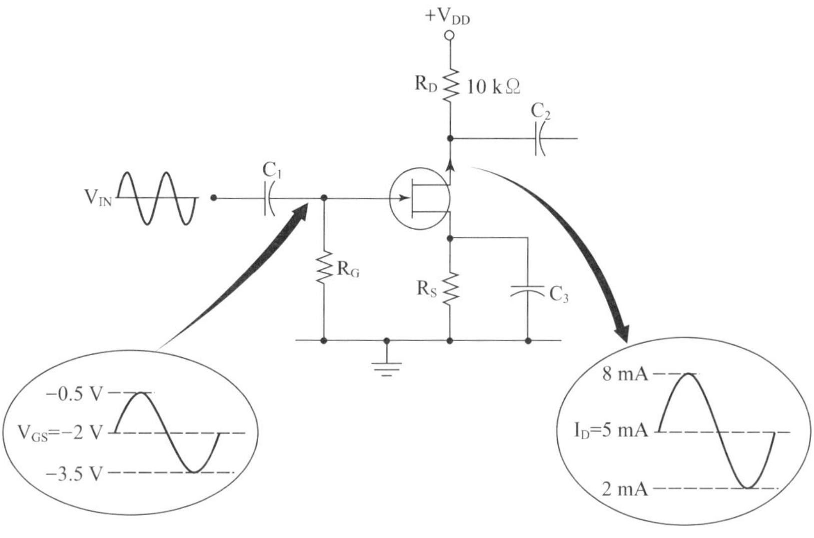

그림 20-27 공통 소스 증폭기.

03 그림 20-28에 표시된 회로에서 다음을 계산하시오.

(a) V_{GS} (b) I_D (c) V_{DS} (d) $I_{D(MAX)}$ (e) Q점

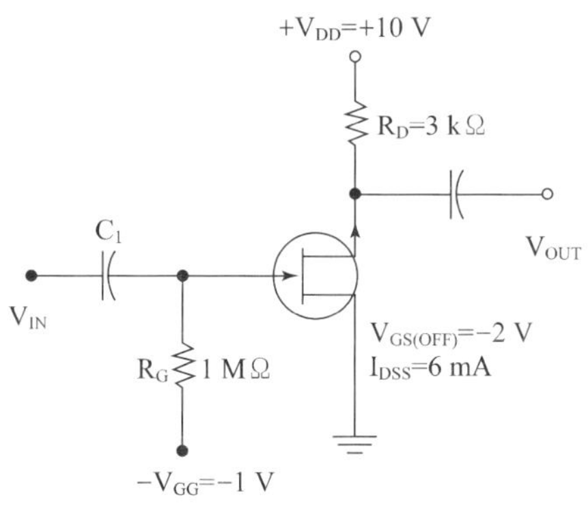

그림 20-28 게이트 바이어스 JFET 회로.

04 그림 20-29에 표시된 회로에서 다음을 계산하시오.

(a) V_S (b) V_{GS} (c) V_{DS}

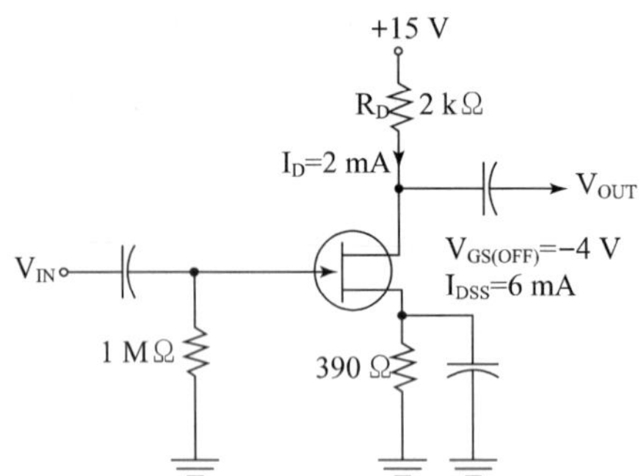

그림 20-29 자기 바이어스 JFET 회로.

05 그림 20-30에 표시된 회로에서 다음을 계산하시오.

(a) V_G (b) V_S

(c) V_{GS} (d) V_{DS}

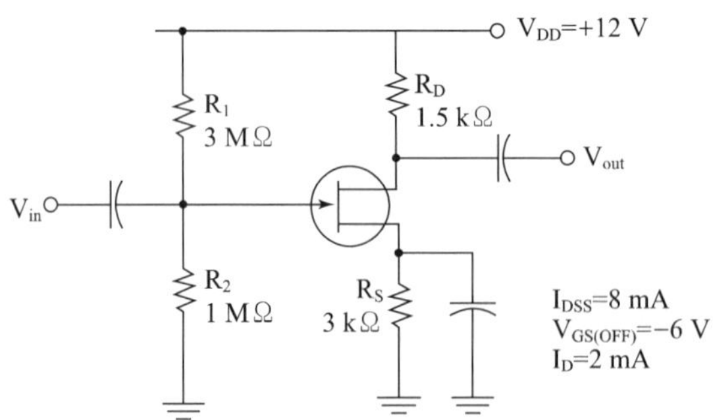

그림 20-30 전압분배기 바이어스 JFET.

06 그림 20-31을 참조하시오.

(a) 회로의 구조는 무엇인가?

(b) 회로의 전압 이득은 얼마인가?

(c) 이런 회로처럼 사용되는 회로는 무엇인가?

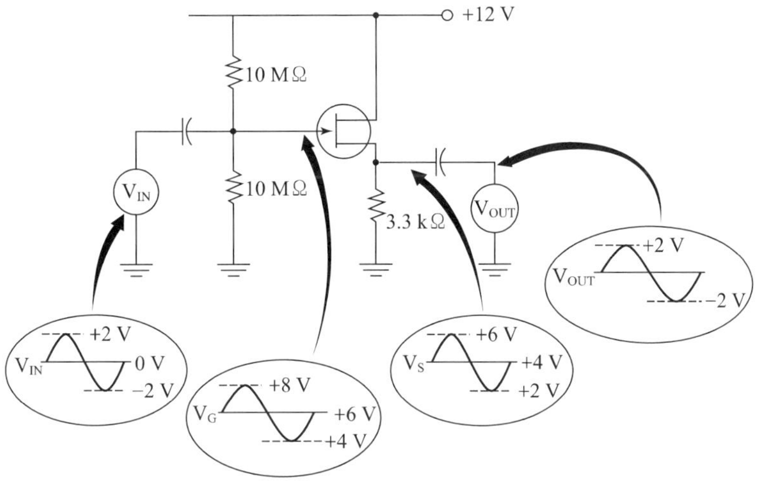

그림 20-31 아날로그 JFET 회로.

정답

01 2,000 MΩ

02 전달 컨덕턴스 = 2 mS, 전압 이득 = 20

03 (a) $V_{GS} = -1$ V (b) $I_D = 1.5$ mA (c) $V_{DS} = 5.5$ V (d) $I_{D(MAX)} = 6$ mA

(e) Q점 = $V_{GS} = -1$ V, $I_D = 1.5$ mA, $V_{DS} = 5.5$ V

04 (a) $V_S = 780$ mV (b) $V_{GS} = -780$ mV (c) $V_{DS} = 10.22$ V

05 (a) $V_G = 3$ V (b) $V_S = 6$ V (c) $V_{GS} = -3$ V (d) $V_{DS} = 3$ V

06 (a) 공통 드레인 회로 (b) 0.98

(c) 소스 활로워, 이미터 활로워(BJT)

CHAPTER

21 연산증폭기

설계 기법에서는 이산소자와 특수목적용 집적회로 사이에 연산증폭기 또는 Op-Amp라고 하는 집적회로를 사용한다. Op-Amp는 아주 높은 이득전압을 갖는 증폭기로 저항과 콘덴서, 트랜지스터를 도선으로 연결한 것과 형태로 구성되며, 다용도로 사용되는 전자소자이다. Op-Amp는 차동증폭기의 입력과 높은 이득의 공통 이미터 증폭기 입력, 푸시풀 증폭기의 출력을 갖는 단일칩이다. Op-Amp는 선형과 비선형의 형태로 구분된다.

21.1 연산증폭기의 기초

그림 21-1은 연산증폭기(OP앰프)를 소개하고 있다. 그림 21-1(a)는 회로기호를 그림 21-1(b)는 내부 회로를 표시하고 있다. 연산증폭기는 고이득, 고입력 임피던스, 저출력 임피던스 증폭기로의 기능을 가지도록 단일 IC 내부에서 연결된다. 그림 21-1(a)를 참조하면 삼각형 형태의 기호가 전자회로 다이어그램에서 연산증폭기를 표시하기 위해서 사용된다는 것을 확인할 수 있다. 두 개의 기호를 비교하면 어떤 경우 두 개의 전력공급이 표시되지 않는다고 해도, 전력이 분명하게 공급된다는 것을 인식할 수 있을 것이다.

그림 21-1에 표시된 연산증폭기의 입력은 '-'와 '+'로 표시되는데 '-' 혹은 negative 입력단자는 이런 입력단자에 인가된 신호는 증폭되지만 입력과 출력 사이에서 반전되기 때문에(입력과 출력이 180°의 위상차가 발생되기 때문에) 반전입력(inverting input)이라고 한다. '+' 혹은 positive 입력은 비반전입력(noninverting input)이라고 하는데, 그 이유는 이런 입력에 인가된 신호는 증폭되지만 입력과 출력 사이에서 위상차가 발생되지 않기 때문이다(출력의 위상이 입력과 같다). 입력 신호는 정상적으로 이런 입력단자 중 하나로 인가된다. 그리고 다른 입력은 연산증폭기의 동작 특성을 제어하기 위해서 사용된다.

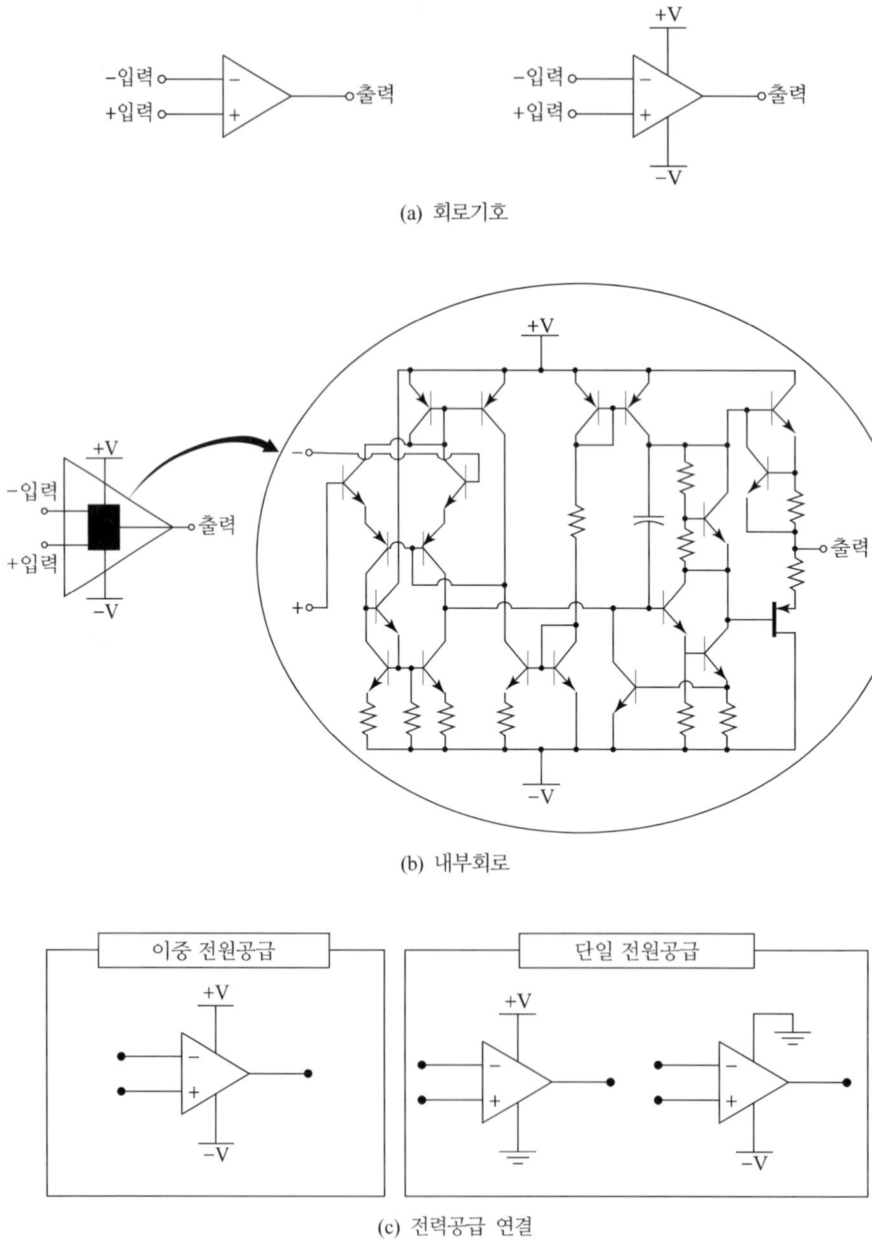

그림 21–1 연산증폭기.

연산증폭기에 연결되는 두 개의 전원 공급은 '+V'와 '−V'로 표시된다. 그림 21−1(c)는 단일 공급전압이나 이중 공급전압에 의해서 연산증폭기에 어떻게 전력이 공급되는지를 보여준다. 두 개의 공급전압이 사용되면(이중전압) 전압값들은 서로 같은 크기를 갖지만 극성은 반대이다(예를 들면, +12 V와 −12 V). 다시 말해 한 개의 전원만 사용되면(단일공급전원) positive나 negative의 전압이 자신의 해당 단자에 연결되고, 다른 단자는 접지된다(예를 들면,

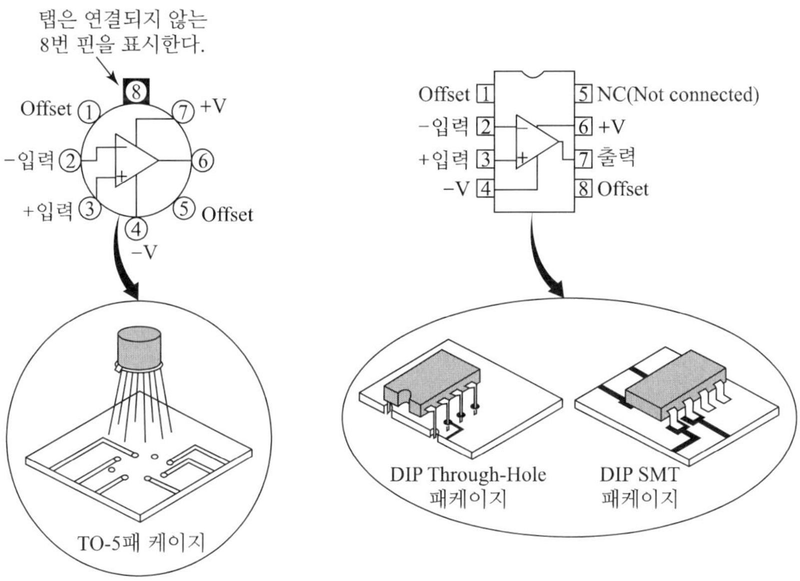

(a) (b)

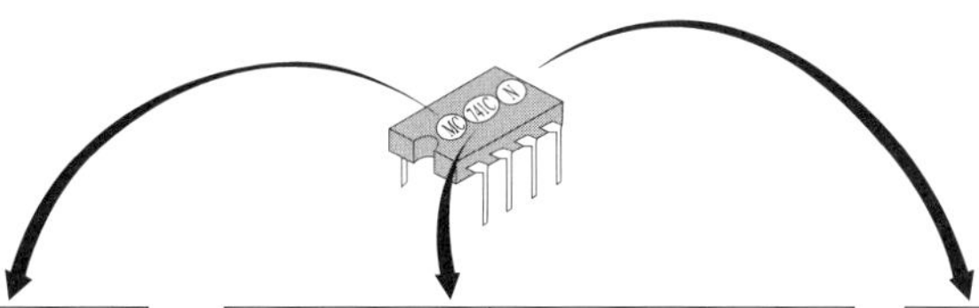

Prefix	제 조 업 체
AD	Analog Devices
CA, CD	RCA
LF, LM, LP	National Semiconductor
MC	Motorola
NE/SE	Signetics
OP	Precision Monolithics
RC, RM	Raytheon
SG	Silicon General
SN	Texas Instruments
MA, NE	Fairchild(now a division of National Semiconductor)
ICL, IOM, HA	Intersil Harris Semcondutor

3−디지트 코드	마지막 문자
Op 앰프의 종류 표시	동작 온도범위 표시 C=상업용 0℃에서70℃ I=산업용 −25℃에서 85℃ M=군사용 −55℃에서 125℃

Suffix Code
패케이지 형태 표시 D=플라스틱 DIP J=세라믹 DIP N=긴 단자를 갖는 플라스틱 DIP

(c)

그림 21−2 연산증폭기의 패케이지 형태와 인식 코드.

+5 V 단자가 접지되거나 −5 V 단자가 접지된다). positive와 negative 전압을 모두 가지게 되면 출력 신호는 zero 위아래로 positive와 negative로 스윙한다. 모든 고이득 증폭기를 사용하면, 출력전압은 +V 전압과 −V 전압을 초과할 수 없다.

연산증폭기 패케이지

전체 연산증폭기회로는 그림 21−2(a)와 (b)에 표시된 것처럼 두 개의 패케이지 중 한 가지 속에 배치된다. TO−5 금속 캔 패케이지는 8, 10, 12단자를 가질 수 있는데 dual in−line 스루우홀 패케이지와 표면실장(surface−mount) 패케이지는 일반적으로 8핀이나 14핀을 갖는다. 모든 IC처럼 인식코드(identification code)가 소자의 제조업체, 소자형태, 중요특성을 표시하기 위해서 사용된다. 그림 21−2(c)는 더욱 공통적인 제조업체의 prefix 코드, 동작 온도 코드, 패케이지 코드가 표시된 표를 설명하고 있다.

이런 예에서, 'MC741CN' 코드는 모토롤라사에서 제조되는 741 연산증폭기라는 것을 표시한다. 또한 일반적인 응용회로에서 허용되는 온도범위는 0℃에서 70℃이고 패케이지는 긴 단자를 갖는 스루우홀 DIP이다. 그림 21−2(a)와 (b)에 표시된 IC 패케이지를 참조하면 두 개의 입력, 한 개의 출력, 두 개의 전원공급단자, off set이라고 표시된 두 개의 밸런스(balance) 단자가 부가된 것을 확인할 수 있다. 이런 두 개의 입력은 반전과 비반전입력이 0 V일 때 출력을 0 V로 설정되도록 전위차계를 조정하도록 연결된다. 이런 방식에 의한 연산증폭기의 밸런싱은 일반적으로 연산증폭기의 내부 회로 내의 언밸런스에 의해서 필요로 한다.

21.2 연산증폭기의 동작과 특성

앞에서도 언급한 바처럼 연산증폭기에는 3가지의 증폭기회로가 포함된다. 이런 3가지의 회로는 모두 내부적으로 연결되고 단일 IC 속에 포함된다. 그림 21−3(a)에 표시된 연산증폭기의 블록도를 참조하면 이런 3가지의 회로에는 차동증폭기, 전압증폭기, 출력증폭기로 구성된다는 것을 확인할 수 있다. 이런 3가지의 회로가 결합되어 연산증폭기는 높은 이득, 높은 입력 임피던스, 낮은 출력 임피던스라는 중요한 특성을 제공하게 된다.

연산증폭기 내의 차동증폭기

연산증폭기 내부의 차동증폭기는 자신의 차동 입력과 단일 출력 모드에서 동작하도록 연결된다. 이런 모드에서의 차동증폭기의 동작은 그림 21−3(b)에 표시되어 있다. 그림 21−3(b)에 표시된 파형처럼 두 입력 신호의 진폭이 일치하고 동위상일 때 공통모드 입력 신호로 간주된다. 그림 21−3(b)에 표시된 파형처럼 입력 신호가 서로 다른 위상을 갖는다면 그들은 차동모드 입력 신호로 간주된다. 차동증폭기는 공통모드 입력 신호는 제거시키는 반면 차동 입력은 증폭시킨다.

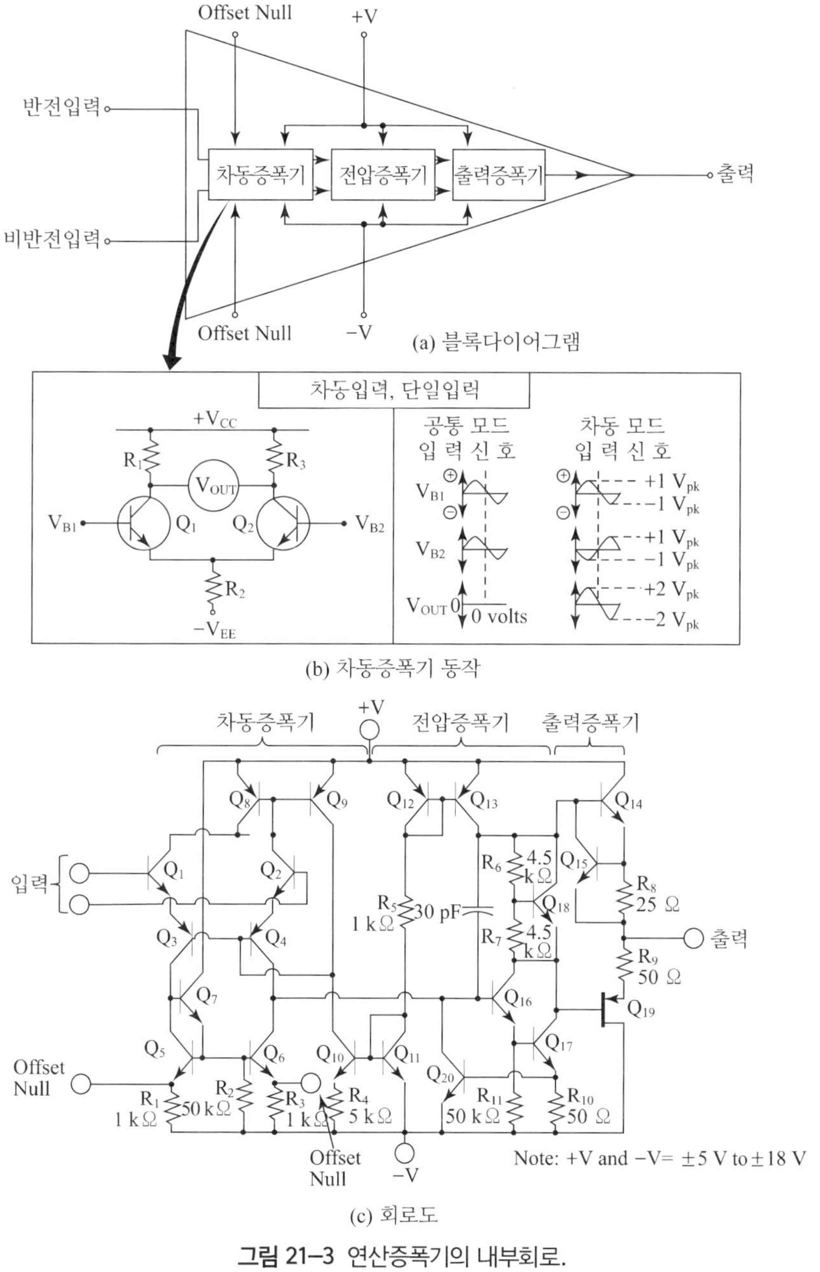

그림 21−3 연산증폭기의 내부회로.

이런 증폭단에서 왜 공통 모드 입력 신호들이 어떻게 제거되는지, 왜 그들이 제거되어야 하는지에 대해서 의문을 가질 수도 있다. 그 해답은 다음과 같다. 온도 변화와 잡음은 공통 모드 신호이고 그들은 원하지 않는 신호이기 때문이다. 공통 모드신호에 대해서 더 자세히 알아보도록 하자.

- 전자 장비 내에서의 온도 변화는 반도체 물질의 동작에 영향을 미치게 된다. 따라서 반도체 소자의 동작에도 영향을 미치게 된다. 이런 온도 변화는 첫 번째 증폭단의 직류출력전압을 자신의 정상적인 동작점(Q)에서 표류(drift)시키기 때문이다.
- 증폭단의 증폭기는 이런 전압의 변화를 직류입력 신호전압과 동일한 방식으로 증폭시키고 다음 증폭단에서도 동일하게 동작된다. 모든 증폭기에서 정상적인 동작점 바이어스의 증가와 감소는 이런 온도 불안정을 더욱 심화시키게 된다.

그리고 첫 번째 증폭단의 Q점이 자신의 중간점으로부터 너무 멀어질 수 있기 때문에 입력 신호가 차단이나 포화의 형태로 구동되고 왜곡을 발생시키게 된다.

그러나 차동증폭기를 사용하게 되면 양쪽 증폭기에 온도 변화에 기인되는 변화가 발생되어도 공통 모드가 제거되기 때문에 차동증폭기의 출력에는 나타나지 않는다.

- 두 번째의 공통 모드 입력 신호는 차동증폭기에서 잡음으로 제거된다. 간혹 마이크로폰, 광감지기, 다른 트랜스듀서 등과 같은 저감도 전원으로부터 저레벨 신호를 증폭하는 것이 필요하다.

고이득 증폭기는 이런 작은 입력 신호를 라우드 스피커와 같은 부하를 제어하거나 구동하기에 충분한 크기로 사용할 수 있는 유용한 레벨로 증가시키기 위해서 사용된다. 60 Hz의 교류 전력선이나 기타 전기적인 변화는 고이득 증폭기의 입력에서 입력 신호를 따라서 잡음을 유도시킨다.

이런 잡음신호는 회로의 모든 점에서 유도된다. 그리고 진폭과 위상이 동일하기 때문에 이런 잡음신호가 차동증폭기의 양쪽 입력으로 존재하게 되면 차동증폭기는 이런 원하지 않는 신호들을 제거시킨다. 다시 말해 진짜 입력 신호들은 차동증폭기의 입력으로 차동증폭기의 두 입력에 나타나게 되고 증폭된다.

공통모드 제거비

요약하면 차동입력은 연산증폭기의 차동증폭기에 의해서 증폭되고 출력으로 통과된다. 온도 증가에 의해서 발생되는 원하지 않는 신호나 잡음은 공통 모드 입력 신호로 나타나기 때문에 제거된다. 연산증폭기는 연산증폭기의 성능으로 측정되는 높은 차동이득(A_{VD})과 자신의 내부 차동증폭기에 직접 의존하는 아주 낮은 공통모드 이득(A_{CM})을 제공하는 능력을 갖는다.

이런 비는 공통모드제거비 CMRR(common – mode rejection ratio)이라 하고 다음의 공식에 의해서 계산된다.

$$\mathrm{CMRR} = \frac{\mathrm{A_{VD}}}{\mathrm{A_{CM}}} \qquad (21.1)$$

이 공식을 참조하면 차동 이득 A_{VD}가 높을수록, 공통 이득 A_{CM}이 적을수록 CMRR값이 커진다는 사실을 확인할 수 있다. 또한 CMRR이 클수록 연산증폭기는 성능이 우수하게 된다. 이런 비는 다음에 표시된 공식처럼 dB로 표시되기도 한다.

$$\mathrm{CMRR} = 20 \times \log \frac{\mathrm{A_{VD}}}{\mathrm{A_{CM}}} \qquad (21.2)$$

예제 1 만약 연산증폭기인 차동증폭기가 5,000의 차동 이득과 0.5의 공통모드 이득을 갖는다고 가정하면 연산증폭기의 CMRR은 얼마인가? 표준 이득과 dB를 표시하시오.

▸ $\mathrm{CMRR} = \frac{\mathrm{A_{VD}}}{\mathrm{A_{CM}}} = \frac{5{,}000}{0.5} = 10{,}000$

$\mathrm{CMRR} = 20 \times \log \frac{\mathrm{A_{VD}}}{\mathrm{A_{CM}}} = 20 \times \log 10{,}000 = 20 \times 4 = 80\ \mathrm{dB}$

10,000이나 80 dB의 CMRR은 연산증폭기가 원하는 입력 신호를 원하지 않는 공통 모드 입력 신호보다 10,000배만큼 더 증폭시킨다는 것을 의미한다.

연산증폭기의 블록다이어그램

이제 차동증폭기회로의 특성을 해석하기 위해서 그림 21-3(a)에 표시된 연산증폭기의 블록도로 되돌아가자. 연산증폭기의 차동증폭기 증폭단은 우수한 공통 모드 제거와 높은 차동 이득을 갖는다. 연산증폭기의 ‘－’와 ‘＋’ 입력은 각기 다른 차동증폭기의 베이스로 인가되기 때문에 입력전류가 아주 적다는 사실을 알 수 있다.

이런 회로 특성은 연산증폭기가 제공하는 또 다른 특성인 높은 입력 임피던스 때문이다. 차동증폭기 다음에 연결되는 전압증폭기 증폭단은 일반적으로 50,000에서 200,000까지의 전반적인 연산증폭기 이득을 제공하기 위해서 몇 개의 달링톤 쌍 증폭단으로 구성된다. 최종 출력 증폭단은 낮은 출력 임피던스와 높은 전류 이득을 제공하기 위해서 보수형 이미터 활로워 증폭단으로 구성되기 때문에 연산증폭기는 부하의 크기에 따라서는 몇 mA를 공급하게 된다.

연산증폭기회로도

그림 21-3(c)에는 일반적인 연산증폭기의 완전한 내부 회로가 표시되어 있다. 집적회로를 사용하면 실제적인 저항보다 훨씬 적은 칩 면적을 사용하기 때문에 저항과 같은 기능을 갖는 것이 가능한 트랜지스터를 더 많이 가질 수 있다. 이것이 바로 회로에 베이스와 컬렉터 단자가 연결된 많은 트랜지스터가 포함되는 이유가 된다.

연산증폭기는 직류와 교류입력을 모두 증폭할 수 있기 때문에 결합용 콘덴서가 사용되지 않을 수도 있다는 사실을 이해할 수 있다. 대부분의 회로도에서 입력은 왼쪽에 표시되고, 출력은 오른쪽에 표시되고, 전원은 위와 아래에 표시된다. 이미 앞에서도 언급했지만 2개의 밸런싱 혹은 offset null 입력은 반전입력과 비반전입력이 모두 zero일 때 출력을 zero 전압으로 조정하기 위해서 항상 외부의 전위차계와 연결된다. zero 전압 출력점 혹은 null point를 찾기 위해서 연산증폭기의 밸런싱은 이런 방식에서는 일반적으로 연산증폭기 내부 회로에서 약간의 불평형을 필요로 한다.

연산증폭기를 이해하기 위해서 연산증폭기의 내부 회로를 집적시킬 때까지 연산증폭기를 단일 소자로 실현하는 것이 중요하다. 이것은 회로의 정상적인 입력과 출력관계 및 특성을 이해하는 데 도움을 주기 때문이다. 만약 연산증폭기의 내부나 외부에서 회로의 오동작이 발생한다면 이런 동작특성은 중요하다. 여하튼 어떤 내부 연산증폭기 고장이 발생한다면 수리가 불가능하기 때문에 연산증폭기의 내부 회로의 아주 상세한 부분까지는 집적화시키지 않게 된다.

21.3 선형 연산증폭기회로

비반전증폭기와 반전증폭기

그림 21-4에는 기본적인 비반전증폭기가 표시되어 있다. 표준적인 과정을 따르면 대부분의 Op-Amp회로에서는 +단자를 아래쪽에 갖는 Op-Amp로 그려진다.

비반전 Op-Amp의 출력은 식 (21.3)처럼 주어진다.

$$v_o = \left(1 + \frac{R_F}{R_1}\right)v_i \tag{21.3}$$

저항은 이런 회로의 신호 동작에 영향을 주지 않지만 입력 바이어스 전류에 기인하는 offset 전압을 제거하기 위해서 포함된다. 이 값은 $R = R_1 \parallel R_F$에 의해서 주어진다. 비반전증폭기의 중요한 이점은 거의 무한대에 가까운 자신의 입력저항이다. 이런 이점은 몇몇 비반전 회로에서는 상실된다.

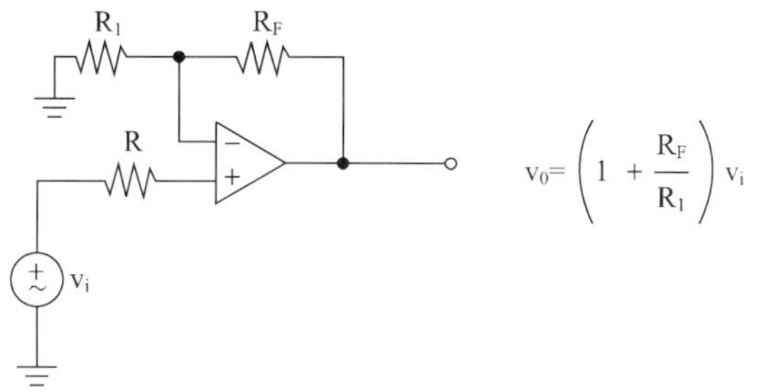

그림 21-4 비반전증폭기.

단위이득 버퍼증폭기

그림 21-5는 단위 이득을 갖는 Op-Amp 버퍼증폭기를 표시하고 있다.

$$v_0 = v_i \tag{21.4}$$

Op-Amp 버퍼는 거의 무한대에 가까운 입력저항과 0 Ω 에 가까운 출력저항을 갖기 때문에 이미터 활로워와 FET 활로워 같은 트랜지스터 버퍼보다 훨씬 우수한 소스와 부하의 분리를 제공한다.

반전증폭기

그림 21-6은 기본적인 반전증폭기를 표시하고 있다. 출력은 식 (21.5)처럼 주어진다.

$$v_o = -\frac{R_F}{R_1} v_i \tag{21.5}$$

다시 저항은($R = R_1 \parallel R_F$) 입력 바이어스 전류의 영향을 제거한다. 반전증폭기의 이득 공식을 얻기는 간단하기 때문에 비반전증폭기보다 설계하기가 더 쉽다.

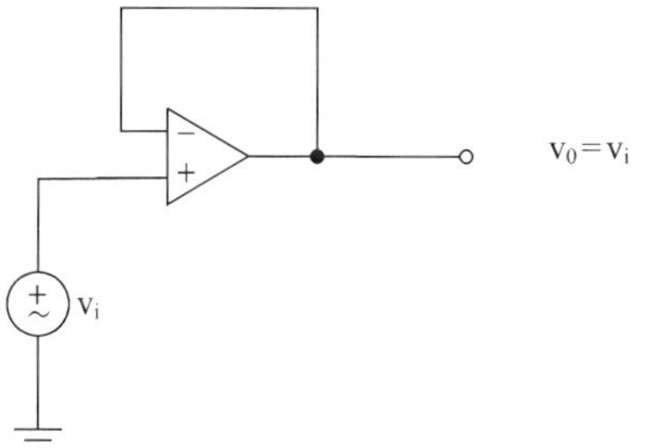

그림 21-5 버퍼증폭기.

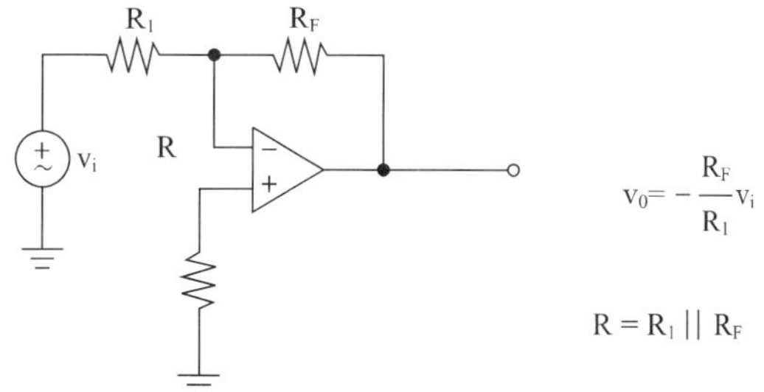

그림 21-6 반전증폭기.

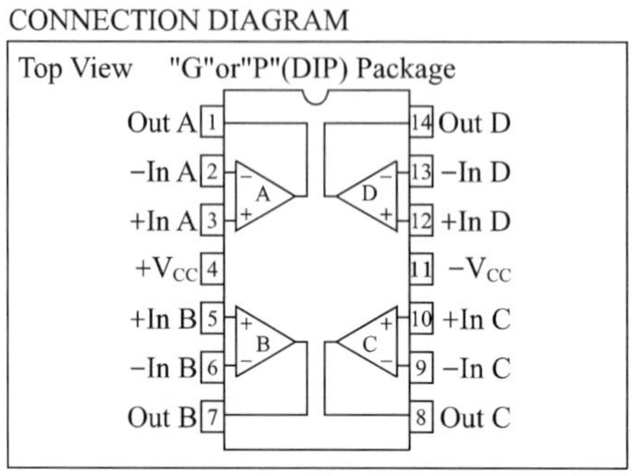

그림 21–7 쿼드 Op-Amp칩.

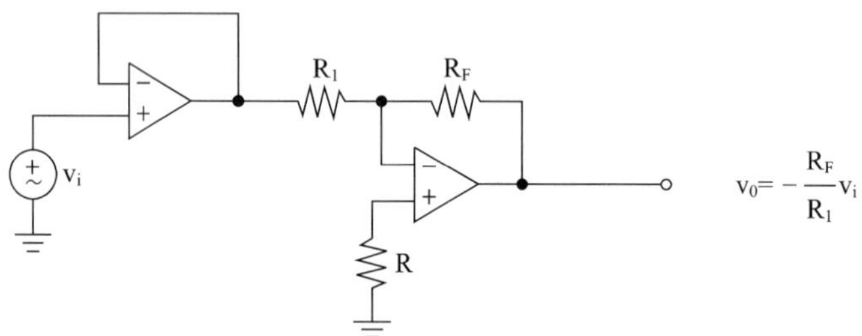

그림 21–8

Op-Amp는 증폭기를 구성하기 위해서 몇 개씩 사용할 수 있을 만큼 가격이 저렴하기 때문에 −부호는 문제가 되지 않는다. 비반전 출력을 얻기 위해서 반전증폭기의 출력이 또 다른 반전증폭기의 입력으로 제공된다. 사실 많은 실제적인 Op-Amp 설계에서는 몇 단의 Op-Amp가 사용된다. 과정을 쉽게하기 위해서 제조업체는 그림 21-7에 표시된 것처럼 한 개의 패케이지에 4개의 Op-Amp를 갖는 집적회로를 제조한다.

반전 Op-Amp의 중요한 단점은 −단자에서 가상 접지를 갖기 때문에 신호원에서 바라다 보는 저항이 바로 R_1이라는 사실이다. 만약 높은 입력저항을 원한다면 그림 21-8에 표시된 것처럼 단위 이득 버퍼를 갖는 전치증폭기에 의해서 반전증폭기의 설계를 간략화하도록 유지시킬 수 있다.

21.4 가산증폭기

반전가산기

Op-Amp가 갖는 장점중 하나는 다양한 방법으로 몇몇의 신호를 결합시키는 데 사용할 수 있다는 것이다.

그림 21-9에 표시된 다중 입력 회로를 살펴보자. 우선 그림 21-9(a)에 표시된 2개의 입력 회로를 해석해 보자. +단자는 R을 통해서 접지되기 때문에 $i_+ = 0$ A이다. 따라서 −단자는 아직도 가상 접지이다.

$$v_+ = 0\,\text{V} \rightarrow v_- = 0\,\text{V}$$

−단자에서 절점 방정식을 구할 수 있다($i_- = 0$ A).

$$\frac{v_1}{R_1} + \frac{v_2}{R_2} = -\frac{v_o}{R_F} \tag{21.6}$$

식 (21.6)을 정리하면 식 (21.7)을 구할 수 있다.

$$v_o = -\left(\frac{R_R}{R_1}v_1 + \frac{R_F}{R_2}v_2\right) \tag{21.7}$$

바이어스 전류 효과를 제거하기 위해서 $R = R_1 \| R_2 \| R_F$로 설정한다. 만약 $R_F = R_1 = R_2$라면

$$v_o = -(v_2 + v_2)$$

이고 회로는 간단한 가산기가 된다. 만약 $R_2 = R_1$이라면

$$v_o = -\frac{R_F}{R_1}(v_1 + v_2)$$

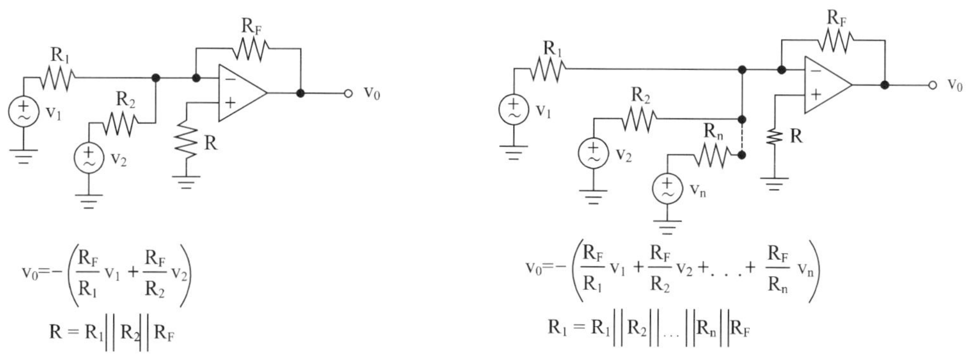

(a) (b)

그림 21-9 반전 가산증폭기.

로 $\frac{R_F}{R_1}$의 이득을 갖는 가산기를 구성할 수 있다. 예를 들어, $R_F = 10\,k\Omega$, $R_1 = 5\,k\Omega$, $R_2 = 10\,k\Omega$이라고 가정하면 출력전압은

$$v_o = -(2v_1 + v_2)$$

이다. 이것은 가중치를 갖는 가산기라는 것을 의미한다. 이런 경우 출력은 v_1으로 표시되는 신호의 2배와 v_2로 표시되는 신호의 합으로 구해진다.

주의할 점은 입력 바이어스 전류의 효과를 제거하기 위해서 $R = R_1 \parallel R_2 \parallel R_F = 2.5\,k\Omega$을 설정한다는 것이다. 그림 21-9(b)에 표시된 좀 더 일반적인 회로를 통해서 이런 해석을 더 확장시킬 수 있다. 여기서 차이점이라면 －단자에서의 절점 방정식에서 더 많은 전류를 고려하게 된다는 점이다.

$$\frac{v_1}{R_1} + \frac{v_2}{R_2} + \cdots + \frac{v_n}{R_n} = -\frac{v_o}{R_F} \qquad (21.8)$$

v_o는 식 (21.9)처럼 구할 수 있다.

$$v_o = -\left(\frac{R_R}{R_1}v_1 + \frac{R_F}{R_2}v_2 + \cdots + \frac{R_F}{R_n}v_n\right) \qquad (21.9)$$

일반적으로 바이어스 전류에 기인하는 offset 전압을 제거하기 위해서 －단자에 연결된 R_F를 포함한 전체 저항과 등가의 저항 $R = R_1 \parallel R_2 \cdots R_n \parallel R_F$를 ＋단자에 연결시켜야 한다.

예제 2 그림 21-10은 3개의 입력전압을 갖는 반전가산기를 표시하고 있다.

(a) 출력전압을 구하시오.

(b) 바이어스 전류에 기인하는 직류 offset을 제거하기 위한 R을 구하시오.

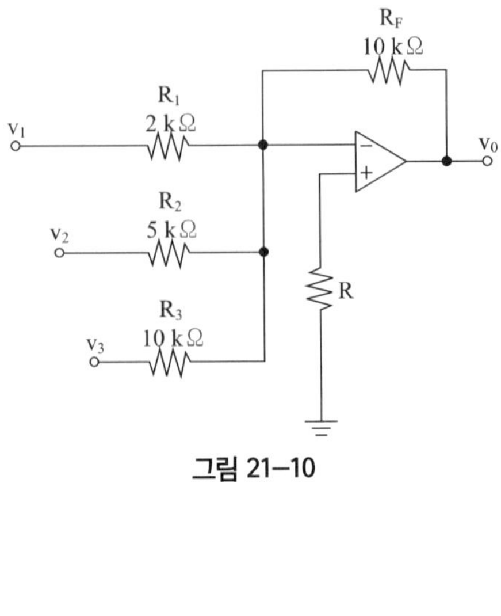

그림 21-10

▸ (a) 가산기의 출력은

$$v_o = -\left(\frac{R_R}{R_1}v_1 + \frac{R_F}{R_2}v_2 + \frac{R_F}{R_3}v_3\right) = -(5v_1 + 2v_2 + v_3)$$

로 구해진다. 출력은 세 입력의 가중치 합으로 구해진다.

(b) 저항은 1.21 kΩ 이다.

$$R = R_1 \parallel R_2 \parallel R_3 \parallel R_F = 1.11\ k\Omega$$

비반전가산기

그림 21-11은 비반전 가산증폭기를 표시하고 있다. 이 회로에서 출력전압의 일반적인 공식은 누구나 알고 있을 정도이다. 따라서 공식을 알려줄 필요는 없다. 그러나 만약 R_A가 바이어스 전류 효과를 제거하기 위해서 $R_A \parallel R_F = R_1 \parallel R_2 \cdots R_n$로 선택된다면 비반전 출력은 식 (21.10)처럼 간단한 공식으로 주어진다.

$$v_o = \left(\frac{R_R}{R_1}v_1 + \frac{R_F}{R_2}v_2 + \cdots + \frac{R_F}{R_n}v_n\right) \tag{21.10}$$

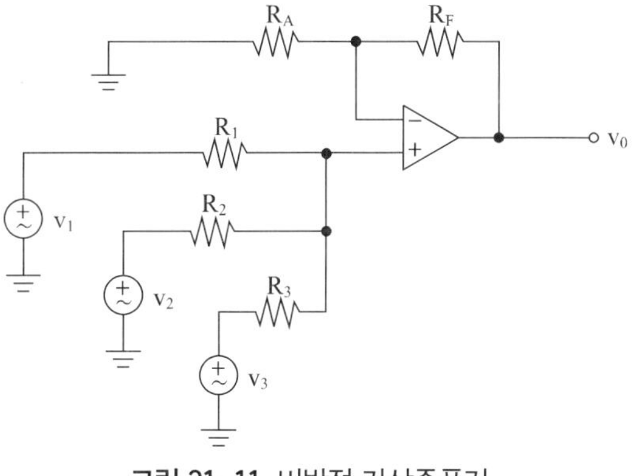

그림 21-11 비반전 가산증폭기.

예제 3 그림 21-12에 표시된 회로에서 출력전압을 구하시오.

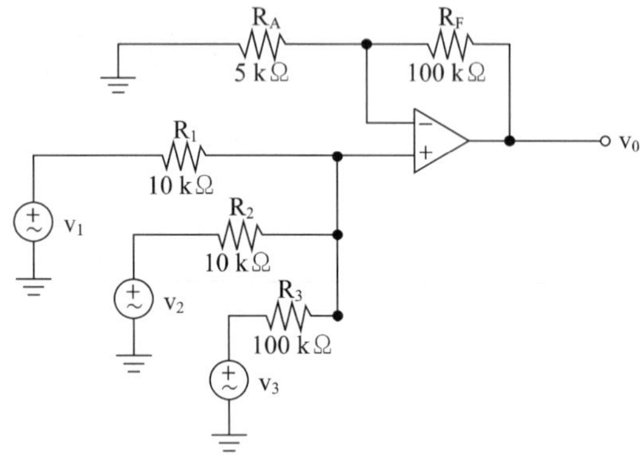

그림 21-12

▸ $R_A \| R_F = R_1 \| R_2 \cdots \| R_n = 4.8\,k\Omega$ 이다. 따라서 식 (21.10)을 사용하면 $v_o = \left(\frac{R_R}{R_1}v_1 + \frac{R_F}{R_2}v_2 + \cdot\ \cdot\ \cdot\ + \frac{R_F}{R_n}v_n\right) = 10v_1 + 10v_2 + v_3$를 구할 수 있다.

21.5 차동증폭기

그림 21-13에 표시된 차동증폭기회로의 출력을 구하기 위해서 가장 빠른 방법인 중첩의 원리를 사용한다. v_1을 턴 OFF시킬 때 전압분배기 비반전증폭기를 얻을 수 있다. −단자와 +단자에서 등가의 저항을 설정했기 때문에 식 (21.11)과 같은 간단한 공식을 사용할 수 있다.

$$v_{o1} = \frac{R_F}{R_1}v_2 \tag{21.11}$$

만약 v_2를 턴 OFF시키고 v_1을 턴 ON시킨다면 반전증폭기 출력을 얻을 수 있다.

$$v_{o2} = -\frac{R_F}{R_1}v_1 \tag{21.12}$$

전체 출력을 구하기 위해서 이런 해를 더하면 식 (21.13)을 구할 수 있다.

$$v_o = \frac{R_F}{R_1}v_2 - \frac{R_F}{R_1}v_1 = \frac{R_F}{R_1}(v_2 - v_1) \tag{21.13}$$

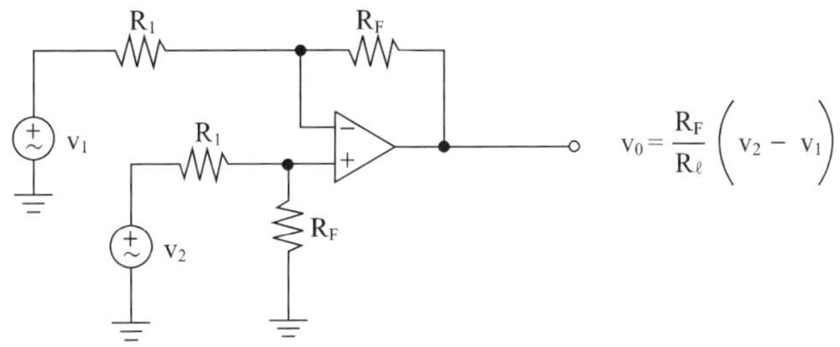

그림 21–13

21.6 미분기와 적분기

미분기는 그림 21–14(a)처럼 구성되고 출력은

$$v_o = -R_F C \frac{dv_i}{dt}$$

로 주어지고 적분기는 그림 21–4(b)처럼 구성되고, 출력은

$$v_o = -\frac{1}{R_1 C}\int_0^t v_1 dt$$

로 주어진다.

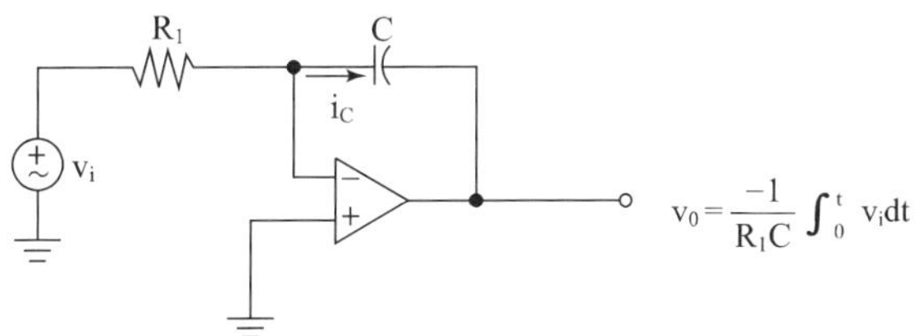

(a) 적분기

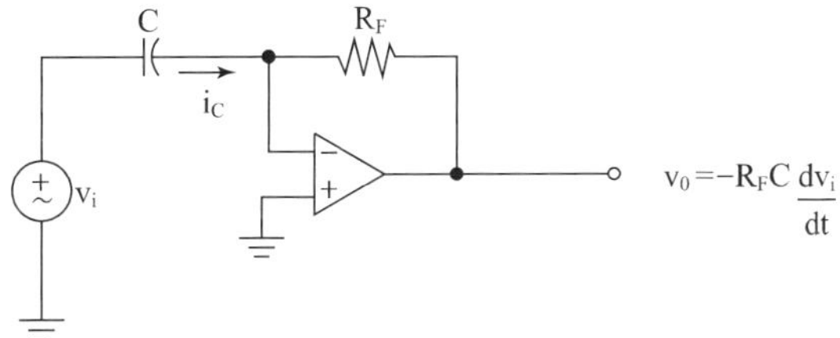

(b) 미분기

그림 21–14

예제 4 그림 21-15에 표시된 Op-Amp 회로에서 (a) 출력전압을 구하는 공식을 구하시오. (b) 주어진 입력에 대한 출력전압을 구하시오. (c) 이런 회로에 연결될 수 있는 실제적인 Op-Amp 제한은 무엇인가?

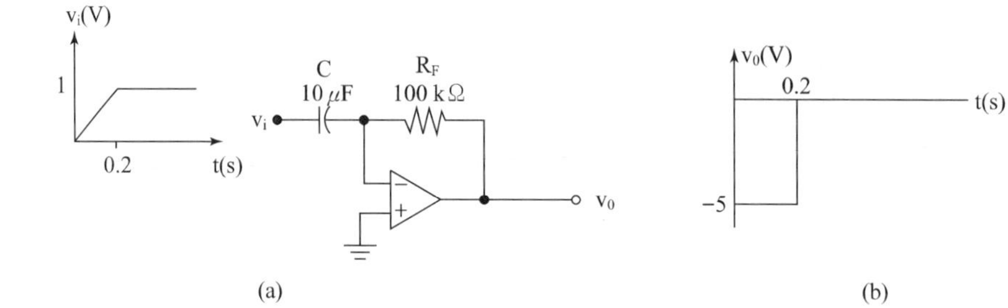

그림 21-15

▸ (a) 미분기 출력전압은

$$v_o = -R_F C \frac{dv_i}{dt} = -100 \times 10^3 \times 10^{-6} \frac{dv_i}{dt} = -\frac{dv_i}{dt} \text{ 이다.}$$

(b) 입력전압이 0.0과 0.02초 사이의 직선이기 때문에 $0.0 < t < 0.2$초 구간에서

$v_o = -\frac{dv_i}{dt} = -\frac{1.0 - 0.0}{0.2 - 0.0} = -\frac{1.0}{0.2} = -5.0\,V$이다. $t < 0.2$초 구간에서는 입력이 일정하기 때문에 입력은 0 기울기를 갖는다. 따라서 $v_o = -\frac{dv_i}{dt} = 0$이다. 출력은 그림 21-15(b)와 같다.

(c) Op-Amp의 슬류율은 출력이 −5 V에 주어진 시간에 도달할만큼 충분히 빠르다. 소자이다.

예제 5 그림 21-16에는 Op-Amp 적분기와 구형파 입력이 표시되어있다. 출력을 구하시오.

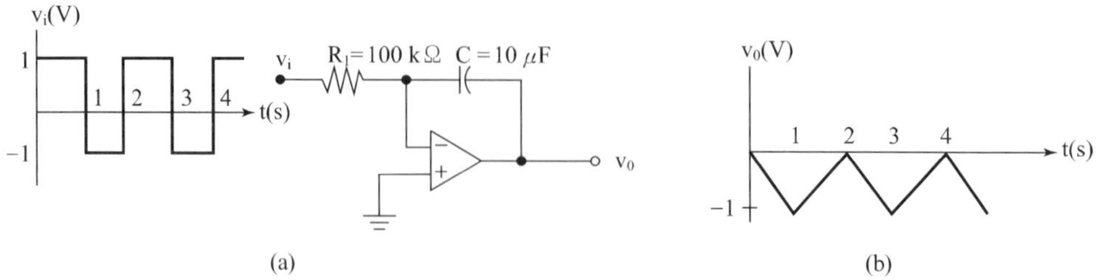

그림 21-16

▸ 출력전압은 $v_o = -\frac{1}{R_1 C}\int_0^t v_i dt = -\int_0^t v_i dt$로 주어진다.

상수를 적분하면 직선을 구할 수 있다. 따라서 구형파의 적분은 그림 21-16(b)에 표시된 것처럼 삼각파를 구할 수 있다. 실제로 Op-Amp의 슬류율은 램프출력을 지지할 만큼 충분히 빠르다.

21.7 비선형 연산증폭기회로

단순한 반전정류기

그림 21-17은 정류기를 구성하기 위해서 기본적인 반전증폭기의 귀환 루프에서 다이오드가 어떻게 사용되는가를 보여준다.

입력이 positive로 되면 그림 21-17(b)에 표시된 것처럼 전류는 전원을 출발해서 다이오드를 턴 ON시킨다. 앞에서처럼 귀환 루프가 닫힐 때 R_F 또는 다이오드를 통해서 $v_- = v_+$로 된다. 그리고 +단자는 접지이므로 $v_- = v_+ = 0$ V이다.

다이오드가 ON 상태일 때 0.7 V 전지처럼 동작한다. 출력전압은 식 (21.14)에서 고정된다.

$$v_0 = 0 - V_D = -0.7\,\text{V} \qquad (21.14)$$

입력전압이 −로 되면 전류는 전원으로 되돌아간다. 다이오드가 역방향으로 바이어스되므로 입력이 negative로 되면 다이오드는 그림 21-17(c)에 표시된 것처럼 OFF된다. 다이오드가 OFF될 때 회로는 기본적인 반전증폭기처럼 동작하고 출력은 식 (21.15)로 주어진다.

$$v_o = -\frac{R_F}{R_1}v_i = -\frac{10\,\text{k}\Omega}{10\,\text{k}\Omega}v_i = -v_i \qquad (21.15)$$

입력이 negative이기 때문에 출력은 positive이다. 이러한 결과를 조합하면 그림 21-17(a)에 표시된 출력을 얻게 된다.

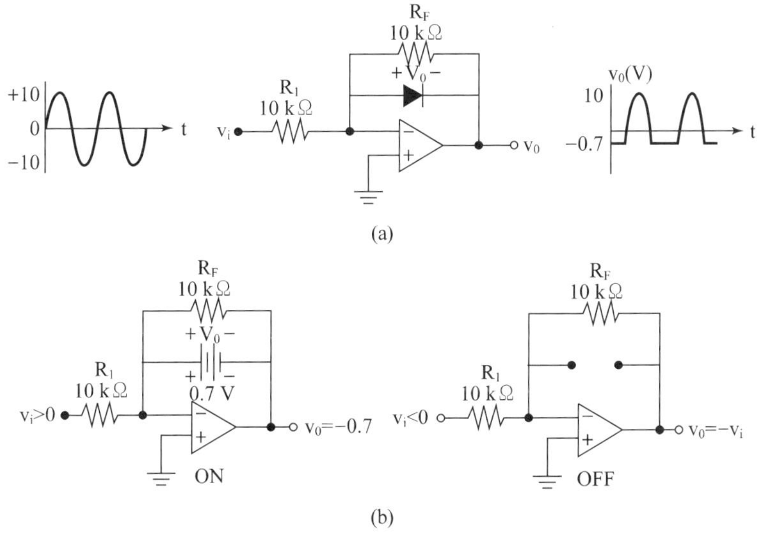

그림 21-17 반전정류기.

Op－Amp 리미터 회로

그림 21－18은 Op－Amp 리미터 회로를 나타낸다. 입력이 positive로 될 때 전류는 전원에서 출발한다. 이것은 Z_1에는 순방향이고 Z_2에는 역방향이다. 입력이 0 V부터 증가하기 시작하면 Z_2 양단에 걸리는 역방향 전압을 항복시키기에 충분할 만큼 크지 않다. 따라서 역방향 으로 바이어스된 일반적인 다이오드처럼 동작하고 개방된다.

Z_2가 개방되기 때문에 다이오드는 그림 21－18(b)에 표시된 것처럼 귀환 경로는 제거된다.

$$v_o = -\frac{R_F}{R_1}v_i = -\frac{10\,k\Omega}{10\,k\Omega}v_i = -v_i$$

입력이 계속해서 증가하면 Z_2의 역방향 바이어스 전압은 항복전압에 도달되고 다이오드는 전지처럼 동작한다. Z_2의 전류 방향은 전원으로부터 시작되고, Z_1은 순방향으로 바이어스되고 턴 ON된다. 귀환 경로는 그림 21－18(c)에 표시된 것처럼 귀환 경로는 사실상 직렬로 연결된 두 전지를 포함하게 된다. $v_- = 0$ V이므로 출력전압은

$$v_o = v_- - 0.7 - V_z = 0.0 - 0.7\,V - 5.0\,V = -5.7\,V$$

로 된다. 입력전압이 계속 증가하면 출력은 －5.7 V에서 고정된다. 입력이 negative로 되도 회로는 이와 유사하게 동작된다. 첫째 출력전압은 입력전압의 반전된 형태로 배치된다. 입력전압이 －5.7 V 이하로 떨어지면 출력전압은 －5.7 V에 고정된다. 대칭적인 리미터를 만들 수 있다. 그것은 출력전압이 ±5.7 V로 리미트된다. 대체적으로 출력전압은 식 (21.16) 처럼 제한된다.

$$v_{o_{lim}} = \pm(0.7 + V_z) \tag{21.16}$$

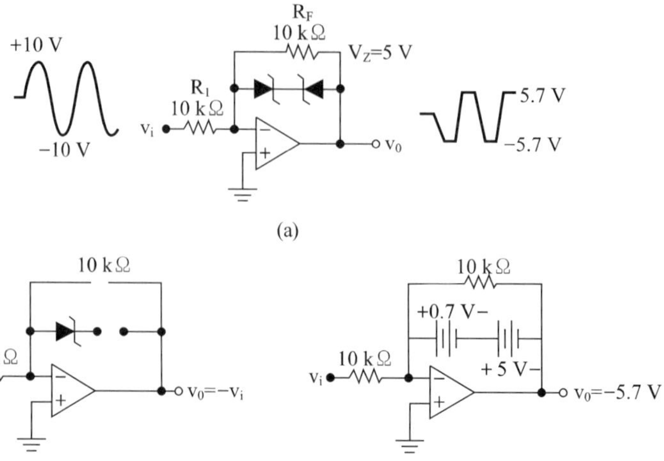

그림 21－18 제너다이오드 리미터.

기초확인문제

01 그림 21-19에 표시된 Op - Amp의 반전입력에 +5 V의 기준전위가 연결되어 있다. +V, - V, A_{OL} 값을 이용해서 비반전입력에 +4.9V 및 +5.1 V가 인가될 경우의 출력전압을 구하시오.

02 그림 21-20에 표시된 회로에서 디지털 시스템은 변화하는 신호원 전압이 어떤 출력 레벨에 도달한 경우 미리 설정된 기능을 수행하는 데 사용된다. 이런 경우 출력 레벨값은 얼마인가?

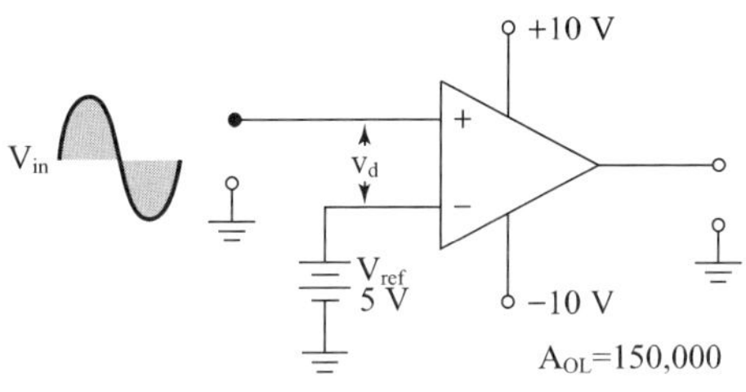

그림 21-19

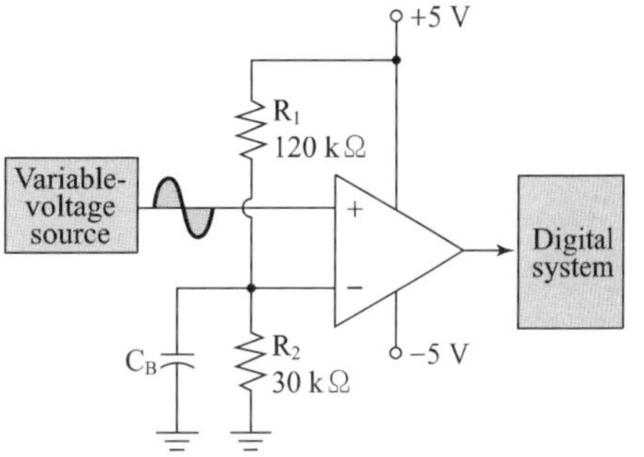

그림 21-20

03 그림 21-21에 표시된 회로에서 고장의 원인은 무엇인지 설명하시오.

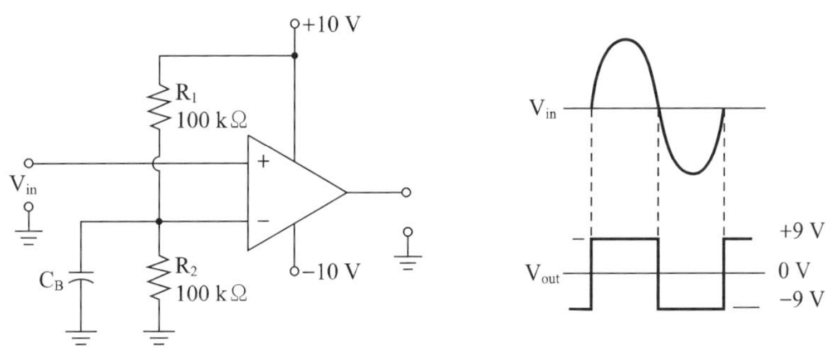

그림 21-21

04 그림 21-22에 표시된 회로에서 차단주파수를 결정하시오. 또한 출력이 선형적인 특성을 잃어버리기 시작하는 주파수를 구하시오.

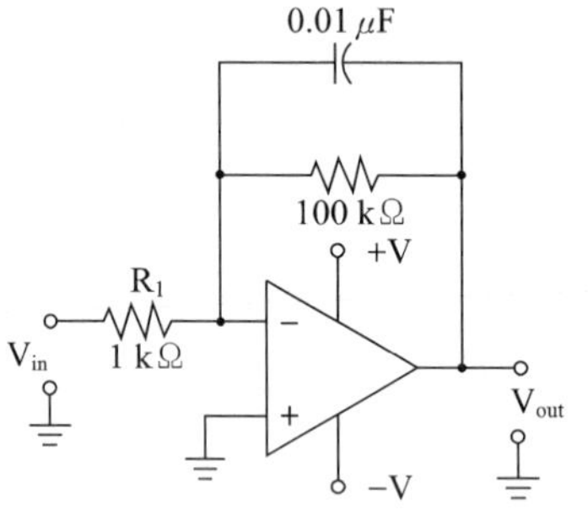

그림 21-22

05 그림 21-23에 표시된 가산기의 출력을 구하시오.

06 그림 21-24에 표시된 가산기의 출력을 구하시오.

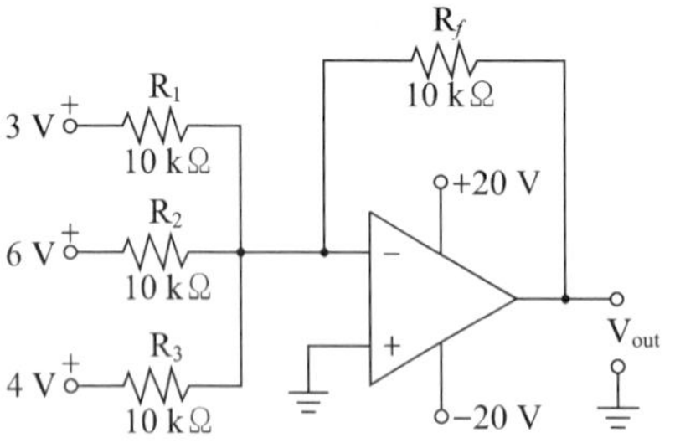

그림 21-23

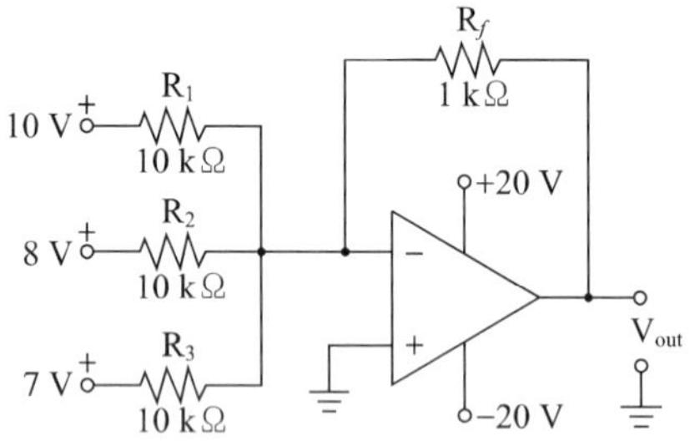

그림 21-24

정답

01 입력전압이 +5.1 V인 경우 차동전압은 $v_d = V_{in} - V_{ref} = 5.1\text{ V} - 5\text{ V} = +0.1\text{ V}$이다. $V(out) = A_{OL}V_d = 210{,}000 \times 0.1\text{ V} = 21{,}000\text{ V}$이다. 이 값은 회로의 출력 한계치를 넘어서기 때문에 출력전압은 $V_{out} \cong (V+) - 1\text{ V} = +9\text{ V}$와 같다. 입력전압이 +4.9 V인 경우 차동전압은 $v_d = V_{in} - V_{ref} = 4.9\text{ V} - 5\text{ V} = -0.1\text{ V}$이다.

이 값을 사용하면 $V_{out} \cong A_{OL}V_d = 210{,}000 \times (-0.1\text{ V}) = -21{,}000\text{ V}$

이 출력값은 회로에서의 공급전압을 고려할 때 불가능하므로, 출력전압은 아래와 같다.

$$V_{out} \cong (V-) + 1\text{ V} = -9\text{ V}$$

02 기준전위는 전압 분배기 회로에 의해서 결정된다. 디지털 시스템은 +1 V 이하인지, +1 V 이상인지를 감지한다.

$$V_{ref} = V\frac{R_2}{R_1 + R_2} = +5\text{ V} \times 0.2 = +1\text{ V}\text{이다.}$$

03 전압분배기 회로를 살펴보면 $R_1 = R_2$임을 알 수 있다. 따라서 기준 전위값은 +10 V의 절반인 +5 V되어야 하지만 접지점에서 변하기 때문에 이곳에 고장원인이 있다. R_1이 개방, R_2가 단락, C_B가 단락된 경우일 수 있지만 R_1이 개방일 경우가 가장 흔하다.

04 회로의 차단주파수는 $f_1 = \frac{1}{2\pi R_f C_f} = \frac{1}{2\pi(1{,}000\text{ k}\Omega)(0.01\,_u\text{F})} = 159\text{ Hz}$이다.

차단주파수의 10배가 될 때 선형성을 가짐을 알 수 있다. 따라서 $f_{min} = 10\,f_1 = 1.59\text{ KHz}$이다.

05 $$V_{out} = -R_F\left(\frac{V_1}{R_1} + \frac{V_2}{R_2} + \frac{V_3}{R_3}\right) = -10\text{ k}\Omega\left(\frac{+3\text{ V}}{10\text{ k}\Omega} + \frac{+6\text{ V}}{10\text{ k}\Omega} + \frac{+4\text{ V}}{10\text{ k}\Omega}\right) = -13\text{ V}$$

06 $$V_{out} = -R_f\left(\frac{V_1}{R_1} + \frac{V_2}{R_2} + \frac{V_3}{R_3}\right) = -1\text{ k}\Omega\left(\frac{+10\text{ V}}{10\text{ k}\Omega} + \frac{+8\text{ V}}{10\text{ k}\Omega} + \frac{+7\text{ V}}{10\text{ k}\Omega}\right) = -2.5\text{ V}$$

CHAPTER 22 다이리스터

다이리스터는 4층을 갖는 반도체 소자로 래치 동작을 발생시키는 내부귀환에 사용된다. 쌍극성 트랜지스터와 FET는 선형증폭기와 스위치로 사용되지만, 다이리스터는 오직 스위치로만 사용된다. 다이리스터의 중요한 응용 분야는 모터, 히터, 전등 시스템, 기타의 소자에 대한 큰 부하전류를 제어하는 것에 사용된다. 다이리스터는 그리스어로 단어의 사전적인 의미는 문을 의미한다.

22.1 이상적인 래치

모든 다이리스터는 그림 22-1(a)에 표시된 것 같은 이상적인 래치의 형태로 설명된다. 위쪽 트랜지스터 Q_1은 pnp 소자이고, 아래쪽 트랜지스터 Q_2는 npn 소자이다. 그림에서 보다시피 Q_1의 컬렉터가 Q_2의 베이스를 구동시키고, Q_2의 컬렉터가 Q_2의 베이스를 구동시킨다.

재생

그림 22-1(a)는 보통 사용되지 않는 연결방법으로 재생이라고 하는 정귀환을 갖는다. 루프의 임의점에서 전류변화가 증폭되어 같은 위상을 갖고 시작된 점으로 귀환된다. Q_2의 베이스 전류가 증가하면 Q_2의 컬렉터 전류가 증가한다. 이것이 더 많은 베이스 전류가 Q_1을 통과하도록 하고, 이것은 다시 Q_1의 컬렉터 전류를 크게 발생시켜서 Q_2의 베이스를 더욱 크게 구동시킨다. 이런 동작은 2개의 트랜지스터 Q_1, Q_2가 포화될 때까지 계속된다. 이런 경우 래치가 그림 22-1(b)에 표시된 단락 스위치로 동작하게 된다.

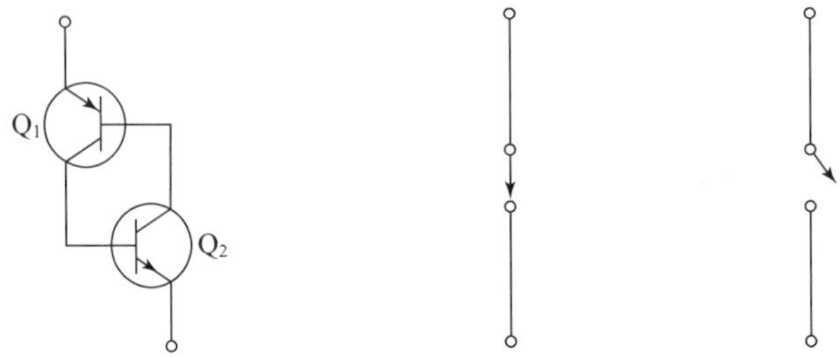

(a) 트랜지스터 래치　　(b) 단락된 래치　　(c) 개방된 래치

그림 22-1

그러나 무슨 이유 때문에 Q_2의 베이스 전류가 감소하면 Q_2의 컬렉터 전류도 감소된다. 이것이 Q_1의 베이스 전류를 감소시키고, Q_1의 컬렉터 전류가 적어지게 되면 Q_2의 베이스 전류를 감소시키고, 이런 재생은 Q_1, Q_2가 차단될 때까지 계속된다. 이때가 되면 래치는 그림 22-1(c)에 표시된 것처럼 개방 스위치로 동작하게 된다. 래치는 단락상태와 개방상태 2가지를 갖는다. 또한 각 상태가 언제까지나 유지된다. 만약 단락되면 전류를 감소시키는 원인이 발생될 때까지 계속 단락상태가 되고, 만약 개방된다면 전류가 증가하는 힘이 발생할 때까지 계속 개방상태를 유지한다.

트리거링

래치를 단락시키는 한 가지 방법은 어떤 베이스든지 간에 순방향 바이어스를 적용하는 트리거링이다. 그림 22-2(a)는 Q_2의 베이스에 폭이 좁고 날카로운 펄스가 가해지는 트리거를 표시하고 있다. 래치가 A점 이전에 시간에 개방상태라고 가정하면 공급된 전압은 그림 22-2(d)에 표시된 부하선의 하한에 있게 된다.

A점에 있는 순간 트리거는 순간적으로 Q_2의 베이스를 순방향 바이어스로 만든다. Q_2의 컬렉터 전류는 갑자기 흐르게 되서 Q_1을 통해서 베이스 전류가 흐르도록 한다. 이번에는 Q_1의 컬렉터 전류가 흐르게 되서 Q_1을 통해서 베이스 전류가 흐르도록 한다. 이번에는 Q_1의 컬렉터 전류가 흐르게 되서 Q_2의 베이스를 강하게 구동시킨다. Q_1의 컬렉터 전류가 Q_2의 베이스 전류를 공급하기 때문에 트리거 펄스는 더 이상 필요하지 않게 된다.

재생이 시작되면 자기 자신을 유지하고 양쪽 트랜지스터를 포화로 구동시킨다. 재생 스위칭 동작을 시작하는데 필요한 최소의 입력전류를 **트리거 전류**라고 한다. 포화되면 양쪽의 트랜지스터는 이상적인 단락 회로처럼 보인다. 따라서 래치는 그림 22-2(c)처럼 단락된다. 이상적으로 래치가 단락되면 양단에 걸리는 전압은 0이 되서 동작점은 그림 22-2(d)의 부하선에서 상한에 나타난다.

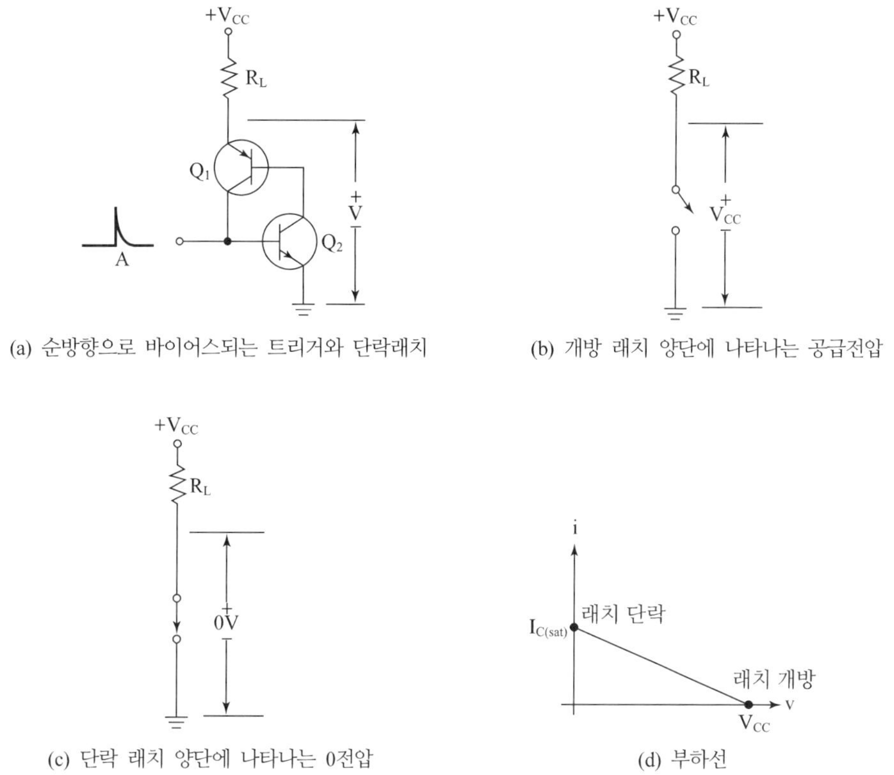

(a) 순방향으로 바이어스되는 트리거와 단락래치

(b) 개방 래치 양단에 나타나는 공급전압

(c) 단락 래치 양단에 나타나는 0전압

(d) 부하선

그림 22-2

항복

래치를 단락시키는 또 다른 방법은 항복에 의한 것이다. 이것은 컬렉터 다이오드를 항복시키기에 충분히 큰 V_{CC}를 사용하는 것을 의미한다. 한 번 항복이 시작되면 한 개의 컬렉터로부터 전류가 흘러서 다른 쪽 베이스를 구동한다. 이것은 마치 베이스가 트리거를 수신한 것과 같은 효과를 갖는다. 비록 항복이 한쪽 컬렉터 다이오드의 항복으로부터 시작한다 해도 양쪽 트랜지스터가 포화상태일 때 끝나게 된다. 이것이 바로 래치를 단락시키는 이런 방법을 표시할 때 break down이라 쓰지 않고 breakover라고 사용하는 이유이다.

저전류 중단

이상적인 래치를 어떻게 개방시키는가? 한 가지 방법은 부하전류를 0으로 감소시키는 것이다. 이것은 트랜지스터를 포화상태에서 벗어나게 해서 개방상태로 귀환시킨다. 그림 22-2(a)에서 부하저항을 개방시킬 수 있다. 또 하나는 V_{CC}의 공급을 0까지 감소시키는 것이다. 어떤 방법이든지 간에 단락 래치는 개방된다. 래치 전류를 낮은 크기로 감소시키는 것에 의존하는 이런 형태의 개방을 **저전류 중단**이라 한다.

역바이어스 트리거링

래치를 개방시키는 또 다른 방법은 그림 22-2(a)에서의 역바이어스 트리거를 사용하는 것이다. +트리거 대신 -트리거가 사용될 때 Q_2의 베이스 전류가 감소한다. 이것은 Q_1의 베이스 전류를 감소시키고, 따라서 Q_1의 컬렉터 전류가 감소해서 재생은 급속도로 양쪽 트랜지스터를 차단상태로 만들고 래치가 개방된다.

22.2 4층 다이오드

그림 22-3(a)는 **4층 다이오드**(쇼클리 다이오드로 알려져 있다)라고 한다. 오직 2개의 외부단자를 가지고 있기 때문에 다이오드로 분류된다. 또한 내부가 4층으로 도핑되기 때문에 간혹 pnp **다이오드**라고도 한다. 이런 다이오드가 어떻게 동작하는지 쉽게 이해하기 위한 방법은 그림 22-3(b)에 표시한 것처럼 두 부분으로 분리해서 형상화시키는 것이다. 왼쪽 반은 pnp 트랜지스터이고, 오른쪽 반은 npn트랜지스터이다.

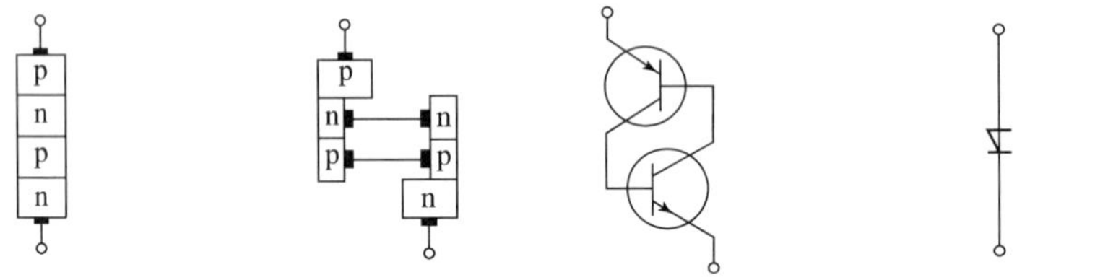

(a) 4층 다이오드의 구조 (b) 등가구조 (c) 등가회로 (d) 회로도 기호

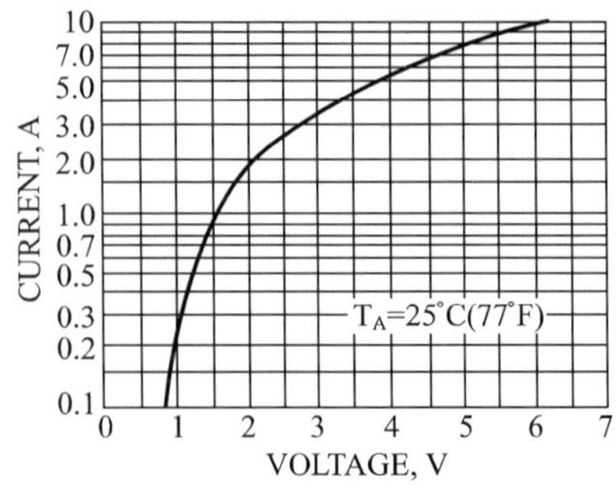

(e) 4층 다이오드의 도통 시 전압전류 특성곡선

그림 22-3

따라서 4층 다이오드는 그림 22-3(c)에 표시된 래치와 등가이다. 트리거 입력이 없기 때문에 4층 다이오드를 단락시키는 오직 한 가지 방법은 항복에 의한 것이다. 또한 개방시키는 오직 한 가지 방법은 저전류 중단이다. 4층 다이오드에서 래치를 개방시키기 위해서 모든 전류를 0으로 감소시킬 필요는 없다. 4층 다이오드의 내부 트랜지스터는 전류가 홀딩 전류라고 하는 낮은 값으로 감소될 때 포화상태를 벗어난다. 그림 22-3(d)는 4층 다이오드의 기호도를 표시한 것이다. 4층 다이오드가 항복되면 다이오드 양단에 걸리는 전압이 존재하는 전류의 크기에 따라서 낮은 크기로 떨어진다. 예를 들면, 그림 22-3(e)는 IN5158의 전류-전압 특성 곡선을 표시한 것이다. 소자에서의 전류가 전압을 증가시키는 것을 볼 수 있다(0.2 A에서 1 V, 0.95 A에서 1.5 V, 1.8 A에서 2 V ……).

예제 1 그림 22-4(a)에 표시된 IN5158은 10 V의 항복전압을 갖는다. 만약 다이오드가 도통하지 않고 입력전압이 +5 V로 증가할 때 다이오드 전류는 얼마인가? 만약 입력전압이 +15 V로 증가한다면 다이오드 전류는 얼마인가? (단 다이오드 전압강하는 약 1 V로 한다.)

▸ 다이오드가 초기에 off되어 있으므로 도통시키기 위해서는 항복전압을 초과시키는 방법 밖에 없다. 입력이 +5 V까지 증가해도 다이오드에는 영향을 미치지 않는다. 따라서 개방상태를 유지한다. 그러나 입력이 +15 V로 증가하면 4층 다이오드는 항복되고 단락된다. 따라서 전압강하를 1 V로 가정하면 다이오드 전류는 140 mA가 된다.

$$I = \frac{15\text{ V} - 1\text{ V}}{100\ \Omega} = 140\text{ mA}$$

예제 2 그림 22-4(a)에서 다이오드의 홀딩전류가 4 mA이다. 만약 중단점에서 전압강하가 0.5 V라면 저전류 중단을 발생시키기 직전의 입력전압은 얼마인가?

▸ 4층 다이오드를 개방시키기 위해서는 홀딩전류 4 mA를 낮은 크기로 감소시켜야 한다. 이것은 감소된 입력전압이 적어도 0.9 V보다 낮아야 한다는 의미이다.

$$V = 0.5\text{ V} + (4\text{ mA})\ (100\ \Omega) = 0.9\text{ V}$$

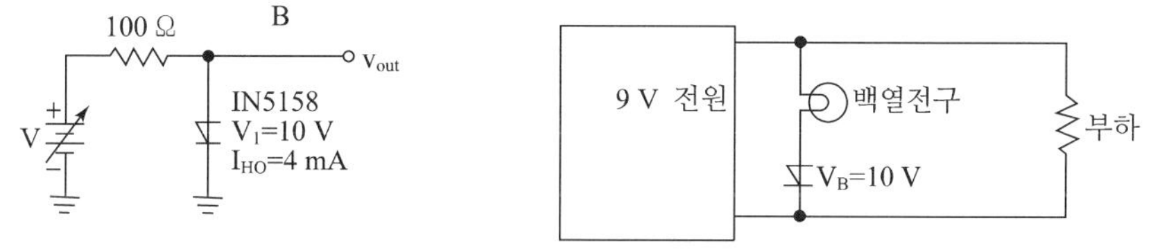

(a) 1N5158을 사용한 회로 (b) 초과전압 검출기로 사용되는 4층 다이오드

그림 22-4

예제 3 그림 22-4(b)의 동작을 기술하시오.

▸4층 다이오드는 10 V의 항복전압을 갖는다. 전력공급이 9 V이기 때문에 4층 다이오드는 개방상태이고 전구는 꺼져 있다. 만약 무엇인가 잘못되어서 전압이 상승되어 10 V가 되면 4층 다이오드가 도통하고 전구가 불이 들어온다. 비록 전압이 9 V로 되돌아가도 다이오드는 발생된 과전압을 기억하는 것처럼 래치된 상태를 유지하게 된다. 램프를 꺼지게 한 가지 방법은 전원을 차단하는 것이다. 이런 회로를 초과전압 검출기라 하며, 전력공급이 제한영역에 있으면 잘못은 발생하지 않으나 초과전압이 발생하면 비록 그것이 순간일지라도 램프가 점등되고 지속된다.

예제 4 그림 22-5(a)는 톱니파 발생기를 표시하고 있다. 회로동작을 기술하시오.

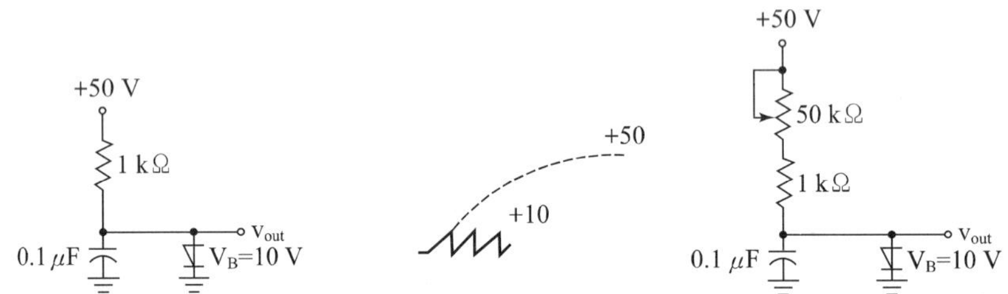

(a) 톱니파 발생기 (b) 출력파형 (c) 조정 가능한 톱니파 발생기

그림 22-5

▸만약 4층 다이오드가 회로에 존재하지 않는다면 콘덴서는 지수함수적으로 충전되고, 전압은 그림 22-5(b)에 표시한 점선을 따라서 나타난다. 그러나 4층 다이오드가 회로 내에 있다면 콘덴서 전압이 10 V에 도착하자마자 다이오드가 항복되고 래치가 단락된다. 콘덴서의 이런 방전은 flyback(갑자기 감소됨) 콘덴서 전압을 발생시킨다. flyback에서의 전류강하는 holding 전류 아래로 되고, 4층 다이오드는 개방되고 다음 주기에서 다시 시작한다. 그림 22-5(a)는 이상 발진기의 또 다른 예로서 출력이 콘덴서(인덕터)의 충전과 방전에 의존하게 된다. 만일 R_C 시정수가 증가하면 콘덴서는 10 V를 충전하는 시간이 길어지고, 톱니파의 주파수가 낮아진다. 그림 22-5(c)의 포텐쇼메터를 사용하면 주파수에서 50 : 1의 범위를 얻을 수 있다.

22.3 실리콘 제어 정류기(SCR)

SCR은 그림 22-6(a)에 표시한 것처럼 npn 부분의 베이스에 외부단자가 연결되기 때문에 4층 다이오드보다 더 유용하게 사용된다. 4층으로 도핑된 영역을 2개의 트랜지스터로 분리해서 그림 22-6(b)처럼 형상화시켜 보자. 따라서 SCR은 그림 22-6(c)에 표시된 것처럼 트리거

입력을 갖는 래치와 등가이다. 그림 22-6(d)는 회로도에 사용되는 기호를 표시했다. 이 기호를 보면 트리거 입력을 갖는 래치와 등가인 것을 기억하도록 하라.

게이트 트리거링

SCR의 게이트는 그림 22-6(c)에 표시된 것처럼 다이오드와 등가이다. 이런 이유 때문에 SCR의 트리거에는 최소한 0.7 V의 전압이 필요하다. 게다가 재생이 시작되기 위해서는 최소의 입력전류가 필요한데 데이터 시트에는 SCR의 트리거 전류와 트리거 전압이 표시되어 있다. 2N4441의 데이터 시트를 보면 일반적인 트리거 전압은 0.7 V이고, 트리거 전류는 10 mA이다. 2N4441을 구동하는 전원은 0.7 V에서 적어도 10 mA의 전류를 공급해야 한다. 그렇지 않으면 SCR은 래치를 단락시킬 수 없다.

차단전압

SCR은 항복동작을 위해서 고안된 것은 아니다. 항복전압 범위는 약 50 V에서부터 2,500 V 이상인 것도 있으며, SCR의 형식번호에 따라서 달라진다. 대부분의 SCR은 트리거 단락과 저전류 개방형으로 설계되었다. 다시 말해 SCR은 그림 22-6(b)에 표시된 것처럼 트리거가 게이트를 구동할 때까지 개방상태를 유지한다. 트리거가 되면 SCR 래치가 단락을 유지한다(비록 트리거가 사라진다 해도). SCR을 개방시키는 한 가지 방법은 저전류 중단이다.

대부분의 사람들은 SCR은 트리거나 SCR을 단락시킬 때까지 전압을 차단하는 소자로 생각한다. 이런 이유 때문에 항복전압이 데이터 시트에는 **순방향 차단전압**이라고 한다. 2N4441은 약 50 V의 순방향 차단전압을 갖는다. 공급전원이 50 V 미만이면 SCR은 항복하지 않고, 이것은 단락시키는 방법은 게이트 트리거를 공급하는 것이다.

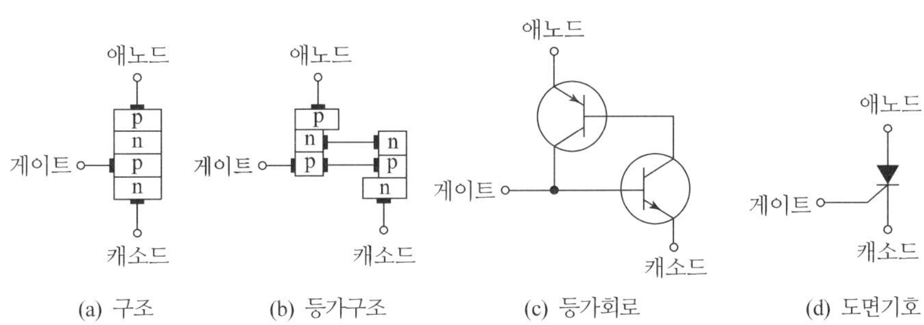

그림 22-6 SCR.

대전류

대부분의 SCR은 산업용 소자로서 형식번호에 따라서 1 A 미만에서부터 2,500 A 이상의 큰 전류범위를 취급할 수 있다. SCR은 대전류 소자이기 때문에 상대적으로 큰 트리거와 홀딩 전류를 갖는다. 2N4441은 8 A로서 도통되고 트리거 전류는 10 mA이고, 이것은 홀딩전류이다. 이것은 게이트에 적어도 10 mA가 공급되어야 하며, 8 A의 애노드 전류를 제어할 수 있다는 것을 의미한다(에노드와 캐소드는 그림 22-6(d)에 표시되어 있다). C701은 SCR을 2250A까지 도통시키고 500 mA의 트리거 전류와 500 mA의 홀딩 전류를 갖는다.

상승의 임계율

많은 응용에서 교류전원이 SCR에서도 사용된다. 주기의 어떤 점에서 게이트 트리거링을 시키면 모타, 히터 혹은 기타 부하와 같은 부하에 교류전력의 커다란 양을 제어할 수 있다. SCR 내부의 접합 커패시턴스 때문에 SCR을 트리거하기 위한 공급전압을 갑자기 변화시키는 것이 가능하다. 만약 순방향 전압의 상승률이 충분히 크면 용량성 충전전류는 재생을 시작한다. SCR의 잘못된 트리거링을 피하기 위해서 애노드 전압의 변화율은 데이터 시트에 기록되어 있는 전압의 임계 상승률을 초과할 수 없다.

2N4441는 50 V/μs의 임계전압 상승률을 갖는다. 잘못된 트리거링을 피하기 위해서 애노드 전압은 50 V/μs 이상으로 빨리 상승할 수 없다. 또 다른 예를 보면 C701은 200 V/μs의 임계전압 상승률을 갖는다. 잘못된 동작을 피하기 위해서 애노드 전압은 200 V/μs 이상으로 빨리 증가할 수는 없다. 스위칭 천이는 임계전압 상승률을 초과하는 가장 중요한 요인이다. 스위칭 천이의 효과를 감소시키는 한 가지 방법은 그림 22-7(a)에 표시한 RC 스너버(snubber)를 사용하면 된다. 만약 공급전원에서 고속 스위칭 천이가 발생한다면 RC 회로 때문에 애노드에서 상승률이 감소된다. 애노드 전압이 상승률은 R과 C값과 마찬가지인 부하저항에 의존한다. 큰 SCR은 임계전류 상승률을 갖는다. C701은 150 A/μs의 임계전류 상승률을 갖는다. 만약 애노드 전류가 이것보다 빨리 증가하면 SCR은 파괴된다. 그림 22-7(b)에 표시된 것처럼 인덕턴스가 직류로 연결되면 마치 RC 스너버가 전압 상승률을 감소시키는 것처럼 전류 상승률을 감소시킨다.

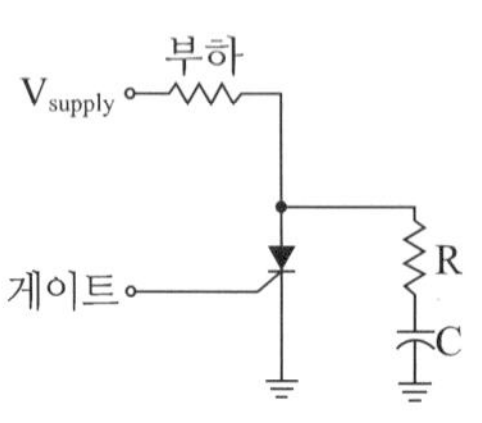

(a) 공급전원에서 공급 천이 시 SCR을 보호하기 위한 RC 스너버

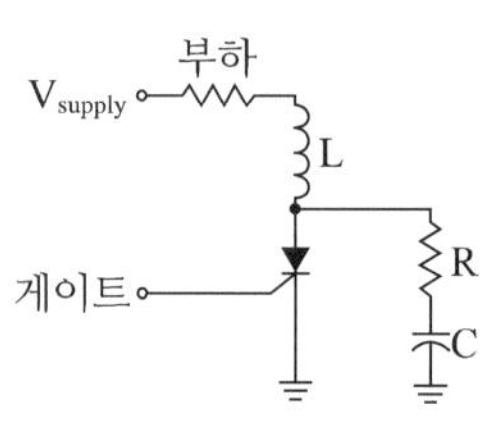

(b) 갑자기 변하는 전류에서 SCR을 보호하는 인덕터

그림 22-7

부하 보호회로

SCR의 응용 중 한 가지는 전력공급의 초과전압으로부터 부하를 보호하는 것이다. 예를 들어, 그림 22-8(a)는 저항과 직렬로 연결된 제너 다이오드에 공급되는 20 V 전원을 표시하고 있다. 저항 양단에 걸리는 전압이 부하와 병렬로 연결된 SCR의 게이트를 구동한다. 제너전압은 21 V이다. 20 V 전력이 공급되면 제너 다이오드의 SCR 게이트 전압은 0이다. SCR이 개방되면 부하저항 양단에 20 V가 나타난다. 만약 전원공급이 잘못되어서 전압이 21 V 이상으로 증가하려면 제너 다이오드는 항복되고, SCR의 게이트에서 전압이 나타난다. 이런 전압이 약 0.7 V를 초과하면 SCR 래치는 부하전압을 단락시킨다. 동작 부하단자 양단에 crowbar를 던지는 것과 유사하다. SCR의 turnon이 아주 빠르기 때문에(2N4441은 us) 큰 과전압에 손상 영향에 대해서 부하가 보호된다.

Crow barring은 강력한 보호 수단이지만 많은 디지털 IC가 사용되는 곳에 사용되면 아주 큰 초과전압을 막지 못해서 값비싼 IC를 파괴시킨다. 따라서 초과전압의 기미가 보일 때 부하단자를 단락시키기 위해서 SCR crowbar를 사용한다. SCR crowbar를 사용하는 공급전원은 SCR이 단락될 때 초과전류를 방지하기 위해서 전류 제한이 필요하다.

그림 22-8(a)의 crowbar는 제너 다이오드 때문에 소프트 동작을 한다. 그림 22-8(b)는 SCR crowbar의 좀 더 실제적인 예를 표시하고 있다. 트랜지스터가 전압 이득을 제공해서 날카로운 턴언을 발생시킨다. 저항 R_4 양단에 약 0.7 V를 초과하는 전압이 걸리면 SCR이 도통된다. 원래의 다이오드는 트랜지스터의 베이스-이미터 다이오드 온도 보상을 포하하고 있다. 트리거는 회로는 트립점을 정상전압의 10~15% 이상으로 조정할 수 있다.

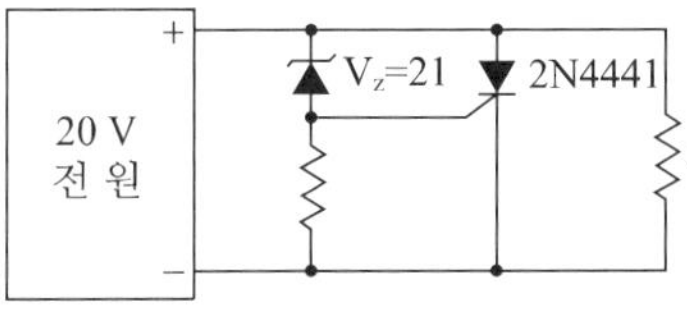

(a) soft 구동회로

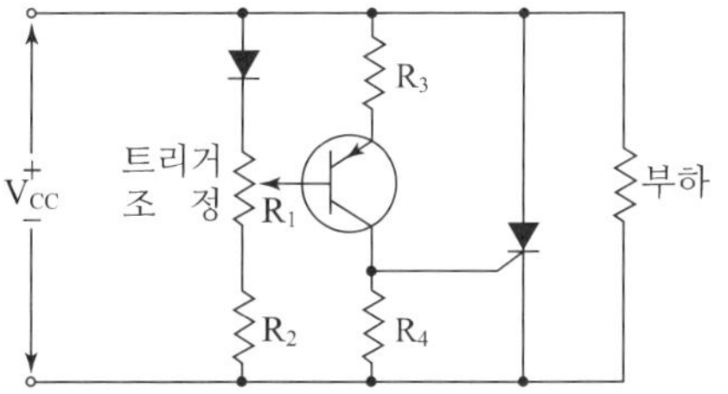

(b) 실제적인 회로

그림 22-8 SCR 부하 보호회로.

예제 5 그림 22-9는 SCR를 사용한 부하 보호회로를 표시하고 있다. 이 회로는 어떻게 동작하는가?

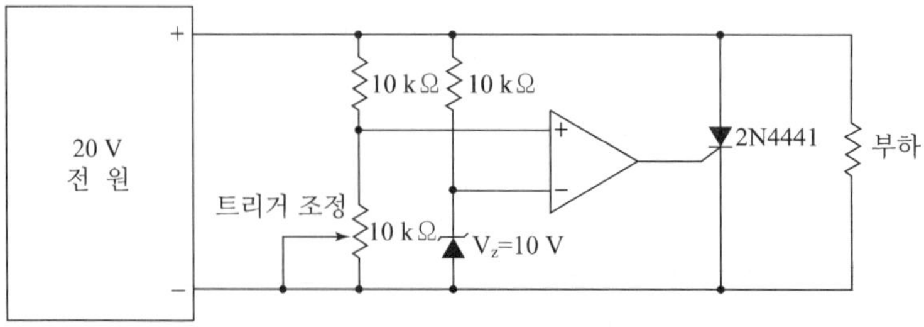

그림 22-9 빠른 스위칭에 대해서 비교기를 사용한 SCR 부하 보호회로.

▸ 공급전압이 오직 20 V이기 때문에 SCR은 정상적으로 개방상태이다. 제너 다이오드 때문에 10 V가 비교기의 반전입력으로 들어간다. 트리거 조정은 비반전입력에 걸리는 10 V보다 작은 전압을 발생시킨다. 결과적으로 오차전압은 −이므로 비교기는 −출력을 갖는다. 이런 출력은 SCR하고는 무관하다. 만약 공급전압이 20 V 이상으로 증가하면 비반전입력은 10 V보다 커지고 오차전압은 +가 되어 비교기의 출력이 SCR을 도통되도록 구동시킨다. 이것이 부하단자를 보호하기 위해서 전원을 갑자기 차단시킨다.

22.4 SCR의 변형

SCR과 유사하게 사용된 pnp 소자가 있다. 이런 SCR의 변형에 대해서 간단히 설명한다. 여기서 설명되는 소자는 저전력 회로에 응용된다.

포토 SCR

그림 22-10(a)는 광-활성 SCR(LASCR)이라고 하는 포토 SCR을 표시하고 있다. 화살표는 창을 통해서 공핍층을 때리는 입사광을 표시하고 있다. 빛이 충분히 강하면 가전자가 그들의 궤도에서 벗어나서 자유 전자가 된다. 이런 자유 전자들이 트랜지스터의 컬렉터를 흘러서 다른 트랜지스터의 베이스로 가고 재생이 시작되면 포토 SCR은 단락된다.

광트리거가 포토 SCR을 단락시키면 비록 빛이 없어져도 단락상태를 유지한다. 빛의 최대 감도는 게이트를 그림 22-10(a)에 표시한 것처럼 개방시킨다. 만약 트립점이 조정된다면 그림 22-10(b)에 표시된 트리거 조정이 포함된다. 게이트 저항은 전자를 발생시키는 빛을 제어하고 회로의 감도를 입사광으로 변화시킨다.

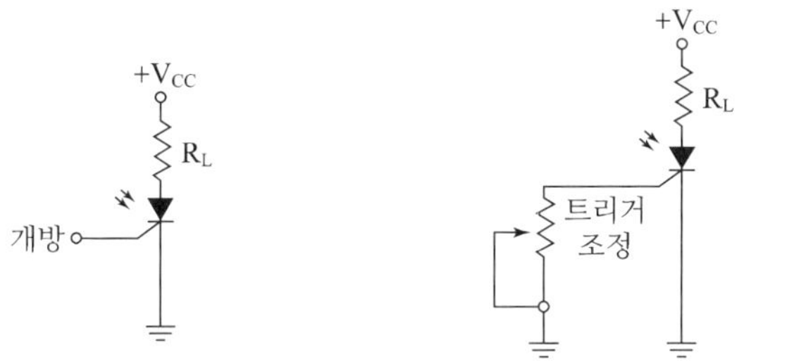

(a) 포토 SCR (b) 감도를 빛으로 조절한다.

그림 22-10

게이트 제어 스위치

앞에서 언급했지만 SCR을 개방시키는 정상적인 방법은 저전류 중단이다. 그러나 게이트 제어 스위치인 GCS는 역바이어스된 트리거에 의해서 쉽게 개방되도록 설계되었다. GCS는 +트리거로 단락되고 −트리거로 개방된다(혹은 저전류 중단). 그림 22-11은 GCS 회로를 표시하고 있다. 각 +트리거는 GCS를 단락시키고 각 −트리거는 GCS를 개방시킨다. 이런 이유 때문에 출력에서 구형파를 얻을 수 있다. GCS는 카운터, 디지탈 회로, −트리거가 off 시키는 것이 가능한 기타 응용에서 유용하다.

실리콘 제어 스위치

그림 22-12(a)는 SCS의 도핑된 영역을 표시하고 있다. 외부단자가 각 도핑영역에 연결되어 있다. 그림 22-12(b)처럼 두 부분으로 분리시켜서 형상화시켜 보자. 따라서 그림 22-12(c)와 같은 래치와 등가인 것을 알 수 있다. 순방향 바이어스 트리거가 베이스에 가해지든 간에 SCS가 단락된다. 이와 유사하게 역방향으로 바이어스된 트리거가 베이스에 가해지면 SCS는 단락된다. 그림 22-12(d)는 SCS의 도면기호를 표시하고 있다. 아래쪽 게이트는 캐소드 게이트, 위쪽 게이트는 애노드 게이트이다. SCS는 SCR과 비교하면 저전력 소자이다. SCS는 암페어보다는 밀리 암페어의 전류를 다룬다.

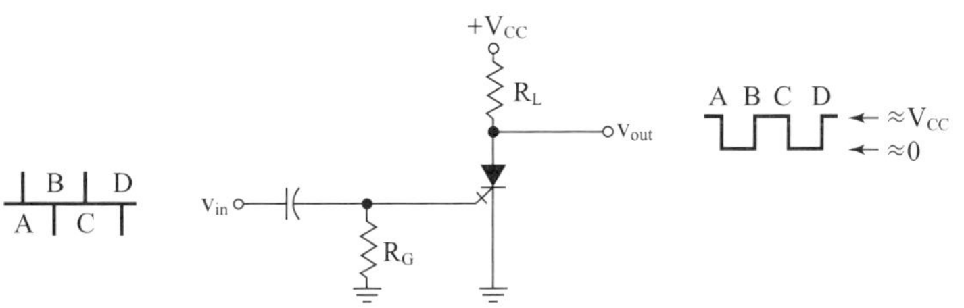

그림 22-11 게이트 제어 스위치.

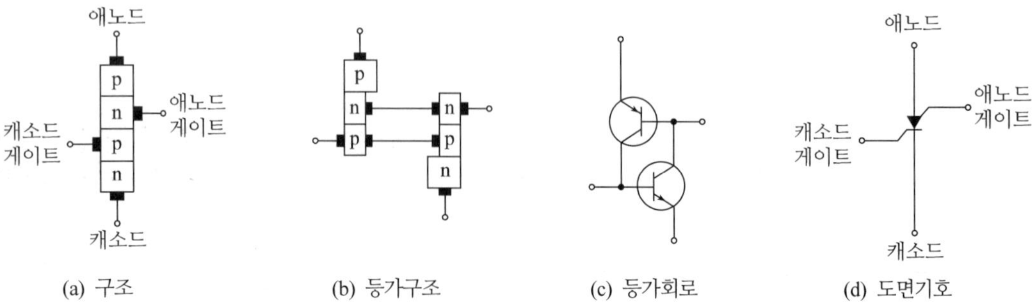

그림 22-12 실리콘 제어 스위치.

22.5 쌍방향 다이리스터

다이악(DIAC)

다이악은 쌍방향의 래치 전류를 갖는다. 다이악의 등가회로는 그림 22-13에 표시한 것처럼 4층 다이오드의 쌍이 병렬로 연결된 것이다. 이상적인 래치는 그림 22-13(b)와 같다. 다이악은 쌍방향에서 항복전압 이상으로 소자 양단의 전압이 증가할 때까지 도통되지 않는다. V가 그림 22-13(a)에 표시된 극성을 갖는다면 V가 항복전압 이상으로 되면 왼쪽 다이악이 도통된다. 이런 경우 그림 18-13(c)에 표시한 것처럼 왼쪽 래치는 단락된다. 그러나 V의 극성이 그림 22-13(a)에 표시된 것과 반대라면 V가 항복전압 이상이 될 때 오른쪽 래치가 단락된다. 다이악이 한번 도통하면 이것을 개방시키는 방법은 저전류 중단밖에 없다. 이것은 소자의 홀딩 전류 이하로 전류를 감소시켜야 한다는 것을 의미한다. 그림 22-13(d)는 다이악의 도면기호를 표시한다.

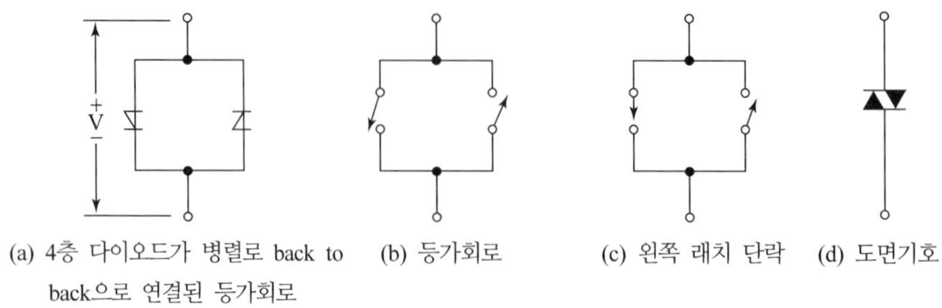

그림 22-13

트라이악(triac)

트라이악은 그림 22-14(a)에 표시된 것처럼 2개의 SCR이 병렬로 연결된 것처럼 동작하며, 그림 22-14(b)와 같은 2개의 래치와 등가이다. 이런 이유 때문에 트라이악은 어떤 방향에서도 전류를 제어할 수 있다. 항복전압은 항상 크기 때문에 트라이악을 정상적으로 도통시키는 방법은 순방향 바이어스 트리거를 발생시키는 것이다. 데이터 시트에는 트라이악을 도통시키는데 필요한 트리거 전류와 트리거 전압이 표시되어 있다. 만약 V가 그림 22-14(a)와 같이 표시된 극성을 갖는다면 +트리거를 가해질 때 왼쪽의 래치가 단락되고, V가 반대의 극성을 가질 때는 -트리거가 필요하다.

이때는 오른쪽 래치가 단락된다. 그림 22-14(c)는 트라이악의 도면기호를 표시한다. 그림 22-15는 트라이악이 사용된 회로를 표시하고 있다. 저전력 스위치가 개방되면 트라이악은 도통되지 못하고 부하에는 교류전력이 도달되지 않는다. 그러나 스위치가 단락되면 전류가 R_2를 통해서 흐르고 트라이악을 각 반주기동안 도통시킨다. 저항 R_1과 콘덴서 C는 트라이악의 손상으로부터 스위칭 천이를 방지하는 RC 스너버처럼 동작한다.

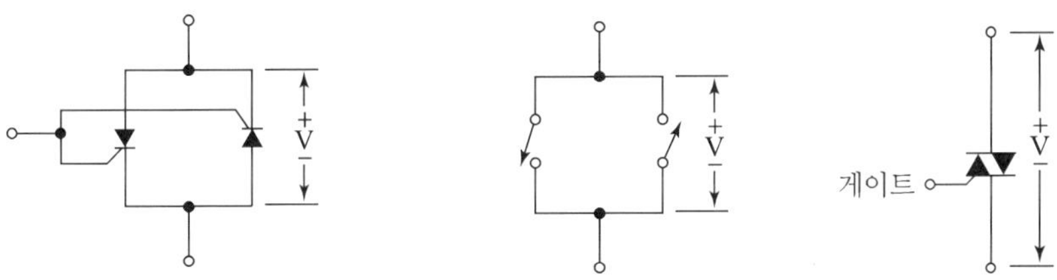

(a) SCR이 병렬로 연결된 등가회로 (b) 등가회로 (c) 도면기호

그림 22-14 트라이악.

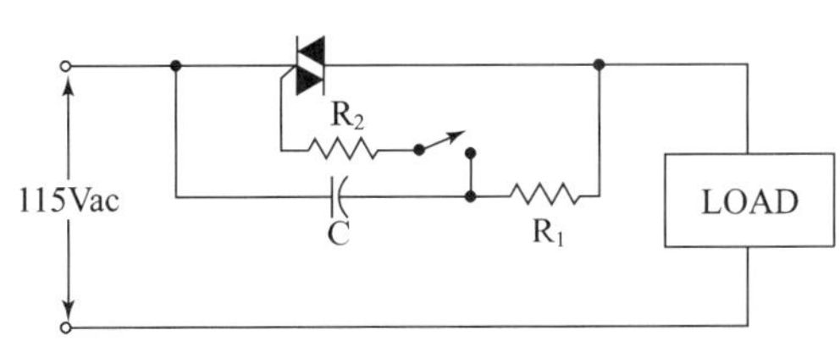

그림 22-15 고전력 스위치처럼 동작하는 저전력 스위치 제어 트라이악.

22.6 단접합 트랜지스터

UJT는 2층 도핑영역과 3개의 외부단자를 갖는 소자로 그림 22-16(a)에 표시된 것과 같이 한 개의 이미터와 두 개의 베이스를 갖는다. 이미터는 많은 정공을 갖는 강하게 도핑된 영역이고, n영역은 가볍게 도핑되어 있다. 이런 이유 때문에 베이스 사이의 저항은 상대적으로 높아서 이미터가 개방되었을 때 5 kΩ~10 kΩ 정도이다. 이런 저항을 **베이스 사이의 저항**이라 하고 REE로 표시한다.

진성 분리율

그림 22-16(b)는 UJT의 등가회로를 표시하고 있다. 이미터 다이오드는 두 개의 내부저항 R_1과 R_2의 접합을 구동한다. 이미터 다이오드가 off 상태일 때 R_{BB}는 R_1과 R_2의 합으로 구해지고, 두 베이스 사이에 그림 22-16(c)처럼 전압이 가해지면 R_1 양단에 걸리는 전압은 식 (22.1)처럼 구해진다.

$$V_1 = \frac{R_1}{R_1 + R_2}V = \frac{R_1}{R_{BB}}V \quad (22.1)$$

$$\text{혹은 } V_1 = \eta V \quad (22.2)$$

이다. η의 크기는 진성 standoff율로서 전압분배 계수이다. 일반적인 η의 범위는 0.5에서부터 0.8까지이다. 2N2646은 0.65의 η를 갖는다. 만약 그림 22-6(c)에서 10 V의 전압이 공급되고 UJT가 사용된다면 $V_2 = 6.5$ V이다.

$$V_1 = \eta V = 0.65(10\text{ V}) = 6.5\text{ V}$$

그림 22-16(c)에서 모든 이미터 전압은 V_2보다 적어서 이미터 다이오드가 역바이어스를 유지하기 때문에 V_1은 **진성 standoff 전압**이라 한다. 만일 V_1이 6.5 V라면 이상적으로 이미터 다이오드를 구동하기 위해서 이미터에 6.5 V 이상을 가해주어야 한다.

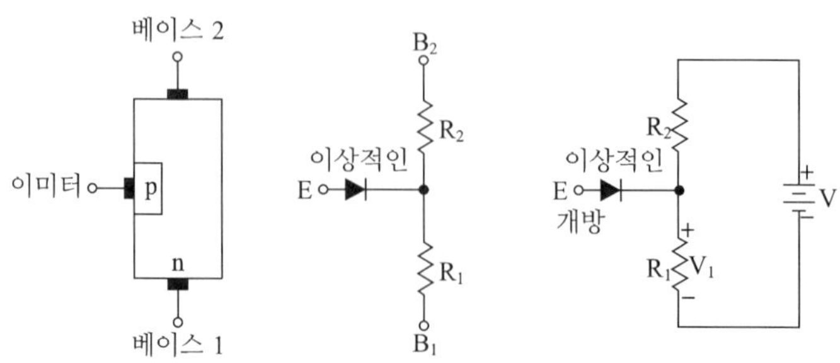

(a) 구조 (b) 등가회로 (c) 스탠드오프 전압

그림 22-16 UJT.

UJT의 동작

그림 22-17(a)는 이미터 공급전압이 0까지 강하된 것을 가상해서 그린 그림이다. 진성 standoff 전압이 이미터 다이오드를 역바이어스시킨다. 이미터 공급전압 v_E가 V_1보다 약간 커질 때까지 증가하면 이미터 다이오드가 도통된다. p영역이 n영역보다 강하게 도핑되어 있으므로 정공 UJT의 하단부로 주입된다. 얇게 도핑된 n영역에 긴 수명을 갖는 정공이 주어진다. 이런 정공은 이미터와 아래쪽 베이스 사이에 전도통로를 만든다. 정공을 갖는 UJT의 하단부의 흐름은 극적으로 낮은 저항 R_1을 갖는다(그림 22-17(b) 참조). R_1이 갑자기 낮아지므로 v_E는 낮은 값으로 갑자기 떨어지고 이미터 전류가 증가한다.

래치 등가회로

그림 22-18(a)의 UJT가 어떻게 동작하는가를 이해하기 위해서는 그림 22-18(b)의 래치 관계를 알아보면 된다. B_2에서 B_1까지는 +전압을 갖고 standoff 전압 V_1 저항은 R_1 양단에 나타난다. 이미터 입력전압이 standoff 전압보다 낮으면 역바이어스된 Q_2의 이미터 다이오드가 off 상태를 유지한다. 이미터 입력전압이 standoff 전압보다 약간이라도 크면 Q_2는 도통되고 재생이 발생된다. 이것이 양쪽 트랜지스터를 포화상태로 만들고, 이미터와 아래쪽 베이스를 단락시킨다.

그림 22-18(c)는 UJF의 도면기호를 표시한 것이다. 이미터의 화살표는 래치에서의 위쪽 이미터를 나타낸다. 이미터 전압이 standoff 전압을 넘어서면 이미터와 아래쪽 베이스 사이의 래치는 단락된다. 이상적으로 E와 B_1 사이가 단락된 것을 형상화시킬 수 있다. 두 번째의 근사법은 이미터 포화전압이라 하는 낮은 전압으로 E와 B_1 사이에 $V_{E(SAT)}$가 나타난다. 래치는 래치 전류(이미터 전류)가 홀딩 전류보다 크면 단락상태를 유지한다. 데이터 시트에는 홀딩 전류와 등가인 밸리(valley) 전류 I_V가 명기되어 있다. 2N2646은 6 mA의 I_V를 가지면 래치가 단락상태를 유지한다. 따라서 이미터 전류는 당연히 6 mA 이상이어야 한다.

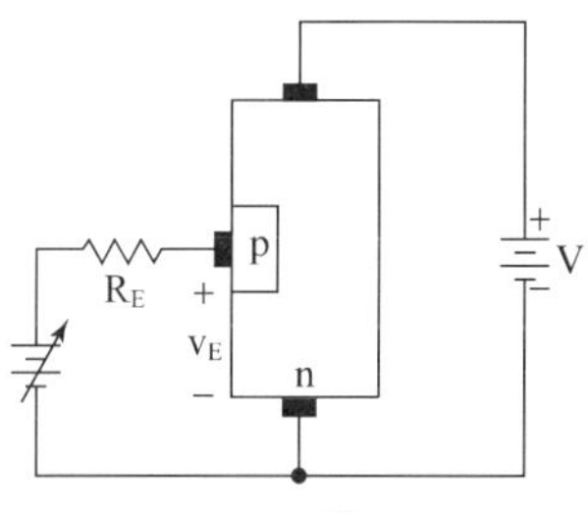

(a) UJT회로

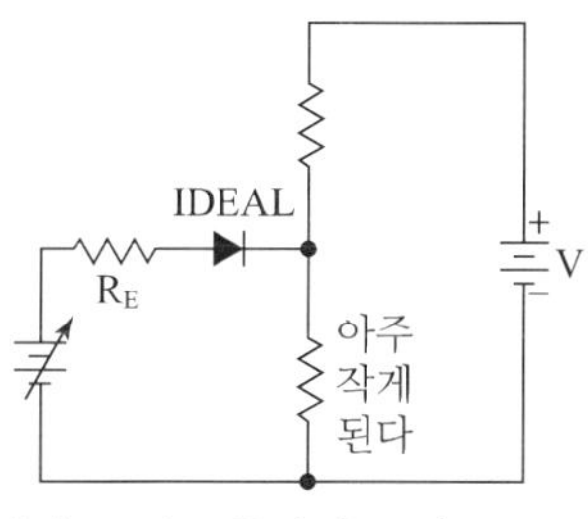

(b) 이미터 다이오드가 도통된 후 R_1은 0으로 접근한다.

그림 22-17

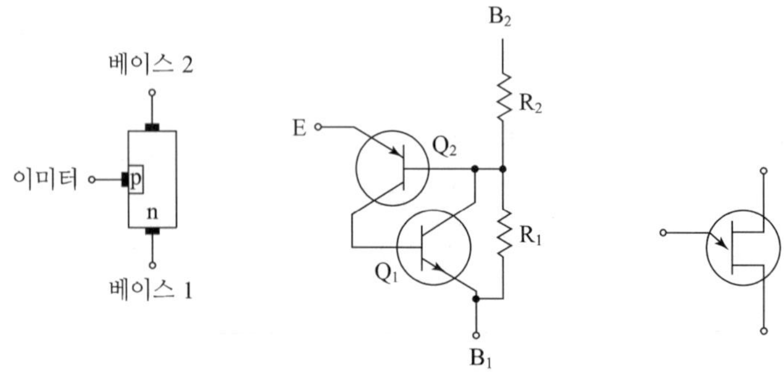

(a) 구조 (b) 래치등가회로 (c) 도면기호

그림 22-18 UJT의 구조.

예제 6 그림 22-19의 2N4871은 η가 0.85이다. 이상적인 이미터 전류는 얼마인가?

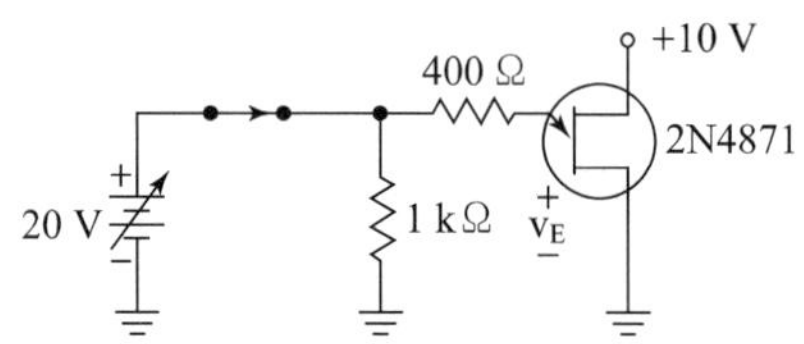

그림 22-19

▸ standoff 전압은 8.5 V이다.

$$V_1 = 0.85(10\ V) = 8.5\ V$$

이상적으로 v_E는 8.5 V보다 커야만 이미터 다이오드가 도통되고 래치가 단락된다. 입력 스위치가 단락되면 20 V가 400 Ω 저항을 구동한다. 이것은 standoff 전압을 극복하기에 충분히 큰 전압이다. 따라서 래치는 단락되고 이미터 전류는 50 mA가 흐른다.

$$I_E = \frac{20\ V}{400\ \Omega} = 50\ mA$$

예제 7 2N4871의 valley 전류는 7 mA이다. 이 점에서 이미터 전압이 1 V일 때 그림 22-19에서 UJT를 개방시키는 이미터 공급전압은 얼마인가?

▸ 이미터 공급전압이 감소되면 이미터 전류가 감소한다. 7 mA에서 v_E는 1 V이므로 래치가 개방된다. 이때의 이미터 공급전압은 3.8 V가 된다.

$$V = 1\ V + (7\ mA)(400\ \Omega) = 3.8\ V$$

V가 3.8보다 적으면 UJT는 개방된다. UJT를 단락시키기 위해서 V는 8.5 V 이상으로 증가시킬 필요가 있다(η가 0.85이기 때문에).

22.7 다이리스터의 응용 분야

다이리스터는 모터, 솔레노이드(solenoide), 히터와 같은 유도성 부하와 저항성 부하에 대한 교류전력을 제어하는 데 많이 사용된다. 릴레이와 같은 비교소자와 특성을 비교해 보면 다이리스터는 낮은 가격과 높은 신뢰도를 갖는다. 이 절에서는 다이리스터가 어떻게 이상적으로 사용되고 어떤 응용 분야에서 동작되는지를 알아보도록 하자.

UJT 이상 발진기

그림 22–20(a)는 UJT 이상발진기를 표시하고 있다. 동작은 예제 22–4의 이상발진기와 유사하다. 콘덴서는 V_{CC}까지 충전되나 충전된 전압이 standoff 전압을 초과하면 UJT가 단락된다. 방전은 콘덴서가 저전류 중단이 발생될 때까지 계속되며, 이 순간에 UJT가 개방되고 다음 주기가 시작된다. 이런 결과 때문에 톱니파를 얻을 수 있다. 만약 각 베이스 회로에 적은 저항이 부가된다면 그림 22–20(b)에 표시된 톱니파, +트리거, –트리거와 같은 3가지 유용한 출력을 구할 수 있다. 톱니파의 flyback 동안에 UJT가 강하게 도통되기 때문에 트리거가 나타난다. 그림 22–20(b)의 값을 갖는 주파수는 50 Hz에서 1 kHz 사이에서 조정된다.

자동차 점화장치

UJT 이상발진기 출력의 날카로운 트리거 펄스는 SCR의 트리거에 사용된다. 예를 들어, 그림 22–21은 자동차 점화장치 시스템을 표시한 것이다. 배전기 접점이 개방되어 있고, 콘덴서는 지수함수적으로 +22 V까지 충전된다. 콘덴서 전압이 진성 standoff 전압을 초과하게 되면 UJT는 1차 권선을 통해서 강하게 도통된다. 2차측 전압이 SCR을 트리거한다. SCR 래치가 단락되면 출력 콘덴서의 positive end는 갑자기 접지된다. 출력 콘덴서가 점화 코일을 통해서

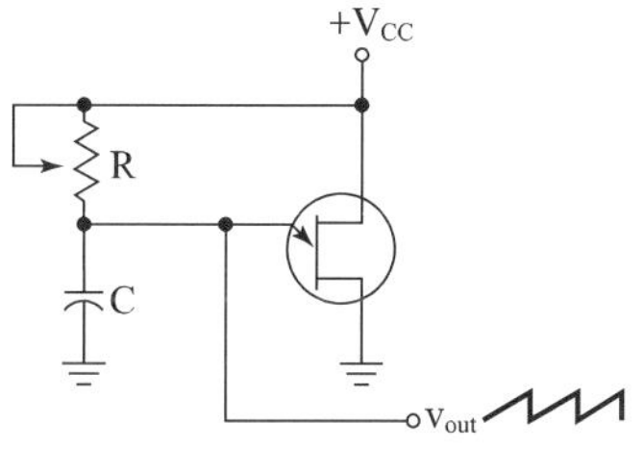

(a) 톱니파 발생기

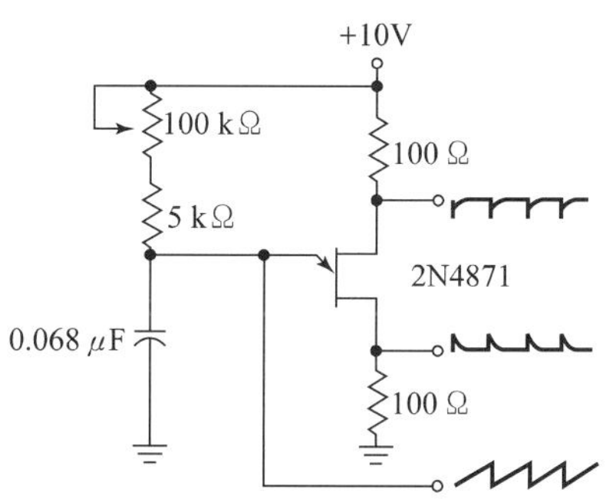

(b) 톱니파와 트리거 출력

그림 22–20 UJT 회로.

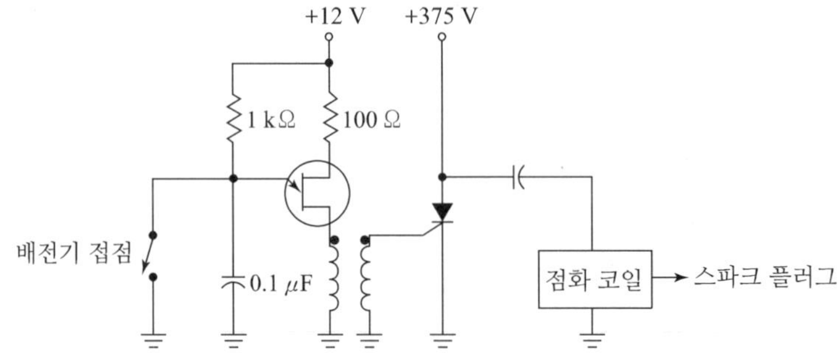

그림 22-21 자동차 점화장치에서 스파크를 발생 시키기 위한 UJT의 SCR트리거.

방전하면 높은 전압의 펄스가 스파크 플러그를 구동한다. 접점이 단락되면 회로는 자신을 다음 주기를 준비하도록 리세트시킨다.

광결합 제어

그림 22-22는 광결합 제어의 한 예를 표시한 것이다. 입력 펄스가 LED(D_4)를 도통시키면 자신의 빛이 photo SCR(D_3)을 활성화시킨다. 이번에는 이것이 메인 SCR(D_2)의 트리거 전압을 발생시킨다. 이런 방법으로 선전압의 +반주기의 분리된 제어를 얻을 수 있다. 일반적인 다이오드 D_1은 유도성 kickback과 역의 반주기동안 발생할 수도 있는 천이로부터 SCR을 보호하기 위해서 필요하다.

다이악 트리거 SCR

그림 22-23에서 브릿지 정류기에서 나온 전파출력이 다이악과 RC 충전회로에 의해서 제어되는 SCR을 구동한다. R1을 조정함으로써 시정수를 변화시킬 수 있고, 다이악이 점화되는 점을 제어할 수 있다. 이것은 램프와 히터, 기타 부하에 대해서 수백 W의 전력을 쉽게 제어할 수 있고, 다이악 대신에 4층 다이오드를 사용할 수도 있다.

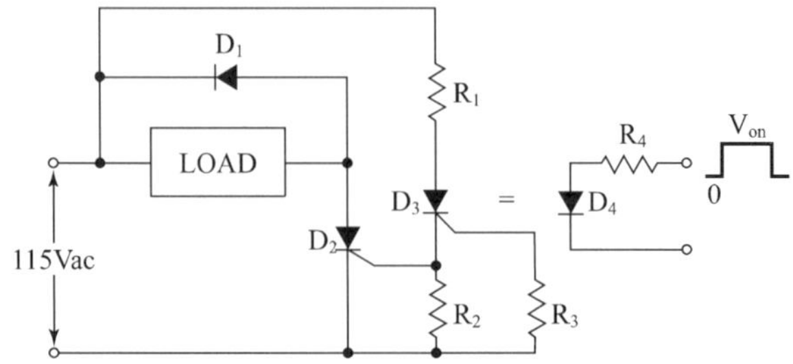

그림 22-22 SCR을 제어하는 광결합기.

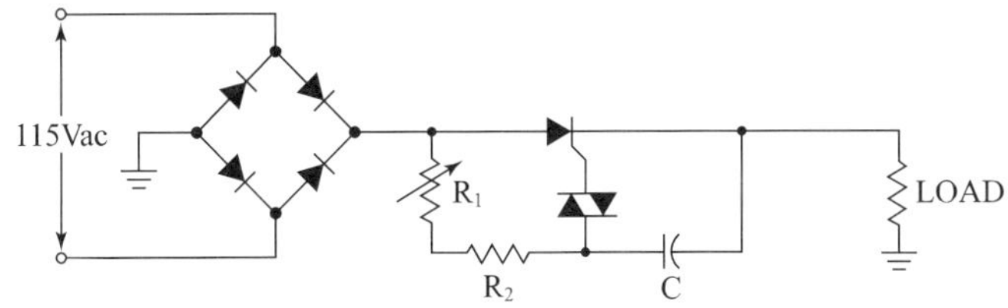

그림 22-23 SCR의 전도각 제어.

UJT 트리거 SCR

그림 22-24는 SCR을 제어하는 또 다른 방법을 표시한 것으로 UJT 이상발진기가 사용된다. 부하는 모터, 램프, 히터 등 기타 소자일 수 있다. R_1을 변화시킴으로써 RC 시정수와 UJT에서의 점화 순간을 변화시킬 수 있다. SCR의 도통각을 제어할 수 있는데, 이것은 부하전류의 제어를 의미한다. 회로는 SCR이 negative 반주기 동안만 도통하기 때문에 반파 제어를 표시한다.

전파제어

그림 22-25의 다이악은 선전압의 어느 반파주기이든 간에 다이악을 트리거시킬 수 있다. 가변저항 R_1은 다이악 제어 회로는 RC 시정수를 제어할 수 있다. 다이악이 점화될 때 주기내의 점을 변화시키므로 다이악의 상태각을 조절할 수 있다. 이런 방법으로 큰 부하전류를 변화시킬 수 있다.

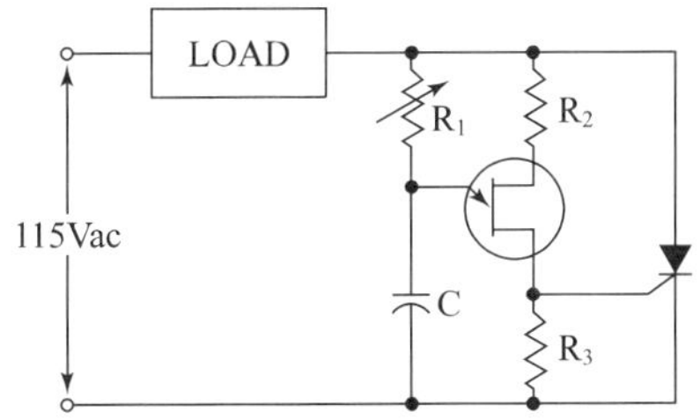

그림 22-24 SCR의 도통각을 제어하는 UJT 이상발진기.

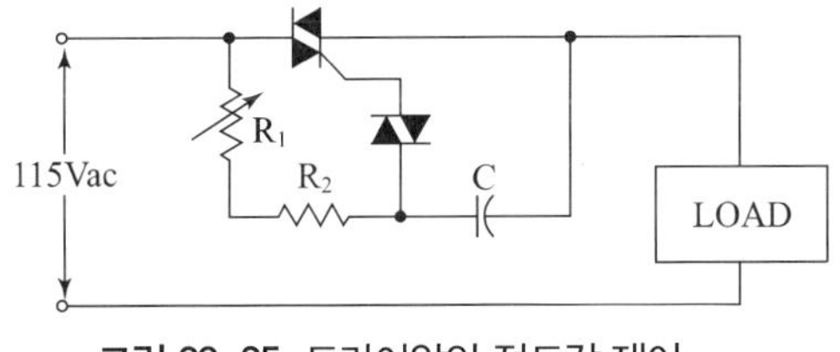

그림 22-25 트라이악의 전도각 제어.

기초확인문제

01 다음의 다이리스터 중 어느 것이 항상 직류전력을 제어하기 위해서 사용되는가?

(a) TRIAC (b) SCR (c) UJT
(d) IAC (e) SCR과 UJT

02 다음의 다이리스터 중 쌍방향성 소자는 어느 것인가?

(a) TRIAC (b) SCR (c) UJT (d) ENIAC

03 SCR의 게이트 전류가 (　　)하면 순방향 breakover 전압은 (　　)한다.

(a) 증가, 감소 (b) 증가, 증가 (c) 감소, 증가 (d) 감소, 감소

04 다음의 다이리스터 중 대칭성 스위칭 특성을 갖는 것은 어느 것인가?

(a) TRIAC (b) SCR (c) UJT
(d) DIAC (e) SCR과 UJT

05 빛이 인가될 때 전압을 발생시키는 감광 소자는 다음 중 어느 것인가?

(a) 광도전셀 (b)포토 다이오드 (c) 광전지
(d) 포토트랜지스터 (e) b와 c

06 다음 중 단색광원은 무엇인가?

(a) LED (b) 전구 (c) ILD
(d) LCD (e) b와 c

07 다음 소자 중 어느 것이 동전이 슬롯에 삽입될 때 검출하기 가장 적합한가?

(a) 피에조저항성 센서 (b) 홀효과센서 (c) PTC 더미스터
(d) 인터럽터 광분리기 (e) a와 c

08 LED표시기를 능가하는 액정 표시기의 장점은 무엇인가?

(a) 저전력 소비 (b) 판독용이 (c) 이동용 응용에 이상적이다.
(d) a와 c (e) a와 b

09 전류제한기로 직렬연결되어 사용되는 소자는 무엇인가?

(a) 홀효과 센서 (b) 피에조저항 센서 (c) PTC 더미스터 (d) NTC 더미스터

10 **다이리스터 중 3단자 다이리스터가 아닌 것은 어느 것인가?**

(a) SCR (b) GTO (c) LASCR (d) SCS

11 **2방향성 3단자 다이리스터의 대표적인 것은 어느 것인가?**

(a) SCR (b) SSS (c) SCS (d) TRIAC

12 **다이리스터에서의 래칭전류에 관한 설명으로 옳은 것은 어느 것인가?**

(a) 게이트를 개방한 상태에서 다이리스터 도통 상태를 유지하기 위한 최소의 순전류이다.
(b) 게이트 전압을 인가한 후 급히 제거한 상태에서 도통상태가 유지되는 최소의 순전류이다.
(c) 다이리스터의 게이트를 개방한 상태에서 전압이 상승하면 급격하게 증가되는 순전류이다.
(d) 다이리스터가 턴 ON되기 시작하는 순전류이다.

13 **SCR을 구동시키기 위한 보통의 게이트 펄스는 몇 mA가 적당한가?**

(a) 10 mA (b) 20 mA (c) 50 mA (d) 80 mA

14 **SCR의 애노드 전류가 20 A로 흐르고 있을 때 게이트 전류를 절반으로 줄이면 애노드 전류의 크기는 어떻게 되는가?**

(a) 10 A (b) 20 A (c) 50 A (d) 80 A

15 **SCR의 특징이 아닌 것은 어느 것인가?**

(a) 아아크가 발생되지 않기 때문에 열의 발생이 적다.
(b) 과전압에 약하다.
(c) 게이트에 신호를 인가할 때부터 도통할 때까지의 시간이 짧다.
(d) 전류가 흐르고 있을 때의 양극의 전압강하가 크다.

16 **SCR과 관계가 있는 것은 어느 것인가?**

(a) 유지전류 이상이 되면 순방향 저지상태가 된다.
(b) 래칭전류는 항상 유지 전류보다 작다.
(c) 브레이크 오버전압이 되면 애노드 전류가 갑자기 커진다.
(d) 항복전압 이상이 되면 역방향으로 턴 ON하게 된다.

17 다이오드를 사용한 정류회로에서 과도한 부하전류로 인해서 다이오드가 파손될 우려가 있을 때의 조치로 가장 적당한 것은 무엇인가?

(a) 다이오드를 병렬로 추가한다.
(b) 다이오드를 직렬로 추가한다.
(c) 다이오드 양단에 적당한 크기의 저항을 추가한다.
(d) 다이오드 양단에 적당한 크기의 콘덴서를 추가한다.

18 그림 22-26에서 SCR의 기호로 옳은 것은 어느 것인가?

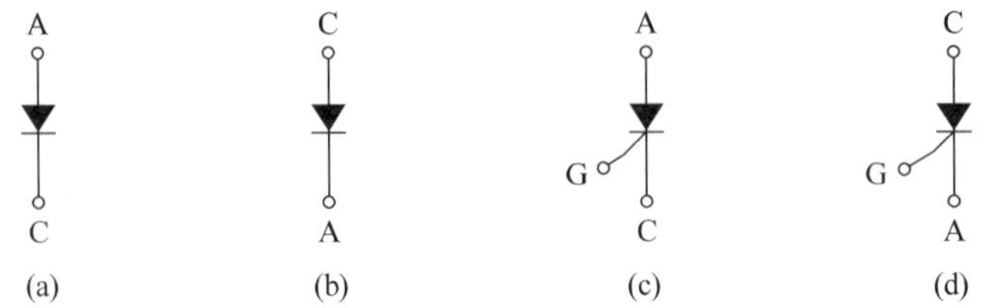

그림 22-26

19 그림 22-27에서 SBS 트리거 소자와 관계가 없는 것은 어느 것인가?

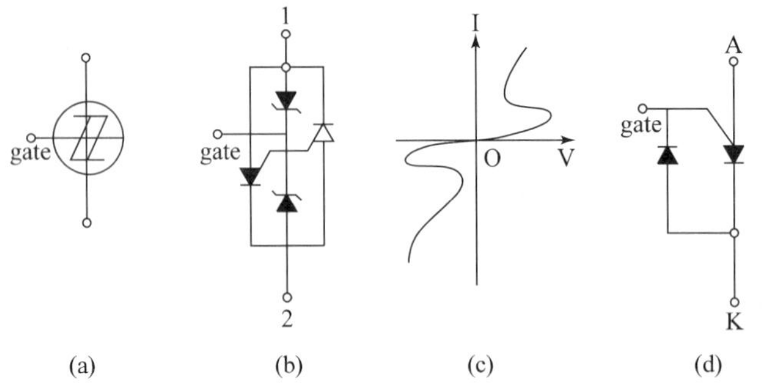

그림 22-27

20 그림 22-28에서 PUT소자와 관계가 없는 것은 어느 것인가?

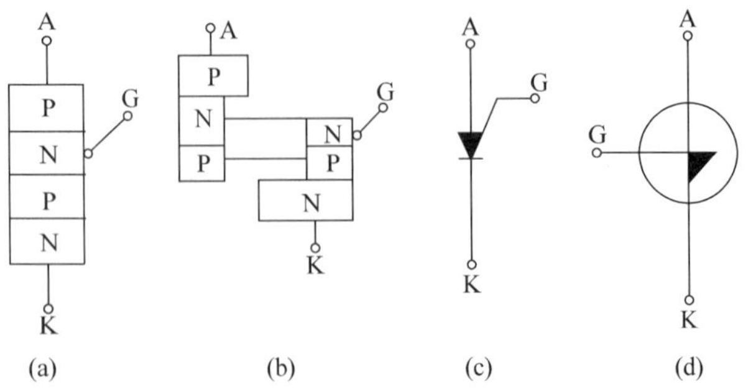

그림 22-28

21 그림 22-29에서 TRIAC의 기호는 어느 것인가?

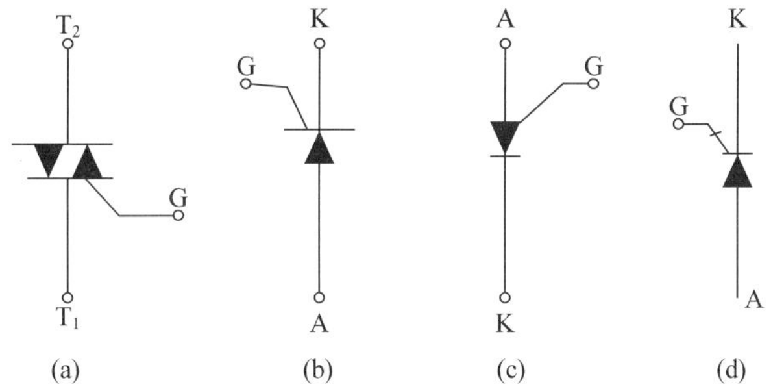

그림 22-29

정답

01	(e)	02	(a)
03	(c)	04	(d)
05	광전지	06	(c)
07	(a)	08	(d)
09	(c)	10	(d)
11	(d)	12	(d)
13	(d)	14	(b)
15	(d)	16	(c)
17	(a)	18	(c)
19	(d)	20	(d)
21	(a)		

CHAPTER 23 발진기 회로

발진기는 직류전원으로부터 전력을 공급받아 교류 출력 신호를 지속적으로 발생시키는 전자회로인 신호 발생기이다. 발진기는 라디오, 텔레비전 수신기와 송신기와 같은 분야에서 다양하게 사용된다. 또 다른 응용 분야에서는 발진기의 교류 신호가 전자 시스템을 통해서 시간 또는 동기를 일치시키는 데 이용된다. 증폭기처럼 어떤 발진기는 고주파 발진기로 몇백 MHz에서 발진을 하는 반면, 단지 몇 Hz에서 발진하도록 설계되기도 한다. 발진기는 일반적으로 회로 내에 사용되는 소자들이 결정하는 주파수를 기초로 해서 LC 발진기, 수정 발진기, RC 발진기와 같은 3가지 기본적인 그룹으로 분류된다. 이 장에서 전형적인 쌍극성 트랜지스터 LC, RC, Crytal 발진기 회로의 특성과 동작원리에 대해서 알아보고, 모든 종류의 응용 분야에서 사용되는 IC 발진기인 NE555에 대해서도 설명한다.

23.1 LC 발진기회로

발진기 회로는 입력되는 직류 또는 V_{CC} 전압을 지속적인 교류 신호 출력으로 변환시키는 단순한 신호발생기이다. 이 장에서 몇 개의 쌍극성 트랜지스터 LC 발진기 회로에 대하여 고찰한다. 발진 주파수를 설정하기 위하여 LC 동조회로를 사용한다. 발진기 명칭은 회로를 설계한 사람의 이름을 따라 명명했다.

기본적인 LC 발진기의 동작원리

LC 발진기 회로의 기본적인 동작을 설명하기 위해서 그림 23-1(a)는 LC 탱크 회로가 어떻게 해서 직류전원 스위치가 ON되는 순간 서지전류에 의한 '급작스런 전기적 충격'에 의해서 발진되는지를 보여 준다.

이런 회로의 출력을 주시하면 탱크 회로 내에서 순환하는 전류의 전·후 운동이 출력에서 사인파를 발생시키는 것을 알 수 있다. 그러나 이런 사인파 출력은 코일저항에서의 에너지 손실로 인해서 진폭이 천천히 감소하게 된다. 이런 이유 때문에 탱크회로로부터 발진이 감소되는 것을 막기 위해서는 어떻게 해서든지 손실된 에너지를 대체할 필요가 있다. 그림 23-1(b)는 매주기마다 직류전원 스위치를 ON시킴으로써 어떤 효과를 얻을 수 있는지 보여준다. 이 스위치가 ON되는 시기는 직류전류의 파동이 탱크회로의 순환전류를 강화시켜야 하기 때문에 중요하다.

따라서 그림 23-1(b)의 파형으로 표시된 것처럼 탱크회로의 출력 사인파와 같은 위상이 되어야 한다. 이러한 방식으로 사인파 발진에 더해지거나 발생시키는 보강 에너지를 '정귀환(positive feedback)'이라고 한다. 대부분의 발진기 회로는 동상의 신호가 손실된 에너지를 대체하고 발진을 유지하기 위해서 일정하게 주입되어야 한다는, 정귀환 원리에 따라서 동작된

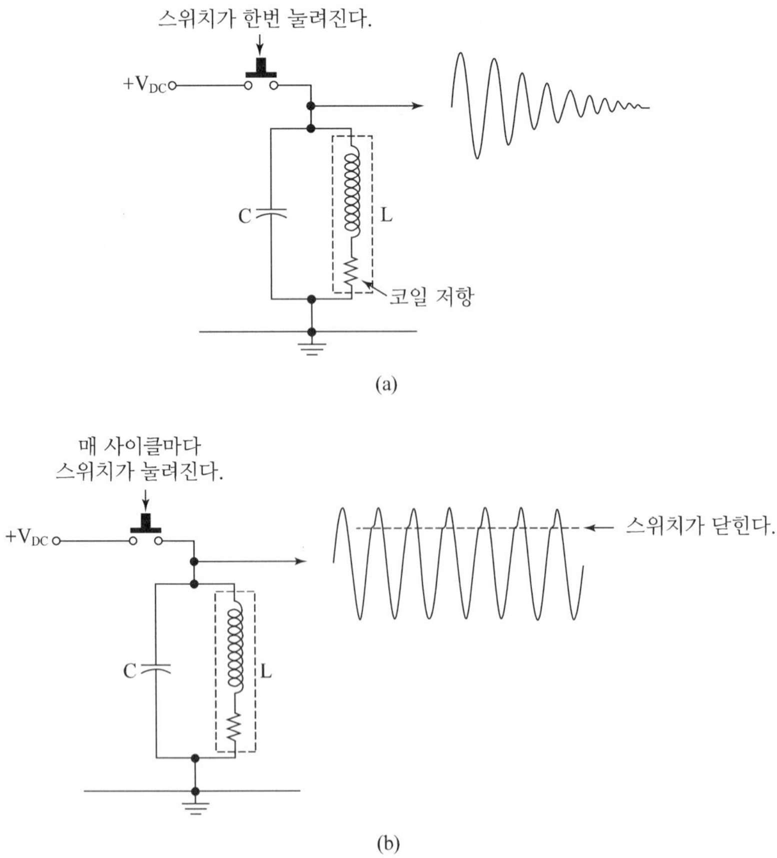

그림 23-1 기본적인 LC 발진기 동작.

다. 비록 발진기 회로가 그림 23-1(b)에 표시된 회로처럼 동작한다고 하더라도 자동 전자 주입이 가능한 정귀환 시스템의 일부는 매우 불필요한 수동 기계적인 정귀환 시스템 대신 필요하다는 것이 명확하다. 동조된 LC 탱크회로를 사용하고 자동 전자 정귀환 경로만 갖는 가장 단순한 발진기 회로 중 하나가 암스트롱 발진기이다.

암스트롱 발진기

그림 23-2(a)는 암스트롱 발진기 회로를 표시하고 있다. 트랜지스터 Q_1은 보통의 전압분배기 베이스 바이어스 R_1, R_2, 이미터 저항 R_3, 콘덴서 C_3, 입력 결합 콘덴서 C_2를 포함하고 있다. 이 회로가 발진할 주파수는 트랜지스터 Q_1의 컬렉터에 연결되는 병렬 공진 회로 C_1과 L_1에 의해서 결정된다. 변압기 T_1의 1차 코일 L_1과 2차 코일 L_2는 감겨있기 때문에 L_2의 상단부에 유도되는 전위는 L_1(또는 Q_1의 컬렉터)의 아래에 있는 전위와 180° 위상차를 갖는다. 또한 이런 회로는 회로의 출력과 트랜지스터의 입력 사이에 발진을 유지하는 정귀환 피드백 경로를 포함하고 있다. 그림 23-2(b), (c), (d), (e)에서 바이어스 요소와 결합용 콘덴서들은 제거된다.

따라서 이런 회로의 발진 주기를 포함하는 단계들을 더욱 자세히 볼 수 있다.

- 1단계 : 그림 23-2(b)
  회로전원 $+V_{CC}$가 첫 번째로 인가될 때 전압분배기 바이어스 저항 R_1과 R_2는 트랜지스터 Q_1을 턴 ON시키므로 컬렉터 전류가 트랜지스터 Q_1을 통해서 흐르게 되고, 탱크회로의 전압을 $+V_{CC}$로 되게 한다. 트랜지스터 Q_1이 ON으로 되면 트랜지스터 Q_1의 컬렉터 전압은 LOW가 되고, L_1의 하단에 LOW가 인가된다. T_1의 위상 반전 때문에 L_2의 상단은 HIGH가 된다. L_2의 상단에서 이런 높은 +전압은 귀환 경로를 경유해서 트랜지스터 Q_1의 베이스로 귀환된다. 트랜지스터 Q_1의 전도는 포화상태까지 증가되고 컬렉터 전류가 증가하게 되므로 그림에 표시된 극성처럼 콘덴서 C_1이 충전된다.
- 2단계 : 그림 23-2(C)
  콘덴서 C_1이 완전히 충전되면 탱크회로를 통해 흐르는 전류는 0으로 떨어지고, 감소되는 전류는 L_2의 상단에서 변압기에 유도된 +전압을 0으로 강하시킨다. 귀환 경로로부터 이런 추가적인 베이스-이미터 순방향 바이어스가 없다면 트랜지스터 Q_1은 턴 OFF된다. 트랜지스터 Q_1이 OFF되면 콘덴서 C_1은 방전하기 시작한다. 그것이 인덕터 L_1으로 부터 모든 에너지를 이동시키고 탱크회로의 발진이 시작된다. 콘덴서 C_1이 완전히 방전될 때 인덕터 L_1을 흐르는 전류는 멈추게 되고, 인덕터 L_1의 자기장은 소멸되기 시작한다.

- 3단계 : 그림 23-2(d)

  인덕터 L_1의 자기장이 소멸됨에 따라 역기전력이 코일로 유도된다. 에너지가 탱크회로의 코일로부터 콘덴서로 이동함에 따라 콘덴서 C_1이 충전되기 시작한다. 콘덴서 C_1의 하단에서 +극성이 인덕터 L_1에 작용되고, 인덕터 L_2의 상단부에 −극성이 유도되어 트랜지스터 Q_1은 차단상태가 된다.

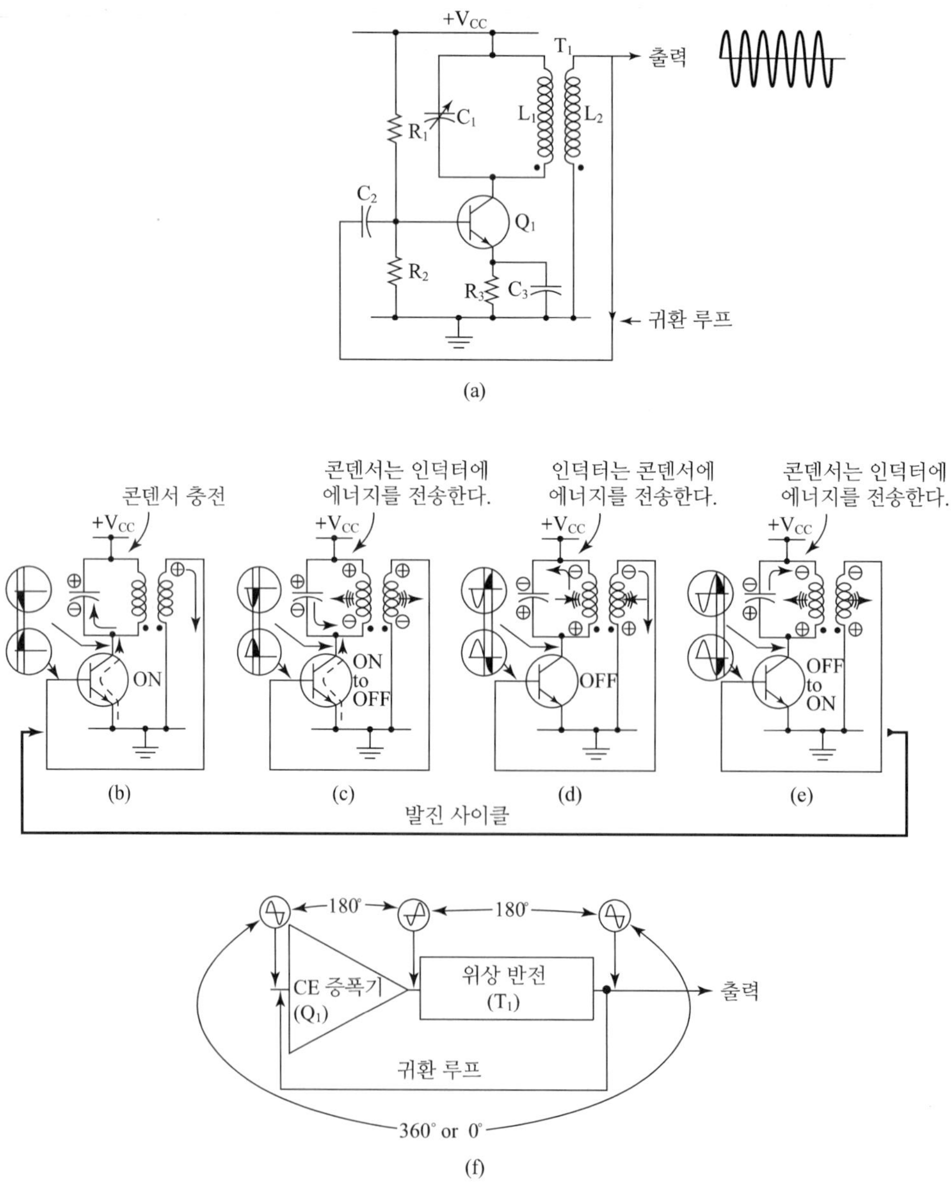

그림 23-2 암스트롱 발진기.

- 4단계 : 그림 23−2(e)

  발진 활동이 계속되면서 현재 완전히 충전된 상태의 콘덴서 C_1은 인덕터 L_1을 통해서 반대 방향으로 방전하기 시작한다. 일단 코일에 자기장이 다시 생성되기 시작한다. 콘덴서 C_1이 완전히 방전될 때 회로전류는 다시 0으로 떨어지고, 인덕터 L_1 주위의 자기장은 소진되기 시작하고 콘덴서 C_1은 충전하기 시작한다.

- 5단계 : 그림 23−2(b)

  인덕터 L_1의 소진된 자기장은 콘덴서 C_1을 그림에 표시된 것과 같은 극성으로 충전시킨다. 동시에 인덕터 L_1의 하단부에 −전위를, L_2의 상단부에 +전위를 유도시킨다. 이런 전압은 트랜지스터 Q_1을 ON 상태가 되게 한다. 트랜지스터 전류는 콘덴서 C_1의 충전을 도와주고, 탱크회로 내에 손실된 에너지를 대체한다. 트랜지스터 Q_1은 자동 스위치처럼 동작하고, 그림 23−2(b)에서는 수동스위치와 유사하고 정귀환 경로를 가진 탱크회로에서 손실된 에너지를 대체할 수 있게 한다.

발진 사이클을 통해서 각 단계별로 살펴본 것처럼 콘덴서 C_1과 인덕터 L_1은 에너지가 탱크 내에서 전·후로 이동하는 속도를 통제하기 때문에 이 회로가 발진하는 주파수를 설정한다. 많은 경우에 동조된 회로에 사용되는 콘덴서는 다양하게 제작되어 있어서 발진 주파수를 변화시킬 수 있다. 이런 회로가 발진시키는 주파수(사인파 출력의 주파수)는 식 (23.1)에 의해서 구해진다.

$$f_r = \frac{1}{2\pi\sqrt{L_1 \times C_1}} \tag{23.1}$$

예제 1 그림 23−2(a)에 표시된 회로에서 L_1 = 47 mH, C_1 = 0.03 μF라고 가정하고 발진 주파수를 계산하시오.

▸ $f_r = \frac{1}{2\pi\sqrt{L_1 \times C_1}} = \frac{1}{2\pi\sqrt{47\,\mathrm{mH} \times 0.033\,\mu\mathrm{F}}} = 4\ \mathrm{kHz}$

강조해야 할 또 다른 중요한 점은 트랜지스터 Q_1이 스위치처럼 동작하고 출력 신호가 +일 때만 도통 상태가 되고, 트랜지스터의 컬렉터 전류가 탱크회로의 순환전류에 의한 콘덴서의 충전을 도와줄 수 있다. 이러한 'topping off'는 적절한 시기에 playground swing을 하는 사람에게 주는 약간의 반발과 유사하다. 더 상세히 설명하면 정귀환의 영향을 강조하기 위하여 그림 10−2(f)에 암스트롱 발진기의 블록 다이아그램을 표시했다. 일반적인 이미터 공통 증폭기가 입력과 컬렉터 출력 사이에서 180° 위상차를 갖기 때문에 positive 귀환을 위해서 추가적인 180° 위상변환장치가 출력과 입력단 사이에 필요하다.

그 결과 귀환 신호는 +로 되거나 증강될 것이고 회로는 발진하게 된다. 추가적인 위상 변환은 변압기 T1에 의해서 제공된다. 트랜지스터 Q1의 베이스가 +로 스윙할 때 트랜지스터 Q1의 컬렉터는 −로 스윙하고 인덕터 L_1의 하단은 −로, 상단은 +로 스윙한다. 출력에서 + 스윙은 처음의 + 스윙을 보강하고 발진을 유지하기 위하여 입력으로 귀환된다. 결과적으로 신호는 입력에서 출력으로 귀환될 때 그리고 반대의 경우에도 360° 위상이 변화한다. 360°의 위상변화는 신호의 위상이 변하지 않는 것과 같으므로 귀환신호는 입력과 동위상이다. 변압기 T1의 변환된 위상이 포함되지 않고 컬렉터 출력이 직접 입력으로 귀환된다면, 귀환 신호는 입력 신호를 방해하게 할 것이다. 이렇게 위상이 반전된 귀환 종류는 부귀환으로 알려져 있고, 입력을 약화시키는 결과를 초래하므로 발진 출력도 없다.

하아틀리 발진기

그림 23−3(a)는 암스트롱 발진기와는 달리 변압기가 필요없는 하아틀리 발진기의 회로도를 표시하고 있다. 정귀환에 필요한 180° 위상 반전은 이 회로의 특징인 분기된 인덕터 L_1을 알아봄으로써 구할 수 있다. 트랜지스터 Q_1은 보통의 바이어스와 안정성 요소를 갖는다. 그러나 R_F 초크 코일(RFC)은 $+V_{CC}$ 라인과 역으로부터 전원공급기로의 통과를 출력에서 고주파 발진이 방지되는 동안 직류전원을 트랜지스터에 연결하기 위해 컬렉터에 연결된다. 결합용 콘덴서 C_3을 연결하는 것은 출력으로부터 직류 컬렉터 전압을 차단시키는 기능 외에도 탱크회로와 교류 컬렉터의 출력을 연결한다. 결합용 콘덴서 C_2를 연결하는 것은 공진하는 탱크회로 변화를 트랜지스터 Q_1의 베이스에 연결하는 반면에 직류 베이스 전압을 탱크회로와 차단 시킨다. 이런 회로의 동작을 설명하기 위해서 일단 발진단계를 그림 23−3(b), (c), (d), (e)에 표시한 것처럼 4단계로 분류할 수 있다.

- 1단계 : 그림 23−3(b)
  회로전원($+V_{CC}$)이 첫 번째로 인가될 때 전압분배기 바이어스 저항 R_1과 R_2는 트랜지스터 Q_1을 턴 ON시킨다. 그리고 컬렉터 전류는 트랜지스터 Q_1을 통해서 탱크회로에 인가된다. 이런 전류는 인덕터 L_1 주위에 자기장을 확장시키는 원인이 된다. 인덕터 L_1의 중간탭이 접지되어 있기 때문에 인덕터 L_1의 양단은 서로 반대의 전압을 갖게 된다. 인덕터 L_1의 상단부를 LOW로 만들게 되면 인덕터 L_1의 하단부는 HIGH로 된다. 이런 HIGH 상태는 트랜지스터 Q_1의 베이스에 인가되고 트랜지스터를 빠르게 포화시킨다.
- 2단계 : 그림 23−3(c)
  트랜지스터 Q_1이 포화될 때 전류는 더이상 증가하지 않게 되고, 인덕터 L_1에 의해서 생성된 자기장은 소멸된다. 인덕터에서 생성된 에너지는 콘덴서로 전송된다. 콘덴서 C_1의 아래쪽이 현재 negative 전위로 충전되기 때문에 −이런 점은 트랜지스터 Q_1의 베이스에 연

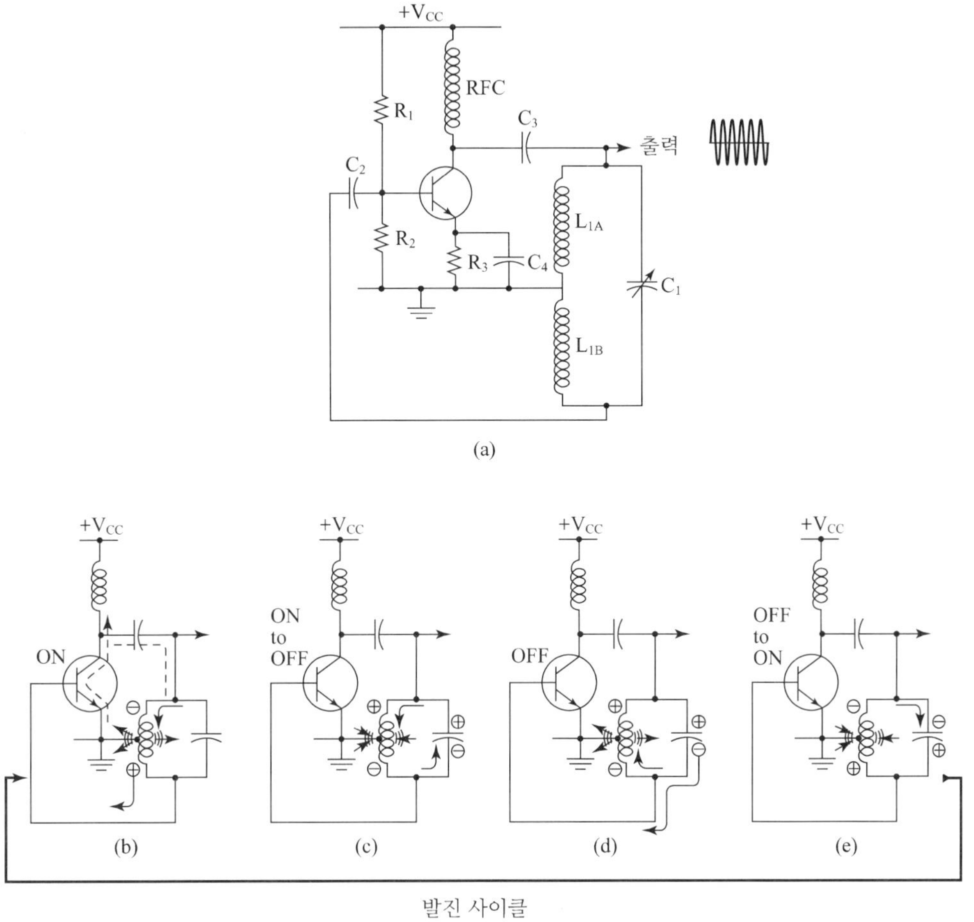

그림 23-3 하아틀리 발진기.

결된다 - 트랜지스터는 역방향 바이어스 전압을 느끼게 되고 차단되기 시작한다.

- 3단계 : 그림 23-3(d)

  트랜지스터 Q_1이 OFF되면 탱크의 플라이휠 동작은 인계되고 콘덴서 C_1은 방전되고 콘덴서로부터 인덕터로 에너지가 전송된다.

- 4단계 : 그림 23-3(e)

  콘덴서 C_1이 완전히 방전될 때 인덕터 L_1 주위의 자기장은 소멸되기 시작하고, 콘덴서 C_1은 재충전되기 시작한다. 콘덴서 C_1의 아래쪽이 + 전위로 충전되기 때문에(그리고 이것은 트랜지스터 Q_1의 베이스에 연결된다) 트랜지스터는 순방향 바이어스를 받기 시작하므로 트랜지스터 Q_1은 턴 ON되기 시작한다. 트랜지스터 전류는 콘덴서 C_1의 충전을 지원하고 탱크회로의 손실된 에너지를 보완한다. 일단 콘덴서 C_1이 완전히 충전되면 플라이휠 동작은 인계되고 발진동작도 주기적으로 반복된다. 이런 회로가 발진하는 동안 탱크회로를 구성하는 소자 C_1, L_1에 의해서 발생되는 사인파 출력의 주파수는 식 (23.2)에 의해서 계산된다.

$$f_r = \frac{1}{2\pi\sqrt{L_T \times C_1}} \tag{23.2}$$

$$L_T = L_{1A} + L_{1B} \tag{23.3}$$

예제 2 **그림 23-3(a)에 표시된 회로에서 $L_{1A} = 47\ \mu H$, $L_{1B} = 22\ \mu H$, $C_1 = 22\ nF$라고 하면 발진 주파수는 몇 Hz인지 구하시오.**

▸ $L_T = L_{1A} + L_{1B} = 47\,\mu H + 22\,\mu H = 69\,\mu H$

$$f_r = \frac{1}{2\pi\sqrt{L_1 \times C_1}} = \frac{1}{2\pi\sqrt{69\,\mu H \times 22\,nF}} = 129.2\,kHz$$

콜피츠 발진기

그림 23-4(a)에 표시된 콜피츠 발진기 회로는 하아틀리 발진기와 구조가 유사하다. 그러나 이런 회로에서는 두 개의 콘덴서가 중간탭을 갖는 인덕터 대신 사용된다. 이런 두 개의 콘덴서들은 중심에 접지되어 있는 점이 이 발진기를 구분해 주는 특징이다. 그리고 이런 두 개의 콘덴서들은 정귀환에서 180°의 위상 변화를 제공하기 위해서 필요하다. 이런 회로의 동작을 설명하기 위해서 일단 발진주기를 그림 23-4(b), (c), (d), (e)에 표시된 것처럼 4단계로 분류하자.

- 1단계 : 그림 23-4(b)
  직류전원이 첫 번째로 이 회로에 인가될 때 트랜지스터 Q_1을 도통시키는 전압분배기 바이어스가 저항 R_1과 R_2에 의해서 제공된다. 트랜지스터 Q_1이 ON되면 트랜지스터 Q_1의 이미터에서 컬렉터로, 무선 주파수를 통해서 $+V_{CC}$까지 직류 컬렉터 전류가 통과하게 된다. 트랜지스터 Q_1의 컬렉터에서 전압강하는 콘덴서 C_1의 상단부에 인가되고 콘덴서 C_1을 충전시킨다. 콘덴서 C_1과 C_2의 중간탭이 접지되기 때문에 콘덴서 C_2의 아래쪽 전극은 인덕터 L_1을 통해서 +전위로 충전된다. 이런 +전위는 귀환경로를 통해서 트랜지스터 Q_1으로 귀환되고 트랜지스터를 포화시키게 된다.
- 2단계 : 그림 23-4(c)
  트랜지스터 Q_1이 포화되면 트랜지스터 Q_1의 컬렉터에서 더 이상의 전압변화는 없다. 따라서 콘덴서 C_1과 C_2는 더 이상 충전을 하지 않게 되고, 탱크회로의 플라이 동작이 인계

된다. 콘덴서 C_1과 C_2가 함께 동작하므로 인덕터 L_1을 통하여 방전되며, 인덕터 L_1의 자기장을 형성시키게 된다.

- 3단계 : 그림 23-4(d)

콘덴서 C_1과 C_2가 완전히 방전될 때 전류는 0으로 감소하고, 인덕터 L_1 주위의 자기장은 소멸되기 시작하고, 인덕터 L_1에 역전압을 유도시키고, 콘덴서 C_1과 C_2가 충전된다. 콘덴서 C_2의 아래쪽 전극이 음전위로 충전되기 때문에 트랜지스터 Q_1의 베이스로 이런 전위가 인가되고, 트랜지스터는 차단된다. 인덕터 L_1은 자신의 에너지를 콘덴서 C_1과 C_2로 전송하기 때문에 콘덴서는 충전된다.

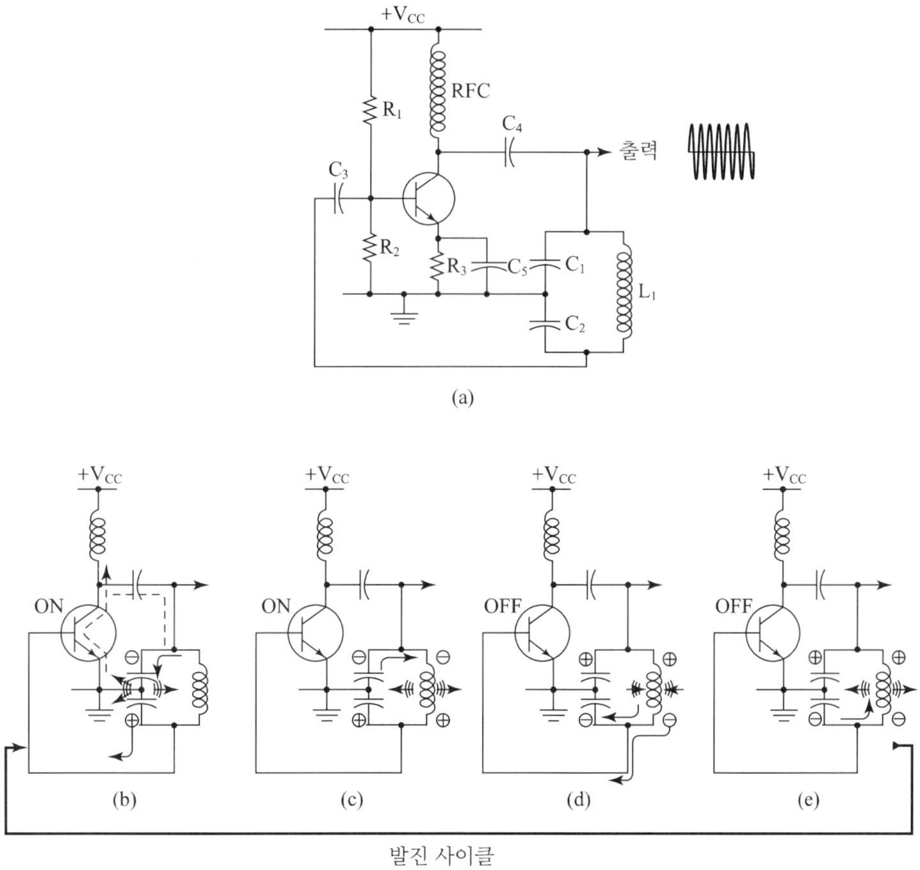

그림 23-4 콜피츠 발진기.

- 4단계 : 그림 23-4(e)

  콘덴서 C_1과 C_2가 인덕터 L_1으로부터 에너지 전부를 받을 때 플라이휠 동작은 다시 콘덴서 C_1과 C_2가 인덕터 L_1을 통해서 방전하는 역원인이 된다. 모든 에너지가 인덕터 L_1으로 전송될 때 전류는 다시 0으로 감소하고 인덕터의 자기장은 소멸된다. 이런 인덕터 L_1의 유도전압은 그림 23-4(b)에 표시된 극성처럼 콘덴서 C_1과 C_2를 충전시키게 되고, 사이클이 반복된다.

이것은 앞에서 살펴본 LC 발진기의 모든 경우처럼 발진 주파수가 탱크의 인덕턴스와 커패시턴스에 의해서 결정된다. 이런 경우 그 값은 L_1과 C_1, C_2의 직렬조합과 같다.

$$f_r = \frac{1}{2\pi\sqrt{L_1 \times C_T}} \tag{23.4}$$

$$C_T = \frac{C_1 \times C_2}{C_1 + C_2} \tag{23.5}$$

예제 3 그림 23-4(a)에 표시된 콜피츠 발진기 회로에서 $C_1 = 0.27\ \mu F$, $C_2 = 0.47\ \mu F$, $L_1 = 0.6\ mH$일 때 발진 주파수를 계산하시오.

▸ $C_T = \dfrac{C_1 \times C_2}{C_1 + C_2} = \dfrac{0.27\ \mu F \times 0.47\ \mu F}{0.27\ \mu F + 0.47\ \mu F} = 0.17\ \mu F$

$f_r = \dfrac{1}{2\pi\sqrt{L_1 \times C_T}} = \dfrac{1}{2\pi\sqrt{0.6\ mH \times 0.17\ \mu F}} = 15.76\ kHz$

23.2 수정(CRYSTAL) 발진기 회로

앞절에서 설명하였던 LC 발진기 회로들은 보통 0.8% 정도의 주파수 편차를 갖는다. 이런 주파수 편차는 회로의 온도변화, 구성 소자들의 경년 변화(aging), 발진기에 연결된 부하의 저항 변화에 기인한다. LC 발진기가 손목 시계용 타이밍 신호를 발생시키는 데 사용된다면 0.8%의 주파수 편차는 그 시계가 하루에 약 11분 30초 정도 빨라지거나 지연된다는 것을 의미한다.

60분×24시간 = 1,440분/일

0.8%×1,440 = 11분 5초/일

만일 발진기의 안정성이 고도로 요구된다면 타이밍 신호를 발생시키는 데 수정발진기가 사용된다. 발진기를 제어하는 수정은 일반적으로 0.0001%의 주파수 편차를 갖는다. 수정발진기가 손목시계에 사용된다면 1년에 최고 30초가 빨라지거나 늦게 된다.

$$60\text{분} \times 24\text{시간} \times 365\text{일} = 525{,}600\text{분/년}$$
$$0.0001\% \times 525{,}600 = 0.5\text{분/년}$$

따라서 통신이나 컴퓨터 시스템 같은 고도의 주파수 안정성이 요구되는 경우 수정-제어 발진기가 사용된다. 수정-제어 발진기는 동작 시 회로의 주파수를 안정시키기 위해서 석영 수정(Quartz crystal)을 사용한다. 다양한 수정 발진기를 고찰하기 전에 수정의 기본적인 특성을 먼저 확인해 보기로 하자.

수정의 특성

석영 수정은 SiO_2로 생성되고 자연적인 상태에서는 그림 23-5(a)에 표시된 것과 같이 양끝이 피라미드 형태를 갖는 6면체로 되어 있다. 전기적인 화합물을 구성하기 위해서 수정의 얇은 조각(thin slice) 혹은 슬랩(slab)은 그림 23-5(b)에 표시된 것처럼 전기적인 접촉을 만드는 두 금속판 사이에 놓여진 것처럼 절단하고 보호용 홀더를 덮는다. 소자 기호에서 수정은 일반적으로 'XTAL' 또는 'Y'로 명명되고, 그림 23-5(c)와 같은 기호로 표시된다. 수정은 기본적으로 그림 23-5(d), (e), (f)와 같이 기계적인 에너지를 전기적인 에너지로 변환시키거나 그림 23-5(g)에 표시된 것처럼 전기적인 에너지를 기계적인 에너지로 변환시키는 변환기(transducer)나 에너지 컨버터로 동작하게 된다.

기계적인 에너지에서 전기적인 에너지로의 변환

그림 23-5(d)에서 수정이 항상 자신의 내부전하는 고르게 방출하고, 두 전극 사이의 전위차는 0이라는 것을 확인할 수 있다. 만약 수정에 그림 23-5(e)에 표시된 것처럼 양 끝에 인가되는 압력에 의해서 압축된다면 다른 전하들이 수정의 다른 면에 축적되고 전위차가 발생하게 된다. 이와 유사하게 수정에 그림 23-5(f)에 표시된 것처럼 상하로 압력을 인가해서 신장된다면 반대극의 전위차가 발생된다. 수정에 신장하고 압축하는 압력을 지속적으로 인가하면 교류전압이 발생된다. 수정 마이크로폰은 이런 원리를 이용한다. 음파가 마이크로폰에 인가되면 이런 역학적인 파동은 지속적으로 수정을 압축, 신장시키고 원래의 음과 동일한 전기신호를 발생시킨다.

전기적인 에너지에서 기계적인 에너지로의 변환

이와 같은 구성 때문에 수정은 '자연 진동 주파수'를 갖는다. 그림 23-5(g)에 표시된 것과 같이 교류전압이 수정의 양단자를 통해서 자연적인 진동 주파수에 인가된다면 수정은 상대적으로 물리적인 큰 양에 의해서 압축되거나 신장된다. 만약 인가된 교류전압의 주파수가 수정

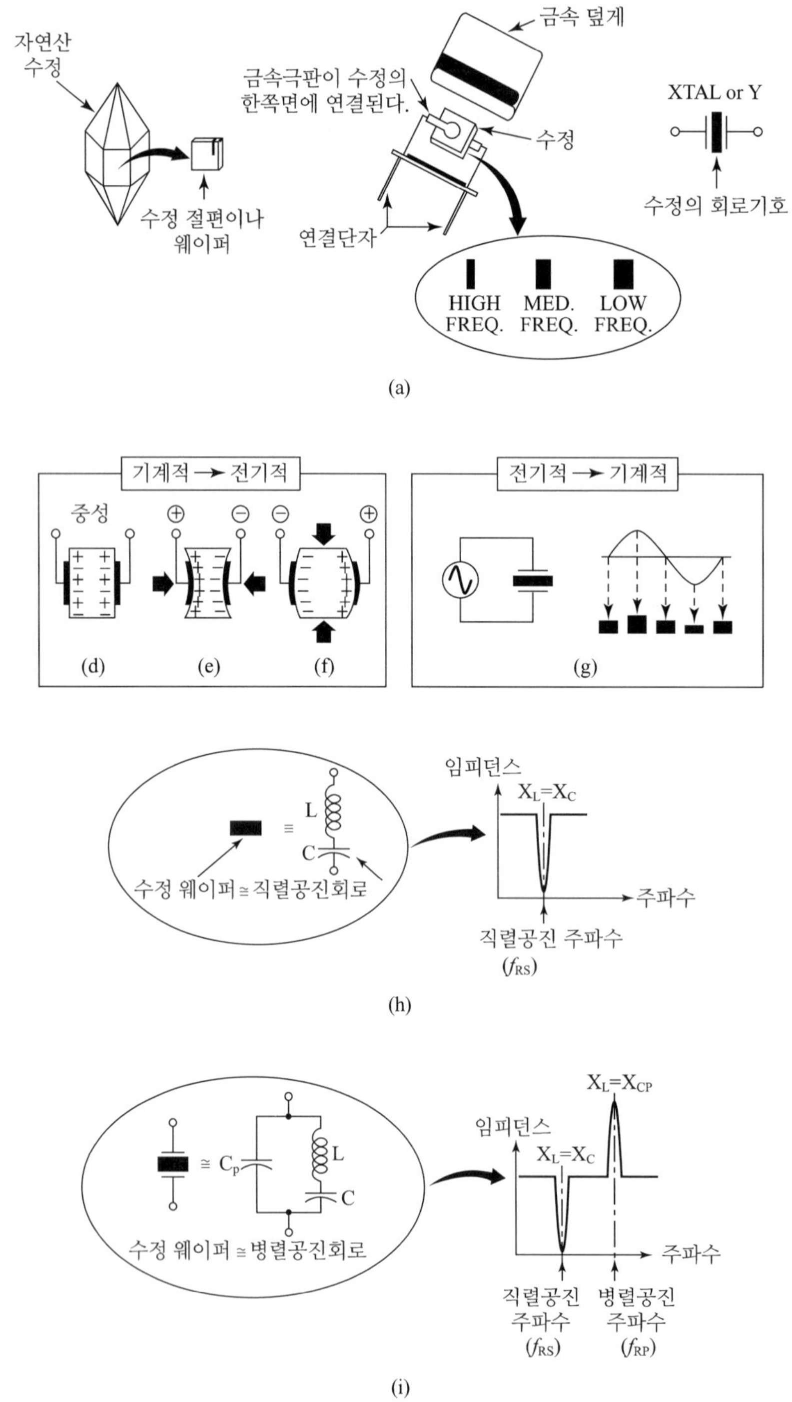
자연산
수정
수정 절편이나
웨이퍼
금속 덮게
금속극판이 수정의
한쪽면에 연결된다.
수정
연결단자
XTAL or Y
수정의 회로기호
HIGH FREQ.
MED. FREQ.
LOW FREQ.
(a)
기계적 → 전기적
중성
(d)
(e)
(f)
전기적 → 기계적
(g)
임피던스
X_L=X_C
L
C
수정 웨이퍼 ≅ 직렬공진회로
주파수
직렬공진 주파수
(f_RS)
(h)
X_L=X_CP
임피던스
X_L=X_C
≅ C_P
L
C
수정 웨이퍼 ≅ 병렬공진회로
주파수
직렬공진
주파수
(f_RS)
병렬공진
주파수
(f_RP)
(i)

그림 23-5 수정의 특성.

의 자연 진동 주파수보다 낮거나 높으면, 진동은 아주 작게 된다. 따라서 수정은 필터회로와 발진기 회로에서 이용하는 특성인 주파수 선택성이 좋다. 이와 같은 동작이 바로 '피에조효과'라 하며 수정에 인가된 교류전압에 의해서 생성된 변화하는 전기장에 속해 있을 때 일정하게 진동하는 이유가 된다. 수정의 자연적인 진동 주파수 그림 23-5(b)에 표시된 것과 같이 두 전극 사이의 수정 두께에 따라서 달라진다. 적합한 크기로 절단함으로써 정확한 주파수로 발진할 수 있는 수정을 제작할 수 있다. 이런 비율은 항상 수정의 패키지에 인쇄되어 있다.

교류전압의 주파수가 수정의 양 단자에 인가되어 수정의 자연 진동 주파수를 발진시킬 때 그림 23-5(h)에 표시된 것처럼 수정의 임피던스(또는 전류의 흐름을 방해하는)를 최소로 감소시킨다. 이것은 결정 웨이퍼 또는 슬랩을 등가의 직렬 공진회로로 만들고, 수정이 어떤 특정한 주파수에서만 선택된다는 것을 의미하는 수정의 직렬 공진주파수(f_{rs})에서 아주 급격하게 변화되는 응답인, 그림 23-5(h)에 표시된 것과 같은 주파수 응답 곡선을 확인할 수 있다. 수정은 2개의 연결된 극판 사이에 탑재될 때 소자는 원래의 직렬 공진회로가 그림 23-5(i)에 표시된 것처럼 연결되는 극판에 의해서 기인되는 작은 정전용량 C_p와 병렬회로로 되는 등가회로를 구성하게 된다. 그림 23-5(i)에 표시된 주파수 응답곡선을 참조하면 인가된 교류전압의 주파수가 수정의 자연 진동 주파수와 같을 때에도 정확히 동일한 반응하는 것을 확인할 수 있다.

주파수가 수정의 직렬 공진 주파수를 넘어서서 증가한다면 C의 리액턴스는 감소된다. 그리고 수정은 유도성을 갖게 된다. 고주파에서 수정의 유도성 리액턴스는 연결 극판의 정전용량의 용량성 리액턴스와 동일한 지점을 갖게 된다($X_L = XC_p$). 수정의 인덕턴스가 연결 극판의 정전용량 사이에 병렬로 연결되기 때문에 결국은 병렬 공진회로를 구성하게 된다. 따라서 소자의 임피던스는 그림 23-5(i)에 표시된 것처럼 병렬 공진 주파수 f_{Rp}에서 최대가 된다. 발진기 회로에의 적용은 수정의 직렬 공진 선택도나 병렬 공진 선택도 중에서 하나를 사용하게 된다. 대부분의 수정 발진기 회로는 원하는 주파수를 입력으로 feedback하기 위해서, 또한 발진기의 주파수 안정성을 유지하기 위해서 직렬 공진 주파수 응답을 이용하고 있다. 보통 수정의 직렬 공진 동조회로는 40,000 정도의 높은 Q값을 갖는다. 만약 이런 회로를 보통 200 정도의 Q값을 갖는 LC 동조회로와 비교한다면 수정이 발진기의 주파수를 제어하는 것이 왜 더 안정적인지 쉽게 알 수 있다.

하아틀리 수정 발진기

그림 23-6에 표시된 것처럼 하아틀리 수정 발진기는 귀환경로에 직렬로 연결된 수정을 제외하면 앞에서 고찰한 바 있는 LC 하아틀리 발진기와 동일하다. 발진기가 수정의 직렬 공진 주파수와 동일한 주파수를 발진시킬 때 수정은 방해하지 않고 귀환 신호는 최대가 된다. 만약

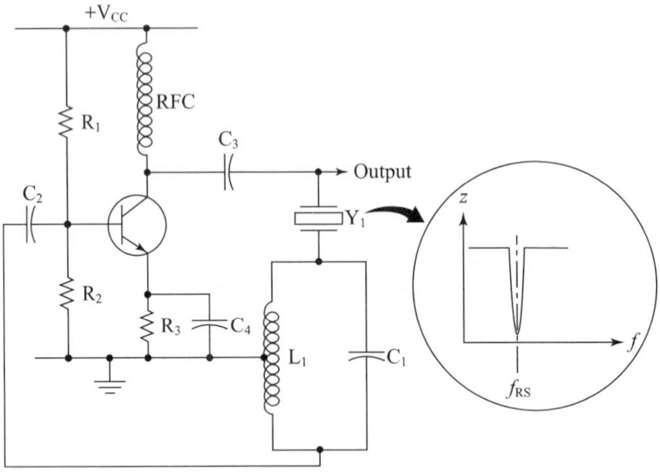

그림 23-6 하아틀리 수정 발진기.

발진기의 주파수가 수정의 자연 직렬 공진주파수 상하로 편차가 발생되기 시작하면 수정의 임피던스는 증가하게 되고, 귀환 신호는 감소하게 된다. 귀환 신호의 주파수가 회로의 발진 주파수를 통제하기 때문에 발진기 회로는 수정의 자연 주파수로 회귀하도록 동작한다. 귀환에서 높은 선택도를 갖는 수정을 포함하는 것은 이런 하아틀리 발진기의 수정이 하아틀리 발진기의 LC보다 거의 1,000배 큰 주파수 편차비율을 갖는다는 것을 의미한다.

콜피츠 수정 발진기

그림 23-7을 참조하면 콜피츠 수정 발진기가 귀환 경로상에 직렬로 삽입된 수정만 제거한다면 앞에서 고찰한 LC 콜피츠 발진기와 동일하다는 사실을 확인할 수 있다. 이런 회로는 앞에서 고찰한바 있는 LC 콜피츠 발진기와 동일하게 동작한다. 그러나 이 회로에는 수정이 포함되었기 때문에 더 낮은 주파수 편차를 갖게 된다.

피어스 수정 발진기

그림 23-8에는 피어스 수정 발진기 회로가 표시되어 있다. 그림에서 볼 수 있듯이 이런 회로는 탱크회로의 코일을 대체하는 수정 Y_1을 제외하면 콜피츠 발진기 회로와 동일하다. 수정 Y_1은 발진기에서 발생되는 주파수가 매우 높은 임피던스를 제공한다는 것을 의미하는 자신의 병렬 공진 주파수에서 동작한다. 이런 동작은 공진에서 높은 임피던스를 갖는 이전의 LC 병렬공진 탱크와 차이가 없다. 그러나 수정이 탱크회로의 임피던스를 제어하는 경우에 이런 동조회로는 훨씬 선택도가 높아지고, 발진기의 출력 주파수는 더 안정적으로 된다. 공진에서 탱크회로는 매우 큰 임피던스를 갖게 된다. 따라서 큰 귀환전압은 콘덴서 C_2를 통해서 방

전되고 트랜지스터 Q_1의 베이스에 인가된다. 만약 발진기의 주파수가 공진 주파수 상하로 편차가 발생된다면 수정의 임피던스는 신속하게 감소하고, 귀환 신호의 진폭과 탱크양단에 걸리는 전압을 감소시킨다.

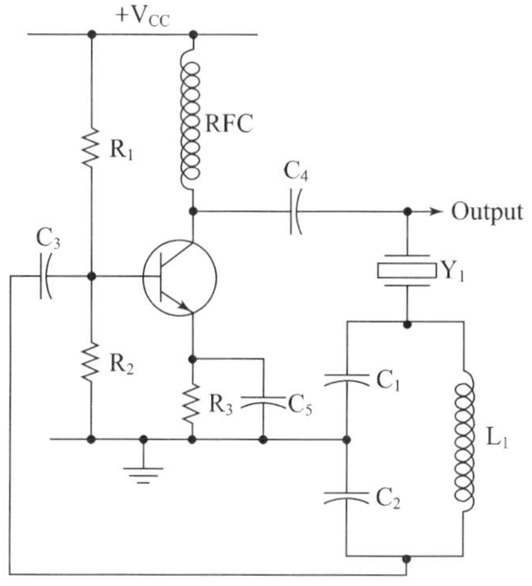

그림 23-7 콜피츠 수정 발진기.

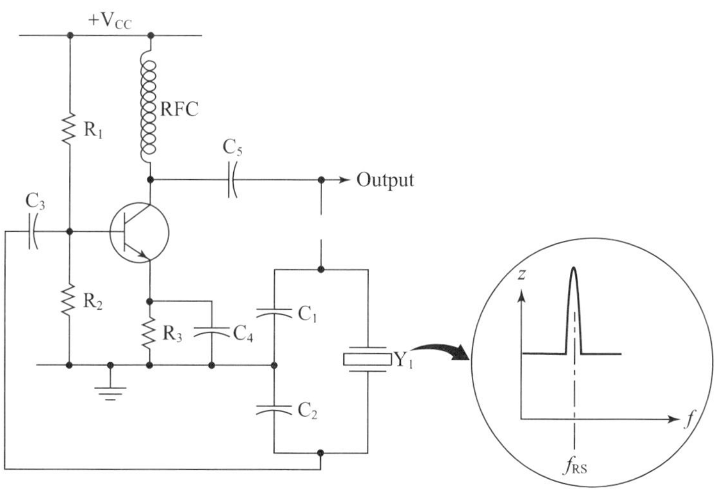

그림 23-8 피어스 수정 발진기.

23.3 RC 발진기 회로

이 절에서는 RC 회로망들이 사인파 출력을 발생시키는 발진기 회로 내에서 어떻게 사용되는지 알아보기로 하자. 그러나 시작하기 전에 왜 RC 발진기가 필요한지에 대해 설명하기로 한다. 전자시스템 내에서 수정발진기와 LC 발진기가 중간 주파수와 고주파의 사인파를 발진시키는 데 사용되는 것을 확인하게 된다. 앞에서 설명했듯이 이런 두 종류 발진기 사이의 선택은 두 가지 인자인 주파수의 안정도와 가격에 의해서 결정된다. 만약 주파수의 안정도가 가장 중요하다면 수정 발진기가 사용되고, 주파수의 안정도가 무시된다면 값싼 LC 발진기가 사용될 것이다.

다음은 질문에 대한 답변이다. 낮은 음성 주파수를 발진시키기 위해서 이런 발진기 회로들을 사용하는 것이 실용적인가? 대답은 'No'이다. 저주파에서 음성 동조-탱크회로용으로 필요한 인덕터는 대단히 크다. 따라서 저주파용 LC 발진기는 크기가 크고, 가격은 비싸다. 수정 발진기에서 수정의 물리적 크기는 단지 발진 주파수를 50 kHz나 그 이상을 요구하는 경우에 사용되는 것만이 실용적으로 제작된다. RC 발진기가 LC 또는 수정 발진기보다 더 안정적이지 못할지라도 가격이 싸고 10 kHz 이하의 저주파 발진을 필요로 하는 경우 이상적이다. 이 절에서 두 가지의 기본적인 RC 발진기 회로인 위상-변환 발진기와 윈-브릿지 발진기의 특성과 동작에 대해서 고찰하게 된다.

위상-변환(이상형) 발진기

위상-변환 발진기를 설명하기 전에 RC 위상-변환 회로망의 기본적인 이론을 복습하자. 이전의 직류/교류 전자공학 과정에서 전압이 순수하게 정전용량의 회로에 인가될 때 전류는 전압보다 90° 위상이 앞선다. 충전되어 있지 않은 콘덴서 양단에 전압원이 인가될 때 회로전류는 처음에 콘덴서를 충전시키기 때문에 최대가 되지만, 콘덴서 양단에 걸리는 전압은 초기에는 0이다. 콘덴서 양단에 걸리는 전압이 서서히 증가함에 따라 회로 전류는 콘덴서 양단에 걸린 전압이 전압원의 반대 극성으로 같아질 때까지 서서히 감소한다. 따라서 회로전류는 0이 된다.

순수한 용량성 회로에서 회로전류는 콘덴서 전압을 90° 앞선다. 반면에 순수한 저항성 회로에서는 회로전류와 전압은 항상 동위상이다. 이것은 전압원이 저항 양단에 인가될 때 저항 양단에 걸리는 전압과 저항을 통과하는 전류가 즉시 옴의 법칙에 의한 값으로 증가한다는 것을 의미한다. 다음 질문이다. 콘덴서와 저항으로 구성된 회로나 회로망에서의 전압과 전류는 어떻게 되는가? 대답은 그림 23-9(a)에 표시되어 있다. 저항-용량성 회로인 RC 회로에서 회로전류는 저항과 콘덴서의 크기에 따라서 전압을 0°와 90° 사이의 어떤 값으로 위상이 앞선다. 그림 23-9(a)에 표시된 회로에서 입력전압은 R-C를 연결한 직렬회로에 인가되고 출력전압은 저항 양단에서 구해진다. 공식을 복습하면 출력전압(저항에 인가되어 증가된 전압 V_R 또는 V_{OUT})과 입력전압(V_{IN}) 사이의 위상차는 RC 회로의 용량성 리액턴스 X_C와 저항 R에 따라서 달라진다. 그림 23-9(a)에 주어진 값에 대하여 콘덴서의 용량성 리액턴스 X_C를 구하면 2.65 kΩ 이 구해진다.

$$X_C = \frac{1}{2\pi fc} = \frac{1}{2\pi \times 100\,\text{Hz} \times 0.6\,\mu\text{F}} = 2.65\,\text{k}\Omega$$

그리고 위상각 변화는 다음과 같이 계산된다.

$$\vartheta = \tan^{-1}\frac{X_C}{R} = \tan^{-1}\frac{2.65\,\text{k}\Omega}{1.53\,\text{k}\Omega} = 60°$$

그림 23-9(a)에서 V_{IN} 파형과 V_{OUT} 파형을 비교하고, 벡터다이아그램을 살펴보면 출력전압이 입력전압보다 위상이 60° 앞선다. 앞의 공식에서 살펴본 것처럼 이런 위상 변화는 R과 C의 값과 인가된 교류입력전압의 주파수에 의해서 결정된다. 입력전압의 주파수가 변한다면 위상 변화 또한 변화된다. 그림 23-9(b)를 살펴보면 3개의 60° 위상 변환 회로가 직렬로 결합된 회로망에서의 위상 변화는 180°가 될 것이라는 사실을 알 수 있다. 이런 180° 위상 변화는 정확히 발진기에 정귀환으로 작용하게 된다.

따라서 이런 회로가 컬렉터 출력과 공통 이미터 증폭기의 베이스 입력 사이에 있다면, 그 결과는 그림 23-9(c)에 표시된 것과 같은 위상-변환(이상형) 발진기가 구성된다. 트랜지스터 Q_1은 보통 40에서 50 사이의 전압 이득을 갖기 때문에 RC 위상-변환(이상형) 회로에서의 전력 손실을 보상할 수 있다. 이런 회로는 이전에 고찰했던 모든 발진기 회로처럼 여러 면에서 동일한 방법으로 동작한다. 예를 들면, 전압이 처음으로 회로에 인가될 때 바이어스 저항 R_4와 R_5는 트랜지스터 Q_1을 도통시키는 데, 결과적으로 트랜지스터 Q_1의 컬렉터에서 전압강하가 발생된다. 트랜지스터 Q_1의 컬렉터에서 전압강하는 180° RC 위상-변환회로에 의해서 트랜지스터 Q_1의 이미터 전압의 증가로 변환되고, 트랜지스터 Q_1을 포화상태로 만드는 트랜지스터 Q_1에 인가된 순방향 바이어스를 증가시킨다. 트랜지스터 Q_1이 포화될 때 트랜지스터 Q_1의 컬렉터에서의 전압은 어떠한 변화도 없다.

트랜지스터 Q_1의 베이스는 차단되기 시작하고, 그 결과 컬렉터 전압이 증가한다. 트랜지스터 Q_1의 컬렉터에서의 전압 증가는 180° RC 위상-변환(이상형)회로에 의해서 트랜지스터 Q_1의 베이스 전압감소로 반전되고, 트랜지스터 Q_1을 차단되도록 하는 트랜지스터 Q_1의 순방향 바이어스를 감소시킨다. 트랜지스터 Q_1의 컬렉터 전압이 $+V_{CC}$가 될 때 트랜지스터 Q_1의 베이스 전압은 반대가 되거나 0 V로 되고, 바이어스 저항 R_4와 R_5는 트랜지스터 Q_1을 도통시키기에 충분한 베이스 전압을 제공한다.

트랜지스터 Q_1이 도통되면 트랜지스터 Q_1의 컬렉터 전압은 감소하고 180° RC 위상-변환(이상형)회로에 의해서 트랜지스터 Q_1의 베이스 전압이 증가된다. 이것은 트랜지스터 Q_1에 인가되는 순방향 전류를 증가시키고, 결국 트랜지스터 Q_1을 포화시키게 된다. 그때 발진기 동작은 출력에서 사인파를 발진시키고 트랜지스터 Q_1의 컬렉터 전압의 상승과 하강을 지속적으로 반복하게 된다. 발진주파수는 다음에 표시된 공식을 이용해서 구할 수 있다.

$$f_R = \frac{1}{2\pi \times \sqrt{6} \times R \times C} \tag{23.6}$$

R : 위상-변환(이상형)회로의 저항들 중 하나의 값

C : 위상-변환(이상형)회로의 콘덴서 중 하나의 값

예제 4 그림 23-9(c)에 표시된 회로에서 위상-변환(이상형) 발진기가 동작할 때 주파수를 계산하시오.

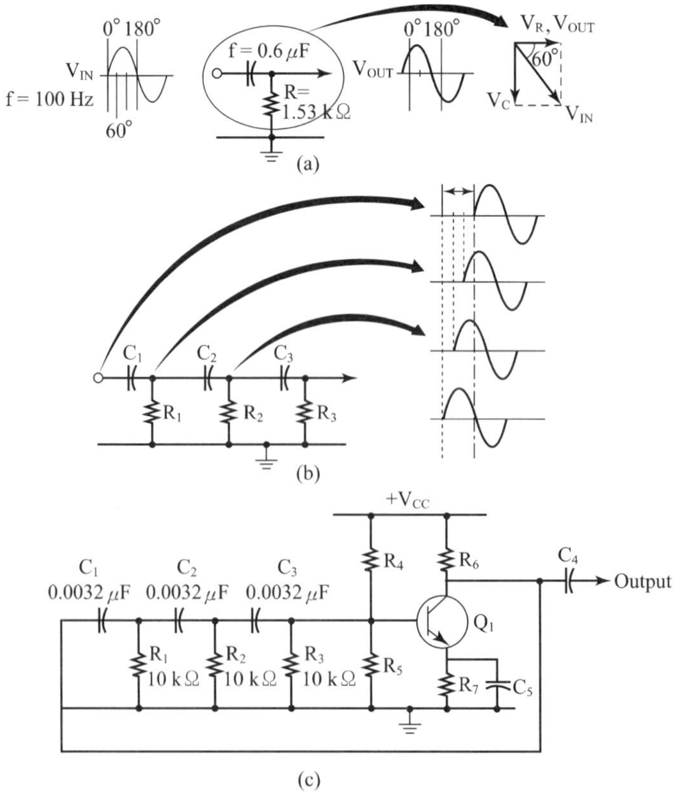

그림 23-9 RC 위상-변환(이상형) 발진기.

▸ $f_R = \frac{1}{2\pi \times \sqrt{6} \times R \times C} = \frac{1}{2\pi \times 2.45 \times 10\,k\Omega \times 0.0032\,\mu F} = 2\,kHz$

저항 또는 콘덴서 용량의 변화는 귀환회로의 동작을 방해하기 때문에 RC 위상-변환(이상형) 발진기는 보통 고정된 주파수 발진기로 사용된다. 발진 주파수의 안정성을 증가시키기 위해서 많은 RC 위상-변환(이상형) 발진기들은 4개의 45° RC 회로 또는 6개의 30° RC 회로를 채용하고 이들을 결합하여 180° 위상변화를 제공한다. RC 위상-변환(이상형)회로의 수를 증가시키는 것은 각 회로들이 더 작은 위상 변화의 동작을 하게 하는 것을 의미한다. 따라서 구성소자의 노화와 온도 변화로 발생하는 주파수 편차를 감소시킬 수 있다.

23.4 555 타이머

555 타이머는 이상 발진기, 2개의 비교기, RS 플립 플롭, 방전 트랜지스터로 구성된다. 이런 다양한 IC는 많은 응용에 사용되며 산업용으로 표준화가 되어 있다. 동작상태만 이해한다면 이런 놀라운 IC를 사용해서 새로운 것을 설계하려는 사람들에게는 좋은 일이 될 것이다.

RS 플립플롭

그림 23-10(a)는 교차결합된 한쌍의 트랜지스터를 표시한 것이다. 각 컬렉터는 저항 R_B를 통해서 반대편 베이스를 구동한다. 이런 회로에서 하나의 트랜지스터가 포화되면 나머지가 차단된다. 오른쪽 트랜지스터가 포화되면 컬렉터 전압이 거의 0이 된다. 이것은 왼편의 트랜지스터의 베이스 구동을 할 수 없기 때문에 차단상태로 되어 컬렉터 전압이 $+V_{CC}$가 된다는 것을 의미한다. 이런 높은 전압은 오른쪽 트랜지스터를 포화상태로 유지시키는 데 충분한 베이스 전류를 제공한다. 반면 오른쪽 트랜지스터가 차단되면 컬렉터 전압이 왼쪽 트랜지스터를 구동시켜서 포화상태로 만든다.

왼쪽 트랜지스터의 낮은 컬렉터 전압은 오른쪽 트랜지스터를 계속 차단상태로 유지시킨다. 어떤 트랜지스터가 포화상태인가에 따라서 Q 출력은 낮을 수도 있고, 높을 수도 있다. 회로에 다른 요소를 첨가함으로써 RS 플립 플롭을 얻을 수 있고, 회로는 Q값이 높을 때 세트되고, Q값이 낮을 때는 RESET된다. 반대의 출력 Q는 다른 트랜지스터의 컬렉터에서 구해진다. 그림 23-10(b)는 RS 플립 플롭의 도면기호를 표시하고 있다. 이런 기호를 보면서 다음 동작을 기억하라. 회로는 2가지 상태의 대치가 된다. 큰 S 입력 Q를 high로 세트시키고, 큰 저항 R 입력은 Q를 낮은 값으로 리셋시킨다. 출력 Q는 반대상태로 트리거될 때까지 주어진 상태로 유지한다.

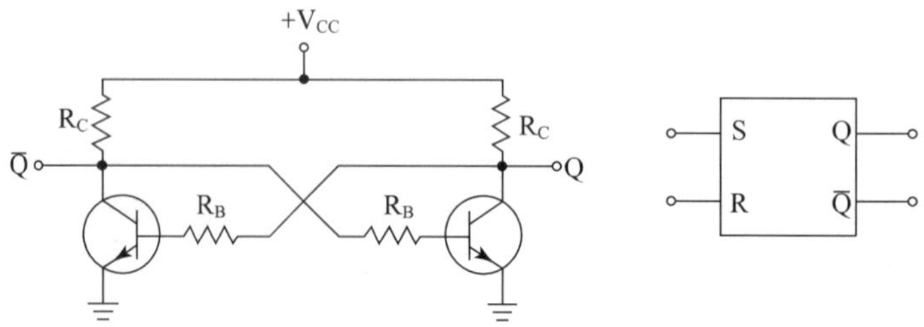

(a) RS 플립 플롭의 일부 (b) RS 플립 플롭의 기호

그림 23-10

기본 타이밍 개념

그림 23-11(a)는 555 타이머에 필요한 기본개념 중 일부를 표시한 것이다. 출력 Q는 high라고 가정한다. 이것이 트랜지스터를 포화시키고 접지에서의 콘덴서 전압을 클램프시킨다. 다시 말해 콘덴서는 단락되고 충전되지 않는다. 비교기의 비반전입력전압은 문턱전압(임계전압)이라 하고 반전입력전압은 제어전압으로 사용된다. RS 플립 플롭을 세트시켜서 포화된 트랜지스터가 0에서 문턱전압을 유지시킨다. 제어 전압은 전압분배기에 의해서 +10 V에 고정되어 있다. 높은 전압이 R입력에 가해진다고 가정하자. 이것이 RS 플립 플롭을 리셋시켜서 출력 Q를 low로 만들고 트랜지스터를 차단시킨다. 콘덴서 C는 이제 자유롭게 충전된다. 콘덴서가 충전되면 문턱전압이 증가한다. 결국 문턱전압은 제어전압(+10 V)보다 약간 크게 되고 비교기의 출력은 high로 되서 RS 플립 플롭을 세트시킨다. 높은 출력 Q는 트랜지스터를 포화시키고 재빨리 콘덴서를 방전시킨다. 그림 23-11(b)의 두 가지 파형을 중시하라. 콘덴서 양단에서 지수함수적으로 증가하고 $\overline{Q}$ 출력에서 +펄스로 나타난다.

555의 블록 다이아그램

그림 22-12는 시그네틱스사에 의해서 판매된 8핀용 IC 타이머인 NE555 타이머의 간략화된 블록다이어그램을 표시하고 있다. 위쪽의 비교기는 문턱입력(6번 핀)과 제어입력(5번 핀)을 갖는다. 대부분의 응용에서 제어입력은 사용되지 않는다. 그래서 제어전압은 $+\frac{2}{3}V_{CC}$가 된다. 앞에서와 같이 문턱전압이 제어전압을 초과하면 비교기로부터의 높은 출력이 플립 플롭을 세트시킨다. 방전 트랜지스터의 컬렉터가 7번 핀과 연결된다. 이런 핀이 외부의 타이밍 콘덴서와 연결될 때 플립 플롭으로부터 높은 출력 Q가 낮으면 트랜지스터는 개방되고, 콘덴서는 앞에서 기술한 것처럼 충전된다. 플립 플롭으로부터의 complementary 신호가 3번 핀으로 가서 출력을 표시한다. 외부 리셋(4번 핀)이 접지되면 동작을 방해하는 장치를 표시하게

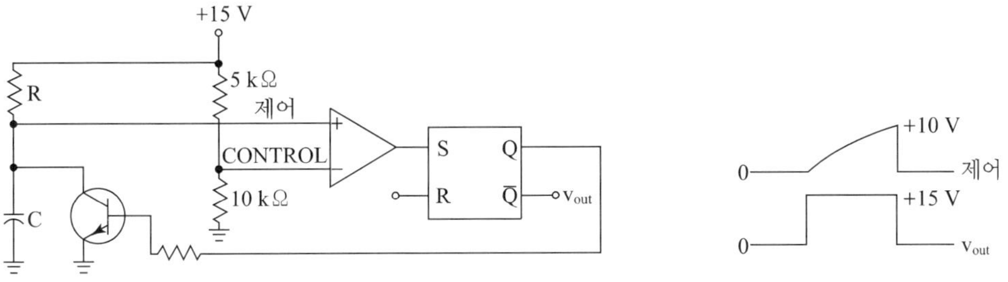

(a) 기본 타이밍 회로

(b) 콘덴서 전압은 지수함수이고 출력전압은 구형파이다.

그림 23-11

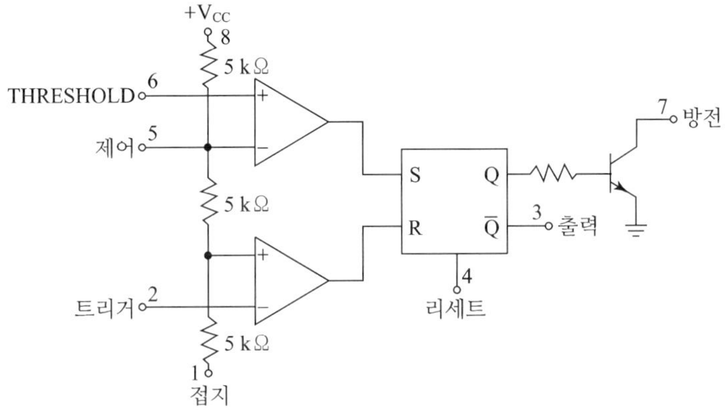

그림 23-12 555 타이머의 간략화된 그림.

된다. 이런 on/off 상태가 경우에 따라서는 유용하게 된다. 대부분의 응용에서는 외부의 리셋이 사용되지 않는다. 그래서 4번 핀은 전원에 직접 연결된다. 아래쪽 비교기를 주의하라. 이것의 반전입력은 트리거라 한다(2번 핀).

전압분배기 때문에 비반전입력은 $+\frac{V_{CC}}{3}$ 전압으로 고정된다. 트리거 입력전압이 $+\frac{3}{3}V_{CC}$ 보다 약간 적을 때 연산증폭기는 high로 가고 플립 플롭을 리셋시킨다. 결국 1번 핀은 칩속의 접지이고, 8번 핀은 전원핀이 된다. 555 타이머는 4.5 V에서 16 V 사이의 공급전원에서 동작하게 된다.

단안정 동작

그림 23-13(a)는 단안정 동작으로 연결된 555 타이머를 표시한 것이다. 이 회로의 동작은 다음과 같다. 트리거입력이 $+\frac{1}{3}V_{CC}$보다 약간 적으면 아래쪽 비교기는 high 출력을 갖고 플립 플롭은 리셋된다. 이것이 트랜지스터를 차단시키고 콘덴서의 충전을 허용한다. 콘덴서 전

압이 $+\frac{2}{3}V_{CC}$보다 약간 크면 위쪽의 비교기가 high 출력을 갖고 플립 플롭을 세트시킨다.

Q가 high를 유지하면 트랜지스터는 도통하고, 이것이 콘덴서를 재빠르게 방전시킨다. 그림 23-13(b)는 일반적인 파형을 표시하고 있다. 트리거 입력은 $+V_{CC}$의 정지값을 갖는 폭이 좁은 펄스이다. 이런 펄스는 플립 플롭을 리셋시키기 위해서 $+\frac{1}{3}V_{CC}$까지 떨어진다. 문턱전압이 $+\frac{2}{3}V_{CC}$를 약간 초과하면 플립 플롭은 세트된다. 이것이 트랜지스터를 포화시키고 콘덴서를 방전시킨다. 이 결과 구형파의 출력펄스를 얻을 수 있다. 콘덴서 C는 저항 R을 통해서 충전된다. 큰 RC 시정수는 콘덴서가 $+\frac{2}{3}V_{CC}$까지 충전되는데 걸리는 시간을 길게 한다. 다시 말해 RC 시정수가 출력 펄스의 폭을 제어한다. 펄스폭은 식 (23.7)처럼 구해진다.

$$W = 1.1\ RCW \tag{23.7}$$

$R = 22\ k\Omega$ 이고, $C = 0.068\ \mu F$이라면 폭은 1.65 ms가 된다.

$$W = 1.1(22\ k\Omega)(0.068\ \mu F) = 1.65\ ms$$

정상적으로 도면은 비교기, 플립 플롭, 기타 555 타이머 내부의 성분은 표시하지 않는다. 그러나 그림 23-14와 같은 블록도는 단안정 555 회로를 표시한 것으로 핀과 외부성분만 표시하고 있다. 5번 핀(제어 핀)은 0.01 μF의 작은 콘덴서에 의해서 접지로 바이패스된다. 이것이 제어전압의 필터링을 해준다. 555 타이머에서 금지되는 접지인 4번 핀을 고려해 보자.

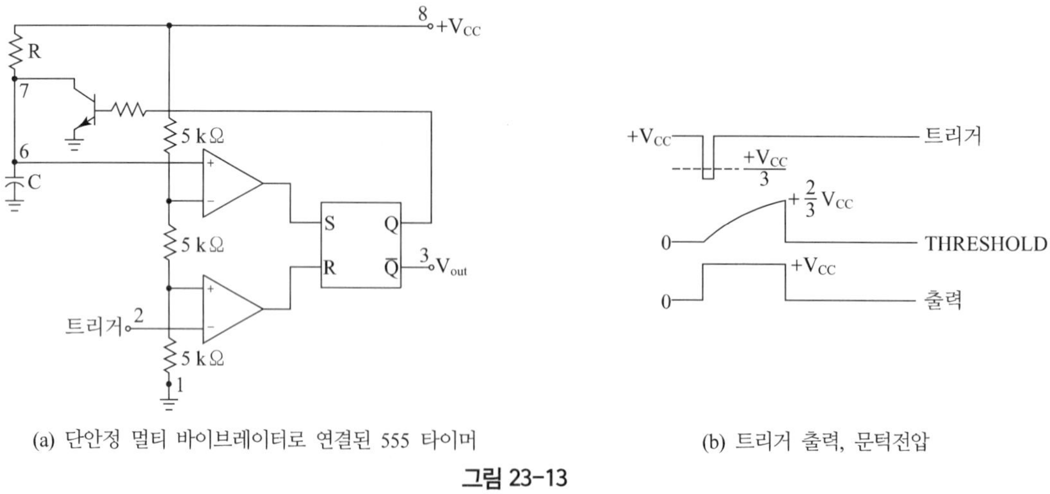

(a) 단안정 멀티 바이브레이터로 연결된 555 타이머

(b) 트리거 출력, 문턱전압

그림 23-13

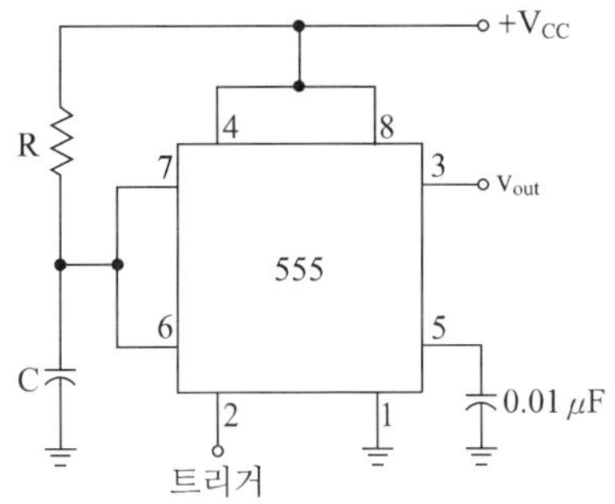

그림 23-14 555 단안정 타이머 회로.

갑작스런 리셋을 피하기 위해서 4번 핀은 그림 23-14에 표시한 것처럼 공급전원에 직접 연결된다. 요약하면 단안정 555 타이머는 그림 23-14에서 사용되는 외부의 R과 C에 의해서 폭이 결정되는 단일 펄스를 발생시킨다. 펄스는 - 트리거 입력의 선단부에서 시작한다. one short 동작은 여러 가지의 응용에 사용된다.

비안정 동작

그림 23-15(a)는 비안정 동작으로 연결된 555 타이머를 표시하고 있다. Q가 low이면 트랜지스터가 차단되고 콘덴서는 $R_A + R_B$의 합성저항을 통해서 충전된다. 이런 이유 때문에 충전 시정수는$(R_A + R_B)C$로 된다. 콘덴서가 충전하면 문턱전압이 증가한다. 결국 문턱전압은 $+\frac{2}{3}V_{CC}$까지 된다. 그러면 위쪽의 비교기가 high 출력을 갖고, 이것이 플립 플롭을 세트시킨다. Q가 high로 되면 트랜지스터가 포화되고 7번 핀이 접지된다. 콘덴서는 R_B를 통해서 방전한다. 따라서 방전 시정수는 R_BC가 된다. 콘덴서 전압이 $+\frac{1}{3}V_{CC}$ 약간 아래로 떨어지면 아래쪽 비교기는 high 출력을 갖고 이것이 플립 플롭을 리셋시킨다. 그림 23-15(b)는 파형을 표시한 것이다. 그림에서 보다시피 타이밍 콘덴서는 지수함수적으로 증가하고 떨어지는 전압을 갖는다. 출력은 구형파이다. 충전 시정수가 방전 시정수보다 길기 때문에 출력은 대칭이 아니다. 따라서 high 출력상태가 low 출력 상태보다 길어지게 된다. 출력의 비대칭성을 확인하기 위해서 식 (23.8)처럼 정의되는 듀티 사이클을 이용한다.

$$D = \frac{W}{T} \times 100\% \qquad (23.8)$$

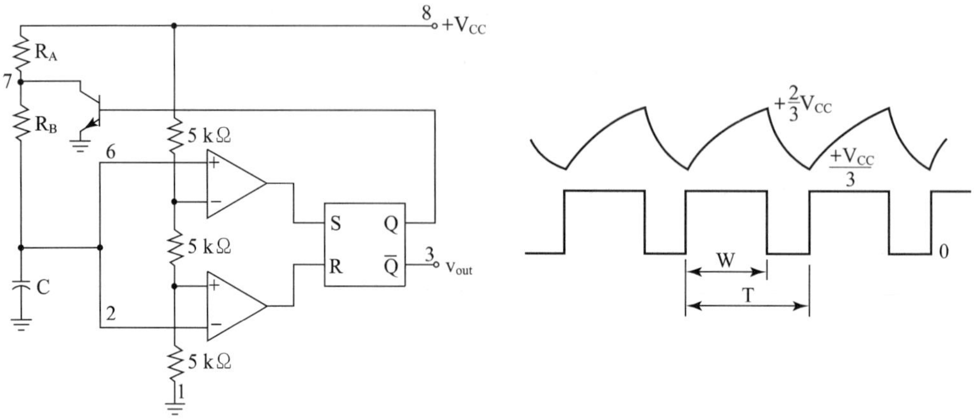

(a) 비안정 멀티바이브레이터로 연결된 555 타이머 (b) 콘덴서 파형과 출력파형

그림 23-15

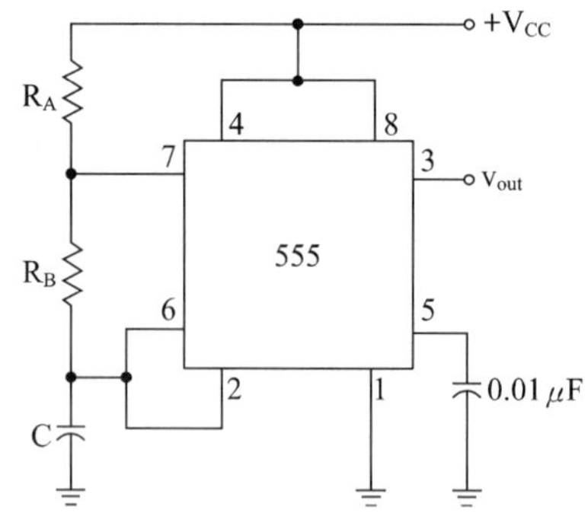

그림 23-16 555 비안정 타이머 회로.

W = 2 ms이고, T = 2.5 ms라면 듀티 사이클은 80%가 된다.

$$D = \frac{2\,\mathrm{ms}}{2.5\,\mathrm{ms}} \times 100\% = 80\%$$

저항 R_A와 R_B에 의존하는 듀티 사이클은 50%와 100% 사이의 값을 갖는다. 충전과 방전 방정식에 대한 수학적인 해답은 식 (23.9)와 식 (23.10)으로 주어진다. 출력 주파수는

$$f = \frac{1.44}{(R_A + 2R_B)C} \tag{23.9}$$

듀티 사이클은

$$D = \frac{R_A + R_B}{R_A + R_B} \times 100\% \tag{23.10}$$

이다. 만약 R_A가 R_B보다 약간 크다면 듀티 사이클은 50%로 나타낸다.

그림 23-16은 간략한 블록도로 비안정 555 타이머를 표시하고 있다. 4번 핀이 공급전원에 연결되었고, 5번 핀이 0.01 μF의 콘덴서를 통해서 접지로 바이패스되어 있다. 비안정 555 타이머는 구형파 펄스의 연속적인 열을 발생시키기 때문에 간혹 자유발진 멀티바이브레이터라고도 한다.

전압제어 발진기

그림 23-17(a)는 555 타이머 응용의 한 가지 예인 전압제어 발진기를 표시하고 있다. 이 회로는 입력전압을 출력 주파수로 변화시키기 때문에 간혹 전압 주파수 변환기라고도 한다. 여기서는 이 회로의 동작을 알아본다. 5번 핀(제어 핀)은 위쪽 비교기의 반전입력에 연결되어 있다. 내부의 전압배분기 때문에 제어전압은 $+\frac{2}{3}V_{CC}$가 된다. 그림 23-17(a)에서 외부 포텐쇼메타(전위차계)에 의한 전압이 내부전압을 무시하게 된다. 다시 말해 포텐쇼메타를 조정함으로써 제어전압을 변화시킬 수 있다. 그림 23-17(b)는 타이밍 콘덴서 양단에 걸리는 전압을 설명하고 있다. 이것이 $+\frac{1}{2}V_{CONTROL}$과 $+V_{control}$ 사이에서 변하다는 점에 유의하라. 만약 $V_{control}$이 증가하면 콘덴서는 오랫동안 충전과 방전을 하게 된다. 따라서 주파수가 감소한다. 결과적으로 제어전압을 변화시킴으로써 회로의 주파수를 변화시킬 수 있다. 제어전압은 포텐쇼메터로부터 얻어지거나 트랜지스터 회로 연산증폭기 혹은 다른 소자의 출력에 의하는 수도 있다. VCO의 가장 흥미있는 응용 분야는 PLL(위상 고정 루프)이다.

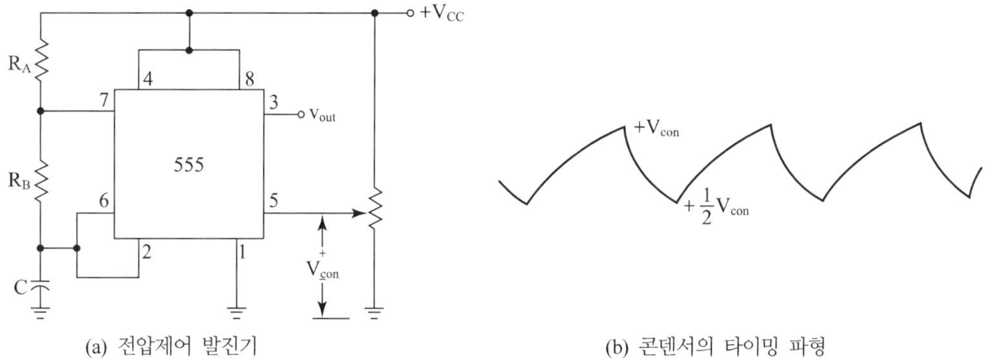

(a) 전압제어 발진기 (b) 콘덴서의 타이밍 파형

그림 23-17

램프 발생기

555 타이머의 또 다른 응용은 콘덴서의 충전이 저항을 통해서 지수함수적 파형을 발생시키는 데 있다. 만약 콘덴서를 충전시키는 데 일정한 전류원을 사용한다면 램프를 얻을 수 있다.

이것은 그림 23-18(a)의 회로에 표시된 기본개념이다. pnp 전류원을 갖는 앞의 회로에서 저항을 대치시키면 식 (23.11)과 같은 일정한 충전전류를 구할 수 있다.

$$I_C = \frac{V_{CC} - V_E}{R_E} \tag{23.11}$$

$$V_E = \frac{R_2}{R_1 + R_2} V_{CC} + V_{BE} \tag{23.12}$$

$V_{CC} = 15$ V, $R_E = 20\,k\Omega$, $R_1 = 5\ \Omega$, $R_2 = 10\,k\Omega$, $V_{BE} = 0.7$ V라면 $V_E = 10.7$ V, $I_C = 0.215$ mA가 된다.

$$V_E = 10\text{ V} + 0.7\text{ V} = 10.7\text{ V}$$

$$I_C = \frac{15\text{ V} - 10.7\text{ V}}{20\text{ k}\Omega} = 0.215\text{ mA}$$

트리거가 그림 23-18(a)의 단안정 타이머를 시동시키면 pnp 전류원은 콘덴서로 일정한 충전전류를 흐르게 된다. 따라서 콘덴서 양단에 걸리는 전압은 그림 23-18(b)에 표시한 것 같은 램프가 된다. 18장에서 이미 유도한 것처럼 램프의 기울기 S는 식 (23.13)과 같다.

$$S = \frac{1}{C} \tag{23.13}$$

만약 충전전류가 0.215 mA이고 커패시턴스가 0.022 μF이라면 램프는 9.77 V/ms의 기울기를 갖는다.

$$S = \frac{0.125\text{ mA}}{0.022\,\mu\text{F}} = 9.77\text{ V/ms}$$

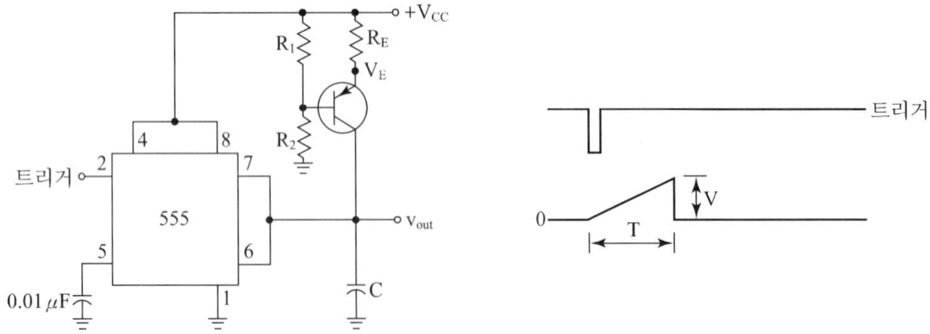

(a) 램프 출력을 발생시키기 위해서 사용되는 쌍극성 트랜지스터 전류원과 555 타이머

(b) 트리거와 램프파형

그림 23-18

기초확인문제

01 그림 23-19에 표시된 회로의 종류를 말하고 발진주파수를 계산하시오.

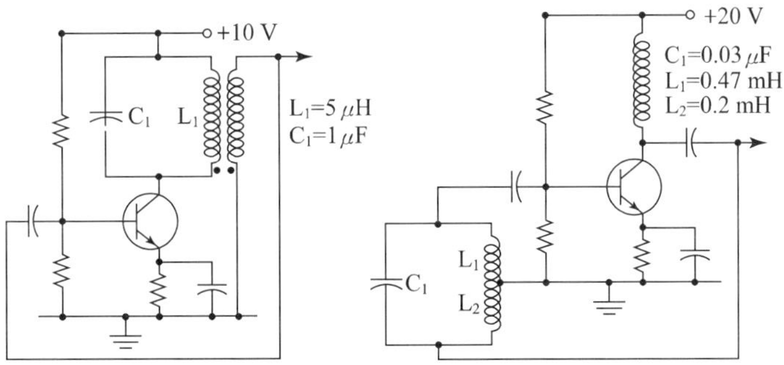

그림 23-19 LC 발진기.

02 그림 23-20에 표시된 회로의 종류를 말하고 발진주파수를 계산하시오.

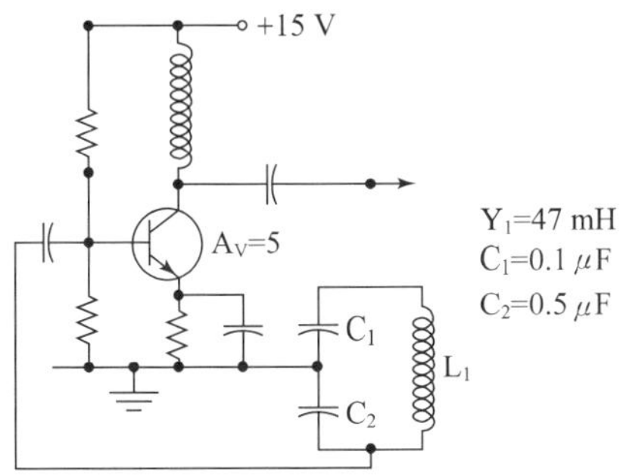

그림 23-20 LC발진기.

03 그림 23-21에 표시된 회로의 종류를 말하고 발진주파수를 계산하시오.

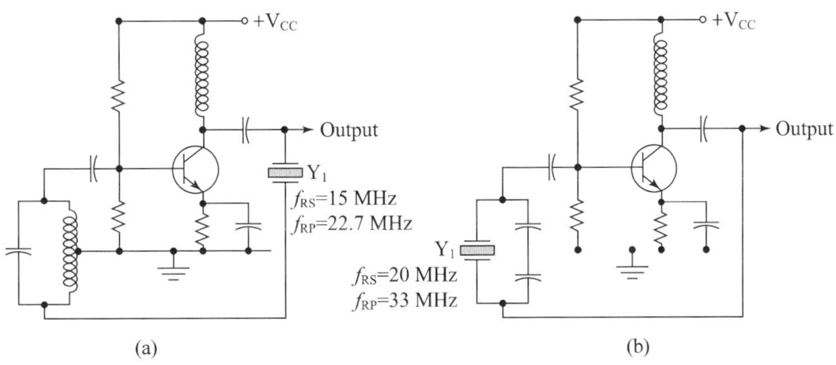

그림 23-21 수정 발진기.

04 그림 23-22에 표시된 회로의 종류를 말하고 발진주파수를 계산하시오.

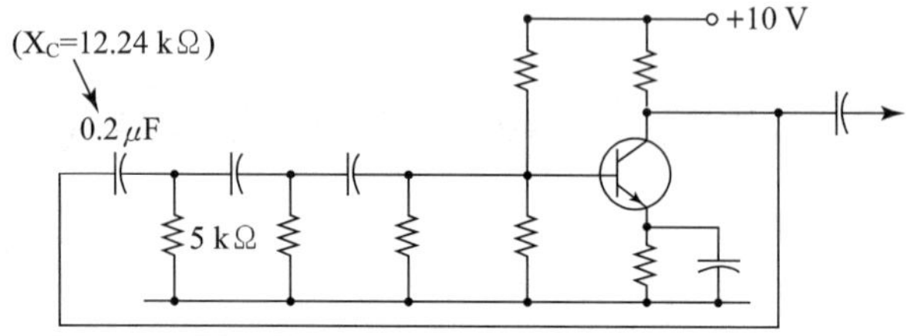

그림 23-22 RC 발진기회로.

05 비안정 555 타이머가 $R_A = 10\ k\Omega$, $R_B = 2\ k\Omega$, $C = 0.0047\ \mu F$를 갖는다면 출력 주파수와 듀티 사이클은 얼마인가?

06 그림 23-23에서 1 kHz의 신호 레벨로 쉬미트 트리거의 출력의 90%의 듀티 사이클을 얻도록 조정되었다. $R = 10\ k\Omega$, $22\ k\Omega$, $22\ k\Omega$일 때 각각의 크기에 대해서 기울기와 출력주파수를 계산하시오.

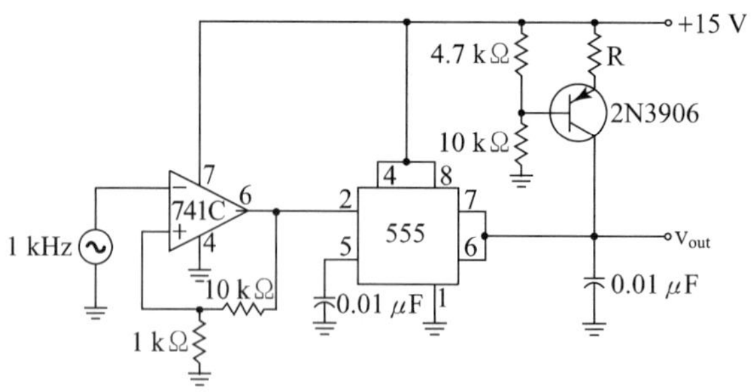

그림 23-23

정답

01 (a) 암스트롱 발진기

$$f_r = \frac{1}{2\pi\sqrt{L_1 \times C_1}}$$

$$= \frac{1}{6.28\sqrt{5\times 10^{-6}\text{H}\times 1\times 10^{-6}\text{F}}} = 71{,}212\ \text{Hz} = 71.2\ \text{kHz}$$

(b) 하아틀리 발진기

$$f_r = \frac{1}{2\pi\sqrt{(L_{1A}+L_{1B})\times C_1}}$$

$$= \frac{1}{6.28\sqrt{(0.47\times 10^{-3}\text{H}+0.2\times 10^{-3}\text{H})\times 0.03\times 10^{-6}\text{F}}} = 35{,}517\ \text{Hz} = 35.517\ \text{kHz}$$

02 콜피츠 발진기

$$f_r = \frac{1}{2\pi\sqrt{L_1\times\left(\frac{C_1\times C_2}{C_1+C_2}\right)}}$$

$$= \frac{1}{6.28\sqrt{47\times 10^{-3}\text{H}\times\left(\frac{0.1\times 10^{-6}\text{F}\times 0.5\times 10^{-6}\text{F}}{0.1\times 10^{-6}\text{F}+0.5\times 10^{-6}\text{F}}\right)}} = 1{,}285{,}652\ \text{Hz} = 1.2856\ \text{MHz}$$

03 (a) 하아틀리 수정 발진기

(b) 피어스 수정 발진기

04 위상 변환 발진기

$$f_R = \frac{1}{2\pi\times\sqrt{6}\times R\times C} = \frac{1}{6.28\times\sqrt{6}\times 5\times 10^3\ \Omega\times 0.2\times 10^{-6}\text{F}} = 65\ \text{Hz}$$

05 $f = \frac{1.44}{(R_A+2R_B)C} = 21.9\ \text{kHz}$, $D = \frac{R_A+R_B}{R_A+2R_B}\times 100\% = 85.7\%$

06 $S = \frac{I_C}{C}$, $I_C = \frac{V_{CC}-V_E}{R_E}$, $V_E = \frac{R_2}{R_1+R_2}\times V_{CC}+V_{BE}$

10 kΩ일 때 S = 41 V/ms, 22 kΩ일 때 S = 18.6 V/ms, 33일 때 S = 12.4 V/ms

참고문헌

1. Ralph J. Smith, “Electronics Circuits & Devices 3th”, John Wiley & sons, 1987.
2. Ralph J. Smith, “Circuits Devices and Systems 4th”, John Wiley & sons, 1984.
3. Dale R. Patrick, Stephen W. Fardo, “Electricity and Electronics A Survey, 4th”, prentice-hall, 1999.
4. Jimmie J. Cathey, “2000 Solved Problems in Electronics”, McGRAW-HILL, 1990.
5. Robert G. Hibberd, “Solid State Electronics”, Texas Instrument Electronics Series, 1968.
6. Edwin C. Lowenberg, “Electronic Circuits”, McGRAW-HILL, 1967.
7. Arthur Beiser, “Basic Mathematics for Electricity and Electronics”, McGRAW-HILL, 1981.
8. Murray R. Spiegel, “Vector Analysis”, McGRAW-HILL, 1974.
9. Jimmie J. Cathey, Syed A. Nasar, “Basic Electrical Engineering”, McGRAW-HILL, 1987.
10. Niegel P. Cook, “Practical Electricity”, prentice-hall, 1997.
11. Niegel P. Cook, “Practical Electronics”, prentice-hall, 1997.
12. 김중현 · 조해풍 · 최성재, “전자공학의 이해”, 도서출판 상학당, 2001.
13. 최성재, “전자공학의 기초”, 도서출판 상학당, 1999.
14. 최성재, “전자공학의 기초 5판”, 도서출판 상학당, 1990.
15. 최성재, “전자공학의 기초 7판”, 도서출판 진영사, 1994.
16. 최성재, “기초전자공학 8판”, 도서출판, 대웅, 2000.
17. 최성재 · 박종란 · 윤석창, “전자회로공학”, 교우사, 2001.
18. 최성재 · 문철중 · 윤석창 · 권준식, “전기전자공학개론”, 교우사, 2002.
19. 최성재 · 방근태 · 이홍민, “전자회로”, 상학당, 1990.
20. 임재근 · 한진옥 · 최성재, “회로이론”, 진영사, 2002.
21. 최성재 · 김한정, “전자계측”, 경문사, 1999.
22. 구용회 · 이원석, “전자계측”, 생능, 1988.
23. 김성덕 · 황재호 · 정원일, “전자계측”, 청문각, 1993.
24. 민남기, “현대전기전자계측공학”, 동일출판사, 1998.

찾아보기

ㅊ

ㅋ

기초전기전자공학

2013년 12월 20일 제1판 1쇄 인쇄
2013년 12월 25일 제1판 1쇄 펴냄

지은이 최성재
펴낸이 류제동
펴낸곳 **청문각**

전무이사 양계성 | 편집국장 안기용 | 책임편집 우종현 | 본문디자인 에바다에딧
표지디자인 에바다에딧 | 제작 김선형 | 영업 나상욱 · 함승형
출력 ㈜한국커뮤니케이션 | 인쇄 영진인쇄 | 제본 한진제본

주소 413-120 경기도 파주시 교하읍 문발로 116 | 우편번호 413-120
전화 1644-0965(대표) | 팩스 070-8650-0965 | 홈페이지 www.cmgpg.co.kr
등록 2012. 11. 26. 제406-2012-000127호

ISBN 978-89-6364-193-5 (93560)
값 25,000원

* 잘못된 책은 바꾸어 드립니다.